Surfactants and Interfacial Phenomena

表面活性剂和界面现象

（原著第四版）

Milton J. Rosen   Joy T. Kunjappu   著

崔正刚   蒋建中   等译

化学工业出版社

·北京·

本书是表面活性剂领域国际公认的知名专家 Rosen 和 Kunjappu 教授的经典著作，目前已出版了第四版。本书不仅对于表面活性剂研究的发展和相关文献有着广泛的涉猎和整理，而且对涉及的内容进行了科学的分类和总结，是理解和应用表面活性剂最新信息的强有力的工具。全书共分 15 章。其中第 1～5 章主要介绍基础和经典的表面活性剂及界面化学的内容。第 6～10 章涉及与实际应用密切相关的基本内容，包括表面活性剂在湿润、起泡、消泡、乳化、聚集、分散、洗涤等领域中发挥的作用。第 11 章讨论表面活性剂二元混合体系的分子间相互作用与协同效应。第 12～15 章主要包括双子表面活性剂、表面活性剂在生物领域的应用、表面活性剂在纳米领域的应用以及表面活性剂与分子模拟等内容。

本书适合化学、生物学、食品科学以及使用表面活性剂的行业如日化、纺织，医药、农药、选矿、采油、金属加工等领域科研院所和高等院校的研究生、科研人员参考。

图书在版编目（CIP）数据

表面活性剂和界面现象/［瑞典］罗森，［瑞典］乔伊著；崔正刚等译.
北京：化学工业出版社，2015.1（2025.1 重印）
本书原文：Surfactants and Interfacial Phenomena
ISBN 978-7-122-22091-2

Ⅰ. ①表… Ⅱ. ①罗… ②乔… ③崔… Ⅲ. ①表面活性剂-研究

Ⅳ. ①TQ423

中国版本图书馆 CIP 数据核字（2014）第 243349 号

Surfactants and Interfacial Phenomena by Milton J. Rosen and Joy T. Kunjappu
ISBN 978-0-470-54194-4

责任编辑：李晓红　　　　　　　　加工编辑：刘志茹
责任校对：蒋　宇　　　　　　　　装帧设计：关　飞

出版发行：化学工业出版社（北京市东城区青年湖南街 13 号　邮政编码 100011）
印　　装：北京虎彩文化传播有限公司
710mm×1000mm　1/16　印张 25　字数 569 千字　2025 年 1 月北京第 1 版第 7 次印刷

购书咨询：010-64518888　　　　　　　售后服务：010-64518899
网　　址：http：// www. cip. com. cn
凡购买本书，如有缺损质量问题，本社销售中心负责调换。

定　　价：168.00 元　　　　　　　　　　　　　　版权所有　违者必究

译 序

由美国著名表面活性剂专家 Milton J. Rosen 和 Joy T. Kunjappu 合著的《表面活性剂和界面现象》（Surfactants and Interfacial Phenomena）第四版于 2012 年出版。2013 年，化学工业出版社决定出版本书的中文版，由江南大学化学与材料工程学院崔正刚教授负责本书的翻译。

《表面活性剂和界面现象》英文原著的第一版诞生于 20 世纪 70 年代，后来分别于 1989年和 2004 年出版了第二版和第三版。每次更新再版，作者都将当时的最新研究进展纳入其中，与时俱进。本书的另一个特点是收集了大量的基本数据，十分注重理论与应用的结合和理论对应用的指导意义，因此对表面活性剂行业的研究人员和广大的应用科技人员来说，本书既是一本深入浅出的教科书，又是一本十分有用的工具书。历经 40 余年的修炼，本书的第四版无疑是一部不可多得的经典之作。

《表面活性剂和界面现象》一书对我国表面活性剂行业的科技工作者无疑有较大的影响。虽然在此之前没有完整的中文版出版，但我们相信许多有关表面活性剂/洗涤剂的中文科技书或多或少都参考了本书的内容。作为国内较早从事表面活性剂/日用化工领域教学和科研的无锡轻工业学院/无锡轻工大学/江南大学，一直使用本书作为参考教材。Milton J. Rosen 教授在 20 世纪 80 年代曾两次访问无锡轻工业学院，而无锡轻工业学院也有多名毕业生在 Milton J. Rosen 教授的实验室从事过研究工作。改革开放以来，我国表面活性剂/日用化工行业长期保持高速发展，从业科技人员的数量大幅度增加，相应的高等教育也蓬勃兴起，而近年来表面活性剂在高新技术领域的应用又方兴未艾，因此本书中文版的出版可谓是应时而出，必将对我国相关领域的发展带来积极作用。

本书由崔正刚教授（第 2、6、11、13 章）及其团队成员蒋建中博士（第 5、9、10、14 章），裴晓梅博士（第 3、4、12 章），宋冰蕾博士（第 1、7、15 章）和魏慧贤博士（第8 章）等集体翻译而成。全书由崔正刚教授校译并统稿。本团队的部分研究生也参加了本书的初译、文字录入和表格整理等工作，他（她）们是朱玥、颜利民、李炜、胡欣、许宗会、代利、刘喆、田金年、陈涛、安力伟、郑绕君、李晓婷、沈一蕊等，在此向他（她）们表示衷心的感谢。

本书的翻译力求保持原书的风貌。对外国人名一律使用原名，不作翻译。对一些商品名和牌号也使用原名。表格中的化合物名称尽可能译成中文。全书章节的编号采用了中文书籍的习惯。最后在第 13 章"生物学中的表面活性剂"中，有几个生物表面活性剂的名称没有查到合适的译名，为避免译名不当，译者直接使用了英文原名。

限于译者的水平，错误在所难免，翻译不当之处敬请读者斧正。

崔正刚

（cuizhenggang@hotmail.com）

2014 年 11 月 12 日

前 言

表面活性剂科学自从脱离其母体——胶体科学并于20世纪50年代起作为一个独立学科发展以来，迄今在理论和应用前沿已经发生了很大的飞跃。尽管基于表面活性剂具有通过自组装形成胶束和双层等结构的能力，表面活性剂科学对于理解生命起源以及软物质（凝聚态物质研究的一个分支）技术等前沿领域十分重要，然而表面活性剂科学和技术发展的真正动力是其在多领域中的实际应用。

本书在其初版诞生时（20世纪70年代）已预见到即将发生的变革，即表面活性剂科学未来将发展成为基础知识和工业应用之间的桥梁。后来的几个再版版本都通过特定的环节将理论方面的进展与表面活性剂的终端应用紧密结合。

表面活性剂的重要性仍在不断显现。例如，在2010年的海湾溢油事件中使用聚合表面活性剂分散漂浮在海上的油膜，表面活性剂用于硅芯片等材料的处理，以及表面活性剂不断出现于体内生物技术和体外纳米技术中等，都是很好的例证。

作为第四版的本书再次进行了升级更新。通过增加三章的内容，即第13章"生物学中的表面活性剂"，第14章"纳米技术中的表面活性剂"，以及第15章"表面活性剂与分子模拟"，涵盖了有关表面活性剂应用的尖端和最新技术话题。

对原版书中已有的章节，本书对其中的大多数也进行了修改，方式包括补充新材料、重写或增加新节、以及/或添加新的参考文献和问题等。特别地对下列章节进行了修改和增加新节（黑体字表示）：第1章，表面活性的环境效应，**表面活性剂文献的电子检索**，两性离子表面活性剂；第2章，吸附和聚集的机理；第3章，**表面活性剂溶液的流变学**；第4章，增溶作用；第7章，膜弹性方程的正确描述，**有机介质中的发泡和消泡**；第8章，微乳液，破乳；第9章，DLVO理论的局限性，**新型分散剂的设计**；第10章，**洗涤剂配方中的生物表面活性剂和酶**；以及问题（第1章、第2章、第5章至第10章，第12章）。

致谢

在此我们要感谢 Brooklyn 学院（Brooklyn College）的一批学生，他（她）们是 Rameez Shoukat, Danielle Nadav, Meryem Choudhry, Ariana Gluck, Alex John, Abdelrahim Abdel,

Khubaib Gondal 和 Yara Adam；他们积极参与了作者之一（JTK）组织实施的"科学写作"讲习班，帮助加快了本书的写作步伐。感谢纽约城市大学（City University of New York）的 Viraht Sahni 博士（Brooklyn 学院），Teresa Antony 博士（New York City College of Technology）和 Richard Maglizazzo 博士（Brooklyn College），以及 Oklahoma 大学（University of Oklahoma）的 John Scamehorn 博士在扩展话题方面提供了有用的引导和对原稿的章节进行了审阅。

我们还要感谢 John Wiley & Sons 出版社的 Anti Lekhwani 女士和 Catherine Odal 女士，以及 Toppan Best-set Premedia 公司的 Stephanie Sakson 女士为本书的出版所提供的丰富的编辑技巧和多方面的帮助。

Milton J. Rosen

Joy T. Kunjappu

（ProfessorKunjappu@gmail.com）

目 录

第3章　表面活性剂胶束的形成　/78

第 4 章　表面活性剂溶液的增溶作用：胶束催化　/132

第 1 章　表面活性剂的典型特征

　　表面活性剂是用途最多的化工产品之一。汽车所用的发动机油，人们生病时服用的药物，洗衣服和做家务时所用的洗涤剂，石油工业中所用的钻井泥浆以及选矿时所用的浮选剂中都有表面活性剂的存在。近几十年来，表面活性剂的应用已延伸到高新科技领域，如电子印刷、磁性记录、生物技术、微电子技术以及病毒研究等。

　　表面活性剂（英文 surfactant，是 surface-active agent 的缩写）是这样一类物质，当它以较低的浓度存在于一个体系中时，具有吸附到体系的表面或界面，进而显著改变这些表面（或界面）的自由能的性质。这里"界面"是指不混溶的任意两相的相界面；而"表面"则是界面的一种，其中一相为气相，通常是空气。

　　界面自由能是形成界面所需要的最小功。单位面积上的界面自由能就是确定两相之间的界面张力时所测定的量。它是产生单位面积或者使界面扩大单位面积所需的最小功。界面（或表面）张力也是在界面（或表面）相互接触的两相性质差异的量度。性质相差越大，它们之间的界面（表面）张力就越大。

　　当测量一种液体的表面张力时，测定的是液体与其上方空气的边界上单位面积的界面自由能。因此，当使界面扩张时，形成额外的界面所需要的最小功为界面张力 γ_1 与所增加的界面面积的乘积：$W_{\min}=\gamma_1\times\Delta_{界面面积}$。表面活性剂因此是这样一类物质，它们在低浓度时可以吸附在体系的部分或全部界面上，并能显著地改变使这些界面扩张所需的功。表面活性剂通常表现为减小界面自由能而不是增加界面自由能，尽管有时候也会被用来增加自由能。

　　于是又会出现一些问题，如在一个过程中，表面活性剂在什么条件下才能发挥出重要作用？怎样知道什么时候所研究的表面活性剂才能成为一个重要因素？表面活性剂如何并且为什么会有那样的表现？

1.1　界面现象和表面活性剂变得重要的条件

　　通常，相边界附近物质的物理、化学性质以及电学性质与体相同种物质的这些性质有很大的不同。对于很多体系而言，即使其中含有多个相，位于相边界（界面、表面）处的物质的总质量分数也是非常小的，以至于这些"异常"特性对体系的一般性质和行为的贡献可以忽略。然而仍有很多重要的境况，在那里这些"异常"特性会产生重要的影响，尽管不是主要的影响。

　　一种这样的境况是，当相边界面积与体系的体积相比非常大，以至于系统总质量大部分都出现在边界上（例如乳液、泡沫和固体分散体系）。在这种情况下，表面活性剂通常都能像预期那样对体系产生重要作用。

　　另一种这样的境况是，发生在相界面处的现象相对于预期的体相分子之间的相互作用非常独特，以致体系的整体行为由界面过程所决定（例如多相催化、腐蚀、去污、浮选）。在这种情况下，表面活性剂在过程中也起着重要作用。显然，为了调控和预测体系的性质，必须理解引起界面物质异常行为的原因以及影响这些行为的各种因素。

1.2　表面活性剂的一般结构特征和行为

　　处于表面上的分子比处于内部的分子具有更高的势能。这是因为表面分子与物质内部分子的相互作用比它们与其上方的稀薄气体分子的相互作用更为强烈。因此，使一个分子从内部迁移到表面需要做功。

　　表面活性剂具有特殊的分子结构，即由一个与溶剂分子基本没有吸引作用的基团和一个与溶剂之间具有很强吸引作用的基团所组成。前者称为疏水基团，后者称为亲水基团，这就是所谓的双亲结构。当一个具有双亲结构的分子溶于溶剂中时，疏水基团可能改变溶剂的结构，使体系的自由能增加。当这种情况发生时，体系会以某种方式作出响应，以减少疏水基团与溶剂之间的接触。当表面活性剂溶于水介质中时，疏液（水）基团改变了水的结构（通过破坏水分子之间的氢键以及使水分子在疏水基附近重新排列），由于水分子的这种结构扭曲，一些表面活性剂分子被驱赶到体系的界面，以疏水基朝向与水分子减少接触的方向排列。水的表面被一层表面活性剂的单分子膜覆盖，它们的疏水基主要朝向空气。由于空气分子本质上是非极性的，与疏水基的性质类似，因此这种排列方式减少了表面上相互接触的两相之间的差异，从而导致了水的表面张力降低。另一方面，亲液（水）基团的存在又防止了表面活性剂作为一个单独的相被完全从溶剂中排出，因为这需要亲水基脱水。表面活性剂的这种双亲结构不仅引起了表面活性剂在表面的聚集以及水的表面张力降低，而且导致表面活性剂分子以亲水基团位于水相、疏水基团远离水相在表面定向排列。

　　适合作为表面活性剂疏水基和亲水基的化学结构随所用的溶剂和使用条件而有所不同。在高极性溶剂如水中，疏水基团可以是适当长度的碳氢化合物、碳氟化合物或硅氧烷链。而在低极性溶剂中，可能只有部分化合物合适（例如碳氟化合物或硅氧烷链在聚丙二醇中）。在极性溶剂如水中，离子或强极性基团可以作为亲水基团；而在一种非极性溶剂如庚烷中，它们可能充当疏液（油）基团。随着温度和使用条件（如存在电解质或有机添加剂）的变化，有必要对亲水基团和疏水基团进行结构上的修饰，以保持适当水平的表面活性。因此，为了在特定的体系中产生表面活性，表面活性剂的化学结构必须使其在使用条件下的那个溶剂中具有"两亲"性质。

　　疏水基团通常是一个长链的碳氢化合物残基，有时是卤代烃或硅氧烷链；亲水基团是一个离子或强极性基团。根据亲水基的性质，可将表面活性剂分为如下几类。

　　① 阴离子型　分子中具有表面活性的部分带负电荷，例如 $RCOO^-Na^+$（肥皂）、$RC_6H_4SO_3^-Na^+$（烷基苯磺酸盐）。

　　② 阳离子型　分子中具有表面活性的部分带正电荷，如 $RNH_3^+Cl^-$（长链铵盐），$RN(CH_3)_3^+Cl^-$（季铵氯化物）。

　　③ 两性离子型　具有表面活性的部分同时带有正电荷和负电荷，如 $RN^+H_2CH_2COO^-$

（长链氨基酸）、$RN^+(CH_3)_2CH_2CH_2SO_3^-$（磺基甜菜碱）。

④ 非离子型　具有表面活性的部分不带明显的电荷，如 $RCOOCH_2CHOHCH_2OH$（长链脂肪酸单甘油酯）、$RC_6H_4(OC_2H_4)_xOH$（烷基酚聚氧乙烯醚）、$R(OC_2H_4)_xOH$（脂肪醇聚氧乙烯醚）。

1.2.1　电荷类型的一般用途

大多数天然物质的表面是带负电荷的。因此如果想用表面活性剂使表面变得疏水（防水），则最好使用阳离子型表面活性剂。这类表面活性剂将被吸附到界面，以其带正电荷的头基朝向带负电荷的表面（由于静电吸引作用），而以疏水基脱离此表面定向排列，使表面变得疏水。另一方面，如果要使表面成为亲水性的（水润湿的），那么应该避免使用阳离子型表面活性剂。然而，如果表面碰巧是带正电荷的，那么使用阴离子型表面活性剂将使其变得疏水，若要使表面保持亲水，则应避免使用。

非离子型表面活性剂在表面吸附时，亲水基或疏水基都有可能朝向表面定向排列，取决于表面的性质。如果表面存在能够与表面活性剂的亲水基形成氢键的极性基团，那么表面活性剂的亲水基可能朝向表面定向排列，形成更加疏水的表面；如果表面缺少这种极性基团，那么表面活性剂将可能以疏水基朝向表面定向排列，形成更为亲水的表面。

两性离子表面活性剂由于同时携带了正电荷和负电荷，能够吸附到带正电荷和带负电荷的表面，而不引起表面电荷发生明显改变。另一方面，阳离子表面活性剂在带负电荷的表面的吸附使表面上的负电荷减少，甚至可能使表面带正电荷（若有足够的阳离子被吸附）。类似地，阴离子型表面活性剂在带正电荷的表面的吸附将使表面的正电荷减少，甚至使表面带负电荷。非离子型表面活性剂的吸附一般对表面电荷没有明显的影响，尽管在吸附层很厚的情况下有效电荷密度可能会降低。

疏水基之间的性质差异一般不如亲水基之间的性质差异那么显著。一般而言，疏水基是长链的碳氢化合物，但包括下列不同的结构：

① 直链型长链烷基（$C_8 \sim C_{20}$）；
② 支链型长链烷基（$C_8 \sim C_{20}$）；
③ 长链（$C_8 \sim C_{15}$）烷基苯；
④ 烷基萘（C_3 及以上烷基）；
⑤ 松香衍生物（松香来自松香树脂）；
⑥ 高分子量的环氧丙烷聚合物（聚丙二醇衍生物）；
⑦ 长链全氟烷基；
⑧ 聚硅氧烷基；
⑨ 木质素衍生物。

1.2.2　疏水性基团性质的一般影响

（1）疏水基的长度

增加疏水基的长度一般将导致下列影响：

① 表面活性剂在水中的溶解性降低，而在有机溶剂中的溶解性增加；
② 表面活性剂分子在界面上排列得更加紧密（只要亲水基团在界面上占据的面积允许）；
③ 增加表面活性剂在界面吸附和形成聚集体（称为胶束）的趋势；

④ 增加表面活性剂及其吸附膜的熔点和表面活性剂在溶液中形成液晶相的趋势；

⑤ 对于离子型表面活性剂，增加了其被反离子从水中沉淀出来的敏感性。

（2）支链化和不饱和度

在疏水基中引入支链或不饱和基团将产生下列影响：

① 增加表面活性剂在水或有机溶剂中的溶解度（与直链、饱和的异构体相比）；

② 降低表面活性剂和吸附膜的熔点；

③ 使表面活性剂分子在界面上的排列变得疏松（顺式异构体最为松散；反式异构体、饱和异构体几乎一样紧密），并能抑制溶液中液晶相的形成；

④ 在不饱和化合物中可能引起氧化和颜色变化；

⑤ 支链化合物会降低生物降解性；

⑥ 可能降低热稳定性。

（3）芳香核

疏水基中存在芳香核时可能产生下列影响：

① 增加表面活性剂在极性表面的吸附；

② 降低其生物降解性；

③ 使表面活性剂分子在界面上的排列变得疏松。脂环核（如存在于松香衍生物中的）在界面上的排列更加疏松。

（4）聚氧丙烯和聚氧乙烯（POE）单元

聚氧丙烯单元增加表面活性剂的疏水性、在极性表面的吸附性和在有机溶剂中的溶解性。POE 单元减弱表面活性剂的疏水性，或者增加其亲水性。

（5）全氟烷基或聚硅氧烷基团

这两类基团中的任一类作为表面活性剂的疏水基时，与烷烃类疏水基相比，都可以将水的表面张力降到更低值。全氟烷基表面既疏水又疏油。

在如此多的结构中，人们该如何选择合适的表面活性剂以达到特定的目的呢？或者，对于特定的目的，为什么只有某些表面活性剂适用而其他则不适用呢？经济因素通常是最重要的，除非使用表面活性剂的成本相对于其他费用而言是微不足道的，因此人们通常会选择能胜任这一工作的最便宜的表面活性剂。此外，环境影响（生物降解性，对水生生物的毒性和在水生生物体内的生物富集，见 1.3.1 节）以及用于个人护理用品时对皮肤的刺激性（见 1.3.2 节）也是值得考虑的重要因素。对于特定的目的，为了用合理的方法来挑选最好的表面活性剂或表面活性剂组合，避免采取费时又昂贵的试错实验，就需要了解：①目前常用的表面活性剂的特点（一般物理化学性质及用途）；②需要完成的工作中所涉及的界面现象以及表面活性剂在这些现象中的作用；③各种结构类型的表面活性剂的表面化学性质以及表面活性剂的结构与其在各种界面现象中行为的关系。以后的章节将尽量包含这些领域。

1.3 表面活性剂的环境影响

1.3.1 表面活性剂的生物降解性

表面活性剂是"功能"化学品，也就是说，它们在一些过程或产品中被用来完成一个特定的功能，这与其他有机化学品不同，后者可能用来生产另一种化学品或产品。由于它们被用在可能对环境产生影响的产品或过程中，因此它们的影响引起了人们的关注，尤其是它们在环境中的生物降解性和毒性，以及它们的降解产物对海洋生物和人类的影响。

近年来，这些担忧在公众心目中已经变得如此严重，以致对很多人来说，"化学品"一词已经成为"有毒化学品"的同义词。因此，许多化学品包括表面活性剂的制造商和使用者，已经对表面活性剂的生物降解性和毒性予以高度关注。此外，它们已经在寻找基于可再生资源的新型表面活性剂，即所谓的"绿色"表面活性剂（见 1.4.5 节）。

一篇关于表面活性剂生物降解性的优秀综述[1]指出：生物降解性随疏水基团的直链化增加而增强，对同分异构物质，随该基团的支链化增加而下降，尤其是当疏水基团末端带有季碳分支时。在疏水基团上，一个单独的甲基分支并不改变其生物降解速率，但其他的分支基团却可能改变。

在烷基苯和烷基酚衍生物异构体中，当苯基从直链烷基的末端附近移动到相对中间的位置时，降解性降低。

在 POE 类非离子中，生物降解性随氧乙烯基团数量的增加而下降。在分子中引入氧丙烯基团或氧丁烯基团时，生物降解性受到阻碍。当疏水基均为直链时，仲乙氧基化物比伯乙氧基化物降解得更慢。

在季铵盐阳离子表面活性剂中，氮原子上连有一个直链烷基的化合物比连有两个直链烷基的化合物降解得快，而后者又比连有三个直链烷基的化合物降解得快。与氮原子相连的甲基被苄基取代时，降解速率有微小的下降。吡啶类化合物的降解明显比相应的三甲基铵化合物慢得多，而咪唑啉类化合物的生物降解很快。羧酸已被确定为直链醇聚氧乙烯醚（AE）和烷基芳基磺酸盐的最终代谢产物。

1.3.2　表面活性剂的毒性和皮肤刺激性

由于表面活性剂已用于很多产品和配方中，例如清洗液、切割液、墨水以及颜料等[2]，它们对皮肤的刺激性是需要重点关注的，并且它们最终会进入地下蓄水层以及其他水源中。LD_{50}（半致死量：杀死一半的用于试验的物种所需要的剂量）和 IC_{50}（半最大抑制浓度：化合物抑制生物功能或生物化学功能的效能的量度）数据用来表示毒性的大小。

表面活性剂对海洋生物的毒性和在其体内的浓度取决于表面活性剂在生物表面的吸附趋势和对细胞膜的穿透能力[3]。对几种阴离子和非离子表面活性剂，人们发现参数 $\Delta G_{ad}^{\ominus}/a_m^s$ 与它们对轮虫的毒性有很好的相关性。这里 $\Delta G_{ad}^{\ominus}$ 是表面活性剂在水溶液-空气界面的标准吸附自由能（见第 2 章 2.3.6 节），a_m^s 为表面活性剂在界面上的最小截面积（见第 2 章 2.3.2 节）。该参数还被发现与一系列阳离子表面活性剂对轮虫和绿色藻类的毒性相关，以及与一系列直链烷基苯磺酸盐（LAS）在鱼体内的生物浓度[4]相关。

因此，表面活性剂的毒性随着疏水基链长的增加而增加。对同分异构体，毒性随支化程度增加或苯环移向直链烷基的中间位置而减弱；对直链醇聚氧乙烯醚，毒性随分子中氧乙烯单元的减少而增加。正如预期的那样，所有这些都是 $\Delta G_{ad}^{\ominus}$ 和 a_m^s 数值变化的结果。所以，从本节和 1.4.1 节中的数据可以看出，表面活性剂分子中的一些能够促进生物降解的化学结构（如疏水基长度和线型结构的增加或氧乙烯单元减少）可能会增加表面活性剂对海洋生物的毒性或在海洋生物体内的生物富集。

已经发现，阳离子表面活性剂的毒性大于阴离子表面活性剂，而阴离子表面活性剂的毒性又大于非离子表面活性剂。尽管阴离子表面活性剂对皮肤的刺激性大于非离子表面活性剂，但十二烷基硫酸钠（SDS）仍被用于很多个人护理用品中。烷基醚硫酸盐比烷基硫酸盐更加温和，所以被用于很多手洗餐具洗涤剂配方中。广泛分布于脂类、蛋白质和核酸分子中的带负电荷的基团，由于能与正电荷发生静电相互作用，可能是导致阳离子表面活性剂产生更高毒性的原因。这或许能解释某些这类表面活性剂的急性毒性和基因毒性。

即使用量很小，一些表面活性剂仍可能引起皮肤病问题。半最大有效浓度（EC_{50}），指的是经过指定的暴露时间后，引起的反应达到基线和最大值之间的一半所需要的药物、抗体或毒物的浓度，例如 SDS 对人类表皮的 EC_{50}=0.071%[5]。多元醇表面活性剂如烷基糖苷和两性表面活性剂如甜菜碱和氨基甜菜碱被认为对皮肤是温和的。表面活性剂的杀菌作用是通过研究其对黏膜和细菌表面的影响来考察的。表面活性剂的生物毒性也可以从表面活性剂在油水之间的分配来评价[6]。

1.4 商品表面活性剂的典型特征和用途

表面活性剂是重要的工业品，全世界年产量达到数百万吨。表 1.1 列出了 2000 年美国和加拿大的表面活性剂消费量。其中（A）部分显示了用百分比表示的不同离子类型的表面活性剂的消费量，而（B）部分显示了用吨表示的五种主要类型的表面活性剂的消费量。虽然无法获得当前的精确消费量数据（参见表的信息来源注释），但预计表面活性剂的消费量年均增长率为 2.4%。

表 1.1 2000 年美国和加拿大的表面活性剂消费量（不包括肥皂）

A 表面活性剂，以离子类型划分	
类型	消费比例 / %
阴离子	59
阳离子	10
非离子	24
两性离子及其他	7
总量	100
B 主要表面活性剂	
表面活性剂	消量 / kt
直链烷基苯磺酸盐	420
醇醚硫酸盐	380
脂肪醇硫酸盐	140
脂肪醇乙氧基化物	275
烷基酚乙氧基化物	225
其他	1625
总量	3065

资料来源：Colin A. Houston and Associates, Inc。

1.4.1 阴离子型表面活性剂

1.4.1.1 羧酸盐

（1）直链脂肪酸的钠盐和钾盐 $RCOO^-M^+$（肥皂）

特征：当碳原子数小于 10 时，水溶性太好而不具有表面活性；碳原子数（直链）超过 20 时，在水中不溶而无法使用，但可用于非水体系中（如用作润滑油或干洗溶剂中的洗涤剂）。

优点：①制备容易，在简单的设备中通过中和游离脂肪酸或皂化甘油三酯即可得到；②可以现场或就地制备（例如用作乳化剂时），一种方法是将脂肪酸加入油中，在水相中加入碱性物质，另一种方法是对甘油三酯进行部分皂化；③具有优异的物理性能，适用于制备香皂。

缺点：①与二价和三价金属离子形成不溶于水的皂盐；②容易被电解质如 NaCl 自水溶液中析出；③在 pH<7 时不稳定，产生水不溶的游离脂肪酸。

主要类型及用途：

① 牛油脂肪酸钠盐（牛油脂肪酸含 40%～45%油酸、25%～30%棕榈酸和 15%～20%硬脂酸）。用于制备香皂和碱性溶液中蚕丝脱胶。在使用硬水的工业应用中，应加入钙皂分散剂（磺酸盐和硫酸盐），以防止形成不溶性钙皂沉淀。

② 椰子油脂肪酸的钠盐和钾盐（椰子油脂肪酸的组成为：C_{12}，45%～50%；C_{14}，16%～20%；C_{16}，8%～10%；油酸，5%～6%；<C_{12}，10%～15%）。用于耐电解质肥皂（海水中洗涤）和液体肥皂中，尤其用于钾皂。

③ 妥尔油脂肪酸的钠盐和钾盐（妥尔油是造纸工业的副产物，为木材脂肪酸和松香酸的混合物，其中 50%～70%为脂肪酸，主要是油酸和亚油酸；30%～50%为松香酸，松香的主要成分），主要是"专用"制备或就地制备，用于各种工业清洗过程。还用作混凝土发泡剂。该产品的优点是便宜，比牛脂皂具有更好的水溶性和抗硬水性，在高浓度时比牛脂皂具有更低的溶液黏度，润湿性好。

目前在欧洲已经生产出长链合成脂肪酸肥皂，但在美国没有。

（2）脂肪酸的铵盐

三乙醇胺盐用于非水溶剂中和原位制备的乳化剂（游离脂肪酸在油相，三乙醇胺在水相）。脂肪酸与氨、吗啉和其他挥发性胺所生成的盐被用于抛光工艺中，这里铵盐水解后胺即挥发掉，膜中只剩下防水的物质。

（3）其他类型的皂

① 酰化氨基酸，见 1.4.5 节。

② 酰化多肽（来自部分水解的废皮蛋白质和其他废弃蛋白质）用于制备头发用品和香波、碱性清洗用品、脱蜡剂等。具有优良的去垢性和抗硬水性。优点是能溶于高浓度的碱盐水溶液中，对皮肤无刺激，减少其他表面活性剂（例如 SDS）对皮肤的刺激性，大量用于头发，赋予纺织品柔软性。缺点是遇到高浓度的 Ca^{2+} 或 Mg^{2+} 或酸（pH<5）会产生沉淀。发泡性比十二烷基硫酸盐低。用作发泡剂时需要用泡沫促进剂。

（4）脂肪醇聚氧乙烯醚羧酸盐（烷基醚羧酸盐）$RO(CH_2CH_2O)_xCH_2COO^-M^+$（一般 x=4）

通过 AE 的末端羟基与氯乙酸钠反应所得产品。与相应链长的肥皂相比碱性较弱，归因于分子中与羧基相邻的醚氧原子。

该类产品的优点是对皮肤刺激性小，具有优良的抗硬水性，在碱性介质中有很好的稳定性。

基于 C_{12}～C_{14} 醇和低 EO 含量的产品用于头发和皮肤护理用品中。具有短烷基链（C_4～C_8）的产品由于发泡性差，用于工业洗涤剂产品中。这类产品还用作乳化剂、增溶剂、分散剂、纺织品和金属洗涤剂等。

1.4.1.2　磺酸盐

（1）烷基苯磺酸盐（LAS）$RC_6H_4SO_3^-M^+$

工业上生产烷基苯（烷基化物）有三种工艺，即以直链烯烃为原料，分别用 HF、$AlCl_3$ 和固体酸作为催化剂进行烷基化。这几种工艺得到的产品都是同系混合物，其中苯基连接在烷基链上除 1-位以外的其他任意位置。用 $AlCl_3$ 和目前工业化的固体酸催化工艺进行烷基化，倾向于生成 2-位和 3-位的产品，称为高效 2-苯基烷基化。HF 烷基化工艺中，苯基沿烷基链的分布更加均匀，或更服从统计分布，称为低效 2-苯基烷基化。这两种类型的烷基化物既有很多共同点，也有很多不同。用老的 HF 烷基化工艺（低 2-苯基）生产的烷基苯仍然占据很大的比例；然而所有新建的工厂以及改进的 $AlCl_3$ 烷基化工厂都生产高 2-苯基烷基化物。高 2-苯基烷基化物对液体洗涤剂产量的增加是有利的，而低 2-苯基烷基化物则主要用于粉状洗涤剂中。磺化产品主要以钠盐出售，但也有钙盐（油溶性的或在油中可分散的）和铵盐（溶于或分散于有机溶剂）出售。大多数情况下，烷基部分的链长大约为 12 个碳。LAS 相对来说是便宜的，但生产中需用耐酸设备并且在大规模生产中需要复杂的 SO_3 磺化设备。这些要求也适用于脂肪醇硫酸盐（AS）和醇醚硫酸盐（见"硫酸酯盐"），它们可以用同样或类似的磺化设备来制造。产品大部分以磺酸形式出售，供与碱中和（通过处理器）。钠盐是工业和高泡家用洗涤剂中应用最广的表面活性剂。三乙醇胺盐用于液体洗涤剂和化妆品；异丙基胺盐用于干洗剂中，因为它能溶于烃类化合物中。二甲胺盐用于农用乳状液和干洗溶剂中（用于增溶去除水溶性污渍的水）。

优点：完全电离，是水溶性的，且不含磺酸。因此水溶性不会受低 pH 值的影响，钙盐和镁盐是水溶性的，也不会受硬水影响。在大多数应用场合，钠盐在电解质如 NaCl、Na_2SO_4 存在时有足够的溶解性。在热酸热碱中不易水解。

缺点：烷基苯磺酸盐（LAS）不溶于除乙醇以外的有机溶剂。在有氧条件下，LAS 是容易、快速、完全生物降解的。这是其可以从环境中去除的关键。然而，在无氧条件下，LAS 仅能进行初级生物降解，尚未有完全降解的证据报道。LAS 可能引起皮肤刺激。

在疏水基直链烷基的中间位置引入一个甲基可以增加其水溶性并改进其性能。

（2）长链烷基苯磺酸盐

C_{13}～C_{16} 同系物油溶性增强，用作润滑油添加剂。

（3）苯、甲苯、二甲苯和异丙基苯磺酸盐

用作水溶助长剂。例如增加 LAS 和其他成分在水溶液配方中的溶解性，用来稀释肥皂凝胶和洗涤剂料浆。

（4）木质素磺酸盐

它们是造纸工业的副产物，主要是钠盐和钙盐，有时也可做成铵盐，用作固体分散剂或水包油乳状液的稳定剂。它们是相对分子质量为 1000～2000 的磺化聚合物，分子中含有复杂的结构，包括游离酚基、伯醇基和仲醇基以及羧酸盐基团。磺化基团位于与酚基结构相连接的 C_3 烷基的 α-位或 β-位。它可以降低燃料、杀虫剂和水泥的水悬浮液的黏度并使其保持稳定。

优点：它们属于最便宜的表面活性剂之一，可以大量得到，并且在使用时产生非常少的泡沫。

缺点：颜色很深，溶于水，但不溶于包括醇在内的有机溶剂，不会产生明显的表面张力下降。

（5）石油磺酸盐

用浓硫酸或发烟硫酸精炼特定的石油馏分生产白油时得到的产品。是复杂脂环族和芳香族的烃类化合物的磺酸盐，可以是金属盐和铵盐。

用途：三次采油。低分子量（435～450）的钠盐可以在水溶性金属切油中用作 O/W 乳化剂；矿石浮选中作起泡剂；干洗皂中的成分；高分子量的钠盐（450～500）可以在有机溶剂中用作防锈剂和颜料分散剂；铵盐被用作无灰防锈剂以及燃料油和汽油中的可溶分散剂；镁盐、钙盐和钡盐在燃料石油中用作沉淀物分散剂；在润滑油中用作金属防腐剂。

优点：便宜。

缺点：颜色深，含有未被磺化的烃类化合物。

（6）N-酰基-N-烷基牛磺酸盐 $RCON(R')CH_2CH_2SO_3^-M^+$（牛磺酸是 2-氨基乙基磺酸）

在软水中，N-甲基衍生物的溶解性、起泡性、去垢性和分散能力与相应的脂肪酸皂相当，但这些物质在硬水和软水中都有效。它们对低 pH 值不敏感，是很好的润湿剂。它们表现出很好的耐酸碱水解作用、良好的皮肤相容性以及很好的钙皂分散能力。

应用：与肥皂混合用于泡沫浴产品和香皂中，因为它们与肥皂混合时不会像其他阴离子那样导致泡沫或起泡性降低。用于碱性洗瓶剂和海水洗涤用品中，因为它们的盐是水溶性的，即使水中含有高浓度电解质。增加纤维和人造纤维的柔软感（与肥皂和脂肪醇硫酸盐 AS 相似，与非离子和烷基芳基磺酸盐不同）。在可湿性杀虫粉中作润湿剂和分散剂。

（7）链烷磺酸盐，仲链烷磺酸盐（SAS）

在欧洲用 C_{14}～C_{17} 的直链正构烷烃与 SO_2 和 O_2 通过磺氧化反应制得。正构烷烃是通过分子筛从煤油中分离出来的。

应用：性能与 LAS 相似，用于家用洗涤液，主要是轻垢型洗涤液。也用于聚乙烯乳液聚合中作乳化剂。还用于多种聚合物［聚氯乙烯（PVC）和聚苯乙烯］中作抗静电剂。含有 50%烷烃的未纯化链烷磺酸盐主要用于皮革脱脂。

优点：据报道，与 LAS 相比，其水溶性略好，水溶液的黏度略低，与皮肤的相容性较好，低温下生物降解性略好。

（8）α-烯烃磺酸钠（AOS）

通过 SO_3 和直链 α-烯烃反应制得。这种产物是烯基磺酸盐和羟基烷基磺酸盐的混合物（主要是仲链烷磺酸盐和 4-羟基链烷磺酸盐）。

优点：研究发现 AOS 比 LAS 更易生物降解，对皮肤的刺激性较小。在硬水中表现出优良的发泡性和去垢性。由于水溶性好，产品可以有较高的活性物含量。

（9）芳基烷基磺酸盐 $R(CH_2)_mCH(\Phi R')(CH_2)_nSO_3^-M^+$

由烯烃经磺化、再与芳烃化合物反应制得。用于农业、沥青、洗涤剂、从储油层中提高石油采收率，以及润滑油中。

优点：相对便宜。通过改变烯烃和芳香化合物的种类，可以获得很多不同的结构，包括双子（Gemini）型二磺酸盐（见第12章）。

（10）磺基琥珀酸酯盐 $ROOCCH_2CH(SO_3M^+)COOR$

用作涂料、打印墨水、纺织品、农用乳状液的润湿剂。二辛基（2-乙基己基）酯类化合物既溶于水，也能溶于有机溶剂，包括烃类，因此可用于干洗溶剂中。单酯与其他阴离子表面活性剂一起用于化妆品中，可以降低后者对皮肤和眼睛的刺激性。

优点：可以得到不含无机盐的产品，因此可在有机溶剂中完全溶解，用于必须避免使用电解质的场合。酰胺单酯属于对眼睛刺激性最低的阴离子表面活性剂之一。

缺点：在热的酸、碱溶液中会水解。二烷基酯对皮肤有刺激性（单酯没有）。

（11）烷基二苯醚磺酸盐（DPES）$RC_6H_3(SO_3^-Na^+)OC_6H_4SO_3^-Na^+$

由联苯醚经烷基化、再经磺化制得。C_{16} 同系物在清洗剂中用作去污剂，C_{12} 和 C_{16} 同系物在乳液聚合中用作乳液稳定剂，C_{10} 同系物用于含大量电解质的配方中，C_6 同系物用作水溶助长剂。

优点：次氯酸钠在 DPES 溶液中有很好的稳定性。

缺点：工业级产品是单、双、三烷基二苯醚的单、双磺酸盐的混合物，每种化合物都有不同的性能。

（12）烷基萘磺酸盐

主要是丁基和异丙基萘磺酸盐，用作粉体润湿剂（农用可湿性粉状杀虫剂），也可用于涂料配方中作润湿剂。

优点：作为非吸湿性粉末混入配方粉体中。

（13）萘磺酸-甲醛缩合物

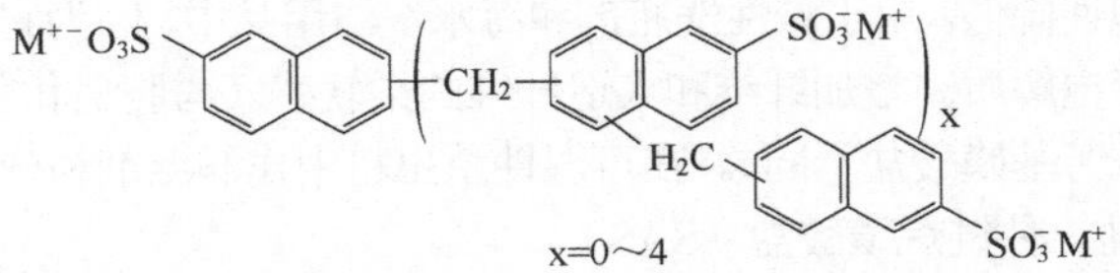

$$x=0\sim4$$

应用：与木质素磺酸盐类似（固体在水介质中的分散剂、固体助磨剂），与常见的木质素磺酸盐相比，颜色较浅，泡沫少。

（14）酰基羟乙基磺酸酯钠盐 $RCOOCH_2CH_2SO_3M^+$

用于化妆品配方、合成香皂、香波和泡沫浴中。其中的羟乙基磺酸是2-羟基乙基磺酸。

优点：优良的去污力和润湿性，较好的钙皂分散能力，良好的起泡性，对皮肤的刺激性比 AS 小。

缺点：在热碱液中水解。

1.4.1.3　硫酸酯盐

（1）伯醇硫酸酯盐（AS）$ROSO_3M^+$

伯醇 AS 是广泛使用的表面活性剂之一，由脂肪醇直接硫酸化制得。

所用的脂肪醇既可以来自油脂化学品，也可以来自石油化学品。从油脂化学品得到的 AS，其疏水基基本上是直链的；而从石油化学品制取的 AS，其疏水基可以是直链的，也可以是高度支链化的，取决于不同的制备方法。为了获得较好的性能，通常使用链长为十二烷基到十六烷基的混合醇。

最普通的工业硫酸化工艺是"薄膜"硫酸化法，即气体 SO_3 与呈薄膜状的醇发生反应。

另一种是氯磺酸工艺，适用于实验室使用，有时也用于工业化生产。两种方法都能制备出色泽优良的 AS。

优点：AS 具有优良的发泡性，特别是当产品中含有少量未硫酸化的原料醇时。在水的硬度不太大时，AS 也是较好的洗涤剂；食品级 AS 也用于食品和制药工业中。

缺点：AS 在热的酸性介质中容易水解。对皮肤和眼睛有刺激作用。如果没有助洗剂存在，AS 在高硬度水中容易形成钙盐和镁盐，从而降低了它们作为清洁剂的效果。

产品类型及应用：钠盐是最普通的一种类型。钠盐 AS 可以用于洗衣粉中，作为含氨基基团的纤维的缓染剂，在牙膏中用作发泡剂，在食品和化妆品中用作乳化剂，在水溶液中作为染料分散剂。为了降低洗衣粉的吸湿性，可以使用十二烷基硫酸镁，它在硬水中有较大的溶解度，并且比相应的钠盐具有更好的耐碱性。

二乙醇胺盐、三乙醇胺盐和铵盐用于手洗型餐具洗涤液、洗发水和化妆品中，在这些产品中，它们的高溶解性和微酸性的 pH 值，正是人们所期望的。

与碳原子数相同的直链 AS 相比，当疏水基中含有一个甲基支链时，产品的水溶性更好，抗钙离子的能力更强，生物降解性相当。支链 AS 已经被用于一些洗涤剂中。

（2）直链醇聚氧乙烯醚硫酸盐（AES）$R(OC_2H_4)_xSO_4^-M^+$

R 通常含有 12 个碳原子，x 的平均值一般为 3，但聚氧乙烯链长有较宽的分布，通常有 14% 左右的醇未发生乙氧基化反应。通过使用新型催化剂，已经得到 POE 链长分布较窄的商品。这些新产品中，未发生乙氧基化反应的醇含量较低（约 4%），它们的表面和体相性质与常规 AES 几乎相同。由于未乙氧基化醇的含量降低，与常规 AES 相比，这些新产品的耐硬水性更好，对皮肤的刺激性更小。

与 AS 相比具有的优点：水溶性更好，耐电解质能力提高，是更好的钙皂分散剂，产生的泡沫对硬水和蛋白质污垢有更好的耐受力。铵盐对皮肤和眼睛的刺激性更小，可形成高黏度溶液（用于洗发水中较有利）。

应用：在轻型液体洗涤剂中可以提高泡沫的特性；在无磷重型液体洗涤剂中与非离子表面活性剂一起使用；应用在洗发水中。

（3）硫酸化甘油三酯油［硫酸化（或磺化）油］

通过硫酸化甘油三酯中脂肪酸部位的羟基（双键）得到（所用甘油三酸酯的碘值范围是 40～140）。原料主要是蓖麻油（脂肪酸主要是 12-羟基油酸），但也有鱼油、牛脂和鲸油（含 25% 油基脂肪酸，50% C_{16} 饱和脂肪酸，其余为 C_{18} 饱和脂肪酸和 C_{16} 不饱和脂肪酸）。这是人工合成的第一种表面活性剂（1850）。主要用作纺织品润湿剂、清洁剂以及整理剂。还在纺织品整理剂、金属切割油、皮革浸泡液配方中用作乳化剂。

优点：便宜；室温下将油与浓硫酸混合反应即可制得；产物是复杂的混合物，因为在制备过程中，产品会水解生成硫酸化单甘酯、二甘酯，甚至游离脂肪酸，还能发生轻度的磺化（在脂肪酸的 α-位），因此具有多种多样的性质。在纤维上吸收后会给人柔软感。该产品发泡性差，并能降低其他表面活性剂的发泡能力。

缺点：在热酸或热碱溶液中容易水解。

（4）脂肪酸单乙醇酰胺硫酸盐　$RCONHCH_2CH_2OSO_3^-Na^+$

RCO 一般源自椰子油。该产品由单乙醇胺和脂肪酸酰胺化后再经硫酸化制得。

应用：洗发水；餐具洗涤剂；轻垢液体洗涤剂；工业洗涤剂；润湿剂；乳化剂。

与 AS 相比具有的优点：对皮肤的刺激性低；更耐电解质；更好的钙皂分散剂；泡沫对硬水有更好的耐受力；对油污有更好的清洁力。

缺点：热酸性介质中容易水解。

（5）脂肪酸单乙醇酰胺聚氧乙烯醚硫酸盐 $RCONHCH_2CH_2O(CH_2CH_2O)SO_3^-Na^+$

RCO 通常源自椰子油，由脂肪酸或脂肪酸甲酯与单乙醇胺发生酰胺化反应，再经乙氧基化和硫酸化得到。

应用：洗发水；沐浴香波；餐具洗涤剂。

优点：泡沫稳定性好，对皮肤的刺激性比 AES 低，水溶液的黏度高。这种物质对皮肤的刺激性比相应的脂肪酸单乙醇酰胺硫酸盐更低。

缺点：在热酸性介质中容易水解。

1.4.1.4　磷酸酯和多聚磷酸酯　$R(OC_2H_4)_xOP(O)(O^-M^+)_2$ 和　　$[R(OC_2H_4)_xO]_2P(O)O^-M^+$

这类物质主要是磷酸化 POE 醇和酚，一些是烷基磷酸钠盐（未进行乙氧基化）。这些物质可以以游离酸或者钠盐或铵盐的形式提供。产品往往是单磷酸酯和二磷酸酯的混合物。

优点：游离酸在水和包括一些烃类在内的有机溶剂中具有很好的溶解性，由于其酸性与磷酸相当，因此可以以游离酸的形式使用。发泡性低，不会被热碱水解，颜色不受影响；这些物质具有很好的耐硬水性和耐浓电解质的能力。

缺点：用作润湿剂、发泡剂、洗涤剂时仅具有中等表面活性。比磺酸盐要贵一些。钠盐在烃类溶剂中不溶。

应用：乙氧基化的磷酸酯在农用乳液（杀虫剂、除草剂），特别是那些需要与浓缩液体肥料相混合的乳液中用作乳化剂，这些乳状液需要在高电解质浓度下维持稳定。亦可用于干洗、金属清洗和加工以及作为水溶助长剂（短链产物）。

未经乙氧基化的单烷基磷酸酯对皮肤基本上没有刺激作用，因此被用于个人护理用品中。与肥皂不同，十二烷基磷酸单酯钠盐在弱酸性介质中能很好地发挥作用，因此用于洗面奶和沐浴露中作洗涤剂。十六烷基磷酸单酯的钾盐或烷醇铵盐在护肤品中用作乳化剂。在合成这些产品的过程中，必须避免二烷基磷酸酯的生成，因为它能降低发泡性和水溶性。

1.4.1.5　含氟阴离子表面活性剂

在水溶液中，全氟羧酸比脂肪酸电离得更加完全，因此不受酸或多价阳离子的影响。它们对强酸、强碱、还原剂和氧化剂以及热（有时可以超过 600℉）具有很好的耐受性。它们比相应的羧酸具有更好的表面活性，与碳氢链表面活性剂相比，它们可以把水的表面张力降到更低的数值。它们在有机溶剂中也具有很好的表面活性。全氟烃基磺酸盐也具有突出的化学稳定性和热稳定性。

应用：氟代单体水乳液的乳化剂，镀铬液形成铬酸雾或飞沫的抑制剂，作为"轻水"用于控制油和汽油火焰，在纺织品、纸和皮革上形成既疏水又疏油的表面，抑制挥发性有机溶剂的蒸发等。

缺点：比其他表面活性剂要贵很多，即使是直链也不易生物降解。

氟代聚环氧烷

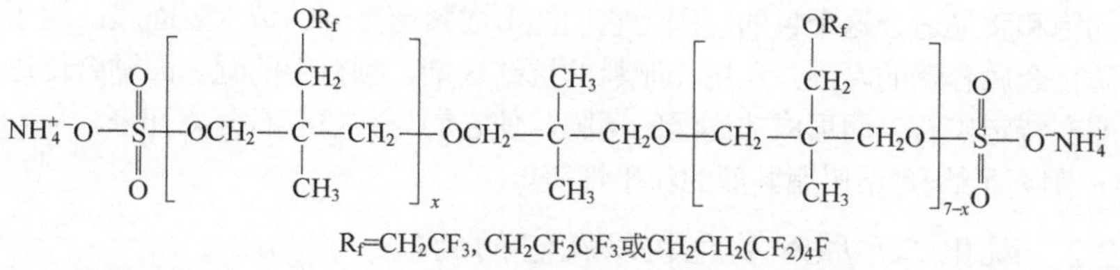

$R_f=CH_2CF_3,\ CH_2CF_2CF_3$ 或 $CH_2CH_2(CF_2)_4F$

以路易斯酸作催化剂，二醇作起始剂，使全氟烃基取代的环氧丁烷单体发生开环阳离子聚合反应，会生成双亲性 α,ω-二醇。末端羟基硫酸化形成一种阴离子 bola 型两亲分子。

应用：在水基涂料和一些溶剂型涂料中是有效的润湿剂、降黏和流平助剂。摇动时仅产生少量泡沫。

优点：与传统的具有较长全氟烃链的小分子含氟表面活性剂相比，对环境的影响更小。

1.4.2 阳离子表面活性剂

优点：它们与非离子表面活性剂和两性离子表面活性剂具有良好的相容性。具有表面活性的部分带正电荷，因此可以牢固地吸附于大多数固体表面（它们通常是带负电荷的），并赋予基质特殊的性质。表 1.2 给出了一些实例。这种吸附可用于制备一种特殊的乳状液，它们与带负电荷的基底接触时即会破乳，而活性物质则沉积在基底上。

表 1.2 基于阳离子表面活性剂在固体基质上吸附的一些用途

基质	用途
天然和合成纤维	纤维柔软剂、抗静电剂、纺织助剂
肥料	抗结块剂
草	除草剂
筑路骨料	沥青黏合促进剂
金属	防腐剂、缓蚀剂
染料、色素	分散剂
塑料	抗静电剂
皮肤、角蛋白	化妆品、头发调理剂
矿石	浮选剂
微生物	杀菌剂

来源：M. K. Schwitzer, Chemistry and Industry, 822 (1972)。

缺点：大多数与阴离子表面活性剂不相容（氧化铵类除外）。一般比阴离子和非离子表面活性剂要贵。去污力差，对炭的悬浮性差。

1.4.2.1 长链胺类及其盐 $RNH_3^+X^-$

伯胺来源于动植物脂肪酸和妥尔油。$C_{12}\sim C_{18}$ 合成伯胺、仲胺和叔胺能牢固地吸附于大多数带负电荷的表面。在强酸溶液中易溶并且非常稳定，对 pH 值的变化敏感，在水中当 pH 值在 7 以上时失去电荷并且不溶。

应用：pH 值小于 7 时作阳离子乳化剂、金属表面的防腐剂，防止水、盐和酸的腐蚀作用。长链的饱和胺最适合这个目的，因为它能形成紧密排列的疏水表面膜。用于燃油和润滑油中，防止金属容器的腐蚀。还用作肥料的抗结块剂，颜料中的湿表面黏合促进剂，矿石浮选剂，即在特定矿石表面形成非润湿的薄膜，使它们与其他矿石分离开来。

缺点：阳离子蜡和蜡-树脂乳液的流平性差。

1.4.2.2 酰化二元胺和多元胺以及它们的盐

用途和性质与上述产品类似。(RCONHCH$_2$CH$_2$)$_2$NH 这类物质用于铺路沥青中，作为潮湿路面上的黏合促进剂。

其他用途：矿石浮选剂，在矿石或杂质上形成疏水表面；颜料涂层，使亲水性颜料变为疏水性颜料（吸附的二元铵盐使表面带正电荷，然后再吸附脂肪酸阴离子，形成强烈化学吸附的疏水单分子层）。

1.4.2.3 季铵盐

优点：分子中的电荷不受 pH 值变化影响，在酸性、中性和碱性溶液中都能保持正电荷。

缺点：由于在所有的 pH 范围内都能保持其水溶性，所以很容易从吸附的表面上移除（非季铵类胺在 pH 值大于 7 时在水中不溶解是一种优势）。双长链烷基二甲基氯化铵不易生物降解。烷基吡啶盐在碱性水溶液中不稳定且颜色会变深。烷基三甲基卤化铵甚至在热碱溶液中也非常稳定。

应用：N-烷基三甲基氯化铵 RN$^+$(CH$_3$)$_3$Cl$^-$ 在（漂洗时使用的）纤维柔软剂中用作染料转移抑制剂。也用作酸性乳液的乳化剂，或者用于希望乳化剂在基质上被吸附的场合（例如，对乳液型杀虫剂，乳化剂在基质上的吸附将导致乳液破乳，从而释放出水不溶性的活性成分）。工业应用的高效杀菌剂（双长链烷基衍生物效果不如单长链烷基化合物；乙氧基化明显降低杀菌效果，氯代芳香环则增加杀菌效果）。

N-苄基-N-烷基二甲基卤化铵 RN$^+$(CH$_2$C$_6$H$_5$)(CH$_3$)$_2$Cl$^-$ 可用作杀菌剂、消毒剂和食品生产设备的消毒杀菌剂。它们与碱性无机盐和非离子表面活性剂有良好的相容性，因此与它们一起用于公用餐具消毒清洗剂（餐馆、酒吧）。它们也用作头发护理剂（冲洗掉香波之后使用），因为它们能吸附在头发上，增加柔软性和抗静电性。十六烷基衍生物可用于口服消毒杀菌剂中。十六烷基溴化吡啶可用于口腔清洁。二十二烷基三甲基氯化铵用于头发漂洗剂和头发护理剂中，因为它们比短链的阳离子能更牢固地吸附在头发上，表现出柔软性和抗静电性。

R$_2$N$^+$(CH$_3$)$_2$Cl$^-$ 一类的双烷基二甲基铵盐和具有如右图所示结构的咪唑啉盐在纺织业和家用洗衣机漂洗过程中用作织物柔软剂。它们以疏水基团背向纤维的定向方式吸附在纤维表面，赋予纺织物蓬松性和柔软性。

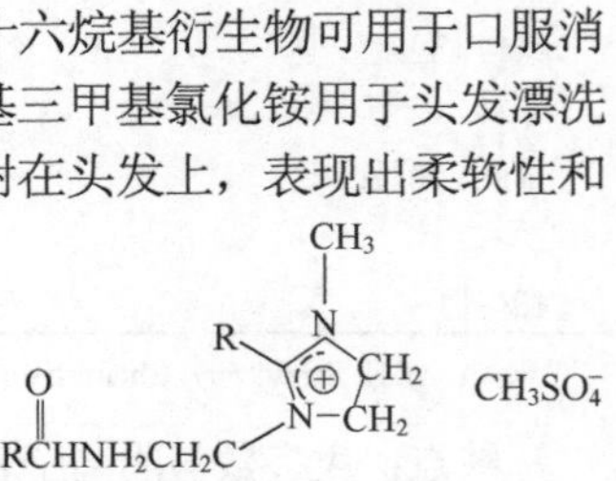

（R 来源于牛脂或氢化牛脂）

目前结构形式为 (RCO$_2$CH$_2$CH$_2$)$_2$N$^+$(CH$_3$)CH$_2$CH$_2$OH·CH$_3$SO$_4^-$ 的三乙醇胺酯基季铵盐（TEAEQ），在欧洲和其他地方是取代咪唑啉和二烷基二甲基铵盐类作为织物柔软剂的最好选择。

优点：容易降解，具有环境友好性。

缺点：尽管双酯季铵盐是理想的成分，具有最好的性能，但商品 TEAEQ 是一种混合物，大部分是单酯化合物季铵盐、三酯季铵盐以及三酯胺。因此相对于其他类型的纤维柔软剂，它的性能表现为中等。

1.4.2.4　长链聚氧乙烯胺类　$RN[(CH_2CH_2O)_xH]_2$

这类化合物结合了氨基基团的阳离子特性和 POE 链增加的水溶性。随着聚氧乙烯含量的增加，阳离子特性降低，产品性质更趋向于非离子表面活性剂（例如，pH 值的变化对其水溶性不会有多大的影响，与阴离子表面活性剂的不相溶性消失）。如果聚氧乙烯含量足够高，该物质无需酸性介质就能溶解。

应用：在生产黄原酸酯人造纤维的过程中，用于提高再生纤维细丝的拉伸强度，并保持喷丝头不结壳。在除草剂、杀虫剂、抛光剂和乳化石蜡中用作乳化剂，这些乳状液与基底接触时，乳液液珠破坏，使油相沉积在基底表面。

优点：与无机酸或低分子量有机酸形成的盐是水溶性的，与高分子量的有机酸形成的盐是油溶性的，即使游离的 POE 胺也是油溶性时结果也这样。与其他 POE 衍生物一样，在水中加热时溶解性能够反转。

1.4.2.5　季铵化长链聚氧乙烯胺　$RN^+(CH_3)[(C_2H_4O)_xH]_2Cl^-$

用作纺织品抗静电剂（离子电荷驱散静电荷；聚氧乙烯基吸附水，也驱散电荷）。也用作匀染剂（缓染剂），在染色过程中通过暂时性地与染料分子竞争纤维表面的染色位点，从而使活性最高的位点（染料在此位点吸附最快）的染色速率降低至与活性较低的位点相同。这样就使得染色更加均匀。该类产品还用作金属表面的防腐剂。$(RCONHCH_2CH_2)_2N^+(CH_3)(CH_2CH_2O)_xH·CH_3SO_4^-$（RCO 来自牛脂）可以用作家用洗衣漂洗纤维柔软剂，提高沥青的黏附力（通过在基质表面的吸附形成疏水亲油薄膜）。还用作黏土在油脂中的分散剂、极性化合物（脂肪酸、胺类等）水包油乳状液的乳化剂。其三氟乙酸盐用作发泡剂，产生的泡沫可以降低镀铬过程中的铬酸雾。$[RCONH(CH_2)_3N(CH_3)_2CH_2CH_2OH]^+NO_3^-$用作塑料的表面和内部抗静电剂。

1.4.2.6　氧化铵　$RN^+(CH_3)_2O^-$

一般是 N-烷基二甲基氧化胺。氧化胺尽管实际上是两性表面活性剂，但通常被分属于阳离子表面活性剂，在后续章节（包括表格）中也如此分类。它们可以与阴离子、阳离子、非离子和其他两性表面活性剂相容。在浓电解质溶液中表现出很好的润湿性。在适当的条件下，例如，在低 pH 值或有阴离子表面活性剂存在时，氧化胺分子会结合一个质子形成阳离子共轭酸，该共轭酸与阴离子表面活性剂形成 1:1 的盐，这种盐的表面活性要比相应的阴离子表面活性剂和氧化胺的表面活性高得多。在阴离子洗涤剂、液体餐具清洗剂以及洗发香波中用作泡沫稳定剂。也可以增加香波的黏稠度和头发的柔顺性。十六烷基二甲胺氧化物可用于电镀液中。十八烷基衍生物可以增加纤维和头发的柔软性。

相对于烷醇酰胺稳定剂的优点：低浓度时有效。

1.4.3　非离子表面活性剂

优点：它们可以与其他任何表面活性剂相容。通常以 100% 活性物的产品形式存在，不含电解质。耐硬水、多价金属阳离子以及高浓度电解质。溶于水和有机溶剂，包括烃类溶剂。

POE 非离子表面活性剂通常是很好的碳分散剂。

缺点：产品通常是液体或膏状体，很少有不黏性固体。发泡能力差（有时这也是优点）。没有电效应（例如不会强烈地吸附于带电表面）。氧乙烯（EO）衍生物在水中的溶解度显示反向的温度效应，加热后有可能变得不溶。工业品是多种长链 POE 产品的混合物。末端带有羟基的 POE 链在强碱性条件下会变黄（由于氧化），可以通过醚化（封端）来避免。

1.4.3.1 聚氧乙烯烷基酚（烷基酚乙氧基化物，APE） $RC_6H_4(OC_2H_4)_xOH$

主要是对壬基酚、对辛基酚和对十二烷基酚（有时还有二壬基酚）聚氧乙烯醚，这些烷基酚分别由二聚异丁烯、三聚丙烯或四聚丙烯衍生得到。

优点：通过改变苯酚上的烷基链长度或 POE 链的长度，可以获得一系列具有不同溶解性的产品，如不溶于水但溶于脂肪烃的产品（1~5mol EO），与水混溶但不溶于脂肪烃的产品。POE 连接部分对热的稀酸、稀碱（除了有时会变黄）和氧化剂稳定。这是由于分子中存在多个能水化的醚连接键所致。与脂肪醇聚氧乙烯醚相比，APE 的优点是产品中绝对不含有游离的烷基酚，因为酚羟基的反应活性比醇羟基更高。因此绝不会产生由游离酚引起的毒性或皮肤病问题，也不存在由游离疏水基引起的其他问题。

缺点：尽管 APE 在有氧条件下可以完全降解，但与其他非离子表面活性剂如直链的 AE 相比，降解速率要慢一些。有氧降解的中间体对鱼和其他水生有机体的毒性比其母体 APE 更大。目前有报道表明，APE 在实验室模拟体系测试中表现出一定的内分泌混乱活性，虽然从人类的流行病学的数据来看，尚未发现在实际环境体系中 APE 具有普遍的内分泌混乱活性的清晰证据[7]。

应用：由于降解性较差，主要作为工业产品用。水不溶性产品用作 W/O 乳化剂、泡沫控制剂、助溶剂；水溶性产品用于涂料、农用乳状液、各种工业乳状液以及化妆品中作 O/W 乳化剂。高 EO 含量的物质（>15mol EO）在高电解质浓度体系中用作洗涤剂和乳化剂，混凝土用作发泡剂。也用作液体洗涤剂和纤维素缓染剂（表面活性剂与染料分子形成复合物），是优良的碳分散剂。

1.4.3.2 直链醇聚氧乙烯醚(AE) $R(OC_2H_4)_xOH$

如同合成脂肪醇硫酸盐（AS）和脂肪醇聚氧乙烯醚硫酸盐（AES）一样，合成 AE 的原料可以是天然醇，也可以是合成醇。因此其疏水部分有较大的变化，从直链型的到高度支链化的都有。当采用来自天然原料的天然醇和一些来自石油化学原料的合成醇时，疏水部分是直链型，而当采用其他来源于石油化学原料的合成醇时，疏水部分则包含高度的分支结构。工业品一般是用包含几个不同碳链长度的混合醇来生产的。这些表面活性剂的合成，一般用 NaOH 或 KOH 作为催化剂，将环氧乙烷通入混合醇中，直至达到预设的平均数。最终得到的是碳链长度和环氧乙烷加成数皆有一定分布的混合产物。采用所谓的"窄分布"催化剂，可以降低 EO 数的分布宽度。与饱和醇衍生物相比，油醇衍生物具有更好的流动性；但饱和醇衍生物的润滑性优于不饱和醇衍生物。与 APE 类似，AE 主要用于工业用途，还用于低泡和限泡洗涤剂中。

优点：由于其疏水基部分、亲水基部分以及 EO 数分布皆可以变化，因此可以通过优化 AE 的结构以获得最佳性能。AE 比 APE 更容易生物降解。AE 对高离子强度和硬水的耐受力比阴离子表面活性剂要强得多，而在热碱性溶液中的稳定性优于脂肪酸聚氧乙烯酯。在洗涤剂配方中，AE 与酶制剂有良好的相容性，其水溶性和润湿能力皆优于相应的脂肪酸聚氧乙烯酯。与相应的 APE 相比，AE 具有更好的乳化能力。AE 的水溶性大大优于 LAS，因此广泛用于配制高活性物含量的重垢无磷液体洗涤剂。在低温洗涤以及洗涤合成纤维时，AE 的去污力比 LAS 更好。

　　缺点：在洗衣粉配方中，AE 的浓度如果太高，则常常会从洗衣粉中析出，导致洗衣粉的性能变差。这是由于 AE 是由乙氧基化程度不同的混合物组成的，产品中甚至还含有未发生乙氧基化反应的原料醇。如果游离醇含量比较大，将会使产品产生难闻的气味。这种情况可以通过使用"窄分布"催化剂得到一定程度的改善。

　　这些窄分布产品的水溶液显示出低毒性、低黏度、低凝胶化温度，并且在很宽的浓度范围内保持流动性。在喷雾干燥过程中，放出的挥发性物质减少，因为与传统产品相比，这些窄分布产品中所含有的未反应醇量显著减小。这种产物对棉布的润湿力、发泡性（但稳泡性不好）以及降低矿物油与水的界面张力的效率和效能均优于传统型产品。当用这类 AE 通过硫酸化过程来生产 AES 时，产品中未聚氧乙烯化的脂肪醇硫酸盐含量减小，对皮肤的刺激性小，更容易通过加盐而变稠。

　　应用：AE 是一种优良的去除油污的洗涤剂，经常被用于洗衣产品中，特别是液体洗涤剂中。它们也是优良的乳化剂和悬浮分散剂，在很多工业领域中广泛使用，是 APE 的有力竞争者。

1.4.3.3　环氧乙烷-环氧丙烷嵌段共聚物

　　EO 含量较小的物质几乎没有发泡性；分子量高、EO 含量低的物质是润湿剂。EO 含量高的物质是分散剂。产品的分子量范围为 1000～30000。当疏水性部分（聚环氧丙烷）的分子量大于 1750 时，能够形成水凝胶。

　　应用：高分子量、高 EO 含量物质可用于乳胶漆中作颜料分散剂，或者作为锅炉除垢剂；低分子量、高 EO 含量物质在洗涤剂或者餐洗漂洗助剂中用作泡沫抑制剂。还用作石油破乳剂。

　　优点：可以通过改变疏水基 $-(CH_2CH(CH_3)O)_x-$ 和亲水基 $-(CH_2CH_2O)_y-$ 来"量身定做"具有特定性能的产品。高分子量、高 EO 含量产品是非黏性固体（与其他 POE 类的非离子不同）。润湿能力优于酯类非离子。

　　缺点：聚氧丙烯基的生物降解性没有 POE 好。

1.4.3.4　硫醇乙氧基化物 $RS(C_2H_4O)_xH$

　　对氧化剂不稳定，如氯、次氯酸盐、过氧化氢和强酸（对使用后需要让表面活性剂失活可能是一个优点）。在热的强碱性介质中稳定，是良好的钙皂分散剂。

　　应用：纺织品清洁剂（清洁和洗涤羊毛）、金属清洗剂、香波。

　　优点：一些证据表明，用作消毒洗涤剂时，季铵盐类化合物与乙氧基化硫醇复配比与其他聚氧乙烯型非离子复配效果更好。

　　缺点：有一些轻微的不太好的气味，并且很难掩盖。

1.4.3.5　长链脂肪酸酯

　　优点：在某些场合用简单的设备就可以制备。与其他类型的非离子相比，具有杰出的乳化性能。

　　缺点：易被热酸或热碱水解；与其他类型的非离子相比，泡沫性能比较差（对于某些应用可能是一种优势）。

（1）天然脂肪酸甘油酯和聚甘油酯

优点：甘油酯很容易通过甘油三酯与甘油进行甘油解制得，或者代价更高的方法是用脂肪酸与甘油在简单设备中酯化获得。可食用，因此广泛用于食品和医药产品中。外观可以是液态、软塑状或硬蜡状，取决于脂肪酸的组成。可以通过与乙酸、乳酸或酒石酸反应而进行改性。脂肪酸聚甘油酯主要通过脂肪酸与聚合甘油酯化制得。

缺点：产品是单甘酯和二甘酯的混合物（90%单甘酯含量的产品需用普通产品蒸馏得到）。作为乳化剂，单甘酯比二甘酯更好。

应用：化妆品乳化剂、食品乳化剂，如面包、冰淇淋、人造奶油、合成奶油以及其他一些日常用品的乳化剂。

（2）丙二醇、山梨醇和乙氧基化山梨醇酯　丙二醇酯的亲脂性比相应的甘油酯要强；山梨醇酯的亲水性更强（除非在制备过程中发生脱水反应）。乙氧基化山梨醇酯（和乙氧基化失水山梨醇酯）能给产品带来宽范围的溶解度和亲水-亲油平衡。

优点：可食用，在食品和药品（例如水溶性维生素）中应用广泛。

应用：食品和药品乳化剂。

（3）聚乙二醇酯和脂肪酸（包括妥尔油）**聚氧乙烯酯**　可以通过聚乙二醇与脂肪酸酯化制得，也可以由脂肪酸加成环氧乙烷制得。与相应的脂肪酸衍生物相比，妥尔油衍生物的泡沫性不好。与甘油酯相比，优点在于可以根据要求来改变产品的亲水基长度、溶解性和亲水-亲油平衡。一般而言，是比 AE 和 APE 更好的乳化剂。

缺点：总体上润湿性较差；在热碱溶液中易水解。

应用：除了在热碱介质中，适用于多种乳化场合作为乳化剂，特别是化妆品和纺织品行业。还用作纺织品的抗静电剂。

1.4.3.6　烷醇胺缩合物（烷醇酰胺）

主要是二乙醇胺或者单异丙醇胺，在热碱中具有很好的稳定性，但在热酸中的稳定性不佳。

（1）烷醇胺与脂肪酸的 1∶1 缩合物　通过脂肪酸甲酯或脂肪酸甘油酯与等摩尔的烷醇胺反应制得（用脂肪酸甲酯时，产品中烷醇酰胺含量达到 90%，用脂肪酸甘油酯时，产品中烷醇酰胺含量达到 80%）。主要基于椰子油酸或提纯后的椰子油酸（月桂酸）。

这种（1∶1）二乙醇酰胺在水中不溶但可以分散，溶于除一些脂肪烃以外的有机溶剂中。在宽 pH 范围内与阴离子和阳离子表面活性剂相容。润湿性和去污性较差，但可与其他表面活性剂表现出协同作用。对钢有防腐蚀性能。易于制备。

应用：在衣用洗涤剂和餐具洗涤剂中用作 LAS 的稳泡剂（替代氧化胺）。在液体洗涤剂和香波（含有月桂基硫酸钠）中用作增稠剂。

（2）烷醇胺与脂肪酸的 2∶1 缩合物　通过 2mol 烷醇胺与 1mol 游离脂肪酸反应制得。产品中包含 60%～70% 的烷醇酰胺、25%～30% 的烷醇胺、3%～5% 的脂肪酸（作为烷醇胺皂）。主要基于椰子油酸。

与 1∶1 缩合物相比的优点：这种（2∶1）二乙醇胺-椰子油酸缩合物既溶于水，也溶于除脂肪烃以外的有机溶剂。在低浓度水溶液中是很好的去污剂、乳化剂以及增稠剂。

缺点：成分复杂的混合物；稳泡作用仅取决于酰胺的含量（60%～70%），如果存在游离脂肪酸，则与阳离子表面活性剂不相容。

应用：纺织品洗涤剂，香波成分，乳化剂，防锈剂，干洗皂，燃料油添加剂。

1.4.3.7 叔炔二醇及其乙氧基化物

叔炔二醇 $R^1R^2C(OH)C \equiv\!\equiv CC(OH)R^1R^2$；

其乙氧基化物 $R^1R^2C[(OC_2H_4)_xOH]C \equiv\!\equiv CC[(OC_2H_4)_xOH]R^1R^2$

优点：低浓度时是优良的润湿剂并且不起泡；非蜡状固体（非离子中很稀少）；未乙氧基化产品能随蒸汽挥发，使用后很容易从体系中去除。

缺点：在水中的溶解度很小；在酸性介质中易分解；价格相对较贵。

加成较短聚氧乙烯链后，在水中的溶解度增加，但表面性能不发生显著变化；最终产物是液体，并且不随水蒸气而挥发。

应用：用于粉状固体的润湿剂（燃料、可润湿性农药粉剂）；与阴离子和非离子复配有协同效应：降低水溶液泡沫、降低黏度、增加润湿性。餐洗中用作淋洗助剂；乳胶漆中用作润湿剂。

1.4.3.8 乙氧基化聚硅氧烷

它们是一种具有反应活性的聚硅氧烷中间体，例如结构 A 与一种烯丙基封端的聚环氧烷如 $CH_2=CHCH_2(OC_2H_4)_xOR^1$ 的反应产物 B：

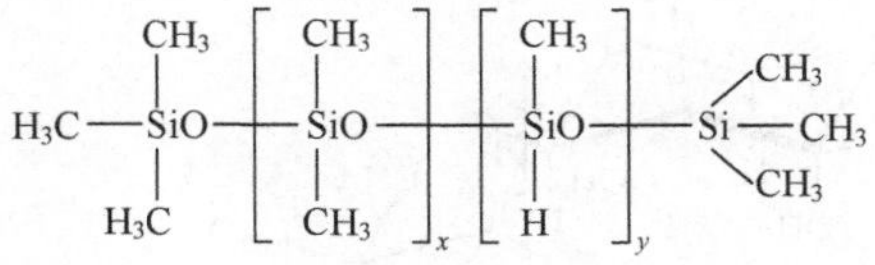

A

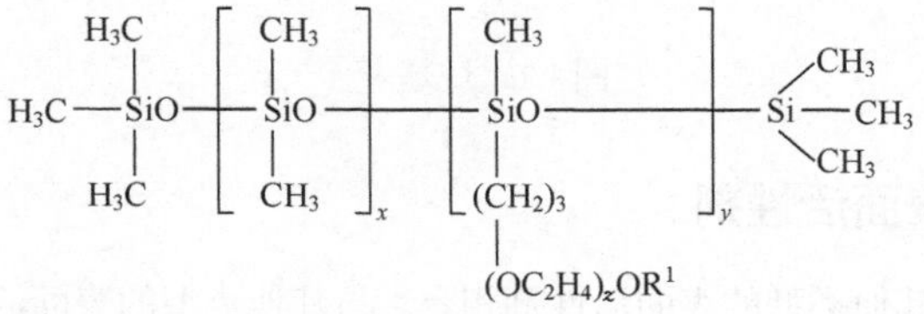

B

烯丙基封端的聚环氧烷也可以基于环氧丙烷或者环氧乙烷-环氧丙烷的混合共聚物。最终产物具有"梳形"聚合物的结构，带有悬挂的封端亲水基团。在水溶液中，亲水基可以在疏水基硅氧烷骨架周围形成一个外壳，使它与水的接触达到最小。

这种类型的化合物25℃时水溶液的最低表面张力可以下降到20～25mN/m。在万分之几的低浓度下即是很好的棉纤维润湿剂，并且对织物纤维有很好的润滑性。它们对聚酯和聚乙烯也是优良的润湿剂。在水溶液中它们属于低泡至中等沫性的发泡剂。还被用于降低非水溶剂如聚烷烯二醇的表面张力。

1.4.3.9　*N*-烷基吡咯烷酮

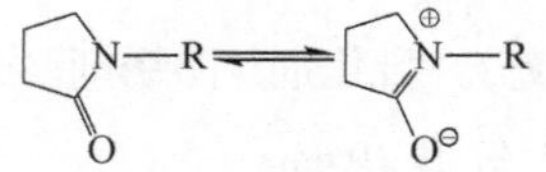

它们是非离子表面活性剂，但由于它们的偶极共振形式，也具有一些两性离子表面活性剂的性质。它们在水溶液中的溶解度很低，在室温下不能单独形成胶束，但是可以和其他表面活性剂一起形成混合胶束（例如 LAS）。

它们的表面活性很高，正十二烷基化合物在浓度为 0.002%时能把水的表面张力降到 26mN/m。正辛基化合物是一种优良的低泡润湿剂。它们还可以和阴离子表面活性剂如 LAS 产生协同作用，增加泡沫性和润湿性。*N*-烷基吡咯烷酮，例如聚乙烯吡咯烷酮，可以作为那些能与吡咯烷酮环形成氢键的有机化合物特别是苯酚的复合剂。

1.4.3.10　烷基多苷

它们是多糖的长链缩醛，一种典型结构如图 1.1 所示。目前已有的商品具有相对较短的烷基链（平均 10~12.5 个碳原子）。它们的润湿性、泡沫性、去污性和生物降解性类似于相应的 AE，但是在水溶液和电解质溶液中具有更高的溶解度。与 AE 不同，它们能溶解并稳定存在于氢氧化钠溶液中。虽然它们是优良的去油污剂，但对皮肤的刺激性很小，因此被推荐用于手洗餐具洗涤剂和硬表面洗涤剂中。

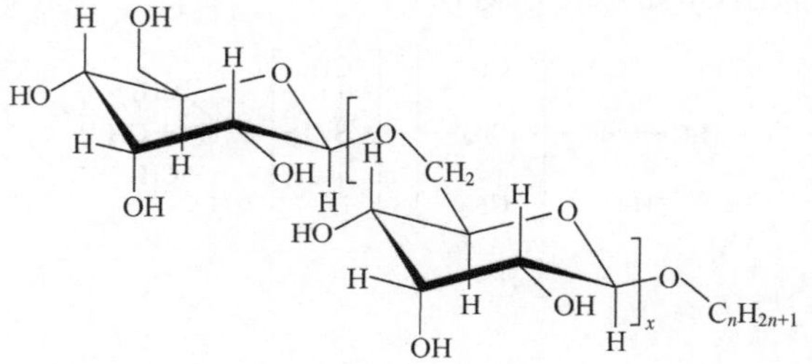

图 1.1　烷基多苷

1.4.4　两性离子表面活性剂

优点：能与所有其他类型的表面活性剂相容。与其他类型的表面活性剂相比，对皮肤和眼睛的刺激性更小，并且能吸附在带正电荷或负电荷的表面而不形成疏水膜。

缺点：在大多数有机溶剂包括乙醇中不溶。

1.4.4.1　对 pH 值敏感的两性离子表面活性剂

它们是两性物质，当 pH 值高时显示出阴离子的性质，而当 pH 值低时显示出阳离子的性质。在等电点附近，主要以两性离子的形式存在，同时在水中的溶解度达到最低，发泡性、润湿性和去污力也达到最小。

（1）*β-N*-烷基氨基酸　$RN^+H_2CH_2CH_2COO^-$　等电点在 pH=4 左右，在强酸、强碱溶液以及像 NaCl 这样的电解质溶液中溶解度很大。在大多数的有机溶剂中溶解度很小，包括乙醇和异丙醇。能自水溶液中吸附到皮肤、织物、纤维和金属表面。对头发和纺织纤维能提供润滑性、柔软性和抗静电性；对金属表面具有抑制腐蚀的作用。它们能将很多有机和无机化合物（例如季铵盐、苯酚、聚磷酸盐等）增溶在水溶液中。对长链醇和弱极性化合物是优良的乳化剂，但对烃类乳化效果不好。通过调节 pH 值可以使乳液从负电荷型转变为正电荷型。在碱性 pH 范围内比在酸性范围内更容易制备乳液。在碱性 pH 范围内，N-十二烷基衍生物是优良的润湿剂和发泡剂，在酸性条件下发泡性不好。

应用：杀虫剂，缓蚀剂，颜料分散助剂，化妆品，具有高碱和高电解质含量的碱性清洁剂。

（2）N-烷基-β-亚氨基二丙酸　等电点为 pH=1.7～3.5。水溶性比相应的单丙酸衍生物更大。对眼睛和皮肤的刺激性非常小。在低于等电点的 pH 范围内吸附到基底上，而通过提高 pH 值可以使其从基底脱除。

应用：纤维柔软剂（可以通过把 pH 值调到碱性范围中去除）。

（3）咪唑啉羧基盐　R 为商品脂肪酸 RCOOH 中的烷基。当 R'=H 时，它们是两性物质，在低 pH 值时表现为阳离子，在高 pH 值时表现为阴离子；当 R'=CH$_2$Z 时，对 pH 值的敏感性与 N-烷基甜菜碱（见下面）紧密相关。与阴离子、阳离子和非离子相容，在高浓度电解质、酸和碱存在下溶于水。当 R' 中包含第二个羧基时，产品对眼睛和皮肤的刺激性非常小。具有大体积的有机阳离子的一类新盐，例如 1-烷基-3-甲基-咪唑啉阳离子，熔点接近于室温（<100℃），被称为离子液体，既是好的离子溶剂，又是表面活性剂。

应用：化妆品和盥洗用品，纤维柔软剂（可以通过把 pH 值调到碱性，使其从基质表面去除）。在催化反应、毛细管电泳以及各种色谱技术，包括应用超临界流体如超临界二氧化碳技术中，离子液体用作绿色溶剂。

（4）N-烷基甜菜碱　**RN$^+$(CH$_3$)$_2$CH$_2$COO$^-$**　这种物质在等电点以及高于等电点的 pH（中性和碱性）区表现为两性离子，当 pH 值低于等电点时（酸性区）表现为阳离子。它们不显示阴离子表面活性剂的性质。除了在低 pH 值下，它们会与阴离子表面活性剂形成沉淀外，在所有的 pH 值下能与所有类型的表面活性剂相容。在酸性或中性水溶液中，它们与碱土金属和其他金属离子（Al^{3+}，Cr^{3+}，Cu^{2+}，Ni^{2+}，Zn^{2+}）有良好的相容性。当 pH 值为 7 时对皮肤的刺激性最小。不论 pH 值为多少，它们在带负电荷的表面上显示恒定的吸附（像阳离子表面活性剂那样）。它的润湿性和发泡性在酸性 pH 值下比碱性 pH 值下要好一些。硬水对其水溶液的泡沫性没有影响。乳化性与 β-N-烷基氨基丙酸相似（对石蜡油的效果不好）。应用性类似于 β-N-烷基氨基丙酸。

（5）酰胺基胺和酰胺基甜菜碱　这些化合物的典型结构为：RCONHCH$_2$CH$_2$N$^+$H(CH$_2$CH$_2$OH)CH$_2$COO$^-$、RCONHCH$_2$CH$_2$N$^+$H(CH$_2$CH$_2$OH)CH$_2$CH$_2$COO$^-$ 和 RCONHCH$_2$CH$_2$CH$_2$N$^+$(CH$_3$)$_2$COO$^-$，因为对皮肤温和并且能与阴离子、阳离子和非离子表面活性剂相容，广泛用于化妆品和个人护理用品中（香波、液体皂、洁面膏）。RCO 基团一般约为 C$_{12}$。

（6）氧化胺　**RN$^+$(CH$_3$)$_2$O$^-$**　见阳离子部分，1.4.2 节。

1.4.4.2　对 pH 值不敏感的两性离子表面活性剂

这类物质在所有的 pH 值下都表现为两性离子（即不存在某个 pH 值使其仅表现为阴离

子或阳离子）。

磺基甜菜碱 **RN⁺(CH₃)₂(CH₂)ₓSO₃⁻** 可在任何 pH 值下吸附到带电荷的表面而不形成疏水膜。良好的钙皂分散剂，对皮肤的刺激性小。

应用：与其他两性离子表面活性剂相似。在皂类洗涤剂配方中用作钙皂分散剂、织物整理剂的分散剂。

1.4.5 基于可再生原料的新型表面活性剂

近年来，人们对使用可再生、易生物降解的资源作为商品表面活性剂的疏水基和亲水基以使其成为环境友好的物质（绿色产品）表现出了浓厚的兴趣。研究重点围绕以天然油脂作为疏水基原料，而以自然界中存在的碳水化合物和氨基酸（来自蛋白质）作为亲水基原料。

阴离子表面活性剂中，这类物质包括来自可再生油脂的皂类，来自于木材的木质素磺酸盐，以及脂肪醇硫酸盐和硫酸化甘油酯等；属于非离子表面活性剂的则有脂肪酸甘油酯、脂肪酸聚甘油酯、蔗糖脂肪酸酯、山梨醇脂肪酸酯以及烷基多苷等，它们都基于可再生原料，因此被认为是"绿色"的。

1.4.5.1 α-磺基脂肪酸甲酯（亦称甲酯磺酸盐 MES）
$RCH(SO_3Na^+)COOCH_3$

由 SO_3 与脂肪酸甲酯（来源于甘油三酯与甲醇的酯交换）反应得到，一般是 $C_{12}\sim C_{18}$ 脂肪酸甲酯。

优点：衍生于相对便宜、可再生的原料。生物降解性良好。牛油酸甲酯磺酸盐在硬水和软水中的去污性一定程度上优于 LAS。而棕榈仁油衍生物在软水中的去污性不如 LAS 好，但在硬水中的去污性比 LAS 好。具有优良的钙皂分散性能，因此能与皂类组成有效的配方。对不饱和油性污渍的增溶能力比 LAS 更强。能被制成无电解质型。

缺点：生产浅色的 MES 一般需要复杂的生产过程。生产过程中必须使副产物磺化脂肪酸含量达到最小，因为与甲酯磺酸盐相比，它们会降低去污力和水中的溶解度。甲酯基团在低 pH 值和高 pH 值下容易水解，因此 MES 很难用于喷雾干燥成型的洗涤剂中。

应用：在重垢型衣用洗涤剂或轻型液体洗涤剂中用作主阴表面活性剂或辅助阴离子表面活性剂。

1.4.5.2 酰化氨基酸

这类物质具有良好的发泡性，与皂类相比对硬水不敏感，对皮肤无刺激性，具有抗菌活性，同时具有良好的生物降解性。它们的价格相对较贵，应用于化妆品、皮肤清洗剂和食品中。*N*-月桂酰基（或椰油酰基）衍生物一般具有最佳的性能。

（1）*N*-酰基-L-谷氨酸盐（AG） **$RCONHCH(COO^-M^+)CH_2CH_2COO^-M^+$ (M=H⁺或阳离子)** 在由水和与水混溶的有机溶剂组成的混合溶剂中，由 L-谷氨酸和脂肪酰氯通过酰化反应制得。RCO 一般来自于椰子油或者牛油。AG 是一种二元酸，所以可能存在单中和产物和二中和产物。α-位的羧基先被中和，然后是 β-位的羧基被中和。单钠盐 AG 在水中的溶解度很小，所以用有机胺如三乙醇胺、二乙醇胺或 K^+ 作为反离子。

优点：单中和的 AG 适合于在弱酸性的水溶液中工作，因此适合于化妆品中使用。对皮肤温和，能够降低 AS 或 AES 对皮肤的刺激性。

应用：基于 C_{12} 脂肪酸的单中和产品在面部清洁剂（去油污）和洗面奶（卸妆用）中用作洗涤剂；基于 C_{18} 脂肪酸的单中和产品在护肤用品中用作乳化剂。

（2）*N*-酰基甘氨酸盐　$RCONHCH_2COO^-M^+$　通过类似于生产 AG 的反应生成。洗涤剂用产品 RCO 一般来源于椰子油。

优点：*N*-酰基甘氨酸盐的发泡性优于直链伯醇硫酸盐（AS）、直链醇聚氧乙烯醚硫酸盐（AES）以及烷基醚羧酸盐，尤其在 pH=9 附近。

应用：椰子油基甘氨酸钾通常用于面部清洁剂（去油污）和洗面奶（卸妆用）中。对皮肤温和。婴儿护肤用品。形成奶油状泡沫。

（3）*N*-酰基-DL-丙氨酸盐　$RCONHCH(CH_3)COO^-M^+$　RCO 一般来源于椰子油。在弱酸性和中性 pH 值范围内，*N*-十二酰基丙氨酸三乙醇铵盐的发泡性优于 AS、AES 和烷基醚羧酸盐。即使在硅油存在时仍有很好的泡沫性。在面部清洁剂和洗面奶中用作洗涤剂。对皮肤温和，用于婴儿护肤用品中，形成精细奶油状泡沫。

（4）其他酰基氨基酸　*N*-月桂酰基肌氨酸 $C_{11}H_{23}CON(CH_3)CH_2COO^-Na^+$，用于牙膏中，具有强发泡性、酶抑制性和很好的去污力（类似于皂类）。*N*-油酰基肌氨酸是聚酯纤维的润滑剂。*N*-月桂酰基精氨酰苯基丙氨酸对革兰阴性菌和阳性菌都表现出很强的抗菌活性。

1.4.5.3　诺卜醇（Nopol）烷氧基化物

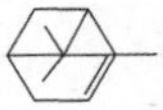

$CH_2CH_2[OCH(CH_3)CH_2]_x(OC_2H_4)_yOH$ 这是基于诺卜醇的表面活性剂。诺卜醇是一种由 *β*-蒎烯（piene）与甲醛反应生成的醇。诺卜醇先与环氧丙烷反应，再与环氧乙烷反应。

优点：基于可再生的松树油（pine oil）。显示很好的动态表面张力降低、好的润湿性、极低泡沫性、良好的漂洗性。与直链十二烷基乙氧基化物、支链的十三烷基乙氧基化物以及壬基酚乙氧基化物相比，生态毒性很小。

应用：喷雾清洁剂和其他润湿剂。

有关表面活性剂的专门应用的其他信息，请参照下列参考文献：

[1] Industrial Utilization of Surfactants: Principle and Practice（表面活性剂的工业应用：原理与实践），M.J. Rosen, M. Dalanayake, AOCS, 2000.

[2] Surfactants in Agrochemicals（农用化学品中的表面活性剂），T. F. Tadros, Marcel. Dekker, 1994.

[3] Surfactants in Chemical/Process Engineering（化学/过程工程中的表面活性剂），D.T. Wasan, M.E. Ginn, D.O. Shah, Marcel Dekker,1988.

[4] Surfactants in Cosmetics（化妆品中的表面活性剂），M. M. Rieger, L. D. Rhein, 2nd edition, Marcel Dekker, 2002.

[5] Surfactants in Emerging technology（新兴技术中的表面活性剂），M. J. Rosen, Marcel Dekker, 1987.

1.5　一些有用的一般法则

阴离子表面活性剂一般与阳离子表面活性剂不相容，因为它们会从水溶液中沉淀析出，除非它们的亲水头基中除电荷外还带有能够增加其亲水性的基团。

在水相中，羧酸盐比有机磷酸盐对低 pH 值、多价阳离子和惰性电解质更为敏感，而有机磷酸盐又比有机硫酸盐或有机磺酸盐更为敏感。

与碳原子数相同的直链表面活性剂相比，支链不饱和或带有环状结构的表面活性剂在水中或者烃中有更好的溶解度，并且在水介质中显示更低的黏度。直链化合物的生物降解性更好，但对海洋生物的毒性更大。氟碳链，即使是直链，也很难生物降解。

有机硫酸盐在热酸中很容易水解；酯类在热酸或热碱中都很容易水解。与有机硫酸盐或酯类相比，酰胺类不论在热碱或热酸中都不易水解。

在水相中，非季铵盐阳离子表面活性剂一般对高 pH 值、多价阴离子和惰性电解质很敏感，而季铵盐对这类添加物不敏感。

任一类型的表面活性剂，在加成环氧乙烷后，一般在水中的溶解度增加、对 pH 值变化以及电解质的敏感性降低；而加成环氧丙烷后，导致在有机溶剂中的溶解度增加，在水中的溶解度降低。

酸性（羧酸、酚类）或碱性（胺类）疏水物加成环氧乙烷时，基本上没有未加成环氧乙烷的疏水基残留，而醇类加成环氧乙烷时通常会残留数量明显的疏水物。

可食用的酯类表面活性剂能够由甘油、山梨醇或者丙二醇制取。二乙醇胺与脂肪酸的缩合物的泡沫稳定性与增稠性与二乙醇胺的含量成正比。另一方面，只有 2∶1 型的缩合物可溶于水。

硫醇基非离子表面活性剂很容易产生一些难闻的气味，并且对氧化剂不稳定。

N-烷基氨基酸对 pH 值的变化很敏感，在低 pH 值时表现出阳离子的特性，而在高 pH 值时表现为阴离子的特性。含有一个季氮原子和羧基的两性离子化合物，在低 pH 值下表现出阳离子特性，但在高 pH 值下并不表现出阴离子的特性。磺基甜菜碱对 pH 值的变化不敏感。

对同系物，生物降解性随疏水基的直链化程度的增加而增加；随支链化程度的增加而降低。

表面活性剂的毒性取决于其在细胞膜上的吸附趋势大小及穿透细胞膜的能力大小。

1.6　表面活性剂文献的电子检索

科学文献的检索方法已经发生了巨大的变化，从过去的扫描教科书目录和索引，浏览目录、百科全书和技术词典，搜索摘要，直接阅读纸质研究杂志等转变到现代的电子数据库搜索。

电子媒体的信息传播以及用不同的搜索引擎进行检索可以获得相关数据，加上计算机的速度和准确性，大大便利了科学文献的检索。一些电子信息可以从公共平台获得，特别是从政府资助机构的出版物上。

现在通过 www.googlescholar.com 可以自由并相当可靠地访问学术信息，该网站通过关键词对近期发表的文献提供即时的搜索访问（一些情况下可以免费获得整篇的文章）。类似地，www.wikipedia.org 也是一种便宜的工具，可供收集有关学术或非学术话题的初步信息，尽管在引用之前需要从更加权威的渠道来证实它的可靠性。

一种可靠的检索学术文献的方式是使用通过档案设施对所有过刊具有完全访问权的个人电子期刊付费服务。绝大多数的出版物，如自然（Nature）、科学（Science）以及一些化学会的杂志，可以很容易地通过应用软件下载到智能手机和平板电脑中，能够保持对最前沿的信息的实时跟踪。对某个给定的检索专题，搜索者可以自己构建一个即席而作的关键词，而不是仅限于文章中引用的关键词。但通过电子手段收集综合学术数据的最好方法是获得对超媒体数据库的付费访问权，例如科学引文索引（Web of science, ISI）、Scopus（Elsevier）、西文过刊全文库（JSTOR）、Academic search（EBSCO）和 PubMed（NIH，有些也是免费的）。上面提到的数据搜索引擎中，有些会对某个特定工作提供引用信息，有助于评估该项工作对科学的影响力。一种跟踪某一领域学术前沿的有用策略就是跟踪某项工作在近期文献中的引用。

通过选择适当的关键词可以将上述讨论应用到表面活性剂文献搜索的具体实例中。典型的关键词包括胶束、吸附、微乳液以及表面张力等。实际上，用本书索引中所包含的任何一个术语都可以达到这个目的。世界上大多数科技期刊的详尽索引都可以从 http://www.ch.cam.ac.uk/resources-index 这个网站获得，它包含直接或间接与表面活性剂相关的所有期刊的名称。此外，还有许多没有印刷版的专用在线期刊。注册在一般虚拟电子媒体上的信息需要不断地更新，因为随着时间的流逝，一些交叉引用的信息就过时了，这一点与印刷版的杂志不同，印刷版的杂志内容不随时间而变，相应的电子版本也将保持不变。

参 考 文 献

[1] Swisher, R. D. *Surfactant Biodegradation*, 2nd ed., Marcel Dekker, New York, 1987.

[2] Kunjappu, J. T. *Essays in Ink Chemistry (For Paints and Coatings Too)*, Nova Science Publishers, Inc., New York, 2001.

[3] Rosen, M. J., L.Fei, and S.W. Morrall (1999) *J. Surfactants Deterg*, **2**, 343.

[4] Rosen, M. J., E. Li, S. W. Morrall, and D. J. Versteeg (2001) *Environ. Sci. Technol*, **35**, 54

[5] Cannon C. L., P. J. Neal, J. A. Southee, J. Kubilus, and M. Klausner (1994) *Toxicol. In Vitro I* **8**, 889.

[6] Salager, J. L., N. Marquez, A. Graciaa, and J. Lachaise (2000) *Langmuir* **16**, 5534.

[7] Falconer, I. R., H. F. Chapman, M. R. Moore, and G. Ranmuthugala (2006) *Environ. Toxicol*. **21**, 181-191

问　　题

对问题 1.1～1.11，写出符合每种描述情况的一类表面活性剂的结构式。

1.1　适合在热碱溶液中使用，但在热酸溶液中水解。

1.2　一种可食用的非离子型表面活性剂。

1.3　在中性 pH 值下，可使大多数固体表面变得疏水。

1.4　一种不适合用于洗手用块状洗涤剂中的阴离子表面活性剂。

1.5　一种完全来源于合成聚合物的表面活性剂。

1.6　一种结构不随 pH 值变化的两性离子表面活性剂。

1.7　一种疏水部分和亲水部分具有相同化学元素的表面活性剂。

1.8 一种不适合用于热碱溶液中的阴离子表面活性剂。

1.9 一种对皮肤无刺激的来源于可再生原料的阴离子表面活性剂。

1.10 一种用作杀菌剂的表面活性剂。

1.11 一种可以随水蒸气挥发的非离子表面活性剂。

1.12 当把表面活性剂逐渐溶于水时，在溶液中和界面上会观察到什么变化？

1.13 纯粹从分子结构角度考虑，评价在下述情况下表面活性剂的亲、疏水性的变化趋势：（1）烷基链长改变；（2）EO 数和烷基链长改变；（3）烷基链部分或完全氟化；（4）在分子结构中引入硅氧基团；（5）引入多离子头基和多条碳氢链。

1.14 你能否根据电子特性从分子结构上来解释为什么全氟表面活性剂和含硅表面活性剂的表面张力比常规表面活性剂要低？

1.15 直链烷基苯磺酸盐的消耗量很大（见表1.1），你有什么见解？

1.16 人们观察到阳离子表面活性剂的毒性比阴离子和非离子表面活性剂大，请给出合理的解释？

1.17 确认一种在本章中没有提及但可能具有潜在工业应用价值的全新表面活性剂。

第 2 章　表面活性剂在界面的吸附：双电层

表面活性剂的一个基本特性是它们倾向于在界面定向吸附。人们对吸附进行了广泛的研究，以便确定：①表面活性剂在界面的浓度，因为它表示有多少界面已被表面活性剂覆盖（从而发生了变化），而在许多界面过程中（例如发泡、去污、乳化），表面活性剂的性能取决于其在界面的浓度；②表面活性剂在界面上的定向和排列，因为它决定吸附将怎样影响界面的性质，即是否会使界面变得更加亲水或疏水；③吸附速率，因为它决定表面活性剂在润湿或铺展等高速界面现象中的性能；④吸附导致的体系能量的变化，如 ΔG、ΔH 和 ΔS，因为这些量提供了有关表面活性剂在界面上相互作用的类型和机理以及它们作为表面活性物质的效率和效能信息。

与许多其他现象一样，在比较不同表面活性剂在界面现象中的表现时，通常需要区分产生一个给定量的现象变化所需要的表面活性剂的数量和该表面活性剂所能产生的最大的现象变化，而不论用量是多少。前一个参数是表面活性剂的效率（efficiency），而后一个参数则是效能（effectiveness）。这两个参数并不一定相互平行，事实上在许多情况下它们是背道而驰的。

本书中，效率是用来衡量产生一定量效果所需的表面活性剂在液相中的平衡浓度的量度，而效能则是用来衡量表面活性剂在界面过程中所能产生的最大效果的量度，不论使用的浓度是多少。

在表面活性剂稀溶液中，由表面活性剂在界面吸附产生的任何界面现象的变化量是吸附到界面上的表面活性剂浓度的函数。因此，效率取决于在界面上的表面活性剂浓度和体相（液体）中的浓度的比值，即 $C_{界面}/C_{体相}$。这一比值取决于一个表面活性剂分子从体相内部迁移到表面的自由能变化 ΔG，即方程式 $C_{界面}/C_{体相}=\exp(-\Delta G/RT)$，其中 $R=8.314\text{J}/(\text{K·mol})$，$T$ 为热力学温度；因此，效率与迁移所伴随的自由能变化相关。

表面活性剂对界面现象的影响可用特定参数来表征，该参数与相应界面现象中涉及表面活性剂作用的自由能的变化相关联，这一方法的优点是，总的自由能变化可以分解为表面活性剂分子中各个基团在相应现象中的自由能变化，即 $\Delta G_{总}=\sum_{i}\Delta G_{i}$，其中 ΔG_{i} 是分子中的任一基团在相应现象中的自由能变化。这使我们能够将界面性质与表面活性剂分子中的各个基团相关联。通过这种方式，表面活性剂分子吸附到界面的效率也就与表面活性剂分子中的结构基团相关了。

由于表面活性剂对界面现象的影响是界面上表面活性剂浓度的函数，可以把表面活性剂在界面吸附的效能定义为表面活性剂在这个界面上所能达到的最大浓度，即界面达到饱和吸附时表面活性剂的浓度。吸附效能与表面活性剂分子占据的界面面积有关；表面活性剂在界面上的有效截面积越小，则其吸附效能越大。显然吸附效能取决于表面活性剂分子的结构组成以及它们在界面的定向。另一个描述表面活性剂性能的参数是表面活性剂在相关界面的吸附速率，这一参数在高速界面现象如润湿和铺展中十分重要，将在第 5 章 5.4 节讨论。

在深入讨论表面活性剂在界面的吸附之前，有必要先讨论所谓的界面双电层，因为这对理解有关吸附的电现象/状况是必要的。

2.1 双电层

在任何界面，电荷总是非均匀地分布在两相之间。这种非均匀分布致使界面的一侧获得一个特定符号的净电荷，而另一侧则获得相反符号的净电荷，导致界面两侧产生电势差和所谓的双电层。当然，界面整体必须保持电中性，于是界面一侧的净电荷必须被另一侧符号相反、数量完全相等的电荷相平衡。

一个需要研究的重大问题是如何确定带电表面周围溶液中平衡电荷（反离子或抗衡离子）的精确分布，因为这种分布决定了电势随距带电表面的距离而变化的速率。关于一个带电表面周围溶液中反离子分布的早期理论是 Helmholtz 理论[1]。他预想所有反离子排列在一个与界面相距约一个分子直径的平面上（图 2.1a）。根据该模型，电势在很短的距离内就迅速下降为零（图 2.1b）。

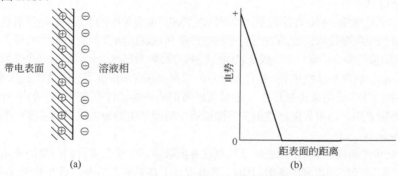

图 2.1　Helmholtz 双电层模型
（a）反离子在带电表面附近的分布；（b）电势随距带电表面距离的变化

该模型使得 Helmholtz 可以在数学上将双电层作为一个平行板电容器来处理。然而，该模型是不合理的，因为热运动会促使某些反离子朝溶液中扩散。因此，它随后被 Gouy[2,3] 和 Chapman[4] 提出的模型所取代，他们设想了一种反离子的扩散分布，即由于屏蔽效应反离子的浓度（和电势）先随距离迅速下降（图 2.2a），然后随着距离的增加下降变得越来越缓慢（图 2.2b）。该模型适用于电荷密度较低的带电表面，或不是很靠近带电表面的距离，但不适用于高电荷密度的界面，尤其是距带电表面很小的距离，因为它忽略了溶液中电荷的离子直径，将它们视为点电荷。后来 Stern[5] 对这一模型进行了修改，将双电层的溶液一侧分为两部分：一个是强烈束缚住反离子的紧密层，其中反离子被吸附在靠近带电表面的固定位置上（修正 Gouy-Chapman 模型的基本缺陷），另一个是反离子的扩散层，与 Gouy-Chapman 模型的扩散层类似（图 2.3 和图 2.4）。根据这个模型，在双电层的固定部分（Stern 层）电势迅速下降，而在扩散层中电势的下降则要缓慢得多。在 Stern 层的束缚反离子甚至可能改变带电表面所产生的电势的符号（图 2.4）。

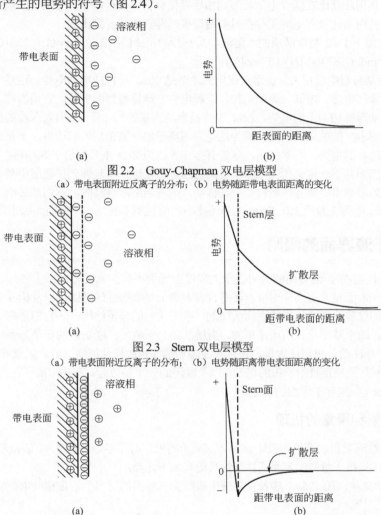

图 2.2　Gouy-Chapman 双电层模型
（a）带电表面附近反离子的分布；（b）电势随距带电表面距离的变化

图 2.3　Stern 双电层模型
（a）带电表面附近反离子的分布；（b）电势随距离带电表面距离的变化

图 2.4　Stern 双电层模型：显示由于在 Stern 层中反离子的吸附而引起的表面电荷符号的改变

对双电层扩散部分的数学处理[6]得到了一个非常有用的概念：双电层的有效厚度 $1/\kappa$。它表示从带电表面向溶液内部延伸的一个距离，在该距离内发生了绝大部分的与表面的电相互作用。这个有效厚度，通常称为德拜（Debye）长度，由下式给出：

$$\frac{1}{\kappa} = \left(\frac{\varepsilon_r \varepsilon_0 RT}{4\pi F^2 \sum_i C_i Z_i^2} \right)^{1/2} \tag{2.1}$$

式中，$\varepsilon_r = \varepsilon/\varepsilon_0$，为溶液的相对静电容率或介电常数（$\varepsilon_0$ 为真空的介电常数）；R 为气体

常数；T 为热力学温度；F 为法拉第（Faraday）常数；C_i 为溶液相中任何离子的物质的量浓度。

从上述关系看，很明显 $1/\kappa$ 与溶液中离子的价数 Z 和其浓度的平方根成反比，与热力学温度和介质介电常数的平方根成正比。因此可以预料，在高介电常数溶剂如水中，电效应在溶液相中的作用距离比在低介电常数溶剂如烃类化合物中要远得多。同时，在电解质存在下，电效应作用的距离比没有电解质存在时要短得多，即双电层受到压缩。

对于室温下 $1:1$ 型电解质的水溶液，$1/\kappa \approx 3\text{Å}(1\text{mol/L})$、$10\text{Å}(0.1\text{mol/L})$、$30\text{Å}(0.01\text{mol/L})$、$100\text{Å}(1\times10^{-3}\text{mol/L})$ 和 $300\text{Å}(1\times10^{-4}\text{mol/L})$。

一个常常与双电层相关、也常被误用的术语是 Zeta 电位或电动电势。这是对带电粒子根据电动现象（电渗、电泳、流动电势、沉降电势）计算得到的电势。它是当粒子与周围溶液作相对运动时剪切面上的电势。Zeta 电势是容易测量的[6]，而一个引人入胜的想法是将剪切面定位于溶液一侧的 Stern 层，因为这是束缚离子层（紧密层）的边界，于是通过实验可以计算出该边界的电势。不幸的是，尽管有些作者认为 Zeta 电势等价于 Stern 层边界面上的电势，但剪切面并不一定必须在 Stern 层的边缘，而是进一步延伸到扩散层中某个不能确定的位置。因为束缚水会随着带电粒子一起移动，或者当溶液移动时，它们被带电粒子束缚住了。因此 Zeta 电势在数值上比 Stern 电势还要小，而且不幸的是，不知道到底小多少。

2.2 固-液界面的吸附

表面活性剂在固-液界面的吸附在很大程度上受到下列因素的影响：①固体表面结构基团的性质——表面是含有高荷电位点还是含有本质上是非极性的基团，以及构成这些位点或基团的原子的性质；②被吸附的表面活性剂（吸附质）的分子结构——它们是离子型的还是非离子型的，疏水基团是长的还是短的，直链的还是支链的，脂肪族的还是芳香族的；③水相的环境——pH 值，电解质含量，是否存在添加剂如短链极性溶质（醇、尿素等），以及温度。这些因素共同决定吸附发生的机制，以及吸附的效率和效能。有关阳离子在固-液界面的吸附，Atkins 等[7]进行了详细的综述。

2.2.1 吸附和聚集的机理

表面活性溶质自水溶液中吸附到固体基质上的机理有很多。一般而言，涉及单个离子[8,9]而不是胶束（见第 3 章）的表面活性剂的吸附有如下几类：

① 离子交换（图 2.5） 涉及自溶液中吸附到基质上的反离子被带相同电荷的表面活性剂离子取代[10~13a]。

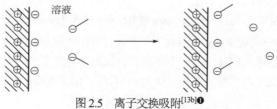

图 2.5 离子交换吸附[13b]❶

❶ 请注意图 2.5～图 2.10 中将疏水基团画成一个刚性链是为了方便地阐明吸附机理。实际上，疏水基团可以有多种结构形态，包括相邻分子疏水链的交织等，这些结构形态与每个分子在界面所占的面积以及疏水基团和亲水基团在界面的定向是相符的。

② **离子配对**（图 2.6） 表面活性离子从溶液中被吸附到没有被反离子占据的带相反电荷的位点。

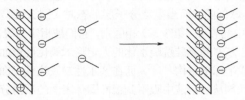

图 2.6 离子配对吸附[13b]

③ **酸-碱相互作用**[14a] 通过基质与吸附质之间形成氢键（图 2.7）[11,13,14b]或路易斯酸-路易斯碱作用（图 2.8）。

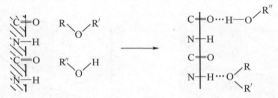

图 2.7 氢键吸附[203]

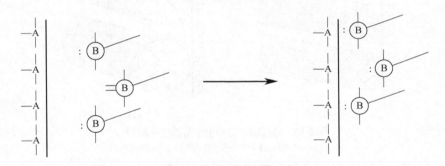

图 2.8 路易斯酸-碱作用吸附

④ **π 电子极化吸附** 发生于吸附质含有富电子芳香核而固体吸附剂含有强正电荷位点的场合。吸附质的富电子芳香核和固体基质正电荷位点间的吸引作用导致发生吸附[14b]。

⑤ **色散力吸附** 吸附剂和吸附质分子之间通过 London-van der Waals 色散作用发生吸附（图 2.9）。通过这一机理发生的吸附一般随吸附质分子量的增加而增加。这一机理非常重要，因为它不仅可以独立发生，而且可以作为其他所有吸附机理的补充。例如，它部分地解释了为什么表面活性离子具有显著的能力，使其能够通过离子交换机理从固体基质上取代带相同电荷的简单无机离子[11,15]。

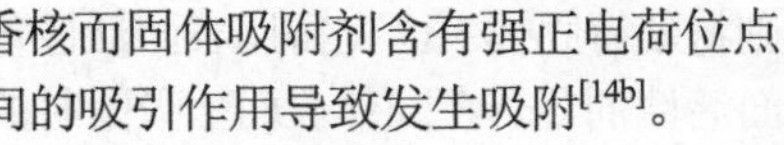

图 2.9 非极性表面上的色散力吸附

⑥ **疏水键合** 当表面活性剂分子疏水基团之间的相互吸引作用以及它们逃离水环境的趋势变得足够大时，使其通过烷基链的聚集而吸附到固体吸附剂上[16~19]。

这些表面活性剂聚集体，通常被称为半胶束（hemimicelles）（指半胶束聚集体[10,20~23]，或吸附胶束（admicelles）（指吸附的胶束[24]），或表面胶束（在固体表面上的吸附聚集体[25~28]，它们被认为或多或少是扁平的。后来的研究[29~31]表明，这些聚集体，当呈单分子层形态时（图 2.10a），也可能是半球形的，而当呈双分子层形态时（图 2.10b），则也可能是圆柱状的（图 2.10b）。为了与溶液中的胶束（第 3 章）相区别，它们被指定为表面聚集体。已经发现[32]，许多表面活性剂在用二乙基辛基氯硅烷疏水化的无定形二氧化硅表面形成平板状集体，在疏水性石墨和金表面形成半球形结构[33~36]，而在亲水性二氧化硅表面则形成球状或圆柱状结构[37]。对离子型表面活性剂从水溶液中吸附到极性固体表面的严格分析表明，第一层中吸附的表面活性剂分子以亲水基团朝向固体，形成以疏水基团朝向水相的半胶束。随着表面活性剂浓度的增加，另外的表面活性剂再吸附到初始的半胶束层上，以疏水基朝向已吸附的半胶束，而亲水基团则朝向水相（反向定位模型[26,27,38]）。在水相中，所形成的表面胶束的结构取决于表面活性剂分子和固体表面的相互作用，其宗旨是尽可能减少暴露到水相中的疏水基团。

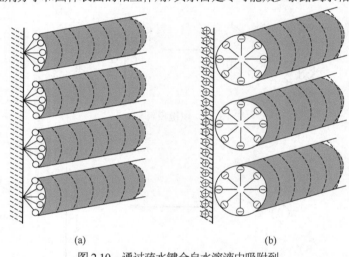

(a)　　　　　　　　　(b)

图 2.10　通过疏水键合自水溶液中吸附到

(a) 不带电的表面；(b) 带相反电荷的表面（通过静电作用）

当吸附的表面活性剂分子主要以疏水基团背向固体基质时，将使得固体表面变得比表面活性剂吸附之前更加疏水；相反，当吸附的表面活性剂分子主要以亲水基团背向固体基质时，则将使得固体表面变得比表面活性剂吸附之前更加亲水。有一些简单的方法可以用来判断表面活性剂分子在固体表面上吸附时的主流取向：①如果固体是平整的非多孔性的平面薄膜或平板，则可以测定吸附表面活性剂前后水滴在固体表面上的接触角（见第 6 章 6.1.1.2 节）。接触角越大，则表面的疏水性越大。②如果固体是细小的颗粒，那么若表面活性剂的吸附使它变得更加亲水，则它在水中的分散性将比表面活性剂吸附之前更好；若表面活性剂的吸附使它变得更加疏水，则将颗粒与水混合摇动时，颗粒要么浮在水面，要么比表面活性剂吸附前沉降得更快。另一个方法是，将颗粒与等体积的水和非极性溶剂（如正己烷）的混合物混合摇动，如果表面活性剂的吸附使颗粒变得更加疏水，它们在非极性溶剂中的分散将比表面活性剂吸附之前更好；如果它们变得更加亲水，则它们在水相中的分散将比表面活性剂吸附之前更好。

目前借助于扫描探针电子显微镜例如原子力显微镜（AFM，见第 14 章 14.3.2 节）和扫描隧道显微镜（STM）[39,40]可以直接观察表面聚集体，达到原子和分子分辨率。这些技术是 20 世纪 80 年代发展起来的，它们通过一个具有原子尺度的钨针尖（STM）或金刚石针尖（AFM）在贴近固体表面处移动来收集信息。STM 探测针尖与表面之间的隧道电流；AFM 则将针尖和表面原子间的相互作用力转换成具有原子分辨率的表面等高线图。STM 要求表面导电，而 AFM 也可以用于不导电表面。它们能提供最高 100 万倍的放大倍数。

2.2.2 吸附等温线

在固-液界面，我们感兴趣的是测定：①单位质量或单位面积的固体吸附剂吸附的表面活性剂的数量，即给定温度下表面活性剂（吸附质）的表面浓度，因为这是衡量有多少吸附剂的表面已被覆盖从而被改变的一个量度；②在给定温度下，产生给定的表面浓度所需要的液相中表面活性剂的平衡浓度，它是表面活性剂吸附效率的量度；③给定温度下表面达到饱和时表面活性剂在吸附剂表面上的浓度，它决定表面活性剂的吸附效率；④吸附的表面活性剂在表面的定向以及可以揭示表面活性剂吸附机理的任何其他参数，因为对机理的认识使我们能够预测一个给定分子结构的表面活性剂是如何吸附到界面上的；以及⑤吸附对吸附质其他性质的影响。吸附等温线是联系吸附质在界面的浓度与其在液相中的平衡浓度的一个数学表达式。由于我们希望的大多数信息都可以从吸附等温线获得，所以吸附等温线是描述液-固界面吸附的常用方法。

计算二元溶液中一个组分吸附到固体吸附剂上的数量的基本公式[41]是：

$$\frac{n_0 \Delta \chi_1}{m} = n_1^s \chi_2 - n_2^s \chi_1 \tag{2.2}$$

$$\Delta \chi_1 = \chi_{1,0} - \chi_1$$

式中，n_0 为吸附前溶液的总摩尔数；$\chi_{1,0}$ 为吸附前组分 1 的摩尔分数；χ_1, χ_2 为吸附达到平衡时组分 1 和组分 2 的摩尔分数；m 为吸附质的质量，g；n_1^s、n_2^s 为吸附达到平衡时每克吸附剂吸附的组分 1 和组分 2 的摩尔数。

对表面活性剂稀溶液，当表面活性剂（组分 1）相对于溶剂（组分 2）更易吸附到固体吸附剂上时，则有 $n_0 \Delta \chi_1 \approx \Delta n_1$，其中 $\Delta n_1 =$ 溶液中组分 1 的摩尔数变化，$n_2^s \approx 0$，$\chi_2 \approx 1$。于是，

$$n_1^s = \frac{\Delta n_1}{m} = \frac{\Delta C_1 V}{m} \tag{2.3}$$

$$\Delta C_1 = C_{1,0} - C_1$$

式中，$C_{1,0}$ 为吸附前液相中组分 1 的物质的量浓度，mol/L；C_1 为吸附达到平衡时液相中组分 1 的物质的量浓度，mol/L；V 为液相的体积，L。

为了使 n_1^s 获得足够的精确度，ΔC_1，即吸附导致的表面活性剂溶液物质的量浓度的变化，其数值相对于表面活性剂的初始浓度 $C_{1,0}$ 必须是可观的。为了达到这一目的，固体吸附剂必须具有较大的比表面积（即为细小的颗粒）。

于是对于表面活性剂稀溶液，将其与细小颗粒状吸附剂混合，并将混合物振摇直至达到吸附平衡，则单位质量的固体基质吸附的表面活性溶质的摩尔数可以通过吸附前后溶液中溶

质的浓度来计算。然后将 n_1^s 对 C_1 作图，即得到吸附等温线。有多种方法可用于测定表面活性剂浓度的变化[42]。

如果知道单位质量吸附剂的表面积 $a^s(\mathrm{cm}^2/\mathrm{g})$，即比表面积，则可以计算表面活性剂的表面浓度 $\Gamma_1(\mathrm{mol}/\mathrm{cm}^2)$：

$$\Gamma_1 = \frac{\Delta C_1 V}{a_s m} \tag{2.4}$$

如果固体基质不是细小的颗粒，但可以在薄膜上形成光滑无孔的平面，则表面浓度有时可以通过接触角（见第 6 章 6.1.1.1 节）计算得到。

于是以 Γ_1 对 C_1 作图，即可得到吸附等温线，每个吸附质分子在吸附剂表面所占的面积 $a_1^s(\text{Å}^2)$ 为❶：

$$a_1^s = \frac{10^{16}}{N\Gamma_1} \tag{2.5}$$

式中，N 是 Avogadro 常数。

Langmuir 吸附等温线　对于自表面活性剂溶液中的吸附，通常观察到的一类吸附等温线为 Langmuir 型吸附等温线[43a]，表达式为：

$$\Gamma_1 = \frac{\Gamma_m C_1}{C_1 + a} \tag{2.6}$$

式中，Γ_m 为形成单分子层（覆盖）吸附时表面活性剂的表面浓度，$\mathrm{mol/cm}^2$；C_1 为吸附达到平衡时液相中表面活性剂的浓度，$\mathrm{mol/L}$；a 为常数[$=55.3\exp(\Delta G^0/RT)$]，$\mathrm{mol/L}$，式中 T 为热力学温度，在室温附近，而 ΔG^0 是无限稀释时的吸附自由能。

理论上这种类型的吸附只有在满足以下条件时才能符合[43b]：①吸附是均匀的；②溶质和溶剂有相等的摩尔表面积；③表面相和体相均呈理想状态（即任一相中均没有溶质-溶质或溶质-溶剂相互作用）；④吸附膜是单分子层的。许多表面活性剂溶液皆显示 Langmuir 吸附，即使这些限制条件不能得到满足。

当吸附符合 Langmuir 方程时，通过测定 Γ_m 和 a 值可以计算出饱和吸附时每个吸附质分子在表面所占的面积和在无限稀释时的吸附自由能。为了确定吸附是否服从 Langmuir 方程以及计算 Γ_m 和 a 的值，通常将该方程颠倒，转换成下列线性形式：

$$\frac{C_1}{\Gamma_1} = \frac{C_1}{\Gamma_m} + \frac{a}{\Gamma_m} \tag{2.7}$$

或者

$$\frac{1}{\Gamma_1} = \frac{a}{\Gamma_m C_1} + \frac{1}{\Gamma_m} \tag{2.8}$$

以 C_1/Γ_1 对 C_1 作图（方程 2.7）应该是直线型的，其斜率为 $1/\Gamma_m$，截距为 a/Γ_m。或者，以 $1/\Gamma_1$ 对 $1/C_1$ 作图，也得到一条直线，斜率 $=a/\Gamma_m$，截距 $=1/\Gamma_m$（方程 2.8）。

---

❶ 如果用 nm^2 作单位，需除以 100。

当固体吸附剂的比表面积 a_s 未知时，可以将 n_1^s 对 C_1 作图，于是 Langmuir 方程的形式变为：

$$n_1^s = \frac{n_m^s C_1}{C_1 + a} \tag{2.9}$$

其直线型式为：

$$\frac{C_1}{n_1^s} = \frac{C_1}{n_m^s} + \frac{a}{n_m^s} \tag{2.10}$$

和

$$\frac{1}{n_1^s} = \frac{a}{n_m^s C_1} + \frac{1}{n_m^s} \tag{2.11}$$

由方程 2.6 可得，当 $\Gamma_1 = \Gamma_m/2$ 时，$a = C_1$；由方程 2.9 可得，当 $n_1^s = n_m^s/2$ 时，$a = C_1$。因此，可以通过将 C_1^s 对 C_1（或 n_1^s 对 C_1）作图，在 $\Gamma_1 = \Gamma_m/2$（或 $n_1^m = n_m^s/2$）那一点求得 a 值，即 $a =$ 吸附剂表面达到一半的单分子层覆盖时所需的溶液体相中的表面活性剂平衡浓度。当采用 mol/L 为 a 的单位时，在室温附近，$a = 55.3\exp(\Delta G^0/RT)$，并有

$$-\lg a = -\Delta G^0/2.3RT - 1.74 \tag{2.12}$$

由于 $-\lg a$ 是涉及表面活性剂分子从液相转移到固体基质表面的自由能变化的函数，于是当吸附遵循 Langmuir 方程时，它就是一个合适的量度，可用来表征表面活性剂的吸附效率。

吸附实验数据满足 Langmuir 方程这一事实并不意味着 Langmuir 模型所基于的假设被完全满足了。对表面活性剂而言，这些假定，特别是不存在侧向相互作用，几乎是无法满足的。尽管如此，许多表面活性剂自溶液的吸附表现为 Langmuir 型，可能是因为影响吸附等温线形状的几种因素相互抵消了。以下是其中一些因素以及它们影响吸附等温线形状的方式[44]。

① 表面活性剂的胶束化　使曲线趋于平坦，吸附量可能低于紧密堆积时的水平，因为一旦形成胶束，液相中表面活性剂的活度几乎不再显著地随表面活性剂浓度的增加而增加（参见第 3 章）。

② 表面电势　如果固体基质表面所带电荷与表面活性离子的电荷同号，则使得吸附量降低，吸附等温线的斜率减小；如果电荷异号，则使得吸附量增加，吸附等温线的斜率上升。

③ 固体吸附剂的非均匀性　吸附到基质表面的高能位点所得吸附等温线的斜率比吸附到低能位点所得吸附等温线的斜率要大。在不同能量位点的吸附的总和可能产生类似于 BET 类（多分子层）或者 Freundlich 类（$n_1^s = kC_1^{1/n}$，k 和 n 是常数，n 通常大于 1）吸附等温线。

④ 侧向相互作用　这里侧向相互作用是吸引作用，对表面活性剂来说是一种常见现象，等温线的斜率会变得更陡峭，也可能会变成 S 形或阶梯式曲线[18,44]。

针对有时得到的不同类型的 S 形吸附等温线（非 Langmuir 型），Gu 等提出了一个两步吸附机理[45]。第一步，表面活性剂分子以单独的分子或离子被吸附。第二步，通过表面活性剂分子疏水链间的相互作用，形成表面聚集体，导致吸附量显著增加。

作者提出了下列一般吸附方程：

$$\Gamma_1 = \Gamma_\infty K C_1^n / (1 + K C_1^n) \qquad (2.12a)$$

式中，Γ_∞ 是浓度 C_1 较高时表面活性剂的极限吸附；K 是表面聚集过程的平衡常数；n 是表面聚集体的平均聚集数。

方程 2.12a 可以变为下面的对数形式：

$$\lg[\Gamma_1/(\Gamma_\infty - \Gamma_1)] = \lg K + n \lg C \qquad (2.12b)$$

以 $\lg[\Gamma_1/(\Gamma_\infty - \Gamma_1)]$ 对 $\lg C$ 作图，如果得到一条直线，则可以得到 K 和 n 的值。当 $n=1$ 时，方程 2.12a 变成 Langmuir 吸附等温线的形式 $\Gamma_1 = \Gamma_\infty K C_1/(1 + K C_1)$，其中 $K=1/a$。当发生表面聚集时，则 n 大于 1。

纯度不佳的溶质在非均质或不纯的吸附剂上的吸附等温线通常经过一个最高点。虽然这一现象可能出现于自浓溶液或自气相的吸附，但难以从理论上证明自表面活性剂稀溶液中的吸附也存在这种现象。它们往往随着吸附剂和溶质的纯化而消失，因而被认为可能是存在杂质所致[44]。

2.2.3 自水溶液中吸附到强荷电吸附剂表面

强荷电吸附剂包括 pH 值高于和低于等电点时的羊毛和尼龙等基质，高于和低于零电荷点的氧化物如氧化铝，以及高 pH 值下的纤维素和硅酸盐表面。在这些表面的吸附是一个复杂的过程，其间溶质的吸附可能依次通过离子交换、离子配对以及疏水键合机理而发生。

（1）离子型表面活性剂　离子型表面活性剂吸附到带相反电荷的基质表面，例如烷基磺酸钠[22]和烷基苯磺酸钠[17,46]吸附到带正电荷的 Al_2O_3 表面，吸附等温线是典型的 S 形的。等温线的形状（图 2.11）反映了 3 种不同类型的吸附模式。在区域 1，表面活性剂主要通过离子交换吸附，表面活性剂的疏水基可能或多或少地躺卧在基质表面[47]。电荷密度或固体 Stern 层的电位几乎保持不变。在区域 2，由于即将吸附的表面活性剂离子与先前已吸附的表面活性离子的疏水链间的相互作用，导致吸附量显著增加。这种在浓度远低于表面活性剂的临界胶束浓度（CMC）（第 3 章 3.1 节）时，即可能发生的疏水基团的聚集，称作半胶团形成[16]或协同吸附[18]。在这个吸附区，固体表面的原始电荷被吸附的表面活性剂的相反电荷所中和，并且表面电荷最终被反转，以致在区域 2 的末端固体表面带有了与表面活性离子相同符号的电荷。区域 1 和区域 2 的过程如图 2.12 所示。在区域 3 中，等温线的斜率变小，因为这一阶段的吸附必须克服即将被吸附的表面活性离子与带相同电荷的固体表面之间的静电排斥作用。这种方式的吸附通常在 CMC 附近即已完全（区域 4）[9,47~49a]，因为吸附似乎仅涉及单个离子而非胶束。

当疏水基的相互吸引不足以克服离子型亲水基的相互排斥时（例如，当表面活性剂分子的疏水链太短，或一个表面活性剂分子中含有两个或更多的带同种电荷的离子基团，并且水溶液的离子强度较低），则疏水链的聚集可能不会发生，区域 2 可能会消失。在这种情况下，当溶液的离子强度低时等温线可能是倒 L 形，区域 1 的离子交换和离子配对吸附持续进行，直到基质的原始电荷被中和，基质获得与表面活性剂离子相同符号的电荷。这时等温线的斜率会下降，吸附会按 S 形等温线区域 3 的方式继续进行。当水溶液的离子强度高时，区域 1 和区域 3 的电荷相互作用都较弱，这两个区域等温线的斜率将趋于一致。在这种情况下，如果疏水基的聚集不明显发生，区域 1~3 等温线的斜率可能会是假线性的[49b]。

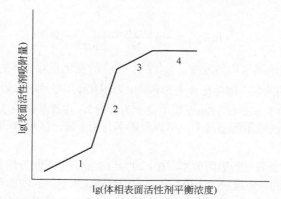

图 2.11 离子型表面活性剂吸附到带相反电荷的基质表面的 S 形吸附等温线

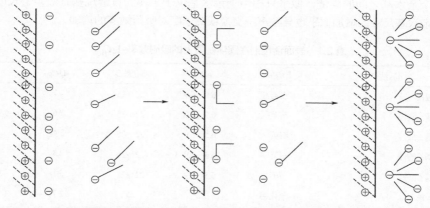

图 2.12 阴离子表面活性剂通过离子交换（区域 1）和即将吸附的表面活性剂与先前已
吸附的表面活性剂疏水链间的聚集（区域 2）吸附到带相反电荷的基质表面

离子型表面活性剂吸附到带相反电荷的基质表面时，由非静电作用导致的吸附效率可以用 Stern 层的电势变为零时（零电荷点[pzc]）液相中表面活性剂平衡浓度倒数的对数或平衡浓度的负对数（$\lg 1/C_0$ 或 $-\lg C_0$）来度量。这是根据 Stern-Grahame 方程[50]得到的，该方程描述低覆盖度下 Stern 层的吸附，其中吸附自由能变化可以分为静电力和非静电力两部分：

$$\Gamma_\delta = 2 \times 10^{-3} r C_1 \exp \frac{-ZF\psi_\delta - \phi}{RT} \tag{2.13}$$

式中，Γ_δ 为吸附于带正电荷表面的 Stern 层中的表面活性离子的浓度，mol/cm^2；r 为吸附的表面活性离子的有效半径，cm；Z 为表面活性离子的价数（包括符号）；F 为法拉第常数；ψ_δ 为 Stern 面上的电势；ϕ 为吸附的非静电作用自由能变化。当 ψ_δ 等于零时有：

$$C_{1(0)} = \frac{(\Gamma_\delta)_0}{2 \times 10^{-3} r} \exp\left(\frac{\phi}{RT}\right) \tag{2.14}$$

式中，$C_{1(0)}$ 和 $(\Gamma_\delta)_0$ 表示 Stern 层为零电位时的浓度，且

$$-\lg C_{1(0)} = -\lg \frac{(\Gamma_\delta)_0}{2r} - \frac{\phi}{2.3RT} - 3 \qquad (2.15)$$

已经得知[16]，随着疏水基结构的改变，$\lg[(\Gamma_\delta)_0/2r]$ 的变化相对于 ϕ 的变化非常小，因此 $-\lg C_{1(0)}$ 本质上是 ϕ 的函数，因而是合适的非静电力相互作用导致的吸附效率的量度。

因为区域 3 起始于 pzc（当 Stern 层电位变为零时），在那些区域 2 和区域 3 能够通过斜率变化明显区分开的吸附等温线中，可以取斜率开始下降，区域 3 开始出现时的浓度作为 $C_{1(0)}$。

疏水基链长的增加将使得吸附效率增加，因为自由能的下降既与疏水基脱离与水接触有关，又与色散力导致的聚集或吸附趋势有关，它们都随疏水链长的增加而增加。表 2.1 列出了根据文献数据计算得到的效率。在此，一个苯环可以看作相当于直链烷基链中的 3.5 个碳链。位于疏水链的短支链上的碳链，当亲水基不在末端时位于较短的疏水链上的碳链，或者位于两个亲水基之间的碳链，似乎只相当于亲水基位于末端的直链烷基有效碳链长度的一半。而亲水基尺寸的增加似乎也导致离子交换或离子配对吸附效率的增加。

表 2.1 表面活性剂在固体基质上的吸附效率 $-\lg C_{1(0)}$

表面活性剂	固体基质	pH 值	温度/℃	$-\lg C_{1(0)}$	文献
癸基乙酸铵	石英	6.5~6.9	22~25	1.7_5	[10]
十二烷基乙酸铵	石英	6.5~6.9	22~25	2.6_0	[10]
十四烷基乙酸铵	石英	6.5~6.9	22~25	3.4_5	[10]
十六烷基乙酸铵	石英	6.5~6.9	22~25	4.3_0	[10]
十八烷基乙酸铵	石英	6.5~6.9	22~25	5.1_5	[10]
癸基磺酸钠	α-氧化铝	7.2[①]	25	2.7_5	[16]
十二烷基磺酸钠	α-氧化铝	4.2[①]	25	4.4_0	[12]
十二烷基磺酸钠	α-氧化铝	5.2[①]	25	4.0_0	[12]
十二烷基磺酸钠	α-氧化铝	6.2[①]	25	3.8_5	[12]
十二烷基磺酸钠	α-氧化铝	7.2[①]	25	3.5_5	[12,16]
十二烷基磺酸钠	α-氧化铝	8.2[①]	25	3.3_5	[12,16]
十二烷基磺酸钠	α-氧化铝	8.6[①]	25	3.2_0	[12,16]
十二烷基磺酸钠	α-氧化铝	6.9[①]	45	3.6_2	[22]
十四烷基磺酸钠	α-氧化铝	7.2[①]	25	4.2_5	[16]
十六烷基磺酸钠	α-氧化铝	7.2[①]	25	5.0_0	[16]
$Na^+O_3SC_6H_4(CH_2)_6C_6H_4SO_3Na^+$	α-氧化铝	7.2[①]	25	2.7_8	[49b]
$Na^+O_3SC_6H_4(CH_2)_8C_6H_4SO_3Na^+$	α-氧化铝	7.2[①]	25	3.3_2	[49b]
$Na^+O_3C_6H_4(CH_2)_{10}C_6H_4SO_3Na^+$	α-氧化铝	7.2[①]	25	3.7_0	[49b]
$Na^+O_3C_6H_4(CH_2)_{12}C_6H_4SO_3Na^+$	α-氧化铝	7.2[①]	25	4.2_4	[49b]
十二烷基氯化铵	碘化银			4.0	[51]
溴化辛基吡啶	碘化银			3.8	[51]

续表

表面活性剂	固体基质	pH 值	温度/℃	$-\lg C_{1(0)}$	文献
溴化十二烷基吡啶	碘化银			5.5_4	[51]
溴化十六烷基吡啶	碘化银			6.2_5	[51]
十二烷基三甲基溴化铵	碘化银			5.0	[51]
溴化十二烷基喹啉鎓	碘化银			6.1_3	[51]
癸基硫酸钠	碘化银溶胶	pAg=3[②]	20±1	3.4_0	[52]
十二烷基硫酸钠	碘化银溶胶	pAg=3[②]	20±1	4.3_8	[52]
十二烷基磺酸钠	碘化银溶胶	pAg=3[②]	20±1	3.9_2	[52]
十四烷基硫酸钠	碘化银溶胶	pAg=3[②]	20±1	4.7_8	[52]
十二烷基苯磺酸钠	碘化银溶胶	pAg=3[②]	20±1	4.8_4	[52]
戊烷磺酸钠	碘化银	3[③]	20±2	2.4_6	[53]
		4[③]	20±2	2.6_6	[53]
		5[③]	20±2	3.1_0	[53]
辛烷磺酸钠	碘化银	3[③]	20±2	2.6_0	[53]
		4[③]	20±2	2.8_2	[53]
		5[③]	20±2	3.8_2	[53]
癸烷磺酸钠	碘化银	3[③]	20±2	3.8_9	[53]
		4[③]	20±2	4.1_2	[53]
		5[③]	20±2	4.6_4	[53]
十二烷磺酸钠	碘化银	3[③]	20±2	4.5_0	[53]
		4[③]	20±2	4.7_0	[53]
		5[③]	20±2	4.9_6	[53]
十四烷磺酸钠	碘化银	3[③]	20±2	5.1_5	[53]
		4[③]	20±2	5.2_5	[53]
		5[③]	20±2	5.4_7	[53]

① （I.S.=$2×10^{-3}$mol/L）。

② （I.S.=$1.5×10^{-3}$mol/L）。

③ （I.S.=$1×10^{-3}$mol/L）。

注：I.S.为总离子强度。

　　然而，随着疏水链长的增加，吸附效能（即表面达到饱和时的吸附量）可能增加、减少或不变，取决于被吸附物在吸附剂-溶液界面的定向。如果被吸附物垂直吸附于基质表面，并密集排列，则疏水链长的增加似乎不能导致饱和吸附时单位面积上吸附的表面活性剂的摩尔数发生明显的变化[54]，大概是由于垂直定向于界面的烷基链的截面积不随链单元数的增加而增加。此外，垂直定向时，当亲水基的截面积大于疏水基的截面积时，吸附效率可能由亲水基大小决定；亲水基越大，饱和吸附量就越少。如果排列主要是垂直的，但不够紧密，或者或多或少有点倾斜，则随着疏水链长的增加，吸附效能可能会有所增加，因为更大的范德华引力可能导致长链烷基的更紧密堆积[55]。对直链烷基苯磺酸盐，当苯环向烷基链的中心位置移动时，吸附效率下降[47]。

　　然而，如果吸附分子的定向与表面平行，例如当表面活性剂分子两端分别带有与基质相反电荷的离子基团时，或者当疏水链与表面有强相互作用时（例如被吸附物中富含电子的芳香核与吸附剂中的正电荷位点之间[14]），则吸附效能可能会随烷基链长的增加而降低，因为这种情况下分子在表面的截面积会增加，少量分子的吸附就能使表面达到饱和[15]。

（2）非离子型表面活性剂 聚氧乙烯型（POE）表面活性剂可以通过醚氧原子和二氧化硅表面的 SiOH 基团之间的氢键作用吸附到二氧化硅表面[13,56,57]。在带负电荷的二氧化硅表面上，POE 链中的醚氧原子可以通过从水中接受质子带上正电荷而与表面的负电荷位发生静电作用。相关的证据是溶液的 pH 值随着吸附的进行而增加（M.J. Rosen 和 Z.H. Zhu，未发表数据）。吸附等温线为 Langmuir 型，吸附效率和效能均随 POE 链长增加而下降。而效能的下降是由于随着 POE 链长的增加，吸附于界面的表面活性剂分子所占面积增加所致。在低覆盖度状态，表面活性剂分子可能会平躺于表面；而在高覆盖度状态，疏水基可能会被亲水基驱离表面，并且相邻疏水基之间可能发生侧向相互作用（形成半胶束）[58]。最大吸附归因于单分子层[56]和双分子层[58]的形成，通常发生在表面活性剂的 CMC（见第 3 章）附近。

POE（聚氧乙烯）非离子自身在带正电荷的氧化铝表面仅有微弱的吸附[47]，而十二烷基-β-D-麦芽糖苷则强烈吸附[59]，可能是后者带有负电荷的缘故。

（3）pH 值的变化 pH 值的变化通常会导致离子型表面活性剂在带电固体基质上的吸附发生显著变化。当液相的 pH 值降低时，由于质子自溶液中吸附到带电的位点，固体表面通常会带有更多的正电荷或者更少的负电荷，结果阴离子表面活性剂吸附上升而阳离子表面活性剂吸附下降[55,60]。当液相的 pH 值升高时，结果则相反。这些效应可以用无机氧化物如二氧化硅和氧化铝以及羊毛和尼龙等得到充分的证明。

pH 值的改变也会影响表面活性剂分子，尤其是那些含有羧酸盐基团（皂类）或非季铵类铵盐基团。对于这些表面活性剂，pH 值的改变可能会使表面活性剂从一种在带相反电荷位点强烈吸附的离子型表面活性剂转变为一种只通过氢键或色散力吸附的中性分子。pH 值的改变也会影响非离子表面活性剂，尤其是那些含有 POE 链的，因为其中的醚氧原子在低 pH 值时能被质子化，形成带正电的基团，从而吸附到带负电荷的基质上。

（4）离子强度 加入中性电解质如 NaCl 或 KBr 会使离子型表面活性剂在带相反电荷的吸附剂上的吸附量降低，而在带相同电荷的吸附剂上的吸附量增加。

这些作用被认为可能是高离子强度下带相反电荷的物质之间引力减少和带相同电荷物质之间的斥力减少所致。水相离子强度的增加将使得离子型表面活性剂在带相同电荷的基质表面的吸附效率和效能都增加[49a,55,61]。

溶液中多价阳离子特别是 Ca^{2+} 的存在，会导致阴离子类的吸附量增加。这可能是因为 Ca^{2+} 吸附在吸附剂上，产生正电荷位，从而能吸附带负电荷的表面活性剂[60]。

（5）温度 温度升高通常引起离子型表面活性剂的吸附效率和效能降低，但与 pH 值变化相比，温度变化产生的影响相对较小。然而温度的升高通常导致亲水基含 POE 链的非离子表面活性剂吸附量的增加[62,63]。这归因于温度升高时溶质-溶剂相互作用减弱（例如 POE 基团脱水）[58,64]。

2.2.4 自水溶液吸附到非极性、疏水性吸附剂表面

这类基质常见的有炭、聚乙烯或聚丙烯。高纯度的单官能团阴离子和阳离子表面活性剂在这些吸附剂上的吸附是类似的，并具有 Langmuir 型吸附等温线（见图 2.13 和图 2.14）。这些曲线似乎表明在吸附质的 CMC 附近，吸附即达到了饱和，表面活性剂在基质表面垂直定

向。在这些基质上的吸附主要是通过色散力作用。吸附质分子的最初定向可能是与固体表面平行，或者稍微倾斜的，或者是 L 形的，疏水基在表面附近，亲水基伸向溶液中。随着吸附的继续，吸附的分子的定向可能变得与表面越来越垂直，而以亲水基伸向水中[65]。在某些情况下，吸附等温线会出现变形（图 2.13），归因于表面活性剂分子的定向从与基质表面平行变为垂直。疏水基长度的增加使得吸附效率增加，但吸附效能仅稍有增加。吸附效率的增加是由于随着疏水链长的增加，$-\Delta G$ 数值增加；而吸附效能的增加可能是由于疏水链的排列更加紧密[66,67]。这里，类似于在强荷电表面上的吸附，对苯磺酸盐中的一个苯环相当于直链烷烃中的 3.5 个碳原子。POE 类非离子在疏水表面的吸附效率似乎比在亲水表面上更高[56]。POE 链长度的增加会导致吸附效率和效能下降，前者大概是因为吸附自由能 $-\Delta G$ 的数值随 EO 单元数的增加而降低，而后者则可能是因为分子在表面的横截面积随 EO 数的增加而增加[68,69]。然而，疏水基长度的增加似乎会使吸附效率增加[65]。

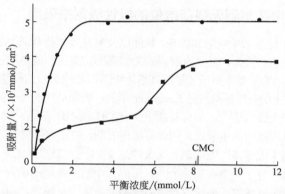

图 2.13　25℃下十二烷基硫酸钠在石墨化炭黑上的吸附[48]
■ 纯水溶液；● 0.1mol/L NaCl 水溶液

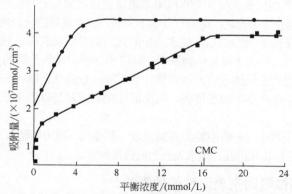

图 2.14　25℃下十二烷基三甲基溴化铵在石墨化炭黑上的吸附[48]
■ 纯水溶液；● 0.1mol/L KBr 水溶液

　　研究表明，吸附速率与亲水基在分子中的位置有关，当亲水基位于表面活性剂分子的中间部位时，吸附速率比亲水基位于末端时要快[67]。原因可能有两个，或者是当亲水基位于表面活性剂分子的中间部位时，表面活性剂分子具有更紧密的结构，因而在溶液中具有更大的扩散系数，或者是它们具有更大的 CMC（见第 3 章 3.1 节），从而其单体可以具有更高的活度[70]。在碳表面的吸附速率被证明还取决于溶液相是否存在影响水结构的添加物。那些属于水的结构破坏剂类的添加物，如尿素和 N-甲基乙酰胺，似乎能提高吸附速率，反之那些结构促进剂例如木糖和果糖，则会降低吸附速率[71]。

加入中性电解质，既能通过降低已吸附的表面活性离子和将要吸附的相同离子之间的静电排斥力来提高离子型表面活性剂的吸附效率，又可能通过降低带相同电荷的吸附离子间的静电斥力，促使其在吸附层中排列更加紧密，从而提高吸附效能（图 2.13 和图 2.14）。向阴离子表面活性剂水溶液中加入少量阳离子表面活性剂[72]，或者向阳离子表面活性剂溶液中加入少量金属羧酸盐[73]，被证明能增加主导离子表面活性剂的吸附。

对于不易被粉碎成颗粒，但可以被制成非多孔性的平板或膜的非极性固体疏水基质，表面活性剂在固-液界面的浓度可以通过接触角来确定（见第 6 章 6.1.1 节）。

2.2.5 自水溶液中吸附到无强荷电位的极性吸附剂表面

表面活性剂自中性溶液中吸附到棉花、聚酯以及尼龙等固体基质上主要是由氢键作用和色散力作用共同驱动的。例如，皂类水解得到的游离脂肪酸可能就是通过氢键作用吸附到聚酯和尼龙 66 上的[74]。POE 类非离子（醇乙氧基化物[AE]和烷基酚乙氧基化物[APE]）自水溶液中吸附到聚酯纤维上的吸附等温线是 Langmuir 型的，表面活性剂分子占据的面积与其在水-空气界面占据的面积大致相等[75]。如果基质中含有-OH 或-NH 基团，则含有 POE 链的表面活性剂将可能通过氢键作用产生吸附。因此有报道表明，在洗涤条件下，非离子在尼龙和棉花上的吸附要比阴离子大得多，吸附量之比大约是 2∶1[76]。25℃下正十二烷醇 POE 自水溶液中吸附到棉花上时，分子平躺在基质上[77]，形成一个紧密排列的单分子层。POE 链中 EO 单元数的增加将导致吸附效率、效能以及吸附速率的下降[76]。反之，疏水链长的增加将使得吸附效率增加。

一项对 60℃下重垢洗涤剂配方中的 POE 直链醇在退浆棉布上的吸附研究和 90℃下漂洗脱附研究[78]表明，当分子中聚氧乙烯的百分数不变时，疏水链短的化合物比疏水链长的化合物吸附得更多，且经过 4 次漂洗后，疏水链短的化合物在织物表面的残留比长链化合物更多。此外，对正十二烷醇的乙氧基化物系列，只有当分子中聚氧乙烯的含量超过 60%时，漂洗后原始表面活性剂在织物表面的残留率才会下降。短链化合物比长链化合物更强烈地吸附（几乎不可逆）这一事实似乎证明，表面活性剂吸附时是以亲水基朝向表面，而疏水基朝向水相的。

当基质不能给予质子与被吸附物形成氢键时（聚酯类、聚丙烯腈），吸附通常是通过色散力进行的；其特征与在非极性、疏水表面上的吸附相似。

2.2.6 吸附对固体吸附剂表面性质的影响

（1）表面有强荷电位的基质　正如前面所提到的，表面活性离子的反离子通过离子交换机理形成的吸附不会导致吸附剂电位的变化。然而，如果反离子继续通过离子配对机理吸附，则吸附剂 Stern 层的电位就会下降，直至电荷被完全中和而变成电中性。在这一过程中，表面与带相同电荷的其他表面之间的排斥趋势将变小，直到当吸附剂变成电中性时完全消失。于是那些部分依赖相互间的静电排斥作用而分散在水相中的颗粒状吸附剂，由于带相反电荷的表面活性离子的吸附，通常会在其表面电荷被中和的某一点发生絮凝。

此外，由于通过离子交换或离子配对机理吸附的表面活性剂采取疏水基朝向水相的分子定向（图 2.5），这种吸附会使表面渐变得越来越疏水[11,79]。这可以通过固-水-气界面的接触角随 zeta 电位下降而增加，直至 zeta 电位降为零而予以证明。带负电荷的矿物表面如石英，就显示出这一效应，当用阳离子表面活性剂（如十六烷基三甲基溴化铵）处理时，变得更难被水润湿，但却更易被非极性化合物润湿[80]。这种方式的吸附可以解释水溶液中阴离子表面活性剂在正电荷位上的吸附降低了羊毛纤维的溶胀[81]，以及用阳离子柔软剂可以消除氧化羊毛的抗缩性[82]。在这两种情况下，带相反电荷的表面活性离子的吸附使得羊毛表面变得更加疏水。然而，如果表面活性离子的吸附继续直至超过了 pzc，则 Stern 层的电荷就会反转，基质带有与吸附离子相同符号的电荷。在这一过程中被吸附的表面活性离子采取亲水头朝向水相的定向，于是随着吸附的继续，基质被赋予更多的亲水性。而接触角又一次减小，在水中的分散趋势增加[83]。

这种方式的吸附还能解释羊毛胱氨酸二硫键被碱攻击的反应活性在阳离子表面活性剂存在时增加而在阴离子表面活性剂存在时降低的现象[84]。羊毛表面在碱性介质中带负电，阳离子表面活性剂的吸附可以赋予表面正电荷，因此增加了其对氢氧化物和亚硫酸盐离子的吸引作用，故而增加了其与这些离子的反应速率。类似地，阴离子表面活性剂的存在能够增加羊毛中肽的酸解（羊毛在酸性介质中带正电荷，阴离子表面活性剂的吸附使表面带负电荷）。相反阳离子表面活性剂的存在减少了这些键的酸解，而非离子表面活性剂则没有影响。

表面活性剂离子在固体表面的吸附是控制去污力的主要因素之一。例如，在阴离子表面活性剂存在下，炭黑在聚酯上的残留比在羊毛上的残留更多，这可以解释为羊毛（具有荷电吸附位）对表面活性剂的吸引作用比对非极性的炭要大得多，而疏水聚酯的情况则相反[85]。表面活性剂对织物的缓染和匀染作用也涉及荷电吸附位上的竞争吸附，带相同电荷的表面活性离子与染料竞争吸附到带相反电荷的织物上，因此降低了染料的有效吸附速率。在所有情况下，表面活性剂的吸附越强烈，其缓染效应就越显著。

（2）非极性吸附剂 在任何浓度下，表面活性剂在经过良好纯化的这类基质（如表面不含极性基团杂质）上的吸附都是采取以亲水基朝向水相的分子定向。因此，吸附增加了吸附剂的亲水性，而且，对离子型表面活性剂而言，增加了吸附剂表面的电荷密度，使其更易被水润湿[86,87]和更易分散（对粉状吸附剂）。这些因素可以解释，例如，为什么炭黑在非离子型或离子型表面活性剂存在下在水介质中可以分散得更好[48,65]。但采用 POE 型非离子表面活性剂时，吸附可以导致两个趋近的相同粒子之间产生空间位阻，因为这种相互接近会限制随机卷曲的 POE 链的运动，从而导致体系的熵减小。因此如果固体是粉状颗粒，非离子表面活性剂的吸附也可以使固体物产生一个对抗絮凝的能垒。这些效应部分解释了在表面活性剂存在下，碳和其他疏水色素更易从棉纤维表面脱附。

2.2.7 自非水溶液的吸附

为了开发煤油混合燃料（COM），即细煤粉在燃料油中的稳定分散液，人们研究了燃料油中表面活性剂在煤粉表面的吸附。阳离子表面活性剂对这种分散体系的稳定作用被认为是阳离子以其带正电荷的头基吸附到煤粉表面的亲质子位点上，而以烷基链朝向油相[88]。烷基芳烃从正庚烷中吸附到炭黑表面时，分子采取平行于界面的定向，其中烷基链是可以在表面移动的[89]。烷基链长的增加可增加炭的分散度。

双（2-乙基己基）琥珀酸酯磺酸钠自苯溶液吸附到炭黑表面符合 Langmuir 方程，并且吸附量取决于表面氧原子含量。但它们在热处理过的疏水性炭黑即石墨化炭黑（Graphon）上的吸附没有检测到[90]。

2.2.8　固体比表面积的测定

测定细小的粉状固体颗粒的比表面积最常用和最可靠的方法是在液态空气温度下测定氮气或氩气的吸附量。然而如果要测定表面活性剂在固/液界面的吸附和分子定向，其比表面积的测定最好是采用自溶液的吸附而不是自气体的吸附方法。采用尺寸与表面活性剂分子相近的吸附质所得到的比表面积，比采用更小的（气体）吸附质更能表明吸附剂可供表面活性剂分子吸附的有效表面积，因为气体分子可以进入微孔和裂缝，而表面活性剂分子（较大）则不能进入。此外，从实验方法看，测定溶液中的吸附比测定气体中的吸附要容易，因为后者需要有真空装置。但是，为了保证所用方法的可靠，吸附质在被研究的吸附剂上的分子定向以及单分子层的形成点必须预先知道。Kipling[91]以及 Gregg 和 Sing[92]等已经讨论了利用溶液吸附来测定固体比表面积的一些注意事项。对被研究的固-液界面，使用已知截面积的吸附质，测定出单分子层形成时（使用 Langmuir 公式的线性方程，当其与实验数据吻合时）的饱和吸附量，即可通过下式求得比表面积 a_s，单位为 cm^2/g：

$$a_s = \frac{n_m^s \cdot a_m^s \cdot N}{10^{16}} \tag{2.16}$$

式中，n_m^s 是单分子层饱和吸附时每克固体吸附的溶质的物质的量，mol；a_m^s 是单分子层吸附时每个吸附质分子所占有的表面积，Å^2。

用于这类固-液吸附测定颗粒比表面积的溶质包括硬脂酸，相应的溶剂为苯[93,94]和对硝基酚，相应的溶剂为水或二甲苯[95]。Giles 和 Nakhwa[95]讨论了有关适用于这一目的的吸附质的具体要求。

2.3　液-气（L/G）和液-液（L/L）界面上的吸附

直接测定单位面积 L/G 或 L/L 界面上表面活性剂的吸附数量尽管是可能的，但一般并不进行，原因是当界面区域很小时，很难将界面区域与体相分离；而当界面区域很大时，界面面积又难以测量。实际上，单位面积上的吸附量可以通过测定界面张力间接测定。结果是用表面张力或界面张力随其中一个液相中平衡浓度的变化而不是用吸附等温线来描述表面活性剂在这些界面上的吸附。从界面张力-浓度图中，可以很容易地通过 Gibbs 吸附公式计算出单位面积界面上表面活性剂的吸附量。

2.3.1　Gibbs 吸附公式

Gibbs 吸附公式是所有单分子层吸附过程的基础。其一般形式[96]是：

$$d\gamma = -\sum_i \Gamma_i d\mu_i \tag{2.17}$$

式中，$d\gamma$ 为溶剂的表面张力或界面张力的变化；Γ_i 为体系中任一组分的表面过剩浓度❶；$d\mu_i$ 为体系中任一组分的化学势的变化。

当界面相和体相的浓度达到平衡时，有 $d\mu_i = RTd\ln a_i$，这里 a_i 是体（液）相中任一个组分的活度；R 为气体常数；T 为热力学温度，于是有：

$$
\begin{aligned}
d\gamma &= -RT\sum_i \Gamma_i d\ln a_i \\
&= -RT\sum_i \Gamma_i d\ln x_i f_i \\
&= -RT\sum_i \Gamma_i d(\ln x_i + \ln f_i)
\end{aligned}
\tag{2.18}
$$

式中，x_i 是体相中任一组分的摩尔分数；f_i 为相应的活度系数。

如果溶液仅含有溶剂和一种溶质，则 $d\gamma = -RT(\Gamma_0 d\ln a_0 + \Gamma_1 d\ln a_1)$，其中下标 0 表示溶剂，1 表示溶质。对于只含有一种非电解的表面活性溶质的稀溶液（$\leqslant 10^{-2}$mol/L），溶剂的活度和溶质的活度系数都可以视为常数，而溶质的摩尔分数 x_i 可以用它的物质的量浓度 C_1 来代替。于是得到：

$$
d\gamma = -RT\Gamma_1 d\ln C_1 = -2.303RT\Gamma_1 d\lg C_1
\tag{2.19}
$$

这就是适用于只含非离子型表面活性剂、不含其他物质的溶液的 Gibbs 方程的形式，当 γ 的单位是 dyn/cm（=erg/cm^2），$R=8.31\times 10^7$erg/（mol·K）时，Γ_i 的单位是 mol/cm^2；当 γ 的单位是 mN/m（mJ/m^2），$R=8.31$J/（mol·K）时，Γ_i 的单位是 mol/1000m^2。

对离子型表面活性剂有：

$$
d\gamma = -nRT\Gamma_1 d\ln C_1 = -2.303nRT\Gamma_1 d\lg C_1
\tag{2.19a}
$$

式中，n 是溶质类的数量，其在界面处的浓度随 C_1 值的变化而变化。于是对一个能完全解离的1:1型离子型表面活性剂，如 A^+B^-，如果是唯一的溶质，则有

$$
d\gamma = RT(\Gamma_{A^+} d\ln a_{A^+} + \Gamma_{B^-} d\ln a_{B^-})
$$

为保持电中性，有 $\Gamma_{A^+} = \Gamma_{B^-} = \Gamma_1$，假设 $a_{A^+} = a_{B^-} = C_1 \times f_\pm$，不会导致明显的误差，则有：

$$
d\gamma = -2RT\Gamma_1 d(\ln C_1 + \ln f_\pm)
\tag{2.20}
$$

式中，$f_\pm$ 是表面活性剂的平均活度系数。对稀溶液（$\leqslant 10^{-2}$mol/L）采用下式：

$$
d\gamma = -2RT\Gamma d\ln C_1 = -4.606RT\Gamma d\lg C_1
\tag{2.21}
$$

也不会导致明显的错误。

对两种不同表面活性剂的混合物，混合物的 n 值 $n_{mix} = n_1 X_1 + n_2 X_2$，这里 n_1 和 n_2 分别是混合物中单一表面活性剂 1 和单一表面活性剂 2 的 n 值，而 X_1 和 X_2 分别是组分 1 和组分 2 在界面上的摩尔分数（方程 2.46）。

对于离子型和非离子型表面活性剂的混合物的水溶液，在没有外加电解质的情况下，该系数随着界面上离子型表面活性剂浓度的减少从 4.606 降低到 2.303[97]。

---

❶ 表面过剩浓度在这里被定义为单位面积界面相某组分的实际浓度与其在一个相同体积的参照体系中浓度的差额，在这个参照体系中，两相中各组分的体相浓度被假定为不随位置而变化，直至假想的（Gibbs）分界面。

对完全电离的 1:1 型离子型表面活性剂的稀溶液，且溶液中含有大量、固定浓度的无机电解质，与表面活性离子具有共同的反离子，则 Gibbs 公式变为：

$$d\gamma = -RT\Gamma_1 d\ln C_1 = -2.303RT\Gamma_1 d\lg C_1 \tag{2.22}$$

因为在这一条件下，吸附于界面相的非表面活性剂的反离子浓度变化基本上是零。上式与稀溶液中非离子表面活性剂的 Gibbs 公式的形式是相同的（方程 2.19）。对浓度相当的 1:1 型非表面活性电解质，如 NaCl，上式变为[98]：

$$d\gamma = -yRT\Gamma d\ln C_1 = -2.303yRT\Gamma d\lg C_1 \tag{2.23}$$

式中 $y = 1 + C_1/(C_1 + C_{NaCl})$。

当活度系数预计将明显偏离 1 时，例如，当溶液中含有二价或多价离子，或者表面活性剂的浓度超过 10^{-2}mol/L 时，适合方程中的 $d\lg C_1$ 应被 $d(\lg C_1 + \lg f_\pm)$ 取代，而 25℃时水中的 $\lg f_\pm$ 可以通过 Debye-Hückle 方程计算出：

$$\lg f_\pm = \frac{-0.509|Z_+Z_-|\sqrt{I}}{1 + 0.33\alpha\sqrt{I}} \tag{2.24}$$

式中，I 为溶液的总离子强度：

$$I = \frac{1}{2}\sum_i C_i Z_i^2$$

而 α 是离子趋近的平均距离，Å[99]。$\lg f_\pm$ 可以假定等于 $(\lg f_+ + \lg f_-)/2$，其中对较小的反离子（Na^+、K^+、Br^-、Cl^-），取 $\alpha = 0.3$；而对表面活性离子取 $\alpha = 0.6$。

2.3.2 利用 Gibbs 方程计算界面上的表面活性剂浓度和每个分子的面积

对表面活性溶质，表面过剩浓度 Γ_1 可以看成与真正的表面浓度相等而不会有多大误差。表面活性剂在界面上的浓度于是可以根据表面张力或界面张力数据通过合适的 Gibbs 方程计算得到。这样对非离子表面活性剂的稀溶液，或是 1:1 型离子型表面活性剂并含有过量的带有共同反离子的电解质，从式 2.19 得到：

$$\Gamma_1 = -\frac{1}{2.303RT}\left(\frac{\partial\gamma}{\partial\lg C_1}\right)_T \tag{2.25}$$

于是表面浓度可以通过恒温条件下 γ-$\lg C_1$ 曲线图上的斜率获得 [当 γ 的单位是 dyn/cm 或 erg/cm², R 的值为 8.31×10^7erg/(mol·K)，Γ_1 的单位就是 mol/cm²；当 γ 的单位是 mN/m 或者 mJ/m², R 的值为 8.31J/(mol·K)，Γ_1 的单位就是 mol/1000m²]。

对 1:1 型离子表面活性剂溶液，不含任何其他溶质，类似地有：

$$\Gamma_1 = -\frac{1}{4.606RT}\left(\frac{\partial\gamma}{\partial\lg C_1}\right)_T \tag{2.26}$$

当活度系数不能忽略时，以 γ 对 $(\lg C_1 + \lg f_\pm)$ 作图求取 Γ_1。

以按分子模型获得的分子尺寸作参比，每个分子在界面上所占的面积提供了表面活性剂分子在界面的排列和定向信息。根据表面过剩浓度，每个分子在界面上所占的面积 a_1^s（单位是 $Å^2$），可用下式计算：

$$a_1^s = \frac{10^{16}}{N\Gamma_1} \tag{2.27}$$

式中，N 是 Avogadro 常数；Γ_1 的单位是 mol/cm^2[❶]。

图 2.15 是一个典型的单一表面活性剂稀溶液的 $\gamma\text{-}\lg C_1$ 图（表面活性剂浓度通常小于 $1\times10^{-2}mol/L$）。出现拐点的浓度为 CMC，即在稀溶液中以单个分子存在的表面活性剂开始聚集，形成表面活性剂团族，称为胶束（详见第 3 章）。超过这个浓度，表面张力基本不再变化，因为只有单体浓度才对表面张力和界面张力下降有贡献。当浓度小于并靠近 CMC 时，曲线的斜率基本是一个常数，表明表面浓度已经达到了一个不变的最大值。这时界面被认为被表面活性剂所饱和[100]，而表面张力的持续降低[101]主要是由于体相[102,103]而不是界面相表面活性剂浓度的提高（式 2.17）。对离子型表面活性剂并含有固定浓度反离子的体系，当浓度低至 1/3 CMC 时即可能达到饱和吸附。

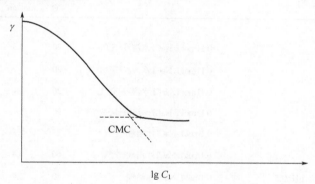

图 2.15　表面活性剂水溶液的表面张力随水相浓度的对数的变化

2.3.3　L/G 和 L/L 界面上的吸附效能

表面饱和时的表面过剩浓度（≈表面浓度）Γ_m 是有关 L/G 或 L/L 界面上表面活性剂吸附效能的有效量度，因为它是可以达到的最大吸附量。吸附效能是决定表面活性剂性能如发泡、润湿、乳化等的重要因素，因为一个排列紧密的凝聚态界面膜与一个疏松的、非凝聚的界面膜相比性质截然不同。表 2.2 列出了大量阴离子、阳离子、非离子以及两性表面活性剂在不同界面的吸附效能 Γ_m（mol/cm^2），饱和吸附时每个分子在界面所占的面积 a_m^s（$Å^2$）（与吸附效能成反比）。

由于在界面垂直定向时脂肪链的截面积约为 $20Å^2$，而苯环的截面积为 $25Å^2$，很明显，吸附在水-空气界面（W/A）或水-油界面上的表面活性剂的疏水链在饱和吸附时一般并不是紧密排列、垂直于界面的。另一方面，由于一个 $-CH_2-$ 基团平铺在界面上的截面积约为 $7Å^2$，

[❶] 如果 a_1^s 的单位用 nm^2，所得值再除以 100。Γ 的单位用 $mol/1000m^2$，a_1^s 的单位为 $Å^2$，则 $a_1^s = 10^{23}/N\Gamma$。

所以一端连有一个亲水基的普通离子型表面活性剂的烷基链在界面也不是平铺的，而是有点倾斜于界面的。

对于只有单个亲水基的表面活性剂，不管是离子型的还是非离子型的，表面活性剂在界面所占的面积似乎取决于水化的亲水基所占据的面积，而不是疏水基所占的面积。另一方面，如果分子中含有第二个能水化的亲水基团，则两个亲水基团之间的部分倾向于在界面上平铺，于是分子在界面上占有的面积增加了。

对高分子表面活性剂如 POE 嵌段共聚物得到的较小的分子面积表明，这些表面活性剂分子在 W/A 界面有相当程度的折叠，其中疏水的聚氧丙烯基团成环状从水相伸入空气，而 POE 基团在水相中伸展[104]。

表 2.2 中的数据表明，表面活性剂的结构与其在 W/A 界面和水/烃界面的吸附效能之间有如下关系。

表 2.2　表面活性剂自水溶液中吸附到不同界面的吸附效能
Γ_{m}、饱和吸附时的分子面积 a_{m}^{s} 以及吸附效率 pC_{20}

化合物	界面	温度/℃	$\Gamma_{m}/(10^{-10}$ mol/cm²)	a_{m}^{s}/Å²	pC_{20}	参考文献
阴离子						
$C_{11}H_{23}COO^-Na^+$	0.11mol/L NaCl 水溶液–空气	20	3.5	47	—	[100]
$C_{11}H_{23}COO^-Na^+$	0.11mol/L NaCl 水溶液–庚烷	20	3.7	45	—	[100]
$C_{11}H_{23}COO^-K^+$	0.11mol/L NaCl 水溶液–空气	20	3.8₅	43	—	[100]
$C_{11}H_{23}COO^-K^+$	0.11mol/L NaCl 水溶液–庚烷	20	3.8₅	44	—	[100]
$C_{15}H_{31}COO^-Na^+$	0.1mol/L NaCl 水溶液–空气	25	—	—	4.7	[105]
$C_{15}H_{31}COO^-Na^+$	0.1mol/L NaCl 水溶液–空气	60	5.4	31	4.7	[105]
$C_{10}H_{21}OCH_2COO^-Na^+$, pH10.5	0.1mol/L NaCl 水溶液	30	5.4	31	3.2	[106]
$C_{11}H_{23}CONHCH_2COO^-Na^+$	0.1mol/L NaOH 水溶液	45	3.4₅	48	—	[107]
$C_{11}H_{23}CONHCH(CH_3)COO^-Na^+$	0.1mol/L NaOH 水溶液	45	2.9	57	—	[107]
$C_{11}H_{23}CONHCH(C_2H_5)COO^-Na^+$	0.1mol/L NaOH 水溶液	45	2.8	60	—	[107]
$C_{11}H_{23}CONHCH[CH(CH_3)_2]COO^-Na^+$	0.1mol/L NaOH 水溶液	45	2.7	62	—	[107]
$C_{11}H_{23}CONHCH[CH_2CH(CH_3)_2]COO^-Na^+$	0.1mol/L NaOH 水溶液	45	2.7	61	—	[107]
$C_{11}H_{23}CON(CH_3)CH_2COO^-Na^+$, pH10.5	水	30	2.1	81	2.5	[106]
$C_{11}H_{23}CON(CH_3)CH_2COO^-Na^+$, pH10.5	0.1mol/L NaOH 水溶液–空气	30	2.9	58	3.3	[106]
$C_{11}H_{23}CON(C_2H_5)CH_2COO^-Na^+$	"硬河" 水（I.S.=6.6×10⁻³mol/L）	25	2.7₇	59.₉	3.8₄	[108]
$C_{11}H_{23}CON(C_4H_9)CH_2COO^-Na^+$	水–空气	25	1.5	107	3.6₂	[108]
$C_{11}H_{23}CON(C_4H_9)CH_2COO^-Na^+$	"硬河" 水（I.S.=6.6×10⁻³mol/L）①	25	2.9	57.₃	4.7₆	[108]
$C_{11}H_{23}CON(CH_3)CH_2CH_2COO^-Na^+$, pH10.5	水	30	1.6	104	2.7	[106]
$C_{11}H_{23}CON(CH_3)CH_2CH_2COO^-Na^+$, pH10.5	0.1mol/L NaCl 水溶液	30	2.5	66	3.4	[106]

续表

化合物	界面	温度/℃	$\Gamma_m/(10^{-10}\text{mol/cm}^2)$	$a_m^s/\text{Å}^2$	pC_{20}	参考文献
阴离子						
$C_{13}H_{27}CON(C_3H_7)CH_2COO^-Na^+$	水	25	1.5_8	105	4.3_0	[108]
$C_{13}H_{27}CON(C_3H_7)CH_2COO^-Na^+$	"硬河" 水（I.S.=6.6×10^{-3}mol/L）	25	3.5_0	$47._4$	5.2_8	[108]
$C_{17}H_{35}CON[(CH_2)_3OMe]CH_2\text{-}COO^-Na^+$	水	25	1.0_5	158	5.3_8	[108]
$C_{17}H_{35}CON[(CH_2)_3OMe]CH_2\text{-}COO^-Na^+$	"硬河" 水（I.S.=6.6×10^{-3}mol/L）①	25	3.3_3	$49._9$	5.8_6	[108]
$C_{10}H_{21}SO_3^-Na^+$	水-空气	10	3.3_7	49	1.7_0	[109]
$C_{10}H_{21}SO_3^-Na^+$	水-空气	25	3.2_2	52	1.6_9	[109]
$C_{10}H_{21}SO_3^-Na^+$	水-空气	40	3.0_5	54	1.6_6	[109]
$C_{10}H_{21}SO_3^-Na^+$	0.1mol/L NaCl 水溶液-空气	10	4.0_6	41	2.2_9	[109]
$C_{10}H_{21}SO_3^-Na^+$	0.1mol/L NaCl 水溶液-空气	25	3.8_5	43	2.2_9	[109]
$C_{10}H_{21}SO_3^-Na^+$	0.1mol/L NaCl 水溶液-空气	40	3.6_7	45	2.2_7	[109]
$C_{10}H_{21}SO_3^-Na^+$	0.5mol/L NaCl 水溶液-空气	10	4.4_6	37	2.8_9	[109]
$C_{10}H_{21}SO_3^-Na^+$	0.5mol/L NaCl 水溶液-空气	25	4.2_4	41	2.8_7	[109]
$C_{10}H_{21}SO_3^-Na^+$	0.5mol/L NaCl 水溶液-空气	40	4.0_4	41	2.8_4	[109]
$C_{11}H_{23}SO_3^-Na^+$	0.1mol/L NaCl 水溶液-空气	20	3.2	52	—	[100]
$C_{12}H_{25}SO_3^-Na^+$	水-空气	10	3.0_2	55	2.3_8	[109]
$C_{12}H_{25}SO_3^-Na^+$	水-空气	25	2.9_3	57	2.3_6	[109]
$C_{12}H_{25}SO_3^-Na^+$	水-空气	40	2.7_3	60	2.3_3	[110] [109]
$C_{12}H_{25}SO_3^-Na^+$	水-空气	60	2.5	65	2.1_4	[111]
$C_{12}H_{25}SO_3^-Na^+$	0.1mol/L NaCl 水溶液-空气	10	3.9_2	42	3.4_1	[109]
$C_{12}H_{25}SO_3^-Na^+$	0.1mol/L NaCl 水溶液-空气	25	3.7_6	44	3.3_8	[109]
$C_{12}H_{25}SO_3^-Na^+$	0.1mol/L NaCl 水溶液-空气	40	3.5_5	47	3.3_0	[109]
$C_{12}H_{25}SO_3^-Na^+$	0.5mol/L NaCl 水溶液-空气	10	3.9_8	42	4.1_1	[109]
$C_{12}H_{25}SO_3^-Na^+$	0.5mol/L NaCl 水溶液-空气	25	3.8_5	42	4.0_6	[109]
$C_{12}H_{25}SO_3^-Na^+$	0.5mol/L NaCl 水溶液-空气	40	3.6_0	44	3.9_3	[109]
$C_{12}H_{25}SO_3^-Na^+$	0.1mol/L NaCl 水溶液-聚四氟乙烯	25	3.0	56	—	[112]
$C_{12}H_{25}SO_3^-K^+$	水-空气	25	3.4	49	2.4_3	[113]
$C_{16}H_{33}SO_3^-K^+$	水-空气	60	2.8	58	3.3_5	[113]
$C_8H_{17}SO_4^-Na^+$	水-庚烷	50	2.3	72	1.6_1	[114]

化合物	界面	温度/℃	Γ_m/(10^{-10} mol/cm²)	a_m^s/Å²	pC_{20}	参考文献
阴离子						
$C_9H_{19}SO_4^-Na^+$	水-庚烷	20	3.0	56±2	—	[100]
$C_{10}H_{21}SO_4^-Na^+$	水-空气	27	2.9	57	1.8_9	[114, 115]
$C_{10}H_{21}SO_4^-Na^+$	0.1mol/L NaCl 水溶液	22	3.7	45	—	[116]
$C_{10}H_{21}SO_4^-Na^+$	水-庚烷	50	3.0_5	54	2.1_1	[100, 114]
$C_{10}H_{21}SO_4^-Na^+$	0.032mol/L NaCl 水溶液-庚烷	50	3.2	52	—	[117]
$C_{12}H_{25}SO_4^-Na^+$	水-空气	25	3.1_6	53	2.5_1	[109]
$C_{12}H_{25}SO_4^-Na^+$	水-空气	60	2.6_5	63	2.2_4	[118]
$C_{12}H_{25}SO_4^-Na^+$	0.1mol/L NaCl 水溶液	25	4.0_3	41	3.6_7	[109]
$C_{12}H_{25}SO_4^-Na^+$	水-庚烷	20	3.1	53	—	[100]
$C_{12}H_{25}SO_4^-Na^+$	水-庚烷	50	2.9_5	56	2.7_2	[100, 114]
$C_{12}H_{25}SO_4^-Na^+$	0.008mol/L NaCl 水溶液-庚烷	50	3.2	52	—	[117]
$C_{12}H_{25}SO_4^-Na^+$	0.1mol/L NaCl 水溶液-庚烷	20	3.3_2	50	—	[119]
$C_{12}H_{25}SO_4^-Na^+$	水-辛烷	25	3.3_2	50	2.7_6	[120]
$C_{12}H_{25}SO_4^-Na^+$	水-癸烷	25	3.5	48	2.7_5	[120]
$C_{12}H_{25}SO_4^-Na^+$	水-十七烷	25	3.3_2	50	2.7_5	[120]
$C_{12}H_{25}SO_4^-Na^+$	水-环己烷	25	3.1_0	54	2.8_2	[120]
$C_{12}H_{25}SO_4^-Na^+$	水-苯	25	2.3_3	71	2.5_7	[120]
$C_{12}H_{25}SO_4^-Na^+$	水-1-己烯	25	2.5_1	66	2.4_1	[120]
$C_{12}H_{25}SO_4^-Na^+$	0.1mol/L NaCl 水溶液-乙苯	20	3.0_0	55	—	[119]
$C_{12}H_{25}SO_4^-Na^+$	0.1mol/L NaCl 水溶液-丙酸乙酯	20	1.2_7	131	—	[119]
支链化 $C_{12}H_{25}SO_4^-Na^+$ [①]	水-空气	25	1.7	$95._1$	2.9	[121]
支链化 $C_{12}H_{25}SO_4^-Na^+$ [①]	0.1mol/L NaCl 水溶液-空气	25	3.3	$49._9$	3.6	[121]
$(C_{11}H_{23})(CH_3)CHSO_4^-Na^+$	水-空气	25	2.9_5	56	—	[100, 115]
$C_{14}H_{29}SO_4^-Na^+$	水-空气	25	3.0	56	3.1_1	[122, 123]
$C_{14}H_{29}SO_4^-Na^+$	水-庚烷	50	3.2	52	3.3_1	[100, 114]
$C_{14}H_{29}SO_4^-Na^+$	0.002mol/L NaCl 水溶液-庚烷	50	3.2_5	51	—	[117]
$(C_7H_{15})_2CHSO_4^-Na^+$	水-空气	25	3.2_5	51	—	[100, 115]

续表

化合物	界面	温度/℃	$\Gamma_m/(10^{-10}$ mol/cm^2)	a_m^s/Å^2	pC_{20}	参考文献
阴离子						
$C_{16}H_{33}SO_4^-Na^+$	水-空气	25	—	—	3.7_0	[124]
$C_{16}H_{33}SO_4^-Na^+$	0.1mol/L NaCl 水溶液-空气	25	—	—	5.2_4	[125]
$C_{16}H_{33}SO_4^-Na^+$	水-庚烷	50	3.0_5	54	3.8_9	[100, 114]
$C_4H_9OC_{12}H_{25}SO_4^-Na^+$	水-空气	25	1.1_3	147	2.7_7	[124]
$C_{12}H_{25}OC_4H_9SO_4^-Na^+$	0.01mol/L NaCl 水溶液-空气	20	3.1_5	$52._5$	—	[126]
$C_{14}H_{29}OC_2H_4SO_4^-Na^+$	水-空气	25	2.1	66	3.9_2	[124]
$(C_{10}H_{21})(C_7H_{15})CHSO_4^-Na^+$	水-空气	20	3.3	50	—	[100, 124]
$(C_{10}H_{21})(C_7H_{15})CHSO_4^-Na^+$	水-庚烷	20	2.8_5	58	—	[100, 124]
$C_{18}H_{37}SO_4^-Na^+$	水-庚烷	50	2.3	72	4.4_2	[114]
$C_{10}H_{21}OC_2H_4SO_3^-Na^+$	水-空气	25	3.2_2	52	2.1_0	[110]
$C_{10}H_{21}OC_2H_4SO_3^-Na^+$	0.01mol/L NaCl 水溶液-空气	25	3.8_5	43	2.9_3	[110]
$C_{12}H_{25}OC_2H_4SO_3^-Na^+$	水-空气	25	2.9_2	57	2.7_5	[110]
$C_{12}H_{25}OC_2H_4SO_3^-Na^+$	0.1mol/L NaCl 水溶液-空气	25	3.7_3	44	4.0_7	[110]
$C_{10}H_{21}(OC_2H_4)_2SO_4^-Na^+$	0.01mol/L NaCl 水溶液-空气	20	2.2	74	—	[126]
$C_{10}H_{21}(OC_2H_4)_2SO_4^-Na^+$	0.01mol/L NaCl 水溶液-庚烷	20	2.3	73	—	[126]
$C_{10}H_{21}(OC_2H_4)_2SO_4^-Na^+$	0.03mol/L NaCl 水溶液-空气	20	2.8	59	—	[126]
$C_{12}H_{25}(OC_2H_4)_4SO_4^-Na^+$	水-空气	25	—	—	3.0_2	[123]
$C_{12}H_{25}OC_2H_4SO_4^-Na^+$	0.1mol/L NaCl 水溶液-空气	10	4.0_3	41	4.2_9	[109]
$C_{12}H_{25}OC_2H_4SO_4^-Na^+$	0.1mol/L NaCl 水溶液-空气	25	3.8_1	44	4.2_3	[109]
$C_{12}H_{25}OC_2H_4SO_4^-Na^+$	0.1mol/L NaCl 水溶液-空气	40	3.6_0	46	4.0_9	[109]
$C_{12}H_{25}(OC_2H_4)_2SO_4^-Na^+$	水-空气	10	2.7_6	60	2.9_6	[109]
$C_{12}H_{25}(OC_2H_4)_2SO_4^-Na^+$	水-空气	25	2.6_2	63	2.9_2	[109]
$C_{12}H_{25}(OC_2H_4)_2SO_4^-Na^+$	水-空气	40	2.5_0	66	2.8_6	[109]
$C_{12}H_{25}(OC_2H_4)_2SO_4^-Na^+$	0.1mol/L NaCl 水溶液-空气	10	3.6_5	46	4.4_0	[109]
$C_{12}H_{25}(OC_2H_4)_2SO_4^-Na^+$	0.1mol/L NaCl 水溶液-空气	25	3.4_6	48	4.3_6	[109]
$C_{12}H_{25}(OC_2H_4)_2SO_4^-Na^+$	0.1mol/L NaCl 水溶液-空气	40	3.3_0	50	4.2_3	[109]
$o\text{-}C_8H_{17}C_6H_4SO_3^-Na^+$	水-空气	25	2.5	66	—	[127]
$p\text{-}C_8H_{17}C_6H_4SO_3^-Na^+$	水-空气	25	3.0	55	—	[127]

化合物	界面	温度 /℃	$\Gamma_m/(10^{-10}$ mol/cm$^2)$	a_m^s/Å^2	pC_{20}	参考 文献
阴离子						
p-C$_8$H$_{17}$C$_6$H$_4$SO$_3^-$Na$^+$	水-空气	70	3.4	49	1.9$_6$	[128]
(C$_5$H$_{11}$)(C$_3$H$_7$)CHCH$_2$C$_6$H$_4$SO$_3^-$Na$^+$	水-空气	75	2.7$_5$	60	—	[100, 129]
p-C$_{10}$H$_{21}$C$_6$H$_4$SO$_3^-$Na$^+$	水-空气	70	3.9	43	2.5$_3$	[128]
p-C$_{10}$H$_{21}$C$_6$H$_4$SO$_3^-$Na$^+$	水-空气	75	2.1	78	2.5$_2$	[129]
C$_{10}$H$_{21}$-2-C$_6$H$_4$SO$_3^-$Na$^+$	"硬河"水（I.S.=6.6×10^{-3}mol/L）	30	3.4$_5$	48.$_1$	4.1	[130]
C$_{11}$H$_{23}$-2-C$_6$H$_4$SO$_3^-$Na$^+$	"硬河"水（I.S.=6.6×10^{-3}mol/L）	30	3.6$_9$	45.$_0$	4.6	[130]
C$_{11}$H$_{23}$-5-C$_6$H$_4$SO$_3^-$Na$^+$	"硬河"水（I.S.=6.6×10^{-3}mol/L）	30	3.2$_4$	51.$_2$	4.5	[130]
p-C$_{12}$H$_{25}$C$_6$H$_4$SO$_3^-$Na$^+$	水-空气	70	3.7	45	3.1$_0$	[128]
p-C$_{12}$H$_{25}$C$_6$H$_4$SO$_3^-$Na$^+$	水-空气	75	3.2	52	3.1$_4$	[100, 129]
C$_{12}$H$_{25}$C$_6$H$_4$SO$_3^-$Na$^+$[②]	0.1mol/L NaCl 水溶液-空气	25	3.6	46	4.9	[131]
C$_{12}$H$_{25}$C$_6$H$_4$SO$_3^-$Na$^+$[②]	0.1mol/L NaCl 水溶液-空气	60	2.8	59	4.9	[107]
C$_{12}$H$_{25}$C$_6$H$_4$SO$_3^-$Na$^+$[②]	0.1mol/L NaCl 水溶液-石蜡膜	25	4.5$_6$	36.4	4.7	[132]
C$_{12}$H$_{25}$C$_6$H$_4$SO$_3^-$Na$^+$[②]	0.1mol/L NaCl 水溶液-聚四氟乙烯	25	4.2$_3$	38.4	4.5	[132]
C$_{12}$H$_{25}$-2-C$_6$H$_4$SO$_3^-$Na$^+$	"硬河"水（I.S.=6.6×10^{-3}mol/L）	30	4.1$_6$	39.9	4.9	[130]
C$_{12}$H$_{25}$-3-C$_6$H$_4$SO$_3^-$Na$^+$	"硬河"水（I.S.=6.6×10^{-3}mol/L）	30	3.9$_8$	41.7	4.7	[130]
C$_{12}$H$_{25}$-4-C$_6$H$_4$SO$_3^-$Na$^+$	"硬河"水（I.S.=6.6×10^{-3}mol/L）	30	3.4$_4$	48.3	4.9	[130]
C$_{12}$H$_{25}$-5-C$_6$H$_4$SO$_3^-$Na$^+$	水-空气	75	2.3	71	2.8$_9$	[129]
C$_{12}$H$_{25}$-5-C$_6$H$_4$SO$_3^-$Na$^+$	"硬河"水（I.S.=6.6×10^{-3}mol/L）	30	3.3$_8$	49.$_1$	4.7	[130]
C$_{12}$H$_{25}$-6-C$_6$H$_4$SO$_3^-$Na$^+$	水-空气	75	2.2	74	2.5$_2$	[130]
C$_{12}$H$_{25}$-6-C$_6$H$_4$SO$_3^-$Na$^+$	"硬河"水（I.S.=6.6×10^{-3}mol/L）	30	3.1$_5$	52.7	4.9	[129]
C$_{13}$H$_{27}$-2-C$_6$H$_4$SO$_3^-$Na$^+$	"硬河"水（I.S.=6.6×10^{-3}mol/L）	30	4.0$_5$	41.$_0$	5.5	[129]
C$_{13}$H$_{27}$-5-C$_6$H$_4$SO$_3^-$Na$^+$	水-空气	30	2.1$_5$	77.2	4.0	[129]
C$_{13}$H$_{27}$-5-C$_6$H$_4$SO$_3^-$Na$^+$	"硬河"水（I.S.=6.6×10^{-3}mol/L）	30	3.5$_8$	46.4	5.3	[129]
p-C$_{14}$H$_{29}$C$_6$H$_4$SO$_3^-$Na$^+$	水-空气	70	2.7	61	3.6$_4$	[128]
C$_{14}$H$_{29}$-6-C$_6$H$_4$SO$_3^-$Na$^+$	水-空气	75	3.0$_0$	57	—	[100, 129]
p-C$_{16}$H$_{33}$C$_6$H$_4$SO$_3^-$Na$^+$	水-空气	70	1.9	87	4.2$_1$	[128]
C$_{16}$H$_{33}$-8-C$_6$H$_4$SO$_3^-$Na$^+$	水-空气	45	1.6$_1$	103	5.4$_5$	[133]
C$_{16}$H$_{33}$-8-C$_6$H$_4$SO$_3^-$Na$^+$	0.05mol/L NaCl 水溶液-空气	45	3.2$_7$	51	6.6$_4$	[133]

续表

化合物	界面	温度/℃	$\Gamma_m/(10^{-10}$ mol/cm^2)	a_m^s/Å^2	pC_{20}	参考文献
阴离子						
$C_{10}H_{21}C_6H_3(SO_3^-Na^+)OC_6H_5$	0.1mol/L NaCl 水溶液-空气	25	3.4_5	48	5.5	[134]
$C_{10}H_{21}C_6H_3(SO_3^-Na^+)OC_6H_4SO_3^-Na^+$	1mol/L NaCl 水溶液-空气	25	2.2	75	3.6	[134]
$(C_{10}H_{21})_2C_6H_2(SO_3^-Na^+)OC_6H_4SO_3^-Na^+$	0.1mol/L NaCl 水溶液-空气	25	1.6	101	—	[134]
$C_{11}H_{23}CON(CH_3)CH_2CH_2SO_3^-Na^+$, pH 10.5	水	30	2.2	77	2.3	[106]
$C_{11}H_{23}CON(CH_3)CH_2CH_2SO_3^-Na^+$, pH 10.5	0.1mol/L NaCl 水溶液	30	3.0	56	3.6	[106]
$C_4H_9OOCCH_2CH(SO_3^-Na^+)COOC_4H_9$	水-空气	25	2.1_3	78	1.4_4	[135]
$C_6H_{13}OOCCH_2CH(SO_3^-Na^+)COOC_6H_{13}$	水-空气	25	1.8_0	92	2.9_4	[135]
$C_6H_{13}OOCCH_2CH(SO_3^-Na^+)COOC_6H_{13}$	水-苯	23	1.8_5	89	—	[117]
$C_6H_{13}OOCCH_2CH(SO_3^-Na^+)COOC_6H_{13}$	0.01mol/L NaCl 水溶液-苯	23	2.0	84	—	[117]
$C_4H_9CH(C_2H_5)CH_2OOCCH_2CH(SO_3^-Na^+)$ $COOCH_2CH(C_2H_5)C_4H_9$	水-空气	25	1.5_6	106	4.0_5	[135]
$C_4H_9CH(C_2H_5)CH_2OOCCH_2CH(SO_3^-Na^+)$ $COOCH_2CH(C_2H_5)C_4H_9$	0.003mol/L NaCl 水溶液-空气	20	1.4_5	115	—	[126]
$C_8H_{17}COO(CH_2)_2SO_3^-Na^+$	水-空气	30	3.2	52	—	[136]
$C_{12}H_{25}COO(CH_2)_2SO_3^-Na^+$	水-空气	30	2.8_5	58	—	[136]
$C_8H_{17}OOC(CH_2)_2SO_3^-Na^+$	水-空气	30	2.9	57	—	[136]
$C_{10}H_{21}OOC(CH_2)_2SO_3^-Na^+$	水-空气	30	2.8	59	—	[136]
$C_{12}H_{25}OOC(CH_2)_2SO_3^-Na^+$	水-空气	30	2.6	65	—	[136]
$C_6H_{13}OOCCH(C_7H_{15})SO_3^-Na^+$	0.1mol/L NaCl 水溶液-空气	25	2.8	59	—	[99]
$C_6H_{13}OOCCH(C_7H_{15})SO_3^-Na^+$	0.04mol/L NaCl 水溶液-空气	25	2.9	57	—	[99]
$C_7H_{13}OOCCH(C_7H_{15})SO_3^-Na^+$	0.01mol/L NaCl 水溶液-空气	25	2.9	57	—	[99]
$C_7H_{15}OOCCH(C_7H_{15})SO_3^-Na^+$	0.04mol/L NaCl 水溶液-空气	25	3.0	56	—	[99]
$C_4H_9OOCCH(C_{10}H_{21})SO_3^-Na^+$	0.01mol/L NaCl 水溶液-空气	20	2.4	70	—	[126]
$CH_3OOCCH(C_{12}H_{25})SO_3^-Na^+$	0.01mol/L NaCl 水溶液-空气	25	3.0	55	—	[99]
$CH_3OOCCH(C_{12}H_{25})SO_3^-Na^+$	0.04mol/L NaCl 水溶液-空气	25	3.3	51	—	[99]
$CH_3OOCCH(C_{14}H_{29})SO_3^-Na^+$	0.01mol/L NaCl 水溶液-空气	25	3.8	44	—	[99]
$CH_3OOCCH(C_{14}H_{29})SO_3^-Na^+$	0.04mol/L NaCl 水溶液-空气	25	3.5	47	—	[99]
$C_9H_{19}C_6H_4(OC_2H_4)_{9.5}OP(O)(OH)_2$	水-空气（pH 2.5）	25	1.9	86	—	[137]
$C_9H_{19}C_6H_4(OC_2H_4)_{8.5}OP(O)(OH)_2$	水-空气（0.05mol/L 磷酸盐缓冲液，pH 6.86）	25	2.8_5	58	—	[137]
$C_9H_{19}C_6H_4(OC_2H_4)_{8.5}OP(O)(OH)_2$	水-己烷（pH 2.5）	20	2.1_5	77	—	[137]

化合物	界面	温度/℃	$\Gamma_m/(10^{-10}$ mol/cm²)	a_m^s/Å²	pC_{20}	参考文献
阴离子						
$C_9H_{19}C_6H_4(OC_2H_4)_{8.5}OP(O)(OH)_2$	水-己烷（0.05mol/L 磷酸盐缓冲液，pH 6.88）	20	3.0	56	—	[137]
$Na^+{}^-O_3S\!-\!\!\bigcirc\!\!-O(CH_2)_6O\!-\!\!\bigcirc\!\!-SO_3^-Na^+$	水-空气	25	0.3_6	460	—	[138]
$Na^+{}^-O_3S\!-\!\!\bigcirc\!\!-O(CH_2)_{10}O\!-\!\!\bigcirc\!\!-SO_3^-Na^+$	水-空气	40	0.6_4	260	—	[138]
$Na^+{}^-O_3S\!-\!\!\bigcirc\!\!-O(CH_2)_{10}O\!-\!\!\bigcirc\!\!-SO_3^-Na^+$	水-空气	60	0.2_2	750	—	[138]
$Na^+{}^-O_3S\!-\!\!\bigcirc\!\!-O(CH_2)_{12}O\!-\!\!\bigcirc\!\!-SO_3^-Na^+$	水-空气	70	0.2_2	760	—	[138]
$Na^+{}^-O_4S(CH_2)_{16}SO_4^-Na^+$	0.001mol/L NaCl 水溶液-空气	25	1.7_5	95	—	[139]
$Na^+{}^-O_4S(CH_2)_{16}SO_4^-Na^+$	0.2mol/L NaCl 水溶液-空气	25	1.9	88	—	[139]
$Na^+{}^-O_4S(CH_2)_{16}SO_4^-Na^+$	1mol/L NaCl 水溶液-空气	25	1.9	86	—	[139]
$C_7F_{15}SO_3^-Na^+$	水-空气	25	3.1	53	2.7_6	[140]
$C_8F_{17}SO_3^-Li^+$	水-空气	25	3.0	55	3.2_0	[140]
$C_8F_{17}SO_3^-Na^+$	水-空气	25	3.1	53	3.2_3	[140]
$C_8F_{17}SO_3^-K^+$	水-空气	25	3.7	45	3.5_6	[140]
$C_8F_{17}SO_3^-NH_4^+$	水-空气	25	4.1	41	3.4_0	[140]
$C_8F_{17}SO_3^-NH_3C_2H_4OH^+$	水-空气	25	3.9	43	3.4_4	[140]
$C_7F_{15}COO^-Na^+$	水-空气	25	4.0	42	2.5_0	[140]
$C_7F_{15}COO^-K^+$	水-空气	25	3.9	43	2.5_7	[140]
$(CF_3)_2CF(CF_2)_4COO^-Na^+$	水-空气	25	3.8	44	2.5_7	[140]
阳离子						
$C_{10}H_{21}N(CH_3)_3^+Br^-$	0.1mol/L NaCl 水溶液-空气	25	3.3_9	49	1.8_0	[141]
$C_{12}H_{25}N(CH_3)_3^+Cl^-$	0.1mol/L NaCl 水溶液-空气	25	4.3_9	38	2.7_1	[141]
$C_{14}H_{29}N(CH_3)_3^+Br^-$	水-空气	30	2.7	61	—	[142]
$C_{14}H_{29}N(CH_3)_3^+Br^-$	0.1mol/L NaCl 水溶液-空气	25	2.3	59	$3._8$	[143]
$C_{14}H_{29}N(C_3H_7)_3^+Br^-$	水-空气	30	1.9	89	—	[142]
$C_{14}H_{29}N(C_3H_7)_3^+Br^-$	0.05mol/L KBr 水溶液-空气	30	2.6	64	—	[142]
$C_{16}H_{33}N(CH_3)_3^+Cl^-$	0.1mol/L NaCl 水溶液-空气	25	3.6	46	5.0_0	[126]
$C_{16}H_{33}N(C_3H_7)_3^+Br^-$	水-空气	30	1.8	91	—	[142]
$C_{18}H_{37}N(CH_3)_3^+Br^-$	水-空气	25	2.6	64	—	[144]

续表

化合物	界面	温度/℃	$\Gamma_m/(10^{-10}$ mol/cm$^2)$	a_m^s/Å^2	pC$_{20}$	参考文献
阳离子						
C$_8$H$_{17}$Pyr$^+$Br$^-$	水-空气	20	2.3	73	1.2$_8$	[145]
C$_{10}$H$_{21}$Pyr$^+$Br$^-$	水-空气	25	—	—	1.82	[142]
C$_{12}$H$_{25}$Pyr$^+$Br$^-$	水-空气	25	3.3	50	2.3$_3$	[146]
C$_{12}$H$_{25}$Pyr$^+$Br$^-$	0.1mol/L NaCl 水溶液-空气	10	3.7	45	3.4$_8$	[146]
C$_{12}$H$_{25}$Pyr$^+$Br$^-$	0.1mol/L NaCl 水溶液-空气	25	3.5	48	3.4$_0$	[146]
C$_{12}$H$_{25}$Pyr$^+$Cl$^-$	0.1mol/L NaCl 水溶液-空气	40	3.3	51	3.3$_0$	[146]
C$_{12}$H$_{25}$Pyr$^+$Cl$^-$	水-空气	10	2.7	61	2.1$_2$	[146]
C$_{12}$H$_{25}$Pyr$^+$Cl$^-$	水-空气	25	2.7	62	2.1$_0$	[146]
C$_{12}$H$_{25}$Pyr$^+$Cl$^-$	水-空气	40	2.6	63	2.0$_7$	[146]
C$_{12}$H$_{25}$Pyr$^+$Cl$^-$	0.1mol/L NaCl 水溶液-空气	25	3.0	55	2.9$_8$	[146]
C$_{14}$H$_{29}$Pyr$^+$Br$^-$	水-空气	30	2.7$_5$	60	2.9$_4$	[142]
C$_{14}$H$_{29}$Pyr$^+$Br$^-$	0.05mol/L KBr 水溶液-空气	30	3.4$_5$	48	—	[142]
C$_{14}$Pyr$^+$Cl$^-$	0.1mol/L KCl 水溶液	25	3.4$_6$	46	—	[147]
C$_{16}$Pyr$^+$Cl$^-$	水-空气	25	3.3$_7$	49	—	[147]
C$_{16}$Pyr$^+$Cl$^-$	0.1mol/L KCl 水溶液	25	5.0$_4$	33	—	[147]
C$_{12}$N$^+$H$_2$CH$_2$CH$_2$OHCl$^-$	水-空气	25	1.9$_3$	86	2.9$_1$	[148]
C$_{12}$N$^+$H(CH$_2$CH$_2$OH)$_2$Cl$^-$	水-空气	25	2.4$_9$	67	2.3$_1$	[148]
C$_{12}$N$^+$(CH$_2$CH$_2$OH)$_3$Cl$^-$	水-空气	25	2.9$_1$	57	2.3$_4$	[148]
非离子						
非离子（均一头基）						
C$_8$H$_{17}$OCH$_2$CH$_2$OH	水-空气	25	5.2	32	3.1$_7$	[149]
C$_8$H$_{17}$CHOHCH$_2$OH	水-空气	25	5.1	33	3.6$_3$	[150]
C$_8$H$_{17}$CHOHCH$_2$CH$_2$OH	水-空气	25	5.3	32	3.5$_9$	[150]
C$_{12}$H$_{25}$CHOHCH$_2$CH$_2$OH	水-空气	25	5.1	33	5.7$_7$	[150]
辛基-β-D-葡糖苷	水-空气	25	4.0	41	—	[149]
癸基-α-葡糖苷	水-空气	25	3.7$_7$	44	—	[151]
癸基-β-葡糖苷	水-空气	25	4.0$_5$	41	—	[151]
癸基-β-葡糖苷	0.1mol/L NaCl 水溶液-空气	25	4.1$_8$	40	3.7$_6$	[141]
十二烷基-β-葡糖苷	水-空气	25	4.6$_1$	36	—	[151]
癸基-β-麦芽糖苷	水-空气	25	2.9$_6$	56	—	[151]

化合物	界面	温度/℃	$\Gamma_m/(10^{-10}$ $mol/cm^2)$	a_m^s /Å^2	pC_{20}	参考文献
非离子						
癸基-β-麦芽糖苷	0.01mol/L NaCl 水溶液-空气	22	—	—	3.5$_8$	[152]
癸基-β-麦芽糖苷	0.1mol/L NaCl 水溶液-空气	25	3.3$_7$	49	3.5$_2$	[141]
十二烷基-β-麦芽糖苷	水-空气	25	3.3$_2$	50	—	[151]
十二烷基-β-麦芽糖苷	0.1mol/L NaCl 水溶液-空气	25	3.6$_7$	45	4.6$_4$	[141]
N-(2-乙基己基)-吡咯烷酮	水-空气	25	3.5$_7$	46.5	3.0$_0$	[153]
N-(2-乙基己基 v-吡咯烷酮-N-辛基-2-吡咯烷酮	水, pH 7.0-聚乙烯	25	3.2$_6$	50.9	—	[154]
N-辛基-2-吡咯烷酮	水-空气	25	4.3$_8$	37.9	3.1$_4$	[153]
N-辛基-2-吡咯烷酮	水, pH 7.0-聚乙烯	25	4.2$_5$	39.0	—	[154]
N-辛基-2-吡咯烷酮	"硬河"水（I.S.=6.6×10^{-3}mol/L）	25	4.0$_1$	41.4	3.3$_4$	[124]
N-辛基-2-吡咯烷酮	水-0.1mol/L NaCl 水溶液	25	4.2$_7$	38.9	3.2$_1$	[153]
N-辛基-2-吡咯烷酮	0.1mol/L NaCl 水溶液-石蜡膜	25	4.1$_4$	40.3	3.2$_8$	[153]
N-辛基-2-吡咯烷酮	0.1mol/L NaCl 水溶液-聚四氟乙烯	25	3.7$_9$	43.8	3.0$_4$	[153]
N-癸基-2-吡咯烷酮	水-空气	25	4.6$_1$	36.0	4.1$_9$	[153]
N-癸基-2-吡咯烷酮	水-石蜡膜	25	4.5$_4$	36.6	4.2$_4$	[153]
N-癸基-2-吡咯烷酮	水-聚四氟乙烯	25	4.2$_4$	39.2	4.0$_4$	[153]
N-癸基-2-吡咯烷酮	"硬河"水（I.S.=6.6×10^{-3}mol/L）	25	4.1$_7$	39.8	4.3$_8$	[153]
N-十二烷基-2-吡咯烷酮	水-空气	25	5.0$_8$	32.7	5.3$_0$	[153]
N-十二烷基-2-吡咯烷酮	"硬河"水（I.S.=6.6×10^{-3}mol/L）	25	5.1$_1$	32.5	5.3$_7$	[153]
N-十二烷基-2-吡咯烷酮	0.1mol/L NaCl 水溶液-空气	25	5.1$_5$	32.2	5.3$_4$	[153]
$C_{11}H_{23}CON(C_2H_4OH)_2$	水-空气	25	3.7$_5$	44	4.3$_8$	[131]
$C_{11}H_{23}CONH(C_2H_4O)_4H$	水-空气	23	3.4	49	—	[155]
$C_{10}H_{21}CON(CH_3)CH_2(CHOH)_4CH_2OH$	0.1mol/L NaCl 水溶液-空气	25	3.8$_0$	44	3.8$_0$	[156]
$C_{11}H_{23}CON(CH_3)CH_2CHOHCH_2OH$	0.1mol/L NaCl 水溶液-空气	25	4.3$_4$	38	4.6$_4$	[156]
$C_{11}H_{23}CON(CH_3)CH_2(CHOH)_3CH_2OH$	0.1mol/L NaCl 水溶液-空气	25	4.2$_9$	39	4.4$_7$	[156]
$C_{11}H_{23}CON(CH_3)CH_2(CHOH)_4CH_2OH$	0.1mol/L NaCl 水溶液-空气	25	4.1$_0$	40.5	4.4$_0$	[156]
$C_{12}H_{25}CON(CH_3)CH_2(CHOH)_4CH_2OH$	0.1mol/L NaCl 水溶液-空气	25	4.6$_0$	36	5.0$_2$	[156]
$C_{13}H_{27}CON(CH_3)CH_2(CHOH)_4CH_2OH$	0.1mol/L NaCl 水溶液-空气	25	4.6$_8$	35.5	5.4$_3$	[156]
$C_{10}H_{21}N(CH_3)CO(CHOH)_4CH_2OH$	水-空气	20	3.9$_6$	42	3.6$_{20}$	[157]
$C_{12}H_{25}N(CH_3)CO(CHOH)_4CH_2OH$	水-空气	20	3.9$_9$	42	4.7$_8$	[157]
$C_{14}H_{29}N(CH_3)CO(CHOH)_4CH_2OH$	水-空气	20	3.9$_7$	42	5.5$_5$	[157]
$C_{16}H_{33}N(CH_3)CO(CHOH)_4CH_2OH$	水-空气	20	3.6$_5$	45	6.1$_1$	[157]
$C_{18}H_{37}N(CH_3)CO(CHOH)_4CH_2OH$	水-空气	20	3.9$_7$	42	6.4$_6$	[157]
$(C_2H_5)_2CHCH_2(OC_2H_4)_6OH$	水-空气	20	2.1$_5$	77	—	[158]

续表

化合物	界面	温度/℃	$\Gamma_m/(10^{-10}$ mol/cm$^2)$	$a_m^s/\text{Å}^2$	pC_{20}	参考文献
非离子						
$C_6H_{13}(OC_2H_4)_6OH$	水-空气	25	2.7	62	2.4$_8$	[158]
$C_8H_{17}(OC_2H_4)_6OH$	水-空气	25	1.5$_0$	111	3.1$_4$	[159]
$C_8H_{17}(OC_2H_4)_5OH$	0.1mol/L NaCl 水溶液-空气	25	3.4$_6$	48	3.1$_6$	[159]
$(C_4H_9)_2CHCH_2(OC_2H_4)_6OH$	水-空气	20	2.8	61	—	[158]
$C_{10}H_{21}(OC_2H_4)_4OH$	水-空气	25	4.0$_7$	41	—	[160]
$C_{10}H_{21}(OC_2H_4)_5OH$	水-空气	25	3.1$_1$	53	—	[160]
$C_{10}H_{21}(OC_2H_4)_6OH$	水-空气	23.5	3.0	55	4.2$_7$	[161]
$C_{10}H_{21}(OC_2H_4)_6OH$	"硬河" 水（I.S.=6.6×10^{-3}mol/L）	25	2.8$_3$	58.$_7$	4.2$_7$	[123]
$C_{10}H_{21}(OC_2H_4)_8OH$	水-空气	25	2.3$_8$	70	4.2$_0$	[162]
$C_{10}H_{21}(OC_2H_4)_8OH$	0.01mol/L NaCl 水溶液-空气	22	—	—	4.2$_4$	[152]
$C_{12}H_{25}(OC_2H_4)_3OH$	水-空气	25	3.9$_8$	42	5.3$_4$	[163]
$C_{12}H_{25}(OC_2H_4)_4OH$	水-空气	25	3.6$_3$	46	5.3$_4$	[163]
$C_{12}H_{25}(OC_2H_4)_4OH$	水-十六烷	25	3.1$_6$	52.$_6$	—	[164]
$C_{12}H_{25}(OC_2H_4)_5OH$	"硬河" 水（I.S.=6.6×10^{-3}mol/L）	25	3.8$_8$	42.$_8$	5.3$_8$	[124]
$C_{12}H_{25}(OC_2H_4)_5OH$	水-空气	25	3.3$_1$	50	5.3$_7$	[163]
$C_{12}H_{25}(OC_2H_4)_5OH$	0.1mol/L NaCl 水溶液-空气	25	3.3$_1$	50	5.4$_6$	[164]
$C_{12}H_{25}(OC_2H_4)_6OH$	水-空气	25	3.2$_1$	52	—	[160]
$C_{12}H_{25}(OC_2H_4)_6OH$	"硬河" 水（I.S.=6.6×10^{-3}mol/L）	25	3.1$_9$	52.$_0$	5.2$_7$	[123]
$C_{12}H_{25}(OC_2H_4)_7OH$	水-空气	10	2.8$_5$	58	5.1$_5$	[163]
$C_{12}H_{25}(OC_2H_4)_7OH$	水-空气	25	2.9$_0$	57	5.2$_6$	[163]
$C_{12}H_{25}(OC_2H_4)_7OH$	水-空气	40	2.7$_7$	60	5.2$_8$	[163]
$C_{12}H_{25}(OC_2H_4)_7OH$	0.1mol/L NaCl 水溶液-空气	25	3.6$_5$	45.$_5$	5.2	[143]
$C_{12}H_{25}(OC_2H_4)_8OH$	水-空气	10	2.5$_6$	65	5.0$_5$	[163]
$C_{12}H_{25}(OC_2H_4)_8OH$	水-空气	25	2.5$_2$	66	5.2$_0$	[163]
$C_{12}H_{25}(OC_2H_4)_8OH$	水-空气	40	2.4$_6$	67	5.2$_2$	[163]
$C_{12}H_{25}(OC_2H_4)_8OH$	水-庚烷	25	2.6$_2$	63.$_6$	5.2$_7$③	[164]
$C_{12}H_{25}(OC_2H_4)_8OH$	水-十六烷	25	2.6$_4$	63	5.2$_4$③	[164]
6-支链 $C_{13}H_{27}(OC_2H_4)_5OH$	0.1mol/L NaCl 水溶液-空气	25	2.8$_7$	58	5.1$_6$	[159]
$C_{13}H_{27}(OC_2H_4)_5OH$	水-空气	25	1.9$_6$	85	5.3$_4$	[159]

化合物	界面	温度/℃	$\Gamma_m/(10^{-10}$ mol/cm$^2)$	$a_m^s/\text{Å}^2$	pC_{20}	参考文献
非离子						
$C_{13}H_{27}(OC_2H_4)_5OH$	0.1mol/L NaCl 水溶液-空气	25	3.8_9	43	5.6_2	[159]
$C_{13}H_{27}(OC_2H_4)_8OH$	水-空气	25	2.7_8	60	5.6_2	[162]
$C_{14}H_{29}(OC_2H_4)_8OH$	水-空气	25	3.4_3	48	6.0_2	[162]
$C_{14}H_{29}(OC_2H_4)_8OH$	"硬河"水（I.S.$=6.6\times10^{-3}$mol/L）	25	2.6_7	62.2	6.1_4	[123]
$C_{15}H_{31}(OC_2H_4)_8OH$	水-空气	25	3.5_9	46	6.3_1	[162]
$C_{16}H_{33}(OC_2H_4)_6OH$	水-空气	25	4.4	38	6.8_0	[165]
$C_{16}H_{33}(OC_2H_4)_6OH$	"硬河"水（I.S.$=6.6\times10^{-3}$mol/L）	25	3.2_3	$51._4$	6.7_8	[124]
$C_{16}H_{33}(OC_2H_4)_7OH$	水-空气	25	3.8	44	—	[165]
$C_{16}H_{33}(OC_2H_4)_9OH$	水-空气	25	3.1	53	—	[165]
n-$C_{16}H_{33}(OC_2H_4)_{12}OH$	水-空气	25	2.3	72	—	[165]
n-$C_{16}H_{33}(OC_2H_4)_{15}OH$	水-空气	25	2.0_5	81	—	[165]
n-$C_{16}H_{33}(OC_2H_4)_{21}OH$	水-空气	25	1.4	120	—	[165]
p-t-$C_8H_{17}C_6H_4(OC_2H_4)_3OH$	水-空气	25	3.7	45	—	[166]
p-t-$C_8H_{17}C_6H_4(OC_2H_4)_3OH$	水-空气	85	3.2	52	—	[166]
p-t-$C_8H_{17}C_6H_4(OC_2H_4)_4OH$	水-空气	25	3.3_5	50	—	[166]
p-t-$C_8H_{17}C_6H_4(OC_2H_4)_5OH$	水-空气	25	3.1	53	—	[166]
p-t-$C_8H_{17}C_6H_4(OC_2H_4)_6OH$	水-空气	25	3.0	56	—	[166]
p-t-$C_8H_{17}C_6H_4(OC_2H_4)_6OH$	水-空气	55	2.9	58	—	[166]
p-t-$C_8H_{17}C_6H_4(OC_2H_4)_6OH$	水-空气	85	2.7	61	—	[166]
p-t-$C_8H_{17}C_6H_4(OC_2H_4)_7OH$	水-空气	25	2.9	58	4.9_3	[166, 167]
p-t-$C_8H_{17}C_6H_4(OC_2H_4)_8OH$	水-空气	25	2.6	64	4.8_9	[166, 167]
p-t-$C_8H_{17}C_6H_4(OC_2H_4)_9OH$	水-空气	25	2.5	66	4.8_0	[166, 167]
p-t-$C_8H_{17}C_6H_4(OC_2H_4)_{10}OH$	水-空气	25	2.2	$74._5$	4.7_2	[166, 167]
p-t-$C_8H_{17}C_6H_4(OC_2H_4)_{10}OH$	水-空气	55	2.1	79	—	[166]
p-t-$C_8H_{17}C_6H_4(OC_2H_4)_{10}OH$	水-空气	85	2.1	80	—	[166]
$(CH_3)_3SiOSi(CH_3)[CH_2(C_2H_4O)_5H]OSi(CH_3)_3$	水-空气	23 ± 2	5.0	$33._5$	—	[168]
$(CH_3)_3SiOSi(CH_3)[CH_2(C_2H_4O)_9H]OSi(CH_3)_3$	水-空气	23 ± 2	5.1	$32._6$	—	[168]
$(CH_3)_3SiOSi(CH_3)[CH_2(C_2H_4O)_{13}H]OSi(CH_3)_3$	水-空气	23 ± 2	4.2	$39._2$	—	[168]
$(CH_3)_3SiOSi(CH_3)[CH_2(C_2H_4O)_{8.5}CH_3]OSi(CH_3)_3$	水-pH 7.0	25	2.5_2	66	5.9_5	[168]

化合物	界面	温度/℃	$\Gamma_m/(10^{-10}$ mol/cm^2)	a_m^s/Å^2	pC$_{20}$	参考文献
非离子						
$(CH_3)_3SiOSi(CH_3)[CH_2(C_2H_4O)_{8.5}CH_3]OSi(CH_3)_3$	水-pH 7.0-聚乙烯	25	2.7$_2$	61	—	[154]
$C_6F_{13}C_2H_4SC_2H_4(OC_2H_4)_2OH$	水-空气	25	4.7$_4$	35	—	[169]
$C_6F_{13}C_2H_4SC_2H_4(OC_2H_4)_3OH$	水-空气	25	4.4$_6$	37	—	[169]
$C_6F_{13}C_2H_4SC_2H_4(OC_2H_4)_5OH$	水-空气	25	3.5$_6$	46.5	—	[169]
$C_6F_{13}C_2H_4SC_2H_4(OC_2H_4)_7OH$	水-空气	25	3.1$_9$	52	—	[169]
两性离子						
$C_{12}H_{25}N(CH_3)_2O$	水-空气	25	3.5	47	3.6$_2$	[113]
$C_8H_{17}CH(COO^-)N^+(CH_3)_3$	水-空气	27	2.8	60	—	[170]
$C_{10}H_{21}CH(COO^-)N^+(CH_3)_3$	水-空气	10	3.0	55	—	[171]
$C_{10}H_{21}CH(COO^-)N^+(CH_3)_3$	水-空气	27	2.8	60	—	[170]
$C_{10}H_{21}CH(COO^-)N^+(CH_3)_3$	水-空气	60	2.5	66	—	[171]
$C_{12}H_{25}CH(COO^-)N^+(CH_3)_3$	水-空气	27	3.1	54	—	[170]
$C_{10}H_{21}N^+(CH_3)_2CH_2COO^-$	水-空气	23	4.1$_5$	40	2.5$_9$	[172]
$C_{12}H_{25}N^+(CH_3)_2CH_2COO^-$	水-空气	25	3.2	52	—	[173]
$C_{14}H_{29}N^+(CH_3)_2CH_2COO^-$	水-空气	23	3.5$_3$	47	4.6$_2$	[172]
$C_{16}H_{33}N^+(CH_3)_2CH_2COO^-$	水-空气	23	4.1$_3$	40	5.5$_4$	[172]
$C_{12}H_{25}N^+(CH_3)_2(CH_2)_3COO^-$	水-空气	25	2.5	67	—	[173]
$C_{12}H_{25}N^+(CH_3)_2(CH_2)_5COO^-$	水-空气	25	2.4	68	—	[173]
$C_{12}H_{25}N^+(CH_3)_2(CH_2)_7COO^-$	水-空气	25	2.1$_5$	77	—	[173]
$C_{10}H_{21}CH(Pyr^+)COO^-$	水-空气	25	3.9$_5$	46	2.8$_7$	[174]
$C_{12}H_{25}CH(Pyr^+)COO^-$	水-空气	25	3.5$_7$	46	3.9$_8$	[174]
$C_{14}H_{29}CH(Pyr^+)COO^-$	水-空气	40	3.4$_0$	49	4.9$_2$	[174]
$C_{10}H_{21}N^+(CH_2C_6H_5)(CH_3)CH_2COO^-$	水-空气	25	2.9$_1$	57	3.3$_6$	[175]
$C_{12}H_{25}N^+(CH_2C_6H_5)(CH_3)CH_2COO^-$	水-空气	10	2.9$_6$	56	4.4$_2$	[175]
$C_{12}H_{25}N^+(CH_2C_6H_5)(CH_3)CH_2COO^-$	水-空气	25	2.8$_6$	58	4.4$_2$	[175]
$C_{12}H_{25}N^+(CH_2C_6H_5)(CH_3)CH_2COO^-$	水-空气	40	2.7$_6$	60	4.3$_2$	[175]
$C_{12}H_{25}N^+(CH_2C_6H_5)(CH_3)CH_2COO^-$	0.1mol/L NaCl 水溶液, pH 5.7	25	3.1$_3$	53.0	4.6	[143]
$C_{12}H_{25}N^+(CH_2C_6H_5)(CH_3)CH_2COO^-$	水-庚烷	25	2.7$_6$	60	—	[176]
$C_{12}H_{25}N^+(CH_2C_6H_5)(CH_3)CH_2COO^-$	水-异辛烷	25	2.7$_7$	60	—	[176]

续表

化合物	界面	温度/℃	$\Gamma_m/(10^{-10}$ $mol/cm^2)$	$a_m^s/\text{Å}^2$	pC_{20}	参考文献
两性离子						
$C_{12}H_{25}N^+(CH_2C_6H_5)(CH_3)CH_2COO^-$	水-七甲基壬烷	25	2.7_8	60	—	[176]
$C_{12}H_{25}N^+(CH_2C_6H_5)(CH_3)CH_2COO^-$	水-十二烷	25	2.8_3	59	—	[176]
$C_{12}H_{25}N^+(CH_2C_6H_5)(CH_3)CH_2COO^-$	水-十六烷	25	2.9_0	57	—	[176]
$C_{12}H_{25}N^+(CH_2C_6H_5)(CH_3)CH_2COO^-$	水-环己烷	25	2.6_4	63	—	[176]
$C_{12}H_{25}N^+(CH_2C_6H_5)(CH_3)CH_2COO^-$	水-甲苯	25	2.5_1	66	—	[176]
$C_8H_{17}N^+(CH_2C_6H_5)(CH_3)CH_2CH_2SO_3^-$	水-空气	25	2.7_2	61	2.2_3	[175]
$C_{10}H_{21}N^+(CH_2C_6H_5)(CH_3)CH_2CH_2SO_3^-$	水-空气	25	2.7_2	61	3.3_4	[175]
$C_{12}H_{25}N^+(CH_2C_6H_5)(CH_3)CH_2CH_2SO_3^-$	水-空气	10	2.8_1	59	4.5_2	[175]
$C_{12}H_{25}N^+(CH_2C_6H_5)(CH_3)CH_2CH_2SO_3^-$	水-空气	25	2.7_2	61	4.4_4	[175]
$C_{12}H_{25}N^+(CH_2C_6H_5)(CH_3)CH_2CH_2SO_3^-$	水-空气	40	2.5_9	64	4.3_2	[175]
$C_{12}H_{25}CHOHCH_2N^+(CH_3)_2CH_2CH_2OP(O)(OH)O^-$	水-空气	25	3.8	43.8	—	[177]
阴离子-阳离子盐						
$C_2H_5N^+(CH_3)_3 \cdot C_{12}H_{25}SO_4^-$	水-空气	25	2.6_3	63	3.0_4	[178]
$C_4H_9N^+(CH_3)_3 \cdot C_{10}H_{21}SO_4^-$	水-空气	25	2.8_5	58	2.5_7	[178]
$C_6H_{13}N^+(CH_3)_3 \cdot C_8H_{17}SO_4^-$	水-空气	25	2.5_0	67	2.5_7	[178]
$C_8H_{17}N^+(CH_3)_3 \cdot C_6H_{13}SO_4^-$	水-空气	25	2.5_3	66	2.5_7	[178]
$C_{10}H_{21}N^+(CH_3)_3 \cdot C_4H_9SO_4^-$	水-空气	25	2.5_0	67	2.5_7	[178]
$C_{12}H_{25}N^+(CH_3)_3 \cdot CH_3SO_4^-$	水-空气	25	2.7_0	61	2.3_2	[178]
$C_{12}H_{25}N^+(CH_3)_3 \cdot C_2H_5SO_4^-$	水-空气	25	2.8_5	58	2.5_7	[178]
$C_{12}H_{25}N^+(CH_3)_3 \cdot C_4H_9SO_4^-$	水-空气	25	2.6_7	62	3.0_2	[178]
$C_{12}H_{25}N^+(CH_3)_3 \cdot C_6H_{13}SO_4^-$	水-空气	25	2.5_8	64	3.7_0	[178]
$C_{12}H_{25}N^+(CH_3)_3 \cdot C_8H_{17}SO_4^-$	水-空气	25	2.7_2	61	4.2_7	[178]
$C_{12}H_{25}N^+(CH_3)_3 \cdot C_{12}H_{25}SO_4^-$	水-空气	25	2.7_4	61	5.3_2	[178]
$C_{10}H_{21}N^+(CH_3)_3 \cdot C_{10}H_{21}SO_4^-$	水-空气	25	3.3_5	58	—	[179]
$C_{12}H_{25}N^+(CH_3)_2OH \cdot C_{12}H_{25}SO_3^-$	水-空气	25	2.1_4	78	5.6_6	[180]
$C_{16}H_{33}N^+(CH_3)_3 \cdot C_{12}H_{25}SO_4^-$	水-空气	30	2.8_0	59	—	[181]

① 用支链十二醇制备，每个分子中平均含有4.4个甲基支链。
② 工业级产品。
③ pC_{30}。
注：I.S.代表总离子强度；Pyr^+代表吡啶（盐）。

对疏水基链长超过 10 个碳原子的直链离子型表面活性剂，疏水基链长的变化对其水/庚烷（W/H）界面的吸附效能几乎没有影响，而对在 W/A 界面的吸附效能仅有微小的影响。

疏水基中的苯环大约相当于直链疏水链中的 3.5 个-CH_2-基团。直链疏水基中的碳原子数超过 16 时，在 W/A 界面或水/烃界面上，吸附效能有显著的降低，这归因于长链的盘绕[182]，结果使得分子在界面的截面积增加。

亲水基位于直链烷烃的中间而不是端头，或者烷烃链的支链化，将导致分子在 W/A 界面所占的面积增加。

当烃类疏水基团被氟代烃类疏水基团取代时，表面活性剂在 W/A 界面的吸附效能似乎只有微小的增加，相反对大多数其他界面性质则有显著的影响。

对于离子型表面活性剂，含有水化半径小、束缚紧密的反离子（如 Cs^+、K^+、NH_4^+）时吸附效率比含有束缚相对松弛的反离子（Na^+、Li^+、F^-）时高，虽然除四烷基铵盐类[183]外影响相对较小。对结构为 $R(CH_2)_m N(R')_3^+ X^-$[例如 $C_{14}H_{29}N(CH_3)_3^+ Br^-$ 和 $C_{14}H_{29}N(C_3H_7)_3^+ Br^-$]的季铵盐，$R'$ 尺寸的增加会导致 a_m^s 的增加，相应地导致 Γ_m 降低。一个离子型表面活性剂与另一个烷基链长几乎相等、但带相反电荷的离子型表面活性剂形成盐 [例如 $C_{10}H_{21}N(CH_3)_3^+ \cdot C_{10}H_{21}SO_4^-$ 或 $C_{12}H_{25}N(CH_3)_3^+ \cdot C_{12}H_{25}SO_3^-$]将使吸附效能有很大的增加，使每个分子在界面上所占的面积接近于疏水链垂直于界面紧密排列时的截面积。这可能是离子基之间相互吸引以及疏水链之间相互吸引的共同结果。

对含有 POE 链的表面活性剂，无论 POE 基团是作为整个亲水基，例如 POE 非离子类[184]，还是作为亲水基的一部分，例如在 $C_{16}H_{33}(OC_2H_4)_x SO_4^- Na^+$ 或 $C_9H_{19}C_6H_4(OC_2H_4)_x OPO(OH)_2$ 中，POE 链呈盘绕状浸于水相中，其横截面积随 EO 单元数的增加而增加[185]，从而决定了 a_m^s 和 Γ_m 的大小。当 EO 单元数增加时，a_m^s 增加，Γ_m 降低。对含有相同 EO 摩尔比的 POE 类非离子，疏水基长度增加，由于侧向作用增强，导致吸附效能增加。

导致 Γ_m 发生显著变化的其他因素如下。

① 在不含电解质的离子型表面活性剂水溶液中加入中性电解质（NaCl、KBr） 这会导致在 W/A 界面吸附增加，因为当溶液中的离子强度增加时，定向的离子头基之间的斥力减少（见本章 2.1）。对非离子类，加入中性电解质饱和吸附似乎仅有微小的增加[185,186]，而无论是加入水结构破坏剂（尿素，N-甲基乙酰胺）或水结构促进剂（果糖、木糖），对吸附量的影响都很小[72,187]。

② 在 L/L 界面吸附时非水相的性质 已经发现，饱和吸附随两相间界面张力的增加而增加[100]。

当非水相是直链饱和烃时，Γ_m 值与 W/A 界面上的相近，随着烃链长度的增加，吸附效能可能有微小的增加。然而，当非水相是短链不饱和烃或芳烃时，水/烃界面的吸附效能显著降低[121,176]。

③ 温度 温度升高将导致每个分子所占的面积增加，大概是由于热运动的增加，结果使得吸附效能降低。

2.3.4　Szyszkowski 方程、Langmuir 方程和 Frumkin 方程

除了 Gibbs 方程外，还有另外 3 个方程将表面活性剂界面浓度、表面或界面张力和液相中表面活性剂的平衡浓度关联起来了。之前讨论过的 Langmuir 方程[188]

$$\varGamma_1 = \frac{\varGamma_m C_1}{C_1 + a} \tag{2.6}$$

将表面浓度与体相平衡浓度相关联。Szyszkowski 方程[189]将表面张力与体相浓度联系了起来：

$$\gamma_0 - \gamma = \pi = 2.303RT\varGamma_m \lg\left(\frac{C_1}{a} + 1\right) \tag{2.28}$$

式中，γ_0 是溶剂的表面张力；π 是表面压（表面张力的减少）。而 Frumkin 方程[190]将表面张力与表面（过剩）浓度相关联：

$$\gamma_0 - \gamma = \pi = -2.303RT\varGamma_m \lg\left(1 - \frac{\varGamma_1}{\varGamma_m}\right) \tag{2.29}$$

这些方程，最初是作为经验关系被提出的，但可以从一个表面状态一般方程[191]得到，如果假定表面行为是理想的（例如，表面活度系数接近于 1）。已经证明，除了 C_{18} 及更长链化合物在 W/A 界面的吸附外，这一假设对离子型表面活性剂在 W/A 界面和水/烃界面的吸附通常是符合的[192]。

2.3.5　在 L/G 和 L/L 界面的吸附效率

C_{20} 值的重要性：与固/液界面的吸附相类似，当需要比较表面活性剂在 L/G 和 L/L 界面的行为时，有一个能够表征产生一定吸附所需要的液相表面活性剂浓度，即表面活性剂的吸附效率的参数非常有用，特别是当它与相应的吸附过程中的自由能变化相关联时。一个方便的吸附效率的量度是将表面或界面张力降低 20mN/m（dyn/cm）所需的表面活性剂体相浓度的负对数，即 $-\lg C_{(-\Delta\gamma=20)} \equiv pC_{20}$。使用这一参数是基于如下考虑：吸附效率的理想量度应当是在界面产生最大（饱和）吸附时所需的表面活性剂在体相的最小浓度的某个函数。然而，得到这个浓度需要对每个所研究的表面活性剂作出一条完整的 γ-$\lg C_1$ 曲线。考察文献中的 γ-$\lg C_1$ 曲线可见，当纯溶剂的表面（或界面）张力因表面活性剂的吸附而降低 20mN/m 时，表面活性剂的表面（过剩）浓度 $\varGamma_1$ 就已接近它的饱和值。这能用 Frumkin 方程 2.29 来证明。从表 2.2 中可见，$\varGamma_m$ 在 $1 \sim 4.4 \times 10^{-10}$ mol/cm² 范围，当 $\gamma_0 - \gamma = \pi = 20$ mN/m 时，从 Frumkin 方程中解出，当 $\varGamma_1 = 1 \sim 4.4 \times 10^{-10}$ mol/cm² 时，25℃下 $\varGamma_1$ 为 $(0.84 \sim 0.999)\varGamma_m$，表明当表面（或界面）张力降低 20mN/m 时，表面饱和度达到了 84%～99.9%。

因此，使溶剂的表面（或界面）张力降低 20mN/m 所需的表面活性剂的体相浓度是表面活性剂吸附效率的一个良好的量度；即它接近于界面产生饱和吸附时所需的最小浓度。这里使用的是表面活性剂体相浓度的负对数 pC_{20}（单位为 mol/dm³）而非 C_{20} 本身，是因为这个负对数能够与表面活性剂分子从体相内部转移到表面的标准自由能变化 $\Delta G^{\ominus}$ 相关联（见下文）。

用一些与某个界面现象中表面活性剂作用的标准自由能变化相关联的参数来衡量表面活性剂在该界面现象中的效应的优点是，总的标准自由能变化能被分解成与分子中各个结构基团的作用相关的单个标准自由能变化。这使得我们能够在表面活性剂的界面特性与表面活性剂分子的各个结构基团之间建立相关性。用这种方法，表面活性剂吸附到界面上的效率就能够与其分子中的各个结构基团相关联。

pC_{20} 和无限稀释时的吸附自由能变化 $\Delta G^{\ominus}$ 的关系可以分别从 Langmuir 方程 2.6 和 Szyszkowski 方程 2.28 中看出。因为当 $\pi = 20$mN/m（dyn/cm）时，$\varGamma_1 = (0.84 \sim 0.999)\varGamma_m$，从 Langmuir 方程得到，$C_1 = (5.2 \sim 999)a$；于是得到，$\lg([C_1/a] + 1) \approx \lg(C_1/a)$。在这种情况

下有：

$$\lg\left(1/C_1\right)_{\pi=20} = -\left(\lg a + \frac{\gamma_0 - \gamma}{2.303RT\varGamma_m}\right)$$

因为 $a = 55\exp(\Delta G^{\ominus}/RT)$，而 $\lg a = 1.74 + \Delta G^{\ominus}/2.303RT$，于是得到：

$$\lg\left(\frac{1}{C_1}\right)_{\pi=20} \equiv \mathrm{p}C_{20} = -\left(\frac{\Delta G^{\ominus}}{2.303RT} + 1.74 + \frac{20}{2.303RT\varGamma_m}\right) \tag{2.30}$$

对于直链结构的表面活性剂 $CH_3(CH_2)_nW$，其中 W 是分子中的亲水基部分，标准吸附自由能变化 $\Delta G^{\ominus}$ 可以被分解成分别将表面活性剂分子中的终端甲基、碳氢链中的-CH_2-基团和亲水基从液相内部转移到 $\pi = 20$ 的界面 [即在表面（或界面）张力降低了 20mN/m(dyn/cm)的条件下] 的标准自由能变化：

$$\Delta G^{\ominus} = m\Delta G^{\ominus}(\text{-}CH_2\text{-}) + \Delta G^{\ominus}(W) + 常数$$

式中，m＝碳氢链中的碳原子总数$(n+1)$，而常数＝$\Delta G^{\ominus}(CH_3\text{-}) - \Delta G^{\ominus}(\text{-}CH_2\text{-})$。

对于表面活性剂同系物（有相同的亲水基），当微环境（温度、溶液的离子强度）不变时，随着分子中碳原子数的增加，$\varGamma_m$（或 a_m^s）值不会有很大变化（表 2.2），而且 $\Delta G^{\ominus}(W)$ 可以认为是一个常数，在这些条件下，$\mathrm{p}C_{20}$ 和 $\Delta G^{\ominus}(\text{-}CH_2\text{-})$ 之间的关系为：

$$\mathrm{p}C_{20} = \left[\frac{-\Delta G^{\ominus}(\text{-}CH_2\text{-})}{2.3RT}\right]m + 常数 \tag{2.31}$$

这个方程表明，效率因子 $\mathrm{p}C_{20}$ 是直链疏水基中碳原子数的线性函数，随着碳原子数的增加而增加。图 2.16 给出了一些带不同类型电荷的表面活性剂同系物的这种线性关系。

$\mathrm{p}C_{20}$ 值越大，表面活性剂吸附到界面的效率就越大，其降低表面张力或界面张力的效率就越大，也就是说，达到饱和吸附或将表面张力或界面张力降低 20mN/m（dyn/cm）所需的体相浓度就越小。因为这是一种对数关系，$\mathrm{p}C_{20}$ 值每增加 1 意味着效率增加 10 倍，即达到表面饱和所需的体相浓度变为原来的 1/10。

表 2.2 列出了一些不同结构的表面活性剂在 W/A 界面和水溶液/烃界面的吸附效率 $\mathrm{p}C_{20}$。数据表明，表面活性剂结构和其在 W/A 界面和水溶液/烃界面的吸附效率具有如下关系。

在这些界面的吸附效率随着直链疏水基中碳原子数的增加而线性增加（图 2.16），反映出每个亚甲基在这些界面上具有负的吸附自由能。如果离子型表面活性剂的疏水基增加两个-CH_2-基团，在 W/A 界面和水溶液/烃界面吸附时 $\mathrm{p}C_{20}$ 似乎增加 0.56～0.6，意味着体相表面活性剂浓度只需原来的 25%～30%即可使表面浓度接近饱和值。

对于 POE 非离子表面活性剂在 W/A 界面的吸附，当链长增加两个亚甲基时，$\mathrm{p}C_{20}$ 似乎增加 0.9，意味着体相浓度仅需原来的 1/7。POE 非离子曲线斜率的增加是由于在这种情况下，$\varGamma_m$ 随着烷基链中碳原子数的增加而增加（表 2.2）。

与吸附效能情形不同的是，当疏水基链长超过 16 个碳原子时，吸附效能可能出现下降，而吸附效率似乎能平稳地增加，直至疏水基链长增加到至少 20 个碳原子。

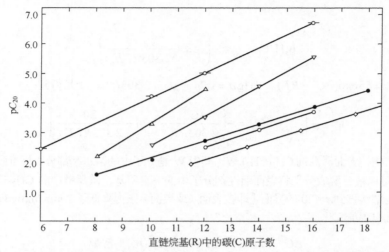

图 2.16 疏水基 R 链长对在水/空气（W/A）和水/庚烷（W/H）界面上吸附效率的影响

-○-R(OC₂H₄)₆OH (W/A)，25℃；△ RN⁺(CH₂C₆H₅)(CH₃)CH₂CH₂SO₃⁻(W/A)，25℃；▽ RN⁺(CH₃)₂CH₂COO⁻(W/A)，23℃；
●RSO₄⁻Na⁺(W/H)，50℃；○RSO₄⁻Na⁺(W/A)，25℃；◇ p–R′C₆H₄SO₄⁻Na⁺(R=R′+3.5)(W/A)，70℃。数据源自表 2.2

与吸附效能相同，疏水部分的苯基似乎相当于直链烷基中的 3.5 个碳原子。两个亲水基之间的每个亚甲基似乎约等同于末端具有单一亲水基的直链烷基中的 0.5 个-CH₂-基团。

当疏水基具有侧链时，侧链中碳原子的影响似乎相当于末端具有单一亲水基的直链烷基中碳原子的影响的 2/3。当亲水基不在疏水基的末端位置时，则好像一个长疏水基链被支链化了，其中短链部分碳原子的影响约为长链部分碳原子影响的 2/3。

对 R(OC₂H₄)ₓSO₄⁻Na⁺（其中 x = 1，2 或 3）以及 RCONH(C₂H₄OH)₂ 中的聚氧乙烯（POE）链，第一个 EO 基似乎约相当于直链烷基中的 2.5 个-CH₂-基团，剩余 EO 基的影响很小，甚至没有。

短链烷基（≤C₄），包括吡啶核、季铵盐或氧化胺中与 N 原子相连的短链烷基，几乎没有影响。在这些情况下，吸附效率似乎完全取决于与 N 相连的长碳链的长度。

在 POE 型非离子中，当亲水基中 EO 单元数增加到 6 个以上时，吸附效能有显著下降，然而不同的是，吸附效率似乎仅有微小的下降。这似乎表明，当亲水基中 EO 单元数增加到 6 个以上时，继续增加 EO 单元数所引起的分子从体相内部转移到表面的自由能变化将非常小。

对非离子表面活性剂，其吸附效率一般比具有相同碳原子数疏水基的离子型表面活性剂要大得多。这是因为在离子型表面活性剂的吸附中，已处于界面的表面活性剂的离子头和即将到来的带相同电荷的离子头之间的静电排斥作用增加了将亲水基从体相内部转移到界面的正的自由能变化。

对一价的离子型表面活性剂，电荷符号的变化对吸附效率产生的影响即使有的话也是很小。然而如果反离子被一个能更紧密束缚的离子取代，则会增加吸附效率。

这里吸附效率的增加可能是由于表面活性剂离子上的电荷受到了来自能更紧密束缚的反离子更强的中和作用所致。这使得已吸附到界面的表面活性剂离子头和即将到来的表面活性剂离子头之间的静电排斥变得更小。

在离子型表面活性剂的水溶液中加入与表面活性剂具有相同离子（非表面活性的）的惰

性电解质，会导致其在液/气界面的吸附效率大大增加[99]。向非离子型表面活性剂水溶液中加入水结构破坏物如尿素和 *N*-甲基乙酰胺，会导致界面吸附效率下降[187]，与其形成鲜明对比的是，对吸附效能几乎无显著影响。反之若加入水的结构形成剂如木糖和果糖，则吸附效率会增加[72]。

概括来说，用 pC_{20} 值量度的表面活性剂在液/气界面的吸附效率，将随下列因素而增加：

① 疏水链中碳原子数的增加；

② 疏水基是直链烷基，而非含有相同碳原子数的支链烷基；

③ 单一亲水基位于疏水链的末端，而非单一（或更多）亲水基位于疏水链的中间位置；

④ 非离子或两性离子亲水基，而不是离子型亲水基；

⑤ 对于离子型表面活性剂，通过以下方法降低亲水基的有效电荷：使用更紧密束缚的反离子（水化程度更低）和增加水相的离子强度。

在 10～40℃范围内，升高温度导致 POE 非离子表面活性剂的吸附效率增加，但导致离子型和两性型表面活性剂的吸附效率降低。

2.3.6　在 L/G 和 L/L 界面的吸附热力学参数计算

标准热力学参数 $\Delta G^{\ominus}$、$\Delta H^{\ominus}$ 和 $\Delta S^{\ominus}$ 告诉我们过程中正在发生什么。标准吸附自由能变化 $\Delta G_{ad}^{\ominus}$ 告诉我们，吸附（在标准状态下）是否是自发发生的（$\Delta G_{ad}^{\ominus}<0$）以及推动力的大小。标准吸附焓变 $\Delta H_{ad}^{\ominus}$ 指示吸附过程是由键生成（$\Delta H_{ad}^{\ominus}<0$）还是键断裂（$\Delta H_{ad}^{\ominus}>0$）所主导。而标准吸附熵变 $\Delta S_{ad}^{\ominus}$ 则表明系统是变得更加有序（$\Delta S_{ad}^{\ominus}<0$），还是更加混乱（$\Delta S_{ad}^{\ominus}>0$）。

为了计算吸附的标准参数 $\Delta G^{\ominus}$、$\Delta H^{\ominus}$ 和 $\Delta S^{\ominus}$，有必要定义表面和体相的标准状态。如果用常规惯例即体相和界面相的单位浓度作为标准状态[193]，则对界面相必须选择一个适合的厚度，这是不容易做到的。后来有人提出另一个惯例[116, 194]，即以单位表面压（单位有效压力）和单位活度分别作为表面相和体相的标准状态，于是 $-\Delta G^{\ominus} = RT\ln \pi^*/a$，其中 π^* 是表面有效压力，a 是体相溶质的活度。对于极稀的表面活性剂溶液（$\pi=0～3\text{mN/m}$），表面张力的下降（或表面压 π）随体相表面活性剂物质的量浓度 C_1 呈线性变化：

$$\left(\frac{\partial \pi}{\partial C_1}\right)_{C_1 \to 0} = \alpha \text{ (Traube 常数)}$$

假定有效压力和活度系数在上述条件下趋向于 1，于是可以得到标准吸附自由能 $\Delta G_{Tr}^{\ominus}$：

$$\Delta G_{Tr}^{\ominus} = -2.303RT \lg\left(\frac{\partial \pi}{\partial C_1}\right)_{C_1 \to 0}$$

而标准摩尔吸附自由能可以从低浓度区的 γ（或 π）-C_1 线性曲线计算出[183,194~196]。

不幸的是，在这个区域难以得到好的表面张力数据，因为来自空气或存在于溶剂和表面活性剂中的少量杂质的吸附对测量结果有显著的影响。其次，文献中对这个区域表面张力曲线的研究相对较少，因为研究表面活性剂对溶剂表面张力影响的研究者最感兴趣的通常是表面活性剂发挥最大作用的区域，而不是表面活性剂作用很小的区域。

表面活性剂在 W/A 界面的标准吸附自由能可以根据能方便得到的 CMC 附近的表面张力数据用方程 3.2[197]计算得到：

$$\Delta G_{ad}^{\ominus} = RT \ln a_\pi / \omega - \pi A_m^s \tag{2.32}$$

式中，a_π 为表面饱和区域（即 $\Gamma = \Gamma_m$，表面活性剂的摩尔面积 $A^s = A_m^s$）表面压为 $\pi (= \gamma_0 - \gamma)$ 时水相中表面活性剂的活度。

表面相的标准状态是一个假想的表面活性剂紧密排列（分子面积最小），但表面压为零的单分子层。对于稀浓度（$< 1 \times 10^{-2}$ mol/L）的非离子表面活性剂水溶液，可以用摩尔分数代替活度，于是关系式就变为：

$$\Delta G_{ad}^{\ominus} = RT \ln C_\pi / \omega - \pi A_m^s \tag{2.33}$$

式中，C_π 是表面压为 π 时水相中表面活性剂的物质的量浓度；ω 是 1L 水的摩尔分数。当 C_π 的单位为 mol/L，π 的单位为 mN/m（mJ/m²），a_m^s 的单位用 Å² / 分子，$R = 8.314$J/(mol·K)，方程变为：

$$\Delta G_{ad}^{\ominus} (\text{J/mol}) = 2.3RT \lg C_\pi / \omega - 6.023 \pi a_m^s \tag{2.33a}$$

对于 AB 类型的离子表面活性剂有：

$$\Delta G_{ad}^{\ominus} (\text{J/mol}) = 2.3RT \left[\lg C_A / \omega + \lg f_A + \lg C_B / \omega + \lg f_B \right] - 6.023 \pi a_m^s \tag{2.33b}$$

活度系数 f_A 和 f_B 可以从方程 2.24 计算得到。使用方程 2.33b 计算出的标准吸附自由能与溶液中的离子强度无关。

当溶剂的表面张力降低了 20mN/m，即 $\pi = 20$mN/m 时，则对非离子表面活性剂，式 2.33a 变为：

$$\Delta G_{ad}^{\ominus} = -(2.303RT) pC_{20} - 6.023 \times 20 a_m^s - 2.303RT \lg \omega \tag{2.34}$$

和

$$pC_{20} = -\left(\frac{\Delta G_{ad}^{\ominus}}{2.303RT} + \frac{6.023 \times 20 a_m^s}{2.303RT} \right) - \lg \omega \tag{2.35}$$

因为 $a_m^s = 10^{16} / \Gamma_m N$，这个关系式与先前从 Langmuir 方程和 Szyszkowski 方程得到的那个（方程 2.30）相似。对于 a_m^s 值变化不大的表面活性剂，

$$pC_{20} = \frac{-\Delta G_{ad}^{\ominus}}{2.303RT} - K \tag{2.36}$$

可见 pC_{20} 值是标准吸附自由能的一种量度。因为

$$\Delta G_{ad}^{\ominus} = \Delta H_{ad}^{\ominus} - T\Delta S_{ad}^{\ominus} \tag{2.37}$$

则标准吸附熵 $\Delta S_{ad}^{\ominus}$ 和标准吸附焓 $\Delta H_{ad}^{\ominus}$ 可分别从下式计算得到：如果 $\Delta H_{ad}^{\ominus}$ 在所研究的温度范围内是常数，

$$d\Delta G_{ad}^{\ominus} / dT = -\Delta S_{ad}^{\ominus} \tag{2.38}$$

或者当 $\Delta S_{ad}^{\ominus}$ 在所研究的温度范围内是常数时，

$$T^2 d\left(\Delta G_{ad}^{\ominus} / T \right) dT = -\Delta H_{ad}^{\ominus} \tag{2.38a}$$

用式 2.33，式 2.34，式 2.37 和式 2.38 或式 2.38a 计算得到的标准吸附热力学参数列于表 2.3。所有的 $\Delta G_{ad}^{\ominus}$ 值都是负的，表明这些化合物在水溶液 / 空气或水溶液 / 烃界面的吸附是自发的。

表2.3　表面活性剂在水溶液/空气界面或水溶液/烃界面吸附的标准热力学参数①

化合物	温度/℃	$\Delta G_{ad}^{\ominus②}$/（kJ/mol）	$\Delta H_{ad}^{\ominus}$/（kJ/mol）	$T\Delta S_{ad}^{\ominus}$/（kJ/mol）	参考文献③
$C_{10}H_{21}SO_3^-Na^+$	10	-43_3	$+2$	$+4_7$	[109]
$C_{10}H_{21}SO_3^-Na^+$	25	-45_7	-4	$+4_3$	[109]
$C_{10}H_{21}SO_3^-Na^+$	40	-47_9			[109]
$C_{12}H_{25}SO_3^-Na^+$	10	-50_7	-7	$+4_5$	[109]
$C_{12}H_{25}SO_3^-Na^+$	25	-53_0	-1_0	$+4_4$	[109]
$C_{12}H_{25}SO_3^-Na^+$	40	-55_3			[109]
$C_{12}H_{25}SO_4^-Na^+$	25	-54_4	—	—	[109, 120]
$C_{12}H_{25}SO_4^-Na^+$（水溶液-辛烷界面）	25	-56_9	—	—	[120]
$C_{12}H_{25}SO_4^-Na^+$（水溶液-十七烷界面）	25	-56_5	—	—	[120]
$C_{12}H_{25}SO_4^-Na^+$（水溶液-环己烷界面）	25	-58_0	—	—	[120]
$C_{12}H_{25}SO_4^-Na^+$（水溶液-苯界面）	25	-57_9	—	—	[120]
$C_{12}H_{25}SO_4^-Na^+$（水溶液-丁基苯界面）	25	-55_8	—	—	[120]
$C_{10}H_{21}OC_2H_4SO_3Na^+$	10	-47_2	$+3$	$+5_1$	[109]
$C_{10}H_{21}OC_2H_4SO_3Na^+$	25	-49_7	-6	$+4_5$	[109]
$C_{10}H_{21}OC_2H_4SO_3Na^+$	40	-51_9			[109]
$C_{12}H_{25}OC_2H_4SO_3Na^+$	10	-54_5	-6	$+4_9$	[109]
$C_{12}H_{25}OC_2H_4SO_3Na^+$	25	-57_0	-11	$+4_7$	[109]
$C_{12}H_{25}OC_2H_4SO_3Na^+$	40	-59_3			[109]
$C_{12}H_{25}OC_2H_4SO_4Na^+$	10	-54_7	-3	$+5_3$	[109]
$C_{12}H_{25}OC_2H_4SO_4Na^+$	25	-57_5	-1_7	$+4_1$	[109]
$C_{12}H_{25}OC_2H_4SO_4Na^+$	40	-59_5			[109]
$C_{12}H_{25}O(C_2H_4)_2SO_4Na^+$	10	-56_4	-5	$+5_3$	[109]
$C_{12}H_{25}O(C_2H_4)_2SO_4Na^+$	25	-59_1	-8	$+5_2$	[109]
$C_{12}H_{25}O(C_2H_4)_2SO_4Na^+$	40	-61_7			[109]
$C_{12}H_{25}Pyr^+Br^{-d}$	10	-50_0	-7	$+4_4$	[146]
$C_{12}H_{25}Pyr^+Br^-$	25	-52_3	-9	$+4_4$	[146]
$C_{12}H_{25}Pyr^+Br^-$	40	-54_5			[146]
$C_{12}H_{25}Pyr^+Cl^-$	10	-49_0	-1_1	$+3_9$	[146]
$C_{12}H_{25}Pyr^+Cl^-$	25	-51_1	-1_1	$+4_1$	[146]
$C_{12}H_{25}Pyr^+Cl^-$	40	-53_1			[146]
$C_8H_{17}OCH_2CH_2OH$	25	-31_8	—	—	[149]
$C_8H_{17}OCH_2CH_2OH$	25	-34_7	—	—	[150]
$C_8H_{17}CHOHCH_2CH_2OH$	25	-34_3	—	—	[150]
$C_{10}H_{21}CHOHCH_2CH_2OH$	25	-40_4	—	—	[150]
$C_{12}H_{25}CHOHCH_2CH_2OH$	25	-46_9	—	—	[150]
N-己基-2-吡咯烷酮, pH7.0	25	-28_8			[154]

续表

化合物	温度/℃	$\Delta G_{ad}^{\ominus ②}$/ (kJ/mol)	$\Delta H_{ad}^{\ominus}$/ (kJ/mol)	$T\Delta S_{ad}^{\ominus}$/ (kJ/mol)	参考文献[③]
N-（2-乙基己基）-2-吡咯烷酮，pH7.0	25	$-33_{.0}$			[154]
N-辛基-2-吡咯烷酮，pH7.0	25	$-33_{.1}$			[154]
N-癸基-2-吡咯烷酮，pH7.0	25	$-38_{.7}$			[154]
$C_{12}H_{25}O(C_2H_4)_3OH$	10	$-43_{.0}$	$+4$	$+4_8$	[163]
$C_{12}H_{25}O(C_2H_4)_3OH$	25	$-45_{.5}$	-1_2	$+3_5$	[163]
$C_{12}H_{25}O(C_2H_4)_3OH$	40	$-47_{.2}$			[163]
$C_{12}H_{25}O(C_2H_4)_5OH$	10	$-43_{.7}$	$+3$	$+4_8$	[163]
$C_{12}H_{25}O(C_2H_4)_5OH$	25	$-46_{.2}$	-5	$+4_3$	[163]
$C_{12}H_{25}O(C_2H_4)_5OH$	40	$-48_{.3}$			[163]
$C_{12}H_{25}O(C_2H_4)_7OH$	10	$-44_{.2}$	$+7$	$+5_2$	[163]
$C_{12}H_{25}O(C_2H_4)_7OH$	25	$-46_{.9}$	-3	$+4_5$	[163]
$C_{12}H_{25}O(C_2H_4)_7OH$	40	$-49_{.1}$			[163]
$C_{12}H_{25}O(C_2H_4)_8OH$	10	$-44_{.7}$	$+6$	$+5_2$	[163]
$C_{12}H_{25}O(C_2H_4)_8OH$	25	$-47_{.7}$	-2	$+4_7$	[163]
$C_{12}H_{25}O(C_2H_4)_8OH$	40	$-49_{.7}$			[163]
$C_{12}H_{25}O(C_2H_4)_8OH$ （水溶液-环己烷）	25	$-52_{.8}$			[164]
$C_{12}H_{25}O(C_2H_4)_8OH$ （水溶液-庚烷）	25	$-51_{.5}$			[164]
$C_{12}H_{25}O(C_2H_4)_8OH$ （水溶液-十六烷）	25	$-51_{.5}$			[164]
t-$C_8H_{17}O(C_2H_4)_3OH$	25	$-44_{.8}$	—	—	[166]
t-$C_8H_{17}O(C_2H_4)_5OH$	25	$-45_{.6}$	—	—	[166]
t-$C_8H_{17}O(C_2H_4)_7OH$	25	$-45_{.1}$	—	—	[166]
t-$C_8H_{17}O(C_2H_4)_9OH$	25	$-45_{.4}$	—	—	[166]
$(CH_3)_3SiOSi(CH_3)[CH_2(CH_2CH_2O)_{8.5}$-$CH_3]OSi(CH_3)_3$，pH7.0	25	$-51_{.9}$			[154]
$C_{10}H_{21}N^+(CH_3)(CH_2C_6H_5)$-$CH_2COO^-$	10	$-34_{.2}$	-0.2	$+3_5$	[175]
$C_{10}H_{21}N^+(CH_3)(CH_2C_6H_5)$-$CH_2COO^-$	25	$-36_{.0}$	-4	$+3_3$	[175]
$C_{10}H_{21}N^+(CH_3)(CH_2C_6H_5)$-$CH_2COO^-$	40	$-37_{.6}$			[175]
$C_{12}H_{25}N^+(CH_3)(CH_2C_6H_5)$-$CH_2COO^-$	10	$-40_{.3}$	-6	$+3_5$	[175]
$C_{12}H_{25}N^+(CH_3)(CH_2C_6H_5)$-$CH_2COO^-$	25	$-42_{.1}$	-1_2	$+3_1$	[175]
$C_{12}H_{25}N^+(CH_3)(CH_2C_6H_5)$-$CH_2COO^-$	40	$-43_{.6}$			[175]
$C_{12}H_{25}N^+(CH_3)(CH_2C_6H_5)$-$CH_2COO^-$ （水溶液-庚烷界面）	25	$-46_{.7}$	$-2_1(35℃)$	$+2_6(35℃)$	[176]
$C_{12}H_{25}N^+(CH_3)(CH_2C_6H_5)$-$CH_2COO^-$ （水溶液-异辛烷界面）	25	$-46_{.6}$	$-1_9(35℃)$	$+2_9(35℃)$	[176]
$C_{12}H_{25}N^+(CH_3)(CH_2C_6H_5)$-$CH_2COO^-$ （水溶液-十六烷界面）	25	$-45_{.5}$	$-1(35℃)$	$+4_6(35℃)$	[176]
$C_{12}H_{25}N^+(CH_3)(CH_2C_6H_5)$-$CH_2COO^-$ （水溶液-环己烷界面）	25	$-48_{.0}$	$-1_4(35℃)$	$+3_4(35℃)$	[176]
$C_{12}H_{25}N^+(CH_3)(CH_2C_6H_5)$-$CH_2COO^-$ （水溶液-甲苯界面）	25	$-46_{.9}$	$-2_4(35℃)$	$+2_4(35℃)$	[176]
$C_8H_{17}N^+(CH_3)(CH_2C_6H_5)$-$CH_2CH_2SO_3^-$	10	$-28_{.2}$	$+6$	$+3_5$	[175]
$C_8H_{17}N^+(CH_3)(CH_2C_6H_5)$-$CH_2CH_2SO_3^-$	25	$-30_{.0}$	-8	$+2_2$	[175]
$C_8H_{17}N^+(CH_3)(CH_2C_6H_5)$-$CH_2CH_2SO_3^-$	40	$-31_{.1}$			[175]

续表

化合物	温度/℃	$\Delta G_{ad}^{\ominus②}/$ (kJ/mol)	$\Delta H_{ad}^{\ominus}/$ (kJ/mol)	$T\Delta S_{ad}^{\ominus}$ / (kJ/mol)	参考文献③
$C_{10}H_{21}N^+(CH_3)(CH_2C_6H_5)\text{-}CH_2CH_2SO_3^-$	10	-34_6	-1	$+3_5$	[175]
$C_{10}H_{21}N^+(CH_3)(CH_2C_6H_5)\text{-}CH_2CH_2SO_3^-$	25	-36_4	-1_5	$+2_2$	[175]
$C_{10}H_{21}N^+(CH_3)(CH_2C_6H_5)\text{-}CH_2CH_2SO_3^-$	40	-37_5			[175]
$C_{12}H_{25}N^+(CH_3)(CH_2C_6H_5)\text{-}CH_2CH_2SO_3^-$	10	-41_0	-9	$+3_3$	[175]
$C_{12}H_{25}N^+(CH_3)(CH_2C_6H_5)\text{-}CH_2CH_2SO_3^-$	25	-42_7	-15	$+2_8$	[175]
$C_{12}H_{25}N^+(CH_3)(CH_2C_6H_5)\text{-}CH_2CH_2SO_3^-$	40	-44_0			[175]
$C_{10}H_{21}CH(Pyr^+)COO^{-④}$	25	-31_9			[174]
$C_{12}H_{25}CH(Pyr^+)COO^{-④}$	25	-38_2			[174]
$C_{14}H_{29}CH(Pyr^+)COO^{-④}$	40	-45_8			[174]

① 除非另有说明，所给数值皆指水溶液/空气界面。
② 数值与总离子强度无关，而是不同电解质含量下的平均值。
③ 参数系根据所列参考文献的数据计算得到。
④ Pyr⁺指吡啶（盐）。

很明显，对这些化合物，正的熵变是对负的吸附自由能的主要贡献，因此是界面吸附的主要驱动力。25℃下每个-CH₂-基团的$-\Delta G_{ad}^\ominus$是 3.0～3.5kJ；因此增加烷基链的长度使得化合物吸附的趋势增加。

值得注意的是，对于所有表中列出的化合物，随着温度的增加，$\Delta G_{ad}^\ominus$和$\Delta H_{ad}^\ominus$值变得更负，这似乎表明吸附时亲水基需要有一些脱水。在较高的温度下，表面活性剂的水化程度较低，于是吸附时需要的脱水程度更小，因此吸附变得更容易。

在所列出的 POE 类非离子中，随着分子中 EO 含量的增加，$\Delta G_{ad}^\ominus$略微变得更负，反映出这种变化使得$\Delta S_{ad}^\ominus$有所增加。这种增加和伴随的$\Delta H_{ad}^\ominus$的增加似乎表明，在 W/A 界面上的吸附伴随着 POE 链的部分脱水，而每个分子的脱水量随着 EO 单元数的增加而增加。

这种$-\Delta G_{ad}^\ominus$随着分子中 EO 含量的增加而增加的现象，也能在烷基聚氧乙烯醚硫酸盐类中发现[198]，其中向烷基硫酸盐分子中引入第一个 EO 基团使得$-\Delta G_{ad}^\ominus$值增加大约 3kJ/mol，而引入第二个 EO 增加值只有一半。

第二个液相（烃类）的存在使得$-\Delta G_{ad}^\ominus$值增加几个 kJ/mol，其中在所研究的烃中，环己烷引起的增加值最大，但这种增加随着碳氢链长的增加而变小。

已经发现，表面活性剂对水生生物（藻类、鱼类、轮虫类）的环境影响（毒性、生物浓度）与以上所述的吸附特性相关。对于一系列阴离子、阳离子和非离子表面活性剂，它们的半致死量 EC₅₀（与零剂量对照相比，使生物种群数量降低 50%所需的表面活性剂在水中的物质的量浓度）的对数（lg）值和 BCF 值（鱼体内表面活性剂浓度与水相中表面活性剂浓度的比值）的对数（lg）值已经被证明与参数$\Delta G_{ad}^\ominus / a_m^s$线性相关[199, 200]。这里$a_m^s$和$\Delta G_{ad}^\ominus$值分别由以上 2.3.2 节和 2.3.6 节所述的方法得到。

2.3.7 二元表面活性剂混合物的吸附

两种或多种不同类型的表面活性剂的混合物[201,202]通常显示出"协同"相互作用；即与各单一组分自身的界面性能相比，混合物的界面性能会更优越。因此，在许多工业产品和各种过程中，使用的是不同类型表面活性剂的混合物，而不是单一表面活性剂。对混合物中单一表面活性剂成分的吸附研究以及对它们之间相互作用的研究，解释了不同成分各自的作用，使得用理性、系统的方式选择不同的表面活性剂成分以达到最佳效果成为可能。

对两种表面活性溶质的稀溶液，Gibbs 吸附方程 2.17 可以写成

$$\mathrm{d}\gamma = RT\left(\Gamma_1 \mathrm{d}\ln a_1 + \Gamma_2 \mathrm{d}\ln a_2\right) \tag{2.39}$$

式中，Γ_1 和 Γ_2 是两种溶质在界面的表面（过剩）浓度；而 a_1 和 a_2 是它们在溶液中的活度。在稀溶液中，式中的活度可以用物质的量浓度替代，于是得到：

$$\Gamma_1 = \frac{1}{RT}\left(\frac{-\partial\gamma}{\partial\ln C_1}\right)_{C_2} = \frac{1}{2.303RT}\left(\frac{-\partial\gamma}{\partial\lg C_1}\right)_{C_2} \tag{2.40}$$

和

$$\Gamma_2 = \frac{1}{RT}\left(\frac{-\partial\gamma}{\partial\ln C_2}\right)_{C_1} = \frac{1}{2.303RT}\left(\frac{-\partial\gamma}{\partial\lg C_2}\right)_{C_1} \tag{2.41}$$

因此，每种表面活性剂的表面浓度可根据该表面活性剂的 γ-$\ln C$（或 $\lg C$）曲线的斜率计算出来，条件是保持溶液中另一种表面活性剂的浓度不变。

当无需知道表面活性剂在表面的绝对浓度，而仅需知道它们的相对浓度，即相对吸附效能时，则可以方便地应用非理想溶液理论得到。

由系统的热力学已经得知[203]，两种表面活性剂在溶液相中的物质的量浓度由下式给出：

$$C_1 = C_1^0 f_1 X_1 \tag{2.42}$$

$$C_2 = C_2^0 f_2 X_2 \tag{2.43}$$

式中，f_1 和 f_2 分别是表面活性剂 1 和 2 在表面的活度系数；X_1 是表面活性剂 1 在界面总表面活性剂中所占的摩尔分数（即有 $X_1 = 1 - X_2$）；C_1^0 是达到给定表面张力下降所需的纯表面活性剂 1 溶液的物质的量浓度；C_2^0 是达到给定表面张力下降所需的纯表面活性剂 2 溶液的物质的量浓度。

根据非理想溶液理论，表面的活度系数近似地可由下式表示：

$$\ln f_1 = \beta^\sigma (1 - X_1)^2 \tag{2.44}$$

$$\ln f_2 = \beta^\sigma (X_1)^2 \tag{2.45}$$

式中，β^σ 是与两种表面活性剂在界面相互作用有关的参数。由方程 2.42～方程 2.45 可得：

$$\frac{(X_1)^2 \ln\left(C_1 / C_1^0 X_1\right)}{(1 - X_1)^2 \ln\left[\dfrac{C_2}{C_2^0 (1 - X_1)}\right]} = 1 \tag{2.46}$$

分别对两种单一表面活性剂测定表面张力-浓度曲线，并对混合表面活性剂测定固定 α（表面活性剂 1 在总表面活性剂中的摩尔分数）值时的表面张力-总浓度（C_t）曲线（图 2.17），可以得到达到相同的表面张力所需要的物质的量浓度 $C_1\,(=\alpha_1 C_{12})$、C_1^0、$C_2\,[=(1-\alpha_1)C_{12}]$ 和 C_2^0。将这些数值代入方程 2.46，通过迭代即可得到 X_1 和 $X_2\,(=1-X_1)$。于是对应于特定 α 值时界面上表面活性剂 1/表面活性剂 2 的比例即为 X_1/X_2。

两种表面活性剂产生协同相互作用的条件将在第 11 章中讨论。

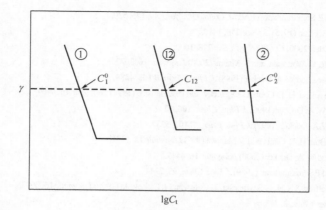

图 2.17　X_1 和 X_2 的估计

①—纯表面活性剂 1；②—纯表面活性剂 2；⑫—固定 α 值下 1 和 2 的混合物

参 考 文 献

[1]　von Helmholtz, H. (1879) *Wied. Ann. Phys*. **7**, 337.

[2]　Gouy, G. (1910) *J. Phys*. **9**, 457.

[3]　Gouy,G. (1917) *Ann. Phys*. **7**, 129.

[4]　Chapman, D. L. (1913) *Philos. Mag*. **25**, 475.

[5]　Stern, O. (1924) *Z. Electrochem*. **30**, 508.

[6]　Adamson, A. W., *Physical Chemistry of Surfaces*, 3rd ed., Interscience, New York, 1976.

[7]　Atkins, R., V. S. J. Craig, E. J. Wanless, and S. Briggs (2003) *Adv. Colloid Interface Sci*. **103**, 219

[8]　Kölbel, H. and P. Kuhn (1959) *Angew. Chem*. **71**, 211.

[9]　Griffith, J. C. and A. E. Alexander (1967) *J. Colloid Interface Sci*. **25**, 311.

[10]　Somasundaran, P., T. W. Healy, and D. W. Fuerstenau (1964) *J. Phys. Chem*. **68**, 3562.

[11]　Law, J. P, Jr. and G W. Kunze (1966) *Soil Sci. Soc. Am. Proc*. **30**, 321.

[12]　Wakamatsu, T. and D. W. Fuerstenau (1973) *Trans. Soc. Min. Eng. AIMS* **254**, 123.

[13]　(a) Rupprecht, H. and H. Liebl (1972) *Kolloid Z. Z. Polym*. **250**, 719. (b) Rosen, M. J. (1975) *J. Am. Oil Chem. Soc*. **52**, 431.

[14]　(a) Fowkes, F. M. (1987) *J. Adhes. Sci. Tech*. **1**, 7. (b) Snyder, L. R. (1968) *J. Phys. Chem*. **72**, 489.

[15]　Kölbel, H. and K. Hörig (1959) *Angew. Chem*. **71**, 691.

[16]　Wakamatsu, T. and D. W. Fuerstenau, in *Adsorption from Aqueous Solution*,W. J. Jr. Weber and E. Matijevic (eds.) , American Chemical Society,Washington, DC, 1968, pp.161-172.

[17]　Dick, S. G, D. W. Fuerstenau, and T. W. Healy (1971) *J. Colloid Interface Sci*. **37**, 595.

[18]　Giles, C. H., A. P. D'Silva, and I. A. Easton (1974) *J. Colloid Interface Sci*. **47**, 766.

[19]　Gao, Y., J. Du, and T. Gu (1987) *J. Chem. Soc., Faraday Trans. I* **83**, 2671.

[20]　Gaudin, A. M. and D. W. Fuerstenau (1955) *Trans. AIME* **202**, 958.

[21]　Fuerstenau, D. W. (1957) *Trans. AIME* **208**, 1365.

[22]　Somasundaran, P., T. W. Healy, and D. W. Fuerstenau (1966) *J. Colloid Interface Sci*. **22**, 599.

[23]　Somasundaran, P. and D. W. Fuerstenau (1966) *J. Phys Chem*. **70**, 90.

[24]　Harwell, J. H., J. C. Hoskins, R. S. Schechter, and W. H. Wade (1985) *Langmuir* **1**, 251.

[25]　Somasundaran, P. and J. T. Kunjappu (1989) *Colloids Surf*. **37**, 245.

[26]　Kunjappu, J. T., D.Sc. Thesis (sequel to Ph.D. thesis, 1985) , University of Mumbai, 1994a.

[27]　Kunjappu, J. T. (1994b) *J.Colloid Interface Sci*. **162**, 261.

[28] Kunjappu, J.T. and P. Somasundaran (1995) *J. Colloid Interface Sci.* **175**, 520.

[29] Manne, S. and H. E. Gaub (1995) *Science* **270**, 1480.

[30] Grosse, I. and K. Estel (2000) *Colloid Polym. Sci.* **278**, 1000.

[31] Wolgemuth, J. L., R. K. Workman, and S. Manne (2000) *Langmuir* **16**, 3077.

[32] Grant,L. M., F. Tiberg, and W. A. Ducker (1998) *J. Phys. Chem. B* **102**, 4288.

[33] Manne, S., J. P. Cleveland, H. E. Gaub, G. D. Stucky, and P. K. Hansma (1994) *Langmuir* **10**, 4409.

[34] Wanless, E. J. and W. A. Ducker (1996) *J. Phys. Chem.* **100**, 3207.

[35] Grant, L. M. and W. A. Ducker (1997) *J. Phys. Chem. B* **101**, 5337.

[36] Jaschke, M., H.-J. Butt, H. E. Gaub, and S. Manne (1997) *Langmuir* **13**, 1381.

[37] Subramanian, V. and W. A. Ducker (2000) *Langmuir* **16**, 4447.

[38] Kunjappu, J. T. and P.Somasundaran (1989) *J. Phys Chem.* **93**, 7744.

[39] Burgess, I., C. A. Jeffrey, X. Cai, G. Szymanski, Z. Galus, and J. Lipkowski (1999) *Langmuir* **15**, 2607.

[40] Gross, L. (2011) *Nat. Chem.* **3**, 273.

[41] Aveyard, R. and D. A. Haydon, *An Introduction to the Principles of Surface Chemistry*, Cambridge University Press, Cambridge, 1973, pp. 201-212.

[42] Rosen, M. J. and H. A. Goldsmith, *Systematic Analysis of Surface-Active Agents*, 2nd ed., Wiley- Interscience, New York, 1972.

[43] (a) Langmuir, I. (1918) *J. Am. Chem. Soc.* **40**, 1361. (b) Betts, J. J. and B. A. Pethica (1960) Trans. *Faraday Soc.* **56**, 1515.

[44] Kitchener, J. A. (1965) *J. Photogr. Sci.* **13**, 152.

[45] (a) Gu, T. and B.-Y. Zhu (1990) *Colloids Surf.* **44**, 81. (b) Gu,T., B.-Y. Zhu, and H. Rupprecht (1992) *Prog. Colloid Polym. Sci.* **88**, 74.

[46] Scamehom, J. F., R. S. Schechter, and W. H. Wade (1982) *J. ColLoid Interface Sci.* **85**, 463.

[47] Somasundaran, P., R. Middleton, and K. V. Viswanathan, in *Structure/Performance Relationships in Surfactants*, M. J. Rosen (ed.) , ACS Symp. Series, 253, American Chemical Society, Washington, DC, 1983, p.269.

[48] Greenwood, F. G., G. D. Parfitt, N. H. Picton, and D. G. Wharton, in *Adsorption from Aqueous Solution*, W. J., Jr. Weber and E. Matijevic (eds.) , Adv. Chem. Series 79, American Chemical Society, Washington, DC, 1968, pp. 135-144.

[49] (a) Groot, R. C., 5th Int. Cong. Surface-Active Substances, Barcelona, Spain, September 1968, II, p.581. (b) Rosen, M. J. and Y. Nakamura (1977) *J.Phys. Chem.* **80**, 873.

[50] Grahame, D. C. (1947) *Chem. Rev.* **41**, 441.

[51] Ottewill, R. H.and M. C. Rastogi (1960) *Trans. Faraday Soc.* **56**, 866.

[52] Watanabe, A. (1960) *Bull. Inst. Chem. Res. Kyoto Univ.* **38**, 179.

[53] Osseo-Asare, K., D. W. Fuerstenau, and R. H. Ottewill, in *Adsorption at Interface K. L. Mittal (ed.) , Symposium Series No. 8, American Chemical Society,*Washington. DC, 1975, pp. 63-78.

[54] Tamamushi, B. and K. Tamaki, 2nd Int. Congr. Surface Activity, London, England, September 1957, III, p. 449.

[55] Connor, P and R. H. Ottewill (1971) *J. Colloid Interface Sci.* **37**, 642.

[56] Aston, J. R., D. N. Furlong, F Grieser, P. J. Scales, and G. G. Warr, in *Adsorption at the Gas/Solid and Liquid/Solid Interface*, J. Rouquerol and K. S. W. Sing (ed.) , Elsevier, Amsterdam, 1982, pp. 97-102.

[57] Nevskaia, D. M., A. Guerrera-Ruiz, and J. de Lopez-Gonzalez (1996) *J. Colloid Interface Sci.* **181**, 571.

[58] Partyka, S., S. Zaini, M. Lindheimer, and B. Brun (1984) *Colloids Surf.* **12**, 255.

[59] Zhang, L., P Somasundaran, and C. Maltesh (1997) *J. Colloid Interface Sci.* **191**, 202.

[60] van Senden, K. G. and J. Koning (1968) *Fette, Seifen, Anstrichmi* **70**, 36.

[61] Sexsmith, F. H. and H. J. White (1959) *J. Colloid Sci.* **14**, 598.

[62] Corkill, J. M., J. T. Goodman, and S. P. Harrold (1964) *Trans. Faraday Soc.* **60**, 202.

[63] Cases, J. M., D. Canet, N. Doerler, and J. E. Poirier, *Adsorption at the Gas-Solid and Liquid Solid Interface,* Elsevier, Amsterdam, 1982.

[64] Corkill, J. M., J. F. Goodman, and J. R. Tate (1966) *Trans. Faraday Soc.* **62**, 979.

[65] Corkill, J. M., J. F. Goodman, and J. R. Tate (1967) *Soc. Chem. Ind. (London)* , 363-369.

[66] Weber, W. J., Jr. (1964) *J. Appl. Chem.* **14**, 565.

[67] Zettlemoyer, A. C., V. S. Rao, E. Boucher, and R. Fix, 5th Int. Congr. Surface-Active Substances, Barcelona, Spain, September 1968, III, p. 613.

[68]　Abe R. and H. Kuno (1962) *Kolloid Z.* **181**, 70.

[69]　Krońberg, B., P. Stenius, and Y. Thorssell (1984) *Colloids Surf.* **12**, 113.

[70]　Mukerjee, P. (1968) *Nature* **217**, 1046.

[71]　Schwuger, M. J. (1971a) *Bee Bunsenes. Ges. Phys Chem.* **75**, 167.

[72]　Schwuger, M. J. (1971b) *Kolloid-Z. Z. Polym.* **243**, 129.

[73]　Suzuki, H. (1967) *Yukagaku* **16**, 667 (*C. A.* **68**, 41326h [1968]) .

[74]　Gavet, L., A. Couval, H. Bourdiau, and P. Rochas (1973) *Bull. Sci. Inst. Text.Fr.* **2**, 275.

[75]　Gum, M. L. and E. D. Goddard (1982) *J. Am. Oil Chem. Soc.* **59**, 142.

[76]　Gordon, B. and W. T. Shebs, 5th Int. Congr. Surface-Active Substances, Barcelona. Spain, September 1968, III, p. 155.

[77]　Schott, H. (1967) *J. Colloid Interface Sci.* **23**, 46.

[78]　Waag, A., Chim. Phys. Appl. Prat. Agents de Surface. 5th C.R. Int. Congr. Detergence Barcelona, 1968 (Punl. 1969) 3, 143.

[79]　Robb, D. J. M. and A. E. Alexander (1967) *Soc. Chem. Ind. (London)* Monograph No. 25, 292.

[80]　McCaffery, F. G. and N. Mungan (1970) *J. Can. Petrol. Technol.* **9**, 185.

[81]　Machinson, K. R. (1967) *J. Text. Inst. Trans.* **58**, 1.

[82]　Stigter, D. (1971) *J. Am. Oil Chem. Soc.* **48**, 340.

[83]　Parfitt, G. D. and D.G. Wharton (1972) *J. Colloid Interface Sci.* **38**, 431.

[84]　Meichelbeck, H. and H. Knittel (1971) *Fette, Seifen, Anstrichmi* **73**, 25.

[85]　Von Hornuff, G. and W. Mauer (1972) *Deut. Text. Tech.* **22**, 290.

[86]　Elton, G. A., 2nd Int. Congr. Surface Activity, London, England, September 1957, III, p.161.

[87]　Ginn，M. E., in *Cationic Surfactants*, E. Jungermann (ed) , Dekker, New York,1970, p.352ff and 372.

[88]　Kosman, J. J. and R. L. Rowell (1982) *Colloids Surf.* **4**, 245.

[89]　van der Waarden, M. (1951) *J. Colloid Sci.* **6**, 443.

[90]　Abram J.C. and G. D. Parfitt, *Proc.5th Conf. Carbon*, London,1962, pp.97-102.

[91]　Kipling, J. J., *Adsorption from Solutions of Non-Electrolytes,* Academic, New York, 1965, Chap. 17.

[92]　Gregg, S. J. and K. S. W. Sing, *Adsorption, Surface Area, and Porosity*, Academic, London, 1967, Chap. 7.

[93]　Daniel, S. G. (1951) *Trans. Faraday Soc.* **47**, 1345.

[94]　Kipling, J. J. and E. H. M. Wright (1962) *J. Chem. Soc.* 855.

[95]　Giles, C. H. and S. N. Nakhwa (1962) *J. Appl. Chem.* **12**, 266.

[96]　Gibbs, J. W., *The Collected Works of J. W. Gibbs*, Vol. I, Longmans, Green, London,1928.

[97]　Hua, X. Y. and M. J. Rosen (1982) *J. Colloid Interface Sci.* **87**, 469.

[98]　Matijevic, E. and B. A. Pethica (1958) *Trans. Faraday Soc.* **54**, 1382, 1390, 1400.

[99]　Boucher, E. S., T. M. Grinchuk, and A. C. Zettlemoyer (1968) *J. Am. Oil Chem. Soc.* **45**, 49.

[100]　van Voorst Vader, F. (1960a) *Trans. Faraday Soc.* **56**, 1067.

[101]　Elworthy, P. H. and K. J. Mysels (1966) *J. Colloid Interface Sci.* **21**, 331.

[102]　Miles, G. D. and L. Shedlovsky (1945) *J. Phys. Chem.* **49**, 71.

[103]　Mulley, B. A. and A. D. Metcalf (1962) *J. Colloid Sci.* **17**, 523.

[104]　Alexandridis, P., V. Athanassiou, S. Fukuda, and T. A. Hatton (1994) *Langmuir* **10**, 2604.

[105]　Rosen, M. J. and Z. H. Zhu (1989) ,*J. Colloid Interface Sci.* **133**, 473.

[106]　Tsubone, K. and M. J. Rosen (2001) *J. Colloid Interface Sci.* **244**, 394.

[107]　Miyagishi, S., T. Asakawa, and M. Nishida (1989) *J. Colloid Interface Sci.* **131**, 68.

[108]　Zhu, Y.-P, M. J. Rosen, and S. W. Morrall (1998a) *J. Surfactants Deterg.* **1**, 1.

[109]　Dahanayake, M., A. W. Cohen, and M. J. Rosen (1986) *J. Phys. Chem.* **90**, 2413.

[110]　Bujake, J. E.and E. D. Goodard (1965) Trans. *Faraday Soc.* **61**, 190.

[111]　Rosen, M. J. (1976) *J. Colloid Interface Sci.* **56**, 320.

[112]　Gu, B. and M. J. Rosen (1989) *J. Colloid Interface Sci.* **129**, 537.

[113]　Rosen, M. J. (1974) *J. Am. Oil Chem. Soc.* **51**, 461.

[114]　Kling, W. and H. Lange, 2nd Int. Congr. Surface Activity, London, 1957, I, p. 295.

[115] Dreger, E. E., G. I. Keim, G. D. Miles, L. Shedlovsky, and J. Ross (1944) *Ind.Eng.Chem.***36**, 610.

[116] Betts, J. J. and B. A. Pethica, 2nd Int. Congr. Surface Activity, London, 1957, I, p. 152.

[117] Lange, H. (1957) *Kolloid-Z.* **152**,155.

[118] Rosen, M. J.and J. Solash (1969) *J. Am. Oil Chem. Soc.* **46**, 399.

[119] Vijayendran, B. R. and T. P. Bursh (1979) *J. Colloid Interface Sci.* **68**, 383.

[120] Rehfeld, S. J. (1967) *J. Phys. Chem.***71**, 738.

[121] Varadaraj, R., J. Bock, S. Zushma, and N. Brons (1992) *Langmuir* **8**, 14.

[122] Huber, K. (1991) *J Colloid Interface Sci.***147**, 321.

[123] Rosen, M. J., Y.-P Zhu, and S. W. Morrall (1996) *J. Chem. Eng. Data* **41**, 1160.

[124] Livingston, J. R. and R. Drogin (1965) *J. Am. Oil Chem. Soc.* **42**,720.

[125] Caskey, J. A. and W. B., Jr. Barlage (1971) *J. Colloid Interface Sci.* **35**, 46.

[126] van Voorst Vader, F. (1960b) *Traps. Faraday Soc.* **56**, 1078.

[127] Gray, F.W., J. F Gerecht, and I. J. Krems (1955) *J. Org. Chem.* **20**, 511.

[128] Lange, H., 4th Int. Congr. Surface-Active Substances, Brussels, 1964, II, p. 497.

[129] Greiss, W. (1955) *Fette, Seifen, Anstrichmi* **57**, 24, 168, 236.

[130] Zhu, Y.-P, M. J. Rosen, S. W. Morrall, and J. Tolls (1998b) *J. Surfactants Deterg.* **1**, 187.

[131] Zhu, B. Y. and M. J. Rosen (1984) *J. Colloid Interface Sci.***99**, 435.

[132] Murphy, D. S，Z. H. Zhu, X.Y. Hua, and M. J. Rosen (1990) *J. Am. Oil Chem. Soc.***67**, 197.

[133] Lascaux, M. P., O. Dusart, R. Granet, and S. Piekarski (1983) J. Chim. Phys. 80, 615.

[134] Rosen, M. J., Z. H. Zhu, and X. Y. Hua (1992) *J. Am. Oil Chem. Soc.* **64**, 30.

[135] Williams, E. F ., N. T. Woodbury, and J. K. Dixon (1957) *J. Colloid Sci.* **12**, 452.

[136] Hikota, T., K. Morohara, and K. Meguro (1970) *Bull. Chem. Soc. Jpn.* **43**, 3913.

[137] Groves, M. J., R. M. A. Mustafa, and J. E. Carless (1972) *J. Pharm. Pharmacol.* **24** (Suppl.) , 104.

[138] Rosen, M. J., M. Baum, and F. Kasher (1976) *J. Am. Oil Chem. Soc.* **53**, 742.

[139] Elworthy, P. H. (1959) *J. Pharm. Pharmacol.* **11**, 624.

[140] Shinoda, K., M. Hato, and T. Hayashi (1972) *J. Phys. Chem.* **76**, 909.

[141] Li, F., M. J. Rosen, and S. B. Sulthana (2001) *Langmuir* **17**, 1037.

[142] Venable, R. L. and R. V Nauman (1964) *J. Phys. Chem.* **68**, 3498.

[143] Rosen, M.J. and S. B. Sulthana (2001) *J. Colloid Interface Sci.* **239**, 528.

[144] Brashier, G. K. and C. K. Thornhill (1968) *Proc. La. Acad. Sci.***31**, 101.

[145] Bury, C. R. and J. Browning (1953) *Trans. Faraday Soc.* **49**, 209.

[146] Rosen, M. J., M. Dahanayake, and A. W. Cohen (1982b) *Colloids Surf.* **5**, 159.

[147] Semmler, A. and H.-H. Kohler (1999) *J. Colloid Interface Sci.* **218**, 137.

[148] Omar, A. M. A. and N. A. Abdel-Khalek (1997) *Tenside Surf. Det.* **34**, 178.

[149] Shinoda, K., T. Yamanaka, and K. Kinoshita (1959) *J. Phys. Chem.* **63**, 648.

[150] Kwan, C.-C. and M. J. Rosen (1980) *J. Phys. Chem.* **84**, 547.

[151] Aveyard, R., B. P. Binks, J. Chen, J. Equena, P. D. I. Fletcher, R. Buscall, and S. Davies (1998) *Langmuir* **14**, 4699.

[152] Liljekvist, P. and B. Kronberg (2000) *J. Colloid Interface Sci.* **222**, 159.

[153] Rosen, M. J.，Z. H. Zhu, B. Gu, and D. S. Murphy (1988) *Langmuir* **4**, 1273.

[154] Rosen, M. J. and V. Wu (2001) *Langmuir* **17**, 7296.

[155] Kjellin, U. R. M., P.M. Claesson, and P Linse (2002) *Langmuir* **18**, 6745.

[156] Zhu, Y.-P, M. J. Rosen, P K. Vinson, and S. W. Morrall (1999) *J. Surfactants Deterg.* **2**, 357.

[157] Burczyk, B., K. A. Wilk, A. Sokolowski, and L. Syper (2001) *J. Colloid Interface Sci.* **240**,552.

[158] Elworthy, P. H. and A. T. Florence (1964) *Kolloid Z. Z. Polym.* **195**, 23.

[159] Varadaraj, R., J. Bock, S. Zushma, N. Brons, and T. Colletti (1991) *J. Colloid Interface Sci.***147**, 387.

[160] Eastoe, J., J. S. Dalton, P. G. A. Rogueda, E. R. Crooks, A. R. Pitt, and E. A. Simister (1997) *J. Colloid Interface Sci.* **188**, 423.

[161] Carless, J. E., R. A. Challis, and B. A. Mulley (1964) *J. Colloid Sci.* **19**, 201.

[162] Meguro, K., Y. Takasawa, N. Kawahasi, Y. Tabata, and M. Ueno (1981) *J. Colloid Interface Sci.* **83**, 50.

[163] Rosen, M. J., A. W. Cohen, M. Dahanayake, and X.-Y. Hua (1982a) *J. Phys Chem.* **86**, 541.

[164] Rosen, M. J.and D. S. Murphy (1991) *Langmuir* **7**, 2630.

[165] Elworthy, P. H.and C. B. MacFarlane (1962) *J. Pharm. Pharmacol.* **14**, 100.

[166] Crook, E. H., G. F. Trebbi, and D. B. Fordyce (1964) *J. Phys. Chem.* **68**, 3592.

[167] Crook, E. H., D. B. Fordyce, and G. F. Trebbi (1963) *J. Phys. Chem.* **67**, 1987.

[168] Gentle, T. E. and S. A. Snow (1995) *Langmuir* **11**, 2905.

[169] Matos, S. L., J.-C. Ravey, and G. Serratrice (1989) *J. Colloid Interface Sci.* **128**, 341.

[170] Tori, K., K. Kuriyama, and T. Nakagawa (1963) *Kolloid-Z. Z. Polym.* **191**, 48.

[171] Tori, K. and T. Nakagawa (1963) *Kolloid-Z.Z. Polym.* **189**, 50.

[172] Beckett, A. H. and R. J. Woodward (1963) *J. Pharm. Pharmacol.* **15**, 422

[173] Chevalier, Y., Y. Storets, S. Pourchet, and P LePerchec (1991) *Langmuir* **7**, 848.

[174] Zhao, F. and M. J. Rosen (1984) *J. Phys. Chem.* **88**, 6041.

[175] Dahanayake, M. and M. J. Rosen, in *Structure/Performance Relationships in Surfactants*, M. J. Rosen (ed.) , ACS Symp. Series 253, American Chemical Society, Washington,DC, 1984, p. 49.

[176] Murphy, D. S. and M. J. Rosen (1988) *J. Phys. Chem.* **92**, 2870.

[177] Tsubone, K. and N. Uchida (1990) *J. Am. Oil Chem. Soc.* **67**, 394.

[178] Lange, H. and M. J. Schwuger (1971) *Kolloid Z. Z. Polym.* **243**, 120.

[179] Corkill, J. M., J. F .Goodman, C. P. Ogden, and J. R. Tate (1963) *Proc. R. Soc.* **273**, 84.

[180] Rosen, M. J., D. Friedman, and M. Gross (1964) *J. Phys Chem.* **68**, 3219.

[181] Tomasic, V., I. Stefanic, and N. Filipovic-Vincekovic (1999) *Coll. Polym. Sci.* **277**, 153.

[182] Mukerjee, P. (1967) *Adv. Colloid Interface Sci.* **1**, 264.

[183] Tamaki, K. (1967) *Bull. Chem. Soc. Jpn.* **40**, 38.

[184] Weil,J. K., R. G. Bistline, and A. J. Stirton (1958) *Phys. Chem.* **62**, 1083.

[185] Schick, M. J. (1962) *J. Colloid Sci.* **17**, 801.

[186] Shinoda, K., T. Yamaguchi, and R. Hori (1961) *Bull. Chem. Soc. Jpn.* **34**, 237.

[187] Schwuger, M. J. (1969) *Kolloid-Z. Z. Polym.* **232**, 775.

[188] Langmuir, I. (1917) *J. Am. Chem. Soc.* **39**, 1848.

[189] Szyszkowski, B. (1908) *Z. Phys. Chem.* **64**, 385.

[190] Frumkin, A. (1925) *Z. Phys.Chem.* **116**, 466.

[191] Lucassen-Reynders, E. H. and M. van den Tempel, 4th Int. Congr. Surface Active Substances, Brussels, 1967, p. 779.

[192] Lucassen-Reynders, E. H. (1966) *J. Phys. Chem.* **70**, 1777.

[193] Adam, N. K., *The Physics and Chemistry of Surfaces*, Oxford University Press, Oxford, 1940.

[194] Gillap, W. R., N. D. Weiner, and M. Gibaldi (1968) *J. Phys. Chem.* **72**, 2218.

[195] Naifu, Z. and T. Gu (1979) *Sci. Sinica* **22**, 1033.

[196] Spitzer, J. J. and L. D. Heerze (1983) *Can. J. Chem.* **61**, 1067.

[197] Rosen, M. J. and S. Aronson (1981) *Colloids Surf.* **3**, 201.

[198] Zoeller, N. and D. Blankschtein (1998) *Langmuir* **14**, 7155.

[199] Rosen, M. J., L. Fei, Y.-P Zhu, and S. W. Morrall (1999) *J. Surfactants Deterg.* **2**, 343.

[200] Rosen, M. J., E. Li, S. W Morrall, and D. J. Versteeg (2001) *Environ. Sci. Sechnol.* **35**, 954.

[201] De Lisi, R., A. Inglese, S. Milioto, and A. Pellento (1997) *Langmuir* **13**, 192.

[202] Nakano, T.-Y., G. Sugihara, T. Nakashima,and S.-C. Yu (2002) *Langmuir* **18**, 8777.

[203] Rosen, M. J. and X. Y. Hua (1982) *J. Colloid Interface Sci.* **86**, 164.

问 题

2.1 30℃下一种非离子表面活性溶质在水溶液中的 γ-$\lg C$ 数据如下（C 的单位为 mol/dm^3）：

γ/(mN/m)	71.4	60.0	52.0	40.6	29.2	29.2	29.2
$\lg C$		−6.217	−5.992	−5.688	−5.255	−4.822	−4.691	−4.552

从 $\gamma < 60$mN/m 直到 CMC，γ-$\lg C$ 曲线的斜率是线性的。

（a）计算 $\gamma < 60$mN/m 时的表面过剩浓度 Γ，单位为 mol/cm^2。

（b）计算单个分子所占的最小表面积，单位为 Å^2。

（c）计算 $\Delta G_{ad}^{\ominus}$，单位为 kJ/mol。

2.2 不看表格，将下列化合物按吸附效率增加排序（在水溶液-空气界面的 pC_{20} 增加）：

（a）$CH_3(CH_2)_{10}CH_2SO_4^-Na^+$

（b）$CH_3(CH_2)_9$—〔苯环〕—SO_3Na

（c）$CH_3(CH_2)_8CH_2N^+(CH_3)_3Cl^-$

（d）$CH_3(CH_2)_4\underset{\underset{C_3H_7}{|}}{CH}CH_2SO_4^-Na$

（e）$CH_3(CH_2)_{10}CH_2(OC_2H_4)_6OH$

2.3 不看表格，将下列化合物按照在水溶液-空气界面上吸附效能增加（Γ_m 增加）排序。如果两个或多个化合物的 Γ_m 值大致相等，则使用 "$\approx$"：

（a）$C_{10}H_{21}SO_4^-Na^+$（在水中）

（b）$C_{12}H_{25}SO_4^-Na^+$（在水中）

（c）$C_{16}H_{33}SO_4^-Na^+$（在水中）

（d）$C_{16}H_{33}SO_4^-Na^+$（在 0.1mol/L NaCl 中）

（e）$C_{18}H_{37}SO_4^-Na^+$（在水中）

2.4 如果室温下 0.1mol/L NaCl 的水溶液的 $1/\kappa \approx 10$Å，计算相同条件下 0.1mol/L CaCl$_2$ 水溶液的 $1/\kappa$。

2.5 将 2.0g 比表面积为 50m^2/g 的固体与 100mL 1×10^{-2}mol/L 的表面活性剂溶液混合摇动，达到平衡后，表面活性剂溶液的浓度为 7.22×10^{-3}mol/L，计算每个表面活性剂分子在固体界面占据的平均面积（Å^2）。

2.6 两个表面活性剂在水溶液中使表面张力值达到 36mN/m 所需的浓度分别是 2.6×10^{-3}mol/L 和 1.15×10^{-3}mol/L。而使表面张力达到 36mN/m 所需的这两种表面活性剂的混合物的浓度为 6.2×10^{-4}mol/L，混合物中第一种表面活性剂的摩尔分数（只基于表面活性剂）为 0.41，针对该混合物计算在水溶液-空气界面上表面活性剂 1 占总表面活性剂的摩尔分数 X_1。

2.7 （a）将 50mL 某阳离子表面活性剂溶液放入半径为 5cm 的均质玻璃烧杯中测定其表面张力。因为玻璃带负电荷，阳离子表面活性剂会吸附上去。假设在玻璃上至少形成一个吸附单分子层，且每个分子所占的界面面积为 50Å^2，在液-气界面占据的分子面积为 60Å^2，计算一个表面活性剂浓度，在该浓度下，由于在玻璃表面和液-气界面的吸附导致表面活性剂的体相浓度减少了 10%。

（b）当必须使用这种浓度的表面活性剂溶液时，采取何种措施能避免这种误差？

2.8　将本章中你所遇到的所有术语，如效率、效能等列成一个表格，给出其定义／意义。

2.9　用方程 2.29 计算 25℃下当溶液的表面张力降低 15mN/m 时，水-空气界面上表面活性剂的吸附量 Γ_1，假定 $\Gamma_m = 4.4 \times 10^{-4}\text{mol/cm}^2$。

2.10　对方程 2.1 中所有变量的量纲使用 SI 单位，证明 $1/\kappa$ 的单位为长度单位米（m）。

第 3 章　表面活性剂胶束的形成

现在把注意力转向与表面活性剂吸附到界面同样重要的另一个基础性质。这个性质就是胶束（胶团）形成，即具有表面活性的溶质在溶液中形成胶体尺寸的聚集体❶。胶束形成或胶束化是一种重要的现象，因为不仅一系列重要界面现象如去污和增溶作用等取决于溶液中胶束的存在，而且胶束形成或胶束化会影响其他与胶束不直接相关的界面现象，如表面或界面张力降低。对有机化学家和生物化学家而言，胶束已经成为他们非常感兴趣的课题，因为对前者，胶束可以作为有机反应的特殊催化剂，而对后者，胶束与生物膜及球形蛋白质具有类似性。

3.1　临界胶束浓度（CMC）

几乎在最初开始研究表面活性剂溶液（实际是肥皂溶液）的性质时，人们就已经认识到其体相性质不同寻常，指示溶液中存在胶体粒子。

将 Na^+R^- 型阴离子表面活性剂溶液的当量电导率（每克当量电解质的电导率）对当量浓度的平方根作图，所得曲线并不像同类型普通离子电解质的电导率曲线那样平滑下降，而是在低浓度区出现一个明显的转折点（图 3.1）。该转折点以及溶液电导率的急剧降低，表明溶液中单位电荷物质的质量快速增长，这被解释为在转折点表面活性剂由非缔合分子聚集成胶束的证据，而胶束上的部分电荷被胶束结合的反离子中和了。

出现这一现象的浓度称为 CMC。几乎所有的表面活性剂，如非离子、阴离子、阳离子和两性离子表面活性剂等，在水介质中，其可测量的与溶液中粒子的大小和数量有关的物理性质，如溶剂不溶物的增溶（见第 4 章）以及表面或界面张力降低（见第 5 章）等，都会出现类似的转折点。

在某些场合，特别是当疏水链较长时（如 $>C_{16}$），观察到电导率-浓度曲线上会出现第二个转折点。有人提出[1a]这可能表明溶液中胶束的结构发生了变化（见 3.2 节）。

可以利用溶液的很多物理性质来测定 CMC 值，但最常用的方法是通过电导率[1b]、表面张力、光散射[2]、荧光光谱等与浓度曲线上的转折点来确定 CMC 值。CMC 值也常常利用加入到表面活性溶液中的染料的光谱性质在 CMC 前后的变化来确定。然而，该方法可能有严重的缺陷，即染料的存在可能影响 CMC 值。在 Mukerjee 和 Mysel[3]编写的关于水溶液中

---

❶ 似乎只有在那些具有两个或两个以上氢键中心因而能形成三维氢键网的极性溶剂中才能形成胶束[4]。在非极性溶剂中，表面活性剂可能形成团簇，但其尺寸一般并非胶体大小，并且其行为不同于水溶液中的胶束。

CMC 的汇集中，包含了对各种 CMC 测定方法的严格评价。

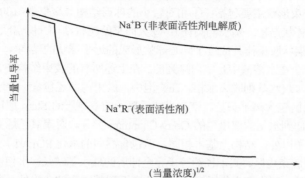

图 3.1　Na⁺R⁻类表面活性剂水溶液的当量电导率随（当量浓度）¹ᐟ²的变化
（当量浓度是早期文献中使用的一种浓度单位，与物质的量浓度相关）

　　基于涉及这些现象的大量数据，一幅有关胶束化过程和胶束结构的图像逐渐呈现在人们眼前。如第 1 章所述，当溶质溶解在水中时，溶质分子中所含的疏水基改变了水的结构，从而使体系的自由能增加。于是它们富集到溶液表面，将疏水基部分伸向溶剂之外，使溶液的自由能降低。然而，在这些体系中还有另一种方法可以降低体系的自由能，即通过使具有表面活性的分子在溶液中聚集成团簇（胶束），以疏水基伸向聚集体的内部，而亲水基朝向溶剂，从而减少溶剂结构的变形（降低溶液的自由能）。胶束化过程因此是吸附之外的能使得疏水基不与溶剂水接触，从而降低体系的自由能的另一个机理。当疏水基几乎不能引起溶剂的结构改变时（如水中表面活性剂分子的疏水基非常短），胶束化趋势几乎也就不存在。非水溶剂中即属于这种情况，因此在非水溶剂中很难发现尺寸与水相胶束相当的胶束。

　　虽然疏水基离开与水的接触可以降低体系的自由能，但由于受到胶束的限制，以及对离子型表面活性剂受到胶束中表面活性剂分子同种电荷的静电排斥作用，表面活性剂分子在从溶液转移到胶束这一过程中有一定的自由度损失。这些作用力使体系的自由能增加，因此是对抗胶束形成的。对特定的体系，胶束化过程是否发生以及如果发生的话在什么浓度下发生，取决于促进和阻碍胶束化过程的各种因素间的平衡。

　　正如在下述章节中将看到的，胶束具有非常广阔的应用。一个令人感兴趣的阴离子表面活性剂胶束的应用是用于从水中去除金属离子和有机物，这里同时涉及表面活性剂的吸附和增溶（见第 4 章）性质。金属离子结合在阴离子表面活性剂胶束表面的负电荷上，而有机物被增溶在胶束内部。然后使胶束溶液通过一个超滤膜，其孔径足够小，因而能将结合了金属离子和有机物的胶束截留下来[5]。

3.2　胶束的结构和形状

3.2.1　堆积参数

　　在水溶液中形成的胶束，其形状在决定表面活性剂溶液的各种性质如溶液的黏度、表面活性剂对水不溶物质的增溶（见第 4 章）以及表面活性剂的浊点等（见第 4 章 4.3.2 节）方面是非常重要的。

目前发现的胶束形状主要包括：①相对较小的球形结构（聚集数<100）；②两端为半球状的拉长的圆柱形棒状结构（扁长椭圆体）；③大而平的层状结构（圆盘状伸展的扁球体）；④囊泡，即由双层层状胶束排列成近乎同心球状形成的近乎球状的结构。

表面活性剂分子在水溶液中是定向排列的。在上述所有的胶束结构中，表面活性剂的极性头基主要朝向水，疏水基则脱离水相。在囊泡中，胶束内部还包含一个水相。在离子型胶束中，水-胶束界面区包含离子头基、带有束缚反离子的双电层的 Stern 层以及水。其余的反离子位于进一步延伸到水相的双电层的 Gouy-Chapman 部分。对聚氧乙烯类非离子的胶束，除了外层没有反离子以外，结构上基本相同，但包含卷曲的水化 POE 外壳。

包含疏水基的胶束内区，其半径约等于完全伸展的疏水基链长。水相被认为能穿透进胶束，越过亲水的头基，疏水链上靠近亲水基的几个亚甲基通常被认为处于水化层内。因此把胶束的内区划分为可能被水穿透的外核和排除了水的内核[6]是有用的。

在非极性溶剂中，胶束结构类似但相反：亲水头基构成了胶束的内核，被疏水基和非极性溶剂环绕[7]。在胶束内核，偶极-偶极相互作用使亲水的头基聚集在一起[8]。

改变温度、表面活性剂浓度、水相添加剂以及表面活性剂的结构基团等都可能导致胶束大小、形状和聚集数的改变，其中胶束结构可能从球状变成棒或盘状，再变成层状[9]。

根据各种胶束的几何形状和表面活性剂分子中的亲水基和疏水基所占据的空间，Israelachvili[10]、Mitchell 和 Ninham[11]等已经提出了一个胶束结构理论。即用疏水基在胶束内核占有的体积 V_H，内核中疏水基的长度 l_c，和紧密排列时亲水基在胶束/溶液界面的截面积 a_0 来计算"堆积参数" $V_H/l_c a_0$，而该参数决定了胶束的形状。

$V_H/l_c a_0$ 值	胶束结构
0~1/3	水介质中，球状胶束
1/3~1/2	水介质中，棒状胶束
1/2~1	水介质中，层状胶束
>1	非水介质中，反（颠倒的）胶束

3.2.2 表面活性剂的结构和胶束形状

Tanford[12]提出：$V_H = 27.4 + 26.9n$ Å^3，式中 n 为插入到胶束内核的疏水链上的碳原子数，等于疏水链上的总碳原子数或少一个；$l_c \leqslant 1.5 + 1.265n$ Å，取决于疏水链的伸展程度。对于饱和的直链，l_c 约等于完全伸展的碳链长度的 80%。

烃类化合物在胶束内部的增溶（见第 4 章 4.1 节）可使 V_H 值增大。

a_0 值的大小不仅取决于亲水性头基的结构，而且会随溶液中电解质含量、温度、pH 值以及溶液中是否存在添加剂而变化。添加剂如增溶在头基附近的中等链长的醇类（见第 4 章 4.3.1 节）能导致 a_0 值增大。对离子型表面活性剂，a_0 值会随溶液中电解质含量的增加而减小，因为双电层受到压缩，同时 a_0 值还随溶液中表面活性剂浓度的增加而减小，因为溶液中的反离子浓度也增加了。这种 a_0 值的减小能够促使胶束的形状从球状转变为棒状。对 POE 类非离子表面活性剂，如果升温引起 POE 链脱水，则升温也会引起胶束形状的改变。

　　一些离子型表面活性剂在水溶液中会形成长的蠕虫状胶束,尤其是当溶液中含有电解质或其他能降低离子头基间静电排斥作用的添加剂时[13]。这些巨大的蠕虫状胶束会导致溶液的黏弹性急剧增加,因为在溶液中它们会相互缠绕。

　　当堆积参数 $V_H/l_c a_0$ 的值接近于 1 时,表面活性剂或是在水相中形成正常的层状胶束,或是在非水介质中形成反胶束。如果该参数值变得越来越大于 1,则在非极性介质中的反胶束趋向于变得越来越对称,形状上更接近球形。

　　在水介质中,疏水基细长、头基较大或排列松散的表面活性剂趋向于形成球状胶束,而那些疏水基较大、头基较小或排列紧密的表面活性剂则趋向于形成层状或棒状胶束。

　　含有两个长烷基链的表面活性剂,通过超声作用可以在水介质中形成囊泡(图 3.2)。因此,蔗糖脂肪酸酯,特别是蔗糖脂肪酸二酯,经过超声作用即形成囊泡[14]。由于囊泡是弯曲的封闭双层结构,因此其形成需要严格的几何及柔性条件。堆积参数 $V_H/l_c a_0$ 的值必须接近于 1。然而分子中必须要有某种结构能防止疏水基紧密排列,否则柔性需求就达不到。既然疏水基不能紧密排列,为了使堆积参数 $V_H/l_c a_0$ 接近于 1,则亲水的头基也必须不能排列得过于紧密。已经发现,短链的 POE 醇类和具有短 POE 链的全氟醇能形成囊泡[15];十六烷基三甲基季铵盐与十二烷基苯磺酸钠复配能形成囊泡,但与十二烷基硫酸钠复配则不能形成囊泡。一种解释是十二烷基硫酸钠中的硫酸盐头基与三甲基季铵盐之间排列得过于紧密,以致不能形成囊泡,而苯磺酸盐基团与三甲基季铵盐之间排列则较为松散[16]。十二烷基二甲基溴化铵与十二烷基三甲基氯化铵的混合物能自发形成囊泡,这种自发行为归结于两种表面活性剂具有不同的分子堆积参数[17]。人们对囊泡的兴趣主要源于其在医药领域的潜在应用,如作为输送毒性药物的载体,尽管还有许多其他的应用。

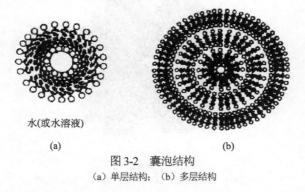

水(或水溶液)

(a)　　　　　　　　　　　　(b)

图 3-2　囊泡结构

(a)单层结构; (b)多层结构

　　胶束的形状可能因胶束中存在增溶物而改变(见第 4 章 4.3.1 节),也可能随分子环境因素而改变(图 4.4)。

3.2.3　液晶

　　当溶液中胶束的数量足够多时,它们开始堆积在一起,堆积体的几何形态有多种,取决于单个胶束的形状。这种堆积排列称为液晶。液晶具有与固态晶体类似的有序结构,但同时又具有液体的流动性。由于分子的这种有序排列,溶液相的黏度会增加,有时增加的程度相当大。球形胶束堆积在一起形成立方相液晶,棒状胶束堆积形成六角相液晶,层状胶束堆积形成层状相液晶(图 3.3)。头基较大的表面活性剂分子易于形成六角束液晶;而含有两个长链烷基的表面活性剂则易于形成层状相液晶。水介质中的棒状正胶束或非极性介质中的棒状反胶束均易形成六角束液晶。由于随着表面活性剂浓度的增加，一些类型的胶束会发生从球状到棒状、再到层状胶束的结构转变，因此在低浓度表面活性剂溶液中，六角束液晶比层状液晶更易出现。随着表面活性剂的浓度继续增加，一些棒状胶束会出现分支和交叉，导致形成没有清晰胶束的双连续液晶相（图3.3c）。六角束和层状液晶相都具有各向异性，因此能通过其在偏光显微镜下的光辉检测到。六角束液晶具有类似扇状的结构或其他一些非几何形状的结构。层状液晶具有马耳他十字（形）或油纹状结构。六角束液晶的黏度比层状液晶更高，而层状液晶的黏度又比普通溶液的黏度要高。在高表面活性剂浓度时，球状胶束堆积形成立方液晶，它们是黏度非常高的凝胶。双连续的结构也能形成立方液晶相。因此，立方液晶相既可以从球状正向胶束或反胶束形成，也可以从正向双连续及反向双连续结构形成。这些都是各向同性的结构，类似于球状胶束，在偏光显微镜下无法检测到。它们可以用水溶性或油溶性染料鉴别[18]。

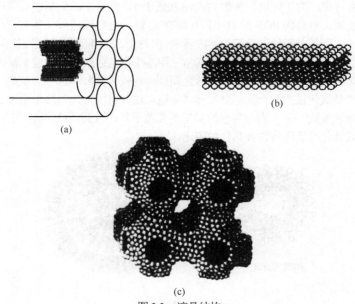

(a)　　　　　　　　　　　　　　　　　(b)

(c)

图3.3　液晶结构

（a）六角束结构；（b）层状结构；（c）双连续结构

展示体系中各种相的存在条件（温度、组成）的标绘图称为相图。图3.4即为一种类型的相图，展示的是温度和表面活性剂浓度对表面活性剂水溶液体系各种溶液相的影响。在很多表面活性剂体系中都可以发现，随着表面活性剂浓度的增加，各种液晶相按下列顺序出现：胶束相→六角束液晶→双连续立方液晶→层状液晶。

对溶解性随温度升高而增加的表面活性剂，温度升高的影响是非常典型的，即当温度足够高时，所有的液晶相都可以转变为胶束溶液。在低温和高浓度条件下，固态的表面活性剂可能发生沉淀。

液晶结构的重要性，不仅在于其改变了表面活性剂溶液的黏度，而且还在于其对泡沫和乳液的稳定作用，还有在洗涤、润滑[19]以及其他应用中的重要作用。

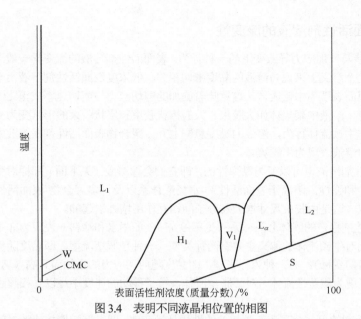

图 3.4　表明不同液晶相位置的相图

H$_1$—六角束液晶相；V$_1$—正向双连续立方液晶相；L$_x$—层状液晶相；W—无胶束水溶液；L$_1$—胶束溶液；
L$_2$—含水的液态表面活性剂；S—固态表面活性剂

如果除水相之外，体系中还有两种或两种以上的组分，则用另一种类型的相图，可以展示恒定温度下，体系的组成对体系中不同相的数量和位置的影响。此类相图称为（等温）三元相图[20]。三角形上的每个顶点代表 100%的溶剂、表面活性剂和其他任意一个组分（或两组分按固定比例混合）所处的点。当体系中除了表面活性剂以外还有烃类和水相存在时，此类相图常用来展示微乳液相的位置（见第 8 章 8.2 节）。图 3.5 即是一个高度简化的这类相图。相的个数和位置随温度、表面活性剂以及水不溶液体的性质而变化。

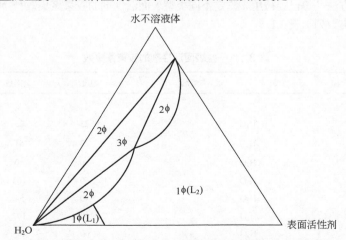

图 3.5　展示每个相区相数（φ）的简化等温三元相图（省略了液晶相）

L$_1$—水相胶束相；L$_2$—反胶束相，与 3φ 区相邻的为微乳相

3.2.4 表面活性剂溶液的流变性

流变学涉及外加应力导致变形的一种行为。表面活性剂溶液的流变学一般涉及溶液的流动行为，在这个意义上来说与溶液的黏度密切相关。低浓度表面活性剂溶液由于主要形成均匀的球状胶束而表现为牛顿流体，这意味着施加的剪切应力与剪切速率成正比。但在高表面活性剂浓度时，溶液中聚集体如大胶束、大的棒状胶束和层状胶束的形状变为非对称性的，溶液表现出非牛顿流体行为，溶液的黏度急剧上升。聚合物表面活性剂在溶液中也形成非球形聚集体，但溶液表现为牛顿流体。

表面活性剂溶液也可以变为黏弹性的，即它们会像凝胶（见下面）那样对变形的响应同时表现出黏性和弹性。阳离子表面活性剂-水杨酸体系以及许多聚合物-表面活性剂混合都表现出黏弹效应。这是由胶束尺寸增大及分子间相互作用增强引起的。

表面活性剂稳定的固体分散体系（见第 9 章），如墨水和涂料，表现为非牛顿型的复合流型[21]。它们对牛顿流体的偏离主要有两种类型：一种是假塑流型，即黏度随剪切应力的增加而下降（剪切变稀）；另一种为膨胀型，即黏度随剪切应力的增加而升高（剪切变稠）。大部分的墨水表现为假塑性流体。对膨胀型流体，粒子移动的速度不足以互相超越，因而体系被固化了。

表面活性剂的另一个与流变学相关的性质是触变性，即黏度随搅拌或随时间而下降的流变行为。触变体系在静置时可以形成凝胶。凝胶是一种具有网状结构、使得固态和液态组分高度相互分散的胶态固体。和触变性相反的现象是流凝性，在稳定的剪切速率下，流体的黏度持续上升，直至达到最大值。

3.3 胶束的聚集数

核磁共振（NMR）自扩散系数[22]、小角中子散射（SANS）[23~25]、冰点和蒸气压法[26]以及荧光探针方法[27]等已经被用来测定不同类型表面活性剂的胶束聚集数[28~32]。一些表面活性剂的胶束聚集数列于表 3.1。

表 3.1 一些表面活性剂的胶束聚集数

化合物	溶剂	温度/℃	聚集数	参考文献
阴离子表面活性剂				
$C_8H_{17}SO_3^-Na^+$	H_2O	23	25	[33]
$(C_8H_{17}SO_3^-)_2Mg^{2+}$	H_2O	23	51	[33]
$C_{10}H_{21}SO_3^-Na^+$	H_2O	30	40	[33]
$(C_{10}H_{21}SO_3^-)_2Mg^{2+}$	H_2O	60	103	[33]
$C_{12}H_{25}SO_3^-Na^+$	H_2O	40	54	[33]
$(C_{12}H_{25}SO_3^-)_2Mg^{2+}$	H_2O	60	107	[33]
$C_{14}H_{29}SO_3^-Na^+$	H_2O	60	80	[33]
$C_{14}H_{29}SO_3^-Na^+$	0.01mol/L NaCl	23	138	[33]
$C_{10}H_{21}SO_4^-Na^+$	H_2O	23	50	[33]

续表

化合物	溶剂	温度/℃	聚集数	参考文献
阴离子表面活性剂				
$C_{12}H_{25}SO_4^-Na^+$	H_2O	25	80	[34]
$C_{12}H_{25}SO_4^-Na^+$	0.1mol/L NaCl	25	112	[34]
$C_{12}H_{25}SO_4^-Na^+$	0.2mol/L NaCl	25	118	[34]
$C_{12}H_{25}SO_4^-Na^+$	0.4mol/L NaCl	25	126	[34]
$C_6H_{13}OOCCH_2SO_3^-Na^+$	H_2O	25	16	[35]
$C_8H_{17}OOCCH_2SO_3^-Na^+$	H_2O	25	37, 42	[35]
$C_{10}H_{21}OOCCH_2SO_3^-Na^+$	H_2O	25	69, 71	[35]
$C_6H_{13}OOCCH_2CH(SO_3^-Na^+)COOC_6H_{13}$	H_2O	25	30, 36	[35]
$C_8H_{17}OOCCH_2CH(SO_3^-Na^+)COOC_8H_{17}$	H_2O	25	59, 56	[35]
$C_{10}H_{21}\text{-}1\text{-}\phi SO_3^-Na^+$	H_2O(浓度 0.05 mol/L)	25	60	[36]
$C_{10}H_{21}\text{-}1\text{-}\phi SO_3^-Na^+$	0.1mol/L NaCl(浓度 0.05 mol/L)	25	78	[36]
$p\text{-}C_{10}\text{-}5\text{-}\phi SO_3^-Na^+$	H_2O(浓度 0.05 mol/L)	25	47	[36]
$p\text{-}C_{10}\text{-}5\text{-}\phi SO_3^-Na^+$	H_2O(浓度 0.1 mol/L)	25	76	[36]
$p\text{-}C_{10}\text{-}5\text{-}\phi SO_3^-Na^+$	0.1mol/L NaCl(浓度 0.1 mol/L)	25	81	[36]
$p\text{-}C_{12}\text{-}3\text{-}\phi SO_3^- Na^+$	H_2O(浓度 0.05 mol/L)	25	77	[36]
阳离子表面活性剂				
$C_{10}H_{21}N^+(CH_3)_3Br^-$	H_2O	20	39	[29]
$C_{10}H_{21}N^+(CH_3)_3Cl^-$	H_2O	25	36	[34]
$C_{12}H_{25}N^+(CH_3)_3Br^-$	H_2O(浓度 0.04 mol/L)	25	42	[37]
$C_{12}H_{25}N^+(CH_3)_3Br^-$	H_2O(浓度 0.10 mol/L)	25	69	[37]
$C_{12}H_{25}N^+(CH_3)_3Br^-$	0.02mol/L KBr(浓度 0.04 mol/L)	25	49	[37]
$C_{12}H_{25}N^+(CH_3)_3Br^-$	0.08mol/L KBr(浓度 0.04 mol/L)	25	59	[37]
$C_{12}H_{25}N^+(CH_3)_3Cl^-$	H_2O	25	50	[34]
$[C_{12}H_{25}N^+(CH_3)_3]_2 SO_4^{2-}$	H_2O	23	65	[33]
$C_{14}H_{29}N^+(CH_3)_3Br^-$	H_2O(浓度 1.05×10^{-1}mol/L)	5	131	[38]
$C_{14}H_{29}N^+(CH_3)_3Br^-$	H_2O(浓度 1.05×10^{-1}mol/L)	10	122	[38]
$C_{14}H_{29}N^+(CH_3)_3Br^-$	H_2O(浓度 1.05×10^{-1}mol/L)	20	106	[38]
$C_{14}H_{29}N^+(CH_3)_3Br^-$	H_2O(浓度 1.05×10^{-1}mol/L)	40	88	[38]
$C_{14}H_{29}N^+(CH_3)_3Br^-$	H_2O(浓度 1.05×10^{-1}mol/L)	60	74	[38]
$C_{14}H_{29}N^+(CH_3)_3Br^-$	H_2O(浓度 1.05×10^{-1}mol/L)	80	73	[38]
$C_{14}H_{29}N^+(C_2H_5)_3Br^-$	H_2O	20	55	[30]
$C_{14}H_{29}N^+(C_4H_9)_3Br^-$	H_2O	20	35	[30]

续表

化合物	溶剂	温度/℃	聚集数	参考文献
阳离子表面活性剂				
$C_{16}H_{33}N^+(CH_3)_3Br^-$	H_2O(浓度 0.005mol/L)	25	44	[37]
$C_{16}H_{33}N^+(CH_3)_3Br^-$	H_2O(浓度 0.021mol/L)	25	75	[37]
$C_{16}H_{33}N^+(CH_3)_3Br^-$	0.1mol/L KBr(浓度 0.005mol/L)	25	57	[37]
$C_{16}H_{33}N^+(CH_3)_3Br^-$	0.1mol/L KBr(浓度 0.021mol/L)	25	71	[37]
两性离子表面活性剂				
$C_8H_{17}N^+(CH_3)_2CH_2COO^-$	H_2O	21	24	[39]
$C_8H_{17}CH(COO^-)N^+(CH_3)_3$	H_2O	21	31	[39]
$C_{12}H_{25}N^+(CH_3)_2CH_2COO^-$	H_2O	25	80~85	[40]
$C_{12}H_{25}N^+(CH_3)_2(CH_2)_3COO^-$	H_2O	25	55~56	[41]
$C_{12}H_{25}N^+(CH_3)_2(CH_2)_5COO^-$	H_2O	25	39~43	[41]
$C_{12}H_{25}N^+(CH_3)_2(CH_2)_3SO_3^-$	H_2O	25	59~67	[41]
阴离子-阳离子盐				
$C_8H_{17}NH_3^+C_2H_5COO^-$	C_6H_6	30	5±1	[42]
$C_8H_{17}NH_3^+C_2H_5COO^-$	CCl_4	30	3±1	[42]
$C_8H_{17}NH_3^+C_2H_5COO^-$	C_6H_6	30	3±1	[42]
$C_8H_{17}NH_3^+C_3H_7COO^-$	CCl_4	30	4±1	[42]
$C_8H_{17}NH_3^+C_5H_{11}COO^-$	C_6H_6	30	3±1	[42]
$C_8H_{17}NH_3^+C_5H_{11}COO^-$	CCl_4	30	5±1	[42]
$C_8H_{17}NH_3^+C_8H_{17}COO^-$	C_6H_6	30	3±1	[42]
$C_8H_{17}NH_3^+C_8H_{17}COO^-$	CCl_4	30	5±1	[42]
$C_8H_{17}NH_3^+C_{11}H_{23}COO^-$	C_6H_6	30	7±1	[42]
$C_8H_{17}NH_3^+C_{13}H_{27}COO^-$	C_6H_6	30	3±1	[42]
$C_8H_{17}NH_3^+C_{13}H_{27}COO^-$	CCl_4	30	3±1	[42]
$C_4H_9NH_3^+C_2H_5COO^-$	C_6H_6	—	4	[43]
$C_4H_9NH_3^+C_2H_5COO^-$	CCl_4	—	3	[43]
$C_6H_{13}NH_3^+C_2H_5COO^-$	C_6H_6	—	7	[43]
$C_6H_{13}NH_3^+C_2H_5COO^-$	CCl_4	—	7	[43]
$C_8H_{17}NH_3^+C_2H_5COO^-$	C_6H_6	—	5	[43]
$C_8H_{17}NH_3^+C_2H_5COO^-$	CCl_4	—	5	[43]
$C_{10}H_{21}NH_3^+C_2H_5COO^-$	C_6H_6	—	5	[43]
$C_{10}H_{21}NH_3^+C_2H_5COO^-$	CCl_4	—	4	[43]
非离子表面活性剂				
$C_8H_{17}O(C_2H_4O)_6H$	H_2O	18	30	[44]
$C_8H_{17}O(C_2H_4O)_6H$	H_2O	30	41	[44]

续表

化合物	溶剂	温度/℃	聚集数	参考文献
非离子表面活性剂				
$C_8H_{17}O(C_2H_4O)_6H$	H_2O	40	51	[44]
$C_8H_{17}O(C_2H_4O)_6H$	H_2O	60	210	[44]
$C_{10}H_{21}O(C_2H_4O)_6H$	H_2O	35	260	[44]
$C_{12}H_{25}O(C_2H_4O)_2H$	C_6H_6	—	34	[45]
$C_{12}H_{25}O(C_2H_4O)_6H$	H_2O	15	140	[46]
$C_{12}H_{25}O(C_2H_4O)_6H$	H_2O	20	254~345	[29]
$C_{12}H_{25}O(C_2H_4O)_6H$	H_2O	25	400	[46]
$C_{12}H_{25}O(C_2H_4O)_6H$	H_2O	35	1,400	[46]
$C_{12}H_{25}O(C_2H_4O)_6H$	H_2O	45	4000	[46]
$C_{12}H_{25}O(C_2H_4O)_8H^①$	H_2O	25	123	[49]
$C_{12}H_{25}O(C_2H_4O)_{12}H^①$	H_2O	25	81	[47]
$C_{12}H_{25}O(C_2H_4O)_{18}H^①$	H_2O	25	51	[47]
$C_{12}H_{25}O(C_2H_4O)_{23}H^①$	H_2O	25	40	[47]
$C_{13}H_{27}O(C_2H_4O)_6H$	C_6H_6	—	99	[45]
$C_{14}H_{29}O(C_2H_4O)_6H$	H_2O	35	7500	[44]
$C_{16}H_{33}O(C_2H_4O)_6H$	H_2O	34	16600	[44]
$C_{16}H_{33}O(C_2H_4O)_6H$	H_2O	25	2,430	[48a]
$C_{16}H_{33}O(C_2H_4O)_7H$	H_2O	25	594	[48]
$C_{16}H_{33}O(C_2H_4O)_9H$	H_2O	25	219	[48a]
$C_{16}H_{33}O(C_2H_4O)_{12}H$	H_2O	25	152	[48a]
$C_{16}H_{33}O(C_2H_4O)_{21}H$	H_2O	25	70	[48a]
$C_9H_{19}OC_6H_4O(C_2H_4O)_{10}H^②$	H_2O	25	276	[49]
$C_9H_{19}OC_6H_4O(C_2H_4O)_{15}H^②$	H_2O	25	80	[49]
$C_9H_{19}OC_6H_4O(C_2H_4O)_{15}H^②$	0.5mol/L 尿素	25	82	[49]
$C_9H_{19}OC_6H_4O(C_2H_4O)_{15}H^②$	0.86mol/L 尿素	25	83	[49]
$C_9H_{19}OC_6H_4O(C_2H_4O)_{20}H^②$	H_2O	25	62	[49]
$C_9H_{19}OC_6H_4O(C_2H_4O)_{30}H^②$	H_2O	25	44	[49]
$C_9H_{19}OC_6H_4O(C_2H_4O)_{50}H^②$	H_2O	25	20	[49]
$C_{10}H_{21}O(C_2H_4O)_8CH_3$	H_2O	30	83	[50]
$C_{10}H_{21}O(C_2H_4O)_8CH_3$	H_2O+2.3%正癸烷	30	90	[50]
$C_{10}H_{21}O(C_2H_4O)_8CH_3$	H_2O+4.9%正癸烷	30	105	[50]
$C_{10}H_{21}O(C_2H_4O)_8CH_3$	H_2O+3.4%正癸烷	30	89	[50]
$C_{10}H_{21}O(C_2H_4O)_8CH_3$	H_2O+8.5%正癸烷	30	109	[50]
$C_{10}H_{21}O(C_2H_4O)_{11}CH_3$	H_2O	30	65	[50]
α-甘油单癸酸酯	C_6H_6	—	42	[51]

续表

化合物	溶剂	温度/℃	聚集数	参考文献
非离子表面活性剂				
α-甘油单月桂酸酯	C_6H_6	—	73	[51]
α-甘油单豆蔻酸酯	C_6H_6	—	86	[51]
α-甘油单棕榈酸酯	C_6H_6	—	15	[51]
α-甘油单硬脂酸酯	C_6H_6	—	11	[51]
蔗糖单月桂酸酯	H_2O	0～60	52	[26]
蔗糖单油酸酯	H_2O	0～60	99	[26]

① 工业品。

② 经分子蒸馏的工业品。

从几何角度考虑，水溶液中的表面活性剂胶束的聚集数 n 应当随表面活性剂分子的疏水链长度 l_c 的增加而迅速增加，并且随亲水基截面积 a_0 和疏水基体积 V_H 的增加而减小。例如，水溶液中的一个球形胶束，胶束的总表面积为：$na_0 = 4\pi(l_c + \Delta)^2$，或 $n = 4\pi(l_c + \Delta)^2 / a_0$，这里 Δ 是由于亲水头基的存在而导致的球体半径的增加[30]。类似地，疏水内核的体积为 $nV_H = \frac{4}{3}\pi(l_c)^3$ 或 $n = \frac{4}{3}\pi(l_c)^3 / V_H$。

与上面所述的几何考虑相一致，水溶液中的聚集数随疏水链长度（l_c 增大）的增加、聚氧乙烯型非离子 EO 数的减小（a_0 减小）和离子型胶束中反离子结合度的增加而增大（a_0 减小），随亲水基尺寸的增大（a_0 增加）而减小。疏水基为二甲基硅氧烷基而不是烷基链的表面活性剂在水溶液中的聚集数似乎不超过 5[52]，原因可能是二甲基硅氧烷的体积较大（V_H 增大）。

单长链烷基离子型表面活性剂和正负电荷不在两个相邻的原子上的两性表面活性剂在中、低浓度（≤0.1mol/L）NaCl 水溶液中的聚集数一般小于 100，并且在直至 0.1～0.3mol/L 的表面活性剂浓度范围内变化很小[29]。这表明溶液中形成的是球状胶束。然而在高盐浓度下，随着棒状胶束或层状胶束的形成，聚集数 n 随表面活性剂浓度的增加而急剧增大[53]。棒状胶束的形成以及胶束聚集数的急剧增大导致溶液黏度的增加[54]。

含有两个长链烷基（碳原子数 6 以上）的离子型表面活性剂 V_H 值相对于 l_c 较大，可能不能形成球状胶束。其胶束聚集数 n 随表面活性剂浓度的增大而增大，并且碳链越长，增长越明显。部分这类胶束溶液会与层状液晶结构成平衡[22]。

向离子型表面活性剂水溶液中加入中性电解质可以使胶束聚集数增大，可能是因为电解质的加入压缩了离子头基附近的双电层。由此导致的胶束中相互排斥作用的降低使得离子头基能够排列得更加紧密（a_0 减小），结果使得 n 增大。

向季铵盐类阳离子表面活性剂如 $C_{16}H_{33}N^+(CH_3)_3Br^-$ 水溶液中加入某些大的阴离子如水杨酸钠（2-羟基苯甲酸盐）、对甲苯磺酸钠、3-羟基萘-2-羧酸钠等，导致形成长的线状胶束[55~57]。当溶液浓度超过一定的临界值时，线状胶束相互缠绕形成高黏性的溶液。这些长的线状胶束可看作是水溶液的减阻剂，即它们减少了溶液在管道中流动时的湍流[58,59]。

对甜菜碱型和磺基甜菜碱型两性表面活性剂，即 $C_{12}H_{25}N^+(CH_3)_2(CH_2)_mCOO^-$ 和 $C_{12}H_{25}N^+(CH_3)_2(CH_2)_3SO_3^-$，随表面活性剂浓度和电解质含量的变化，其胶束聚集数的变化很小[41]。

对 POE 类非离子表面活性剂，当表面活性剂浓度小于 0.1mol/L 时，即使是在纯水中，n 随表面活性剂浓度的增加显著增大，聚集数可达到几百或更多，表明溶液中形成的是非球形胶束。

中性电解质对水溶液中 POE 类非离子型表面活性剂的胶束聚集数的影响还不是很明确，加入电解质后既观察到 n 增大，也观察到 n 减小[60]，无论增大还是减小，影响似乎都比较小。

对水介质中的离子型表面活性剂，升高温度似乎只能使胶束聚集数略微降低，大概是由于热搅动导致了 a_0 的增大。对 POE 类非离子型表面活性剂，当升高温度直至不超过浊点（见第 4 章 4.3.1 节）以下 40℃时，聚集数 n 仅缓慢增加，但随后迅速增加[36]。这里浊点是指溶液加热后，由于 POE 链的脱水，溶液开始变浑浊时的温度。显然 POE 链的脱水使得 a_0 减小。升高温度也会使非离子型表面活性剂胶束的不对称程度加大。浊点高于 100℃的非离子型表面活性剂，当温度低于 60℃时，胶束聚集数不随温度而变化。

如果在浓度高于 CMC 的表面活性剂水溶液中加入少量烷烃或长链极性化合物，则这些原本不溶于水的物质可以被增溶到胶束中（见第 4 章）。这种增溶作用通常会引起胶束聚集数的增大，并且随着被增溶物量的增多，胶束聚集数持续增大，直至增溶量达到极限。

有关非水溶剂中的胶束聚集数的信息相对要少得多，并且有些信息还存在争议。从已有的数据来看，非极性溶剂中胶束的平均聚集数随极性头基间偶极-偶极吸引作用或分子间结合作用的增强而增大，随每个分子中烷烃基的数目、烷基链的长度、靠近极性头基的链的空间尺寸的增大以及温度的升高而减小[61]。研究表明，在非极性溶剂中加入水，它们会被增溶到胶束内部，从而引起胶束聚集数增大[62]，这与将烃类加入到胶束水溶液中的效果类似。温度在 25～90℃之间变化，对正癸烷中二烷基萘磺酸盐的胶束聚集数几乎没有影响[63]。

在极性溶剂，如三氯甲烷或乙醇中，胶束不会发生，即使发生，胶束聚集数也非常小。可能是由于极性表面活性剂分子在这些溶剂中溶解时不会导致溶剂分子的结构发生显著变形。可以想象，在这些溶剂中的表面活性剂分子几乎也没有吸附到界面的趋势。

疏水基中的碳原子数除了上面提到的通过影响 l_c 值而影响胶束聚集数外，还可能以其他方式影响胶束聚集数[64]。例如，疏水链中碳原子数增多会使得 CMC 值降低（见 3.4 节）。对离子型表面活性剂，这意味着溶液的离子强度降低了，而 a_0 增大了，结果实际的胶束聚集数比由于 l_c 增大而预期的聚集数要小。

3.4 影响水溶液中 CMC 值的因素

由于当胶束开始形成时表面活性剂溶液的性质发生了显著的变化，许多研究者都十分关注不同体系中 CMC 值的测定，并且已经进行了大量的工作以阐明可能影响 CMC 值的各种因素，因为在 CMC 时胶束形成变得很显著，尤其是在水介质中。一本内容广泛的有关水溶液中表面活性剂的 CMC 的汇编已经出版[3]。表 3.2 列出了一些典型的 CMC 值。

已知的能够影响水溶液中表面活性剂的 CMC 的因素有：①表面活性剂的结构；②溶液中存在添加的电解质；③溶液中存在有机物；④存在第二液相；⑤溶液的温度。从表 3.2 的数据可以看出，一些因素的影响效果是明显的。

表 3.2　一些表面活性剂在水介质中的临界胶束浓度

化合物	溶剂	温度/℃	CMC/(mol/L)	参考文献
阴离子表面活性剂				
$C_{10}H_{21}OCH_2COO^-Na^+$	0.1mol/L NaCl, pH 10.5	30	$2.8×10^{-3}$	[65]
$C_{12}H_{25}COO^-K^+$	H_2O, pH 10.5	30	$1.2×10^{-2}$	[65]
$C_9H_{19}CONHCH_2COO^-Na^+$	H_2O	40	$3.8×10^{-2}$	[66]
$C_{11}H_{23}CONHCH_2COO^-Na^+$	H_2O	40	$1.0×10^{-2}$	[66]
$C_{11}H_{23}CONHCH_2COO^-Na^+$	0.1mol/L NaOH（水溶液）	45	$3.7×10^{-3}$	[67]
$C_{11}H_{23}CON(CH_3)CH_2COO^-Na^+$	H_2O, pH 10.5	30	$1.0×10^{-2}$	[65]
$C_{11}H_{23}CON(CH_3)CH_2COO^-Na^+$	0.1mol/L NaCl, pH 10.5	30	$3.5×10^{-3}$	[65]
$C_{11}H_{23}CON(CH_3)CH_2CH_2COO^-Na^+$	H_2O, pH 10.5	30	$7.6×10^{-3}$	[65]
$C_{11}H_{23}CON(CH_3)CH_2CH_2COO^-Na^+$	0.1mol/L NaCl, pH 10.5	30	$2.7×10^{-3}$	[65]
$C_{11}H_{23}CONHCH(CH_3)COO^-Na^+$	0.1mol/L NaOH（水溶液）	45	$3.3×10^{-3}$	[67]
$C_{11}H_{23}CONHCH(C_2H_5)COO^-Na^+$	0.1mol/L NaOH（水溶液）	45	$2.1×10^{-3}$	[67]
$C_{11}H_{23}CONHCH[CH(CH_3)_2]COO^-Na^+$	0.1mol/L NaOH（水溶液）	45	$1.4×10^{-3}$	[67]
$C_{11}H_{23}CONHCH[CH_2CH(CH_3)_2]COO^-Na^+$	0.1mol/L NaOH（水溶液）	45	$5.8×10^{-4}$	[67]
$C_{13}H_{27}CONHCH_2COO^-Na^+$	H_2O	40	$4.2×10^{-3}$	[66]
$C_{15}H_{31}CONHCH[CH(CH_3)_2]COO^-Na^+$	H_2O	25	$1.9×10^{-3}$	[68]
$C_{15}H_{31}CONHCH[CH_2CH(CH_3)_2]COO^-Na^+$	H_2O	25	$1.5×10^{-3}$	[68]
$C_8H_{17}SO_3^-Na^+$	H_2O	40	$1.6×10^{-1}$	[69]
$C_{10}H_{21}SO_3^-Na^+$	H_2O	10	$4.8×10^{-2}$	[70]
$C_{10}H_{21}SO_3^-Na^+$	H_2O	25	$4.3×10^{-2}$	[70]
$C_{10}H_{21}SO_3^-Na^+$	H_2O	40	$4.0×10^{-2}$	[70]
$C_{10}H_{21}SO_3^-Na^+$	0.1mol/L NaCl	10	$2.6×10^{-2}$	[70]
$C_{10}H_{21}SO_3^-Na^+$	0.1mol/L NaCl	25	$2.1×10^{-2}$	[70]
$C_{10}H_{21}SO_3^-Na^+$	0.1mol/L NaCl	40	$1.8×10^{-2}$	[70]
$C_{10}H_{21}SO_3^-Na^+$	0.5mol/L NaCl	10	$7.9×10^{-3}$	[70]
$C_{10}H_{21}SO_3^-Na^+$	0.5mol/L NaCl	25	$7.3×10^{-3}$	[70]
$C_{10}H_{21}SO_3^-Na^+$	0.5mol/L NaCl	40	$6.5×10^{-3}$	[70]
$C_{12}H_{25}SO_3^-Na^+$	H_2O	25	$1.2_4×10^{-2}$	[70]
$C_{12}H_{25}SO_3^-Na^+$	H_2O	40	$1.1_4×10^{-2}$	[70]
$C_{12}H_{25}SO_3^-Na^+$	0.1mol/L NaCl	25	$2.5×10^{-3}$	[70]
$C_{12}H_{25}SO_3^-Na^+$	0.1mol/L NaCl	40	$2.4×10^{-3}$	[70]
$C_{12}H_{25}SO_3^-Na^+$	0.1mol/L NaCl	40	$7.9×10^{-3}$	[70]
$C_{12}H_{25}SO_3^-Li^+$	H_2O	25	$1.1×10^{-2}$	[71]
$C_{12}H_{25}SO_3^-NH_4^+$	H_2O	25	$8.9×10^{-3}$	[71]

续表

化合物	溶剂	温度/℃	CMC/(mol/L)	参考文献
阴离子表面活性剂				
$C_{12}H_{25}SO_3^-K^+$	H_2O	25	9.3×10^{-3}	[71]
$C_{14}H_{29}SO_3^-Na^+$	H_2O	40	2.5×10^{-3}	[69]
$C_{16}H_{33}SO_3^-Na^+$	H_2O	50	7.0×10^{-4}	[69]
$C_8H_{17}SO_4^-Na^+$	H_2O	40	1.4×10^{-1}	[72]
$C_{10}H_{21}SO_4^-Na^+$	H_2O	40	3.3×10^{-2}	[72]
$C_{11}H_{23}SO_4^-Na^+$	H_2O	21	1.6×10^{-2}	[73]
支链化 $C_{12}H_{25}SO_4^-Na^+$	H_2O	25	1.42×10^{-2}	[74]
支链化 $C_{12}H_{25}SO_4^-Na^+$	0.1mol/L NaCl	25	3.8×10^{-3}	[74]
$C_{12}H_{25}SO_4^-Na^+$	H_2O	25	8.2×10^{-3}	[75]
$C_{12}H_{25}SO_4^-Na^+$	H_2O	40	8.6×10^{-3}	[76]
$C_{12}H_{25}SO_4^-Na^+$	"硬河"水（I.S.=6.6×10^{-3}mol/L）	25	$>1.58\times10^{-3}$	[77]
$C_{12}H_{25}SO_4^-Na^+$	0.1mol/L NaCl	21	5.6×10^{-3}	[73]
$C_{12}H_{25}SO_4^-Na^+$	0.3mol/L NaCl	21	3.2×10^{-3}	[73]
$C_{12}H_{25}SO_4^-Na^+$	0.1mol/L NaCl	25	1.62×10^{-3}	[73]
$C_{12}H_{25}SO_4^-Na^+$	0.2mol/L NaCl（水溶液）	25	8.3×10^{-4}	[34]
$C_{12}H_{25}SO_4^-Na^+$	0.4mol/L NaCl（水溶液）	25	5.2×10^{-4}	[34]
$C_{12}H_{25}SO_4^-Na^+$	0.3mol/L 尿素	25	9.0×10^{-3}	[78]
$C_{12}H_{25}SO_4^-Na^+$	H_2O-环己烷	25	7.4×10^{-3}	[79]
$C_{12}H_{25}SO_4^-Na^+$	H_2O-辛烷	25	8.1×10^{-3}	[79]
$C_{12}H_{25}SO_4^-Na^+$	H_2O-癸烷	25	8.5×10^{-3}	[79]
$C_{12}H_{25}SO_4^-Na^+$	H_2O-十七烷	25	8.5×10^{-3}	[79]
$C_{12}H_{25}SO_4^-Na^+$	H_2O-环己烷	25	7.9×10^{-3}	[79]
$C_{12}H_{25}SO_4^-Na^+$	H_2O-四氯化碳	25	6.8×10^{-3}	[79]
$C_{12}H_{25}SO_4^-Na^+$	H_2O-苯	25	6.0×10^{-3}	[79]
$C_{12}H_{25}SO_4^-Na^+$	0.1mol/L NaCl（水溶液）-庚烷	20	1.4×10^{-3}	[80]
$C_{12}H_{25}SO_4^-Na^+$	0.1mol/L NaCl（水溶液）-乙苯	20	1.1×10^{-3}	[80]
$C_{12}H_{25}SO_4^-Na^+$	0.1mol/L NaCl（水溶液）-乙酸乙酯	20	1.8×10^{-3}	[80]
$C_{12}H_{25}SO_4^-Li^+$	H_2O	25	8.9×10^{-3}	[81]
$C_{12}H_{25}SO_4^-K^+$	H_2O	40	7.8×10^{-3}	[82]
$(C_{12}H_{25}SO_4^-)_2Ca^{2+}$	H_2O	70	3.4×10^{-3}	[83]
$C_{12}H_{25}SO_4^-N(CH_3)_4^+$	H_2O	25	5.5×10^{-3}	[81]
$C_{12}H_{25}SO_4^-N(C_2H_5)_4^+$	H_2O	30	4.5×10^{-3}	[84]
$C_{12}H_{25}SO_4^-N(C_3H_7)_4^+$	H_2O	25	2.2×10^{-3}	[85]
$C_{12}H_{25}SO_4^-N(C_4H_9)_4^+$	H_2O	30	1.3×10^{-3}	[84]

化合物	溶剂	温度/℃	CMC/(mol/L)	参考文献
阴离子表面活性剂				
$C_{13}H_{27}SO_4^-Na^+$	H_2O	40	4.3×10^{-3}	[86]
$C_{14}H_{29}SO_4^-Na^+$	H_2O	25	2.1×10^{-3}	[87]
$C_{14}H_{29}SO_4^-Na^+$	H_2O	40	2.2×10^{-3}	[76]
$C_{15}H_{31}SO_4^-Na^+$	H_2O	40	1.2×10^{-3}	[86]
$C_{16}H_{33}SO_4^-Na^+$	H_2O	40	5.8×10^{-4}	[72]
$C_{13}H_{27}CH(CH_3)CH_2SO_4^-Na^+$	H_2O	40	8.0×10^{-4}	[86]
$C_{12}H_{25}CH(C_2H_5)CH_2SO_4^-Na^+$	H_2O	40	9.0×10^{-4}	[86]
$C_{11}H_{23}CH(C_3H_7)CH_2SO_4^-Na^+$	H_2O	40	1.1×10^{-3}	[86]
$C_{10}H_{21}CH(C_4H_9)CH_2SO_4^-Na^+$	H_2O	40	1.5×10^{-3}	[86]
$C_9H_{19}CH(C_5H_{11})CH_2SO_4^-Na^+$	H_2O	40	2×10^{-3}	[86]
$C_8H_{17}CH(C_6H_{13})CH_2SO_4^-Na^+$	H_2O	40	2.3×10^{-3}	[86]
$C_7H_{15}CH(C_7H_{15})CH_2SO_4^-Na^+$	H_2O	40	3×10^{-3}	[86]
$C_{12}H_{25}CH(SO_4^-Na^+)C_3H_7$	H_2O	40	1.7×10^{-3}	[72]
$C_{10}H_{21}CH(SO_4^-Na^+)C_5H_{11}$	H_2O	40	2.4×10^{-3}	[72]
$C_8H_{17}CH(SO_4^-Na^+)C_7H_{15}$	H_2O	40	4.3×10^{-3}	[72]
$C_{18}H_{37}SO_4^-Na^+$	H_2O	50	2.3×10^{-4}	[88]
$C_{10}H_{21}OC_2H_4SO_3^-Na^+$	H_2O	25	1.59×10^{-2}	[70]
$C_{10}H_{21}OC_2H_4SO_3^-Na^+$	0.1mol/L NaCl	25	5.5×10^{-3}	[70]
$C_{10}H_{21}OC_2H_4SO_3^-Na^+$	0.5mol/L NaCl	25	2.0×10^{-3}	[70]
$C_{12}H_{25}OC_2H_4SO_4^-Na^+$	H_2O	25	3.9×10^{-3}	[70]
$C_{12}H_{25}OC_2H_4SO_4^-Na^+$	"硬河"水	25	8.1×10^{-4}	[77]
$C_{12}H_{25}OC_2H_4SO_4^-Na^+$	0.1mol/L NaCl	25	4.3×10^{-4}	[70]
$C_{12}H_{25}OC_2H_4SO_4^-Na^+$	0.5mol/L NaCl	25	1.3×10^{-4}	[70]
$C_{12}H_{25}(OC_2H_4)_2SO_4^-Na^+$	H_2O	10	3.1×10^{-3}	[70]
$C_{12}H_{25}(OC_2H_4)_2SO_4^-Na^+$	H_2O	25	2.9×10^{-3}	[70]
$C_{12}H_{25}(OC_2H_4)_2SO_4^-Na^+$	H_2O	40	2.8×10^{-3}	[70]
$C_{12}H_{25}(OC_2H_4)_2SO_4^-Na^+$	"硬河"水	25	5.5×10^{-4}	[77]
$C_{12}H_{25}(OC_2H_4)_2SO_4^-Na^+$	0.1mol/L NaCl	10	3.2×10^{-4}	[70]
$C_{12}H_{25}(OC_2H_4)_2SO_4^-Na^+$	0.1mol/L NaCl	25	2.9×10^{-4}	[70]
$C_{12}H_{25}(OC_2H_4)_2SO_4^-Na^+$	0.1mol/L NaCl	40	2.8×10^{-4}	[70]
$C_{12}H_{25}(OC_2H_4)_2SO_4^-Na^+$	0.5mol/L NaCl	10	1.1×10^{-4}	[70]
$C_{12}H_{25}(OC_2H_4)_2SO_4^-Na^+$	0.5mol/L NaCl	25	1.0×10^{-4}	[70]
$C_{12}H_{25}(OC_2H_4)_2SO_4^-Na^+$	0.5mol/L NaCl	40	1.0×10^{-4}	[70]
$C_{12}H_{25}(OC_2H_4)_3SO_4^-Na^+$	H_2O	50	2.0×10^{-3}	[88]

续表

化合物	溶剂	温度/℃	CMC/(mol/L)	参考文献
阴离子表面活性剂				
$C_{12}H_{25}(OC_2H_4)_4SO_4^-Na^+$	H_2O	50	$1.3×10^{-3}$	[88]
$C_{16}H_{33}(OC_2H_4)_5SO_4^-Na^+$	H_2O	25	$2.5×10^{-5}$	[89]
$C_8H_{17}CH(C_6H_{13})CH_2(OC_2H_4)_5SO_4Na^+$	H_2O	25	$8.6×10^{-5}$	[89]
$C_6H_{13}OOCCH_2SO_3^-Na^+$	H_2O	25	$1.7×10^{-1}$	[35]
$C_8H_{17}OOCCH_2SO_3^-Na^+$	H_2O	25	$6.6×10^{-2}$	[35]
$C_{10}H_{21}OOCCH_2SO_3^-Na^+$	H_2O	25	$2.2×10^{-2}$	[35]
$C_8H_{17}OOC(CH_2)_2SO_3^-Na^+$	H_2O	30	$4.6×10^{-2}$	[90]
$C_{10}H_{21}OOC(CH_2)_2SO_3^-Na^+$	H_2O	30	$1.1×10^{-2}$	[90]
$C_{12}H_{25}OOC(CH_2)_2SO_3^-Na^+$	H_2O	30	$2.2×10^{-3}$	[90]
$C_{14}H_{29}OOC(CH_2)_2SO_3^-Na^+$	H_2O	40	$9×10^{-4}$	[90]
$C_4H_9OOCCH_2CH(SO_3Na^+)COOC_4H_9$	H_2O	25	$2.0×10^{-1}$	[91]
$C_5H_{11}OOCH_2(SO_3^-Na^+)COOC_5H_{11}$	H_2O	25	$5.3×10^{-2}$	[91]
$C_6H_{13}OOCCH_2CH(SO_3Na^+)COOC_6H_{13}$	H_2O	25	$1.4×10^{-2}$	[35]
$C_4H_9CH(C_2H_5)CH_2OOCCH_2CH(SO_3Na^+)CO\,OCH_2CH(C_2H_5)C_4H_9$	H_2O	25	$2.5×10^{-3}$	[91]
$C_8H_{17}OOCCH_2CH(SO_3Na^+)COOC_8H_{17}$	H_2O	25	$9.1×10^{-4}$	[92]
$C_{12}H_{25}CH(SO_3^-Na^+)COOCH_3$	H_2O	13	$2.8×10^{-3}$	[93]
$C_{12}H_{25}CH(SO_3^-Na^+)COOC_2H_5$	H_2O	25	$2.25×10^{-3}$	[93]
$C_{12}H_{25}CH(SO_3^-Na^+)COOC_4H_9$	H_2O	25	$1.35×10^{-3}$	[93]
$C_{14}H_{29}CH(SO_3^-Na^+)COOCH_3$	H_2O	23	$7.3×10^{-4}$	[93]
$C_{16}H_{33}CH(SO_3^-Na^+)COOCH_3$	H_2O	33	$1.8×10^{-4}$	[93]
$C_{11}H_{23}CON(CH_3)CH_2CH_2SO_4Na^+$	$H_2O,\ pH\ 10.5$	30	$8.9×10^{-3}$	[65]
$C_{11}H_{23}CON(CH_3)CH_2CH_2SO_4Na^+$	$0.1mol/L\ NaCl,\ pH\ 10.5$	30	$1.6×10^{-3}$	[65]
$C_{12}H_{25}NHCOCH_2SO_4^-Na^+$	H_2O	35	$5.2×10^{-3}$	[94]
$C_{12}H_{25}NHCO(CH_2)_3SO_4^-Na^+$	H_2O	35	$4.4×10^{-3}$	[94]
$p\text{-}C_8H_{17}C_6H_4SO_3^-Na^+$	H_2O	35	$1.5×10^{-2}$	[95]
$p\text{-}C_{10}H_{21}C_6H_4SO_3^-Na^+$	H_2O	50	$3.1×10^{-3}$	[95]
$C_{10}H_{21}\text{-}2\text{-}C_6H_4SO_3^-Na^+$	H_2O	30	$4.6×10^{-3}$	[96]
$C_{10}H_{21}\text{-}3\text{-}C_6H_4SO_3^-Na^+$	H_2O	30	$6.1×10^{-3}$	[96]
$C_{10}H_{21}\text{-}5\text{-}C_6H_4SO_3^-Na^+$	H_2O	30	$8.2×10^{-3}$	[96]
$C_{11}H_{23}\text{-}2\text{-}C_6H_4SO_3^-Na^+$	H_2O	35	$2.5×10^{-3}$	[97]
$C_{11}H_{23}\text{-}2\text{-}C_6H_4SO_3^-Na^+$	"硬河"水	30	$2.5×10^{-4}$	[97]
$p\text{-}C_{12}H_{25}C_6H_4SO_3^-Na^+$	H_2O	60	$1.2×10^{-3}$	[95]
$C_{12}H_{25}C_6H_4SO_3^-Na^+$	$0.1\ mol/L\ NaCl$	25	$1.6×10^{-4}$	[98]

化合物	溶剂	温度/℃	CMC/(mol/L)	参考文献
阴离子表面活性剂				
$C_{12}H_{25}$-2-$C_6H_4SO_3^-Na^+$	H_2O	30	1.2×10^{-3}	[97]
$C_{12}H_{25}$-2-$C_6H_4SO_3^-Na^+$	"硬河"水	30	6.3×10^{-5}	[97]
$C_{12}H_{25}$-3-$C_6H_4SO_3^-Na^+$	H_2O	30	2.4×10^{-3}	[96]
$C_{12}H_{25}$-5-$C_6H_4SO_3^-Na^+$	H_2O	30	3.2×10^{-3}	[97]
$C_{12}H_{25}$-5-$C_6H_4SO_3^-Na^+$	"硬河"水	30	4.6×10^{-4}	[97]
$C_{13}H_{27}$-2-$C_6H_4SO_3^-Na^+$	H_2O	35	7.2×10^{-4}	[97]
$C_{13}H_{27}$-2-$C_6H_4SO_3^-Na^+$	"硬河"水	30	1.1×10^{-5}	[97]
$C_{13}H_{27}$-5-$C_6H_4SO_3^-Na^+$	H_2O	30	7.6×10^{-4}	[97]
$C_{13}H_{27}$-5-$C_6H_4SO_3^-Na^+$	"硬河"水	30	8.3×10^{-5}	[97]
$C_{16}H_{33}$-7-$C_6H_4SO_3^-Na^+$	H_2O	45	5.1×10^{-5}	[99]
$C_{16}H_{33}$-7-$C_6H_4SO_3^-Na^+$	0.51mol/L NaCl	45	3.2×10^{-6}	[99]
含氟阴离子表面活性剂				
$C_7F_{15}COO^-K^+$	H_2O	25	2.9×10^{-2}	[100a]
$C_7F_{15}COO^-Na^+$	H_2O	25	3.0×10^{-2}	[100b]
$C_7F_{15}COO^-Li^+$	H_2O	25	3.3×10^{-2}	[101]
$(CF_3)_2CF(CF_2)_4COO^-Na^+$	H_2O	25	3.0×10^{-2}	[100b]
$C_8F_{17}COO^-Na^+$	H_2O	35	1.1×10^{-2}	[102]
$C_8F_{17}COO^-Li^+$	H_2O	25	4.9×10^{-3}	[101]
$C_8F_{17}SO_3^-Li^+$	H_2O	25	6.3×10^{-3}	[100b]
$C_4F_9CH_2OOCCH(SO_3Na^+)CH_2COO\ CH_2C_4F_9$	H_2O	30	1.6×10^{-3}	[103]
阳离子表面活性剂				
$C_8H_{17}N^+(CH_3)_3Br^-$	H_2O	25	1.4×10^{-1}	[69]
$C_{10}H_{21}N^+(CH_3)_3Br^-$	H_2O	25	6.8×10^{-2}	[69]
$C_{10}H_{21}N^+(CH_3)_3Br^-$	0.1mol/L NaCl	25	$4.2_7 \times 10^{-2}$	[104]
$C_{10}H_{21}N^+(CH_3)_3Cl^-$	H_2O	25	6.8×10^{-2}	[34]
$C_{12}H_{25}N^+(CH_3)_3Br^-$	H_2O	25	1.6×10^{-2}	[69]
$C_{12}H_{25}N^+(CH_3)_3Br^-$	"硬河"水	25	$1.2_6 \times 10^{-2}$	[77]
$C_{12}H_{25}N^+(CH_3)_3Br^-$	0.01mol/L NaBr	25	1.2×10^{-2}	[105]
$C_{12}H_{25}N^+(CH_3)_3Br^-$	0.1mol/L NaBr	25	4.2×10^{-3}	[105]
$C_{12}H_{25}N^+(CH_3)_3Br^-$	0.5mol/L NaBr	31.5	1.9×10^{-3}	[106]
$C_{12}H_{25}N^+(CH_3)_3Cl^-$	H_2O	25	2.0×10^{-2}	[107a]
$C_{12}H_{25}N^+(CH_3)_3Cl^-$	0.1mol/L NaCl	25	$5.7_6 \times 10^{-3}$	[104]

续表

化合物	溶剂	温度/℃	CMC/(mol/L)	参考文献
阳离子表面活性剂				
$C_{12}H_{25}N^+(CH_3)_3Cl^-$	0.5mol/L NaCl	31.5	3.8×10^{-3}	[106]
$C_{12}H_{25}N^+(CH_3)_3F^-$	0.5mol/L NaF	31.5	8.4×10^{-3}	[106]
$C_{12}H_{25}N^+(CH_3)_3NO_3^-$	0.5mol/L NaNO_3	31.5	8×10^{-4}	[106]
$C_{14}H_{29}N^+(CH_3)_3Br^-$	H_2O	25	3.6×10^{-3}	[30]
$C_{14}H_{29}N^+(CH_3)_3Br^-$	"硬河"水	25	$2.4_5\times10^{-3}$	[77]
$C_{14}H_{29}N^+(CH_3)_3Br^-$	H_2O	40	4.2×10^{-3}	[38]
$C_{14}H_{29}N^+(CH_3)_3Br^-$	H_2O	60	5.5×10^{-3}	[38]
$C_{14}H_{29}N^+(CH_3)_3Cl^-$	H_2O	25	4.5×10^{-3}	[107b]
$C_{16}H_{33}N^+(CH_3)_3Br^-$	H_2O	25	9.8×10^{-4}	[108]
$C_{16}H_{33}N^+(CH_3)_3Br^-$	0.001mol/L KCl	30	5×10^{-4}	[109]
$C_{16}H_{33}N^+(CH_3)_3Cl^-$	H_2O	30	1.3×10^{-3}	
$C_{18}H_{37}N^+(CH_3)_3Br^-$	H_2O	40	3.4×10^{-4}	[110]
$C_{10}H_{21}Pyr^+Br^{-②}$	H_2O	25	4.4×10^{-2}	[111]
$C_{10}H_{21}Pyr^+Br^{-②}$	H_2O	25	6.3×10^{-2}	[112]
$C_{11}H_{23}Pyr^+Br^{-②}$	H_2O	25	2.1×10^{-2}	[111]
$C_{12}H_{25}Pyr^+Br^{-②}$	H_2O	10	$1.1_7\times10^{-2}$	[113]
$C_{12}H_{25}Pyr^+Br^{-②}$	H_2O	25	1.14×10^{-2}	[113]
$C_{12}H_{25}Pyr^+Br^{-②}$	H_2O	40	$1.1_2\times10^{-2}$	[113]
$C_{12}H_{25}Pyr^+Br^{-②}$	0.1mol/L NaBr	10	$2.7_5\times10^{-3}$	[113]
$C_{12}H_{25}Pyr^+Br^{-②}$	0.1mol/L NaBr	25	$2.7_5\times10^{-3}$	[113]
$C_{12}H_{25}Pyr^+Br^{-②}$	0.1mol/L NaBr	40	$2.8_5\times10^{-3}$	[113]
$C_{12}H_{25}Pyr^+Br^{-②}$	0.5mol/L NaBr	10	$1.0_7\times10^{-3}$	[113]
$C_{12}H_{25}Pyr^+Br^{-②}$	0.5mol/L NaBr	25	$1.0_8\times10^{-3}$	[113]
$C_{12}H_{25}Pyr^+Br^{-②}$	0.5mol/L NaBr	40	$1.1_6\times10^{-3}$	[113]
$C_{12}H_{25}Pyr^+Cl^{-②}$	H_2O	10	$1.7_5\times10^{-2}$	[113]
$C_{12}H_{25}Pyr^+Cl^{-②}$	H_2O	25	1.7×10^{-2}	[113]
$C_{12}H_{25}Pyr^+Cl^{-②}$	H_2O	40	1.7×10^{-2}	[113]
$C_{12}H_{25}Pyr^+Cl^{-②}$	0.1mol/L NaCl	10	5.5×10^{-3}	[113]
$C_{12}H_{25}Pyr^+Cl^{-②}$	0.1mol/L NaCl	25	4.8×10^{-3}	[113]
$C_{12}H_{25}Pyr^+Cl^{-②}$	0.1mol/L NaCl	40	4.5×10^{-3}	[113]
$C_{12}H_{25}Pyr^+Cl^{-②}$	0.5mol/L NaCl	10	1.9×10^{-3}	[113]
$C_{12}H_{25}Pyr^+Cl^{-②}$	0.5mol/L NaCl	25	$1.7_8\times10^{-3}$	[113]
$C_{12}H_{25}Pyr^+Cl^{-②}$	0.5mol/L NaCl	40	$1.7_8\times10^{-3}$	[113]
$C_{12}H_{25}Pyr^+I^{-②}$	H_2O	25	5.3×10^{-3}	[114]

化合物	溶剂	温度/℃	CMC/(mol/L)	参考文献
阳离子表面活性剂				
$C_{13}H_{27}Pyr^+Br^-$ [2]	H_2O	25	5.3×10^{-3}	[111]
$C_{14}H_{29}Pyr^+Br^-$ [2]	H_2O	25	2.7×10^{-3}	[111]
$C_{14}H_{29}Pyr^+Cl^-$ [2]	H_2O	25	3.5×10^{-3}	[112]
$C_{14}H_{29}Pyr^+Cl^-$ [2]	0.1mol/L NaCl	25	4×10^{-4}	[112]
$C_{15}H_{31}Pyr^+Br^-$ [2]	H_2O	25	1.3×10^{-3}	[111]
$C_{16}H_{33}Pyr^+Br^-$ [2]	H_2O	25	6.4×10^{-4}	[111]
$C_{16}H_{33}Pyr^+Cl^-$	H_2O	25	9.0×10^{-4}	[115]
$C_{18}H_{37}Pyr^+Cl^-$	H_2O	25	2.4×10^{-4}	[116]
$C_{12}H_{25}N^+(C_2H_5)(CH_3)_2Br^-$	H_2O	25	1.4×10^{-2}	[32]
$C_{12}H_{25}N^+(C_4H_9)(CH_3)_2Br^-$	H_2O	25	7.5×10^{-3}	[32]
$C_{12}H_{25}N^+(C_6H_{13})(CH_3)_2Br^-$	H_2O	25	3.1×10^{-3}	[32]
$C_{12}H_{25}N^+(C_8H_{17})(CH_3)_2Br^-$	H_2O	25	1.1×10^{-3}	[32]
$C_{14}H_{29}N^+(C_2H_5)_3Br^-$	H_2O	25	3.1×10^{-3}	[30]
$C_{14}H_{29}N^+(C_3H_7)_3Br^-$	H_2O	25	2.1×10^{-3}	[30,117]
$C_{14}H_{29}N^+(C_4H_9)_3Br^-$	H_2O	25	1.2×10^{-3}	[30]
$C_{10}H_{21}N^+(CH_2C_6H_5)(CH_3)_2Cl^-$	H_2O	25	3.9×10^{-2}	[118]
$C_{12}H_{25}N^+(CH_2C_6H_5)(CH_3)_2Cl^-$	H_2O	25	8.8×10^{-3}	[119]
$C_{14}H_{29}N^+(CH_2C_6H_5)(CH_3)_2Cl^-$	H_2O	25	2.0×10^{-3}	[119]
$C_{12}H_{25}NH_2^+CH_2CH_2OHCl^-$	H_2O	25	4.5×10^{-2}	[120]
$C_{12}H_{25}N^+H(CH_2CH_2OH)_2Cl^-$	H_2O	25	3.6×10^{-2}	[120]
$C_{12}H_{25}N^+(CH_2CH_2OH)_3Cl^-$	H_2O	25	2.5×10^{-2}	[120]
$(C_{10}H_{21})_2N^+(CH_3)_2Br^-$	H_2O	25	$1.8_5 \times 10^{-3}$	[32]
$(C_{12}H_{25})_2N^+(CH_3)_2Br^-$	H_2O	25	$1.7_6 \times 10^{-4}$	[32]
阴-阳离子盐				
$C_6H_{13}SO_4^- \cdot {}^+N(CH_3)_3C_6H_{13}$	H_2O	25	1.1×10^{-1}	[121]
$C_6H_{13}SO_4^- \cdot {}^+N(CH_3)_3C_8H_{17}$	H_2O	25	2.9×10^{-2}	[122]
$C_8H_{17}SO_4^- \cdot {}^+N(CH_3)_3C_6H_{13}$	H_2O	25	1.9×10^{-2}	[122]
$C_4H_9SO_4^- \cdot {}^+N(CH_3)_3C_{10}H_{21}$	H_2O	25	1.9×10^{-2}	[122]
$CH_3SO_4^- \cdot {}^+N(CH_3)_3C_{12}H_{25}$	H_2O	25	1.3×10^{-2}	[122]
$C_2H_5SO_4^- \cdot {}^+N(CH_3)_3C_{12}H_{25}$	H_2O	25	9.3×10^{-3}	[122]
$C_{10}H_{21}SO_4^- \cdot {}^+N(CH_3)_3C_4H_9$	H_2O	25	9.3×10^{-3}	[122]
$C_8H_{17}SO_4^- \cdot {}^+N(CH_3)_3C_8H_{17}$	H_2O	25	7.5×10^{-3}	[123a]
$C_4H_9SO_4^- \cdot {}^+N(CH_3)_3C_{12}H_{25}$	H_2O	25	5.0×10^{-3}	[122]

续表

化合物	溶剂	温度/℃	CMC/(mol/L)	参考文献
阴-阳离子盐				
$C_6H_{13}SO_4^- \cdot {}^+N(CH_3)_3C_{12}H_{25}$	H_2O	25	2.0×10^{-3}	[122]
$C_{10}H_{21}SO_4^- \cdot {}^+N(CH_3)_3C_{10}H_{21}$	H_2O	25	4.6×10^{-4}	[123b]
$C_8H_{17}SO_4^- \cdot {}^+N(CH_3)_3C_{12}H_{25}$	H_2O	25	5.2×10^{-4}	[122]
$C_{12}H_{25}SO_4^- \cdot {}^+N(CH_3)_3C_{12}H_{25}$	H_2O	25	4.6×10^{-5}	[122]
两性离子表面活性剂				
$C_8H_{17}N^+(CH_3)_2CH_2COO^-$	H_2O	27	2.5×10^{-1}	[39]
$C_{10}H_{21}N^+(CH_3)_2CH_2COO^-$	H_2O	23	1.8×10^{-2}	[123b]
$C_{12}H_{25}N^+(CH_3)_2CH_2COO^-$	H_2O	25	2.0×10^{-3}	[125]
$C_{12}H_{25}N^+(CH_3)_2CH_2COO^-$	0.1mol/L NaCl	25	1.6×10^{-3}	[126]
$C_{14}H_{29}N^+(CH_3)_2CH_2COO^-$	H_2O	25	2.2×10^{-4}	[126]
$C_{16}H_{33}N^+(CH_3)_2CH_2COO^-$	H_2O	23	2.0×10^{-5}	[124]
$C_{12}H_{25}N^+(CH_3)_2(CH_2)_3COO^-$	H_2O	25	4.6×10^{-3}	[126]
$C_{12}H_{25}N^+(CH_3)_2(CH_2)_5COO^-$	H_2O	25	2.6×10^{-3}	[125]
$C_{12}H_{25}N^+(CH_3)_2(CH_2)_7COO^-$	H_2O	25	1.5×10^{-3}	[125]
$C_8H_{17}CH(COO^-)N^+(CH_3)_3$	H_2O	27	9.7×10^{-2}	[39]
$C_8H_{17}CH(COO^-)N^+(CH_3)_3$	H_2O	60	8.6×10^{-2}	[127]
$C_{10}H_{21}CH(COO^-)N^+(CH_3)_3$	H_2O	27	1.3×10^{-2}	[127]
$C_{12}H_{25}CH(COO^-)N^+(CH_3)_3$	H_2O	27	1.3×10^{-3}	[127]
$p\text{-}C_{12}H_{25}Pyr^+COO^{-②}$	H_2O	50	1.9×10^{-3}	[128]
$m\text{-}C_{12}H_{25}Pyr^+COO^{-②}$	H_2O	50	1.5×10^{-3}	[128]
$C_{10}H_{21}CH(Pyr^+)COO^{-②}$	H_2O	25	5.2×10^{-3}	[129]
$C_{12}H_{25}CH(Pyr^+)COO^{-②}$	H_2O	25	6.0×10^{-4}	[129]
$C_{14}H_{29}CH(Pyr^+)COO^{-②}$	H_2O	40	7.4×10^{-5}	[129]
$C_{10}H_{21}N^+(CH_3)(CH_2C_6H_5)CH_2COO^-$	H_2O, pH 5.5~5.9	25	5.3×10^{-3}	[130]
$C_{10}H_{21}N^+(CH_3)(CH_2C_6H_5)CH_2COO^-$	H_2O, pH 5.5~5.9	40	4.4×10^{-3}	[130]
$C_{12}H_{25}N^+(CH_3)(CH_2C_6H_5)CH_2COO^-$	H_2O, pH 5.5~5.9	25	5.5×10^{-4}	[130]
$C_{12}H_{25}N^+(CH_3)(CH_2C_6H_5)CH_2COO^-$	0.1mol/L NaCl, pH 5.7	25	4.2×10^{-4}	[131]
$C_{12}H_{25}N^+(CH_3)(CH_2C_6H_5)CH_2COO^-$	H_2O-环己烷	25	3.7×10^{-4}	[132]
$C_{12}H_{25}N^+(CH_3)(CH_2C_6H_5)CH_2COO^-$	H_2O-异辛烷	25	4.2×10^{-4}	[132]
$C_{12}H_{25}N^+(CH_3)(CH_2C_6H_5)CH_2COO^-$	H_2O-庚烷	25	4.4×10^{-4}	[132]
$C_{12}H_{25}N^+(CH_3)(CH_2C_6H_5)CH_2COO^-$	H_2O-十二烷	25	4.9×10^{-4}	[132]
$C_{12}H_{25}N^+(CH_3)(CH_2C_6H_5)CH_2COO^-$	H_2O-七甲基壬烷	25	5.0×10^{-4}	[132]
$C_{12}H_{25}N^+(CH_3)(CH_2C_6H_5)CH_2COO^-$	H_2O-十六烷	25	5.3×10^{-4}	[132]

化合物	溶剂	温度/℃	CMC/(mol/L)	参考文献
两性离子表面活性剂				
$C_{12}H_{25}N^+(CH_3)(CH_2C_6H_5)CH_2COO^-$	H_2O-甲苯	25	1.9×10^{-4}	[132]
$C_{12}H_{25}N^+(CH_3)(CH_2C_6H_5)CH_2COO^-$	0.1mol/L NaBr, pH 5.9	25	3.8×10^{-4}	[133]
$C_{10}H_{21}N^+(CH_3)(CH_2C_6H_5)CH_2CH_2SO_3^-$	H_2O, pH 5.5～5.9	40	4.6×10^{-3}	[130]
$C_{12}H_{25}N^+(CH_3)_2(CH_2)_3SO_3^-$	H_2O	25	3.0×10^{-3}	[126]
$C_{12}H_{25}N^+(CH_3)_2(CH_2)_3SO_3^-$	0.1mol/L NaCl	25	2.6×10^{-3}	[126]
$C_{14}H_{29}N^+(CH_3)_2(CH_2)_3SO_3^-$	H_2O	25	3.2×10^{-4}	[126]
$C_{12}H_{25}N(CH_3)_2O$	H_2O	27	2.1×10^{-3}	[134]
非离子表面活性剂				
$C_8H_{17}CHOHCH_2OH$	H_2O	25	2.3×10^{-3}	[135]
$C_8H_{17}CHOHCH_2CH_2OH$	H_2O	25	2.3×10^{-3}	[135]
$C_{10}H_{21}CHOHCH_2OH$	H_2O	25	1.8×10^{-4③}	[135]
$C_{12}H_{25}CHOHCH_2CH_2OH$	H_2O	25	1.3×10^{-5}	[135]
n-辛基-β-D-葡萄糖苷	H_2O	25	2.5×10^{-2}	[136]
n-癸基-α-D-葡萄糖苷	H_2O	25	8.5×10^{-4}	[137]
n-癸基-β-D-葡萄糖苷	H_2O	25	2.2×10^{-3}	[136]
n-癸基-β-D-葡萄糖苷	0.1mol/L NaCl（水溶液），pH=9	25	1.9×10^{-3}	[104]
n-十二烷基-α-D-葡萄糖苷	H_2O	60	7.2×10^{-5}	[138a]
十二烷基-β-D-葡萄糖苷	H_2O	25	1.9×10^{-4}	[136]
癸基-β-D-麦芽糖苷	H_2O	25	2.0×10^{-3}	[137]
癸基-β-D-麦芽糖苷	0.1mol/L NaCl（水溶液），pH=9	25	$1.9_5 \times 10^{-3}$	[104]
十二烷基-α-D-麦芽糖苷	H_2O	20	1.5×10^{-4}	[138a]
十二烷基-β-D-麦芽糖苷	H_2O	25	1.5×10^{-4}	[137]
十二烷基-β-D-麦芽糖苷	0.1mol/L NaCl（水溶液），pH=9	25	1.6×10^{-4}	[104]
$C_{12.5}H_{26}$烷基聚葡萄糖苷(聚合度1.3)④	H_2O	25	1.9×10^{-4}	[138b]
十四烷基-α-D-麦芽糖苷	H_2O	20	2.2×10^{-5}	[138a]
十四烷基-β-D-麦芽糖苷	H_2O	20	1.5×10^{-5}	[138a]
n-$C_4H_9(OC_2H_4)_6OH$	H_2O	20	8.0×10^{-1}	[139]
n-$C_4H_9(OC_2H_4)_6OH$	H_2O	40	7.1×10^{-1}	[139]
$(CH_3)_2CHCH_2(OC_2H_4)_6OH$	H_2O	20	9.1×10^{-1}	[139]
$(CH_3)_2CHCH_2(OC_2H_4)_6OH$	H_2O	40	8.5×10^{-1}	[139]
n-$C_6H_{13}(OC_2H_4)_6O$	H_2O	20	7.4×10^{-2}	[139]
n-$C_6H_{13}(OC_2H_4)_6O$	H_2O	40	5.2×10^{-2}	[139]
$(C_2H_5)_2CHCH_2(OC_2H_4)_6OH$	H_2O	20	1.0×10^{-1}	[139]
$(C_2H_5)_2CHCH_2(OC_2H_4)_6OH$	H_2O	40	8.7×10^{-2}	[139]

续表

化合物	溶剂	温度/℃	CMC/(mol/L)	参考文献
非离子表面活性剂				
$C_8H_{17}OC_2H_4OH$	H_2O	25	$4.9×10^{-3}$	[140]
$C_8H_{17}(OC_2H_4)_3OH$	H_2O	25	$7.5×10^{-3}$	[141]
$C_8H_{17}(OC_2H_4)_5OH$	H_2O	25	$9.2×10^{-3}$	[142]
$C_8H_{17}(OC_2H_4)_5OH$	0.1mol/L NaCl	25	$5.8×10^{-3}$	[142]
$C_8H_{17}(OC_2H_4)_6OH$	H_2O	25	$9.9×10^{-3}$	[141]
$(C_3H_7)_2CHCH_2(OC_2H_4)_6OH$	H_2O	20	$2.3×10^{-2}$	[139]
$C_{10}H_{21}(OC_2H_4)_4OH$	H_2O	25	$6.8×10^{-4}$	[143]
$C_{10}H_{21}(OC_2H_4)_5OH$	H_2O	25	$7.6×10^{-4}$	[144]
$C_{10}H_{21}(OC_2H_4)_6OH$	H_2O	25	$9.0×10^{-4}$	[141]
$C_{10}H_{21}(OC_2H_4)_6OH$	"硬河"水	25	$8.7×10^{-4}$	[77]
$C_{10}H_{21}(OC_2H_4)_8OH$	H_2O	15	$1.4×10^{-3}$	[145]
$C_{10}H_{21}(OC_2H_4)_8OH$	H_2O	25	$1.0×10^{-3}$	[145]
$C_{10}H_{21}(OC_2H_4)_8OH$	H_2O	40	$7.6×10^{-4}$	[145]
$(C_4H_9)_2CHCH_2(OC_2H_4)_6OH$	H_2O	20	$3.1×10^{-3}$	[139]
$(C_4H_9)_2CHCH_2(OC_2H_4)_9OH$	H_2O	20	$3.2×10^{-3}$	[139]
$C_{11}H_{23}(OC_2H_4)_8OH$	H_2O	15	$4.0×10^{-4}$	[145]
$C_{11}H_{23}(OC_2H_4)_8OH$	H_2O	25	$3.0×10^{-4}$	[145]
$C_{11}H_{23}(OC_2H_4)_8OH$	H_2O	40	$2.3×10^{-4}$	[145]
$C_{12}H_{25}(OC_2H_4)_2OH$	H_2O	10	$3.8×10^{-5}$	[146]
$C_{12}H_{25}(OC_2H_4)_2OH$	H_2O	25	$3.3×10^{-5}$	[146]
$C_{12}H_{25}(OC_2H_4)_2OH$	H_2O	40	$3.2×10^{-5}$	[146]
$C_{12}H_{25}(OC_2H_4)_3OH$	H_2O	10	$6.3×10^{-5}$	[146]
$C_{12}H_{25}(OC_2H_4)_3OH$	H_2O	25	$5.2×10^{-5}$	[146]
$C_{12}H_{25}(OC_2H_4)_3OH$	H_2O	40	$5.6×10^{-5}$	[146]
$C_{12}H_{25}(OC_2H_4)_4OH$	H_2O	10	$8.2×10^{-5}$	[146]
$C_{12}H_{25}(OC_2H_4)_4OH$	H_2O	25	$6.4×10^{-5}$	[146]
$C_{12}H_{25}(OC_2H_4)_4OH$	H_2O	40	$5.9×10^{-5}$	[146]
$C_{12}H_{25}(OC_2H_4)_4OH$	"硬河"水	25	$4.8×10^{-5}$	[146]
$C_{12}H_{25}(OC_2H_4)_5OH$	H_2O	10	$9.0×10^{-5}$	[146]
$C_{12}H_{25}(OC_2H_4)_5OH$	H_2O	25	$6.4×10^{-5}$	[146]
$C_{12}H_{25}(OC_2H_4)_5OH$	H_2O	40	$5.9×10^{-5}$	[146]
$C_{12}H_{25}(OC_2H_4)_5OH$	0.1mol/L NaCl	25	$6.4×10^{-5}$	[142]
$C_{12}H_{25}(OC_2H_4)_5OH$	0.1mol/L NaCl	40	$5.9×10^{-5}$	[142]
$C_{12}H_{25}(OC_2H_4)_6OH$	H_2O	20	$8.7×10^{-5}$	[147]
$C_{12}H_{25}(OC_2H_4)_6OH$	"硬河"水	25	$6.9×10^{-5}$	[77]

化合物	溶剂	温度/℃	CMC/(mol/L)	参考文献
非离子表面活性剂				
$C_{12}H_{25}(OC_2H_4)_7OH$	H_2O	10	$12.1×10^{-5}$	[146]
$C_{12}H_{25}(OC_2H_4)_7OH$	H_2O	25	$8.2×10^{-5}$	[146]
$C_{12}H_{25}(OC_2H_4)_7OH$	H_2O	40	$7.3×10^{-5}$	[146]
$C_{12}H_{25}(OC_2H_4)_7OH$	0.1mol/L NaCl（水溶液）	25	$7.9×10^{-5}$	[131]
$C_{12}H_{25}(OC_2H_4)_8OH$	H_2O	10	$1.5_6×10^{-4}$	[146]
$C_{12}H_{25}(OC_2H_4)_8OH$	H_2O	25	$1.0_9×10^{-4}$	[146]
$C_{12}H_{25}(OC_2H_4)_8OH$	H_2O	40	$9.3×10^{-5}$	[146]
$C_{12}H_{25}(OC_2H_4)_8OH$	H_2O-环己烷	25	$1.0_1×10^{-4}$	[148a]
$C_{12}H_{25}(OC_2H_4)_8OH$	H_2O-庚烷	25	$0.9×10^{-4}$	[148a]
$C_{12}H_{25}(OC_2H_4)_8OH$	H_2O-十六烷	25	$1.0_2×10^{-4}$	[148a]
$C_{12}H_{25}(OC_2H_4)_9OH$	H_2O	23	$10.0×10^{-5}$	[148b]
$C_{12}H_{25}(OC_2H_4)_{12}OH$	H_2O	23	$14.0×10^{-5}$	[148b]
6-支链化 $C_{13}H_{27}(OC_2H_4)_5OH$	H_2O	25	$2.8×10^{-4}$	[142]
6-支链化 $C_{13}H_{27}(OC_2H_4)_5OH$	H_2O	40	$2.1×10^{-4}$	[142]
$C_{13}H_{27}(OC_2H_4)_5OH$	H_2O	25	$4.9×10^{-5}$	[142]
$C_{13}H_{27}(OC_2H_4)_5OH$	0.1mol/L NaCl	25	$2.1×10^{-5}$	[142]
$C_{13}H_{27}(OC_2H_4)_8OH$	H_2O	15	$3.2×10^{-5}$	[145]
$C_{13}H_{27}(OC_2H_4)_8OH$	H_2O	25	$2.7×10^{-5}$	[145]
$C_{13}H_{27}(OC_2H_4)_8OH$	H_2O	40	$2.0×10^{-5}$	[145]
$C_{14}H_{29}(OC_2H_4)_6OH$	H_2O	25	$1.0×10^{-5}$	[141]
$C_{14}H_{29}(OC_2H_4)_6OH$	"硬河"水	25	$6.9×10^{-5}$	[77]
$C_{14}H_{29}(OC_2H_4)_8OH$	H_2O	15	$1.1×10^{-5}$	[145]
$C_{14}H_{29}(OC_2H_4)_8OH$	H_2O	25	$9.0×10^{-6}$	[145]
$C_{14}H_{29}(OC_2H_4)_8OH$	H_2O	40	$7.2×10^{-6}$	[145]
$C_{14}H_{29}(OC_2H_4)_8OH$	"硬河"水	25	$1.0×10^{-5}$	[145]
$C_{15}H_{31}(OC_2H_4)_8OH$	H_2O	15	$4.1×10^{-6}$	[145]
$C_{15}H_{31}(OC_2H_4)_8OH$	H_2O	25	$3.5×10^{-6}$	[145]
$C_{15}H_{31}(OC_2H_4)_8OH$	H_2O	40	$3.0×10^{-6}$	[145]
$C_{16}H_{33}(OC_2H_4)_6OH$	H_2O	25	$1.6_6×10^{-6}$	[77]
$C_{16}H_{33}(OC_2H_4)_6OH$	"硬河"水	25	$2.1×10^{-6}$	[77]
$C_{16}H_{33}(OC_2H_4)_7OH$	H_2O	25	$1.7×10^{-6}$	[149]
$C_{16}H_{33}(OC_2H_4)_9OH$	H_2O	25	$2.1×10^{-6}$	[149]
$C_{16}H_{33}(OC_2H_4)_{12}OH$	H_2O	25	$2.3×10^{-6}$	[149]
$C_{16}H_{33}(OC_2H_4)_{15}OH$	H_2O	25	$3.1×10^{-6}$	[149]

化合物	溶剂	温度/℃	CMC/(mol/L)	参考文献
非离子表面活性剂				
$C_{16}H_{33}(OC_2H_4)_{21}OH$	H_2O	25	3.9×10^{-6}	[149]
$p\text{-}t\text{-}C_8H_{17}C_6H_4O(C_2H_4O)_2H$	H_2O	25	1.3×10^{-4}	[150]
$p\text{-}t\text{-}C_8H_{17}C_6H_4O(C_2H_4O)_3H$	H_2O	25	9.7×10^{-5}	[150]
$p\text{-}t\text{-}C_8H_{17}C_6H_4O(C_2H_4O)_4H$	H_2O	25	1.3×10^{-4}	[150]
$p\text{-}t\text{-}C_8H_{17}C_6H_4O(C_2H_4O)_5H$	H_2O	25	1.5×10^{-4}	[150]
$p\text{-}t\text{-}C_8H_{17}C_6H_4O(C_2H_4O)_6H$	H_2O	25	2.1×10^{-4}	[150]
$p\text{-}t\text{-}C_8H_{17}C_6H_4O(C_2H_4O)_7H$	H_2O	25	2.5×10^{-4}	[150]
$p\text{-}t\text{-}C_8H_{17}C_6H_4O(C_2H_4O)_8H$	H_2O	25	2.8×10^{-4}	[150]
$p\text{-}t\text{-}C_8H_{17}C_6H_4O(C_2H_4O)_9H$	H_2O	25	3.0×10^{-4}	[150]
$p\text{-}t\text{-}C_8H_{17}C_6H_4O(C_2H_4O)_{10}H$	H_2O	25	3.3×10^{-4}	[150]
$p\text{-}C_9H_{19}C_6H_4(OC_2H_4)_8OH$	H_2O	–	1.3×10^{-4}	[151]
$C_9H_{19}C_6H_4(OC_2H_4)_{10}OH^{®}$	H_2O	25	7.5×10^{-5}	[152]
$C_9H_{19}C_6H_4(OC_2H_4)_{10}OH^{®}$	3mol/L 尿素	25	10×10^{-5}	[152]
$C_9H_{19}C_6H_4(OC_2H_4)_{10}OH^{®}$	6mol/L 尿素	25	24×10^{-5}	[152]
$C_9H_{19}C_6H_4(OC_2H_4)_{10}OH^{®}$	3mol/L 氯化胍盐	25	14×10^{-5}	[152]
$C_9H_{19}C_6H_4(OC_2H_4)_{10}OH^{®}$	1.5mol/L 二氧六环	25	10×10^{-5}	[152]
$C_9H_{19}C_6H_4(OC_2H_4)_{10}OH^{®}$	3mol/L 二氧六环	25	18×10^{-5}	[152]
$C_9H_{19}C_6H_4(OC_2H_4)_{31}OH^{®}$	H_2O	25	1.8×10^{-4}	[152]
$C_9H_{19}C_6H_4(OC_2H_4)_{31}OH^{®}$	3mol/L 尿素	25	3.5×10^{-4}	[152]
$C_9H_{19}C_6H_4(OC_2H_4)_{31}OH^{®}$	3mol/L 尿素	25	7.4×10^{-4}	[152]
$C_9H_{19}C_6H_4(OC_2H_4)_{31}OH^{®}$	3mol/L 氯化胍盐	25	4.3×10^{-4}	[152]
$C_9H_{19}C_6H_4(OC_2H_4)_{31}OH^{®}$	3mol/L 二氧六环	25	5.7×10^{-4}	[152]
$C_6H_{13}[OCH_2CH(CH_3)]_2(OC_2H_4)_{9.9}OH$	H_2O	20	4.7×10^{-2}	[153]
$C_6H_{13}[OCH_2CH(CH_3)]_3(OC_2H_4)_{9.7}OH$	H_2O	20	3.2×10^{-2}	[153]
$C_6H_{13}[OCH_2CH(CH_3)]_4(OC_2H_4)_{9.9}OH$	H_2O	20	1.9×10^{-2}	[153]
$C_7H_{15}[OCH_2CH(CH_3)]_3(OC_2H_4)_{9.7}OH$	H_2O	20	1.1×10^{-2}	[153]
蔗糖单月桂酸酯	H_2O	25	3.4×10^{-4}	[26]
蔗糖单油酸酯	H_2O	25	5.1×10^{-6}	[26]
$C_{11}H_{23}CON(C_2H_4OH)_2$	H_2O	25	2.64×10^{-4}	[154]
$C_{15}H_{31}CON(C_2H_4OH)_2$	H_2O	35	11.5×10^{-6}	[155]
$C_{11}H_{23}CONH(C_2H_4O)_4H$	H_2O	23	5.0×10^{-4}	[156]
$C_{10}H_{21}CON(CH_3)(CHOH)_4CH_2OH$	0.1mol/L NaCl	25	1.58×10^{-3}	[157]
$C_{11}H_{23}CON(CH_3)CH_2CHOHCH_2OH$	0.1mol/L NaCl	25	2.34×10^{-4}	[157]
$C_{11}H_{23}CON(CH_3)CH_2(CHOH)_3CH_2OH$	0.1mol/L NaCl	25	3.31×10^{-4}	[157]

续表

化合物	溶剂	温度/℃	CMC/(mol/L)	参考文献
非离子表面活性剂				
$C_{11}H_{23}CON(CH_3)CH_2(CHOH)_4CH_2OH$	0.1mol/L NaCl	25	3.47×10^{-4}	[157]
$C_{12}H_{25}CON(CH_3)CH_2(CHOH)_4CH_2OH$	0.1mol/L NaCl	25	7.76×10^{-5}	[157]
$C_{13}H_{27}CON(CH_3)CH_2(CHOH)_4CH_2OH$	0.1mol/L NaCl	25	1.48×10^{-5}	[157]
$C_{10}H_{21}CON(CH_3)(CHOH)_4CH_2OH$	H_2O	20	1.29×10^{-3}	[158]
$C_{12}H_{23}CON(CH_3)(CHOH)_4CH_2OH$	H_2O	20	1.46×10^{-4}	[158]
$C_{14}H_{29}CON(CH_3)(CHOH)_4CH_2OH$	H_2O	20	2.36×10^{-5}	[158]
$C_{16}H_{33}CON(CH_3)(CHOH)_4CH_2OH$	H_2O	20	7.74×10^{-6}	[158]
$C_{18}H_{37}CON(CH_3)(CHOH)_4CH_2OH$	H_2O	20	2.85×10^{-6}	[158]
含氟非离子表面活性剂				
$C_6F_{13}CH_2CH_2(OC_2H_4)_{11.5}OH$	H_2O	20	4.5×10^{-4}	[159]
$C_6F_{13}CH_2CH_2(OC_2H_4)_{14}OH$	H_2O	20	6.1×10^{-4}	[159]
$C_8F_{17}CH_2CH_2N(C_2H_4OH)_2$	H_2O	20	1.6×10^{-4}	[159]
$C_6F_{13}C_2H_4SC_2H_4(OC_2H_4)_2OH$	H_2O	25	2.5×10^{-3}	[159]
$C_6F_{13}C_2H_4SC_2H_4(OC_2H_4)_3OH$	H_2O	25	2.8×10^{-3}	[160]
$C_6F_{13}C_2H_4SC_2H_4(OC_2H_4)_5OH$	H_2O	25	3.7×10^{-3}	[160]
$C_6F_{13}C_2H_4SC_2H_4(OC_2H_4)_7OH$	H_2O	25	4.8×10^{-3}	[160]
含硅非离子表面活性剂				
$(CH_3)_3SiOSi(CH_3)[CH_2(C_2H_4O)_5H]OSi(CH_3)_3$	H_2O	23±2	7.9×10^{-5}	[161a]
$(CH_3)_3SiOSi(CH_3)[CH_2(C_2H_4O)_9H]OSi(CH_3)_3$	H_2O	23±2	1.0×10^{-4}	[161a]
$(CH_3)_3SiOSi(CH_3)[CH_2(C_2H_4O)_{13}H]OSi(CH_3)_3$	H_2O	23±2	6.3×10^{-4}	[161a]

注：表中所有"硬河"水的 I.S.=6.6×10^{-3}mol/L。
① 来自分子中平均含有 4.4 个甲基支链的十二醇。
② Pri^+，吡啶。
③ 低于 Krafft 点的过饱和溶液。
④ 工业级产品。
⑤ 溶解度太低以致不能达到 CMC。
⑥ 亲水头基非单一物质，但通过分子蒸馏可以降低 POE 链的分布。疏水基与含 10.5 个 C 原子的直链烷基相当。
注：I.S.=离子强度。

3.4.1 表面活性剂的结构

一般来说，水溶液中的 CMC 随表面活性剂疏水性的增强而减小。

3.4.1.1 疏水基团

在水介质中，CMC 随疏水链上碳原子数的增加而减小，直至碳原子数达到 16，而对离子型表面活性剂有一个一般规则，即对亲水基位于直链烷基末端的表面活性剂，直链疏水基上每增加一个亚甲基，CMC 值将减半。对非离子和两性表面活性剂，CMC 随烷基链长的增大而减小的程度要更大一些，每增加两个亚甲基，CMC 会减小到原值的十分之一（相当于离子表面活性剂的 CMC 值减至 1/4）。在亲水基处于末端的疏水链上每加一个苯环，相当于增加 3.5 个亚甲基。但当直链疏水基的碳原子数超过 16 时，CMC 随链长增长而降低的速度减慢，当链长超过 18 个碳原子时，随着链的进一步增加 CMC 基本保持不变[161b]。这可能是由于这些长链在水中发生了卷曲所致[85]。

当疏水基含支链时，支链碳原子对 CMC 的影响只有直链碳原子的 1/2[86]。当疏水链上含有碳碳双键时，其 CMC 通常要比相应的饱和化合物的要大，而顺式异构体的 CMC 要较反式的大。这可能是由胶束形成过程中的空间因素造成的。含大的疏水基或亲水基的表面活性剂的 CMC 较结构相似但基团较小的表面活性剂的 CMC 值要大。原因可能是大的疏水基团较难插入球状或棒状胶束的内部。

疏水链上引入极性基团如醚氧（-O-）或羟基（-OH），一般会使室温下水介质中的 CMC 明显增大，与极性基团不存在时相比，处于极性基团与亲水头基之间的碳原子对 CMC 的影响会降低一半。当极性基团与亲水基团都连接在同一个碳原子上时，该碳原子对 CMC 值没有影响。

对 POE 聚氧丙烯嵌段共聚物，当分子中的 EO 数相同时，CMC 随环氧丙烷数的增多而明显降低[162]。

当碳原子数不变时，将碳氢疏水链换成碳氟疏水链似乎使得 CMC 下降[100b]。与此相反，将碳氢疏水链末端的甲基换成三氟甲基时，发现 CMC 增大。对于 12,12,12-三氟癸基三甲基溴化铵和 10,10,10-三氟癸基三甲基溴化铵，CMC 是相应的无氟化合物的 2 倍[6]。

3.4.1.2 亲水基团

在水介质中，离子表面活性剂的 CMC 比含有相同疏水基的非离子表面活性剂要高得多。含 C_{12} 直链烷基的离子型表面活性剂的 CMC 约为 1×10^{-2} mol/L，而含有相同疏水基的非离子表面活性剂的 CMC 则为 1×10^{-4} mol/L。两性表面活性剂的 CMC 略小于疏水链碳原子数相同的离子型表面活性剂。

当亲水基从表面活性剂疏水链的末端移到中间位置时，CMC 会增大。这里疏水基好像在亲水基连接的位置发生了支链化，其中较短的一个链上的碳原子对 CMC 的影响只有原来的一半[72]。这也可能是前面提到的胶束形成过程中空间位阻效应的另一个例子。

研究发现[163]，当亲水基上的电荷越靠近烷烃链上的 α-碳原子时，CMC 越高。这被解释为胶束化过程中离子头基从水相转移到胶束非极性内核附近时，表面活性离子自身的静电势能增加了；将一个电荷转移到介电常数更低的介质附近时需要做功。对一些含有正构烷基的离子型表面活性剂，CMC 降低的顺序为：铵盐>羧酸盐（分子中多一个碳原子）>磺酸盐>硫酸盐。相同的顺序之前已经被注意到[164]。

与预期的一样，含有一个以上亲水基的表面活性剂的 CMC 值要大于仅含一个亲水基而疏水基相当的表面活性剂的 CMC 值。

在季铵盐阳离子表面活性剂中，吡啶类化合物的 CMC 要小于相应的三甲基化合物。原因可能在于，相对于四面体的三甲铵盐基团，平面的吡啶盐基团更易排列到胶束内部。对 $C_{12}H_{25}N^+(R)_3Br^-$ 系列化合物，CMC 随 R 长度的增加而减小，这可能是分子的疏水性增强所致。

对常规的聚氧乙烯类非离子型表面活性剂，水介质中的 CMC 随聚氧乙烯链中 EO 单元数的增多而增大。然而，一个 EO 单元引起的 CMC 的变化比疏水链上一个亚甲基引起的变化要小得多。当 POE 链较短且疏水链很长时，每个 EO 单元对 CMC 的影响可能达到最大。商品 POE 类非离子型表面活性剂是一系列同系物的混合物，它们的亲水基具有不同的 EO 单元数，总体上具有一个平均 EO 数，其 CMC 值略小于那些含有相同疏水基、EO 数与其平均值相等的单一化合物的 CMC 值。这可能是由于商品表面活性剂中低 EO 含量的组分对 CMC 的降低作用要强于 EO 含量高的组分对 CMC 的提升作用[150]。聚氧乙烯脂肪酰胺的 CMC 较相应的聚氧乙烯脂肪醇的 CMC 要小，原因可能是其头基间形成了氢键，尽管其亲水性较强[165]。

当 POE 非离子表面活性剂的疏水基为油基，或者是 9,10-二溴、9,10-二氯或 9,10-二羟基硬脂酰基时，CMC 随分子中 EO 数的增多而下降[166]。这可能是因为这些分子中的疏水基团较大，导致其在胶束中近乎平行排列，类似于在平的液-气界面的排列。在这种界面上，引入一个 EO 基团使得分子的疏水性略微增加，这已经从 $-\Delta G_{ad}^{\ominus}$（见 2.3.6 节）增大得到证明。当表面活性分子在胶束中按类似的方式近乎平行排列时，这样一个疏水性增强应当导致 CMC 降低。对 $(CH_3)_3SiO[Si-(CH_3)_2O]_x-Si(CH_3)_2CH_2(C_2H_4O)_yCH_3$ 类有机硅非离子型表面活性剂，CMC 也随分子中 EO 数的增加而减小[167]。这些化合物的疏水基团也很大，但目前仅研究了少数几个化合物。

对聚氧丙烯聚氧乙烯嵌段共聚物类非离子型表面活性剂，当分子中的聚氧丙烯（PO）数固定时，CMC 随 EO 数增多而增大。当聚氧乙烯/聚氧丙烯比不变时，表面活性剂的分子量增加，CMC 降低[162]。

3.4.1.3　离子型表面活性剂的反离子、反离子结合度

水溶液中，离子型表面活性剂的电导率 κ 随浓度 C 呈线性变化，在 CMC 处出现一个拐点，CMC 以上直线的斜率变小（图 3.6）。图中拐点的出现是由于一些离子型表面活性剂的反离子被束缚于胶束所致，从 CMC 上下两条直线的斜率之比 S_2/S_1 可以得到 CMC 附件胶束的电离度 α[167a]。对单头基离子型表面活性剂分子，反离子在胶束上的结合度为（$1-\alpha$）。

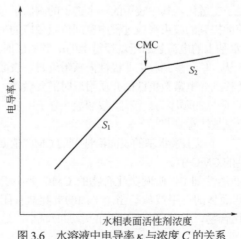

图 3.6　水溶液中电导率 κ 与浓度 C 的关系

CMC 前后直线的斜率从 S_1 变为 S_2

反离子的水合半径越大，结合度则越低，因此有 $NH_4^+>K^+>Na^+>Li^+$，以及 $I^->Br^->Cl^-$❶。

对多个系列的阳离子表面活性剂，Zana[31]发现（表 3.3）结合度（或电离度）与离子胶束中每个头基所占的表面积 a_m^s 有关，结合度随头基表面积 a_m^s 的减小（即表面电荷密度的增加）而增大。这也可以从表 3.3 中的 Granet 和 Piekarski[168]和 Binana-Limbele 等[169]的数据看出，随着癸烷磺酸盐中 2-烷基侧链长度的增加或羧酸盐中 POE 基团数的增加，每个头基的表面积增大，而反离子结合度则降低。

表 3.3　水溶液中一些离子型表面活性剂胶束的反离子结合度（$1-\alpha$）、头基面积 a_m^s 和 CMC

化合物	温度/℃	结合度	$a_m^s/Å^2$	CMC/mol/L	参考文献
阴离子表面活性剂					
$C_{11}H_{23}COO^-Na^+$	25	0.54	—	$2.8×10^{-3}$	[170]
$C_{12}H_{25}(OC_2H_4)_5OCH_2COO^-Na^+$ (pH 8.2)	25	0.19	—	$3.5×10^{-3}$	[169]
$C_{12}H_{25}(OC_2H_4)_9OCH_2COO^-Na^+$ (pH 8.2)	25	0.14	—	$5.9×10^{-3}$	[169]
$C_{11}H_{23}CON(CH_3)CH_2COO^-Na^+$ (0.1mol/L NaCl, pH 10.5)	30	0.41	58	$3.5×10^{-3}$	[65]
$C_{11}H_{23}CON(CH_3)CH_2CH_2COO^-Na^+$ (0.1mol/L NaCl, pH 10.5)	30	0.36	66	$2.7×10^{-3}$	[65]
$C_7F_{15}COO^-Na^+$	25	0.44	—	$3.0×10^{-2}$	[170]
$C_8F_{17}COO^-Na^+$	40	0.47	—	$1.0×10^{-2}$	[102]
$C_9H_{19}CH_2SO_3^-Na^+$	45	0.88	—	$4.0×10^{-2}$	[168]
$C_9H_{19}CH(C_2H_5)SO_3^-Na^+$	45	0.86	—	$1.8×10^{-2}$	[168]
$C_9H_{19}CH(C_4H_9)SO_3^-Na^+$	45	0.83	—	$6.8×10^{-3}$	[168]
$C_9H_{19}CH(C_6H_{13})SO_3^-Na^+$	45	0.77	—	$1.7×10^{-3}$	[168]
$C_9H_{19}CH(C_8H_{17})SO_3^-Na^+$	45	0.67	—	$2.4×10^{-4}$	[168]
$C_9H_{19}CH(C_9H_{19})SO_3^-Na^+$	45	0.59	—	$8.9×10^{-5}$	[168]
$C_{11}H_{23}CON(CH_3)CH_2CH_2SO_3^-Na^+$ (0.1mol/L NaCl, pH 10.5)	30	0.42	56	$1.6×10^{-3}$	[65]
$C_{12}H_{25}SO_4^-Na^+$	25	0.82	—	$8.1×10^{-3}$	[34]
$C_{12}H_{25}SO_4^-Na^+$(0.1mol/L NaCl)	25	0.88	—	$1.6×10^{-3}$	[34]
$C_{12}H_{25}SO_4^-Na^+$(0.2mol/L NaCl)	25	0.86	—	$8.3×10^{-4}$	[34]
$C_{12}H_{25}SO_4^-Na^+$(0.4mol/L NaCl)	25	0.87	—	$5.2×10^{-4}$	[34]
$C_{14}H_{29}SO_4^-Na^+$	40	0.85	—	$2.23×10^{-3}$	[102]
$C_{12}H_{25}OC_2H_4SO_4^-Na^+$	25	0.84	—		[171]
$C_{12}H_{25}(OC_2H_4)_2SO_4^-Na^+$	25	0.87	—		[171]
$C_{12}H_{25}(OC_2H_4)_4SO_4^-Na^+$	25	0.84	—		[171]

❶ 对具有 $RC(O)N(R^1)CH^2CH^2COO^-Na^+$ 结构的阴离子表面活性剂，已经发现[65,172,173]，在电导率-浓度曲线上的拐点比预期的要小，甚至没有拐点，所得到的结合度（$1-\alpha$）比不带酰胺基的相应表面活性剂要小得多（表 3.3）。这可能是由于羧酸盐基团的质子化并与酰胺基形成环状氢键，形成胶团时放出 Na^+ 所致。对具有类似分子结构的孪子表面活性剂，这种电导率-浓度曲线上没有转折点的现象甚至更容易发生。

续表

化合物	温度/℃	结合度	$a_m^s/\text{Å}^2$	CMC/mol/L	参考文献
阴离子表面活性剂					
$C_{12}H_{25}(OC_2H_4)_6SO_4^-Na^+$	25	0.81	—	—	[171]
阳离子表面活性剂					
$C_8H_{17}N^+(CH_3)_3Br^-$	25	0.64	83.3	2.9×10^{-1}	[31,174]
$C_{10}H_{21}N^+(CH_3)_3Br^-$	25	0.73	79.7	6.4×10^{-2}	[31,174]
$C_{10}H_{21}N^+(CH_3)_3Cl^-$	25	0.75		6.8×10^{-2}	[37]
$C_{10}H_{21}N^+(CH_2C_6H_5)(CH_3)_2Cl^-$	25	0.46	—	3.9×10^{-2}	[118]
$C_{12}H_{25}N^+(CH_3)_3Br^-$	25	0.78	77.2	1.5×10^{-2}	[31,174]
$C_{12}H_{25}N^+(CH_3)_2(C_2H_5)Br^-$	25	0.72	89	1.4×10^{-2}	[31,174]
$C_{12}H_{25}N^+(CH_3)_2(C_2H_5)Br^-$	25	0.68	96	1.1×10^{-2}	[31,174]
$C_{12}H_{25}N^+(CH_3)_3Cl^-$	25	0.66		2.2×10^{-2}	[175]
$C_{14}H_{29}N^+(CH_3)_3Br^-$	25	0.81	75.3	3.2×10^{-3}	[31,174]
$C_{14}H_{29}N^+(CH_3)_3Br^-$	40	0.75	—	4.2×10^{-3}	[38]
$C_{16}H_{33}N^+(CH_3)_3Br^-$	25	0.84	74	8.5×10^{-3}	[31,174]
$C_{16}H_{33}N^+(CH_3)_3Cl^-$	25	0.63	—	1.4×10^{-3}	[176]
$C_{10}H_{21}Pyr^+Br^-$	25	0.62		4.4×10^{-2}	[111]
$C_{11}H_{23}Pyr^+Br^-$	25	0.64		2.1×10^{-2}	[111]
$C_{12}H_{25}Pyr^+Br^-$	25	0.66		1.0×10^{-2}	[111]
$C_{13}H_{27}Pyr^+Br^-$	25	0.66		5.3×10^{-3}	[111]
$C_{14}H_{29}Pyr^+Br^-$	25	0.69		2.7×10^{-3}	[111]
$C_{15}H_{31}Pyr^+Br^-$	25	0.69		1.3×10^{-3}	[111]
$C_{16}H_{33}Pyr^+Br^-$	25	0.69		6.4×10^{-4}	[111]

反离子结合度还会随短链醇（$C_2\sim C_6$）在胶束栅栏层中的增溶而降低，但辛烷的增溶，由于发生在胶束的内核（见第 4 章 4.2.1 节），则不会影响反离子的结合度[177]。这可能是因为在栅栏层中的增溶增大了离子头基的表面积，而在胶束内核的增溶则不会。反离子结合度还会因在水中加入尿素而下降，因为尿素分子代替了界面的水分子[178]。反离子结合度会随着溶液中电解质含量的增加而增加[179]以及随表面活性剂浓度的增加致使胶束变大而增大[180,181]，可能是因为上述两种行为都伴随了离子头基面积的减小。与反离子结合度较低的离子胶束相比，反离子结合度高的离子胶束非离子性更强，水溶性变差，在水溶液中更易于形成非球形胶束并表现出黏弹性。

对甜菜碱和磺基甜菜碱型两性表面活性剂，反离子 Na^+ 和 Cl^- 在胶束上的结合要到浓度远大于 CMC 时才会发生，因此不会影响 CMC 值的大小。Cl^- 的结合度通常要大于 Na^+ 的结合度[182]。

对特定的表面活性剂来说，水溶液中的 CMC 反映了反离子与胶束的结合度大小。水溶液体系中，反离子结合度增大会导致表面活性剂的 CMC 减小。反离子结合的程度还随反离子电荷的极化度增加而增加，随反离子水合半径的增大而减小。因此，在水溶液中，对十二烷基硫酸盐阴离子，CMC 减小的顺序为：$Li^+ > Na^+ > K^+ > Cs^+ > N(CH_3)_4^+ > N(C_2H_5)_4^+ > Ca^{2+}$，$Mg^{2+}$，这与阳离子结合度增加的顺序一致[183]。从 Li^+ 变到 K^+，CMC 降低的程度较小，但对于其他反离子，CMC 降低的程度则很大。当反离子是伯胺系列的阳离子 RNH_3^+ 时，CMC 随着胺基链长的增长而减小[184]。对十二烷基三甲基铵盐和十二烷基吡啶盐类阳离子，水溶液中 CMC 降低的顺序为：$F^- > Cl^- > Br^- > I^-$[85]，这与阴离子结合度增加的顺序一致[185]。

另一方面，比较不同结构类型的表面活性剂时，CMC 值并不总是随反离子结合度的减小而增大。因此，对 $RN^+(CH_3)_3Br^-$ 系列表面活性剂，虽然随着 R 长度的增加，反离子结合度增加，CMC 降低，但 CMC 降低的主要原因是烷烃链长的增长导致了表面活性剂疏水性的增加，而因为头基面积 a_m^s 的减小导致的 CMC 降低仅仅是次要的。对 $C_{12}H_{25}N^+(CH_3)_2(R^1)Br^-$ 和 $C_9H_{19}CH(R^1)SO_3Na^+$ 系列（表 3.3）也可以观察到上述现象。这里，虽然反离子的结合度随烷基 R^1 链长的增加而减小，但 CMC 的减小主要源于烷基 R^1 链长的增加导致的表面活性剂疏水性的增加。

3.4.1.4　经验方程

关于 CMC 和表面活性物质的各种结构单元之间的关系，研究者们已经提出了一些经验方程。例如，对直链离子型表面活性剂同系物（肥皂、烷基磺酸盐、烷基硫酸盐、烷基氯化铵、烷基溴化铵等），水溶液中 CMC 与疏水链中碳原子数 N 的关系[164]具有下列形式：

$$\lg CMC = A - BN \tag{3.1}$$

式中，A 对特定的离子头基在一定温度下为常数；B 对以上提及的离子型表面活性剂也为常数，35℃下约为 0.3（$= \lg 2$）。很显然这一公式与前面提到的疏水链中每增加一个碳原子 CMC 值减小一半的基本规则是一致的。非离子型表面活性剂和两性表面活性剂也服从上述关系式，但 $B \approx 0.5$，这与疏水链中每增加两个亚甲基，CMC 降低至 1/10 的规律相吻合。表 3.4 列出了实验测定的 A 和 B 数据。

表 3.4　关系式 **lg CMC** $=A-BN$ 中的常数

表面活性剂	温度/℃	A	B	参考文献
羧酸钠（皂类）	20	1.8_5	0.30	[186]
羧酸钾（皂类）	25	1.9_2	0.29	[164]
烷基磺酸（-1-硫酸）钠（钾）	25	1.5_1	0.30	[187]
烷基-1-磺酸钠	40	1.5_9	0.29	[164]
烷基-1-磺酸钠	55	1.1_5	0.26	[188]
烷基-1-硫酸钠	45	1.4_2	0.30	[164]
烷基-1-硫酸钠	60	1.3_5	0.28	[187]
烷基-2-硫酸钠	55	1.2_8	0.27	[188]
对烷基苯磺酸钠	55	1.6_8	0.29	[188]
对烷基苯磺酸钠	70	1.3_3	0.27	[189]

表面活性剂	温度/℃	A	B	参考文献
烷基三甲基溴化铵	25	2.0_1	0.32	[31]
烷基三甲基氯化铵（0.1mol/L NaCl）	25	1.2_3	0.33	[190]
烷基三甲基溴化铵	60	1.7_7	0.29	[164]
烷基溴化吡啶	30	1.7_2	0.31	[117]
$C_nH_{2n+1}(OC_2H_4)_6OH$	25	1.8_2	0.49	[187]
$C_nH_{2n+1}(OC_2H_4)_8OH$	15	2.1_8	0.51	[145]
$C_nH_{2n+1}(OC_2H_4)_8OH$	25	1.8_9	0.50	[145]
$C_nH_{2n+1}(OC_2H_4)_8OH$	40	1.6_6	0.48	[145]
$C_nH_{2n+1}N^+(CH_3)_2CH_2COO^-$	23	3.1_7	0.49	[124]

3.4.2　电解质

水溶液中，电解质的存在会引起 CMC 的变化，其中对阴离子或阳离子表面活性剂的影响要明显大于对两性表面活性剂的影响，而对两性表面活性剂的影响又要明显大于对非离子型表面活性剂的影响。实验数据表明，对前两种表面活性剂，电解质浓度的影响由下式[191,192]给出：

$$\lg CMC = -a \lg C_i + b \tag{3.2}$$

式中，a 和 b 对特定的离子头基在一定温度下为常数；C_i 为反离子的总浓度，单位为当量每升（对于一价离子，mol/L）。这里导致 CMC 降低的主要原因是在外加电解质存在下，环绕表面活性剂离子头的离子氛厚度减小了，从而降低了胶束中离子头基之间的静电排斥作用。对于月桂酸钠和环烷酸钠，阴离子降低 CMC 的效能顺序为：$PO_4^{3-} > B_4O_7^{2-} > OH^- > CO_3^{2-} > HCO_3^- > SO_4^{2-} > NO_3^- > Cl^-$ [193]。

对非离子和两性表面活性剂，上述关系式不适用。而下式能更好地描述电解质对它们的 CMC 的影响[4,127,136]：

$$\lg CMC = -KC_s + 常数 (C_s < 1) \tag{3.3}$$

式中，K 对于特定的表面活性剂、电解质和温度为常数，而 C_s 是电解质的浓度，单位为 mol/L。对烷基甜菜碱系列，K 值随疏水链长度和电解质中阴离子电荷[127]的增加而增加。

对非离子和两性表面活性剂，加入电解质导致 CMC 发生变化的原因被认为主要是水溶液中电解质对表面活性剂疏水基的"盐析"或"盐溶"效应[85,194]而不是电解质对表面活性剂亲水基的作用。发生盐溶效应还是盐析效应，取决于加入的离子是水结构破坏剂还是水结构促进剂。具有较大的电荷/半径比的离子，如 F^-，是高度水化的，因而是水结构促进剂，它们对表面活性剂单体的疏水基团有盐析作用，因而能使 CMC 降低。具有较小电荷/半径比的离子，如 CNS^-，是水结构破坏剂，它们对表面活性剂单体的疏水基团有盐溶作用，因而会使 CMC 增大。电解质的总影响近似地等于其对与水相接触的溶质分子各部分的影响的加和。无论表面活性剂以单体形式还是胶束形式存在，其亲水基都与水相接触，但其疏水基仅在以单体形式存在时才与水相接触。因此电解质对以单体和胶束形式存在的表面活性剂的亲水基的影响可以相互抵消，而以单体形式存在的表面活性剂的疏水基最有可能受到加入水中的电解质的影响。

电解质中的阴离子和阳离子对 CMC 的影响是叠加的。对阴离子，其对 POE 非离子型表面活性剂 CMC 的影响似乎取决于电荷/半径比（水结构）效应。因此，阴离子降低 CMC 效能的顺序为：$(1/2)SO_4^{2-} > F^- > BrO_3^- > Cl^- > Br^- > NO_3^- > I^- > CNS^-$。对阳离子，顺序则为：$NH_4^+ > K^+ > Na^+ > Li^+ > (1/2)Ca^{2+}$ [4,195]。产生这一顺序的原因现在还不清楚。电解质对正十二烷基麦芽糖苷 CMC 的影响也有类似的阴离子和阳离子效应[196]。

关于电解质对高分子量的 POE 非离子表面活性剂 CMC 的影响，研究[197]表明，CMC 下降的顺序为：$Na_3PO_4 > Na_2SO_4 > NaCl$。而加入 NaSCN 可增加表面活性剂的 CMC，与其是水结构破坏剂相一致。

四烷基铵阳离子能增加 POE 非离子型表面活性剂的 CMC，增加的效能顺序为：$(C_3H_7)_4N^+ > (C_2H_5)_4N^+ > (CH_3)_4N^+$。这也是它们作为水结构破坏剂的效能顺序。

3.4.3 有机添加剂

少量有机物可能引起水介质中 CMC 的显著变化。由于有些有机物是合成表面活性剂过程中的杂质或副产物，它们的存在可能使名义上相同的商品表面活性剂的性质有显著不同。因此，研究有机物质对表面活性剂 CMC 的影响，无论在理论上还是在实践上都是非常重要的。

为了理解有机物对 CMC 产生的具体影响，有必要区分能显著影响水溶液中表面活性剂 CMC 的两种类型的有机物：第 I 类物质通过参与构筑胶束而影响 CMC；而第 II 类物质则是通过改变溶剂–胶束或溶剂–表面活性剂间的相互作用来影响 CMC。

3.4.3.1 第 I 类物质

这类物质基本上都是极性有机物，如醇类和酰胺类。相对于第 II 类物质，这类物质在较低的液相浓度下就能影响 CMC。这类物质中的水溶性化合物在低浓度区表现为第 I 类物质[198]，而在高浓度区则又表现为第 II 类物质。

第 I 类物质使溶液的 CMC 降低。该类物质中的短链成分可能主要吸附在靠近水–胶束"界面"的胶束外部。长链成分则可能主要吸附在表面活性剂胶束内核的外部，处于表面活性剂分子之间。添加物的这种吸附方式降低了胶束化作用所需要的功，对离子型表面活性剂而言，可能是降低了胶束中离子头之间的排斥作用。

这类物质中，直链化合物降低 CMC 的程度要大于支链化合物，并且随疏水基链长的增加而增加，直至与表面活性剂的疏水基链长相近时达到最大。对这些现象的一个解释[188]是，那些降低 CMC 最有效的分子被增溶在胶束内核，在那里它们受到侧向压力的作用，趋向于进入胶核内部。而这种压力随分子横截面积的增加而增大。于是直链分子因为较支链分子有更小的横截面积，更易留在核外部，因此比被压进核内部的支链分子更能降低 CMC。另一个原因是，当添加物具有直链结构而不是支链结构时，其疏水基与表面活性剂的疏水基有更强的相互作用。这一因素也使直链分子相对于支链分子更趋向于保持在胶束的外部。这也解释了当添加物的疏水基与组成胶束的表面活性剂的疏水基链长相近时对 CMC 所产生的较大影响，因为在这一条件下，添加物的疏水基与表面活性剂的疏水基之间的相互作用达到了最大。

当添加物的末端极性基团中含有一个以上能与水形成氢键的基团时，其降低 CMC 的效应大于那些只含有一个能与水形成氢键的基团的添加物。对这一现象的解释[188]是：添加物的极性基团与水分子间形成的氢键有助于平衡侧向压力，而后者趋向于将添加物推向胶束的内部。因此相对于只含有一个能与水形成氢键的基团的添加物，含有一个以上能与水形成氢键的基团的添加物保留在胶核外部的比例将更高，因而能将 CMC 降得更低。

与极性化合物能渗入胶核内部导致 CMC 微小下降相类似，增溶在胶束内核的烃类化合物也仅能使溶液的 CMC 有微小降低。极短链化合物（如二氧六环和乙醇）在低体相浓度下也使 CMC 降低，但影响也很小[199]。这些化合物可能主要吸附在靠近亲水基的胶束表面。

3.4.3.2 第 II 类物质

第 II 类物质也能改变 CMC，但发挥作用所需要的体相浓度较第 I 类物质要高得多。这类物质通过改变水与表面活性剂分子或者水与胶束之间的相互作用来改变 CMC，具体途径是通过改变水的结构、水的介电常数或者是水的溶解度参数（内聚能密度）来实现。这类物质包括尿素、甲酰胺、甲基乙酰胺、胍盐、短链醇、水溶性酯类、二氧六环、乙二醇以及其他多羟基醇类如果糖和木糖等。

尿素、甲酰胺、胍盐能增加表面活性剂，尤其是乙氧基化非离子表面活性剂在水溶液中的 CMC。原因在于它们对水的结构具有破坏作用[152]，由此增加了亲水基的水合程度，而亲水基的水合作用是阻碍胶束化的，因而引起 CMC 升高。这些水结构破坏剂还可能通过降低胶束化过程中的熵效应进而增加 CMC（见 3.8 节）。在水相中，当表面活性剂溶解时，其疏水基被认为会形成某种结构，而如果通过胶束化使这种结构从水中消失，则将导致体系的熵值增加，而体系的熵值增加是有利于胶束化的。水相中水结构破坏剂的存在可能破坏由溶解的表面活性剂疏水基所产生的水结构，从而降低胶束化过程中的熵变。因为有助于胶束化的熵值增加被降低，表面活性剂需要在更高的浓度下才能形成胶束，即 CMC 值升高。

对水结构具有促进作用的物质，如木糖和果糖[200]由于类似的原因而降低表面活性剂的 CMC 值。

尿素对离子型表面活性剂 CMC 的作用不大但很复杂。尽管添加尿素使 $C_{12}H_{25}SO_4^-Li^+$ 和 $C_{14}H_{29}SO_4^-NH_2(C_2H_5)_2$ 的 CMC 值增加，但却会使 $C_8F_{17}SO_4^-Li^+$ 和 $C_8F_{17}COO^-Li^+$ 的 CMC 有微小的下降。一种解释是，这里尿素可能取代了亲水基周围的水分子而直接与表面活性剂分子发生了作用[201]。

二氧六环、乙二醇、水溶性酯类以及短链醇类在高体相浓度下可以增加 CMC 值，原因在于它们降低了水的内聚能密度或溶解度参数，因此增加了单体的溶解度，导致 CMC 升高[152]。另一种有关这些化合物对离子型表面活性剂的影响的解释是，它们降低了水相的介电常数[202]，这将引起胶束中离子头间的相互排斥作用增加，于是抑制胶束的形成，使 CMC 增加。

3.4.4 第二个液相的存在

当体系中存在不能显著溶解表面活性剂的第二个液相，并且该液相本身在水相中也不能显著溶解，或者仅能被增溶于胶束的内核（即饱和脂肪烃）时，则表面活性剂在水相中的 CMC 变化很小。但如果这个烃是短链的不饱和烃或者芳烃，则表面活性剂的 CMC 要比在纯水中时明显减小，并且烃的极性越大，CMC 降低得越多[79,80,132]。推测可能的原因是部分这类第二液相会吸附到表面活性剂胶束的外部，其作用类似于第 I 类有机物（见 3.3 节）。另一方面，极性更大的乙酸乙酯可略微增加十二烷基硫酸钠的 CMC，据推测要么是它在水中具有明显的溶解度从而增加了它的溶解度参数，导致表面活性剂的 CMC 增加，要么是表面活性剂在乙酸乙酯中有很好的溶解度，因此降低了其在水相中的浓度，使得 CMC 增大。

3.4.5　温度

温度对水溶液中表面活性剂 CMC 的影响比较复杂，CMC 值一般会随着温度的升高而降低，达到一个最小值后再随温度的升高而增大。温度升高降低了亲水基的水化作用，这是有利于胶束化的。然而温度升高同时也会引起疏水基团周围水结构的破坏，而这一效应是抑制胶束化的。因此这两个相反因素的相对大小决定了 CMC 在一个特定的温度区间内是增大还是减小。从已知的数据来看，离子型表面活性剂的 CMC-温度曲线上的最低点出现在 25℃左右[79]，而非离子型表面活性剂则出现在 50℃左右[150,203]。对烷基硫酸二价金属盐，CMC 实际上与温度无关[204]。温度对两性表面活性剂 CMC 影响的数据不多。有限的数据表明，在 6～60℃范围内，烷基甜菜碱的 CMC 随温度的升高逐渐降低[127,130]。还没有数据表明温度的进一步升高会否引起 CMC 增大。

3.5　水溶液中的胶束化作用与在水/空气和水/烃界面上的吸附

虽然胶束化和吸附受到类似因素的影响，如表面活性剂的分子结构及分子周围的微环境等，但这些因素对这两种现象的影响一般并不等同。

表面活性剂分子的空间因素，例如存在一个大的疏水基团或亲水基团，对胶束化的抑制作用远大于其对水/空气界面上吸附的影响。另一方面，电因素，如表面活性剂分子中存在离子型亲水基团而不是非离子型亲水基团，对水/空气界面上吸附的抑制作用大于对胶束化的抑制作用。

3.5.1　CMC/C_{20} 比值

关于一些结构或微环境因素对胶束化和吸附的影响，一种简单的测定方法是考察这些因素对 CMC/C_{20} 比值的影响，这里的 C_{20}（见第 2 章 2.3.5 节）是将溶剂的表面张力降低 20mN/m 时所需的表面活性剂的体相浓度。如果某种因素导致 CMC/C_{20} 比值增加，则表明该因素对胶束化的抑制作用大于对吸附的抑制作用；或者这一因素更有利于吸附而不是胶束化。反之，如果某种因素导致 CMC/C_{20} 比值减小，则表明该因素对胶束化的抑制作用小于对吸附的抑制作用；或者这一因素更有利于胶束化而不是吸附。因此，CMC/C_{20} 比值使我们能够更好地了解吸附和胶束化这两个过程。此外，在测定表面活性剂存在时溶剂的表面张力值下降方面，CMC/C_{20} 也是一个重要的参数（见第 5 章 5.2.2 节）。

一些 CMC/C_{20} 值列于表 3.5 中。数据表明，对所有类型的单链化合物，CMC/C_{20} 值有下列现象。

表 3.5　表面活性剂的 CMC/C_{20} 比值

化合物	溶剂	温度/℃	CMC/C_{20} 比值	参考文献
阴离子型				
$C_{10}H_{21}OCH_2COO^-Na^+$	0.1mol/L NaCl（水溶液），pH 10.5	30	4.9	[65]
$C_{11}H_{23}CON(CH_3)CH_2COO^-Na^+$	H_2O，pH 10.5	30	3.5	[65]

化合物	溶剂	温度 /℃	CMC/C_{20} 比值	参考文献
阴离子型				
$C_{11}H_{23}CON(CH_3)CH_2COO^-Na^+$	0.1mol/L NaCl（水溶液），pH 10.5	30	6.5	[65]
$C_{11}H_{23}CON(CH_3)CH_2CH_2COO^-Na^+$	H_2O, pH 10.5	30	3.7	[65]
$C_{11}H_{23}CON(CH_3)CH_2CH_2COO^-Na^+$	0.1mol/L NaCl（水溶液），pH 10.5	30	6.9	[65]
$(CF_3)_2CF(CF_2)COO^-Na^+$	H_2O	25	11.1	[100b]
$C_7F_{15}COO^-Na^+$	H_2O	25	9.5	[100b]
$C_7F_{15}COO^-K^+$	H_2O	25	10.8	[100b]
$C_{10}H_{21}SO_3^-Na^+$	H_2O	10	2.4	[70]
$C_{10}H_{21}SO_3^-Na^+$	H_2O	25	2.1	[70]
$C_{10}H_{21}SO_3^-Na^+$	H_2O	40	1.8	[70]
$C_{10}H_{21}SO_3^-Na^+$	0.1mol/L NaCl（水溶液）	25	4.1	[70]
$C_{10}H_{21}SO_3^-Na^+$	0.5mol/L NaCl（水溶液）	25	5.4	[70]
$C_{10}H_{21}OC_2H_4SO_3^-Na^+$	H_2O	25	2.0	[70]
$C_{10}H_{21}OC_2H_4SO_3^-Na^+$	0.1mol/L NaCl（水溶液）	25	4.5	[70]
$C_{10}H_{21}OC_2H_4SO_3^-Na^+$	0.5mol/L NaCl（水溶液）	25	7.1	[70]
$C_{12}H_{25}SO_3^-Na^+$	H_2O	25	2.8	[70]
$C_{12}H_{25}SO_3^-Na^+$	0.1mol/L NaCl（水溶液）	25	5.9	[70]
$C_{16}H_{33}SO_3^-K^+$	H_2O	60	1.9	M. J. Rosen 和 J. Solash，未发表数据
支链化 $C_{12}H_{25}SO_4^-Na^+$[②]	H_2O	25	11.3	[74]
支链化 $C_{12}H_{25}SO_4^-Na^+$[②]	0.1mol/L NaCl	25	15.2	[74]
$C_{12}H_{25}SO_4^-Na^+$	H_2O	25	2.6	[70]
$C_{12}H_{25}SO_4^-Na^+$	0.1mol/L NaCl（水溶液）	25	6.0	[70]
$C_{12}H_{25}SO_4^-Na^+$	H_2O（正己烷饱和的）	25	1.5	[79]
$C_{12}H_{25}SO_4^-Na^+$	H_2O（苯饱和的）	25	2.2	[79]
$C_{12}H_{25}SO_4^-Na^+$	H_2O（环己烷饱和的）	25	4.9	[79]
$C_{12}H_{25}SO_4^-Na^+$	H_2O（辛烷饱和的）	25	4.7	[79]
$C_{12}H_{25}SO_4^-Na^+$	H_2O（十七烷饱和的）	25	4.8	[79]
$C_{14}H_{29}SO_4^-Na^+$	H_2O	25	2.6	[87]
$C_{12}H_{25}OC_2H_4SO_4^-Na^+$	H_2O	25	2.6	[70]
$C_{12}H_{25}OC_2H_4SO_4^-Na^+$	0.1mol/L NaCl	25	7.3	[70]
$C_{12}H_{25}OC_2H_4SO_4^-Na^+$	0.5mol/L NaCl	25	8.3	[70]
$C_{12}H_{25}O(C_2H_4)_2SO_4^-Na^+$	H_2O	10	2.8	[70]
$C_{12}H_{25}O(C_2H_4)_2SO_4^-Na^+$	H_2O	25	2.5	[70]
$C_{12}H_{25}O(C_2H_4)_2SO_4^-Na^+$	H_2O	40	2.0	[70]

化合物	溶剂	温度 /℃	CMC/C_{20} 比值	参考文献
阴离子型				
$C_{12}H_{25}O(C_2H_4)_2SO_4^-Na^+$	0.1mol/L NaCl（水溶液）	25	6.7	[70]
$C_{12}H_{25}O(C_2H_4)_2SO_4^-Na^+$	0.5mol/L NaCl（水溶液）	25	10.0	[70]
p-$C_8H_{17}C_6H_4SO_3^-Na^+$	H_2O	70	1.4	[189]
p-$C_{10}H_{21}C_6H_4SO_3^-Na^+$	H_2O	70	1.4	[189]
$C_{11}H_{23}$-2-$C_6H_4SO_3^-Na^+$	"硬河"水（I.S.=$6.6×10^{-3}$mol/L）	30	9.7	[97]
p-(1,3,5,7-四甲基)$C_8H_{17}C_6H_4SO_3^-Na^+$	H_2O	75	2.8	[161b]
$C_{12}H_{25}$-2-$C_6H_4SO_3^-Na^+$	"硬河"水（I.S.=$6.6×10^{-3}$mol/L）	30	5.0	[97]
$C_{12}H_{25}$-4-$C_6H_4SO_3^-Na^+$	"硬河"水（I.S.=$6.6×10^{-3}$mol/L）	30	17.4	[97]
$C_{12}H_{25}$-6-$C_6H_4SO_3^-Na^+$	"硬河"水（I.S.=$6.6×10^{-3}$mol/L）	30	21.5	[97]
p-$C_{12}H_{25}C_6H_4SO_3^-Na^+$	H_2O	70	1.3	[189]
p-$C_{12}H_{25}C_6H_4SO_3^-Na^+$	H_2O	75	1.5	[161b]
$C_{12}H_{25}C_6H_4SO_3^-Na^+$③	0.1mol/L NaCl	25	11.6	[98]
$C_{13}H_{27}$-2-$C_6H_4SO_3^-Na^+$	"硬河"水（I.S.=$6.6×10^{-3}$mol/L）	30	3.1	[97]
$C_{13}H_{27}$-5-$C_6H_4SO_3^-Na^+$	H_2O	30	7.6	[97]
$C_{13}H_{27}$-5-$C_6H_4SO_3^-Na^+$	"硬河"水（I.S.=$6.6×10^{-3}$mol/L）	30	15.8	[97]
p-$C_{14}H_{29}C_6H_4SO_3^-Na^+$	H_2O	70	1.5	[189]
p-$C_{16}H_{33}C_6H_4SO_3^-Na^+$	H_2O	70	1.9	[189]
$C_{16}H_{33}$-7-$C_6H_4SO_3^-Na^+$	H_2O	45	14.4	[99]
$C_4H_9OOCCH_2CH(SO_3^-Na^+)COOC_4H_9$	H_2O	25	5.6	[91]
$C_6H_{13}OOCCH_2CH(SO_3^-Na^+)COOC_6H_{13}$	H_2O	25	11.0	[91]
$C_4H_9CH(C_2H_5)CH_2COOCH_2CH(SO_3^-Na^+)$-$COOCH_2CH(C_2H_5)C_4H_9$	H_2O	25	28.0	[91]
$C_{11}H_{23}CON(CH_3)CH_2CH_2SO_3^-Na^+$	H_2O，pH 10.5	30	2.0	[65]
$C_{11}H_{23}CON(CH_3)CH_2CH_2SO_3^-Na^+$	0.1mol/L NaCl（水溶液），pH 10.5	30	5.5	[65]
阳离子型				
$C_{10}H_{21}N^+(CH_3)_3Br^-$	0.1mol/L NaCl（水溶液）	25	2.7	[104]
$C_{12}H_{25}N^+(CH_3)_3Br^-$	H_2O	25	2.4	[133]
$C_{12}H_{25}N^+(CH_3)_3Br^-$	0.1mol/L NaBr（水溶液）	25	6.9	[133]
$C_{12}H_{25}N^+(CH_3)_3Br^-$	0.1mol/L NaCl（水溶液）	25	3.0	[104]
$C_{14}H_{29}N^+(CH_3)_3Br^-$	H_2O	30	2.4	[117]
$C_{12}H_{25}Pyr^+Br^-$①	H_2O	10	2.7	[113]
$C_{12}H_{25}Pyr^+Br^-$①	H_2O	25	2.5	[113]
$C_{12}H_{25}Pyr^+Br^-$①	H_2O	40	2.1	[113]

化合物	溶剂	温度/℃	CMC/C_{20} 比值	参考文献
阳离子型				
$C_{12}H_{25}Pyr^+Br^-$ [①]	0.1mol/L NaBr（水溶液）	25	6.9	[113]
$C_{12}H_{25}Pyr^+Br^-$ [①]	0.5mol/L NaBr（水溶液）	25	8.9	[113]
$C_{12}H_{25}Pyr^+Cl^-$ [①]	H_2O	10	2.3	[113]
$C_{12}H_{25}Pyr^+Cl^-$ [①]	H_2O	25	2.0	[113]
$C_{12}H_{25}Pyr^+Cl^-$ [①]	H_2O	40	1.8	[113]
$C_{12}H_{25}Pyr^+Cl^-$ [①]	0.1mol/L NaCl（水溶液）	25	4.6	[113]
$C_{12}H_{25}Pyr^+Cl^-$ [①]	0.5mol/L NaCl（水溶液）	25	5.5	[113]
$C_{12}H_{25}Pyr^+I^-$ [①]	H_2O	25	2.4	[114]
阴离子-阳离子盐				
$C_{10}H_{21}N^+(CH_3)_3 \cdot C_{10}H_{21}SO_4^-$	H_2O	25	9.1	[123b,205]
$C_{12}H_{25}SO_3 \cdot HON(CH_3)_2C_{12}H_{25}$	H_2O	25	13.6	M. J. Rosen 和 M. Gross, 未发表数据
两性离子型表面活性剂				
$C_{10}H_{21}N^+(CH_3)_2CH_2COO^-$	H_2O	23	7.0	[124]
$C_{10}H_{21}CH(Pyr^+)COO^-$	H_2O	25	3.9	[129]
$C_{10}H_{21}N^+(CH_3)(CH_2C_6H_5)CH_2COO^-$	H_2O	10	13.8	[130]
$C_{10}H_{21}N^+(CH_3)(CH_2C_6H_5)CH_2COO^-$	H_2O	25	12.0	[130]
$C_{10}H_{21}N^+(CH_3)(CH_2C_6H_5)CH_2COO^-$	H_2O	40	8.7	[130]
$C_{10}H_{21}CH(COO^-) \cdot N^+(CH_3)_3$	H_2O	27	5.7	[127]
$C_{10}H_{21}N^+(CH_3)(CH_2C_6H_5)CH_2CH_2SO_3^-$	H_2O	40	7.6	[130]
$C_{12}H_{25}N^+(CH_3)_2CH_2COO^-$	H_2O	23	6.5	[124]
$C_{12}H_{25}CH(Pyr^+)COO^-$	H_2O	25	5.7	[129]
$C_{12}H_{25}N^+(CH_3)(CH_2C_6H_5)CH_2COO^-$	H_2O	10	15.8	[130]
$C_{12}H_{25}N^+(CH_3)(CH_2C_6H_5)CH_2COO^-$	H_2O	25	14.4	[130]
$C_{12}H_{25}N^+(CH_3)(CH_2C_6H_5)CH_2COO^-$	H_2O	40	11.0	[130]
$C_{12}H_{25}N^+(CH_3)(CH_2C_6H_5)CH_2COO^-$	0.1mol/L NaCl（水溶液），pH 5.7	25	15.1	[131]
$C_{12}H_{25}CH(COO^-) \cdot N^+(CH_3)_3$	H_2O	27	7.8	[127]
$C_{14}H_{29}N^+(CH_3)_2CH_2COO^-$	H_2O	25	7.5	[124]
$C_{14}H_{29}CH(Pyr^+)COO^-$	H_2O	40	6.2	[129]
$C_{16}H_{33}N^+(CH_3)_2CH_2COO^-$	H_2O	23	6.9	[124]
非离子型				
$C_8H_{17}OCH_2CH_2OH$	H_2O	25	7.2	[140]

化合物	溶剂	温度 /℃	CMC/C_{20} 比值	参考文献
非离子型				
$C_8H_{17}CHOHCH_2OH$	H_2O	25	9.6	[135]
$C_8H_{17}CHOHCH_2CH_2OH$	H_2O	25	8.9	[135]
$C_{12}H_{25}CHOHCH_2CH_2OH$	H_2O	25	7.7	[135]
β-癸基葡萄糖苷	0.1mol/L NaCl, pH=9	25	11.1	[104]
β-癸基麦芽糖苷	0.1mol/L NaCl, pH=9	25	6.5	[104]
β-癸基麦芽糖苷	0.1mol/L NaCl, pH=9	25	7.1	[104]
$C_{11}H_{23}CON(CH_2CH_2OH)_2$	H_2O	25	6.3	M. J. Rosen 和 M. Gross, 未发表数据
$C_{11}H_{23}CON(CH_3)CH_2CHOHCH_2OH$	0.1mol/L NaCl	25	10.9	[157]
$C_{10}H_{21}CON(CH_3)CH_2(CHOH)_4CH_2OH$	0.1mol/L NaCl	25	10.5	[157]
$C_{11}H_{23}CON(CH_3)CH_2(CHOH)_4CH_2OH$	0.1mol/L NaCl	25	8.7	[157]
$C_{12}H_{25}CON(CH_3)CH_2(CHOH)_4CH_2OH$	0.1mol/L NaCl	25	7.8	[157]
$C_{13}H_{27}CON(CH_3)CH_2(CHOH)_4CH_2OH$	0.1mol/L NaCl	25	4.0	[157]
$C_{10}H_{21}N(CH_3)CO(CHOH)_4CH_2OH$	H_2O	20	5.2	[158]
$C_{12}H_{25}N(CH_3)CO(CHOH)_4CH_2OH$	H_2O	20	8.8	[158]
$C_{14}H_{29}N(CH_3)CO(CHOH)_4CH_2OH$	H_2O	20	8.5	[158]
$C_{16}H_{33}N(CH_3)CO(CHOH)_4CH_2OH$	H_2O	20	10.1	[158]
$C_{18}H_{37}N(CH_3)CO(CHOH)_4CH_2OH$	H_2O	20	8.1	[158]
$C_8H_{17}(OC_2H_4)_5OH$	H_2O	25	12.7	[142]
$C_8H_{17}(OC_2H_4)_5OH$	H_2O	40	15.1	[142]
$C_8H_{17}(OC_2H_4)_5OH$	0.1mol/L NaCl	25	8.4	[142]
$C_{10}H_{21}(OC_2H_4)_8OH$	H_2O	25	16.7	[145]
4-支链化 $C_{12}H_{25}(OC_2H_4)_5OH$	H_2O	25	23.0	[142]
4-支链化 $C_{12}H_{25}(OC_2H_4)_5OH$	H_2O	40	37.6	[142]
4-支链化 $C_{12}H_{25}(OC_2H_4)_5OH$	0.1mol/L NaCl	40	19.2	[142]
$C_{12}H_{25}(OC_2H_4)_3OH$	H_2O	25	11.4	[146]
$C_{12}H_{25}(OC_2H_4)_4OH$	H_2O	10	17.9	[146]
$C_{12}H_{25}(OC_2H_4)_4OH$	H_2O	25	13.7	[146]
$C_{12}H_{25}(OC_2H_4)_4OH$	H_2O	40	11.8	[146]
$C_{12}H_{25}(OC_2H_4)_5OH$	H_2O	25	15.0	[146]
$C_{12}H_{25}(OC_2H_4)_5OH$	0.1mol/L NaCl	25	18.5	[89,142]
$C_{12}H_{25}(OC_2H_4)_7OH$	H_2O	10	17.1	[146]
$C_{12}H_{25}(OC_2H_4)_7OH$	H_2O	25	14.9	[146]
$C_{12}H_{25}(OC_2H_4)_7OH$	H_2O	40	13.9	[146]
$C_{12}H_{25}(OC_2H_4)_8OH$	H_2O	10	17.5	[146]

续表

化合物	溶剂	温度/℃	CMC/C_{20} 比值	参考文献
非离子型				
$C_{12}H_{25}(OC_2H_4)_8OH$	H_2O	25	17.3	[146]
$C_{12}H_{25}(OC_2H_4)_8OH$	H_2O	40	15.4	[146]
6-支链化 $C_{13}H_{27}(OC_2H_4)_5OH$	H_2O	25	43.0	[142]
6-支链化 $C_{13}H_{27}(OC_2H_4)_5OH$	0.1mol/L NaCl	25	35.7	[142]
$C_{13}H_{27}(OC_2H_4)_5OH$	H_2O	25	10.7	[142]
$C_{13}H_{27}(OC_2H_4)_5OH$	H_2O	40	19.0	[142]
$C_{13}H_{27}(OC_2H_4)_5OH$	0.1mol/L NaCl	25	8.8	[142]
$C_{13}H_{27}(OC_2H_4)_8OH$	H_2O	25	11.3	[145]
$C_{14}H_{29}(OC_2H_4)_8OH$	H_2O	25	8.4	[145]
$C_{15}H_{31}(OC_2H_4)_8OH$	H_2O	25	7.1	[145]
$p\text{-}t\text{-}C_8H_{17}C_6H_4(OC_2H_4)_3OH$	H_2O	25	11.1	[206]
$p\text{-}t\text{-}C_8H_{17}C_6H_4(OC_2H_4)_3OH$	H_2O	55	8.9	[206]
$p\text{-}t\text{-}C_8H_{17}C_6H_4(OC_2H_4)_4OH$	H_2O	25	17.3	[206]
$p\text{-}t\text{-}C_8H_{17}C_6H_4(OC_2H_4)_4OH$	H_2O	55	10.7	[206]
$p\text{-}t\text{-}C_8H_{17}C_6H_4(OC_2H_4)_6OH$	H_2O	25	18.2	[206]
$p\text{-}t\text{-}C_8H_{17}C_6H_4(OC_2H_4)_6OH$	H_2O	55	10.9	[206]
$p\text{-}t\text{-}C_8H_{17}C_6H_4(OC_2H_4)_8OH$	H_2O	25	21.5	[206]
$p\text{-}t\text{-}C_8H_{17}C_6H_4(OC_2H_4)_{10}OH$	H_2O	25	17.4	[206]

① Pyr^+，吡啶。
② 来自分子中含有 4,4-甲基支链的十二醇。
③ 商业原料。
注：I.S.=离子强度。

① 对离子型表面活性剂，增加疏水基的烷基链长（C_{10}～C_{16}），CMC/C_{20} 值无明显增加。

② 在疏水基中引入支链或者使亲水基位于分子的中间位置，CMC/C_{20} 值增加。

③ 在分子中引入较大的亲水基，CMC/C_{20} 值增加。

④ 对离子型表面活性剂，增加溶液的离子强度，或者使用束缚能力强的反离子，尤其是含有 C_6 及以上烷基链的反离子，能显著提高 CMC/C_{20} 值。对非离子型表面活性剂，电解质的作用较为复杂，取决于所加电解质的性质，其盐溶或盐析效应，以及可能与非离子形成配合物。某些情况下加入电解质导致 CMC/C_{20} 增加，而另一些情况下 CMC/C_{20} 值可能减少，还有些场合影响很小。

⑤ 在 10～40℃范围内，升高温度导致 CMC/C_{20} 值减小。

⑥ 用 C-F 链或者硅基链取代 C-H 链，可以显著增加 CMC/C_{20} 值。

⑦ 作为第二相的空气被饱和脂肪烃取代，CMC/C_{20} 值明显增加，而如果第二液相是短链芳烃或者不饱和脂肪烃时，CMC/C_{20} 值仅略有减小。

现象②、③、⑤和⑥表明，空间作用对胶束化的影响比对气/液界面上吸附的影响大；而现象④表明电效应对吸附的影响比对胶束化的影响要大。导致现象②和⑥的原因可以解释为，相对于平界面（如气/液界面），在球形或柱状胶束内部容纳一个大的疏水基要更为困难。饱和脂肪烃取代空气导致 CMC/C_{20} 值增加，是由于表面活性剂在烃/水界面的吸附趋势增加，而胶束化趋势并无显著变化所致（见表 2.2 中 pC_{20} 值增加所证明）。当第二相是芳烃或者不饱和脂肪烃时，CMC/C_{20} 值仅有微小下降，是由于表面活性剂形成胶束的趋势增加了，但同时吸附的趋势也增加了，两者几乎对等。

对于 POE 非离子有：①当疏水链长度不变时，随着 POE 链上 EO 数的增加，CMC/C_{20} 值增加，但继续增加 EO 数，CMC/C_{20} 值增加的趋势将变得越来越不明显。②保持 POE 链上 EO 数不变，CMC/C_{20} 值随烷基链的增长而下降。第一个效应是由于 EO 数增加导致亲水基尺寸增加，第二个效应则反映了随着烷基链的增长，胶束的直径变大，使得容纳亲水基的胶束表面积增大。

在 10～40℃范围内升温时 CMC/C_{20} 值减小，原因或是随着温度的升高，亲水基脱水导致尺寸减小，或是随着温度的升高胶束的表面积增大。

所以一般而言，在室温、蒸馏水、另一相为空气的条件下，含单直链烷基疏水基的离子型表面活性剂（阳离子或阴离子）显示出较小的 CMC/C_{20} 值，即 3 及 3 以下，而同样条件下 POE 类非离子表面活性剂的 CMC/C_{20} 值可高达 7 或 7 以上。增加溶液中的电解质含量可使离子型表面活性剂的 CMC/C_{20} 值接近于非离子型的。两性表面活性剂的 CMC/C_{20} 值介于离子型表面活性剂和 POE 类非离子型表面活性剂之间。

3.6　非水介质中的 CMC

当表面活性剂的存在不引起溶剂的结构变形时，在水溶液中观察到的那种 CMC 在非水溶剂中则不存在[61]。在一个较窄的浓度区间内，胶束聚集数不发生急剧的变化，因此在此浓度区间内，溶液的表面或体相性质都没有显著的变化。在非极性溶剂中，表面活性剂分子可能会因为亲水头基之间的偶极-偶极相互作用而发生聚集，形成一种称为反胶束的结构，表面活性剂的头基朝向这种胶束结构的内部，而疏水基团朝向非极性溶剂。但是，如果没有添加剂例如水存在，所形成的反胶束的聚集数通常会很小（很少超过 10），因此类比于水溶液中的胶束是不正确的。当溶剂的极性较大时，溶剂-表面活性剂之间的相互作用与表面活性剂分子间的相互作用相差不大，因此表面活性剂仍以单体形式溶于溶剂中。在乙二醇、甘油和类似的具有形成多个氢键能力的溶剂中，表面活性剂聚集体被认为具有正常的结构。

一些研究者已经把表面活性剂非水溶液中的某些性质发生不连续变化时的浓度范围指定为 CMC 值，即使变化并不急剧。一些 CMC 值列于表 3.6 中。

表 3.6　非水介质中表面活性剂的 CMC 值

表面活性剂	温度/℃	溶剂	CMC/(mol/L)	参考文献
$C_4H_9NH_3^+ \cdot C_2H_5COO^-$	30	苯	$(4.5\sim5.5)\times10^{-2}$	[43]
$C_4H_9NH_3^+ \cdot C_2H_5COO^-$	30	CCl_4	$(2.3\sim2.6)\times10^{-2}$	[43]
$C_8H_{17}NH_3^+ \cdot C_2H_5COO^-$	30	苯	$(1.5\sim1.7)\times10^{-2}$	[43]
$C_8H_{17}NH_3^+ \cdot C_2H_5COO^-$	30	CCl_4	$(2.6\sim3.1)\times10^{-2}$	[43]

续表

表面活性剂	温度/℃	溶剂	CMC/(mol/L)	参考文献
$C_{12}H_{25}NH_3^+ \cdot C_2H_5COO^-$	30	苯	$(3\sim7)\times10^{-3}$	[43]
$C_{12}H_{25}NH_3^+ \cdot C_2H_5COO^-$	30	CCl_4	$(2.1\sim2.5)\times10^{-2}$	[43]
$C_8H_{17}NH_3^+ \cdot C_5H_{11}COO^-$	30	苯	$(4.1\sim4.5)\times10^{-2}$	[43]
$C_8H_{17}NH_3^+ \cdot C_5H_{11}COO^-$	30	CCl_4	$(4.2\sim4.5)\times10^{-2}$	[43]
$C_8H_{17}NH_3^+ \cdot C_{13}H_{27}COO^-$	30	苯	$(1.9\sim2.2)\times10^{-2}$	[43]
$C_8H_{17}NH_3^+ \cdot C_{13}H_{27}COO^-$	30	CCl_4	$(2.8\sim4.0)\times10^{-2}$	[43]
$C_{12}H_{25}NH_3^+ \cdot C_3H_7COO^-$	10	苯	3×10^{-3}	[207]
$C_{12}H_{25}NH_3^+ \cdot C_5H_{11}COO^-$	10	苯	18×10^{-3}	[207]
$C_{12}H_{25}NH_3^+ \cdot C_7H_{15}COO^-$	10	苯	20×10^{-3}	[207]
$C_{18}H_{37}NH_3^+ \cdot C_3H_7COO^-$	10	苯	5×10^{-3}	[207]
双（2-乙基己基）磺基琥珀酸酯钠盐	20	苯	3×10^{-3}	[208]
双（2-乙基己基）磺基琥珀酸酯钠盐	25	戊烷	4.9×10^{-4}	[209]
$C_9H_{19}C_6H_4(OC_2H_4)_9OH$	27.5	甘油	8.0×10^{-6}	[194]
$C_9H_{19}C_6H_4(OC_2H_4)_9OH$	27.5	乙二醇	7.1×10^{-4}	[194]
$C_9H_{19}C_6H_4(OC_2H_4)_9OH$	27.5	丙二醇	5.0×10^{-2}	[194]
$C_{12}H_{25}(OC_2H_4)_2OH$	——	苯	7.6×10^{-3}	[45]
$C_{13}H_{27}(OC_2H_4)_6OH$	——	苯	2.6×10^{-3}	[45]
$C_{12}H_{25}Pyr^+Br^-$①	40	苯	5.5×10^{-3}	[210]
$C_{18}H_{37}Pyr^+Br^-$①	40	苯	4.4×10^{-3}	[210]
$C_6F_{13}(CH_2)_3(OC_2H_4)_2OH$	——	C_6F_6	9.3×10^{-3}	[159]
$C_8H_{17}C_2H_4N(C_2H_4OH)_2$	——	C_6F_6	3.65×10^{-4}	[159]

① Pyr^+，吡啶。

3.7 基于理论的 CMC 方程

Hobbs[211]、Shinoda[212]和 Molyneux[213]等已经从理论上推导出一些方程，将 CMC 值与影响 CMC 值大小的各种因素相关联。这些方程是基于这一事实，即对非离子型表面活性剂，CMC 与单个表面活性剂分子聚集过程（缔合形成胶束）的自由能变化ΔG_{mic} 有关，关系式为：

$$\Delta G_{mic} = 2.3RT\lg x_{CMC} \tag{3.4}$$

式中，x_{CMC} 为 CMC 时溶液中表面活性剂的摩尔分数。在水溶液中，CMC 通常$<10^{-1}$mol/L，因此取 x_{CMC}=CMC/ω 不会导致大的误差，式中 ω 是水的物质的量浓度（25℃时为 55.3），于是有：

$$\Delta G_{mic} = 2.3RT(\lg CMC - \lg \omega) \tag{3.5}$$

由此得到：

$$\lg \text{CMC} = \frac{\Delta G_{\text{mic}}}{2.3RT} + \lg \omega \tag{3.6}$$

ΔG_{mic} 可以分解为表面活性剂分子 $\text{CH}_3(\text{CH}_2)_m\text{W}$（W 表示表面活性剂的亲水基）中各部分的贡献之后，即：

$$\Delta G_{\text{mic}} = \Delta G_{\text{mic}}(\text{-CH}_3) + m\Delta G_{\text{mic}}(\text{-CH}_2\text{-}) + \Delta G_{\text{mic}}(\text{-W}) \tag{3.7}$$

对烷烃在水中的溶解度研究表明，$\Delta G_{\text{mic}}(\text{-CH}_3)$ 不随烷基链长的增加而变化，因此可表示为：$\Delta G_{\text{mic}}(\text{-CH}_3) = \Delta G_{\text{mic}}(\text{-CH}_2\text{-}) + k$，式中 k 为常数，故有：

$$\lg \text{CMC} = \frac{\Delta G_{\text{mic}}(\text{-W}) + k}{2.3RT} + \lg \omega + \left[\frac{\Delta G_{\text{mic}}(\text{-CH}_2\text{-})}{2.3RT}\right] N \tag{3.8}$$

式中，$N = m+1$，为疏水链的总碳原子数。

假设亲水头基的贡献 $\Delta G_{\text{mic}}(\text{-W})$ 及束缚于胶束的反离子分数（α）不随疏水基链长的增加而变化，于是对任何同系物表面活性剂，CMC 与疏水基中的碳原子数 N 的关系可用下式表示：

$$\lg \text{CMC} = A - BN \tag{3.1}$$

式中

$$A = \frac{-\Delta G_{\text{mic}}(\text{-W}) + k}{2.3RT} + \lg \omega \tag{3.9}$$

$$B = \left[\frac{-\Delta G_{\text{mic}}(\text{-CH}_2\text{-})}{2.3RT}\right] \tag{3.10}$$

式中，A 和 B 是常数，分别反映了将亲水基团和疏水基团中的一个亚甲基从水环境转移到胶束中的自由能变化。这解释了之前提到的 CMC 与疏水链上碳原子个数的经验关系以及对不同系列的离子型表面活性剂 B 值的变化相对很小。

从方程 3.1 和方程 3.10 以及表 3.4 给出的 B 的经验值还可以看出，将疏水基中的一个亚甲基从水环境转移到胶束内部所涉及的自由能变化 $-\Delta G(\text{-CH}_2\text{-})$ 为负值，这是有利于胶束化的并且解释了 CMC 随疏水基链长的增加而降低的事实。从方程 3.9 和表 3.4 所列出的 A 值可以看出，将亲水基从水环境转移到胶束外部所涉及的自由能变化为正值，因此是抑制胶束化的。

如果用表面活性剂在 CMC 时的活度（CMA）代替 CMC，并且将 $\lg \text{CMA}$ 对 N 作图[214]，则对离子表面活性剂所得直线的斜率 B 值与对非离子型和两性表面活性剂所得值较为接近，表明对于所有类型的表面活性剂，将疏水链上的一个亚甲基从水溶液中转移到胶束中导致的自由能变化 $\Delta G_{\text{mic}}(\text{-W})$ 是相似的。单价表面活性剂如烷基硫酸钠或烷基三甲基卤化铵的 CMA 值可以由下式得到：

$$\text{CMA} = f_\pm^2 \text{CMC}(\text{CMC} + C_i) \tag{3.11}$$

而对二价的表面活性剂如烷基磷酸盐二钠，CMA 则从下式得到：

$$CMA = f_\pm^3 CMC(CMC + C_i)^2 \tag{3.12}$$

式中，C_i 是加入的具有共同反离子的电解质的浓度；$f_\pm$ 是表面活性剂的平均离子活度系数，可以由下式计算：

$$\lg f_\pm = \frac{-A\,|\,Z^+ Z^-\,|\,(I)^{1/2}}{1+(I)^{1/2}} \tag{3.13}$$

式中，Z^+ 和 Z^- 是构成表面活性剂的离子的价数；I 是溶液的离子强度；$A = 1.825 \times 10^6 (DT)^{3/2}$；而 D 为溶剂的介电常数。

对所有类型的表面活性剂（非离子、两性、单价或二价离子型表面活性剂），不论是否存在电解质以及电解质的浓度大小，用上述方程得到的 $\Delta G_{mic}(\text{-CH}_2\text{-})$ 值基本都在 $-(2.8 \sim 3.3)\text{kJ}/\text{mol}\,[-(708 \sim 777)\text{cal}/\text{mol}]$ 范围内。

对离子型表面活性剂，当胶束聚集数不是很小时，$\Delta G(\text{-W})$，即将离子头基从水环境转移到胶束中涉及的电能 E_{el} 可以通过下式[100]得到：

$$E_{el} = (K_g / Z_i)RT \left(\ln \frac{2000\pi\sigma^2}{\varepsilon_r RT} - \ln C_i \right) \tag{3.14}$$

式中，(K_g/Z_i) 为 CMC 对溶液中反离子总浓度 C_i（单位为当量每升）作图所得直线的斜率；Z_i 为反离子的价数；σ 为胶束表面的电荷密度；ε_r 为溶剂的介电常数；K_g 是胶束化过程中的电能有效系数。于是得到：

$$\lg CMC = (K_g / Z_i)\left(\lg \frac{2000\pi\sigma^2}{\varepsilon_r RT} - \lg C_i \right) + \left[\frac{\Delta G(\text{-CH}_2\text{-})}{2.3RT} \right]N + 常数 \tag{3.15}$$

方程 3.15 预测了电解质对离子型表面活性剂 CMC 的影响，表明 lgCMC 随 lgC_i 线性下降，与经验方程（方程 3.3）相一致。它同时也表明，离子型表面活性剂的 CMC 将随着反离子与胶束的结合度的增大而下降，因为它降低了胶束表面的电荷密度。而能降低溶剂介电常数的有机添加物能使表面活性剂的 CMC 增大，这两种情况都与之前讨论过的经验结果相一致。温度对离子型表面活性剂 CMC 的影响很难从公式 3.15 预测。温度的升高可能会导致 CMC 直接降低，但由于温度的升高也会使溶剂的介电常数 ε_r 减小，同时也可能影响 σ 的大小，温度升高引起的总的影响难以从方程单独确定。

3.8　胶束化热力学参数

从上述讨论可以看出，清楚地理解胶束化的过程对于合理解释结构和环境因素对 CMC 值的影响以及预测新的结构或环境变化对 CMC 值的影响是非常必要的。而胶束化热力学参数 ΔG_{mic}、ΔH_{mic} 和 ΔS_{mic} 的测定对完善这种理解有着至关重要的作用。

胶束化标准自由能变化 ΔG_{mic} 可以通过将表面活性剂的一种假想状态作为未形成胶束时表面活性剂（单分子）的初始标准态，而胶束本身作为终了标准态计算得到。这种假想的状态即是表面活性剂的摩尔分数 $x=1$，但其单个离子或分子的行为与无限稀释时相同。于是对非离子型表面活性剂，胶束化标准自由能 $\Delta G_{mic}^\ominus$ 由下式给出：

$$\Delta G_{\text{mic}}^{\ominus} = RT \ln x_{\text{CMC}} \tag{3.16}$$

当 CMC 小于或等于 10^{-2}mol/L 时，$\Delta G_{\text{mic}}^{\ominus}$ 可以近似地由下式得到，而不会引起显著误差：

$$\Delta G_{\text{mic}}^{\ominus} = 2.3RT\lg(\text{CMC}/\omega) \tag{3.16a}$$

式中，CMC 用 mol/L 表示，ω 为在热力学温度 T 下每升水的物质的量。对于离子型表面活性剂，计算胶束化标准自由能变化 $\Delta G_{\text{mic}}^{\ominus}$ 时须考虑反离子在胶束上的结合度 $(1-\alpha)$。因此，对 1:1 型电解质类的离子型表面活性剂[214,215]得到：

$$\Delta G_{\text{mic}}^{\ominus} = RT[1+(1-\alpha)] \ln x_{\text{CMC}} = 2.3RT(2-\alpha) \ln x_{\text{CMC}} \tag{3.16b}$$

式中，α 为表面活性剂的电离度，可以通过高于和低于 CMC 浓度区溶液的电导率-浓度曲线的斜率之比得到（见图 3.6 及 3.4.1.3 节），x_{CMC} 为液相中 CMC 时表面活性剂的摩尔分数。

对于含二价反离子的离子型表面活性剂，胶束化标准自由能变化[215]为：

$$\Delta G_{\text{mic}}^{\ominus} = RT[1+(1-\alpha)/2] \ln(\text{CMC}/\omega) = 2.3RT[1+(1-\alpha)/2] \lg(\text{CMC}/\omega) \tag{3.16c}$$

因为

$$\Delta G_{\text{mic}}^{\ominus} = \Delta H_{\text{mic}}^{\ominus} - T\Delta S_{\text{mic}}^{\ominus} \tag{3.17}$$

如果 $\Delta H_{\text{mic}}^{\ominus}$ 在所考察的温度范围内是一个常数，则有：

$$\text{d}(\Delta G_{\text{mic}}^{\ominus})/\text{d}T = -\Delta S_{\text{mic}}^{\ominus} \tag{3.18}$$

或者如果 $\Delta S_{\text{mic}}^{\ominus}$ 在所考察的温度范围内是一个常数，则有：

$$T^2\text{d}(\Delta G_{\text{mic}}^{\ominus}/T)/\text{d}T = -\Delta H_{\text{mic}}^{\ominus} \tag{3.19}$$

上述关系式只有在温度变化对胶束聚集数的影响可以忽略的情况下才严格成立[216]，显然聚氧乙烯类非离子表面活性剂并非如此。这一点通常会被大多数研究者忽略。

表 3.7 列出了一些 $\Delta G_{\text{mic}}^{\ominus}$、$\Delta H_{\text{mic}}^{\ominus}$ 和 $\Delta S_{\text{mic}}^{\ominus}$ 值。$\Delta H_{\text{mic}}^{\ominus}$ 值还可以利用量热计测定得到，使用该方法可以避免上述提到的一些问题。

表 3.7　胶束化作用的热力学参数

化合物	溶剂	温度/℃	$\Delta G_{\text{mic}}^{\ominus}$[①] /(kJ/mol)	$\Delta H_{\text{mic}}^{\ominus}$[①] /(kJ/mol)	$T\Delta S_{\text{mic}}^{\ominus}$[①] /(kJ/mol)	参考文献[②]
$C_{10}H_{21}SO_3^-Na^+$	H_2O	10	-33_3	-3	$+3_1$	[70]
$C_{10}H_{21}SO_3^-Na^+$	H_2O	25	-34_9	$+8$	$+4_4$	[70]
$C_{10}H_{21}SO_3^-Na^+$	H_2O	40	-37_0			[70]
$C_{12}H_{25}SO_3^-Na^+$	H_2O	10	-39_7	$+5$	$+4_6$	[70]
$C_{12}H_{25}SO_3^-Na^+$	H_2O	40	-42_0			[70]
$C_{12}H_{25}SO_4^-Na^+$	H_2O	21	-42_4			[85]
$C_{10}H_{21}OC_2H_4SO_3^-Na^+$	H_2O	10	-34_7	-2_0	$+1_5$	[70]
$C_{10}H_{21}OC_2H_4SO_3^-Na^+$	H_2O	25	-35_5	-7	$+3_0$	[70]

化合物	溶剂	温度/℃	$\Delta G_{\text{mic}}^{\ominus①}$ /(kJ/mol)	$\Delta H_{\text{mic}}^{\ominus①}$ /(kJ/mol)	$T\Delta S_{\text{mic}}^{\ominus①}$ /(kJ/mol)	参考文献[②]
$C_{10}H_{21}OC_2H_4SO_3^-Na^+$	H_2O	40	-37_0			[70]
$C_{12}H_{25}OC_2H_4SO_3^-Na^+$	H_2O	10	-42_2	-5	$+3_8$	[70]
$C_{12}H_{25}OC_2H_4SO_3^-Na^+$	H_2O	25	-44_1	-1_0	$+3_5$	[70]
$C_{12}H_{25}OC_2H_4SO_4^-Na^+$	H_2O	40	-45_8			[70]
$C_{12}H_{25}(OC_2H_4)_2SO_4^-Na^+$	H_2O	10	-41_7	$+2$	$+4_5$	[70]
$C_{12}H_{25}(OC_2H_4)_2SO_4^-Na^+$	H_2O	25	-44_0	-2	$+4_4$	[70]
$C_{12}H_{25}(OC_2H_4)_2SO_4^-Na^+$	H_2O	40	-46_2			[70]
$C_{12}H_{25}Pyr^+Br^{-③}$	H_2O	10	-36_4	-2	$+3_5$	[113]
$C_{12}H_{25}Pyr^+Br^-$	H_2O	25	-38_2	-1_4	$+2_5$	[113]
$C_{12}H_{25}Pyr^+Br^-$	H_2O	40	-39_4			[113]
$C_{12}H_{25}Pyr^+Cl^-$	H_2O	10	-35_2	$+2$	$+3_8$	[113]
$C_{12}H_{25}Pyr^+Cl^-$	H_2O	25	-37_1	-4	$+3_4$	[113]
$C_{12}H_{25}Pyr^+Cl^-$	H_2O	40	-38_8			[113]
$C_{10}H_{21}N^+(CH_3)_2CH_2COO^-$	H_2O	23	-19_8			[124]
$C_{12}H_{25}N^+(CH_3)_2CH_2COO^-$	H_2O	23	-25_4			[124]
$C_{10}H_{21}N^+(CH_3)(CH_2C_6H_5)CH_2COO^-$	H_2O	10	-21_4	$+8$	$+3_1$	[130]
$C_{10}H_{21}N^+(CH_3)(CH_2C_6H_5)CH_2COO^-$	H_2O	25	-23_0	-9	$+3_3$	[130]
$C_{10}H_{21}N^+(CH_3)(CH_2C_6H_5)CH_2COO^-$	H_2O	40	-24_6			[130]
$C_{12}H_{25}N^+(CH_3)(CH_2C_6H_5)CH_2COO^-$	H_2O	10	-26_9	$+4$	$+3_2$	[130]
$C_{12}H_{25}N^+(CH_3)(CH_2C_6H_5)CH_2COO^-$	H_2O	25	-28_6	-2	$+3_1$	[130]
$C_{12}H_{25}N^+(CH_3)(CH_2C_6H_5)CH_2COO^-$	H_2O	40	-30_1			[130]
$C_{12}H_{25}N^+(CH_3)(CH_2C_6H_5)CH_2COO^-$	H_2O（十二烷饱和的）	25	-28_9	$-3(35℃)$	$+2_7(35℃)$	[132]
$C_{12}H_{25}N^+(CH_3)(CH_2C_6H_5)CH_2COO^-$	H_2O（异辛烷饱和的）	25	-29_2	$-3(35℃)$	$+2_7(35℃)$	[132]
$C_{12}H_{25}N^+(CH_3)(CH_2C_6H_5)CH_2COO^-$	H_2O（甲苯饱和的）	25	-30_8	$-3(35℃)$	$+3_4(35℃)$	[132]
$C_{12}H_{25}N^+(CH_3)_2O^-$	H_2O	30	-25_9	$+7$	$+3_3$	[134]
$C_{10}H_{21}(OC_2H_4)_8OH$	H_2O	25	-27_0	$+1_8$	$+4_5$	[145]
$C_{11}H_{23}(OC_2H_4)_8OH$	H_2O	25	-30_0	$+1_7$	$+4_7$	[145]
$C_{12}H_{25}(OC_2H_4)_2OH$	H_2O	25	-35_5	$+3$	$+3_9$	[146]
$C_{12}H_{25}(OC_2H_4)_3OH$	H_2O	25	-34_3	$+5$	$+3_9$	[146]
$C_{12}H_{25}(OC_2H_4)_4OH$	H_2O	25	-33_8	$+8$	$+4_2$	[146]
$C_{12}H_{25}(OC_2H_4)_4OH$	55%（质量分数）$HCONH_2$-H_2O	21	-26_1	—	—	[216]
$C_{12}H_{25}(OC_2H_4)OH$	$HCONH_2$	25	-17_0	-2	$+1_5$	[216]
$C_{12}H_{25}(OC_2H_4)_5OH$	H_2O	10	-31_4	$+1_6$	$+4_8$	[146]
$C_{12}H_{25}(OC_2H_4)_5OH$	H_2O	25	-33_9	$+4$	$+3_9$	[146]
$C_{12}H_{25}(OC_2H_4)_5OH$	H_2O	40	-35_7			[146]

续表

化合物	溶剂	温度/°C	$\Delta G_{mic}^{\ominus}$[①] /(kJ/mol)	$\Delta H_{mic}^{\ominus}$[①] /(kJ/mol)	$T\Delta S_{mic}^{\ominus}$[①] /(kJ/mol)	参考文献[②]
$C_{12}H_{25}(OC_2H_4)_6OH$	H_2O	25	-33_0	$+1_6$	$+4_9$	[141]
$C_{12}H_{25}(OC_2H_4)_6OH$	55%（质量分数）$HCONH_2$-H_2O	25	-25_2	$+2$	$+2_7$	[216]
$C_{12}H_{25}(OC_2H_4)_6OH$	$HCONH_2$	25	-16_6	-4	$+1_3$	[216]
$C_{12}H_{25}(OC_2H_4)_7OH$	H_2O	25	-33_2	$+1_2$	$+4_5$	[146]
$C_{12}H_{25}(OC_2H_4)_8OH$	H_2O	10	-30_1	$+1_7$	$+4_8$	[146]
$C_{12}H_{25}(OC_2H_4)_8OH$	H_2O	25	-32_6	$+9$	$+4_3$	[146]
$C_{12}H_{25}(OC_2H_4)_8OH$	H_2O	40	-34_6			[146]
$C_{12}H_{25}(OC_2H_4)_8OH$	55%（质量分数）$HCONH_2$-H_2O	25	-24_3	$+2$	$+2_7$	[216]
$C_{12}H_{25}(OC_2H_4)_8OH$	$HCONH_2$	25	-16_2	-3	$+1_3$	[216]
$C_{12}H_{25}(OC_2H_4)_8OH$	H_2O-环己烷	25	-32_8			[148a]
$C_{12}H_{25}(OC_2H_4)_8OH$	H_2O-庚烷	25	-33_0			[148a]
$C_{12}H_{25}(OC_2H_4)_8OH$	H_2O-十六烷	25	-32_7			[148a]
$C_{13}H_{27}(OC_2H_4)_8OH$	H_2O	25	-35_9	$+1_4$	$+5_0$	[145]
$C_{14}H_{29}(OC_2H_4)_8OH$	H_2O	25	-38_7	$+1_3$	$+5_1$	[145]
$C_{15}H_{31}(OC_2H_4)_8OH$	H_2O	25	-41_0	$+1_1$	$+5_2$	[145]

① 转化成 kcal/mol 时除以 4.18；离子表面活性剂的数据与总离子强度无关，是不同电解质含量时的平均值。
② 根据列出的参考文献中的数据计算得到的参数。
③ Pyr^+，吡啶。

已有的数据（主要是水溶液体系）表明，$\Delta G_{mic}^{\ominus}$ 的负值主要时由于 $\Delta S_{mic}^{\ominus}$ 的较大正值所致，而 $\Delta H_{mic}^{\ominus}$ 通常是正值，即使是负值，也比 $T\Delta S_{mic}^{\ominus}$ 值要小得多。因此胶束化过程主要是由过程中的熵增所支配的，而过程的驱动力来自表面活性剂的疏水基自溶剂环境转移到胶束内核的趋势。

对水溶液中胶束化过程伴有大的熵增，已经提出了两种解释：①当表面活性剂的烷烃链从水相转移到胶束内核即发生"疏水键合"时，原先的烷烃链周围的水分子的结构化使系统的熵值增大[218]；②与水环境中相比，烷烃链在非极性胶束内部的自由度增大了[219~222]。因此，任何可能影响溶剂-疏水基相互作用或者胶束内部疏水基之间相互作用的结构或环境因素都将影响 $\Delta G_{mic}^{\ominus}$，进而影响 CMC 值。

在水溶液中，疏水基长度的增加导致 $\Delta S_{mic}^{\ominus}$ 值增加，但使 $\Delta H_{mic}^{\ominus}$ 值减小，而 $\Delta H_{mic}^{\ominus}$ 值变化的幅度通常比 $\Delta S_{mic}^{\ominus}$ 值要小，结果使得 $\Delta G_{mic}^{\ominus}$ 的负值以 3kJ/（-CH$_2$-）的幅度增加。$\Delta G_{mic}^{\ominus}$（-CH$_2$-）数值之间的差异已经被归结于[223]由于亲水基极性的改变而引起的胶束内部的非极性程度的变化，因为一些研究者[224~226]指出，水可以渗透进胶束内部，至少可以到达与亲水基相邻的第 5 或第 6 个碳原子附近。

对 POE 类非离子表面活性剂，$\Delta H_{mic}^{\ominus}$ 和 $\Delta S_{mic}^{\ominus}$ 会随着亲水基中氧乙烯单元数（EO）的增加而增加，其净结果是 $\Delta G_{mic}^{\ominus}$ 的负值有微小增加。$\Delta H_{mic}^{\ominus}$ 值的增加可能是由于胶束化过程中 EO 基团水化程度降低所致。当 EO 数变化超过 3 个时，$\Delta G_{mic}^{\ominus}$（-EO-）值的变化约等于 $\Delta G_{mic}^{\ominus}$

（-CH₂-）变化的十分之一，但符号相反[141]，因为 EO 基团阻碍胶束形成，而亚甲基则促进胶束形成。末端的羟基基团是抑制胶束化的主要结构单元[216]。

对 POE 类非离子表面活性剂，升温似乎会使 $\Delta H_{\text{mic}}^{\ominus}$ 和 $\Delta S_{\text{mic}}^{\ominus}$ 的正值变小[143]，原因可能是随着温度的增加，未形成胶束的非离子分子中疏水链导致的结构水量和亲水的 POE 基团结合的水量下降，分别导致 ΔS_{mic} 和 ΔH_{mic} 的减小。由于这两个参数对 $\Delta G_{\text{mic}}^{\ominus}$ 的影响相反，$\Delta G_{\text{mic}}^{\ominus}$ 的负值可能会随温度的变化变得更大或更小，取决于 $\Delta H_{\text{mic}}^{\ominus}$ 和 $\Delta S_{\text{mic}}^{\ominus}$ 变化的相对幅度大小。已有的数据表明，在大多数情况下，$\Delta G_{\text{mic}}^{\ominus}$ 的负值会随温度的上升而增加，直至约 50℃，然后随着温度的进一步上升，负值减小[150]。

在极性大的非水溶剂中，如甲酰胺、N-甲基甲酰胺和 N,N-二甲基甲酰胺，从有限的数据可以看出，胶束化主要还是熵驱动的，即源于疏水基团从溶剂环境转移到胶束内部的趋势[216]。

3.9 二元表面活性剂混合胶束的形成

在许多产品或过程中，两种表面活性剂常常混合使用以提高体系的性能。在某些情况下，两种表面活性剂的相互作用导致混合物的 CMC（C_{12}^{M}）总是介于两个单组分表面活性剂的 CMC 值（C_1^{M} 和 C_2^{M}）之间。而在其他情况下，两种表面活性剂的相互作用导致一定配比的两种表面活性剂混合后的 C_{12}^{M} 比 C_1^{M} 或 C_2^{M} 都要小。如果后一种情况发生，则称体系在混合胶束形成方面显示出协同效应。还有一些情况下，一定配比的两种表面活性剂混合后的 C_{12}^{M} 可能比 C_1^{M} 或 C_2^{M} 都要大，这些体系被认为在混合胶束形成方面显示出对抗效应（负协同效应）。

混合物的 CMC 由下式给出：

$$\frac{1}{C_{12}^{\text{M}}} = \frac{\alpha}{f_1 C_1^{\text{M}}} + \frac{1-\alpha}{f_2 C_2^{\text{M}}} \tag{3.20}$$

式中，α 是溶液相表面活性剂 1 相对于总表面活性剂的摩尔分数（即在该混合物中表面活性剂 2 的摩尔分数为 $1-\alpha$）；f_1、f_2 分别是表面活性剂 1 和 2 在混合胶束中的活度系数。对活度系数 f_1 和 f_2 使用正规溶液方程（2.44 和 2.45），Rubingh[227] 提出了一种方便的方法（方程 11.3 和方程 11.4），可以根据两个单一表面活性剂的 CMC（C_1^{M} 和 C_2^{M}）和一个或几个混合物的 CMC 预测两个表面活性剂的任意混合物的 CMC。当单一表面活性剂的 CMC 值（表 3.2）和形成混合胶束的相互作用参数 β^{M}（表 11.1）已知时，C_{12}^{M} 可以根据这些数据直接计算得到，而不需要任何其他实验数据。但对商品表面活性剂，由于一些表面活性杂质的存在，如果不利用另外的一些实验数据，则计算结果可能会出现较严重的偏差[228]。

当两种表面活性剂之间没有相互作用时，即理想混合时，则 $f_1=f_2=1$，方程 3.20 变为：

$$\frac{1}{C_{12}^{\text{M}}} = \frac{\alpha}{C_1^{\text{M}}} + \frac{1-\alpha}{C_2^{\text{M}}} \tag{3.21}$$

或

$$C_{12}^{\text{M}} = \frac{C_1^{\text{M}} C_2^{\text{M}}}{C_1^{\text{M}}(1-\alpha) + C_2^{\text{M}}\alpha} \tag{3.22}$$

于是任意混合物的 CMC 值都可以根据单一表面活性剂的 CMC 值和 α 值直接计算得到。

参 考 文 献

[1] (a) Treiner, C. and A. Makayssi (1992) *Langmuir* **8**, 794; (b) Fujiwara, M., T. Okano, T. H. Nakashima, A. A. Nakamura, and G. Sugihara (1997) *Colloid Polym.Sci.* **275**, 474.

[2] Ford, W., R. H. Ottewill, and H. C. Parreira (1966) *J. Colloid Interface Sci.* **21**, 522

[3] Mukerjee, P. and K. J. Mysels, *Critical Micelle Concentrations of Aqueous Surfactant Systems*, NSRDS-NBS 36, U.S. Dept. of commerce, Washington, DC, 1971.

[4] Ray, A. and G. Nemethy (1971) *J. Am. Chem. Soc.* **93**, 6787.

[5] Fillpi, B. R., L. W. Brandt, J. F. Scamehorn, and S. D. Christian (1999) J. Colloid Interface Sci. **213**, 68.

[6] Muller, N., J. Pellerin, and W. Chem (1972) *J. Phys. Chem.* **76**, 3012.

[7] Hirschhorn, E. (1960) *Soap Chem. Spec,* **36**, 51–54, 62–64, 105–109.

[8] Singleterry, C. R. (1955) *J. Am. Oil Chem.* Soc. **32**, 446.

[9] Winsor, P. A. (1968) *Chem. Rev.* **68**, 1.

[10] (a) Israelachvili, J. N., D. J. Mitchell, and B. W. Ninham (1976) *J. Chem. Soc. Faraday Trans. 1* **72**, 1525. (b) Israelachvili, J. N., D. J. Mitchell, and B. W. Ninham (1977) *Biochem. Biophys. Acta* **470**, 185.

[11] Mitchell, D. J. and B. W. Ninham (1981) *J. Chem. Soc. Faraday Trans. 2* **77**, 601.

[12] Tanford, C. *The Hydrophobic Effect*, 2nd ed., Wiley, New York, 1980.

[13] Raghavan, S. R. and E. W. Kaler (2001) *Langmuir* **17**, 300.

[14] Ishigami, Y., and H. Machida (1989) *J. Am. Oil Chem.* Soc. **66**, 599.

[15] Ravey, J. C. and M. J. Stebe (1994) *Colloids Surfaces A.* **84**, 11.

[16] Salkar, R. A., D. Mukesh, S. D. Samant, and C. Manohar (1998) *Langmuir* **14**, 3778.

[17] Viseu, M. I., K. Edwards, C. S. Campos, and S. M. B. Costa (2000) *Langmuir* **16**, 2105.

[18] Kunieda, H., K. Aramaki, T. Izawa, M. H. Kabir, K. Sakamoto, and K.Watanabe (2003) *J. Oleo Sci.* **52**, 429

[19] Boschkova, K., B. Kronberg, J. J. R. Stalgren, K. Persson, and M. R. Salageon (2002) *Langmuir* **18**, 1680.

[20] Friberg, S. (1969) *J. Colloid Interface Sci.* **29**, 155.

[21] Kunjappu, J. T., *Essays in Ink Chemistry (For paints and Coatings Too),* Nova Science Publishers, Inc., New York, 2001.

[22] Lindman, B. (1983) *J. Phys. Chem.* **87**, 1377, 4756.

[23] Cebula, D. J. and R. H. Ottewill (1982) *Coll. Polym. Sci.* **260**, 1118.

[24] Triolo, R., L. J. Magid, J. S. Johnson, and H. R. Child (1983) *J. Phys. Chem.* **87**, 4548.

[25] Corti, M., V. Degiorgio, J. Hayter, and M. Zulauf (1984) *Chem. Phys. Lett.* **109**, 579.

[26] Herrington, T. M. and S. S. Sahi (1986) *Colloids Surf.* **17**, 103.

[27] Atik, S., M. Nam, and L. Singer (1979) *Chem. Phys. Lett.* **67**, 75.

[28] Lianos, P. and R. Zana (1980) *J. Phys. Chem.* **84**, 3339.

[29] Lianos, P. and R. Zana (1981) *J. Colloid Interface Sci.* **84**, 100.

[30] Lianos, P. and R. Zana (1982) *J. Colloid Interface Sci.* **88**, 594.

[31] Zana, R. (1980) *J. Colloid Interface Sci.* **78**, 330.

[32] Lianos, P., J. Lang, and R. Zana (1983) *J. Colloid Interface Sci.* **91**, 276.

[33] Tartar, H. V. and A. Lelong (1955) *J. Phys. Chem.* **59**, 1185.

[34] Sowada, R. (1994) *Tenside Surf. Det.* **31**, 195.

[35] Jobe, D. J. and V. C. Reinsborough (1984) *Can. J. Chem.* **62**, 280.

[36] Binana-Limbele, W., N. M. Van Os, A. M. Rupert, and R. Zana (1991a) *J. Colloid Interface Sci.* **141**, 157.

[37] Rodenas, E., C. Doleet, M. Valiente, and E. C. Valeron (1994) *Langmuir* **10**, 2088.

[38] Gorski, N. and J. Kalus (2001) *Langmuir* **17**, 4211.

[39] Tori, K. and T. Nakagawa (1963a) *Kolloid-Z. Z. Polym.* **188**, 47.

[40] Chorro, M., N. Kamenka, B. Faucompre, S. Partyka, M. Lindheimer, and R. Zana (1996) *Coll. Surfs. A.* **110**, 249.

[41] Kamenka, N., Y. Chevalier, and R. Zana (1995a) *Langmuir* **11**, 3351.

[42] Fendler, E. J., J. H. Fendler, R. T. Medary, and O. A. El Seoud (1973a) *J. Phys. Chem.* **77**, 1432.

[43] Fendler, J. H., E. J. Fendler, R. T. Medary, and O. A. El Seoud (1973b) *J. Chem. Soc. Faraday Trans. I* **69**, 280.

[44] Balmbra, R. R., J. S. Clunie, J. M. Corkill, and J. F. Goodman (1964) *Trans. Faraday Soc.* **60**, 979.

[45] Becher, P. (1960) *J. Phys. Chem.* **64**, 1221.

[46] Balmbra, R. R., J. S. Clunie, J. M. Corkill, and J. F. Goodman (1962) *Trans. Faraday Soc.* **58**, 1661.

[47] Becher, P. (1961) *J. Colloid Sci.* **16**, 49.

[48] (a) Elworthy, P. H. and C. B. MacFarlane (1963) *J. Chem. Soc.* 907. (b) Elworthy, P. H. and C. McDonald (1964) *Kolloid-Z.* **195**, 16.

[49] Schick, M. J., S. M. Atlas, and F. R. Eirich (1962) *J. Phys. Chem.* **66**, 1326.

[50] Nakagawa, T., K. Kuriyama, and H. Inoue (1960) *J. Colloid Sci.* **15**, 268.

[51] Debye, P. and W. Prins (1958) *J. Colloid Sci.* **13**, 86.

[52] Schwarz, E. G. and W. G. Reid (1963) *Ind. Eng. Chem.* **56** (9), 26.

[53] Mazer, N., G. Benedek, and M. Carey (1976) *J. Phys. Chem.* **80**, 1075.

[54] Kumar, S., Z. A. Khan, and K. ud-Din (2002) *J. Surfactants Detgts.* **5**, 55.

[55] Shikata, T., Y. Sakaiguchi, H. Uragami, A. Tamura, and H. Hirata (1987) *J. Colloid Interface Sci.* **119**, 291.

[56] Imae, T. (1990) *J. Phys. Chein.* **94**, 5953.

[57] Hassan, P. A. and J. V. Yakhmi (2000) *Langmuir* **16**, 7187.

[58] Harwigsson, I. and M. Hellsten (1996) *J. Am. Oil Chem. Soc.* **73**, 921.

[59] Zakin, J. L., B. Lu, and H.-W. Bewersdorf (1998) *Rev. Chem. Eng.* **14**, 253.

[60] Binana-Limbele, W., N. M. Van Os, A. M. Rupert, and R. Zana (1991b). *J. Colloid Interface Sci.* **144**, 458.

[61] Ruckenstein, E. and R. Nagarajan (1980) *J. Phys. Chem.* **84**, 1349.

[62] Mathews, M. B. and E. Hirschhorn (1953) *J. Colloid Sci.* **8**, 86.

[63] Heilweil, I. J. (1964) *J. Colloid Sci.* **19**, 105.

[64] Nagarajan, R. (2002) *Langmuir* **18**, 31.

[65] Tsubone, K. and M. J. Rosen (2001) *J. Colloid Interface Sci.* **244**, 394.

[66] Desai, A. and P. Bahadur (1992) *Tenside Surf. Det.* **29**, 425.

[67] Miyagishi, S., T. Asakawa, and M. Nishida (1989) *J. Colloid Interface Sci.* **131**, 68.

[68] Ohta, A., N. Ozawa, S. Nakashima, T. Asakawa, and S. Miyagishi (2003) *Colloid Polym. Sci.* **281**, 363.

[69] Klevens, H. B (1948) *J. Phys. Colloid Chem.* **52**, 130.

[70] Dahanayake, M., A. W. Cohen, and M. J. Rosen (1986) *J. Phys. Chem.* **90**, 2413.

[71] Mohle, L., S. Opitz, and U. Ohlench (1993) *Tenside Surf. Det.* **30**, 104.

[72] Evans, H. C. (1956) *J. Chem. Soc.* 579.

[73] Huisman. H. F. (1964) *K. Ned. Akad. Wet. Proc. Ser. B* **67**, 388.

[74] Varadaraj, R., J. Bock, S. Zushma, and N. Brons (1992) *Langmuir* **8**, 14.

[75] Elworthy, P. H. and K. J. Mysels (1966) *J. Colloid Sci.* **21**, 331.

[76] Flockhart, B. D. (1961) *J. Colloid Sci.* **16**, 484.

[77] Rosen, M. J., Y.-P. Zhu, and S. W. Morrall (1996) *J. Chem. Eng. Data* **41**, 1160.

[78] Schick, M. J. (1964) *J. Phys. Chem.* **68**, 3585.

[79] Rehfeld, S. J. (1967) *J. Phys. Chem.* **71**, 738.

[80] Vijayendran, B. R. and T. P. Bursh (1979) *J. Colloid Interface Sci.* **68**, 383.

[81] Mysels, K. J. and L. H. Princen (1959) *J. Phys. Chem.* **63**, 1696.

[82] Meguro, K. and T. Kondo (1956) *J. Chem. Soc. Jpn. Pure Chem. Sec.* **77**, 1236.

[83] Corkill, J. M. and J. F. Goodman (1962) *Trans. Faraday Soc.* **58**, 206.

[84] Meguro, K. and T. Kondo (1959) *J. Chem. Soc. Jpn. Pure Chem. Sec.* **80**, 823.

[85] Mukerjee, P. (1967) *Adv. Colloid Interface Sci.,* **1**, 241.

[86] Götte, E. and M. J. Schwuger (1969) *Tenside* **3**, 131.

[87] Lange, H. and M. J. Schwuger (1968) *Kolloid Z. Z. Polym.* **223**, 145.

[88]　Götte, E., 3rd Intl. Congr. Surface Activity, Cologne, 1960, 1, p. 45.

[89]　Varadaraj, R., P. Valint, J. Bock, S. Zushma, and N. Brons (1991a) *J. Colloid Interface Sci.* **144**, 340.

[90]　Hikota, T., K. Morohara, and K. Meguro (1970) *Bull. Chem. Soc. Jpn* **43**, 3913.

[91]　Williams, E. F., N. T. Woodbury, and J. K. Dixon (1957) *J. Colloid Sci.* **12**, 452.

[92]　Nave, S., J. Eastoe, and J. Penfold (2000) *Langmuir* **16**, 8733.

[93]　Ohbu, K. (1998) *Prog. Colloid Polym. Sci.* **109**, 85.

[94]　Mizushima, H., T. Matsuo, N. Satah, H. Hoffman, and D. Grachner (1999) *Langmuir* **15**, 6664.

[95]　Gershman, J. W. (1957) *J. Phys. Chem.* **61**, 581.

[96]　Van Os, N. M., G. J. Daane and G. Handrikman (1991) *J. Colloid Interface Sci.* **141**, 199.

[97]　Zhu, Y.-P., M. J. Rosen, S. W. Morrall and J. Tolls (1998) *J. Surfactans. Deterg.* **1**, 187.

[98]　Murphy, D. S., Z. H. Zhu, X. Y. Hua, and M. J. Rosen (1990) *J. Am. Oil Chem. Soc.* **67**, 197.

[99]　Lascaux, M. P., O. Dusart, R. Granet, and S. Piekarski (1983) *J. Chem. Phys.* **80**, 615.

[100]　(a) Shinoda, K. and K. Katsura (1964) *J. Phys. Chem.* **68**, 1568. (b) Shinoda, K. and T. Hirai (1977) *J. Phys. Chem.* **81**, 1842.

[101]　Muzzalupo, R., G. A. Ranieri, and C. L. Mesa (1995) *Coll. Surfs. A.* **104**, 327.

[102]　Nakano, T-Y., G. Sugihara, T. Nakashima, and S.-C. Yu (2002) *Langmuir* **18**, 8777.

[103]　Downer, A., J. Eastoe, A. R. Pitt, E. A. Simiser, and J. Penfold (1999) *Langmuir* **15**, 7591.

[104]　Li, F., M. J. Rosen, and S. B. Sulthana (2001) *Langmuir* **17**, 1037.

[105]　Tanaka, A. and S. Ikeda (1991) *Colloids Surfs.* **56**, 217.

[106]　Anacker, E. W. and H. M Ghose (1963) *J. Phys. Chem.* **67**, 1713.

[107]　(a) Hover, H. W. and A. Marmo (1961) *J. Phys. Chem.* **65**, 1807. (b) Osugi, J., M. Sato, and N. Ifuku (1965) *Rev. Phys. Chem. Jpn.* **35**, 32.

[108]　Okuda, H., T. Imac, and S. Ikeda (1987) *Colloids Surfs.* **27**, 187.

[109]　Varjara, A. K. and S. G. Dixit (1996) *J. Colloid Interface Sci.* **177**, 359.

[110]　Swanson-Vethamuthu, M., E. Feitosa, and W. Brown (1998) *Langmuir* **14**, 1590.

[111]　Skerjanc, S., K. Kogej, J. Cerar (1999) *Langmuir* **15**, 5023.

[112]　Mehrian, T., A. de Keizer, A. J. Kortwegr, and J. Lyklema (1993) *Coll. Surf. A.* **71**, 2551.

[113]　Rosen, M. J., M. Dahanayake, and A. W. Cohen (1982b) *Colloids Surf.* **5**, 159.

[114]　Mandru, I. (1972) *J. Colloid Interface Sci.* **41**, 430.

[115]　Hartley, G. S (1938) *J. Chem. Soc.* 168.

[116]　Evers, E. C. and C. A. Kraus (1948) *J. Am. Chem. Soc.* **70**, 3049.

[117]　Venable, R. L. and R. V. Nauman (1964) *J. Phys. Chem.* **68**, 3498.

[118]　de Castillo, J. L., J. Czapkiewicz, A. Gonzalez Perez, and J. R. Rodriguez (2000) *Coll. Surfs. A.* **166**, 161.

[119]　Rodriguez, J. R. and J. Czapkiewicz (1995) *Coll. Surf. A.* **101**, 107.

[120]　Omar, A. M. A. and N. A. Abdel-Khalek (1997) *Tenside Surf. Det.* **34**, 178.

[121]　Corkill, J. M., J. F. Goodman, and S. P. Harrold (1966) *Trans. Faraday Soc.* **62**, 994.

[122]　Lange, H. and M. J. Schwuger (1971) *Kolloid Z. Z. Polym.* **243**, 120.

[123]　(a) Corkill, J. M., J. F. Goodman, and C. P. Ogden (1965) *Trans. Faraday Soc.* **61**, 583. (b) Corkill, J. M., J. F. Goodman, and C. P. Ogden (1963a) *Proc. R. Soc.* **273**, 84.

[124]　Beckett, A. H. and R. J. Woodward (1963) *J. Pharm. Pharmacol.* **15**, 422.

[125]　Chevalier, Y., Y. Storet, S. Pourchet, and P. LePerchec (1991) *Langmuir* **7**, 848.

[126]　Zajac, J., C. Chorro, M. Lindheimer, and S. Partyka (1997) *Langmuir* **13**, 1486.

[127]　Tori, K. and T. Nakagawa (1963b) *Kolloid-Z. Z. Polym.* **189**, 50.

[128]　Amrhar, J., Y. Chevalier, B. Gallot, P. LePerchec, X. Auvray, and C. Petipas (1994) *Langmuir* **10**, 3435.

[129]　Zhao, F. and M. J. Rosen (1984) *J. Phys. Chem.* **88**, 6041.

[130]　Dahanayake, M. and M. J. Rosen, in Structure/Performance Relationships in Surfactants, M. J. Rosen (ed.), ACS Symp. Series 253, American Chemical Society, Washington, DC, 1984, p. 49.

[131]　Rosen, M. J. and S. B. Sulthana (2001) *J. Colloid Interface Sci.* **239**, 528.

[132] Murphy, D. S. and M. J. Rosen (1988) *J. Phys. Chem.* **92**, 2870.

[133] Zhu, B. Y. and M. J. Rosen (1985) *J. Colloid Interface Sci.* **108**, 423.

[134] Hermann, K. W. (1962) *J. Phys. Chem.* **66**, 295.

[135] Kwan, C.-C. and M. J. Rosen (1980) *J. Phys. Chem.* **84**, 547.

[136] Shinoda, K., T. Yamaguchi, and R. Hori (1961) *Bull. Chem. Soc. Jpn.* **34**, 237.

[137] Aveyard, R., B. P. Binks, J. Chen, J. Equena, P. D. I. Fletcher, R. Buscall, and S. Davies (1998) *Langmuir* **14**, 4699.

[138] (a) Bocker, T. and J. Thiem (1989) *Tenside Surf. Det.* **26**, 318. (b) Balzer, D. (1993) *Langmuir* **9**, 3375.

[139] Elworthy, P. H. and A. T. Florence (1964) *Kolloid-Z.* **195**, 23.

[140] Shinoda, K., T. Yamanaka, and K. Kinoshita (1959) *J. Phys. Chem.* **63**, 648.

[141] Corkill, J. M., J. F. Goodman, and S. P. Harrold (1964) *Trans. Faraday Soc.* **60**, 202.

[142] Varadaraj, R., J. Bock, P. Geissler, S. Zushma, N. Brons, and T. Colletti (1991b) *J. Colloid Interface Sci.* **147**, 396.

[143] Hudson, R. A. and B. A. Pethica, in *Chem. Phys. Appl. Surface Active Substances*, Vol. 4, J. T. G. Overbeek (Ed.), Proc. 4th Intl. Congr., 1964, Gordon & Breach, New York, 1964, p. 631.

[144] Eastoe, J., J. S. Dalton, P. G. A. Rogueda, E. R. Crooks, A. R. Pitt, and E. A. Simister (1997) *J. Colloid Interface Sci.* **188**, 423.

[145] Meguro, K., Y. Takasawa, N. Kawahashi, Y. Tabata, and M. Ueno (1981) *J. Colloid Interface Sci.* **83**, 50.

[146] Rosen, M. J., A. W. Cohen, M. Dahanayake, and X. Y. Hua (1982a) *J. Phys. Chem.* **86**, 541.

[147] Corkill, J. M., J. F. Goodman, and R. H. Ottewill (1961) *Trans. Far. Soc.* **57**, 1627.

[148] (a) Rosen, M. J. and D. S. Murphy (1991) *Langmuir* **7**, 2630. (b) Lange, H. (1965) *Kolloid-Z.* **201**, 131.

[149] Elworthy, P. H. and C. B. MacFarlane (1962) *J. Pharm. Pharmacol Suppl.* **14**, 100.

[150] Crook, E. H., D. B. Fordyce, and G. F. Trebbi (1963) *J. Phys. Chem.* **67**, 1987.

[151] Voicu, A., M. Elian, M. Balcan, and D. F. Anghel (1994) *Tenside Surf. Det.* **31**, 120.

[152] Schick, M. J. and A. H. Gilbert (1965) *J. Colloid Sci.* **20**, 464.

[153] Kucharski, S. and J. Chlebicki (1974) *J. Colloid Interface Sci.* **46**, 518

[154] Rosen, M. J., D. Friedman, and M. Gross (1964) *J. Phys. Chem.* **68**, 3219.

[155] Hayes, M. E., M. EI-Emary, R. S. Schechter, and W. H. Wade (1980) *J. Disp. Sci. Tech.* **1**, 297.

[156] Kjellin, U. R. M., P. M. Claesson, and P. Linse (2002) *Langmuir* **18**, 6745.

[157] Zhu, Y.-P., M. J. Rosen, P. K. Vinson, and S. W. Morrall (1999) *J. Surfactans. Deterg.* **2**, 357.

[158] Burczyk, B., K. A. Wilk, A. Sokolowski, and L. Syper (2001) *J. Colloid Interface Sci.* **240**, 552.

[159] Mathis, G., J. C. Ravey, and M. Buzier, in Microemulsions (*Proc. Conf. Phys. Chem. Microemulsions, 1980*), I. D. Robb (ed.), Plenum, New York, 1982, pp. 85–102.

[160] Matos, L., J.-C. Ravey, and G. Serratrice (1989) *J. Colloid Interface Sci.* **128**, 341.

[161] (a) Gentle, T. C. and S. A. Snow (1995) *Langmuir* **11**, 2905. (b) Greiss, W. (1955) *Fette, Seife, Anstrichm*, **57**, 24, 168, 236.

[162] Alexandridis, V., A. Athanassiou, S. Fukuda, and T. A. Hatton (1994) *Langmuir* **10**, 2604.

[163] Stigter, D. (1974) *J. Phys. Chem.* **78**, 2480.

[164] Klevens, H. B (1953) *J. Am. Oil Chem. Soc.* **30**, 74.

[165] Folmer, B. M., K. Holmberg, E. G. Klingskog, K. Bergstrom (2001) *J. Surfactants Detgts.* **4**, 175.

[166] Garti, N. and A. Aserin (1985) *J. Disp. Sci. Tech.* **6**, 175.

[167] (a) Kanner, B., W. G. Reid, and I. H. Petersen (1967) *Int. Eng. Chem. Prod. Res. Dev.* **6**, 88. (b) Yiv, S. and R. Zana (1980) *J. Colloid Interface Sci.* **77**, 449.

[168] Granet, R. and S. Piekarski (1988) *Colloids Surfs.* **33**, 321.

[169] Binana-Limbele, W., R. Zana, and E. Platone (1988) *J. Colloid Interface Sci.* **124**, 647.

[170] De Lisi, R., A. Inglese, S. Milioto, and A. Pellerito (1997) *Langmuir* **13**, 192

[171] Zoeller, N. and D. Blankschtein (1998) *Langmuir* **14**, 7155.

[172] Tsubone, K., Y. Arakawa, and M. J. Rosen (2003a) *J. Colloid Interface Sci.* **262**, 516.

[173] Tsubone K., T. Ogawa, and K. Mimura (2003b) *J. Surfactants Deterg.* **6**, 39.

[174] Zana, R., S. Yiv, C. Strazielle, and P. Lianos (1981) *J. Colloid Interface Sci.* **80**, 208.

[175] Zana, R., H. Levy, D. Papoutsi, and G. Beinert (1995) *Langmuir* **11**, 3694.

[176]　Sepulveda, L. and J. Cortes (1985) *J. Phys. Chem.* **89**, 5322.

[177]　Bostrom, G., S. Backlund, A. M. Blokhus, and H. Hoeiland (1989) *J. Colloid Interface Sci.* **128**, 169.

[178]　Souza, S. M. B., H. Chaimovich, and M. Politi (1995) *Langmuir* **11**, 1715.

[179]　Asakawa, T., H. Kitano, A. Ohta, and S. Miyagishi (2001) *J Colloid Interface Sci.* **242**, 284.

[180]　Quirion, F. and L. Magid (1986) *J. Phys. Chem.* **90**, 5435.

[181]　Iijima, H., T. Kato, and O. Soderman (2000) *Langmuir* **16**, 318.

[182]　Kamenka, N., M. Chorro, Y. Chevalier, H. Levy, and R. Zana (1995b) *Langmuir* **11**, 4234.

[183]　Robb, I. D. and R. Smith (1974) *J. Chem. Soc. Faraday Trans. 1.* **70**, 187.

[184]　Packter, A. and M. Donbrow (1963) *J. Pharm. Pharmacol.* **15**, 317.

[185]　Ottewill, R. H. and H. C. Parreira, Paper presented before Div. Colloid Surf. Chemistry, 142nd Natl. Meeting, Am. Chem. Soc., September 1962.

[186]　Markina, Z. N. (1964) *Kolloid Z.* **26**, 76.

[187]　Rosen, M. J. (1976) *J. Colloid Interface Sci.* **56**, 320.

[188]　Schick, M. J. and F. M. Fowkes (1957) *J. Phys. Chem.* **61**, 1062.

[189]　Lange, H., *Proc. 4th Int. Congr. Surface Active Substances, Brussels, Belgium*, Vol. 2, p. 497, 1964.

[190]　Caskey, J. A. and W. B., Jr. Barlage (1971) *J. Colloid Interface Sci.* **35**, 46.

[191]　Corrin, M. L. and W. D. Harkins (1947) *J. Am. Chem. Soc.* **69**, 684.

[192]　Barry, B. W., J. C. Morrison, and G. Russell (1970) *J. Colloid Interface Sci.* **33**, 554.

[193]　Demchenko, P. A., N. N. Zakharova, and L. G. Demchenko (1962) *Ukr. Khlin. Zh.* **28**, 611 [C. A. **58**, 4745b (1963)].

[194]　Ray, A. (1971a) *Nature (London)* **231**, 313.

[195]　Schick, M. J. (1962) *J. Colloid Sci.* **17**, 801.

[196]　Zhang, L., P. Somasundaran, and C. Maltesh (1996) *Langmuir* **12**, 2371.

[197]　Pandit, N., T. Trygstad, S. Craig, M. Boharquez, and C. Koch (2000) *J. Colloid Interface Sci.* **222**, 213.

[198]　Miyagishi, S. (1976) *Bull. Chem. Soc. Jpn.* **49**, 34.

[199]　Shirahama, K. and R. Matuura (1965) *Bull. Chem. Soc. Jpn.* **38**, 373.

[200]　Schwuger, M. J. (1971) *Ber. Bunsenes. Ges. Phys. Chem.* **75**, 167.

[201]　Asakawa, T., M. Hashikawa, K. Amada, and S. Miyagishi (1995) *Langmuir* **11**, 2376.

[202]　Herzfeld, S. H., M. L. Cowin, and W. D. Harkins (1950) *J. Phys. Chem.* **54**, 271.

[203]　Chen, L.-J., S-Y. Lin, C.-C. Huang, and E.-M. Chen (1998) *Coll. Surfs. A.* **135**, 175.

[204]　Mujamoto, S (1960) *Bull. Chem. Soc. Jpn.* **33**, 375.

[205]　Corkill, J. M., J. F. Goodman, C. P. Ogden, and J. R. Tate (1963b) *Proc. R. Soc.* **273**, 84.

[206]　Crook, E. H., G. F. Trebbi, and D. B. Fordyce (1964) *J. Phys. Chem.* **68**, 3592.

[207]　Kitahara, A. (1956) *Bull. Chem. Soc. Jan.* **29**, 15.

[208]　Kon-no, K. and A. Kitahara, (1965) *Kogyo Kagaku Zasshi* **68**, 2058.

[209]　Eicke, H. F. and J. Rehak (1976) *Helv. Chem. Acta* **59**, 2883.

[210]　Miyagishi, S., M. Nishida, M. Okano, and K. Fujita (1977) *Colloid Polym. Sci.* **255**, 585.

[211]　Hobbs, M. E. (1951) *J. Phys. Colloid Chem.* **55**, 675.

[212]　Shinoda, K. (1953) *Bull. Chem. Soc. Jpn.* **26**, 101.

[213]　Molyneux, P., C. T. Rhodes, and J. Swarbrick (1965) *Trans. Faraday Soc.* **61**, 1043.

[214]　Nakagaki, M., in *Structure/Performance Relationships in Surfactants*, M. J. Rosen (ed.), ACS Symp. Series No. 253, Amer. Chem. Soc., Washington, DC, 1984, p. 73.

[215]　Zana, R. (1996) *Langmuir* **12**, 1208.

[216]　Birdi, K. S. Paper presented before 167th Am Chem. Soc. Meeting, Los Angeles, CA, April 1974.

[217]　McDonald, C. (1970) *J. Pharm. Pharmacol.* **22**, 774.

[218]　Nemethy, G. and H. A. Scheraga (1962) *J. Chem. Phys.* **36**, 3401.

[219]　Stainsby, G. and A. E. Alexander (1950) *Trans. Faraday Soc.* **46**, 587.

[220]　Aranow, R. H. and L.Witten (1960) *J.Phys.Chem.* **64**, 1643;

[221] Aranow, R. H. and L.Witten (1961) *J.Chem.Phys.* **35**, 1504;

[222] Aranow, R. H. and L.Witten (1965) *J.Chem.Phys.* **43**, 1436.

[223] Clint, J. H. and T. Walker (1975) *J. Chem. Soc. Faraday Trans.* **1** **71**, 946.

[224] Clifford, J. and B. A. Pethica (1964) *Trans. Faraday Soc.* **60**, 1483.

[225] Benjamin, L. (1966) *J. Phys. Chem.* **70**, 3790.

[226] Walker, T. (1971) *J. Colloid Interface Sci.* **45**, 372.

[227] Rubingh, D., in *Solution Chemistry of Surfactants*, K. L. Mittal (ed.) Plenum, New York, 1979, p. 337ff.

[228] Goloub, T. P., R. J. Pugh, and B. V. Zhmud (2000) *J. Colloid Interface Sci.* **229**, 72.

问　题

3.1　假设胶束中表面活性剂的烷基链长是其完全伸长时的 80％，如果一个表面活性剂的疏水基团是 C_{12} 的直链，亲水基团在胶束表面的截面积是 60Å^2，问胶束的形状如何？

3.2　在下表中注明每一种变化对胶束聚集数的影响。使用符号："+"表示增加；"−"表示减少；"0"表示几乎没有或没有影响；"？"表示不结果不明确。

改变量	影响	改变量	影响
化合物 $R(OC_2H_4)_xOH$ 在水中（R=直链）		化合物 $RSO_4^-Na^+$ 在水中	
（a）升高温度		（a）向溶液中加入电解质	
（b）增加 R 中的碳原子数		（b）用 Li^+ 代替 Na^+	
（c）增加 x 的值		（c）用甲醇代替水作为溶剂	

3.3　将其在水溶液中 CMC 值按增加的顺序排列（用括号中的字母按顺序排序）：

（a）$CH_3(CH_2)_{11}SO_3^-Na^+$

（b）$CH_3(CH_2)_{11}(OC_2H_4)_8OH$

（c）$CH_3(CH_2)_9SO_3^-Na^+$

$$CH_3(CH_2)_8CHSO_3^-Na^+$$

（d）$\qquad\qquad |$

$\qquad\qquad C_2H_5$

（e）$H_3C(H_2C)_9 \!-\!\!\bigcirc\!\!-\! SO_3^-Na^+$

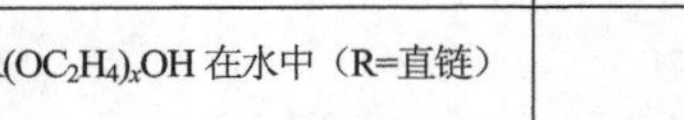

（f）$CH_3(CH_2)_{11}(OC_2H_4)_4OH$

3.4　对 27℃时 CMC 值为 4×10^{-4} mol/L 的非离子型表面活性剂计算 $\Delta G_{mic}^\ominus$（kJ/mol）。

3.5　在下表中注明每一种变化对水溶液中表面活性剂的 CMC/C_{20} 比值的影响。使用符号："+"表示增加；"−"表示减少；"0"表示几乎没有或没有影响；"？"表示不结果不明确。

改变量	影响
（a）增加疏水基的链长	
（b）疏水基由直链的改为支链的同分异构体	
（c）在水溶液中加入尿素	
（d）在离子型表面活性剂的水溶液中加入 NaCl	
（e）减少 POE 链的长度（非离子型表面活性剂）	

3.6 导出水溶液中两种表面活性剂形成混合胶束的下列关系式并定义所有的符号。

（a）$f_1^M X_1^M = \dfrac{C_1^m}{C_1^M}$

（b）$C_{12}^M = \dfrac{C_1^M C_2^M}{C_1^M(1-\alpha_1) + C_2^M \alpha_1}$ （理想混合胶束形成）

3.7 不查表将下列化合物的 CMC/C_{20} 比值按降序排列。数值大约相等时用"≈"表示。

（a）$C_{12}H_{25}SO_4^- Na^+$，在水中，25℃

（b）$C_{12}H_{25}SO_4^- Na^+$，在水中，40℃

（c）$C_{12}H_{25}SO_4^- Na^+$，在 0.1mol/L NaCl 水溶液中，25℃

（d）$C_{12}H_{25}N(CH_3)_3^+ Br^-$，在水中，25℃

（e）$C_{12}H_{25}(OC_2H_4)_6OH$，在水中，25℃

3.8 为什么具有紧密束缚反离子的离子型表面活性剂更有可能形成非球形胶束？

3.9 解释为什么表 3.1 中离子型表面活性剂的胶束聚集数数据通常包括测定该数据时的表面活性剂浓度（表中括号中的值），而非离子型表面活性剂和两性离子表面活性剂则不包括。

第4章 表面活性剂溶液的增溶作用：胶束催化

与胶束形成直接相关的非常重要的表面活性剂的性质之一是增溶作用。增溶作用可以定义为物质（固体、液体或气体）通过与溶剂中表面活性剂胶束的可逆相互作用而发生的自发溶解，形成各向同性的热力学稳定溶液，其中被增溶的物质其热力学活性降低了。虽然在溶剂中可溶的和不可溶的两类物质都能通过增溶机理被溶解，但从实际应用的观点来看，这种现象的重要性在于能使正常情况下在溶剂中不能溶解的物质溶解于溶剂中。例如，尽管正常情况下乙苯是不溶于水的，但在 100mL 0.3mol/L 的十六烷酸钾水溶液中，接近 5g 的乙苯能够溶解，形成澄清的溶液。

水介质中的增溶在下列领域中具有非常重要的实际应用：含有水不溶性成分的产品配方，这里通过增溶作用，水可以取代有机溶剂或共溶剂；去污，增溶作用被认为是除去油性污渍的主要机理之一；有机反应中的胶束催化；乳液聚合，这里增溶作用被认为是引发步骤的一个重要因素；产品制造或分析过程中物质的分离；以及提高原油采收率，这里增溶作用产生了使原油流动所需的超低界面张力。非水介质中的增溶作用在干洗方面具有重要的应用。物质在生物体系中的增溶揭示了药物和其他药用材料与脂质双层和生物膜的相互作用机理[1]。

增溶和乳化（一种液相分散到另一种液相中）本质上不同，对增溶而言，被溶解的物质（增溶物）与起增溶作用的溶液是在同一相中，因此体系是热力学稳定的。

如果将正常情况下在溶剂中不溶解的某种物质的溶解度对能够增溶该物质的表面活性剂溶液的浓度作图，我们发现该物质的起始溶解度很小，直至表面活性剂浓度达到某个临界浓度时，其溶解度开始随表面活性剂浓度的增大而近乎线性地上升。这个转折浓度就是增溶物❶存在下表面活性剂的临界胶束浓度 CMC（图 4.1）。这表明增溶作用是一种胶束现象，因为在胶束（如果它们存在）含量比较少的情况下这种现象发生的程度几乎可以忽略。

---

❶ 由于胶束中表面活性剂的活度会因引入增溶物而改变，液相中与胶束保持平衡的单体表面活性剂的浓度必须变化。因此，增溶物的存在会改变表面活性剂的 CMC，大多数情况下会降低 CMC 值。利用探针（一种增溶物）法测定的表面活性剂的 CMC 值与不含探针时所得到的 CMC 值相比，通常要偏小。

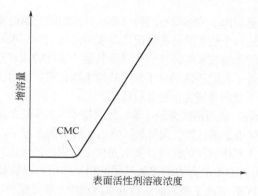

图 4.1　增溶量随体相中表面活性剂浓度的变化

4.1　水介质中的增溶

4.1.1　增溶位置

胶束中增溶作用发生的确切位置（增溶位置）随增溶物的性质而变，并且其重要性在于反映了表面活性剂与增溶物之间的相互作用的类型。有关增溶位置的数据是通过对增溶发生前后增溶物的研究获得的，使用的方法包括 X 射线衍射[2,3]、紫外光谱[4]、核磁共振谱（NMR）[5,6]、拉曼光谱[7]以及荧光光谱[8~13]等方法。衍射方法测量增溶发生前后胶束尺寸的变化，而 UV、NMR 以及荧光光谱法指示增溶前后增溶物所处环境的变化。根据这些研究，增溶作用被认为可以在表面活性剂胶束的不同位置发生（图 4.2）：①在胶束表面，即胶束/溶剂界面区；②在表面活性剂的亲水头基之间（如使用 POE 类化合物时）；③在所谓的胶束"栅栏层"，即在表面活性剂的亲水基和疏水链中最靠近亲水基、构成胶束内核外区的几个碳原子之间；④在栅栏层的更深处，以及⑤在胶束的内核区。

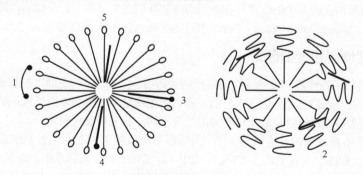

图 4.2　增溶物在表面活性剂胶束中的位置[14]

基于紫外光谱的研究结果和苯在庚烷-水体系中的界面活性，Mukerjee[15]对极性的和可极化的增溶物假设了一个两态模型，涉及增溶物在胶束/水界面的"吸附状态"和在烃核区的"溶解状态"之间的分布。虽然对高极性的增溶物预期其分布更倾向于吸附状态，但当增溶物浓度较高时，似乎会发生更倾向于溶解状态的再分布。升高溶液的温度支持对芳香族分子的增溶的两态模型[16]。苯在这两个位置的分布情况还与表面活性剂的亲水基有关[17]。

在水介质中，饱和的脂肪族和脂环族烃类以及其他非极性的或者不容易被极化的化合物被增溶于胶束的内核，处于表面活性剂分子疏水基的末端之间。增溶物的 UV 和 NMR 光谱表明，发生增溶后它们所处的环境完全是非极性的。

可极化的烃类化合物，如短链的芳烃（苯、异丙基苯）在季铵盐溶液中被证明一开始是吸附在胶束/水界面，取代可能渗透到胶束外核区靠近极性头的水分子，但随着增溶物的增加，另外的增溶物要么是插入到栅栏层的深处，要么是位于胶束的内核区。芳香环 π 电子云的极化率及其与胶束/水界面的带正电荷的季铵盐基团的相互作用可以解释这些化合物最初在这些位置的吸附行为。在 POE 非离子型表面活性剂水溶液中，苯可能增溶在亲水基团的聚氧乙烯链之间[18]。

大的极性分子，如长链醇或极性染料被认为在水介质中主要增溶于胶束栅栏层（胶束表面下紧靠表面的一层）中的单个表面活性剂分子之间，其极性基团朝向表面活性剂的极性基团，而非极性部分朝向胶束内部。这里相互作用可能来源于增溶物的极性基团和表面活性剂之间的氢键作用或偶极-偶极吸引作用。这种情况下增溶物的光谱表明，发生增溶后，至少部分增溶物分子是处在一个极性的环境中。增溶物插入胶束栅栏层的深度取决于增溶物分子中极性与非极性结构的比例，长链且极性低的增溶物比短链且极性高的增溶物能插入到更深的胶束栅栏层中。在 POE 非离子表面活性剂溶液中，极性染料增溶的位置随 POE 链长的变化而改变。随着 POE 链长的增加，更多的增溶物被增溶到氧乙烯基团的附近[19,20]。

小的极性分子在水介质中一般增溶于靠近栅栏层的表面，或吸附在胶束/水界面上。这些物质增溶后的光谱数据表明它们处于完全或几乎完全的极性环境中。短链的酚类增溶于 POE 非离子表面活性剂胶束中时，似乎是位于 POE 链之间[18]。像二吡啶基钌复合物之类的探针在十二烷基硫酸钠（SDS）与一些硝基氧取代的烷基链长类似的表面活性剂（其中硝基氧猝灭基处于碳链的不同位置上）形成的共胶束中的位置，已经通过荧光光谱实验得到确认[8]。

在高浓度表面活性剂水溶液中，尽管胶束的形状与低浓度体系的胶束有很大的差别，但特定类型的增溶物在胶束中的位置与在表面活性剂稀溶液中基本上是类似的，即极性分子主要增溶在胶束结构的外部区域，而非极性增溶物主要包含在胶束的内核。

4.1.2 决定增溶程度的因素

由于增溶作用在洗涤剂去除油性污渍和制备药物、化妆品、杀虫剂以及其他类型的配方等方面的重要性，人们已经开展了大量的工作以阐述决定不同类型表面活性剂的增溶量的因素。由于不同类型的增溶物在胶束中所处的位置不同，相关情况比较复杂。

胶束的增溶量或增溶能力被定义[13,21]为每摩尔形成胶束的表面活性剂所能含有的增溶物的物质的量，即$(S_W - S_{CMC})/(C_{surf} - CMC)$，式中，$S_W$ 是增溶物在水体系中的摩尔溶解度；S_{CMC} 是在 CMC 处的摩尔溶解度，而 C_{surf} 是表面活性剂的物质的量浓度[22]。虽然高浓度时某些表面活性剂的增溶能力可能增强，但是对特定的表面活性剂，在 CMC 以上的一个较宽的浓度范围内该比值为常数。通常，对极性增溶物的增溶能力要大于对非极性的，尤其是对球形胶束（因为胶束表面可提供比胶束内部更大的增溶空间），并且增溶能力随着增溶物摩尔体积的增加而降低。此外，促进胶束化的因素（例如对离子表面活性剂加入电解质）均可提高表面活性剂的增溶能力。

　　某种增溶物在特定胶束中的增溶程度取决于胶束中容纳增溶物的那部分。容纳增溶物的那部分的体积取决于胶束的形状。由前面已知（见第 3 章 3.2.1 节），胶束的形状取决于排列参数 $V_H/l_c a_0$ 的值。随着 $V_H/l_c a_0$ 数值的增加，水溶液中胶束的对称性变差，胶束内核的体积相对于外层部分有所增加。据此可以推测，随着胶束不对称度的增加（$V_H/l_c a_0$ 值增加），相对于胶束的外部区域，在胶束内核的增溶将增大。在任何部位的增溶量都会随胶束体积的增大（如增大球形胶束的直径）而增加。

　　Mukerjee[15,23]研究了胶束的曲率对增溶能力的影响。凸面会在胶束内部产生相当大的 Laplace 压力（方程 7.1）。这也许可以解释碳氢链表面活性剂的胶束水溶液对烃类的增溶能力要低于体相的液态烃，且增溶量随增溶物摩尔体积的增大而降低。另一方面，降低胶束-水界面的张力或曲率可以通过降低 Laplace 压力使增溶能力增加。这可以部分解释在离子型表面活性剂水溶液中加入极性增溶物或电解质能够增加对烃类的增溶能力。Bourrel 和 Chambu[24]已经指出胶束对烃类的增溶能力随界面张力的降低而增加。

4.1.2.1　表面活性剂的结构

　　对于增溶在胶束内部或栅栏层深处的烃类和长链极性化合物，增溶量一般随胶束尺寸的增加而增加。因此，凡是能导致胶束直径或胶束聚集数增大的因素（见第 3 章 3.3 节）都有望提高对上述物质的增溶量。由于聚集数随溶剂与表面活性剂之间的"不相似性"程度的增加而增加，因此表面活性剂疏水链长度的增加往往导致水介质中胶束内部对烃类的增溶能力增强。碳氟链表面活性剂对碳氟化合物的增溶似乎好于碳氢链表面活性剂[25]。

　　烷基硫酸二价金属盐对烃类的增溶能力似乎强于相应的钠盐，这可能反映出前者比后者有较大的胶束聚集数、不对称性以及大的胶束体积[26]。

　　在 POE 非离子表面活性剂水溶液中，一定温度下对脂肪族烃类的增溶程度随疏水基链长的增加和 POE 链长的减小而增强[27]，反映出胶束聚集数随着这种变化而增加了。通过荧光研究正辛烷和正辛醇在 POE 非离子型表面活性剂水溶液中的增溶表明，决定极性和非极性增溶物增溶量大小的因素分别是其亲水基和疏水基的体积，而不是胶束的尺寸和聚集数[12]。在 POE 聚氧丙烯乙二醇中，萘的增溶随着分子中聚氧丙烯部分尺寸的增加而增加[13]。

　　在极稀溶液中，非离子表面活性剂由于具有较低的 CMC，其增溶能力强于离子型表面活性剂。通常，具有相同链长疏水基的表面活性剂对增溶在胶束内核的烃类和极性化合物的增溶能力有如下顺序：非离子型>阳离子型>阴离子型[19,27,28]。与具有相同疏水链长的阴离子表面活性剂相比，阳离子表面活性剂较强的增溶能力可能源于其形成的胶束结构较为疏松[29,30]。

　　从溴代正十二烷和聚（2-乙烯吡啶）合成的聚季铵盐表面活性剂对脂环族和芳香族烃类的增溶能力强于 N-十二烷基氯化吡啶，并且随着聚季铵盐中烷基含量的增加而增加[31,32]。

　　对极性化合物，由于它们既可以被增溶于胶束的内核，也可以被增溶于胶束的外部，其增溶程度与表面活性剂的结构之间几乎没有什么普遍规则。因此，25℃时，0.1mol/L 油酸钠溶液对甲基异丁基酮和正辛醇的增溶量大于相同浓度的月桂酸钾溶液，而两种溶液对辛胺的增溶能力基本相同[28]。氯仿在肥皂胶束中的增溶随肥皂分子中碳原子数的增加而增加，1-庚醇在烷基磺酸钠溶液中的增溶随烷基磺酸钠分子中碳原子数的增加而增加[33]。在十二烷基聚氧乙烯醚硫酸钠 $C_{12}H_{25}(OC_2H_4)_xSO_4Na(x=1\sim10)$水溶液中，OB黄（1-$o$-甲苯偶氮-2-萘胺）能够被增溶于胶束的内部和POE链区，其增溶能力随POE链长的增加而增加。另一方面，同样是OB黄，其在未硫酸化的相应非离子表面活性剂POE十二烷醇醚 $C_{12}H_{25}(OC_2H_4)_x$ $OH(x=6\sim20)$中的增溶能力并没有随POE链长的增加而增加[19]。后一种现象产生的原因可能是两种因素即氧乙烯数目增加和胶束聚集数减少互相补偿的结果。类似地，其他油溶性偶氮染料在非离子表面活性剂中的增溶能力随其POE链长的增加几乎没有显示出什么变化[20]。在含有POE链的非离子和阴离子表面活性剂中，OB黄的增溶程度远比在没有POE链的烷基硫酸钠（$C_8\sim C_{14}$）中要大[19]。

从溴代正十二烷和聚（2-乙烯吡啶）合成的聚季铵盐表面活性剂作为油溶性偶氮染料和正癸醇的增溶剂，优于结构相同的单体季铵盐型表面活性剂[32,34]。正癸醇在聚阳离子表面活性剂中的增溶随表面活性剂分子中烷基链含量的增加而增加，直至烷基链含量为24%时达到最大，并且在正癸醇含量较大时，可能导致聚阳离子分子间发生聚集[32]。

在表面活性剂分子中引入第二个离子头基，有助于进一步考察极性和非极性物质的增溶。对比两种系列的表面活性剂，马来酸单酯单钠盐[ROOCCH=CHCOO$^-$Na$^+$]和相应的磺基琥珀酸单酯二钠盐[ROOCCH$_2$CH(SO$_3$Na$^+$)COO$^-$Na$^+$]，其中R=$C_{12}\sim C_{20}$，可以发现，在表面活性剂分子中引入磺酸盐基团，降低了对非极性化合物正辛烷的增溶能力，但增加了其对极性化合物正辛醇的增溶能力[35]。产生上述现象的原因可能在于：磺酸盐基团的引入增加了表面活性剂分子亲水部分的截面积 a_0，进而减小了胶束的聚集数（见第3章3.3节）。另外，磺酸盐基团的引入也使胶束头基之间的排斥力增加，这导致栅栏层表面活性剂分子之间可供增溶的空间增加。胶束聚集数的减小导致对非极性物质的增溶降低，而表面活性剂离子头基之间排斥力的增加则导致对极性分子的增溶增加。

与上述结果一致，在含两种不同表面活性剂的水溶液中，如果两种表面活性剂间有强相互作用（见第11章表11.1），则形成的混合胶束不利于栅栏层中极性化合物的增溶，但有利于胶束内核中非极性化合物的增溶。这是由于相互作用导致了 a_0 减小，胶束发生从球状到棒状的结构转变，以及胶束聚集数的增加[36]。

4.1.2.2　增溶物的结构

结晶固体在胶束中的溶解度一般小于结构类似的液态物质，而熔化潜热的顺序则相反。对脂肪族和烷基芳基烃类化合物，增溶程度随烃类化合物链长的增加而降低，随不饱和度的增加及发生环化（只形成一个环）而增加[28]。对稠环芳烃类化合物，增溶程度似乎随分子尺寸的增加而降低[37]。支链化合物与其直链异构体似乎有相同的增溶程度。短链芳烃类化合物可以被增溶在胶束/水界面和胶束的内核区，随着增溶物浓度的增加，增溶于胶束内核区的比例增大。

对极性增溶物，情况比较复杂，因为随着增溶物结构发生变化，其插入到胶束的深度也在变化。如果胶束的结构接近于球形，则当增溶物插入较深时，所能提供的空间将减少。于是，增溶在紧靠胶束/水界面区域的极性物质的增溶度相对于主要增溶在胶束内核的非极性物质的要大。当表面活性剂的浓度不太高时，一般都是这样[28,38]。我们还可以预期，增溶在胶束栅栏层深处的极性化合物，其溶解性也弱于增溶在靠近胶束/水界面区的极性化合物。一般而言，增溶物的极性越小（或其与胶束中表面活性剂分子的头基或与胶束/水界面处水分子的相互作用越弱），链长越长，其增溶度就越小，这可能反映了其在胶束的栅栏层中插入得越深。

4.1.2.3　电解质的影响

在离子型表面活性剂溶液中加入少量中性电解质能提高增溶在胶束内核的烃类物质的增溶程度，但减小在栅栏层外部的极性化合物的增溶程度[29]。加入中性电解质对离子型表面活性剂的影响是降低了带相同电荷的离子头基之间的排斥力，从而导致表面活性剂的 CMC 下降（见第 3 章 3.4.2 节）和胶束聚集数（见第 3 章 3.3 节）和胶束体积的增大。胶束聚集数的增加被认为能使得在胶束内核区的烃类物质的增溶量增加。离子头基之间相互排斥作用的减小使得栅栏层中表面活性剂分子排列得更加紧密，因此可供极性化合物增溶的空间减小。这可以解释观察到的一些极性化合物增溶程度减小的现象。随着极性化合物链长的增长，这种由电解质引起的增溶度减小的程度降低；并且加入少量中性电解质，对正十二醇的增溶程度只有微小的增加。这是由于正十二醇深入到栅栏层内部，靠近非极性物质的增溶位置[29]。

在 POE 非离子表面活性剂溶液中，加入中性电解质使一定温度下烃类化合物的增溶程度增加，原因在于电解质的加入引起了胶束聚集数的增加。不同离子增加增溶的顺序与其降低浊点（CP）的顺序一致（见 4.3.2 节）[27]：$K^+>Na^+>Li^+$；$Ca^{2+}>Al^{3+}$；$SO_4^{2-}>Cl^-$。加入电解质对极性物质增溶作用的影响还不太清楚。

4.1.2.4　单体有机添加剂的影响

表面活性剂胶束中存在被增溶的烃类化合物时，一般可增加极性化合物在这些胶束中的溶解度。增溶的烃使胶束发生膨胀，因此可能使得胶束在其栅栏层中能够结合更多的极性化合物。另一方面，长链的醇、胺、硫醇以及脂肪酸等极性物质在胶束中的增溶似乎能够提高这些胶束对烃类化合物的增溶。极性化合物的链长越长，形成氢键的能力越弱，其增加对烃类化合物增溶的能力越强，即有如下顺序：$RSH>RNH_2>ROH$[39~41]。对此一种解释是，增加的链长和较低的极性使得胶束的有序度降低，结果增加了对烃类物质的增溶能力。另一种解释是，长链和氢键能力弱的添加剂被增溶在胶束内部的更深处，从而使这一区域膨胀，其作用与增加形成胶束的表面活性剂的烷基链长相同。

但是往十二烷基硫酸钠水溶液中加入长链醇类却降低了表面活性剂对油酸的增溶。油酸的增溶程度随所加醇的浓度和链长的增加而减小。这被认为是油酸和加入的醇在胶束栅栏层中互相争夺增溶位置的结果[42]。

4.1.2.5　聚合有机添加剂的影响

大分子化合物如合成聚合物、蛋白质、淀粉以及纤维素衍生物等能与表面活性剂分子相互作用而形成复合物，其中表面活性剂分子主要通过静电和疏水作用吸附在大分子上。当复合物中表面活性剂的浓度足够高时，聚合物-表面活性剂复合物显示出增溶能力，某些情况下比单纯的表面活性剂的增溶能力还要高，并且在表面活性剂浓度低于 CMC 时也显示有增溶能力[43~47]。因此适当结构的大分子加入到表面活性剂溶液中能够增强后者的增溶能力。例如含 10~16 个碳原子的烷基硫酸钠在浓度低于 CMC 时能与血清蛋白形成复合物，这些复合物可增溶油溶性偶氮染料和异辛烷。每摩尔表面活性剂增溶的染料的物质的量似乎随表面活性剂的链长、每摩尔蛋白质上吸附的表面活性剂分子数以及蛋白质浓度的增加而增加[44,45,47]。十二烷基硫酸钠-聚合物复合物对 OB 黄的增溶量似乎随聚合物疏水性的增加而增加[48]，还随添加少量的 NaCl 而增加[49]。

在十二烷基硫酸钠和对辛基苯磺酸钠水溶液中加入聚乙二醇增加了其对偶氮染料 OB 黄的增溶能力。当聚乙二醇的聚合度增加时，对染料的增溶程度随之增加。这种结果可能是因为表面活性剂胶束和聚乙二醇之间形成了两种类型的复合物。低分子量的聚乙二醇（聚合度 <10~15）被认为形成胶束-聚乙二醇复合物，其中聚乙二醇吸附在胶束表面，类似于小的极性化合物，而被增溶的染料主要位于胶束的内核。高分子量的聚乙二醇被认为形成真正的聚合物-表面活性剂复合物，在这种复合物中，聚乙二醇以无规卷曲的状态附着在表面活性剂分子上，其亲水头基朝向水相。这里染料增溶在富含 POE 的区域[50]。

通常，聚合物疏水性越强，表面活性剂分子在聚合物上的吸附越多，因为聚合物上的亲水基团能与水发生相互作用并削弱表面活性剂-聚合物相互作用。阴离子表面活性剂在非离子大分子上的吸附大致有如下顺序：聚乙烯吡咯烷酮 ≈ 聚丙二醇 > 聚醋酸乙烯 > 甲基纤维素 > 聚乙二醇 > 聚乙烯醇。长链烷基氯化铵似乎也服从上述一般相互作用顺序，除了和聚乙烯吡咯烷酮之间的作用很弱之外（弱于聚乙二醇）。阴离子表面活性剂，特别是硫酸盐类阴离子与聚乙烯吡咯烷酮之间的强相互作用，以及阳离子表面活性剂与聚乙烯吡咯烷酮之间很弱的相互作用可能是聚乙烯吡咯烷酮在水溶液中的质子化作用所致[51,52]。非离子表面活性剂与非离子大分子之间仅有微弱的相互作用[53]。

增溶程度大小与增溶物和表面活性剂-聚合物复合物的结构之间的关系还不完全清楚。阴离子表面活性剂和不含质子供体的亲水聚合物如聚乙烯吡咯烷酮形成的复合物对芳烃类化合物的增溶强于对脂肪烃类化合物的增溶，但所涉及的作用力的性质不清楚。一些阳离子表面活性剂-聚合物复合物会由于增溶了芳烃而被破坏。有人提出增溶物和聚合物结构的相容性可能是一个影响因素，而表面活性剂的作用是增加聚合物的亲水性和促进聚合物和增溶物之间的接触[27]。

4.1.2.6　阴离子-非离子混合胶束

对 OB 黄在阴离子表面活性剂和 POE 类非离子表面活性剂 $C_{12}H_{25}(OC_2H_4)_9OH$ 混合胶束中的增溶研究表明，当 POE 链与苯磺酸盐基 —〇— SO_3^- 之间有相互作用，而不是仅与苯基或磺酸盐基有相互作用时，对染料的增溶量增加[54]。芳香环和 POE 链的相互作用程度随着芳环与磺酸盐基团之间的距离增大而下降，即有如下顺序：

C_8H_{17}—〇—$SO_3^-Na^+$ > C_4H_9—〇—$C_4H_8SO_3^-Na^+$ > 〇—$C_8H_{16}SO_3^-Na^+$

只有第一个化合物提高了非离子表面活性剂对 OB 黄的增溶程度。在非离子表面活性剂中加入 $C_{10}H_{21}SO_3^-Na^+$ 则降低了对 OB 黄的增溶。

4.1.2.7　温度的影响

对离子型表面活性剂，升高温度一般导致对极性或非极性增溶物的增溶程度增加，可能是升温导致热搅动增加，进而增加了胶束中可供给增溶物的空间。因此当温度高于 50℃ 时，环己烷在双（2-乙基己基）磺基琥珀酸酯钠盐水溶液中的增溶随温度的增加而增加[55]。

另一方面，对 POE 类非离子表面活性剂，温度效应取决于增溶物的性质。对增溶到胶束内核中的非极性物质如脂肪烃和卤代烷，温度上升时其溶解度增加，当温度接近于表面活性剂的浊点时，增溶量增加迅速[27]。

　　图 4.3 表明了这些变化以及增加疏水链长的影响。图中Ⅰ和Ⅱ上面的曲线分别表示在过量庚烷存在下溶液浊点的变化；而下面的曲线表示庚烷的增溶量。在接近浊点时增溶量的快速增加可能反映了在此温度区域胶束的聚集数快速增加（见第 3 章 3.3 节）和聚集体从球状变成了很不对称的胶束。油溶性偶氮染料苏丹红 G 的溶解度也随温度的增加而增加[20]。然而，增溶到栅栏层中的极性物质的溶解度行为好像很不相同，当温度升高至接近溶液的浊点时，极性物质的增溶量经过了一个最大值[38]。当温度上升到 10℃ 以上时，增溶量开始有小的或中等程度的增加，大概反映了胶束中表面活性剂分子的热搅动。随后增溶物的增溶量有所下降，因为温度的进一步上升引起了 POE 链的脱水和卷曲，降低了栅栏层中的可供空间。当接近浊点时，增溶量的减小变得很显著，特别是对增溶到靠近胶束表面的短链极性化合物。

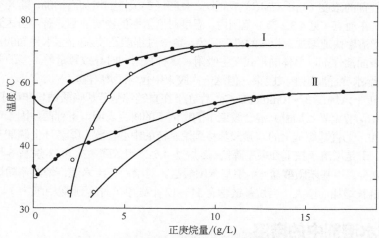

图 4.3　温度对正庚烷在 1%非离子表面活性剂水溶液增溶的影响[56]

Ⅰ—壬基酚聚氧乙烯醚（EO=9.2）；Ⅱ—十二烷基酚聚氧乙烯醚（EO=9.0）；●—浊点；○—增溶极限

4.1.2.8　水溶助长剂

　　当表面活性剂分子之间存在强烈的链-链相互作用和头基-头基相互作用时（由于长的直链和靠得很近的头基），可能形成不溶性晶体（低 Krafft 点，见 5.2.1 节）或液晶（见第 3 章 3.2.3 节）。与更为柔性的胶束相比，刚性的液晶结构中可供增溶的空间要少得多。因此溶液中液晶的出现通常将限制溶液的增溶能力。在溶液中加入一定量的称为水溶助长剂的非表面活性剂有机物，可以降低形成晶态结构的趋势。

　　水溶助长剂已经被发现了好几十年，作为有机物，它们能增加其他有机物在水中的溶解度和降低其黏度。水溶助长剂在结构上有类似表面活性剂分子之处，即分子中也含有一个亲水基和一个疏水基，但与表面活性剂不同的是，它们的疏水基通常是短的、环状的或是支链的。典型的水溶助长剂包括甲苯磺酸钠、二甲苯磺酸钠、异丙基苯磺酸钠、对甲基异丙基苯磺酸钠、1-羟基-2-萘甲酸盐、2-羟基-1-萘磺酸盐和 2-乙基己基硫酸钠等。

　　水溶助长剂在表面活性剂溶液中的作用机理已由 Friberg 和 Rydhag[57,58]及 Cox 和

Friberg[59]阐述。他们的发现是，水溶助长剂抑制了表面活性剂溶液中液晶相的形成。由于具有与表面活性剂分子相类似的结构，水溶助长剂在溶液中可以和表面活性剂形成混合胶束。但是，由于其亲水基较大，疏水基较小（$V_H/l_c a_0 \ll 1$，见第 3 章 3.2 节），它们倾向于形成类似球体的而不是层状或液晶状的结构，从而抑制了液晶的形成。这种液晶相的破坏或抑制提高了表面活性剂在水相中的溶解度及其胶束对增溶物的增溶能力。当水溶助长剂的浓度达到可通过自组装与表面活性剂形成混合胶束时，助溶作用发生[60]。

短链烷基多苷（$C_4 \sim C_{10}$）具有破坏液晶结构所需的大头基和短疏水链，因此也是一种有效的水溶助长剂，其中 C_8 和 C_{10} 的同系物可有效提高一些脂肪醇聚氧乙烯醚的浊点[61]。

4.1.3 增溶率

研究表明[62,63]，利用 POE 非离子表面活性剂把高度不溶的烃类化合物增溶到水中，增溶率与表面活性剂的浓度（高于 CMC）成正比，且随烃类极性的增加而增加，随烃类分子量的增加而减小。在浊点（见 4.3.2 节）范围内，温度对增溶率的影响非常显著，当达到浊点范围的温度时，增溶率快速增加。相关的机理认为，这一过程涉及胶束向烃-水界面的扩散，然后胶束解离，表面活性剂以单体的形式发生吸附。这种吸附同时导致数量差不多的单体表面活性剂分子自烃-水界面脱附形成胶束，但这一次胶束中包含了增溶物。

一项对正十六烷在 $3 \sim 10$mmol/L Ca^{2+} 存在下在直链烷基芳基磺酸钠与非离子（含 9mol EO 的 $C_{12} \sim C_{15}$ 醇聚氧乙烯醚）混合胶束中的增溶率的研究表明，下列两种因素可以导致增溶率显著增加：①直链烷基上的苯磺酸基移到烷基链的中心位置；②芳环上磺酸基的位置靠近长烷基链。于是增溶率按下列顺序降低：2-烷基-4,5-二甲苯磺酸盐 >> 3-烷基-6-甲基苯磺酸盐 > 4-烷基-2,5-二甲苯磺酸盐 ≈ 4-烷基苯磺酸盐。对增溶正十六烷，增溶率随烷基芳基磺酸盐的烷基链长增加而增大，当烷基链含有 $11 \sim 12$ 个碳原子时达到最大值[64]。

4.2 非水溶剂中的增溶

表面活性剂也能把物质增溶到除水之外的其他溶剂中。在一个不含其他物质的特定溶剂中，即使表面活性剂不发生聚集或聚集数很小，加入在该溶剂中不溶的物质，例如水，可以导致表面活性剂发生聚集，进而对添加物产生增溶作用[65]。水和水溶液在非水溶剂中的增溶与干洗特别相关，而有机酸的增溶与燃料及润滑剂中的防腐密切相关。迄今研究几乎仅限于极性小分子，尤其是水、烃类及氯代烃类溶剂。由于在这些溶剂中，表面活性剂分子的极性或离子头基处在胶束的内核，疏水基朝向溶剂，因此小的极性物质可以增溶到胶束的内部。在这些体系中，所用的表面活性剂必须能在溶剂中溶解，由于大多数离子型表面活性剂都不溶于烃类溶剂，因此只有少数几种离子型表面活性剂可用于这类研究。最常使用的阴离子型表面活性剂有脂肪酸胺皂，二烷基磺化琥珀酸的各种金属盐[66]，以及二壬基萘磺酸盐[67]；使用的阳离子型表面活性剂主要包括十二烷基羧酸铵[68]、双十二烷基二甲基卤化铵以及双（2-乙基己基）卤化铵。由于许多 POE 非离子型表面活性剂在脂肪族和芳香族烃类化合物中是可溶的，所以使用非离子型表面活性剂时的结构限制就没有使用离子型表面活性剂时那样多。用马来酸酐和十二烷基（或十八烷基）乙烯醚，通过共聚再经用吗啉处理形成的聚阴离子皂已经被用于将水增溶到非水溶剂中[69]。

　　在离子型表面活性剂的胶束溶液中，极性小分子在非水溶剂中的增溶机理涉及（至少在开始时）增溶物与存在于胶束内部的表面活性离子的反离子之间的离子-偶极作用，随后可能是增溶物与表面活性离子间的弱相互作用（如通过氢键）[70,71]。在 POE 非离子表面活性剂中，极性分子的增溶可能是通过极性分子与 POE 链上的醚氧原子间的相互作用实现的。

　　根据增溶物与表面活性剂之间相互作用的强度，Kon-no 和 Kitahara[72a]对极性小分子在非水溶剂中的增溶等温线提出了分类。等温条件下，将每摩尔表面活性剂所增溶的增溶物的物质的量对体系的相对蒸气压（p/p^0）（这里 p 为体系中水的蒸气压，p^0 为纯水的蒸气压）作图，即得到增溶等温线，而其形状反映了增溶物–表面活性剂之间的相互作用强度。当表面活性剂–增溶物间的相互作用较强时，所得等温线相对于 p/p^0 轴为凹状，反之相互作用较弱时为凸状。如果体系中的表面活性剂–增溶物间相互作用非常弱，则等温线几乎为线性。

　　利用离子型表面活性剂将水增溶到烃类溶剂中，水的最大增溶量随表面活性剂浓度、反离子价数以及烷烃链长度的增加而增加[72b]，也随在疏水基中引入双键而增加[73]。直链型化合物增溶的水量少于支链型化合物，原因可能是具有直链烷基的表面活性剂形成的胶束更加致密，刚性更强[74,75a]。

　　加入中性电解质可明显降低离子型表面活性剂对水的增溶能力。其中与表面活性离子所带电荷相反的离子，其影响要大于带同电荷的离子[75b]。对阴离子的情形，这被解释[72a,76]为由于加入电解质压缩了双电层，胶束内部表面活性剂分子的离子头基间的排斥力减小。而这种排斥力减小使得离子头基可以靠得更近，从而降低了增溶水所需的空间，结果导致水的增溶量降低。升高温度可增加离子头基之间的距离，从而能增加离子型表面活性剂对水的增溶量[76]。

　　改变溶剂的性质和分子量会影响水的增溶程度。对正烷烃系列溶剂，双（2-乙基己基）磺基琥珀酸钠对水的增溶量随溶剂分子量的增加经过一个最大值，其中正十二烷的增溶能力最强。环己烷和甲苯的增溶能力则要弱得多[74]。一般来说，对水的增溶能力似乎随溶剂极性的增加而减小，原因可能是溶剂极性增加，其对表面活性剂分子的竞争加剧，并且溶剂的极性越大，表面活性剂的聚集数越小。

　　在烃类溶剂中，POE 非离子表面活性剂对水的增溶量随表面活性剂的浓度或 POE 链长的增加而增加[77,78]。对一系列的 POE 非离子型表面活性剂，当体系的温度在 15～35℃范围时，水在脂肪族、芳香族和氯化物溶剂中的增溶量几乎没有什么变化。而对某些离子型表面活性剂，同样条件下水的增溶量也仅有微小的增加[65]。对水通过表面活性剂在烃类溶剂中的增溶，加入电解质对 POE 非离子型表面活性剂的影响远小于对离子型表面活性剂的影响。这里加入电解质的阴离子在降低水的增溶能力方面的影响似乎远大于阳离子，即有下列顺序为：$Na_2SO_4 \gg NaCl > MgCl_2 > AlCl_3$。这个顺序与阴离子和阳离子的感胶离子数增加的顺序及它们对 POE 非离子表面活性剂 CMC 影响的顺序是一致的（见第 3 章 3.4.2 节）。这表明这些离子的作用肯定涉及它们对 POE 链中的醚氧原子与增溶的水分子之间的氢键的盐析。

　　根据含有相同疏水基的表面活性剂的增溶数据可知，它们对水在烃类溶剂中的增溶能力按如下顺序降低：阴离子 > 非离子 > 阳离子[75a]。

　　在 15%戊醇存在下，大量的水可被增溶到 C_{12}～C_{16} 烷基溴化吡啶和烷基三甲基铵溴化的庚烷和甲苯溶剂中[79]。在庚烷/戊醇混合溶剂中，长链表面活性剂似乎比短链表面活性剂更有效，但在甲苯/戊醇混合溶剂中，则是短链的更有效。在两种混合溶剂中，吡啶盐的增溶能力要强于相应的三甲基铵盐。而所有研究过的季铵盐型表面活性剂都比十二烷基硫酸钠更有效。

上述这些对水的增溶作用的影响与 Mitchell 和 Ninham 提出的预测结果一致，即使排列参数 V_H/l_ca_0（见第 3 章 3.2 节）的数值从>1 变到接近于 1 时，将使得反胶束中水的增溶量增加。这也与在双（2-乙基己基）磺基琥珀酸酯钠盐的异辛烷溶液中加入苯或硝基苯导致水的增溶量增加的现象相一致[80]。对这一效应的解释是，添加剂可能导致了表面活性剂的脱溶剂化，从而减小了 V_H 值。

4.2.1 二次增溶

水溶性物质如盐、糖和水溶性染料等在表面活性剂的非水溶液（含有增溶的水）中的二次增溶作用在干洗方面很重要，因为这是除去水溶性污渍的一个重要机理。已有的数据表明，最初增溶的牢固附着的水对二次增溶的作用不大，只有随后增溶的疏松附着的水才利于二次增溶[71a,81,82]。对磺基琥珀酸酯类表面活性剂，水分子与离子头基之间的束缚强度似乎与头基周围的基团的尺寸有关，因此水的增溶热按下列顺序降低：双（正辛基）磺基琥珀酸钠>双（1-甲基庚基）磺基琥珀酸钠>双（2-乙基己基）磺基琥珀酸钠。双（2-乙基己基）磺基琥珀酸钾对水的束缚程度小于相应的钠盐，原因可能是 K^+ 的体积大于 Na^+ 的体积[71]。

4.3 增溶作用的一些影响

4.3.1 对胶束结构的影响

增溶物结合到胶束中可能显著改变胶束的性质和形状。随着增溶到胶束内核的非极性物质数量的增加，结构参数 V_H/l_ca_0 中的 V_H 值增加（见第 3 章 3.2.1 节），而水介质中的正常胶束可能会变得越来越不对称，最后变成层状结构。持续加入非极性物质，可以使正向的层状胶束转变为层状反胶束，并最终转变成非水介质中的球状反胶束。反过来，不断地往非水溶液中加水，也可以使非水介质中的反胶束转变成水溶液的正常胶束。这些转变被画在了图 4.4 中。在不同的表面活性剂/水比例和/或表面活性剂/非极性物比例下，伴随着这些胶束结构，液晶相（4.1.2.8 节）也可能出现，取决于表面活性剂和增溶物的结构。

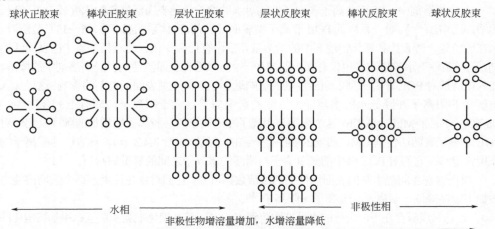

球状正胶束　　棒状正胶束　　层状正胶束　　层状反胶束　　棒状反胶束　　球状反胶束

←——————— 水相 ———————→　　←——————— 非极性相 ———————→

非极性物增溶量增加，水增溶量降低

←———→

对离子型表面活性剂增加盐度，对聚氧乙烯型非离子表面活性剂升高温度

图 4.4　增溶量及其他分子环境因素对胶束结构的影响

注意：正向层状胶束和反向层状胶束的互变仅涉及亲水基和疏水基之间距离的微小变化

加入中等链长的醇，它们增溶在靠近胶束表面的胶束栅栏层中，可以增大 a_0 值，使得表面活性剂形成球状胶束的趋势增大。增加水相中的离子强度或者增加水相中离子型表面活性剂的浓度，可以减小 a_0 值，增加形成棒状或层状胶束结构的趋势。

4.3.2　非离子型表面活性剂水溶液中浊点的变化

对 POE 非离子型表面活性剂水溶液，如果非离子分子中氧乙烯的含量低于 80%，则溶液加热到某个温度即浊点 CP 时会变浑浊，随后溶液会分成两相。这种相分离发生在很小的温度范围内，并且当表面活性剂浓度不超过百分之几时，这个温度范围基本是不变的[83]。分成的两相中，一相几乎不含有胶束，其中非离子型表面活性剂的浓度等于其在该温度下的 CMC，而另一相则富含表面活性剂，只有当溶液的温度超过了浊点后才会出现。相分离是可逆的，当温度下降到浊点以下时，两相结合再次形成澄清的溶液。

相分离被认为是由于胶束聚集数的急剧增加和胶束间排斥力的减小引起的[84,85]，源于温度升高时 POE 亲水基中的醚氧原子的水合作用减小（见第 3 章 3.3 节）。随着温度的升高，胶束逐渐长大，胶束间吸引作用增强，导致形成很大的质点如棒状胶束，以至于溶液视觉上变得浑浊[86]。由于富含胶束相和缺乏胶束相之间的密度差异[83]，导致发生了相转变。表 4.1 列出了一些 POE 非离子型表面活性剂的浊点。

表 4.1　POE 非离子型表面活性剂的浊点

表面活性剂	溶剂	浊点/℃	参考文献
$n\text{-}C_6H_{13}(OC_2H_4)_3OH$[①]	H_2O	37	[87]
$n\text{-}C_6H_{13}(OC_2H_4)_5OH$[①]	H_2O	75	[87]
$n\text{-}C_6H_{13}(OC_2H_4)_6OH$[①]	H_2O	83	[87]
$(C_2H_5)_2CHCH_2(OC_2H_4)_6OH$[①]	H_2O	78	[88]
$n\text{-}C_8H_{17}(OC_2H_4)_4OH$[①]	H_2O	35.5	[87]
$n\text{-}C_8H_{17}(OC_2H_4)_6OH$[①]	H_2O	68	[89]
$C_{10}H_{21}(OC_2H_4)_4OH$[①]	H_2O	21	[90]
$C_{10}H_{21}(OC_2H_4)_5OH$[①]	H_2O	44	[90]
$n\text{-}C_{10}H_{21}(OC_2H_4)_6OH$[①]	H_2O	60	[87]
$(n\text{-}C_4H_9)_2CHCH_2(OC_2H_4)_6OH$[①]	H_2O	27	[88]
$C_{11}H_{23}CONH(CH_2CH_2)_4H$[①]	H_2O	52	[91]
$n\text{-}C_{12}H_{25}(OC_2H_4)_3OH$[①]	H_2O	25	[92]
$C_{12}H_{25}(OC_2H_4)_4OH$[①]	H_2O	4	[90]
$C_{12}H_{25}(OC_2H_4)_5OH$[①]	H_2O	27	[90]
$n\text{-}C_{12}H_{25}(OC_2H_4)_6OH$[①]	H_2O	52	[92]
$n\text{-}C_{12}H_{25}(OC_2H_4)_7OH$[①]	H_2O	62	[92]
$n\text{-}C_{12}H_{25}(OC_2H_4)_7OH$[①]	H_2O	58.5	[93]
$n\text{-}C_{12}H_{25}(OC_2H_4)_8OH$[①]	H_2O	79	[87]

表面活性剂	溶剂	浊点/℃	参考文献
$n\text{-}C_{12}H_{25}(OC_2H_4)_8OH$[②]	H_2O	73	[94]
$n\text{-}C_{12}H_{25}(OC_2H_4)_{9.4}OH$	H_2O	84	[95]
$C_{12}H_{25}(OC_2H_4)_{9.2}OH$[①]	H_2O	75	[95]
$n\text{-}C_{12}H_{25}(OC_2H_4)_{10}OH$[①]	H_2O	95	[87]
$n\text{-}C_{12}H_{25}(OC_2H_4)_{10}OH$[②]	H_2O	88	[96]
$n\text{-}C_{13}H_{27}(OC_2H_4)_{8.9}OH$[②]	H_2O	79	[93]
$(n\text{-}C_6H_{13})_2CH(OC_2H_4)_{9.2}OH$[②]	H_2O	35	[93]
$(n\text{-}C_4H_9)_3CH(OC_2H_4)_{9.2}OH$[②]	H_2O	34	[93]
$n\text{-}C_{14}H_{29}(OC_2H_4)_6OH$[①]	H_2O	45	[87]
$n\text{-}C_{16}H_{33}(OC_2H_4)_6OH$[①]	H_2O	32	[87]
$n\text{-}C_{16}H_{33}(OC_2H_4)_{12.2}OH$	H_2O	97	[95]
$(n\text{-}C_5H_{11})_3C(OC_2H_4)_{12.2}OH$	H_2O	48	[95]
$C_{16}H_{33}(OC_2H_4)_{11.9}OH$	H_2O	80	[95]
$C_8H_{17}C_6H_4(OC_2H_4)_7OH$[②]	H_2O	15	[97]
$C_8H_{17}C_6H_4(OC_2H_4)_{9\text{-}10}OH$[②]	H_2O	64.3	[98]
$C_8H_{17}C_6H_4(OC_2H_4)_{9\text{-}10}OH$[②]	$0.2mol/L\ NH_4Cl$	60	[98]
$C_8H_{17}C_6H_4(OC_2H_4)_{9\text{-}10}OH$[②]	$0.2mol/L\ NH_4Br$	62.5	[98]
$C_8H_{17}C_6H_4(OC_2H_4)_{9\text{-}10}OH$[②]	$0.2mol/L\ NH_4NO_3$	63.2	[98]
$C_8H_{17}C_6H_4(OC_2H_4)_{9\text{-}10}OH$[②]	$0.2mol/L\ (CH_3)_4NCl$	59.6	[98]
$C_8H_{17}C_6H_4(OC_2H_4)_{9\text{-}10}OH$[②]	$0.2mol/L\ (CH_3)_4NI$	67.0	[98]
$C_8H_{17}C_6H_4(OC_2H_4)_{9\text{-}10}OH$[②]	$0.2mol/L\ (C_2H_5)_4NCl$	61.0	[98]
$C_8H_{17}C_6H_4(OC_2H_4)_{9\text{-}10}OH$[②]	$0.2mol/L\ (C_3H_7)_4NI$	78.5	[98]
$C_8H_{17}C_6H_4(OC_2H_4)_{10}OH$[②]	H_2O	75	[97]
$C_8H_{17}C_6H_4(OC_2H_4)_{13}OH$[②]	H_2O	89	[94]
$C_9H_{19}C_6H_4(OC_2H_4)_8OH$[②]	H_2O	34	[94]
$C_9H_{19}C_6H_4(OC_2H_4)_{9.2}OH$[②]	H_2O	56	[89]
$C_9H_{19}C_6H_4(OC_2H_4)_{9.2}OH$[②]	饱和了 $n\text{-}C_{16}H_{34}$ 的 H_2O	80	[89]
$C_9H_{19}C_6H_4(OC_2H_4)_{9.2}OH$[②]	饱和了 $n\text{-}C_{10}H_{22}$ 的 H_2O	79	[89]
$C_9H_{19}C_6H_4(OC_2H_4)_{9.2}OH$[②]	饱和了 $n\text{-}C_7H_{16}$ 的 H_2O	71.5	[89]
$C_9H_{19}C_6H_4(OC_2H_4)_{9.2}OH$[②]	饱和了环己烷的 H_2O	54	[89]
$C_9H_{19}C_6H_4(OC_2H_4)_{9.2}OH$[②]	饱和了 $C_2H_5C_6H_5$ 的 H_2O	30.5	[89]
$C_9H_{19}C_6H_4(OC_2H_4)_{9.2}OH$[②]	饱和了苯的 H_2O	<0	[89]
$C_9H_{19}C_6H_4(OC_2H_4)_{12.4}OH$[②]	H_2O	87	[94]
$C_{12}H_{25}C_6H_4(OC_2H_4)_9OH$[②]	H_2O	33	[56]

表面活性剂	溶剂	浊点/℃	参考文献
$C_{12}H_{25}C_6H_4(OC_2H_4)_{11.1}OH$[②]	H_2O	50	[94]
$C_{12}H_{25}C_6H_4(OC_2H_4)_{15}OH$[②]	H_2O	90	[94]

① 单一化合物。
② POE 链的分布

浊点温度取决于 POE 非离子型表面活性剂的结构。对于特定的疏水基团，表面活性剂分子中氧乙烯所占的比例越大，浊点越高，尽管氧乙烯的比例与浊点间不成线性关系。一项针对表面活性剂分子结构变化对浊点影响的研究[93]发现，当氧乙烯所占比例恒定时，下列情况会导致溶液的浊点降低：减小表面活性剂的相对分子质量、拓宽商品表面活性剂中 POE 链长的分布、疏水基支链化、使亲水基团位于表面活性剂分子的中间位置、用甲氧基取代亲水基末端的羟基、以酯键取代亲水基和疏水基之间的醚键。另一方面，以酰胺键取代亲水基和疏水基之间的醚键可提高溶液的浊点[91]。

Schott[99]已经发现，水溶性 POE 非离子型表面活性剂的浊点 CP 与分子中 POE 单元的平均数 p 之间服从下列线性关系：

$$(p - p^0)/CP = a + b(p - p^0) \tag{4.1}$$

式中，p^0 是使化合物能溶于冷水所需的最低 p 值（对均一的 POE 同系物，它相当于 CP=0℃）；a、b 为常数。对 POE 非离子型表面活性剂，该方程涵盖了整个范围，包括 $p > 100$。

水溶液中出现浑浊以及分成两相在感觉和实践上给其应用带来了一定的不利，为此人们已经就增溶对浊点的影响开展了研究。一般而言，增溶在胶束内核的长链非极性增溶物，如饱和脂肪烃类，会引起溶液浊点升高，而增溶在胶束外区的极性或可极化增溶物，如中等链长的脂肪酸和醇类、苯酚或苯等，则会降低溶液的浊点[100]。图 4.3 表明了正庚烷对两种 POE 非离子型表面活性剂浊点的影响，在 I 和 II 中上面的两条曲线分别表示在过量庚烷存在时溶液的浊点。

长链非极性化合物在胶束内部的增溶导致溶液的浊点升高，可能是因为增溶引起了胶束半径的增大，从而引起胶束表面积增大，可以为 POE 链提高水合作用提供更多的空间。另一方面，极性物质在胶束外区的增溶导致的浊点下降，可能是由于极性增溶物与 POE 链间之间竞争水合位，导致 POE 链的水合作用降低所致。

作为水结构形成剂的离子，通过降低能够与 POE 链上的醚氧原子水合的非缔合水分子的可供性使 POE 非离子表面活性剂的浊点下降，顺序为 $OH^- > F^- > Cl^- > Br^-$。而作为水结构破坏剂的离子（大的可极化阴离子、弱碱、SCN^-、I^-），通过促使更多的水分子与 POE 链作用使浊点上升[101]。于是，氯化物离子是水结构形成剂，可降低浊点；而碘化物离子是水结构破坏剂，因此能提高浊点；溴化物离子则没有明显的影响。

铵离子和碱金属阳离子（Li^+除外）通过盐析作用使 POE 非离子表面活性剂的浊点降低（$Na^+ > K^+ > Cs^+ > NH_4^+$）；而多价阳离子、$H^+$、$Li^+$能和 POE 链上的醚氧键形成复合物，从而增加胶束间的排斥作用而使浊点升高[102~104]。H^+和多价阳离子特别有效，结果加入 HCl 能增加 $C_{12}H_{25}(OC_2H_4)_6OH$ 的浊点，加入 LiCl 几乎无影响，而加入 NaCl 则降低 $C_{12}H_{25}(OC_2H_4)_6OH$ 的浊点[105]。所有的二价阳离子和 Ag^+通过与 POE 链上的醚氧键形成复合物而使浊点升高[103]。

另一方面，尽管四烷基铵阳离子是水结构形成剂，而且这种作用随着烷基链碳原子数从一个增加到四个而增强，但氯化四甲基铵和氯化四乙基铵均使浊点降低（前者作用更强），而氯化四丙基铵和氯化四丁基铵使浊点增加（后者增加幅度更大）。所有这些季铵阳离子，同碘化物一样，能够提高 POE 非离子型表面活性剂的浊点，其中以四丁基铵离子导致的浊点升高最大。四丙基铵阳离子和四丁基铵阳离子能增加溶液的浊点是由于这两种阳离子与非离子表面活性剂形成了混合胶束，其中非离子表面活性剂主导了水结构的形成[99]。含有阳离子组分的混合胶束，胶束间排斥作用更大，与水之间的相互作用更强，因此具有比 POE 非离子表面活性剂更高的浊点。

非离子表面活性剂的浊点还可以通过加入聚电解质或离子表面活性剂而提高，它们能与非离子表面活性剂相互作用使其分子带电[106,107]。

烷基糖苷溶液也有浊点，且电解质对其浊点的影响大于对 POE 醇类的影响。盐通常是降低它们的浊点，其中阳离子的影响要高于阴离子。另一方面，NaOH 能显著增加烷基糖苷溶液的浊点。两种情况都是由于在 pH=3～9 的范围内，糖苷分子产生负电荷所致[108]。

4.3.3 降低 CMC 值

见第 3 章 3.4.3.1 节。

4.3.4 增溶作用的各种效应

增溶作用的其他用途还有：使润滑油中的可溶性有机酸与磺酸盐洗涤剂中的金属阳离子结合在一起，从而减缓这些酸对金属的腐蚀[109]，发泡表面活性剂对消泡油的增溶，使得泡沫的寿命增加。

有些情况下，对生理活性物质的增溶可提高其作用效果，而在另一些情况下则可能相反，使效果降低。此外，生物体摄取的药物配方中的表面活性剂可以增加其对其他不良生理活性物质的增溶，如细菌毒素或致癌物质。增溶作用还可能使药物配方中的防腐剂增溶到配方中使用的表面活性剂胶束中，从而引起其失活。

细胞膜也可能受到具有增溶能力的表面活性剂的影响，它们可能破坏溶酶体、线粒体和红细胞。在这方面 Triton X-100 的作用效果尤其显著。有关这些作用效果和其他效应的细节可以参阅 Elworthy 等[14]的专著。

4.4 胶束催化

有机化合物的反应可以在胶束溶液中获得明显的催化作用。通过水介质中的正常胶束和非水介质中的反胶束催化反应都是可行的[65,110]。在水介质中的正常胶束中，被增强的增溶基质的反应一般（但并不总是）发生在胶束-水界面；而非水溶剂中，该反应一般发生在反胶束的内核。

胶束对有机反应的影响来源于静电作用和疏水作用。静电作用可影响某个反应的速率，途径是通过影响反应的过渡态或是影响反应位置附近反应物的浓度。于是，头基（带正电荷）可以是多种多样阳离子的胶束，可以通过移去反应的过渡状态中产生的负电荷，进而降低反应的活化能来催化亲核的阴离子与中性物质间的反应；也可以通过提高紧靠反应物的反应位的胶束–水界面处的亲核阴离子的浓度来催化反应。要使催化作用发生，必须具备以下条件：①反应物能被增溶于胶束中，②增溶的位置应使得反应物容易被进攻试剂接近。这里疏水作用变得非常重要，因为它们决定了胶束中增溶的位置和程度（见 4.1.1 节）。

在最简单的情况下，假定表面活性剂只有在以胶束 M 的形式存在时才能与反应物 S 形成复合物（即增溶），并且胶束与反应物的复合物服从 1:1 的化学计量学，于是可以用 P 来表示形成的复合物[110]：

$$M + S \underset{k_0}{\overset{K}{\rightleftharpoons}} MS$$

$$\downarrow k_0 \qquad \downarrow k_m$$

$$P \qquad P$$

式中，k_0 为在体相中进行反应时反应物的速率常数；k_m 为在胶束中进行反应时反应物的速率常数。于是总的反应速率常数 k_p 可以由下式得到：

$$k_p = k_0[F_0] + k_m[F_m] \tag{4.2}$$

式中，F_0 为未形成复合物的反应物的分数；F_m 为形成复合物的反应物的分数。反应物和胶束之间相互作用的平衡常数 K，通常称为结合常数，由下式得到：

$$K = \frac{[F_m]}{[M][F_0]} \tag{4.3}$$

于是得到

$$k_p = k_0[F_0] + k_m K[M][F_0] = (k_0 + k_m[M]K)[F_0] \tag{4.4}$$

因为 $[F_0] + [F_m] = 1$，于是得到：

$$K = \frac{[F_m]}{[M][F_0]} = \frac{[1 - F_0]}{[M][F_0]}$$

和　$[F_0] = \dfrac{1}{1 + K[M]}$

由此得到：

$$k_p = \frac{k_0 + k_m[M]K}{1 + K[M]} \tag{4.5}$$

可以假设，[M] 由下式精确得到：

$$[M] = \frac{C - CMC}{N} \tag{4.6}$$

式中，C 为表面活性剂的总浓度；CMC 为临界胶束浓度；N 为胶束的聚集数。于是总反应的速率常数可以表示为以下形式：

$$\frac{1}{k_0 - k_p} = \frac{1}{k_0 - k_m} + \left(\frac{1}{k_0 - k_m}\right)\left[\frac{N}{K(C - CMC)}\right] \tag{4.7}$$

由于从动力学数据可以容易地得到总的反应速率常数 k_p 和没有胶束参与时反应的速率常数 k_0，因此以 $1/(k_0-k_p)$ 对 $[1/(C-CMC)]$ 作图，应该得到一条直线，且斜率=$N/K(k_0-k_m)$，截距=$1/(k_0-k_m)$，进而可以计算出胶束与反应物形成复合物的速率常数 k_m，以及反应物对胶束的结合常数 K。这种处理方式也适用于双分子胶束抑制反应，即反应体系中有两种反应物，但其中一种反应物被排除在胶束之外，例如通过一种离子型反应试剂与带相同电荷的胶束之间的静电排斥作用[111]。有关更复杂反应的定量处理方法和涉及的一些问题，Bunton[112]已经进行了讨论。

由于表面活性剂的浓度一般低于 10^{-1}mol/L，并且常常还要再低 1～2 个数量级，因此一般情况下胶束的存在对反应速率几乎没有增强作用，除非 $k_m K$ 乘积达到 10^2 或更高。因为结合常数 K 取决于表面活性剂和反应物的疏水缔合的程度，可以预期，增加表面活性剂和反应物的链长都可以增加 K 值。但如果反应物的疏水基太长，则该反应物可能增溶进胶束内部，从而阻碍水相中的反应物到达发生反应的位置。在这种情况下，增溶作用就会阻碍而不是催化反应发生。

与这些原理相一致，对于对硝基苯酯在水溶液中的碱解反应，正构烷基三甲基溴化铵阳离子表面活性剂胶束能够起催化作用，而月桂酸钠阴离子胶束则起到了阻碍作用[111]。对羧酸酯类的水解反应，非离子型表面活性剂要么使速率减缓，要么没有明显的影响。酯可能被增溶在胶束-水界面。由于体系中存 OH^-，酯基碱解的过渡状态带有负电荷，该负电荷能够被相邻的阳离子胶束中带正电的亲水头基所稳定，但相邻的带负电荷的阴离子胶束则会使其失稳。此外，阳离子胶束所带的众多正电荷能够增加胶束-水界面的 OH^- 的浓度，而带众多负电荷的阴离子胶束则使 OH^- 的浓度减小。这两种影响可以解释相应情况下反应速率的增加和减缓。这些影响也可以解释为什么阳离子胶束不能加速与中性亲核试剂如吗啉等的反应[113]。它们还可以解释低浓度的无机阴离子（F^-、Cl^-、Br^-、NO_3^-、SO_4^{2-}）对阳离子表面活性剂胶束催化的阻碍作用，因为这些阴离子压缩了环绕着亲水头基的正电荷的双电层，从而削弱了其与负电荷的相互作用。阳离子提高反应速率的程度和阴离子减缓反应速率的程度都随酯分子中酰基链长的增加而增加，顺序为：对硝基苯基月桂酸酯＞对硝基苯基己酸酯＞＞对硝基苯基醋酸酯。

但在某些其他的酯中（如苯甲酸乙酯和水杨酸乙酯[114,115]），阴离子和阳离子胶束均使水解速率减缓。这或是由于反应物和胶束之间的结合常数很小，或是由于反应物增溶进胶束内部不能接触到进攻试剂所致。

阴离子胶束对水介质中的酸催化酯水解反应速率的促进作用可以用类似的方式来解释，即过渡态负电荷被增溶在阴离子胶束中，或者胶束-水界面的 H^+ 的浓度因胶束负电荷的存在而增加。

将速率常数对表面活性剂的浓度作图，常常在浓度高于 CMC 的某处出现最大值。对此现象有若干解释。首先，胶束的数量随表面活性剂浓度的增加而增加。但当胶束的数量超过增溶所有反应物所需的数量时，继续增加表面活性剂的浓度会导致每个胶束中反应物浓度的降低。这一结果导致速率常数减小。第二，水介质中带电荷的离子胶束表面不仅引起带相反电荷的反应物在胶束-溶液界面聚集，而且也可能吸附反应物，甚至使反应物增溶进胶束中。这种反应物的吸附或增溶作用会降低溶液中反应物的活性。继续增加表面活性剂的浓度以致超过了达到基本完全增溶所需的表面活性剂浓度时，还有可能导致速率常数减小，即使胶束的存在对反应速率有增强作用。

脂肪族和芳香族的亲核取代反应也受到胶束的影响，影响结果与其他反应的类似。对卤

代烷在水介质中与 CN^-、$S_2O_3^{2-}$ 的反应，十二烷基硫酸钠胶束可降低其二级速率常数，而十二烷基三甲基溴化铵则可增加该速率常数[116,117]。溴甲烷在阳离子胶束中的反应性是体相中的 30～50 倍，而在阴离子胶束中则基本没有变化；非离子表面活性剂对溴代正戊基与 $S_2O_3^{2-}$ 的反应速率常数没有明显的影响。胶束对亲核的芳香取代反应的影响具有类似的规律。对 2,4-二硝基氯苯或 2,4-二硝基氟苯在水介质中与氢氧根 OH^- 的反应，阳离子表面活性剂具有催化作用，而十二烷基硫酸钠则具有阻碍作用[117,118]。十六烷基三甲基溴化铵胶束能使二硝基氟苯的反应速率提高 59 倍，而十二烷基硫酸钠胶束则使该反应速率减缓 2.5 倍。对于二硝基氯苯，相应的数字分别是 82 倍和 13 倍。POE 非离子表面活性剂对该反应没有影响。

双子（Gemini）型（见第 12 章）卤化双季铵盐对亲核取代反应和脱羧反应是特别有效的胶束催化剂[119~121]。

水溶液中长链烷基硫酸酯的水解是一个典型的无需加入增溶物的胶束催化反应实例。这里胶束化使酸催化的水解反应的速率提高了 50 倍，因为在带负电荷的胶束表面有高浓度的 H^+[122]。当烷基链长增加时，速率常数增加，反映了表面活性剂的 CMC 值较低。另一方面，这些化合物的碱性水解会受到胶束的明显阻碍。但胶束形成对这些物质的中性水解几乎没有影响[123,124]。

对双尾（双烷基磺基琥珀酸钠）和双头（单烷基磺基琥珀酸二钠）型表面活性剂的研究显示，它们与类似的单头单尾（烷基磺基乙酸钠）型表面活性剂相比并没有优势[125]。第二个碳链基本不会增加反应物（吡啶-z-偶氮对正二甲基苯胺）与胶束的结合度，而第二个头基是降低而不是增加试剂（Ni^{2+}）与胶束的结合。后一种效应可能是由于加入 Na^+ 导致了竞争。

胶束的存在也可能导致形成不同的反应产物。在十二烷基硫酸钠胶束水溶液中，一种重氮盐通过与体相的 OH^- 反应生成苯酚，而原料中相应的烃类化合物则增溶在胶束中[126]。

对涉及自由基的反应，胶束的影响也是明显的。表面活性剂已经被广泛用于增强或抑制工业上和生物学上重要的自由基反应，如乳液聚合、烃和不饱和油脂的氧化反应。一项针对苯甲醛和对甲基苯甲醛在非离子表面活性剂水溶液中与氧气的自由基氧化反应研究表明，当醛被增溶在胶束的内部区域时，氧化速率提高。当表面活性剂链长增加时，对甲基苯甲醛的氧化速率提高，由于胶束内部可以增溶更多的醛。但是苯甲醛的氧化速率并没有受到这些表面活性剂结构变化的影响。光谱研究发现：对甲基苯甲醛可以增溶在胶束的内区和外区，因此增加表面活性剂的烷基链长，使得增加在胶束内区的醛的比例增加，而苯甲醛仅仅增溶在胶束的聚氧乙烯（POE）层内[127]。

参 考 文 献

[1] Florence, A. T., I. G. Tucker, and K. A. Walters, in *Structure/Performance Relationships in Surfactants*, M. J. Rosen(ed.), ACS Symp. Series 253, American Chemical Society, Washington, DC, 1984, p. 189.

[2] Hartley, G. S.(1949) *Nature* **163**, 767.

[3] Philipoff, W.(1950) *J. Colloid Sci.* **5**, 169.

[4] Riegelman, S., N. A. Allawala, M. K. Hrenoff, and L. A. Strait(1958) *J. Colloid Sci.* **13**, 208.

[5] Eriksson, J. C.(1963) *Acta Chem. Scand.* **17**, 1478.

[6] Eriksson, J. C. and G. Gillberg(1966) *Acta Chem. Scand.* **20**, 2019.

[7] Kunjappu, J. T., P. Somasundaran, and N. J. Turro(1989) *Chem. Phys. Lett.* **162**, 233.

[8] Kunjappu, J. T., P. Somasundaran, and N. J. Turro(1990) *J. Phys. Chem.* **94**, 8464.

[9] Kunjappu, J. T.(1993) *J. Photochem. Photobiol. A Chem.* **71**, 269.

[10] Kunjappu, J. T.(1994a) *J. Photochem. Photobiol. A Chem.* **78**, 237.

[11] Kunjappu, J. T.(1994b) *Colloid Sur. A* **89**, 37.

[12] Saito, Y., M. Abe, and T. Sato(1993) *J. Am. Oil Chem. Soc.* **70**, 717.

[13] Paterson, I. F., B. Z. Chowdhry, and A. S. Leharne(1999) *Langmuir* **15**, 6187.

[14] Elworthy, P. H., A. T. Florence, and C. B. MacFarlane, *Solubilization by Surface-Active Agents*, Chapman & Hall, London, 1968, p. 68 and 90.

[15] Mukerjee, P., in *Solution Chemistry of Surfactants*, K. L. Mittal(ed.), Plenum, New York, 1979, p. 153.

[16] Bury, R. and C. Treiner(1985) *J. Colloid Interface Sci.* **103**, 1.

[17] Nagarajan, R., M. A. Chaiko, and E. Ruckenstein(1984) *J. Phys. Chem.* **88**, 2916.

[18] Nakagawa, T., in *Nonionic Surfactants*, M. J. Schick(ed), Dekker, New York, 1967, p. 297.

[19] Tokiwa, F.(1968) *J. Phys. Chem.* **72**, 1214.

[20] Schwuger, M. J.(1970) *Kolloid-Z. Z. Polym.* **240**, 872.

[21] Stearns, R. S., H. Oppenheimer, E. Simons, and W. D. Harkins(1947) *J. Chem. Phys.* **15**, 496.

[22] Edwards, D. A., R. G. Luthy, and Z. Liu(1991) *Environ. Sci. Technol.* **25**, 127.

[23] Mukerjee, P.(1980) *Pure Appl. Chem.* **52**, 1317.

[24] Bourrel, M. and C. Chambu(April 1983) *Soc. Pet. Eng. J.* **23**, 327.

[25] Asakawa, T., T. Kitaguchi, and S. Miyagishe(1998) *J. Surfactants Deterg.* **1**, 195.

[26] Satake, I. and R. Matsuura(1963) *Bull. Chem. Soc. Jap.* **36**, 813.

[27] Saito, S.(1967) *J. Colloid Interface Sci.* **24**, 227.

[28] McBain, J. W. and P. H. Richards(1946) *Ind. Eng. Chem.* **38**, 642.

[29] Klevens, H. B.(1950) *J. Am. Chem. Soc.* **72**, 3780.

[30] Schott, H.(1967) *J. Phys. Chem.* **71**, 3611.

[31] Strauss, U. P. and E. G. Jackson(1951) *J. Polym. Sci.* **6**, 649.

[32] Inoue, H.(1964) *Kolloid-Z. Z. Polym.* **196**, 1.

[33] Demchenko, P.A. and O. Chernikov(1973) *Maslozhir Prom*, **7**, 18 [C. A. **79**, 106322C(1973)].

[34] Tokiwa, F.(1963) *Bull. Chem. Soc. Jpn.* **36**, 1589.

[35] Reznikov, I. G. and V. I. Bavika(1966) *Maslozhir Prom.* **32**, 27 [C. A. **65**, 10811G(1966)].

[36] Treiner, C., M. Nortz, and C. Vaution(1990) *Langmuir* **6**, 1211.

[37] Schwuger, M. J.(1972) *Kolloid-Z. Z. Polym.* **250**, 703.

[38] Nakagawa, T. and K. Tori(1960) Kolloid-Z. **168**, 132.

[39] Klevens, H. B.(1949) *J. Chem. Phys.* **17**, 1004.

[40] Shinoda, K. and H. Akamatu(1958) *Bull. Chem. Soc. Jpn* **31**, 497.

[41] Demchenko, P. A. and T. P. Kudrya(1970) *Ukr. Khim. Zh.* **36**, 1147 [C. A. **74**, 88946Z(1971)].

[42] Matsuura, R., K. Furudate, H. Tsutsumi, and S. Miida(1961) *Bull. Chem. Soc. Jpn.* **34**, 395.

[43] Saito, S.(1957) *Kolloid-Z.* **154**, 49.

[44] Blei, I.(1959) *J. Colloid. Sci.* **14**, 358.

[45] Blei, I.(1960) *J. Colloid Sci.* **15**, 370.

[46] Saito, S. and H. Hirta(1959) *Kolloid-Z.* **165**, 162.

[47] Breuer, M. M. and U. P. Strauss(1960) *J. Phys. Chem.* **64**, 228.

[48] Arai, H. and S. Horin(1969) *J. Colloid Interface Sci.* **30**, 372.

[49] Horin, S. and H. Arai(1970) *J. Colloid Interface Sci.* **32**, 547.

[50] Tokiwa, F. and K. Tsujii(1973b) *Bull. Chem. Soc. Jpn.* **46**, 2684.

[51] Breuer, M. M. and I. D. Robb(1972) *Chem. Ind.(London)* **13**, 530.

[52] Roscigno, P., L. Paduano, G. D'Ernico, and V. Vitagliano(2001) *Langmuir* **17**, 4510.

[53]　Saito, S.(1960) *J. Colloid Sci.* **15**, 283.

[54]　Tokiwa, F. and K. Tsujii(1973a) *Bull. Chem. Soc. Jpn.* **46**, 1338.

[55]　Kunieda, H. and K. Shinoda(1979) *J. Colloid Interface Sci.* **70**, 577.

[56]　Shinoda, K.(1967a) *J. Colloid Interface Sci.* **24**, 4.

[57]　Friberg, S. E. and L. Rydhag(1970) *Tenside* **7**, 2.

[58]　Friberg, S. E. and L. Rydhag(1971) *J. Am. Oil Chem. Soc.* **48**, 113.

[59]　Cox, J.M. and S. E. Friberg(1981) *J. Am. Oil Chem. Soc.* **58**, 743.

[60]　Gonzalez, G., E. J. Nasser, and M. E. D. Zaniquelli(2000) *J. Colloid Interface Sci.* **230**, 223.

[61]　Matero, A., A. Mattson, and M. Svensson(1998) *J. Surfactants Detgts.* **1**, 485.

[62]　Carroll, B. J.(1981) *J. Colloid Interface Sci.* **79**, 126.

[63]　Carroll, B. J., B. G. C. O'Rourke, and A. J. I. Ward(1982) *J. Pharm. Pharmacol.* **34**, 287.

[64]　Bolsman, T. A. B. M., F. T. G. Veltmaat, and N. M. van Os(1988) *J. Am. Oil Chem. Soc.* **65**, 280.

[65]　Kitahara, A.(1980) *Adv. Colloid Interface Sci.* **12**, 109.

[66]　Mathews, M. B. and E. Hirschhorn(1953) *J. Surfactants Deterg.* **1**, 485; *J. Colloid Sci.* **8**, 86.

[67]　Honig, J. G. and C. R. Singleterry(1954) *J. Phys. Chem.* **58**, 201.

[68]　Palit, S. R. and V. Venkateswarlu(1954) *J. Chem. Soc.* 2129.

[69]　Ito, K. and Y. Yamashita(1964) *J. Colloid Sci.* **19**, 152.

[70]　Kaufman, S.(1964) *J. Phys. Chem.* **68**, 2814.

[71]　(a) Kon-no, K. and A. Kitahara(1971a) *J. Colloid Interface Sci.* **35**, 409. (b) Kitahara, A., K. Watanabe, K. Kon-no, and T. Ishikawa(1969) *J. Colloid Interface. Sci.* **29**, 48.

[72]　(a) Kon-no, K. and A. Kitahara(1972a) *J. Colloid Interface Sci.* **41**, 86. (b) Kon-no, K. Y. Ueno, Y. Ishii, and A. Kitahara(1971) *Nippon Kagaku Zasshi* **92**, 381 [C. A.75, 80877c].

[73]　Demchenko, P., L. Novitskaya, and B. Shapoval (1971) *Kolloid Zh.* **33**, 831 [C. A. **73**, 7672U(1972)].

[74]　Frank, S. G. and G. Zografi(1969) *J. Colloid Interface Sci.* **29**, 27.

[75]　(a) Kon-no, K. and A. Kitahara(1971b) *J. Colloid Interface Sci.* **37**, 469. (b) Kitahara, A. and K. Kon-no(1966) *J. Phys. Chem.* **70**, 3394.

[76]　Kon-no, K. and A. Kitahara(1972b) *J. Colloid Interface Sci.* **41**, 47.

[77]　Nakagaki, M. and S. Sone(1964) *Yukagaku Zasshi* **84**, 151 [C. A. **61**, 5911A(1964)].

[78]　Saito, S.(1972) *Nippon Kagaku Kaishi* **3**, 491 [C. A. **77**, 77053s(1972)].

[79]　Venable, R. L.(1985) *J. Am. Oil Chem. Soc.* **62**, 128.

[80]　Maitra, A., G. Vasta, and H.-F. Eicke(1983) *J. Colloid Interface Sci.* **93**, 383.

[81]　Aebi, C. M. and J. R. Weibush(1959) *J. Colloid Sci.* **14**, 161.

[82]　Wentz, M., W. H. Smith, and A. Martin(1969) *J. Colloid Interface Sci.* **29**, 36.

[83]　Nakagawa, T. and K. Shinoda, in *Colloidal Surfactants*, K. Shinoda, T. Nakagawa, B. Tamamushi, and T. Isemura(eds.), Academic, New York, 1963, p. 129.

[84]　Staples, E. J. and G. J. T. Tiddy(1978) *J. Chem. Soc., Faraday Trans. 1* **74**, 2530.

[85]　Tiddy, G. J. T.(1980) *Phys. Rep.* **57**, 1.

[86]　Glatter, O., G. Fritz, H. Undner, J. Brunner-Popela, R. Mittebach, R. Strey, and S. U. Egdhaaf(2000) *Langmuir* **16**, 8692.

[87]　Mulley, B. A., in *Nonionic Surfactants*, M. J. Schick(ed.), Dekker, New York, 1967, p. 372.

[88]　Elworthy, P. H. and A. T. Florence(1964) *Kolloid-Z. Z. Polym.* **195**, 23.

[89]　Shinoda, K. in *Solvent Properties of Surfactant Solutions*, K. Shinoda(ed.), Dekker, NewYork, 1967b, C 2.

[90]　Mitchell, D. J., G. J. T. Waring, T. Bostock, and M. P. McDonald(1983) *J. Chem. Soc. Faraday Trans. 1* **79**, 975.

[91]　Kjellin, U. R. K., P. M. Cloesson, and P. Linse(2002) *Langmuir* **18**, 6745.

[92]　Cohen, A. W. and M. J. Rosen(1981) *J. Am. Oil Chem. Soc.* **58**, 1062.

[93]　Schott, H.(1969) *J. Pharm. Sci.* **58**, 1443.

[94]　Fineman, M. N., G. L. Brown, and R. J. Myers(1952) *J. Phys. Chem.* **56**, 963.

[95]　Kuwamura, T., *in Structure/Performance Relationships in Surfactants*, M. J. Rosen(ed.), ACS Symp. Series 253, American

Chemical Society, Washington, DC, 1984, p. 32.

[96] Wrigley, A. N., F. D. Smith, and A. J. Stirton(1957) *J. Am. Oil Chem. Soc.* **34**, 39.

[97] Mansfield, R. C. and J. E. Locke(1964) *J. Am. Oil Chem. Soc.* **41**, 267.

[98] Schott, H. and S. K. Han(1977) *J. Pharm. Sci.* **66**, 165.

[99] Schott, H.(2003) *J. Colloid Interface Sci.* **260**, 219.

[100] Maclay, W. N.(1956) *J. Colloid Sci.* **11**, 272.

[101] Schott, H.(1984) *Colloids Surf.* **11**, 51.

[102] Schott, H.(1973) *J. Colloid Interface Sci.* **43**, 150.

[103] Schott, H.(1996) *Tenside, Surf. Det.* **33**, 457.

[104] Schott, H. and S. K. Han(1975) *J. Pharm. Sci.* **64**, 658.

[105] Nakanishi, T., T. Seimiya, T. Sugawara, and H. Iwamura(1984) *Chem. Lett.* **12**, 2135.

[106] Goddard, E. D.(1986) *Colloids Surf.* **19**, 255.

[107] Saito, S.(1986) *Colloid Surf.* **19**, 351.

[108] Balzer, D.(1993) *Langmutr* **9**, 3375.

[109] Bascom, W. D. and C.R. Singleterry(1958) *J. Colloid Sci.* **13**, 569.

[110] Fendler, J. and E. Fendler, *Catalysis in Miceller and Macromolecular Systems*, Academic, New York, 1975.

[111] Menger, F. M. and C. E. Portnoy(1967) *J. Am. Chem. Soc.* **89**, 4698.

[112] Bunton, C. A., in *Solution Chemistry of Surfactants,* Vol. 2, K. L. Mittal(ed.), Plenum, New York, 1979, p. 519.

[113] Behme, M. T. A. and E. H. Cordes(1965) *J. Am. Chem. Soc.* **87**, 260.

[114] Nogami, H., S. Awazu, and N. Nakajima(1962) *Chem. Pharm. Bull.*(*Tokyo*) **10**, 503,.

[115] Mitchell, A. G.(1964) *J. Pharm. Pharmacol.* **16**, 43.

[116] Winters, L. J. and E. Grunwald(1965) *J. Am. Chem. Soc.* **87**, 4608.

[117] Bunton, C. A. and L. Robinson(1968) *J. Am. Chem. Soc.* **90**, 5972.

[118] Bunton, C. A. and L. Robinson(1969) *J. Org. Chem.* **34**, 780.

[119] Bunton, C. A., I. Robinson, J. Schaak, and M. F. Stam(1971) *J. Org. Chem.* **36**, 2346.

[120] Bunton, C. A., A. Kamego, and M. J. Minch(1972) *J. Org. Chem.* **37**, 1388.

[121] Bunton, C. A., M. J. Minch, J. Hidalgo, and L. Sepulveda(1973) *J. Am. Chem. Soc.* **95**, 3262.

[122] Nakagaki, M., presented at *77th Annual Meeting, American Oil Chemists Society, Honolulu, Hawaii*, May, 1986.

[123] Kurz, J. L.(1962) *J. Phys. Chem.* **66**, 2239.

[124] Nogami, H. and Y. Kanakubo(1963) *Chem. Pharm. Bull.*(*Tokyo*) **11**, 943.

[125] Jobe, D. J. and V. C. Reinsborough(1984) *Aust. J. Chem.* **37**, 1593.

[126] Abe, M., N. Suzuki, and K. Ogino(1983) *J. Colloid Interface Sci.* **93**, 285.

[127] Mitchell, A. G. and L. Wan(1965) *J. Pharm. Sci.* **54**, 699.

问　　题

4.1　判断以下增溶物在水溶液中 $C_{12}H_{25}SO_4^-Na^+$ 胶束中的增溶位置:

（a）甲苯

（b）环己烷

（c）正己醇

（d）正十二烷基醇

4.2　预测下列变化对水溶液中的 $R(OC_2H_4)_xOH$ 胶束对所给两种增溶物的增溶能力的影响。使用符号："+"表示增加;"–"表示减小;"0"表示几乎没有或没有影响;"？"表示不能明确预测。

改变量	影响	
	正辛烷	正辛胺
（a）增加 x 的数值		
（b）升温到浊点		
（c）加入电解质		
（d）加入 HCl		
（e）增加烷基链 R 的长度		

4.3　判断下列变化对庚烷中 $R(OC_2H_4)_xOH$ 胶束对增溶水的影响：

（a）增加 x 的数值

（b）升温

（c）加入电解质

（d）加入 HCl

（e）增加烷基链 R 的长度

4.4　解释如果想精确测定溶液的表面张力，为什么最好使用刚刚制备好的浓度高于 CMC 的 $C_{11}H_{23}CO_2CH_2CH_2SO_3^-M^+$ 在蒸馏水中的溶液（蒸馏水的 pH 值约为 5.8）？

4.5　判断并解释以下因素对非离子表面活性剂 $R(OC_2H_4)_xOH$ 浊点的影响：

（a）降低溶液的 pH 值至 7 以下

（b）使水溶液被正己烷饱和

（c）在溶液中加入 NaF

（d）使用商品级的 $R(OC_2H_4)_xOH$，而不是非纯品

（e）在溶液中加入 $CaCl_2$

第 5 章 表面活性剂降低表面和界面张力

降低溶液的表面或界面张力是表面活性剂溶液最常测定的性质之一。由于它与表面活性剂分子在界面上取代溶剂分子直接相关，并因此取决于表面（或界面）上表面活性剂的过剩浓度，如 Gibbs 公式所示（见第 2 章式 2.17）

$$d\gamma = -\sum_i \Gamma_i d\mu_i$$

这也是最基本的界面现象之一。

液体表面上的分子与液体内部的相同分子相比具有更大的势能。这是因为液体表面分子与液体内部分子之间的吸引作用要大于液体表面分子与更为分散的气相分子之间的吸引作用。由于液体表面分子的势能大于体相内部分子的势能，因此将一个分子从溶液内部带到表面必须消耗与势能差等量的功。单位面积的表面自由能或表面张力即是这个功的量度；它是将足量的分子从液体内部带到表面，展开成单位面积所需要的最小功。尽管将表面张力看成是单位面积上的表面自由能更为正确，但它通常被概念化成一个单位长度上的力，其方向与扯开表面分子以便表面之下液相中的分子能够移动到表面使表面扩张所需要的力相垂直。

在两个凝聚相间的界面，界面两侧相互面对的两个相邻层中的不同分子亦具有与各自体相中的分子不同的势能。界面上的每个分子都比其体相内部的类似分子具有更大的势能，其差值等于该分子与其体相内部分子之间的相互作用能减去该分子使界面另一侧的体相内部的分子之间的相互作用能。

然而在很多场合，只需要考虑与相邻分子的相互作用。如果考虑两个纯液相 a 和 b 的界面（图 5.1），那么界面上的 a 分子与体相内部的 a 分子相比，其增加的势能是 $A_{aa}-A_{ab}$，这里 A_{aa} 表示界面上的 a 分子和其体相内部的同类分子之间的相互作用能，而 A_{ab} 表示界面上的 a 分子和界面另一侧的 b 分子之间的分子相互作用能。相似地，界面上的 b 分子较体相内部的 b 分子增加的势能为 $A_{bb}-A_{ab}$。于是，界面上的所有分子比体相内部的这些分子所增加的势能，即界面自由能，为 $(A_{aa}-A_{ab})+(A_{bb}-A_{ab})$，即 $A_{aa}+A_{bb}-2A_{ab}$，并且这就是产生界面所需的最小功。于是单位面积上的界面自由能，即界面张力 γ_I 可以由下式可以：

$$\gamma_I = \gamma_a + \gamma_b - 2\gamma_{ab} \tag{5.1}$$

式中，γ_a 和 γ_b 分别是纯液体 a 和 b 的单位面积上的表面自由能（表面张力），而 γ_{ab} 是单位面积的界面两侧 a-b 的相互作用能。

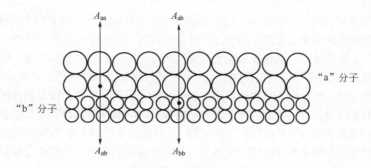

图 5.1　两个凝聚相 a 和 b 之间的界面简示

当分子 a 和分子 b 性质相似时（如水和短链醇），单位面积界面两侧的相互作用能 γ_{ab} 值很大。当 γ_{ab} 很大时，从式 5.1 可得出其界面张力 γ_I 很小；当 γ_{ab} 很小时，γ_I 很大。因此界面张力值是界面两侧相互面对的两种不同分子差异的量度。

当其中的一相是气体时（界面即表面），与凝聚相的分子相比，气相中的分子彼此相距得较远，以致其分子间相互作用产生的界面张力可以忽略不计。因此，如果 a 相是气体，则 γ_a 和 γ_{ab} 可以忽略不计，因此 $\gamma_I \approx \gamma_b$（凝聚相 b 的表面张力）。

当两相是不互溶的液体时，它们各自的表面张力 γ_a 和 γ_b 可通过实验测定，因此至少在某些情况下可以估测 γ_{ab}。另一方面，如果一个相是固体，通过实验测定 γ_{ab} 即便不是不可能，也是十分困难的。然而也出现这样的情况，即 a 和 b 在结构上越相似，或者其分子间作用力的性质越相似，则它们两者之间的相互作用就越强（即 γ_{ab} 的值越大），于是两相之间的界面张力就越小。当 $2\gamma_{ab}$ 等于 $\gamma_a+\gamma_b$ 时，界面区域消失，两相自发地融合成一个单相。

如果将能吸附在两相界面上的表面活性剂加入到互不相溶的两相（如庚烷和水）体系中，则它们主要会以亲水基朝向水相，亲油基朝向庚烷定向排列（图 5.2）。当表面活性剂分子取代界面上原有的水和/或庚烷分子时，则界面两侧的相互作用就变成了一侧表面活性剂的亲水基和水分子之间的相互作用以及另一侧的表面活性剂亲油基和庚烷分子之间的相互作用。由于这些相互作用比原来的差异甚大的庚烷分子和水分子之间的相互作用要强得多，因此界面两侧的张力因为表面活性剂的存在而大大降低。由于空气中的分子主要也是非极性的，因此表面活性剂导致的空气-水溶液界面上的表面张力降低在很多方面都类似于庚烷-水溶液界面上的界面张力降低。

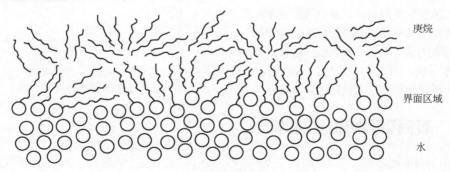

图 5.2　吸附有表面活性剂的庚烷-水界面示意

从这个简单的模型中可以看到，使表面或界面张力降低的一个必要但非充分条件是：分子中同时含有亲水部分和亲油部分的表面活性剂的存在。亲油部分有两个功能：①使表面活性剂在界面产生自发吸附；②增加吸附表面活性剂分子的一侧界面与相邻的一相中的分子之间的相互作用。亲水基的功能则是提供界面上表面活性剂分子和溶剂分子之间的强相互作用。如果这些功能中的任何一种未能实现，那么表面活性剂显著降低界面张力的特征可能就不会出现。因此不能期望含有碳氢链的离子型表面活性剂能降低碳氢化合物溶剂的表面张力，尽管表面活性剂的离子型头基能破坏溶剂的结构。这样的分子吸附在空气-碳氢化合物界面上时以其离子基团朝向主要是非极性的空气分子，与以亲油基团朝向空气相比会减弱界面两侧的相互作用。

为了具有显著的表面活性，表面活性剂的亲水和亲油特性之间保持一个合适的平衡是至关重要的。由于分子中特定的亲水（或憎油）基团的性质随溶剂的化学性质和体系条件如温度、电解质及有机添加物浓度的变化而变化，所以一个特定表面活性剂的亲水-亲油平衡也会随体系和使用条件而变。一般地，只有那些在所使用条件下在体系中具有可观但有限的溶解度的表面活性剂，才能使表面或界面张力明显降低。因此，在水体系中表现出显著降低表面张力特性的表面活性剂，在微极性溶剂如乙醇和聚丙二醇中可能就不能显著地降低其表面张力，因为它们在这些微极性溶剂中可能具有高溶解性。

液态体系的表面或界面张力可以通过许多方法来测定，其中对表面活性剂溶液最有用也最准确的方法大概是滴重法和 Wilhelmy 吊片法。Becher[1]在其关于乳状液的专著中对测定表面和界面张力的有关方法作了非常好的论述。

为了比较表面活性剂在降低表面或界面张力方面的性能，有必要区别表面活性剂的效率（即将表面或界面张力降至某个显著量所需的表面活性剂的体相浓度）和效能，即所能获得的最大张力降低量，而不论所用的表面活性剂的体相浓度大小。这两个参数不一定是平行变化的，有时候甚至会相反变化。

表面活性剂降低表面张力的效率可以用衡量表面活性剂在液-气界面上的吸附效率的同一个量即 pC_{20} 来衡量（见第 2 章 2.3.5 节），它表示将表面张力降低 20mN/m 所需的体相浓度的负对数值。表面活性剂降低表面张力的效能可通过临界胶束浓度（CMC）时表面张力的降低量或表面压 $\Pi_{CMC}(=\gamma_0-\gamma_{CMC})$ 来量度，因为当浓度超过 CMC 时，表面张力的降低相对不太重要（图 5.3）。

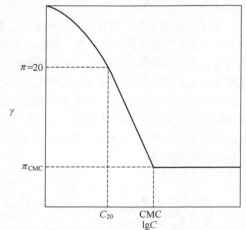

图 5.3 举例说明降低表面张力的效率-lg $C_{20}(pC_{20})$ 和效能 Π_{CMC} 的表面张力-lg C 曲线

5.1 表面张力降低的效率[2]

由于表面或界面张力降低取决于表面活性剂分子取代界面上的溶剂分子，表面活性剂降低表面张力的效率应当反映界面上的表面活性剂浓度与其体相浓度的相对值。因此表面活性剂降低表面张力效率的一个合适的量度是平衡时界面上的表面活性剂浓度与液体体相中表面活性剂浓度的比值，两个浓度用相同单位表示，例如$[C_1^S]/C_1$，它们的单位都是 mol/L。

表面活性剂的表面浓度$[C_1^S]$与其表面过剩浓度Γ_1有关，前者的单位是 mol/L，后者单位是 mol/cm^2，关系式为$[C_1^S]=(1000\Gamma_1/d)+C_1$，式中 d = 界面区域的厚度，单位是 cm。对表面活性剂而言，Γ_1 在$(1\sim5)\times10^{-10}$mol/cm^2 之间，而 $d = 50\times10^{-8}$cm 或更小，且 $C_1 = 0.01$mol/L 或更低。因此取$[C_1^S] = 1000\Gamma_1/d$ 不会导致明显的误差，于是得到$[C_1^S]/C_1 = 1000\Gamma_1/C_1d$。

正如第 2 章中所述，当张力下降 20mN/m 时，Γ_1 已接近它的最大值 Γ_m，且大部分的表面活性剂分子是略微斜躺在界面上的。如果假定界面区域 d 的厚度由垂直于界面的表面活性剂的高度决定，那么 d 与每个吸附分子的最小面积 a_m^s 成反比。较大的 a_m^s 值一般表示表面活性剂相对于界面有一个较小的角度，而一个较小的 a_m^s 值表示表面活性剂分子在界面上呈现更加垂直的排列。由于 $a_m^s =(K/\Gamma_1)\propto(1/d)$，所以 Γ_1/d 可以认为是常数，且$[C_1^S]/C_1=(K_1/C_1)_{\pi=20}$，这里 K 和 K_1 是常数。这表明使表面张力降低 20mN/m 所需的表面活性剂的体相浓度 C_{20}（见第 2 章 2.3.5 节）不仅是液-气界面上的吸附效率的量度，而且还是表面活性剂降低表面张力的效率的量度（图 5.3）。

如前所述，使用 C_{20} 值的负对数形式（pC_{20}）更为有用和方便，因为后一个量与标准吸附自由能（式 2.30、式 2.31、式 2.35、式 2.36）相关。决定 pC_{20} 值的因素已经在第 2 章的 2.3.5 节中讨论过了。

对于水溶液中的表面活性剂，其效率随表面活性剂亲油性的增加而增加。方程 2.31 表明，效率因子 pC_{20} 通常与直链亲油基中的碳原子数呈线性关系，其值随碳原子数的增加而增大。这一规则已经被证明[2]适用于若干种阴离子、阳离子和非离子表面活性剂同系物。一些 pC_{20} 与（直链）亲油基碳原子数的关系如图 2.16 所示。

在影响降低表面张力的效率方面，如同影响吸附效率和吸附效能那样，亲油链上的一个苯基相当于末端有一个亲水基的直链烷基上的 3 个半–CH$_2$–基团。这种相同的响应已经在测量水溶液-空气界面上相对吸附度[3]和 CMC 值时（见第 3 章 3.4.1 节）被注意到了。用具有相同碳原子数但含有支链的或不饱和的亲油基取代直链亲油基，或用总碳原子相同的两个或多个亲油基取代直链亲油基，会降低表面活性剂的效率。当亲油基有支链时，支链上碳原子的作用效果相当于末端含有一个亲水基的直链烷基上碳原子作用的 2/3。因此，$C_6H_{13}CH(C_4H_9)CH_2C_6H_4 SO_3^- Na^+$ 在 75℃下的效率介于对正癸基苯磺酸钠和对正十二烷基苯磺酸钠之间。当亲水基处于亲油基的非末端位置时，亲油基表现得好像在亲水基所连接的位置上发生了支链化，而在较短链上的碳原子的效果相当于较长链上的碳原子效果的 2/3。于是，对正十二烷基-6-苯磺酸钠 $C_6H_{13}CH(C_5H_{11})CH_2C_6H_4 SO_3^- Na^+$ 在 75℃时的表面张力-浓度关系曲线，与对正癸基苯磺酸钠的曲线完全相同[4]。

对于 $RCOO(CH_2)_n SO_3^- Na^+$ 系列，其中 $n=2, 3$ 或 4，在两个亲水基-COO$^-$ 和-SO$_3^-$ Na$^+$ 之间的-CH$_2$-基团，似乎等价于末端含有一个亲水基的直链烷基链上的半个-CH$_2$-基团。在具有 $R(OC_2H_4)_n SO_4^- Na^+$（其中 $n=1$, 2 或 3）结构或 $RCONH(C_2H_4O)H$ 结构的化合物中，25℃下，第一个氧乙烯（EO）基团相当于直链上的两个半-CH$_2$-基团，而其他的氧乙烯基团几乎不起作用或没有作用。

若将常见的碳氢链亲油基替换为碳氟链亲油基，会极大地增加降低表面张力的效率[5]，C_7 全氟磺酸盐比相应的 C_{12} 碳氢链磺酸盐具有更大的效率。

对一价的离子型亲水基，电荷符号的变化对效率几乎没有影响。然而如果反离子被束缚度更高的一种反离子取代，效率会增加，大概是由于减少了表面活性剂分子上的净电荷。由于相似的原因，如果用非离子亲水基取代离子型亲水基，或者向离子型表面活性剂的纯水溶液中加入中性电解质，都会导致 pC_{20} 值的增加。在 10～40℃范围内，增加温度会导致离子型表面活性剂和两性表面活性剂 pC_{20} 值的微小下降，但对聚乙二醇非离子表面活性剂，则会导致 pC_{20} 值的较大增加。

在 POE 非离子型表面活性剂的水溶液中加入水结构促进剂（果糖、木糖）或水结构破坏剂（N-甲基乙酰胺），会显著影响表面活性剂降低表面张力的效率[6]。水结构促进剂会提高表面活性剂的效率，而结构破坏剂则会降低其效率。导致这些变化的原因很可能与这些添加剂影响非离子表面活性剂 CMC 的原因相同（见第 3 章）。

5.2　降低表面张力的效能[7]

5.2.1　Krafft 点

图 2.15 中已经看到，单一表面活性剂水溶液的表面张力随其浓度的增加而平稳降低，直至浓度达到一个称为 CMC 的数值，超过该值后，表面张力实际上保持不变。因此 CMC 时的表面张力即非常接近体系所能达到的最小表面张力（或最大表面压）。在这一点的表面压 Π_{CMC} 因此是表面活性剂降低表面张力的效率的合适量度（图 5.3）。

如果 CMC 超过了特定温度下表面活性剂的溶解度，那么最小表面张力会在溶解度最大时达到，而不是在 CMC 时达到。使离子型表面活性剂的溶解度变得等于 CMC 时的温度称为 Krafft 点（T_k）。在低于 T_k 的温度下使用表面活性剂时，最大表面张力降低值将取决于溶液饱和时的表面活性剂浓度，这些表面活性剂降低表面张力的效能将低于在 Krafft 点以上温度下使用相同的表面活性剂所能达到的效能。表 5.1 给出了一些表面活性剂的 Krafft 点。这些数据都是对纯化合物的；同分异构体混合物的 T_k 值通常要比单一组分的低得多。

表 5.1　表面活性剂的 **Krafft** 点

化合物	Krafft 点/℃	参考文献
阴离子表面活性剂		[8]
$C_{12}H_{25}SO_3^-Na^+$	38	[8]
$C_{14}H_{29}SO_3^-Na^+$	48	[8]
$C_{16}H_{33}SO_3^-Na^+$	57	[8]
$C_{18}H_{37}SO_3^-Na^+$	70	[8]
$C_{10}H_{21}SO_4^-Na^+$	8	[9]
$C_{12}H_{25}SO_4^-Na^+$	16	[8]
2-Me $C_{11}H_{23}SO_4^-Na^+$	<0	[10a]
$C_{14}H_{29}SO_4^-Na^+$	30	[8]
2-Me $C_{13}H_{27}SO_4^-Na^+$	11	[10a]
$C_{16}H_{33}SO_4^-Na^+$	45	[8]

化合物	Krafft 点/℃	参考文献
阴离子表面活性剂		
2-Me $C_{15}H_{31}SO_4^-Na^+$	25	[10a]
$C_{16}H_{33}SO_4^- \cdot {}^+NH_2(C_2H_4OH)_2$	<0	[10b]
$C_{18}H_{37}SO_4^-Na^+$	56	[8]
2-Me $C_{17}H_{35}SO_4^-Na^+$	30	[10a]
$Na^+{}^-O_4S(CH_2)_{12}SO_4^-Na^+$	12	[11]
$Na^+{}^-O_4S(CH_2)_{14}SO_4^-Na^+$	24.8	[11]
$Li^+{}^-O_4S(CH_2)_{14}SO_4^-Li^+$	35	[11]
$Na^+{}^-O_4S(CH_2)_{16}SO_4^-Na^+$	39.1	[11]
$K^+{}^-O_4S(CH_2)_{16}SO_4^-K^+$	45.0	[11]
$Li^+{}^-O_4S(CH_2)_{16}SO_4^-Li^+$	39.0	[11]
$Na^+{}^-O_4S(CH_2)_{18}SO_4^-Na^+$	44.9	[11]
$K^+{}^-O_4S(CH_2)_{18}SO_4^-K^+$	55.0	[11]
$C_8H_{17}COO(CH_2)_2SO_3^-Na^+$	0	[12]
$C_{10}H_{21}COO(CH_2)_2SO_3^-Na^+$	8.1	[12]
$C_{12}H_{25}COO(CH_2)_2SO_3^-Na^+$	24.2	[12]
$C_{14}H_{29}COO(CH_2)_2SO_3^-Na^+$	36.2	[12]
$C_8H_{17}OOC(CH_2)_2SO_3^-Na^+$	0	[12]
$C_{10}H_{21}OOC(CH_2)_2SO_3^-Na^+$	12.5	[12]
$C_{12}H_{25}OOC(CH_2)_2SO_3^-Na^+$	26.5	[12]
$C_{14}H_{29}OOC(CH_2)_2SO_3^-Na^+$	39.0	[12]
$C_{12}H_{25}CH(SO_3^-Na^+)COOCH_3$	6	[13]
$C_{12}H_{25}CH(SO_3^-Na^+)COOC_2H_5$	1	[13]
$C_{14}H_{29}CH(SO_3^-Na^+)COOCH_3$	17	[13]
$C_{16}H_{33}CH(SO_3^-Na^+)COOCH_3$	30	[13]
$C_{10}H_{21}CH(CH_3)C_6H_4SO_3^-Na^+$	31.5	[14]
$C_{12}H_{25}CH(CH_3)C_6H_4SO_3^-Na^+$	46.0	[14]
$C_{14}H_{29}CH(CH_3)C_6H_4SO_3^-Na^+$	54.2	[14]
$C_{16}H_{33}CH(CH_3)C_6H_4SO_3^-Na^+$	60.8	[14]
$C_{14}H_{29}OCH_2CH(SO_3^-Na^+)CH_3$	14	[15]
$C_{14}H_{29}[OCH_2CH(CH_3)]_2SO_4^-Na^+$	<0	[10]
$C_{16}H_{33}OCH_2CH_2SO_4^-Na^+$	36	[10a]
$C_{16}H_{33}(OCH_2CH_2)_2SO_4^-Na^+$	24	[10a]
$C_{16}H_{33}OCH_2CH(SO_4^-Na^+)CH_3$	27	[15]
$C_{18}H_{37}OCH_2CH(SO_4^-Na^+)CH_3$	43	[15]

化合物	Krafft 点/℃	参考文献
阴离子表面活性剂		
$C_{16}H_{33}OCH_2CH_2SO_4^-Na^+$	36	[10b]
$C_{16}H_{33}(OC_2H_4)_2SO_4^-Na^+$	24	[10b]
$C_{16}H_{33}(OC_2H_4)_3SO_4^-Na^+$	19	[10b]
$C_{16}H_{33}[OCH_2CH(CH_3)]_2SO_4^-Na^+$	19	[10a]
$C_{18}H_{37}(OC_2H_4)_3SO_4^-Na^+$	32	[10b]
$C_{18}H_{37}(OC_2H_4)_4SO_4^-Na^+$	18	[10b]
$C_{18}H_{37}[OCH_2CH(CH_3)]_2SO_4^-Na^+$	31	[10a]
$n\text{-}C_7F_{15}COO^-Li^+$	<0	[5]
$n\text{-}C_7F_{15}COO^-Na^+$	8.0	[5]
$n\text{-}C_7F_{15}COO^-K^+$	25.6	[5]
$n\text{-}C_7F_{15}COOH$	20	[5]
$n\text{-}C_7F_{15}COO^-NH_4^+$	2.5	[5]
$(CF_3)_2CF(CF_2)_4COO^-K^+$	<0	[5]
$(CF_3)_2CF(CF_2)_4COO^-Na^+$	<0	[5]
$n\text{-}C_7F_{15}SO_3^-Na^+$	56.5	[5]
$n\text{-}C_8F_{17}SO_3^-Li^+$	<0	[5]
$n\text{-}C_8F_{17}SO_3^-Na^+$	75	[5]
$n\text{-}C_8F_{17}SO_3^-K^+$	80	[5]
$n\text{-}C_8F_{17}SO_3^-NH_4^+$	41	[5]
$n\text{-}C_8F_{17}SO_3^-{}^+NH_3C_2H_4OH$	<0	[5]
阳离子型表面活性剂		
$C_{16}H_{33}N^+(CH_3)_3Br^-$	25	[16]
$C_{16}H_{33}N^+(C_2H_5)_3Br^-$	<0	[16]
$C_{18}H_{37}N^+(CH_3)_3Br^-$	36	[16]
$C_{18}H_{37}N^+(C_2H_5)_3Br^-$	12	[16]
$C_{16}H_{33}Pyr^+Br^-$	25	[16]
两性离子型表面活性剂		
$C_{12}H_{25}N^+(CH_3)_2(CH_2)_{1\sim6}COO^-$	<1	[17]
$C_{16}H_{33}N^+(CH_3)_2CH_2COO^-$	17	[17]
$C_{16}H_{33}N^+(CH_3)_2(CH_2)_3COO^-$	13	[17]
$C_{16}H_{33}N^+(CH_3)_2(CH_2)_5COO^-$	<0	[17]
$C_{10}H_{21}(Pyr^+)COO^-$	<0	[18]
$C_{12}H_{23}CH(Pyr^+)COO^-$	23	[18]

续表

化合物	Krafft 点/℃	参考文献
两性离子型表面活性剂		
$C_{14}H_{29}CH(Pyr^+)COO^-$	38	[18]
$C_{12}H_{25}N^+(CH_3)_2CH_2CH_2SO_3^-$	70	[17]
$C_{12}H_{25}N^+(CH_3)_2(CH_2)_3SO_3^-$	<0	[17]
$C_{16}H_{33}N^+(CH_3)_2CH_2CH_2SO_3^-$	90	[17]
$C_{16}H_{33}N^+(CH_3)_2(CH_2)_3SO_3^-$	28	[17]
$C_{16}H_{33}N^+(CH_3)_2(CH_2)_4SO_3^-$	30	[17]

注：Pyr^+ 指吡啶。

对离子型表面活性剂同系物，Krafft 点随亲油基中碳原子数的增加而增加，但随亲油基的支链化和不饱和度增加而降低[19]。Krafft 点还与反离子的性质有关，对阴离子型表面活性剂，大小顺序为 $Li^+<NH_4^+<Na^+<K^+$。在烷基硫酸盐中引入聚氧乙烯基团会降低其 Krafft 点；而引入聚氧丙烯链则能使 Krafft 点降得更低。烷基磺酸盐比相应的烷基硫酸盐具有更高的 Krafft 点。对烷基三甲基溴化铵类阳离子，用三乙基取代头基上的三甲基会导致 Krafft 点显著降低[16]。

对于在高于 T_k 的温度下使用的表面活性剂，对所有的实际应用而言，最大表面张力下降是在 CMC 时达到的。由于表面活性剂通常都在高于 Krafft 点的温度下使用，因此讨论限于这一条件，并认为在 CMC 时达到最大的表面张力降低。

5.2.2　界面参数和化学结构影响

已经看到，在低于但接近 CMC 的点，表面已基本上被表面活性剂饱和，即 $\Gamma \approx \Gamma_m$。因此在该区域，γ 和 $\lg C_1$ 之间的关系，即 Gibbs 公式，$d\gamma = -2.3nRT\Gamma_m \lg C_1$（式 2.19a）基本上是线性的。这种线性关系一直持续到 CMC（事实上，这通常用来测定 CMC）。

当 C_{20} 点处于曲线的线性部分时（图 5.3），也就是说，当溶剂的表面张力降低了 20mN/m 时，表面已基本饱和，通常大部分表面活性剂都属于这种情况，那么对于曲线的线性部分，Gibbs 吸附公式变成：

$$\Delta\gamma = -\Delta\pi \approx -2.3nRT\Gamma_m\Delta\lg C \tag{5.2}$$

且

$$(\Pi_{CMC} - 20) \approx 2.3nRT\Gamma_m(\lg CMC - \lg C_{20})$$

或

$$\Pi_{CMC} \approx 20 + 2.3nRT\Gamma_m\lg(CMC/C_{20}) \tag{5.3}$$

因此可以发现，表面活性剂降低溶剂表面张力的效能取决于：

① 浓度随体相表面活性剂浓度而变化的离子数 n；

② 表面活性剂的吸附效能 Γ_m；

③ CMC/C_{20} 比值。

上述的每个量越大，在 CMC 时所能获得的表面张力的降低值就越大。

影响吸附效能 Γ_m 的因素之前已经论述过了（见第 2 章 2.3.3 节）。这里可以概述如下：

① 对离子型表面活性剂，亲油基链长的变化（从 10～16 个碳原子）或在亲油基上引入支链对 Γ_m 影响很小；

② 亲水基尺寸增加，或者亲水基与分子中第二个可水合基团间的距离增加，Γ_m 降低；

③ 对离子型表面活性剂，溶液中离子强度增加，Γ_m 增大；

④ 对 POE 非离子型表面活性剂，亲油基链长恒定时增加 POE 链长导致 Γ_m 降低；POE 链长恒定时增加亲油基链长导致 Γ_m 增大；

⑤ 温度升高导致 Γ_m 小幅度降低。

影响 CMC/C_{20} 比值的因素之前也已经论述过了（见第 3 章 3.5.1 节）。可以发现：

① 对离子型表面活性剂，增加亲油基的链长，该比值仅有微小的增加；

② 在亲油基中引入支链，或将亲水基的位置移到分子的中间，会使该比值增大；

③ 增加亲水基的尺寸，该比值增大；

④ 对离子型表面活性剂，增加溶液的离子强度或提高反离子的结合度，尤其是使用含有六个或更多碳原子烷基链的反离子，该比值会有很大的增加；

⑤ 对 POE 非离子型表面活性剂，亲油基链长恒定时增加 POE 链长，导致该比值增加，而恒定 POE 链长时增加亲油基的链长导致该比值减小；

⑥ 在 10～40℃范围内，升高温度导致该比值降低。

这些因素中，某些因素对 Γ_m 和 CMC/C_{20} 比值的影响是平行的（即它们同时增加或减小）；但某些因素的影响则是相反的。如果影响是平行的，能容易地预测这些因素变化对降低表面张力的效能的影响；但如果影响是相反的，则就很难预测了。因此，对离子型表面活性剂，增加亲油基的链长对 Γ_m 和 CMC/C_{20} 比值几乎没有影响，据此可以推测，增加亲油基链长对降低表面张力的效能几乎也没有影响。

另一方面，在亲油基中引入支链结构会增加 CMC/C_{20} 比值，但对 Γ_m 几乎没有影响。因此可以预测，在亲油基中引入支链可使表面活性剂成为一个效能更高的表面张力降低剂。这可以在同分异构的对十二烷基苯磺酸盐系列中发现（图 5.4），其中烷基链含有支链的同分异构体，虽然降低表面张力的效率不如直链烷基异构体，但前者能比后者将表面张力降到一个更低的值。

表 5.2 列出了一些实验测定的 Γ_m、CMC/C_{20} 和 Π_{CMC} 值。从实验得到 Π_{CMC} 值与根据 Γ_m、CMC/C_{20} 值用式 5.3 计算得到 Π_{CMC} 值非常接近。对于以碳氢链作为亲油基的表面活性剂，降低表面张力效能最大（获得最大 Π_{CMC} 值）的表面活性剂是：①含有小的亲水头基的非离子化合物，②阴离子-阳离子盐，其中两个亲油基都包含六个或六个以上的碳原子，特别是当两个烷基链长大致相等时。由于亲水基较小，并且在水溶液-空气界面不存在离子间的排斥力，因此上述两类表面活性剂能使其亲油基在界面上紧密排列（大的 Γ_m 值），并具有较大的 CMC/C_{20} 比值，从而能获得较大的 Π_{CMC} 值。第一类的例子有 1,2-二烷基二醇和 1,3-二烷基二醇；第二类的例子有阴离子-阳离子盐 $C_{12}H_{25}SO_4^- {}^+N(CH_3)_3C_{12}H_{25}$ 和 $C_{12}H_{25}SO_3^- {}^+HON(CH_3)_2C_{12}H_{25}$。

离子型表面活性剂中的较小的无机反离子被本身具有表面活性的有机直链反离子取代 [例如 $C_{12}H_{25}SO_4^- \cdot C_{12}H_{25}N(NH_3)_3^+$]，形成的离子对能强烈地吸附在水溶液-空气界面。离子对中电荷的相互中和导致了①表面活性剂在界面上紧密堆积（本例中每个疏水链所占的面积为

0.303nm^2）和②类似于非离子表面活性剂的高 CMC/C_{20} 比值。长链氧化胺加入到阴离子洗涤剂成分中可形成类似的化合物，如 $C_{12}H_{25}N(CH_3)_2OH^+ \cdot C_{12}H_{25}SO_3^-$，这也是氧化胺在这些组分中具有泡沫稳定性的基础。

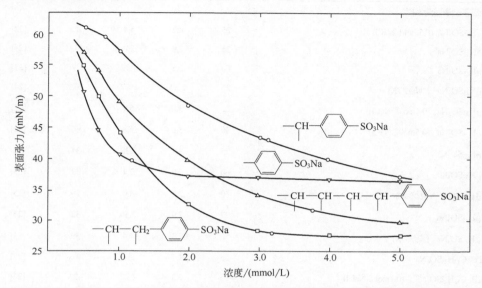

图 5.4 75℃下，对十二烷基苯磺酸盐同分异构体水溶液的表面张力随浓度的变化[4]

表 5.2 水介质的 Γ_m、CMC/C_{20} 和 Π_{CMC} 的值

表面活性剂	温度 /℃	$\Gamma_m \times 10^{10}$ /(mol/cm^2)	CMC /C_{20}	Π_{CMC} /(mN/m)	参考文献
阴离子型表面活性剂					
$C_{10}H_{21}OCH_2COO^-Na^+$ (0.1mol/L NaCl, pH 10.5)	30	5.4	4.9	40.5	[20]
$C_{11}H_{23}CON(CH_3)CH_2COO^-Na^+$ (pH 10.5)	30	2.1	3.5	32.9	[20]
$C_{11}H_{23}CON(CH_3)CH_2COO^-Na^+$ (0.1mol/L NaCl, pH 10.5)	30	2.9	6.5	32.5	[20]
$C_{11}H_{23}CON(C_4H_9)CH_2COO^-Na^+$	25	1.55	9.3	36.8	[21]
$C_{11}H_{23}CON(C_4H_9)CH_2COO^-Na^+$ ("硬河"水)	25	2.90	28.8	43.9	[21]
$C_{11}H_{23}CON(CH_3)CH_2CH_2COO^-Na^+$ (pH 10.5)	30	1.6	3.7	30.6	[20]
$C_{11}H_{23}CON(CH_3)CH_2CH_2COO^-Na^+$ (0.1mol/L NaCl, pH 10.5)	30	2.5	6.9	31.5	[20]
$C_{13}H_{27}CON(C_3H_7)CH_2COO^-Na^+$	25	1.58	12.0	39.2	[21]
$C_{13}H_{27}CON(C_3H_7)CH_2COO^-Na^+$ ("硬河"水)	25	3.50	14.1	42.9	[21]
$C_{10}H_{21}SO_3Na^+$	10	3.4	2.4	33.0	[22]
$C_{10}H_{21}SO_3Na^+$	25	3.3	2.1	31.0	[22]
$C_{10}H_{21}SO_3Na^+$	40	3.05	1.8	29.2	[22]
$C_{10}H_{21}SO_3Na^+$ (0.1mol/L NaCl)	25	3.85	4.1	32.6	[22]

表面活性剂	温度 /℃	$\Gamma_m \times 10^{10}$ /(mol/cm²)	CMC /C_{20}	Π_{CMC} /(mN/m)	参考文献
阴离子型表面活性剂					
$C_{10}H_{21}SO_3^-Na^+$ (0.5mol/L NaCl)	25	4.2	5.4	37.1	[22]
$C_{12}H_{25}SO_3^-Na^+$	25	2.9	2.8	33.0	[22]
$C_{12}H_{25}SO_3^-Na^+$	60	2.5	1.92	29	[23]
$C_{12}H_{25}SO_3^-Na^+$ ("硬河"水)	25	2.34	9.97	36.2	[24]
$C_{12}H_{25}SO_3^-Na^+$ (0.1mol/L NaCl)	25	3.8	5.9	36.4	[22]
$C_{12}H_{25}SO_3^-Na^+$ (0.5mol/L NaCl)	40	3.6	6.8	39.0	[22]
$C_{12}H_{25}SO_3^-K^+$	25	3.3	2.38	34	[2]
$C_{16}H_{33}SO_3^-K^+$	60	2.9	2.4	33	[23]
$C_8H_{17}SO_4^-Na^+$ (庚烷-水)	50	2.3	4.0	39	[25]
$C_{10}H_{21}SO_4^-Na^+$	27	2.9	2.56	32	[26]
$C_{10}H_{21}SO_4^-Na^+$ (庚烷-水)	50	2.3	4.4	39	[25]
支链 $C_{12}H_{25}SO_4^-Na^+$	25	1.7	11.3	40.1	[27]
支链 $C_{12}H_{25}SO_4^-Na^{+①}$ (0.1mol/L NaCl)	25	3.3	15.2	42.7	[27]
$C_{12}H_{25}SO_4^-Na^+$	25	3.2	2.6	32.5	[22]
$C_{12}H_{25}SO_4^-Na^+$ (0.1mol/L NaCl)	25	4.0	6.0	38.0	[22]
$C_{12}H_{25}SO_4^-Na^+$	25	3.2	2.6	32.5	[22]
$C_{12}H_{25}SO_4^-Na^+$ (水-辛烷)	25	3.3	4.7	42.8	[28]
$C_{12}H_{25}SO_4^-Na^+$ (水-十七烷)	25	3.3	4.8	42.5	[28]
$C_{12}H_{25}SO_4^-Na^+$ (水-环己烷)	25	3.1	4.9	43.2	[28]
$C_{12}H_{25}SO_4^-Na^+$ (水-苯)	25	2.3	2.2	29.1	[28]
$C_{12}H_{25}SO_4^-Na^+$ (水-正己烯)	25	2.5	1.5	25.8	[28]
$C_{12}H_{25}SO_4^-Na^+$	60	2.6	1.74	28	[23]
$C_{14}H_{29}SO_4^-Na^+$	25	—	2.6	37.2	[29]
$C_{14}H_{29}SO_4^-Na^+$ (庚烷-水)	50	3.0	4.5	43	[25]
$C_{16}H_{33}SO_4^-Na^+$	60	3.3	2.5	35	[23]
$C_{16}H_{33}SO_4^-Na^+$ (庚烷-水)	50	2.6	5.0	43.5	[25]
$C_{18}H_{37}SO_4^-Na^+$ (庚烷-水)	50	2.5	5.0	44	[25]
$C_{10}H_{21}OCH_2CH_2SO_3^-Na^+$	25	3.2	2.0	30.8	[22]
$C_{10}H_{21}OCH_2CH_2SO_3^-Na^+$ (0.1mol/L NaCl)	25	3.85	4.5	34.7	[22]
$C_{10}H_{21}OCH_2CH_2SO_3^-Na^+$ (0.5mol/L NaCl)	25	4.3	7.1	39.0	[22]
$C_{12}H_{25}OC_2H_4SO_4^-Na^+$	25	2.9	2.6	32.8	[22]
$C_{12}H_{25}OC_2H_4SO_4^-Na^+$ ("硬河"水)	25	3.59	10.2	40.8	[24]
$C_{12}H_{25}OC_2H_4SO_4^-Na^+$ (在 0.1mol/L NaCl 中)	25	3.8	7.3	38.6	[22]

表面活性剂	温度 /℃	$\Gamma_m \times 10^{10}$ /(mol/cm^2)	CMC /C_{20}	Π_{CMC} /(mN/m)	参考文献
阴离子型表面活性剂					
C$_{12}$H$_{25}$OC$_2$H$_4$SO$_4^-$Na$^+$ (在 0.5mol/L NaCl 中)	25	4.4	8.3	42.4	[22]
C$_{12}$H$_{25}$(OC$_2$H$_4$)$_2$SO$_4^-$Na$^+$	10	2.8	2.8	32.6	[22]
C$_{12}$H$_{25}$(OC$_2$H$_4$)$_2$SO$_4^-$Na$^+$	25	2.6	2.5	30.6	[22]
C$_{12}$H$_{25}$(OC$_2$H$_4$)$_2$SO$_4^-$Na$^+$	40	2.5	2.0	28.6	[22]
C$_{12}$H$_{25}$(OC$_2$H$_4$)$_2$SO$_4^-$Na$^+$ ("硬河"水)	25	3.24	11.5	39.0	[24]
C$_{12}$H$_{25}$(OC$_2$H$_4$)$_2$SO$_4^-$Na$^+$ (0.5mol/L NaCl)	25	3.5	6.7	36.5	[22]
C$_{12}$H$_{25}$(OC$_2$H$_4$)$_2$SO$_4^-$Na$^+$ (0.5mol/L NaCl)	25	3.8	10.0	40.2	[22]
C$_{12}$H$_{25}$(OC$_2$H$_4$)$_2$SO$_4^-$Na$^+$ ("硬河"水)	25	2.41	10.5	33.4	[24]
C$_4$H$_9$OC$_{12}$H$_{24}$SO$_4^-$Na$^+$	25	1.1	4.2	28	[30]
C$_{14}$H$_{29}$OC$_2$H$_4$SO$_4^-$Na$^+$	25	2.1	8.8	40	[30]
C$_{14}$H$_{29}$OC$_2$H$_4$SO$_4^-$Na$^+$ ("硬河"水)	25	3.91	7.9	40.0	[24]
C$_4$H$_9$CH(C$_2$H$_5$)CH$_2$OOCCH(SO$_3^-$Na$^+$)CH$_2$COOCH$_2$CH(C$_2$H$_5$)C$_4$H$_9$ ("硬河"水)	25	2.28	151.	47.0	[24]
C$_{11}$H$_{23}$CON(CH$_3$)CH$_2$CH$_2$SO$_3^-$Na$^+$ (pH 10.5)	30	2.2	2.0	27.2	[20]
C$_{11}$H$_{23}$CON(CH$_3$)CH$_2$CH$_2$SO$_3^-$Na$^+$ (0.1mol/L NaCl, pH 10.5)	30	3.0	5.5	31.7	[20]
C$_8$H$_{17}$C$_6$H$_4$SO$_3^-$Na$^+$	70	2.6	1.36	24.7	[31]
p-C$_9$H$_{19}$C$_6$H$_4$SO$_3^-$Na$^+$	75	1.8	1.3	23	[4]
C$_{10}$H$_{21}$C$_6$H$_4$SO$_3^-$Na$^+$	70	3.2	1.33	25.4	[31]
p-C$_{10}$H$_{21}$C$_6$H$_4$SO$_3^-$Na$^+$	75	2.1	1.4	23.5	[4]
C$_{11}$H$_{23}$-2-C$_6$H$_4$SO$_3^-$Na$^+$ ("硬河"水)	30	3.69	9.7	40.0	[32]
对 1,3,5,7-四甲基(正辛基)-1-苯磺酸钠	75	2.4	2.5	32	[4]
C$_{12}$H$_{25}$-2-C$_6$H$_4$SO$_3^-$Na$^+$ ("硬河"水)	30	4.16	5.0	35.6	[32]
C$_{12}$H$_{25}$-4-C$_6$H$_4$SO$_3^-$Na$^+$ ("硬河"水)	30	3.44	17.4	43.8	[32]
p-C$_6$H$_{13}$CH(C$_4$H$_9$)CH$_2$C$_6$H$_4$SO$_3^-$Na$^+$	75	2.85	3.2	35	[4]
p-C$_6$H$_{13}$CH(C$_5$H$_{11}$)C$_6$H$_4$SO$_3^-$Na$^+$	75	2.1	>1.7	>26	[4]
C$_{12}$H$_{25}$-6-C$_6$H$_4$SO$_3^-$Na$^+$ ("硬河"水)	30	3.15	21.5	44.5	[32]
C$_{12}$H$_{25}$C$_6$H$_4$SO$_3^-$Na$^+$	70	3.7	1.33	25.8	[31]
C$_{12}$H$_{25}$C$_6$H$_4$SO$_3^-$Na$^+$ (0.1mol/L NaCl)	25	3.6	11.6	41.9	[33]
p-C$_{12}$H$_{25}$C$_6$H$_4$SO$_3^-$Na$^+$	75	2.8	1.6	24	[4]
C$_{13}$H$_{27}$-2-C$_6$H$_4$SO$_3^-$Na$^+$ ("硬河"水)	30	4.05	3.1	30.7	[32]
C$_{13}$H$_{27}$-5-C$_6$H$_4$SO$_3^-$Na$^+$ ("硬河"水)	30	3.58	15.8	44.1	[32]
C$_{13}$H$_{27}$-5-C$_6$H$_4$SO$_3^-$Na$^+$	30	2.15	7.6	39.0	[32]
C$_{14}$H$_{29}$C$_6$H$_4$SO$_3^-$Na$^+$	70	2.7	1.53	26.5	[31]
p-C$_{14}$H$_{29}$C$_6$H$_4$SO$_3^-$Na$^+$	70	2.2	1.6	24.5	[4]

表面活性剂	温度 /℃	$\Gamma_m \times 10^{10}$ /(mol/cm²)	CMC /C_{20}	Π_{CMC} /(mN/m)	参考文献
阴离子型表面活性剂					
$C_{16}H_{33}C_6H_4SO_3^- Na^+$	70	1.9	1.93	27.8	[31]
$C_{16}H_{33}$-8-$C_6H_4SO_3Na^+$	45	1.61	14.4	42.5	[34]
n-$C_7F_{15}COO^- Na^+$	25	4.0	9.4	47.4	[5]
n-$C_7F_{15}COO^- K^+$	25	3.9	9.3	51.4	[5]
$(CF_3)_2CF(CF_2)_4COO^- Na^+$	25	2.8	11.2	51.8	[5]
n-$C_8F_{17}SO_3^- Li^+$	25	3.0	10.0	42.2	[5]
$C_4F_9CH_2OOCCH_2CH(SO_3Na^+)OOCCH_2C_4F_9$	30	3.0	—	53.5	[35]
阳离子型表面活性剂					
$C_{10}H_{21}N(CH_3)_3^+ Br^-$ (0.1mol/L NaCl)	25	3.39	2.7	30.4	[36]
$C_{12}H_{25}N(CH_3)_3^+ Br^-$ ("硬河"水)	25	2.72	3.99	33.9	[24]
$C_{12}H_{25}N(CH_3)_3^+ Cl^-$	25	4.39	2.95	31.5	[36]
$C_{14}H_{29}N(CH_3)_3^+ Br^-$	30	2.7	2.1	31	[37]
$C_{14}H_{29}N(CH_3)_3^+ Br^-$ ("硬河"水)	25	3.18	6.45	34.6	[24]
$C_{14}H_{29}N(CH_3)_3^+ Br^-$	30	1.9	2.4	29	[37]
$C_{16}H_{33}N(CH_3)_3^+ Cl^-$ (0.1mol/L NaCl)	25	3.4	10.0	38	[38]
$C_{10}H_{21}Pyr^+ Br^-$	25	2.01	3.97	31.7	[24]
$C_{12}H_{25}Pyr^+ Br^-$	10	3.5	2.7	34.6	[39]
$C_{12}H_{25}Pyr^+ Br^-$	25	3.3	2.5	32.9	[39]
$C_{12}H_{25}Pyr^+ Br^-$	40	3.2	2.1	30.8	[39]
$C_{12}H_{25}Pyr^+ Br^-$ (0.1mol/L NaBr)	25	3.5	6.9	35.2	[39]
$C_{12}H_{25}Pyr^+ Br^-$ (0.1mol/L NaBr)	25	3.5	8.9	37.2	[39]
$C_{12}H_{25}Pyr^+ Cl^-$	10	2.7	2.3	29.6	[39]
$C_{12}H_{25}Pyr^+ Cl^-$	25	2.7	2.0	28.3	[39]
$C_{12}H_{25}Pyr^+ Cl^-$	40	2.6	1.8	26.9	[39]
$C_{12}H_{25}Pyr^+ Cl^-$ (0.1mol/L NaCl)	25	3.0	4.6	30.4	[39]
$C_{12}H_{25}Pyr^+ Cl^-$ (0.1mol/L NaCl)	25	3.1	5.5	32.8	[39]
$C_{14}H_{29}Pyr^+ Br^-$	30	2.8	2.2	31	[37]
$C_{12}H_{25}N^+H_2CH_2CH_2OHCl^-$	25	1.93	7.0	31	[40]
$C_{12}H_{25}N^+H(CH_2CH_2OH)_2Cl^-$	25	2.49	7.3	32	[40]
$C_{12}H_{25}N^+H(CH_2CH_2OH)_3Cl^-$	25	2.91	5.6	34	[40]
阴离子-阳离子盐					
$CH_3SO_4^- {}^+N(CH_3)_3C_{12}H_{25}$	25	2.70[②]	2.7	33.5	[41]
$C_{12}H_{25}SO_4^- {}^+N(CH_3)_3C_{12}H_{25}$	25	2.85[②]	3.4	37.5	[41]

续表

表面活性剂	温度 /℃	$\Gamma_m \times 10^{10}$ /(mol/cm²)	CMC /C_{20}	Π_{CMC} /(mN/m)	参考文献
阴离子-阳离子盐					
$C_{12}H_{25}SO_4^- \cdot ^+N(CH_3)_3C_{12}H_{25}$	25	2.63[②]	2.7	33.0	[41]
$C_4H_9SO_4^- \cdot ^+N(CH_3)_3C_{10}H_{21}$	25	2.50[②]	7.0	44.2	[41]
$C_{10}H_{21}SO_4^- \cdot ^+N(CH_3)_3C_4H_9$	25	2.85[②]	3.4	37.5	[41]
$C_6H_{13}SO_4^- \cdot ^+N(CH_3)_3C_8H_{17}$	25	2.53[②]	10.4	49.8	[41]
$C_8H_{17}SO_4^- \cdot ^+N(CH_3)_3C_6H_{13}$	25	2.50[②]	7.0	44.2	[41]
$C_4H_9SO_4^- \cdot ^+N(CH_3)_3C_{12}H_{25}$	25	2.67[②]	5.3	42.0	[41]
$C_6H_{13}SO_4^- \cdot ^+N(CH_3)_3C_{12}H_{25}$	25	2.58[②]	10.0	49.5	[41]
$C_8H_{17}SO_4^- \cdot ^+N(CH_3)_3C_{12}H_{25}$	25	2.72[②]	9.6	50.6	[41]
$C_{10}H_{21}SO_4^- \cdot C_{10}H_{21}N(CH_3)_3^+$	25	2.9[②]	9.1	50	[42]
$C_{12}H_{25}SO_4^- \cdot ^+N(CH_3)_3C_{12}H_{25}$	25	2.74[②]	9.6	50.8	[41]
$C_{12}H_{25}SO_3^- \cdot ^+HON(CH_3)_3C_{12}H_{25}$	25	2.14[②]	13.6	48.5	[43]
非离子型表面活性剂					
$C_8H_{17}CHOHCH_2OH$	25	5.1	9.6	48.6	[44]
$C_8H_{17}CHOHCH_2CH_2OH$	25	5.3	8.9	48.4	[44]
$C_{10}H_{21}CHOHCH_2OH$	25	6.3	6.5	49.3[③]	[44]
$C_{10}H_{21}CHOHCH_2CH_2OH$	25	5.8	6.8	48.3[③]	[44]
$C_{12}H_{25}CHOHCH_2CH_2OH$	25	5.1	7.7	45.5	[44]
癸基-β-D-葡萄糖苷(0.1mol/L NaCl, pH=9)	25	4.18	11.1	44.2	[36]
癸基-β-D-麦芽糖苷(0.1mol/L NaCl, pH=9)	25	3.37	6.5	35.7	[36]
十二烷基-β-D-麦芽糖苷(0.1mol/L NaCl, pH=9)	25	3.67	7.1	37.3	[36]
$C_6H_{13}(OC_2H_4)_6OH$	25	2.7	21.5	40	[45, 46]
$C_8H_{17}OCH_2CH_2OH$	25	5.2	7.2	45.0	[47]
$C_8H_{17}(OC_2H_4)_5OH$ (0.1mol/L NaCl)	25	3.46	8.4	38.3	[48]
$C_{10}H_{21}(OC_2H_4)_6OH$	25	3.0	17.0	42	[49, 50]
$C_{10}H_{21}(OC_2H_4)_6OH$ ("硬河"水)	25	2.83	16.2	39.4	[24]
$C_{10}H_{21}(OC_2H_4)_8OH$	25	2.38	16.7	36.4	[51]
$C_{12}H_{25}(OC_2H_4)_3OH$	25	3.98	11.4	44.1	[24]
$C_{12}H_{25}(OC_2H_4)_4OH$	25	3.63	13.7	43.4	[52]
$C_{12}H_{25}(OC_2H_4)_4OH$ (水-十六烷)	25	3.16	16.8[④]	52.1	[53]
$C_{12}H_{25}(OC_2H_4)_5OH$	25	3.33	15.0	41.5	[52]
$C_{12}H_{25}(OC_2H_4)_5OH$ (0.1mol/L NaCl)	25	3.31	18.5	41.5	[48]
$C_{12}H_{25}(OC_2H_4)_6OH$	25	3.7	9.6	41	[49, 50]
$C_{12}H_{25}(OC_2H_4)_6OH$ ("硬河"水)	25	3.19	12.8	40.2	[24]
$C_{12}H_{25}(OC_2H_4)_7OH$	25	2.90	14.9	38.3	[52]

表面活性剂	温度 /℃	$\Gamma_m \times 10^{10}$ /(mol/cm^2)	CMC /C_{20}	Π_{CMC} /(mN/m)	参考文献
非离子型表面活性剂					
$C_{12}H_{25}(OC_2H_4)_8OH$	10	2.56	17.5	37.4	[52]
$C_{12}H_{25}(OC_2H_4)_8OH$	25	2.52	17.3	37.2	[52]
$C_{12}H_{25}(OC_2H_4)_8OH$	40	2.46	15.4	37.3	[52]
$C_{12}H_{25}(OC_2H_4)_8OH$ (水-十六烷)	25	2.64	17.5[④]	48.7	[53]
$C_{12}H_{25}(OC_2H_4)_8OH$ (水-庚烷)	25	2.62	18.6[④]	48.5	[53]
$C_{12}H_{25}(OC_2H_4)_9OH$	23	2.3	17.0	36	[54]
$C_{12}H_{25}(OC_2H_4)_{12}OH$	23	1.9	11.8	32	[54]
6-支链 $C_{13}H_{17}(OC_2H_4)_3OH$ (0.1mol/L NaCl 溶液)	25	2.87	35.7	45.5	[48]
$C_{13}H_{27}(OC_2H_4)_3OH$ (0.1mol/L NaCl 溶液)	25	3.89	8.8	40.9	[48]
$C_{13}H_{27}(OC_2H_4)_8OH$	25	2.78	11.3	36.7	[51]
$C_{14}H_{29}(OC_2H_4)_6OH$ ("硬河"水)	25	3.34	10.5	39.6	[24]
$C_{14}H_{29}(OC_2H_4)_8OH$	25	3.43	8.4	38.0	[51]
$C_{14}H_{29}(OC_2H_4)_8OH$ ("硬河"水)	25	2.67	13.8	37.1	[24]
$C_{15}H_{31}(OC_2H_4)_8OH$	25	3.59	7.1	37.4	[51]
$C_{16}H_{33}(OC_2H_4)_6OH$	25	4.4	6.3	40	[46, 55]
$C_{16}H_{23}(OC_2H_4)_6OH$ ("硬河"水)	25	3.23	12.7	40.1	[24]
$C_{16}H_{33}(OC_2H_4)_7OH$	25	3.8	8.3	39	[56]
$C_{16}H_{33}(OC_2H_4)_9OH$	25	3.1	7.8	36	[56]
$C_{16}H_{33}(OC_2H_4)_{12}OH$	25	2.3	8.5	33	[56]
$C_{16}H_{33}(OC_2H_4)_{15}OH$	25	2.1	8.9	32	[56]
$C_{16}H_{33}(OC_2H_4)_{21}OH$	25	1.4	8.0	27	[56]
$p\text{-}t\text{-}C_8H_{17}C_6H_4(OC_2H_4)_7OH$	25	2.9	22.9	42	[57,58]
$p\text{-}t\text{-}C_8H_{17}C_6H_4(OC_2H_4)_8OH$	25	2.6	21.4	40	[57,58]
$p\text{-}t\text{-}C_8H_{17}C_6H_4(OC_2H_4)_9OH$	25	2.5	18.6	38.5	[57,58]
$p\text{-}t\text{-}C_8H_{17}C_6H_4(OC_2H_4)_{10}OH$	25	2.2	17.4	37	[57,58]
$C_9H_{19}C_6H_4(OC_2H_4)_{10}OH^{⑤}$	25	2.95	13.5	41	[59]
$C_9H_{19}C_6H_4(OC_2H_4)_{15}OH^{⑤}$	25	2.4	12.9	35.5	[59]
$C_9H_{19}C_6H_4(OC_2H_4)_{30}OH^{⑤}$	25	1.9	12.3	31	[59]
$C_{11}H_{23}CON(CH_2CH_2OH)_2$	25	3.75	6.3	37.1	[43]
$C_{10}H_{21}CON(CH_3)CH_2(CHOH)_4CH_2OH$ (0.1mol/L NaCl)	25	3.80	10.5	41.4	[60]
$C_{11}H_{23}CONH(C_2H_4O)_4H$	23	3.4	–	41.3	[61]
$C_{11}H_{23}CON(CH_3)CH_2CHOHCH_2OH$ (0.1mol/L NaCl)	25	4.34	10.9	46.2	[60]
$C_{11}H_{23}CON(CH_3)CH_2(CHOH)_3CH_2OH$ (0.1mol/L NaCl)	25	4.29	9.8	44.7	[60]
$C_{11}H_{23}CON(CH_3)CH_2(CHOH)_4CH_2OH$ (0.1mol/L NaCl)	25	4.10	8.7	42.3	[60]

续表

表面活性剂	温度 /℃	$\Gamma_m \times 10^{10}$ /(mol/cm²)	CMC /C_{20}	Π_{CMC} /(mN/m)	参考文献
非离子型表面活性剂					
$C_{12}H_{25}CON(CH_3)CH_2(CHOH)_4CH_2OH$ (0.1mol/L NaCl)	25	4.60	7.8	43.9	[60]
$C_{13}H_{27}CON(CH_3)CH_2(CHOH)_4CH_2OH$ (0.1mol/L NaCl)	25	4.68	4.0	36.0	[60]
$C_{10}H_{21}N(CH_3)CO(CHOH)_4CH_2OH$	20	3.96	5.2	36.1	[62]
$C_{12}H_{25}N(CH_3)CO(CHOH)_4CH_2OH$	20	3.99	8.8	37.6	[62]
$C_{14}H_{29}N(CH_3)CO(CHOH)_4CH_2OH$	20	3.97	8.5	37.8	[62]
$C_{16}H_{33}N(CH_3)CO(CHOH)_4CH_2OH$	20	3.65	10.1	38.5	[62]
$C_{18}H_{37}N(CH_3)CO(CHOH)_4CH_2OH$	20	3.97	8.1	39.7	[62]
$C_6F_{13}C_2H_4SC_2H_4(OC_2H_4)_2OH$	25	4.74	—	54	[63]
$C_6F_{13}C_2H_4SC_2H_4(OC_2H_4)_3OH$	25	4.46	—	53.4	[63]
$C_6F_{13}C_2H_4SC_2H_4(OC_2H_4)_5OH$	25	3.56	—	54	[63]
$C_6F_{13}C_2H_4SC_2H_4(OC_2H_4)_7OH$	25	3.19	—	51	[63]
$(CH_3)_3SiO[Si(CH_3)_2O]_3Si(CH_3)_2CH_2(C_2H_4O)_{8.2}CH_3$	25	3.4	37	50	[64]
$(CH_3)_3SiO[Si(CH_3)_2O]_3Si(CH_3)_2CH_2(C_2H_4O)_{12.8}CH_3$	25	4.2	19.5	51	[64]
$(CH_3)_3SiO[Si(CH_3)_2O]_3Si(CH_3)_2CH_2(C_2H_4O)_{17.3}CH_3$	25	4.2	17.4	50.5	[64]
$(CH_3)_3SiO[Si(CH_3)_2O]_9Si(CH_3)_2CH_2(C_2H_4O)_{17.3}CH_3$	25	3.6	11.8	42	[64]
两性离子型表面活性剂					
$C_{10}H_{21}N^+(CH_3)_2COO^-$	23	4.15	7.0	39.7	[65]
$C_{12}H_{25}N^+(CH_3)_2CH_2COO^-$	23	3.57	6.5	36.5	[65]
$C_{14}H_{29}N^+(CH_3)_2CH_2COO^-$	23	3.53	7.5	37.5	[65]
$C_{16}H_{33}N^+(CH_3)_2CH_2COO^-$	23	4.13	6.9	39.7	[65]
$C_{10}H_{21}CH(Pyr^+)COO^-$	25	3.59	3.90	32.1	[18]
$C_{12}H_{33}CH(Pyr^+)COO^-$	25	3.57	5.66	35.0	[18]
$C_{14}H_{29}CH(Pyr^+)COO^-$	40	3.40	6.16	36.0	[18]
$C_{10}H_{21}N^+(CH_2C_6H_5)(CH_3)CH_2COO^-$	25	2.91	12.0	38.0	[66]
$C_{12}H_{25}N^+(CH_2C_6H_5)(CH_3)CH_2COO^-$	25	2.86	14.4	39.0	[66]
$C_{12}H_{25}N^+(CH_2C_6H_5)(CH_3)CH_2COO^-$ (0.1mol/L NaCl, pH 5.7)	25	3.1	15.1	39.9	[67]
$C_{12}H_{25}N^+(CH_2C_6H_5)(CH_3)CH_2COO^-$ (水-庚烷)	25	2.81	—	48.4	[68a]
$C_{12}H_{25}N^+(CH_2C_6H_5)(CH_3)CH_2COO^-$ (水-十六烷)	25	2.90	—	48.6	[68a]
$C_{12}H_{25}N^+(CH_2C_6H_5)(CH_3)CH_2COO^-$ (水-甲苯)	25	2.22	—	35.8	[68a]
$C_{10}H_{24}N^+(C_2H_5)(CH_3)CH_2CH_2SO_3^-$	40	2.59	11.0	33.8	[66]

① 来自分子中含有 4,4-二甲基支链的十二醇。

② 因为每个分子中有两个链，每平方厘米上的疏水链数是 Γ_m 值的两倍。

③ 低于 Krafft 点的过饱和溶液。

④ CMC/C_{30} 值。

⑤ 亲水头基非单一物质，但 POE 链的分布通过分子蒸馏被降低了。

注：表中所有"硬河"水的 I.S.=6.6×10⁻³mol/L。I.S.指溶液的离子强度；Pri⁺指吡啶。

表面活性剂中的普通碳氢链疏水基被含硅或者碳氟链疏水基取代，会大大增加 CMC/C_{20} 比值，甚至当疏水基是全氟链时，离子型表面活性剂也如此。这种情况下的高 CMC/C_{20} 比值可能源于较大的疏水基体积导致的位阻能垒不利于胶束中疏水链的排列。这些化合物，即使是离子型的，它们的 Γ_m 值也很高。集高 CMC/C_{20} 比值和大 Γ_m 值于一体，这些化合物成为最好的水溶液表面张力降低剂。

如前所述（见第 3 章 3.5 节），在离子型表面活性剂的水溶液中加入中性电解质导致的在水溶液-空气界面的吸附量增加比胶束化趋势的增加要大得多。因此，C_{20} 值的下降要大于 CMC 值的下降，从而导致了 CMC/C_{20} 值的增加。另外，Γ_m 随电解质的增加而增加。Γ_m 和 CMC/C_{20} 值的增加使得效能增大。

增加亲水性头基的尺寸但不显著改变其性质所带来的影响可通过对比 $C_{14}H_{29}N^+(CH_3)_3Br^-$（或溴代十四烷吡啶）和 $C_{14}H_{29}N^+(C_3H_7)_3Br^-$（表 5.2）观察到。增加氮原子周围的三个短链烷基的尺寸，导致分子在界面上的截面积增加，从而使 Γ_m 值减小。然而三种化合物的 $\lg(CMC/C_{20})$ 值变化很小，结果 Π_{CMC} 随亲水基尺寸的增加而减小。

对含有相同疏水基（C_{12}）的 POE 非离子型表面活性剂，POE 链长从 1 个单元增加到 8 个单元时，会使 Γ_m 减小而使 $\lg(CMC/C_{20})$ 值增大。Γ_m 的变化大于 $\lg(CMC/C_{20})$ 的变化，结果导致降低表面张力的效能随该范围内 POE 链长的增加而降低。当 EO 数超过 8 时，$\lg(CMC/C_{20})$ 几乎没有什么变化，而 Γ_m 随分子中 EO 数的增加有小幅度降低，因此，随着 EO 数的增加，降低表面张力的效能会持续小幅降低。

另一方面，当 POE 含量恒定时，疏水基链长的增加会导致 Γ_m 值增加，但导致 $\lg(CMC/C_{20})$ 同等程度地减小。因此，与离子型表面活性剂相类似，随着疏水基链长的增加，POE 非离子表面活性剂降低表面张力的效能几乎不变。

对离子型表面活性剂和 POE 非离子表面活性剂，当温度升高时，Γ_m 和 CMC/C_{20} 比值都会降低。结果，尽管溶液的表面张力可能会随温度升高而降低到一个较低的值，但降低表面张力的效能，即 Π_{CMC}（$=\gamma_0-\gamma_{CMC}$，其中 γ_0 是该温度下纯溶剂的表面张力）总是随温度的升高而降低。

水结构促进剂和破坏剂对 POE 非离子型表面活性剂降低水的表面张力的效能几乎没有影响[6]，这与它们对 POE 非离子型表面活性剂降低水的表面张力的效率有显著影响完全不同。

含有碳氢链亲油基的表面活性剂通常不能降低烃类的表面张力，因为这类表面活性剂吸附在空气-烃表面时，无论如何定向都不会减小其表面自由能。然而，氟表面活性剂能够在空气-烃表面吸附并定向排列，从而降低其表面自由能。已经观察到含氟表面活性剂 $C_6H_5CF(CF_3)O[CF_2CF(CF_3)O]_mC_3F_7$ 可使间二甲苯的表面张力（28mN/m）降低到 10mN/m[68b]。

5.3 液-液界面张力降低

当体系中存在第二个液相时，水溶液中的表面活性剂导致的界面张力下降比第二个液相不存在时，即界面为表面时，要复杂得多。如果第二种液相是非极性的，表面活性剂在其中几乎不溶解，那么表面活性剂在水溶液-非极性液体界面上的吸附就非常类似于在水溶液-空气界面上的吸附，并且决定表面张力降低的效率和效能的那些因素会以类似的方式影响水-非极性液体的界面张力降低（见第 2 章 2.3.3 节和 2.3.5 节）。当非极性液相是饱和烃类时，以

pC_{20} 和 $\varPi_{CMC}$ 分别度量的表面活性剂在水溶液-烃界面降低界面张力的效率和效能比在水溶液-空气界面要大。饱和烃取代作为第二个相的空气增加了表面活性剂在界面的吸附趋势，但形成胶束的趋势并没有受到多大的影响。这导致了 CMC/C_{20} 比值的增加。由于 $\varGamma_m$ 值，即吸附效能（见第 2 章 2.3.3 节）不会因饱和烃的存在而受到显著影响，$\varPi_{CMC}$ 的增加主要源于 CMC/C_{20} 比值的增加。但当第二液相是短链的不饱和烃或芳香族化合物时，$\varPi_{CMC}$ 值反而比第二相是空气时更小。这里影响主要来自这些烃类的存在导致的 $\varGamma_m$ 值降低。在这些烃类存在时，吸附的趋势和形成胶束的趋势都有微弱的增加，但两者增加的程度基本相等，结果导致 CMC/C_{20} 比值基本不变❶。

另一方面，如果表面活性剂在两个液相中都具有可观的溶解度，那么可能会有迥然不同的因素来决定界面张力值。尽管低的液-液界面张力在促进乳化（第 8 章）和洗涤剂去除油性污渍（第 10 章）方面具有重要作用，在界面张力降低的主导因素方面的知识进展主要源于对利用表面活性剂溶液提高石油采收率的浓厚兴趣。

5.3.1　超低界面张力

对于驱替油藏岩石孔隙和毛细管中的石油，油-水界面张力（γ_{ab}）一般需要达到 10^{-3}mN/m 左右。为了达到这样低的 γ_{ab} 值（式 5.1），界面两侧之间的相互作用能（图 5.1）必须很大。这意味着界面两侧的物质在性质上必须非常相似。因为油和水的性质迥然不同，因此只有当界面的两侧具有类似浓度的表面活性剂、油和水时，才能使油-水界面（O/W）的两侧具有相似的性质。目前可以通过多种途径达到这种状态。

在讨论温度对增溶能力的影响时（见第 4 章 4.1.2.7 节）提到，当 POE 非离子型表面活性剂在水中的胶束溶液 W_D 的温度升高时，由于 POE 链脱水程度增加，使得表面活性剂的亲油性增加，导致其对非极性物质 O 的增溶能力增加。当 POE 非离子型表面活性剂具有合适的结构并且有过量的非极性物质存在时，如果发生这种情况，则当温度升高时，水相 W_D 的体积随温度升高（图 5.5a 和 b）而增加，而非极性相油的体积减小。这一过程伴随着 O/W 界面张力 γ_{ow} 下降。随着温度的进一步升高，POE 链脱水程度越来越大，表面活性剂变得更加亲油，并且越来越多的非极性油溶解在越来越不对称的胶束中。当温度达到非离子型表面活性剂的浊点附近时，表面活性剂胶束及其所增溶的物质开始从 W_D 中分离出来，成为一个分开的相 D。如果仍有过量油存在，那么此时体系中含有三个相[69]，①过量的油相；②D 相，即所谓的中相，其中含有表面活性剂及其增溶的水和油；③水相 W_D（图 5.5c）。

此时 O/W_D 界面被 D/W_D 界面取代，后者的界面张力 γ_{Dw} 接近于零。此时还有一个 O/D 界面，其界面张力 γ_{OD} 也很低。当温度继续升高时，越来越多的表面活性剂胶束携带着它们增溶的油（O）和水（W）从 W_D 相中分离出来。W_D 相的体积减小，中间相 D 的体积增加；γ_{OD} 继续下降而 γ_{Dw} 增加。当表面活性剂胶束从其中分离出来后，原来的 W_D 相变成了只含少量单体表面活性剂的水相（W）（图 5.5d）。当三相区中的 D 很小时，γ_{ow} 约等于 γ_{Dw} 和 γ_{OD} 之和。

当温度升高使表面活性剂变得更加亲油时，将会到达一个转相点，此时胶束转变为反向胶束，携带着增溶的水溶解到过量的油相（O）中，形成反相胶束溶液 O_D。伴随这一过程的

---

❶ 在烃-水溶液界面，作为 $\varPi_{CMC}$ 的一个决定因素，CMC/C_{30} 值要比 CMC/C_{20} 值更好，这里 C_{30} 等于使界面张力降低 30mN/m 所需的水溶液中的表面活性剂的物质的量浓度，因为界面张力-lg$C$ 曲线在 CMC 和低至 20mN/m 的表面压之间不是线性关系。

是 O_D 增加，而 D 减少至一个非常小的体积（图 5.5e）。γ_{OD} 接近于零；γ_{DW} 继续增加。最终所有的 D 溶解在 O_D 中，只剩下水相 W（图 5.5f）。在这一转相点，DW 界面消失，仍然较低的 γ_{DW} 被 γ_{OW} 取代。随着温度的进一步增加，表面活性剂变得更加亲油，反相胶束的增溶能力减弱，有越来越多的 W 分离出来，且 γ_{OW} 增加（图 5.5g）。

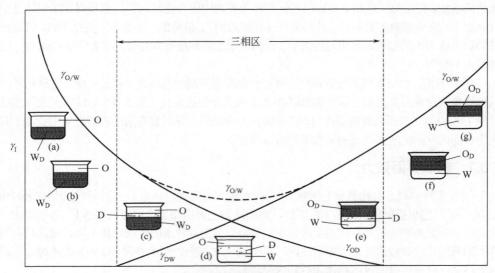

图 5.5　分子环境条件对界面张力和相体积的影响
表面活性剂所在的相用阴影部分表示

在三相共存温度下，表面活性剂（中）相 D 的最大体积取决于体系中表面活性剂的百分比。如果该百分比很小，则表面活性剂相可能用肉眼无法看到，体系看起来只有两相；如果表面活性剂的百分比很大，那么水相和非极性相可能会完全增溶在表面活性剂相中，体系可能只含有一相。在后一种情况下，体系称为微乳液（见第 8 章 8.2 节）。

与过量 W 相和 O 相平衡的表面活性剂 D 相的结构已经成为相当令人感兴趣和思索的课题[70~72]。数据表明，当 D 相与油相和水相的界面张力都达到最小时，该相可能是不均一的，而可能是正向胶束和反相胶束的混合物，因为经过一定时间的静置或离心后，该相的浓度、密度和其他性质出现了梯度变化[18,73~75]。已经有人提出，其结构是双连续的[76]。如果表面活性物质含有长的直链亲油基团，则可能存在柱状或层状胶束[77]。

POE 非离子体系中的温度变化不是使表面活性剂体系产生相转变和超低界面张力的唯一方法。对于具有适当结构的离子型表面活性剂，加入电解质（例如 NaCl）通过降低离子头基之间的静电相互作用，能使得表面活性剂从亲水变得亲油。随"盐度"的增加，体系可能像 POE 体系改变温度时那样，在相数、增溶和界面张力方面出现变化。加入亲水性或亲油性极性化合物（助表面活性剂）也能改变体系的亲水或亲油特性，体系对水或油的增溶能力以及界面张力。

根据以上讨论很明显可以看出，对 POE 非离子型表面活性剂，存在一个特定的温度，在该温度下表面活性剂的亲水性和亲油性互相平衡，且 γ_{OW} 处于或接近它的最小值。在具体操作上，该温度常常被定义为表面活性剂同时增溶等量的油和水时的温度，或者含有表面活性剂、水和非极性物质的乳状液发生相转变时的温度。在后一种情况下，它就是众所周知的相转变温度（PIT）（见第 8 章 8.1.5.2 节）。类似地，对离子型表面活性剂，存在一个使其亲水性和亲油性达到平衡的电解质含量。当表面活性剂同时增溶同体积的水和非极性化合物时，此时的盐度就是所谓的最佳盐度[78]，并且其在提高石油采收率方面的应用已经获得广泛的研究[79~81]。最佳盐度或 PIT 就处于或接近参数 $V_H/l_Ca_0=1$（见第 3 章 3.2 节）的状态点，此时层状的正向胶束和反向胶束很容易相互转变。

相对于表面活性剂相的体积 V_S，增溶的水的体积（V_W）（或非极性化合物的体积 V_0）越大，界面张力 γ_{DW}、γ_{OD} 和 γ_{OW} 就越低[82,83]。这是很好理解的，因为对正常胶束和反胶束来说，它们与第二个液相的界面张力随该第二液相的增溶量的增加而减小。在过量增溶物存在时，增溶量越大，两相的性质越趋于接近。

用 Winsor 比值 R[84,85]可以方便地将亲水性溶剂 W、亲油性溶剂油 O 以及表面活性剂 C 和界面张力、相体积等相关联，并可以根据其中涉及的分子相互作用来解释它们[86,87]。它是基于体系增溶水和增溶油的相对溶趋势。Winsor 比值 R

$$R = \frac{A_{CO} - A_{OO} - A_{ll}}{A_{CW} - A_{WW} - A_{hh}} \tag{5.4}$$

度量表面活性剂胶束对 W 和 O 的相对增溶能力。式中 A_{CO} 和 A_{CW} 分别是单位界面面积上 C 与油和水的相互作用强度，促进另一个液相的增溶；A_{OO} 和 A_{WW} 分别是油相和水相中溶剂分子自身的相互作用强度，阻碍另一相的分子在其中的增溶；A_{ll} 和 A_{hh} 分别是表面活性剂亲油基部分之间和亲水基部分之间的相互作用强度，也是阻碍增溶的。当 $R \ll 1$ 时，胶束增溶 O 比增溶 W 要容易得多，形成 Winsor Ⅰ型体系（图 5.5a, b）；当 $R \gg 1$ 时，它们增溶水比增溶油要容易得多，形成 Winsor Ⅱ型体系（图 5.5f, g）。当 $R \approx 1$ 时，形成 Winsor Ⅲ或 Winsor Ⅳ型体系，取决于式中分子（或分母）的大小。Winsor Ⅲ型是一个三相体系（图 5.5d）；而 Winsor Ⅳ型是一个单相微乳液（见第 8 章 8.2 节）。当 $R \approx 1$ 时，R 的表达式中分子（或分母）的数值越大，对水（或油）的增溶能力越大，形成 Winsor Ⅳ型体系的趋势也越大。因此 R 是衡量特定体系中表面活性剂的亲水和亲油平衡的一种半定量方法❶。

Winsor R 参数和 Mitchell-Ninham V_H/l_Ca_0 参数是相互关联的，两者都指定当参数值超过 1 时，如果体系中存在过量的非极性溶剂，则水介质中的正向胶束将转变为反相胶束。前一个概念基于分子间相互作用，而后一个概念基于分子几何学。

当 $R \approx 1$ 并且 R 表达式中的分子（或分母）的值最大时，可产生最低界面张力。V_W/V_S 和 V_H/V_S 比值也达到最大。为了降低 γ_{OW}，那么应当使 R 接近于 1，因此如果此时 $R<1$❷，需要增大公式中分子的值；如果此时 $R>1$，则应当增大其分母，而不是减小分子。

式 5.4 中分子的数值可以分别通过增加表面活性剂与油之间的相互作用 A_{CO}，和/或降低油性溶剂分子间的相互作用 A_{OO} 以及表面活性剂分子的亲油基之间的相互作用 A_{ll} 而获得增加。A_{CO} 可通过增加表面活性剂亲油基的链长来增大，尽管 A_{ll} 的值也会同时有小幅增大。增

---

❶ 当 $R=1$，A_{ll} 和 A_{hh} 相互作用很大时，可能形成液晶相或凝胶[87]。

❷ 通过观测体系的类型来决定，当 $R<1$ 时，形成 Winsor Ⅰ型体系，当 $R>1$ 时，形成一个 Winsor Ⅱ型体系。

大 A_{CO} 的方法还包括在离子型表面活性剂体系中加入亲油性适度的非离子型助表面活性剂（如中等链长的醇、酰胺或胺）或一种亲油性的连接剂（见第 8 章 8.2 节），或者加入任何一种能增加表面活性剂在界面堆积的助剂（因为 A_{CO} 是单位界面面积上的作用强度）。当油是链烷时，A_{CO} 可通过缩短链烷的链长来减小。

分母的数值可以通过分别增加表面活性剂与 W 的相互作用 A_{CW}，和/或者减小亲水性溶剂分子间的相互作用 A_{WW} 和表面活性剂分子的亲水基之间的相互作用 A_{hh} 而获得增加。对 POE 非离子型表面活性剂，A_{CW} 可通过增加 POE 的链长来增大，尽管 A_{hh} 的值同时也会有微弱的增加。也可以通过加入亲水性连接剂使其增大。当 R 值接近 1 时，所有的这些变化都会使 A_{OW} 值减小[83,88~92]。另外，从式 5.4 中可知，具有大的亲油基（大 A_{CO} 值）和大的亲水基（大 A_{CW} 值）的表面活性剂，与结构相似、具有相同亲水-亲油平衡的低分子量表面活性剂相比，应当能使界面张力值降得更低，这已经得到实验证明[93,94]。

综上所述，能够成为高效率和高效能的 γ_{OW} 降低剂的表面活性剂，在体系中和使用条件下应该具有平衡的结构（$R \approx 1$），具有相当大的亲水和亲油特性（大的 A_{CW} 和 A_{CO} 值）。$R \approx 1$ 和大的 A_{CW} 和 A_{CO} 值将使 γ_{OW} 降到一个非常低的值，即使其成为一个有效的 γ_{OW} 降低剂。这种类型的表面活性剂分子，由于具有较大的亲油基使其在亲水性溶剂中仅有有限的溶解度，而由于有一个大的亲水基使其在油性溶剂中也仅有有限的溶解度。在两种液体中的有限溶解度使得表面活性剂分子能强烈地吸附在界面上，成为一个高效的 γ_{OW} 降低剂。

加入能够在界面上吸附的醇，例如正戊醇，会增加每个表面活性剂分子的界面面积，从而降低 A_{CW}。对离子型表面活性剂，加入电解质将减小 A_{CW} 和增大 A_{hh}。所有这些变化都导致了 R 值增加。

另一个获得超低界面张力的方法是借助于最佳配方时微乳液的溶解度参数（见第 8 章 8.2 节）。

5.4 动态表面张力降低

5.4.1 动态区域

在许多界面过程中，例如在纺织品、纸和其他基质的快速润湿（见第 6 章 6.2.3 节）或发泡过程中（见第 7 章），平衡条件都不可能达到。对这样的情形，表面活性剂的动态表面张力（随时间而变的表面张力）在决定表面活性剂在这些过程中的性能方面是比平衡表面张力更重要的因素。随着一些简单仪器的应用（如最大气泡压力装置，它可以测定气体通过一个毛细管时的压力和起泡速率），在过去的几十年内已经积累了大量关于表面活性剂溶液动态表面张力的数据。

典型的表面张力随时间变化的曲线（图 5.6）包含四个区域，即诱导区（Ⅰ）、快速下降区（Ⅱ）、中间平衡区（Ⅲ）和平衡区（Ⅳ）。式 5.5[95]适合该曲线的三个阶段（Ⅰ~Ⅲ）：

$$\gamma_t = \gamma_m + (\gamma_0 - \gamma_m)/[1 + (t/t^*)^n] \tag{5.5}$$

式中，γ_t 是在时间 t 时表面活性剂溶液的表面张力；γ_m 是中间平衡时的表面张力（这里 γ_t 随时间变化很小）；γ_0 是纯溶剂的表面张力。式 5.5 可以转化为对数形式：

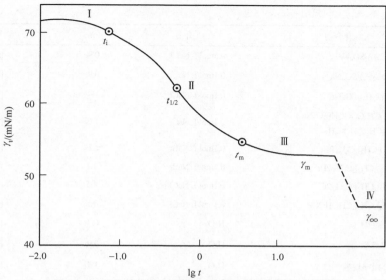

图 5.6　一般化的动态表面张力 γ_t 随 $\lg t$ 的变化关系曲线[95]

Ⅰ—诱导区；Ⅱ—快速下降区；Ⅲ—中间平衡区；Ⅳ—平衡区

$$\lg(\gamma_0 - \gamma_t) - \lg(\gamma_t - \gamma_m) = n\lg t - n\lg t^* \tag{5.6}$$

以便计算 n 和 t^* 的值。这里 t^* 是 γ_t 达到 γ_0 和 γ_m 中间值所需要的时间，并与表面活性剂的浓度有关。当表面活性剂的浓度增加时，t^* 降低。从式 5.5 通过微分得到，t^* 也是固定表面活性剂浓度下表面张力随 $\lg t$ 的变化达到最大值时的时间[96]：

$$(\delta\gamma_\tau / \delta\lg t)_{\max,c} = 0.576n(\gamma_0 - \gamma_m) \tag{5.7}$$

式中，n 是一个与表面活性剂分子结构有关的常数。有人提出，n 与表面活性剂的吸附能和脱附能之间的差异有关[97]。表 5.3 列出了一些表面活性剂的 n 值。从这些数据明显可见，n 值随表面活性剂亲油性的增加而增加，因此下列变化可以导致 n 值增加：①对阴离子型表面活性剂，增加溶液中的 NaCl 浓度（由于双电层受到压缩）（见第 2 章 2.1 节）；②增加亲油基的链长；③对氧化胺 $C_{14}H_{29}N(CH_3)_2O$，提高溶液的 pH 值，使其与 H^+ 结合变成阳离子的趋势减小；④对 POE 非离子型表面活性剂，减小 EO 数。对同分异构体表面活性剂，n 值随亲油基的支链化而降低；向水中加入水结构破坏剂（如尿素）亦可使 n 值降低。从式 5.6 得到，当表面活性剂浓度固定时，表面张力随 $\lg t$ 的最大变化率，随 n（表面活性剂分子的亲油性）的增加而增大。

表 5.3　25℃下的 n 值（式 5.5 和式 5.6）

化合物	介质	n	参考文献
$C_{12}H_{25}SO_3Na^+$	0.1mol/L NaCl	0.9_0	[96]
$C_{12}H_{25}OCH_2CH_2SO_4Na^+$	0.1mol/L NaCl	0.9_3	[97]
$C_{12}H_{25}OCH_2CH_2SO_4Na^+$	0.5mol/L NaCl	1.0_5	[97]
$C_{12}H_{25}(OCH_2CH_2)_2SO_4Na^+$	0.1mol/L NaCl	0.8_7	[97]

续表

化合物	介质	n	参考文献
$C_{12}H_{25}(OCH_2CH_2)_2SO_4^-Na^+$	0.5mol/L NaCl	0.9_8	[97]
支链 $C_{16}H_{33}(OC_2H_4)_5SO_4^-Na^+$	0.1mol/L NaCl	0.9_9	[96]
直链 $C_{16}H_{33}(OC_2H_4)_5SO_4^-Na^+$	0.1mol/L NaCl	1.4_5	[96]
$C_4H_9CH(C_2H_5)CH_2COOCH(SO_3Na^+)$ $-CH_2COOCH_2CH(C_2H_5)C_4H_9$	0.1mol/L NaCl	1.6_6	[96]
$[C_8H_{17}N^+(CH_3)_2CH_2]_2C_6H_4\cdot 2Br^-$	0.1mol/L NaBr	1.1_5	[98]
$[C_{10}H_{21}N^+(CH_3)_2CH_2]_2C_6H_4\cdot 2Br^-$	0.1mol/L NaBr	1.1	[98]
$[C_{12}H_{25}N^+(CH_3)_2CH_2]_2C_6H_4\cdot 2Cl^-$	0.1mol/L NaCl	1.5	[98]
$[C_{12}H_{25}N^+(CH_3)_2CH_2]_2CHOH\cdot 2Cl^-$	0.1mol/L NaCl	1.8	[98]
N-辛基-2-吡咯烷酮	H_2O	0.7_3	[96]
N-癸基-2-吡咯烷酮	H_2O	0.9_8	[96]
N-十二烷基-2-吡咯烷酮	H_2O	1.5_4	[96]
$C_{12}H_{25}(OC_2H_4)_4OH$	H_2O	1.0_6	[97]
$C_{12}H_{25}(OC_2H_4)_7OH$	H_2O	0.9_6	[96]
$C_{12}H_{25}(OC_2H_4)_7OH$	4mol/L 尿素	0.7_8	[96]
$C_{12}H_{25}(OC_2H_4)_8OH$	H_2O	0.8_6	[97]
$C_{12}H_{25}(OC_2H_4)_{10}OH$	H_2O	0.7_1	[97]
$C_{12}H_{25}(OC_2H_4)_{11}OH$	H_2O	0.6_1	[99]
$C_{10}H_{21}N^+(CH_3)(CH_2C_6H_5)CH_2COO^-$	H_2O, pH 9.0	1.1_5	[96]
$C_{12}H_{25}N^+(CH_3)(CH_2C_6H_5)CH_2COO^-$	H_2O, pH 9.0	1.4_0	[97]
$C_{14}H_{29}N^+(CH_3)(CH_2C_6H_5)CH_2COO^-$	H_2O, pH 9.0	1.5_0	[97]
$[C_{14}H_{29}N^+(CH_3)_2CH_2]_2CHOH\cdot 2Cl^-$	0.1mol/L NaCl	3.1	[98]
$C_{14}H_{29}N(CH_3)_2O$	H_2O, pH 3.0	0.9_5	[97]
$C_{14}H_{29}N(CH_3)_2O$	H_2O, pH 9.5	1.1_6	[97]

诱导期（区域 I）结束的时间 t_i 在决定表面张力作为时间的函数方面是一个重要因素，因为只有当这个阶段结束时表面张力才能快速降低。t_i 值已经被证明[97,98]与空气-水溶液界面上覆盖度和表面活性剂的表观扩散系数 D_{ap} 有关。这里对扩散控制的吸附（式 5.8），D_{ap} 可以用 Ward-Tordai 公式的短时近似式来计算[100]：

$$\Gamma_t = 2(D_{ap}/\pi)^{1/2}Ct^{1/2} \tag{5.8}$$

由此得到：

$$\ln t_i = 2\ln(\Gamma_i/C) + \ln(\pi/4D_{ap}) \tag{5.9}$$

从式 5.9 中可知，在诱导期结束时表面上表面活性剂的数量 Γ_i 越大，表面活性剂的表观扩散系数越小，则表面张力发生快速下降所需的时间 t_i 就越长。对表 5.3 中的表面活性剂和其他表面活性剂计算在时间 t_i 时的表面覆盖度[97,98]表明，当表面活性剂达到最大覆盖度 Γ_m 的

2/3 时，表面张力开始快速降低（见第 2 章 2.3.3 节）。因此，在相同的浓度下，具有较小 Γ_m 值和较大表观扩散系数（D_{ap}，见 5.1.5.2 节）的表面活性剂应当具有更短的诱导时间。这里较小的 Γ_m 值等价于在空气-水溶液界面上每个分子占有更大的面积，意味着达到相同的表面覆盖度需要更少的分子数；而较大的表观扩散系数意味着表面活性剂分子能更快地扩散到界面。这解释了为什么含有支链的（具有较大的 a_m^s，见表2.2）和小的表面活性剂分子（具有更大的 D_{ap} 值）降低表面张力的速度要比线性的和大的表面活性剂分子更快。这与它们用作织物润湿剂是一致的（见第 6 章 6.2.3 节）。

5.4.2　表面活性剂的表观扩散系数

如上所述，t_i 的值与表面活性剂在空气-水溶液界面的覆盖度和它的表观扩散系数 D_{ap} 有关（式 5.9）。为了计算短时间时的 D_{ap} 值，可以用基于 Ward 和 Tordai 公式的短时近似式（式 5.8）和使用动态短时间表面张力数据的方程式 5.10：

$$(\gamma_0 - \gamma_t)/C = 2RT(D_{ap}/\pi)^{1/2}t^{1/2} \tag{5.10}$$

当溶液中的表面活性剂浓度 C 恒定时，如果吸附是扩散控制（对简单结构的表面活性剂一般正确），那么$(\gamma_0-\gamma_t)$与 $t^{1/2}$ 的关系是线性的，并可从斜率估计 D_{ap} 值。

表观扩散系数也可以根据长时间动态表面张力数据用式 5.11[101]计算：

$$t \xrightarrow{\gamma_t} \infty = \gamma_e + n(RT\Gamma^2/C)(7\pi/12D_{ap}t)^{1/2} \tag{5.11}$$

式中，Γ 可从 Gibbs 吸附公式（式 2.19a）计算，n 在公式中是常数，γ_e 是时间无穷长时的表面张力（接近平衡表面张力值）。对表面活性剂浓度 C 固定的溶液，如果吸附是扩散控制，那么γ_t $-t^{1/2}$关系曲线是线性的，并允许再次从曲线的斜率估计 D_{ap} 值。γ_e 值可从 y 轴的截距计算出，并且应当接近平衡表面张力值。

对简单的传统表面活性剂（具有一个亲水基和一个亲油基），D_{ap} 值大约为 $10^{-6}\,cm^2/s$。该值随亲油基烷基链长的增加和亲水基水合程度的增加而降低。与直链同系化合物相比，D_{ap} 值随烷基链的支链化而增加。

两个表面活性剂之间的相互作用增加了复合物的分子量，从而大幅降低了 D_{ap} 值[102,103]。当两个表面活性剂的相互作用很弱时，短时间内（$t<1s$）的表面张力接近于该时间下具有较低表面张力的成分的表面张力；而长时间后的表面张力更接近于具有较低平衡张力的成分的表面张力。当相互作用很强时，短时间内的表面张力比其中任意一个成分的表面张力都要大[102]。

已经发现[104]扩散系数和棉斜纹带的润湿时间之间有明显的相关性（使用改良的 Draves 润湿试验，见第 6 章 6.2.3 节）。

参 考 文 献

[1]　Becher, P., *Emulsions: Theory and Practice*, 2nd ed., Reinhold, New York, 1965.

[2]　Rosen, M. J. (1974) *J. Am. Oil Chem. Soc.* **51**, 461.

[3]　Shinoda, K. and K. Masio (1960) *J. Phys. Chem.* **64**, 54.

[4]　Greiss, W. (1955) *Fette, Seifen, Anstrichmi* **57**, 24, 168, 236.

[5]   Shinoda, K., M. Hato, and T. Hayashi (1972) *J. Phys. Chem.* **76**, 909.

[6]   Schwuger, M. J. (1971) *Ber. Bunsenes. Phys. Chem.* 75, 167.

[7]   Rosen, M. J. (1976) *J. Colloid Interface Sci.* **56**, 320.

[8]   Weil, J. K., F. S. Smith, A. J. Stirton, and R. G. Bistline, Jr. (1963) *J. Am. Oil Chem. Soc.* **40**, 538.

[9]   Raison, M., 2nd Int. Congr. Surface Activity, Butterworths, London, 1957, p. 422.

[10]   (a) Gotte, E. (1969) *Fette, Seifen, Anstrichmi* **71**, 219. (b) Weil, J. K., A. J. Stirton, R. G. Bistline, and E. W. Maurer (1959) *J. Am. Oil Chem. Soc.* **36**, 241.

[11]   Ueno, M., S. Yamamoto, and K. Meguro (1974) *J. Am. Oil Chem. Soc.* **51**, 373.

[12]   Hikota, T., K. Morohara, and K. Meguro (1970) *Bull. Chem. Soc. Jpn.* **43**, 3913.

[13]   Ohbu, K., M. Fujiwara, and Y. Abe (1998) *Colloid Polym. Sci.* **109**, 85.

[14]   Smith, F. D., A. J. Stirton, and M. V. Nunez Ponzoa (1966) *J. Am. Oil Chem. Soc.* **43**, 501.

[15]   Weil, J. K., A. J. Stirton, and E. A. Barr (1966) *J. Am. Oil Chem. Soc.* **43**, 157.

[16]   Davey, T. M., W. A. Ducker, A. R. Hayman, and J. Simpson (1998) *Langmuir* **14**, 3210.

[17]   Weers, J. G., J. E. Rathman, F. U. Axe, C. A. Crichlow, L. D. Foland, D. R. Schening, R. J. Wiersema, and A. G. Zielske (1991) *Langmuir* **7**, 854.

[18]   Zhao, F. and M. J. Rosen (1984) *J. Phys. Chem.* **88**, 6041.

[19]   Gu, T. and J. Sjeblom (1992) *Colloids Surfs.* **64**, 39.

[20]   Tsubone, K. and M. J. Rosen (2001) *J. Colloid Interface Sci.* **244**, 394.

[21]   Zhu, Y.-P., M. J. Rosen, and S. W. Morrall (1998a) *J. Surfactants Deterg.* **1**, 1.

[22]   Dahanayake, M., A. W. Cohen, and M. J. Rosen (1986) *J. Phys. Chem.* **90**, 2413.

[23]   Rosen, M. J. and J. Solash (1969) *J. Am. Oil Chem. Soc.* **46**, 399.

[24]   Rosen, M. J., Y.-P. Zhu, and S. W. Morrall (1996) *J. Chem. Eng. Data* **41**, 1160.

[25]   Kling, W. and H. Lange, 2nd Int. Congr. Surface Activity, London, September 1957, I, p. 295.

[26]   Dreger, E. E., G. I. Keim, G. D. Miles, L. Shedlovsky, and J. Ross (1944) *Ind. Eng. Chem.* **36**, 610.

[27]   Varadaraj, R., J. Bock, S. Zushma, and N. Brons (1992) *Langmuir* **8**, 14.

[28]   Rehfeld, S. J. (1967) *J. Phys. Chem.* **71**, 738.

[29]   Lange, H. and M. J. Schwuger (1968) *Kolloid Z. Z. Polym.* **223**, 145.

[30]   Livingston, J. R. and R. Drogin (1955) *J. Am. Oil Chem. Soc.* **42**, 720.

[31]   Lange, H., 4th Int. Congr. Surface-Active Substances, Brussels, Belgium, September 1964, II, P. 497.

[32]   Zhu, Y.-P., M. J. Rosen, S. W. Morrall, and J. Tolls (1998b) *J. Surfactants Deterg.* **1**, 187.

[33]   Murphy, D. S., Z. H. Zhu, X. Y. Hua, and M. J. Rosen (1990) *J. Am. Oil Chem. Soc.* **67**, 197.

[34]   Lascaux, M. P., O. Dusart, R. Granet, and S. Pickarski (1983) *J. Chim. Phys.* **80**, 615.

[35]   Downer, A., J. Eastoe, A. R. Pitt, E. A. Simister, and J. Penfold (1999) *Langmuir* **15**, 7591.

[36]   Li, F., M. J. Rosen, and S. B. Sulthawa (2001) *Langmuir* **17**, 1037.

[37]   Venable, R. L. and R. V. Nauman (1964) *J. Phys. Chem.* **68**, 3498.

[38]   Caskey, J. A. and W. B., Jr. Barlage (1971) *J. Colloid Interface Sci.* **35**, 46.

[39]   Rosen, M. J., M. Dahanayake, and A. W. Cohen (1982b) *Colloids Surf.* **5**, 159.

[40]   Omar, A. M. A. and N. A. Abdel-Khalek (1997) *Tenside Surf. Det.* **34**, 178.

[41]   Lange, H. and M. J. Schwuger (1971) *Kolloid Z. Z. Polym.* **243**, 120.

[42]   Corkill, J. M., J. F. Goodman, C. R. Ogden, and J. R. Tate (1963) *Proc. R. Soc.* **273**, 84.

[43]   Rosen, M. J., D. Friedman, and M. Gross (1964) *J. Phys. Chem.* **68**, 3219.

[44]   Kwan, C. C. and M. J. Rosen (1980) *J. Phys. Chem.* **84**, 547.

[45]   Mulley, B. A. and A. D. Metcalf (1962) *J. Colloid Sci.* **17**, 523.

[46]   Elworthy, P. H. and A. T. Florence (1964) *Kolloid-Z. Z. Polym.* **195**, 23.

[47]   Shinoda, K., T. Yamanaka, and K. Kiwashita (1959) *J. Phys. Chem.* **63**, 648.

[48]   Varadaraj, R., J. Bock, P. Geissler, S. Zushma, N. Brons, and T. Colletti (1991) *J. Colloid Interface Sci.* **147**, 396.

[49]   Carless, J. E., R. A. Challis, and B. A. Mulley (1964) *J. Colloid Sci.* **19**, 201.

[50] Corkill, J. M., J. F. Goodman, and S. P. Harrold (1964) *Trans. Faraday Soc.* **60**, 202.

[51] Meguro, K., Y. Takasawa, N. Kawahashi, Y. Tabata, and M. Ueno (1981) *J. Colloid Interface Sci.* **83**, 50.

[52] Rosen, M. J., A. W. Cohen, M. Dahanayake, and X. Y. Hua (1982a) *J. Phys. Chem.* **86**, 541.

[53] Rosen, M. J. and D. S. Murphy (1991) *Langmuir* **7**, 2630.

[54] Lange, H. (1965) *Kolloid-Z.* **201**, 131.

[55] Corkill, J. M., J. F. Goodman, and R. H. Ottewill (1961) *Trans. Faraday Soc.* **57**, 1627.

[56] Elworthy, P. H. and C. B. MacFarlane (1962) *J. Pharm. Pharmacol.* **14**, 100.

[57] Crook, E. H., D. B. Fordyce, and G. F. Trebbi (1963) *J. Phys. Chem.* **67**, 1987.

[58] Crook, E. H., G. F. Trebbi, and D. B. Fordyce (1964) *J. Phys. Chem.* **68**, 3592.

[59] Schick, M. J., S. M. Atlas, and F. R. Eirich (1962) *J. Phys. Chem.* **66**, 1325.

[60] Zhu, Y.-P., M. J. Rosen, P. K. Vinson, and S. W. Morrall (1999) *J. Surfactants Deterg.* **2**, 357.

[61] Kjellin, U. R. M., P. M. Claesson, and P. Linse (2002) *Langmuir* **18**, 6745.

[62] Burczyk, R., K. A. Wilk, A. Sokolowski, and L. Syper (2001) *J. Colloid Interface Sci.* **240**, 552.

[63] Matos, S. L., J.-C. Ravey, and G. Serratrice (1989) *J. Colloid Interface Sci.* **128**, 341.

[64] Kanner, B., W. G. Reid, and I. H. Peterson (1967) *Ind. Eng. Chem., Prod. Res. Dev.* **6**, 88.

[65] Beckett, A. H. and R. J. Woodward (1963) *J. Pharm. Pharmacol.* **15**, 422.

[66] Dahanayake, M. and M. J. Rosen, in *Structure/Performance Relationships in Surfactants*, M. J. Rosen, (ed.), ACS Symp. series 253, American Chemical Society, Washington, DC, 1984, p. 49.

[67] Rosen, M. J. and S. B. Sulthana (2001) *J. Colloid Interface Sci.* **239**, 528.

[68] (a) Murphy, D. S. and M. J. Rosen (1988) *J. Phys. Chem.* **92**, 2870. (b) Abe, M., K. Morikawa, K. Ogino, H. Sawada, T. Matsumoto, and M. Nakayama (1992) *Langmuir* **8**, 763.

[69] Shinoda, K. and H. Saito (1968) *J. Colloid Interface Sci.* **26**, 70.

[70] Shinoda, K. and S. Friberg (1975) *Adv. Colloid Interface Sci.* **4**, 281.

[71] Huh, C. (1979) *J. Colloid Interface Sci.* **71**, 408.

[72] Shinoda, K. (1983) *Progr. Colloid Polym. Sci.* **68**, 1.

[73] Hwan, R. N., C. A. Miller, and T. Fort (1979) *J. Colloid Interface Sci.* **68**, 221.

[74] (a) Rosen, M. J. and Z.-P. Li (1984) *J. Colloid Interface Sci.* **97**, 456. (b) Zhao, F., M. J. Rosen, and N.-L. Yang (1984) *Colloids Surf.* **11**, 97.

[75] Good, R. J., C. J. van Oss, J. T. Ha, and M. Cheng (1986) *Colloids Surf.* **20**, 187.

[76] Scriven, L. E., in *Micellization, Solubilization, and Microemulsions*, Vol. 2, K. L. Mittal (ed.), Plenum, New York, 1977, p. 877.

[77] Fowkes, F. M., J. O. Carrali, and J. A. Sohara, in *Macro- and Microemulsions*, D. O. Shah (ed.), ACS Symp. Series 272, American Chemical Society, Washington, DC, 1985, pp. 173–183.

[78] Healy, R. N. and R. L. Reed (1974) *Soc. Pet. Eng. J.* **14**, 491.

[79] Healy, R. N. and R. L. Reed (1977) *Soc. Pet. Eng. J.* **17**, 129.

[80] Hedges, J. H. and G. R. Glinsmann, SPE 8324, presented at 54th Annu. Tech. Conf., SPE, Las Vegas, NM, September 1979.

[81] Nelson, R. S., SPE 8824, presented at 1st Joint SPE/DOE Symp. on EOR, Tulsa, OK, April 1980.

[82] Robbins, M. L., presented at 48th Natl. Colloid Symp., Austin, Texas, June 1974.

[83] Healy, R. N., R. L. Reed, and D. G. Stenmark (1976) *Soc. Pet. Eng. J.* **16**, 147.

[84] Winsor, P. A. (1948) *Trans. Faraday Soc.* **44**, 376.

[85] Winsor, P. A. (1968) *Chem. Rev.* **68**, 1.

[86] Bourrel, M. and C. Chambu (1983) *Soc. Pet. Eng. J.* **2**, 327.

[87] Bourrel, M., F. Verzaro, and C. Chambu, SPE 12674, presented at 4th DOE/SPE Symp. on EOR, Tulsa, OK, April 1984.

[88] Salter, S. J., SPE 6843, presented at 52nd Annual Fall Technical Conference, SPE of AIME, Denver, CO, October 9–12, 1977.

[89] Bourrel, M., J. L. Salager, R. S. Schechter, and W. H. Wade (1980) *J. Colloid Interface Sci.* **75**, 451.

[90] Shinoda, K. and Y. Shibata (1986) *Colloids Surf.* **19**, 185.

[91] Verzaro, F., M. Bourrel, and C. Chambu, in *Surfactants in Solution*, Vol. 6, K. L. Mittal and P. Bothorel (eds.), Plenum, New York, 1984, pp. 1137–1157.

[92] Valint, P. L., J. Bock, M. W. Kim, M. L. Robbins, P. Steyn, and S. Zushma (1987) *Colloids Surf.* **26**, 191.

[93] Kunieda, H. and K. Shinoda (1982) *Bull. Chem. Soc. Jpn.* **55**, 1777.

[94] Barakat, Y., L. N. Fortney, R. S. Schechter, W. H. Wade, and S. H. Yir (1983) *J. Colloid Interface Sci.* **92**, 561.

[95] Hua, X. Y. and M. J. Rosen (1988) *J. Colloid Interface Sci.* **125**, 652.

[96] Hua, X. Y. and M. J. Rosen (1991) *J. Colloid Interface Sci.* **141**, 180.

[97] Gao, T. and M. J. Rosen (1995) *J. Colloid Interface Sci.* **172**, 242.

[98] Rosen, M. J. and L. D. Song (1996) *J. Colloid Interface Sci.* **179**, 261.

[99] Tamura, T., Y. Kaneko, and M. Ohyama (1995) *J. Colloid Interface Sci.* **173**, 493.

[100] Ward, A. F. H. and L. Tordai (1946) *J. Chem. Phys.* **14**, 453.

[101] Joos, P., J. P. Fang, and G. Semen (1992) *J. Colloid Interface Sci.* **151**, 144.

[102] Gao, T. and M. J. Rosen (1994) *J. Am. Oil. Chem. Soc.* **71**, 771.

[103] Rosen, M. J. and T. Gao (1995) *J Colloid Interface Sci.* **173**, 42.

[104] Smith, D. L. (2000) *J. Surfactants Deterg.* **3**, 483.

问 题

5.1 在下表中指出下列变化对水溶液中表面活性剂降低表面张力的效能 Π_{CMC} 的影响。使用符号:"+"表示增大;"–"表示降低;"0"表示几乎没有或没有影响;"?"表示影响不清楚

变化	影响
(a) 增加亲油基的链长	
(b) 用含支链的同分异构体代替直链亲油基	
(c) 对于离子型表面活性剂增加水溶液中的电解质含量	
(d) 升高溶液的温度	

5.2 预测以下各个变化对 Winsor 比值 R 的影响:
(a) 增加表面活性剂中亲油基的链长
(b) 增加非离子型表面活性剂中 POE 的链长
(c) 用正辛烷代替正己烷作为油相
(d) 向体系中加入正戊醇
(e) 向体系中加入 NaCl

5.3 解释下列现象:式 5.5 和式 5.6 中的 n 值:(a)随烷基链碳原子数目相同的非离子型表面活性剂中的氧乙烯单元数的减小而增大;(b)随在水中加入 4mol/L 尿素而减小

5.4 一个非离子型表面活性剂,在水中的最小分子面积 a_m^s =60Å^2,CMC 值为 2×10^{-4},pC$_{20}$ 为 4.8,
(a) 估计 25℃下水溶液在 CMC 时的表面张力 γ_{CMC},单位为 mN/m。
(b) 如果 40℃下上面的数值相同,则 γ_{CMC} 值又是多少?

5.5 在给定盐度的水中测得一个离子型表面活性剂在一个离子型固体上的吸附密度为 3.5×10^{-10}mol/cm^2。(a)计算吸附状态下表面活性剂分子的头基在固-液界

面上的面积。（b）如果相同表面活性剂在水-空气界面形成单分子层时头基的面积为 37.5Å^2/分子，则在固-液界面上的吸附层的平均厚度是多少？

5.6　在解释不同介质中聚集体的性质方面，Mitchell-Ninham 参数与 Winsor R 参数有何关联？

5.7　动态表面张力和静态表面张力的特征性质如何？解释并说明对其所得到的典型曲线中的各个区域。

第6章 润湿及表面活性剂对润湿的影响

　　广义的润湿是指表面上一种流体被另一种流体所取代的过程。因此润湿总是涉及三相，其中至少两相是流体：一个气体与两种不混溶的液体，或一个固体和两种不混溶的液体，或一个气体、一个液体和一个固体，或甚至三种不混溶的液体。然而，通常情况下，润湿是指液体或固体表面上空气被水或水溶液取代的过程，本章的讨论也将主要限于这类情形。所谓润湿剂就是指能够提高水或水溶液在液体或固体表面上置换空气的能力的任何物质。润湿性是一个涉及表面和界面的过程，所有的表面活性剂都具有改变水的润湿力这样一种表面性质，尽管影响的程度可能相差很大。当被润湿的表面较小时，比如非颗粒状及非多孔性固体表面（硬表面润湿），润湿过程能达到平衡状态或接近平衡状态，并且润湿的程度由润湿过程中所涉及的自由能变化所决定。另一方面，当被润湿的表面很大时，例如多孔性表面、纺织品表面以及细粉状固体表面的润湿，在所给润湿时间内往往不能达到平衡状态，润湿的程度因此由润湿过程的动力学而不是热力学所决定。

6.1 润湿平衡

　　润湿过程可以划分为三类[1]：①铺展润湿；②沾湿；③浸湿。这些现象中所涉及的平衡是众所周知的。

6.1.1 铺展润湿

　　在铺展润湿过程中（图6.1），与基质表面接触的液体在基质表面铺展并驱替表面上的另一种流体，比如空气。为了使铺展自发进行，铺展过程中体系表面自由能必须降低。通常当一个表面积增加时，该表面的自由能是增加的，而当表面积减小时，表面自由能是减小的。如果图6.1中的液体L从C位置铺展到B位置，覆盖的面积为a，那么由于气/固界面面积减小而引起的体系自由能的降低值为$a\gamma_{SA}$，式中，γ_{SA}是单位面积基质与被液体饱和的空气成平衡时的界面自由能。与此同时，由于液体/基质界面及液体/空气界面面积的增加导致了体系自由能的增加。液体/基质界面面积增加导致的体系自由能的增加量为$a\gamma_{SL}$（式中，γ_{SL}是单位面积液体/基质界面的界面自由能），同时因为液体/空气界面面积也增加了a，所以因液体/空气界面面积增加而导致的体系自由能的增加为$a\gamma_{LA}$，这里γ_{LA}为液体L的表面张力。于是由于铺展润湿，单位面积体系总的表面自由能下降为$-\Delta G_{w/a} = \gamma_{SA} - (\gamma_{SL} + \gamma_{LA})$。如果数值$\gamma_{SA} - (\gamma_{SL} + \gamma_{LA})$为正值，则铺展过程中该体系的表面自由能是减小的，于是该过程就能自发进行。

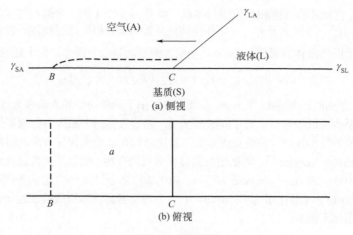

图 6.1　铺展润湿

于是数值 $\gamma_{SA} - (\gamma_{SL} + \gamma_{LA})$ 是铺展驱动力的一个量度，通常称为铺展系数 $S_{L/S}$，定义为：

$$S_{L/S} = \gamma_{SA} - (\gamma_{SL} + \gamma_{LA}) \tag{6.1}$$

如果 $S_{L/S}$ 的值为正，则铺展过程就是自发的；如果 $S_{L/S}$ 的值为负，则液体就不能在基质表面自发铺展。

当一个薄层液体 L_1 在第二种液体 L_2 基质上铺展时，则有 $S_{L_1/L_2} = \gamma_{L_2A} - (\gamma_{L_1/L_2} + \gamma_{L_1A})$，于是 S 值可以直接通过测定两种液体的表面张力以及它们之间的界面张力获得。然而这仅是初始的铺展系数。在界面的附近，这两个液相将迅速达到饱和，于是平衡铺展系数将由互相饱和相的表（界）面张力所决定，而这与它们的原始表（界）面张力可能有很大不同。例如：20℃下纯水及纯苯的表面张力分别为 72.8mN/m 和 28.9mN/m，它们的界面张力为 35.0mN/m，使用这些数据可得苯在纯水上的初始铺展系数为 72.8-(28.9+35.0)=8.9mN/m。这意味着苯可以在水面上自发地铺展。然而，20℃下被水饱和了的苯的表面张力及被苯饱和了的水的表面张力分别为 62.2mN/m 和 28.8mN/m，于是当两相彼此接触很短时间后，铺展系数变为 62.2-(28.8+35.0)= -1.4mN/m，自动铺展终止。苯经过最初的铺展后缩回成一个透镜状液滴。

既然铺展系数仅涉及两种液体的表面张力（当一种液体在另一种液体上铺展时）以及两者之间的界面张力，那么如果有一种方法能够根据两种液体各自的表面张力来获得二者间的界面张力，则能计算铺展系数并预测铺展是否能自发进行，而无需额外的实验数据。Good 和 Girifalco[2]以及 Girifalco 和 Good[3]已经提出了这样一种方法。按照他们提出的方法：$\gamma_{L_1L_2} = \gamma_{L_1A} + \gamma_{L_2A} - 2\Phi\sqrt{\gamma_{L_1A}\gamma_{L_2A}}$，其中 Φ 是表征 L_1 和 L_2 之间相互作用程度的一个经验参数。因为 $S_{L_1/L_2} = \gamma_{L_2A} - (\gamma_{L_1A} + \gamma_{L_1/L_2})$，用上式代替 $\gamma_{L_1L_2}$ 可得：

$$
\begin{aligned}
S_{L_1/L_2} &= \gamma_{L_2A} - (\gamma_{L_1A} + \gamma_{L_1A} + \gamma_{L_2A} - 2\Phi\sqrt{\gamma_{L_1A}\gamma_{L_2A}}) \\
&= 2(\Phi\sqrt{\gamma_{L_1A}\gamma_{L_2A}} - \gamma_{L_1A}) \\
&= 2\gamma_{L_1A}(\Phi\sqrt{\gamma_{L_2A}/\gamma_{L_1A}} - 1)
\end{aligned} \tag{6.2a}
$$

对 L_1 和 L_2 之间不存在强相互作用的体系，Φ 值是小于 1 的。显然在这些体系中，要使铺展自发发生，γ_{L_1A} 必须小于 γ_{L_2A}（即要使铺展系数为正，那么铺展液体的表面张力必须比它将铺展在其上面的液体的表面张力小）。如果被铺展的基质为固体，则上述假设同样成立：

$$S_{L/S} = 2(\Phi\sqrt{\gamma_{LA}\gamma_{SA}} - \gamma_{LA}) = 2\gamma_{LA}(\Phi\sqrt{\gamma_{SA}/\gamma_{LA}} - 1) \tag{6.2b}$$

关于在低能表面上的铺展，Zisman 及其同事提出了润湿的临界表面张力这一概念[4~6]。他们证实了，至少对低能基质，为了润湿该基质，润湿液体的表面张力必须不超过某个临界值，该值是基质的特定性质。高熔点固体如二氧化硅和大多数金属具有高表面自由能，范围从几千到几百 mJ/m^2（erg/cm^2）。而低熔点固体如有机聚合物、蜡以及共价键化合物，其表面自由能一般为 $100\sim25mJ/m^2$（erg/cm^2）不等。由于除液态金属以外的几乎所有液体的表面张力都低于 75mN/m（即表面自由能<$75mJ/m^2$），它们通常容易在金属或硅表面上铺展，但可能不会在低熔点固体上铺展。

6.1.1.1 接触角

当基质是固体时，由于固体的表面张力及界面张力不易直接测量，铺展系数通常是通过间接的方法评价的。此方法涉及测量基质与液体间形成的接触角。

当液体和与其接触的其他相处于平衡时，所形成的接触角 θ 与单位面积上这些相的界面自由能有关。当液体与另外两相，即气体和固体达到平衡时，可以用图解法来阐述接触角 θ，如图 6.2 所示。当表面上的液体的位置发生一个可逆的微小变化，使液/固（L/S）界面面积增加了 Δa，则固/气（S/A）界面相应地减小了 Δa，液/气（L/A）界面相应地增加了 $\Delta a \cos\theta$。于是 $\Delta G_W = -\gamma_{SA}\Delta a + \gamma_{LS}\Delta a + \gamma_{LA}\Delta a \cos\theta$。因为当 $\Delta a \to 0$ 时，$\Delta G \to 0$，所以有：$\gamma_{LA}\mathrm{d}a\cos\theta + \gamma_{LS}\mathrm{d}a - \gamma_{SA}\mathrm{d}a = 0$，从而得到：

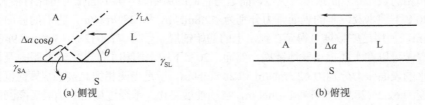

图 6.2　接触角

$$\gamma_{LA}\cos\theta = \gamma_{SA} - \gamma_{SL} \tag{6.3}$$

或者

$$\cos\theta = \frac{\gamma_{SA} - \gamma_{SL}}{\gamma_{LA}} \tag{6.4}$$

方程（6.3）通常称为 Young 方程，而 $\gamma_{LA}\cos\theta$ 称为黏附张力[7]。注意，与体系中的气相和液相达到平衡的界面张力 γ_{SA}，不同于真空中单位面积固体的自由能 γ_S，而是 $\gamma_S - \pi$，这里 π 是由于 L 蒸汽的吸附而导致的单位面积 S 上的自由能的减少量，即

$$\pi = \gamma_S - \gamma_{SA}$$

如果接触角大于 0°，则铺展系数就不可能为正或者零。因为 $S_{L/S} = \gamma_{SA} - (\gamma_{SL} + \gamma_{LA}) = \gamma_{SA} - \gamma_{SL} - \gamma_{LA}$，并且当 $\theta > 0°$ 时，$\gamma_{SA} - \gamma_{SL}$ 可用 $\gamma_{LA} \cos\theta$ 代替，于是得到

$$S_{L/S} = \gamma_{LA} \cos\theta - \gamma_{LA} = \gamma_{LA}(\cos\theta - 1) \tag{6.5}$$

当 θ 是有限值时，$(\cos\theta - 1)$ 总是负值，因而 $S_{L/S}$ 也永为负值。如果接触角为 0°，则 $S_{L/S}$ 可能为零或者为正值，两种情况下都将发生完全铺展。

当固体基质是非极性的低能表面时，则可以通过测定接触角确定表面活性剂在固-液界面上的表面（过剩量）浓度 Γ_{SL}。

由 Young 方程可得：

$$\frac{d(\gamma_{LA} \cos\theta)}{d\ln C} = \frac{d(\gamma_{SA})}{d\ln C} - \frac{d(\gamma_{SL})}{d\ln C} \tag{6.6}$$

对一个低能表面，假定 γ_{SA} 不随液相中表面活性剂浓度的改变而变化，即有 $d(\gamma_{SA})/d\ln C = 0$，则有：

$$\frac{d(\gamma_{LA} \cos\theta)}{d\ln C} = -\frac{d(\gamma_{SL})}{d\ln C} \tag{6.7}$$

固-液界面的 Gibbs 吸附方程（方程 2.19，式 2.19a）可写成：

$$-d\gamma_{LS} = (1, n)RT\Gamma_{LS}d\ln C$$

从中得到：

$$\frac{d(\gamma_{LA} \cos\theta)}{d\ln C} = (1, n)RT\Gamma_{LS} \tag{6.8}$$

于是在这些条件下，Γ_{LS} 值可以从一定温度下的 $\gamma_{LA} \cos\theta - \ln C$（=2.303lg$C$）关系曲线的斜率得到。

6.1.1.2　接触角的测量

测定接触角时只需在一个宏观的光滑无孔的平面基质上放置一滴液体或溶液，然后选用多种测定方法[8]中的任意一种进行测定。一般可以借助于配有测角目镜的显微镜或通过拍摄液滴的图像直接测量。然而由于下列一系列原因，要想获得一个正确的、可重复的接触角要比看上去更加复杂和困难。

① 液滴由于吸附气相中的杂质而受到污染，如果 γ_{LA} 和/或 γ_{SL} 是减小的，而 γ_{SA} 基本为常数，则结果是 θ 值趋向于减小。

② 固体表面，尽管看起来是光滑的，但是也会有杂质和瑕疵，并且随表面上不同的位置以及不同的表面样品而变化。如果在光滑的表面上 θ 值<90°，则在粗糙的表面上接触角会减少，反之如果在光滑的表面上 θ 值>90°，则在粗糙的表面上接触角会增大。

③ 接触角可能显示滞后现象。这种情况下，前进角将永远大于后退角，有时甚至相差达 60°。当表面不干净或基质含有较多的杂质时，接触角滞后总是存在的。另一方面，即使表面很干净且基质很纯，接触角滞后仍可能存在。例如，硬脂酸与水接触后会变得更易润湿（接触角减小）。对这一现象的解释是，在水存在时表面分子定向发生了变化，更多的分子以羧酸基团朝向水，从而降低了界面自由能。其他导致后退角降低的原因是：润湿液体渗透进

基质，基质表面的吸附膜被润湿液体排除，以及微观上表面是粗糙的。

液体在细小的粉状颗粒表面的接触角更难测量，但相对于大块固体表面上的接触角，它们往往更为重要和令人期待。一种测量方法是将粉末装入一个玻璃管内，测量液体渗透进玻璃管的速度[9]。改进的 Washburn 方程给出了在时间 t 内渗透距离 l 与液体表面张力 γ_{LA} 以及液体黏度 η 的关系[10]：

$$l^2 = \frac{(kr)t\gamma_{LA}\cos\theta}{2\eta} \tag{6.9}$$

式中，r 是粉体中毛细通道的平均等效半径；k 是考虑通道弯曲的一个常数，乘积 (kr) 取决于粉末的填充。如果填充的粉末具有相同的体相密度，则可以认为 (kr) 值为常数。确定 (kr) 值的方法是用一种已知 γ_{LA} 值且接触角已知或假定为 0° 的纯液体通过粉末。应用该方法的限制条件是假定 (kr) 值不随润湿液体性质的变化而改变。显然对表面活性剂溶液穿过粉体的情形，只有当颗粒尺寸不因絮凝或分散而变化时这一假定才成立。

在很多场合，这种方法对表面活性剂稀溶液是不可靠的，因为它取决于能否知道正确的 γ_{LA} 值。如果表面活性剂在固体表面上的吸附使得溶液体相的浓度降低到其 CMC 值以下，那么 γ_{LA} 的值将改变，从而也就不能准确地测量 θ 值。

表面活性剂在固体表面上的吸附也会使得用这种方法测定稀溶液对粉体的润湿效能变得不可靠。由于溶液体积与固/液界面面积之比很小，含有在固/液界面能很好地吸附的高表面活性物质的溶液，会因表面活性剂浓度的迅速减少而比含有弱表面活性物质的溶液渗透得更慢。

另外一种测量粉体接触角的方法是将粉末用模具压成一个圆饼，然后测量润湿液体的液滴在其上面的高度 h[11]。接触角由下式获得：

$$\cos\theta = 1 - \sqrt{\frac{1}{3(1-\varepsilon)(1/Bh^2 - 1/2)}} \quad (\text{对}\theta < 90°) \tag{6.10}$$

$$\cos\theta = -1 + \sqrt{\frac{2}{3(1-\varepsilon)}\left(\frac{2}{Bh^2} - 1\right)} \quad (\text{对}\theta > 90°) \tag{6.11}$$

式中，$B = \rho_L g/2\gamma_{LA}$；$\rho_L$ 是润湿液体的密度；γ_{LA} 是表面张力；g 是重力加速度；ε 是圆饼的孔隙率。这种方法假设粉体是由完全相同的球体构成的。

6.1.2 沾湿

在铺展润湿中，一种液体与基质接触，同时一种流体与基质的接触面积增加，而另一种流体与基质的接触面积则减小。而在沾湿中，原先不与基质接触的流体与基质发生了接触并黏附于基质表面。可以用图 6.3 来阐述这一过程。在这一过程中表面自由能的变化是：$-\Delta G_W = a(\gamma_{SA} + \gamma_{LA} - \gamma_{SL})$，式中，$a$ 是沾湿发生后基质与液体的接触面积，而这类润湿现象的驱动力是 $\gamma_{SA} + \gamma_{LA} - \gamma_{SL}$。这一数量称为黏附功，$W_a$，即将单位面积的液体与固体基质分离所需要的可逆功：

$$W_a = \gamma_{SA} + \gamma_{LA} - \gamma_{SL} \tag{6.12}$$

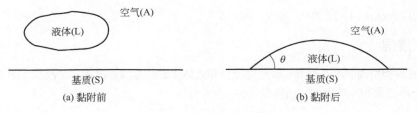

图 6.3　沾湿

该方程是 Dupré[12]提出的。在这个过程中，降低基质和润湿流体间界面张力会使沾湿更容易发生，但液体表面张力和基质表面张力的减少则会抑制沾湿过程的发生。这可以解释为什么物质对低能表面附着力差，尤其当物质和基质的性质有很大不同时（例如γ_{SL}很大）。

如果沾湿后在液体中测量的液/固/气三相接触角θ是有限的值（表 6.2 和表 6.3），同前面一样，可以写出：

$$\gamma_{LA} \cos\theta = \gamma_{SA} - \gamma_{SL} \tag{6.3}$$

代入方程 6.12 中，代替$\gamma_{SA} - \gamma_{SL}$得到：

$$W_a = \gamma_{LA} \cos\theta + \gamma_{LA} = \gamma_{LA}(\cos\theta + 1) \tag{6.13}$$

很明显，提高润湿液体的表面张力总是会促进沾湿的发生，而润湿后获得的接触角的增加则可能或不可能显示抑制黏附的发生。如果接触角增加（相应地$\cos\theta$值减少）反映出γ_{SL}增加，则黏附趋势减弱；如果反映出仅仅是γ_{LA}增加，则黏附趋势增加。沾湿的驱动力永远不可能是负值，并且只有当接触角为 180°时才会等于零，然而这在现实中是不会发生的。由于方程 6.13 只涉及可以直接测量的物理量γ_{LA}和θ，这类润湿的驱动力是容易计算的。

液体的自我黏附功称为内聚功，$W_c = 2\gamma_{LA}$。它是将一个原始的柱形物折断产生两个单位面积的表面所需要的功，或者使两个柱形物聚在一起时所产生的功$(-\Delta G_W)/a$（图 6.4）。

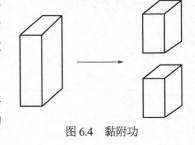

图 6.4　黏附功

液体在基质上的黏附功和其内聚功之差等于铺展系数$S_{L/S}$：

$$
\begin{aligned}
W_a - W_c &= \gamma_{SA} - \gamma_{SL} + \gamma_{LA} - 2\gamma_{LA} \\
&= \gamma_{SA} - \gamma_{SL} - \gamma_{LA} \\
&= S_{L/S}
\end{aligned}
\tag{6.14}
$$

因此，如果$W_a > W_c$，则铺展系数是正的，$\theta = 0°$，液体在基质上能自发铺展，形成一层薄膜。如果$W_a < W_c$，则铺展系数是负的，θ将大于 0°，液体将不会在基质上铺展，而是形成具有有限接触角的液滴或透镜状液滴。

当黏附功与内聚功相等时有：

$$\gamma_{LA}(\cos\theta + 1) = 2\gamma_{LA}$$

或者：

$$\gamma_{SA} - \gamma_{SL} + \gamma_{LA} = 2\gamma_{LA}$$

并有： $\cos\theta + 1 = 2$ ， $\theta = 0°$ 和 $S_{L/S} = 0$ 。

6.1.3 浸湿

第三种类型的润湿是浸湿，即原先没有和液体接触的基质被液体完全浸没（图6.5）。这种情况下单位面积上的表面自由能变化为：

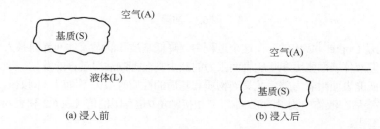

图 6.5　浸湿

$$-\Delta G_{w/a} = \gamma_{SA} - \gamma_{SL} \tag{6.15}$$

而润湿现象的驱动力是 $(\gamma_{SA} - \gamma_{LA})$ 。如果固体浸没在润湿液体中给出一个有限的接触角 θ ，亦即 $\theta > 0°$ ，那么 $(\gamma_{SA} - \gamma_{SL})$ 等于 $\gamma_{LA}\cos\theta$ 。于是通过观察固体和液/气界面形成的接触角可以确定 $(\gamma_{SA} - \gamma_{SL})$ （图6.6）。如果 $\theta > 90°$ ，那么 $(\gamma_{SA} - \gamma_{SL})$ 是负的；反之如果 $\theta < 90°$ ，则 $(\gamma_{SA} - \gamma_{SL})$ 是正的。

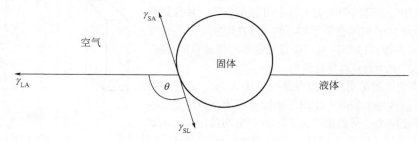

图 6.6　部分浸入固体的接触角

然而，由于浸湿过程中发生了铺展，铺展系数 $S_{L/S} = \gamma_{SA} - \gamma_{SL} - \gamma_{LA}$ （方程 6.1）的大小决定了完全浸湿发生的容易程度。当铺展系数 ≥0 时（例如 $\gamma_{SA} - \gamma_{SL} \gg \gamma_{LA}$ ），那么从方程6.4可得 $\theta = 0°$ ，完全浸湿能自发发生；而当铺展系数是负值（ $\gamma_{SA} - \gamma_{SL} < \gamma_{LA}$ ）， θ 是有限值，则使固体完全润湿还需要外界做功。对后一种情形，要使固体自发浸湿，则需要改变 γ_{SA} 、 γ_{SL} 和 γ_{LA} 三者中的任意一个数值或全部数值，以使得铺展系数大于0。

固体在润湿液体中的浸入深度是由接触角 θ 决定的， θ 值越小，浸入的深度就越大。当 $\theta = 0°$ 时浸湿完全。这里 θ 值也是由 $\gamma_{SA} - \gamma_{SL}$ 和 γ_{LA} 的关系（方程6.4）决定的。

当 $\theta \leq 0°$ 时， $\gamma_{SA} - \gamma_{SL}$ 就不能通过接触角测定了。这时常用另一个可通过实验测定的量，即浸润热 ΔH^i 来作为浸湿的量度，它是用量热计测得的当固体基质浸入润湿液中时的热量变化。单位面积基质的浸湿热与浸湿导致的单位面积表面上的自由能变化之间的关系为： $-\Delta G_{w/a} = \Delta H^i / a - T\Delta S^i / a$ ，因此只有当浸湿导致的单位面积熵变 $\Delta S^i / a$ 可以忽略时两者才相等。

对三种不同类型的润湿，单位面积表面自由能的变化或润湿的驱动力可表示为：

铺展：$\dfrac{-\Delta G_{w/a}}{a} = \gamma_{SA} - \gamma_{SL} - \gamma_{LA} = S_{L/S}$

沾湿：$\dfrac{-\Delta G_{w/a}}{a} = \gamma_{SA} + \gamma_{LA} - \gamma_{SL} = W_a$

浸湿：$\dfrac{-\Delta G_{w/a}}{a} = \gamma_{SA} - \gamma_{SL} = (\gamma_{SL}\cos\theta$，当 $\theta > 0°$ 时$)$

从这些表达式中可见，浸湿过程中降低基质和润湿液体之间的界面张力 γ_{SL} 总是有利的，但降低液体的表面张力 γ_{LA}，本质上并不总是有利的。

6.1.4　吸附和润湿

Lucassen-Reynders[13]已经提出了一个方便的方法供分析吸附和平衡润湿之间的关系。将 Gibbs 吸附方程 2.19 和 Young 方程 6.3 相结合得到：

$$\frac{\mathrm{d}(\gamma_{LA}\cos\theta)}{\mathrm{d}\gamma_{LA}} = \frac{\varGamma_{SA} - \varGamma_{SL}}{\varGamma_{LA}} \tag{6.16}$$

将黏附张力（方程 6.3）$\gamma_{LA}\cos\theta$ 对 γ_{LA} 作图，所得曲线的斜率提供了有关表面活性剂在三个界面上的表面（过剩）浓度信息[14~16]。

图 6.7 给出了一些典型的表面活性剂溶液在固体基质上的黏附张力（$\gamma_{LA}\cos\theta$）随表面张力（γ_{LA}）的变化的关系曲线。在这类关系曲线中，当曲线到达 *AB* 位置时，溶液完全润湿基质（$\theta=0°$）；当曲线到达 *BC* 位置时，溶液完全不润湿基质（$\theta=180°$）。接触角在 $0°$～$180°$ 之间的溶液的数据点落在这两条线之间的区域（例如点 *D*、*F*、*K*、*M*、*N*）。当斜率为负值时，表面活性剂的存在促进了润湿，而当斜率为正值时，表面活性剂的存在则削弱了润湿。

在一些低能（疏水性）固体表面上，如石蜡和聚四氟乙烯，几种类型的表面活性剂的数据表明，对固-水-空气和固-水-矿物油两种体系[15~17]，它们的斜率都非常一致，接近-1（曲线 *DE*、*FG* 和 *HJ*）。这一点常常被用来表明 $\varGamma_{SA}$ 接近于 0，而 $\varGamma_{SL}/\varGamma_{LA} \approx 1$。这是合理的，因为正如第 2 章 2.3.3 节所述，在非极性液体（庚烷）/水界面的吸附效能与在空气/水界面的吸附效能并没有很大的不同，因此可以期望在非极性固体/水界面和空气/水界面的吸附差不多是相等的。于是在这些非极性固体表面，$\gamma_{LA}\cos\theta \approx -\gamma_{LA}$ + 常数[15]，而当 $\gamma_{LA}\cos\theta \approx$ 常数/2 时就能实现完全润湿（$\theta=0°$）。然而对空气中的固体石蜡（线 *DE*），$\gamma_{LA}\cos\theta = -\gamma_{LA}$ +49.4，这意味着要实现完全润湿，γ_{LA} 必须减少至约 25mN/m。对空气中的聚四氟乙烯（线 *FG*），常数是 40.6，当 $\gamma_{LA} \approx 20$mN/m 时才能实现完全润湿。当用矿物油代替空气时（线 *HJ*），对这两种固体，常数几乎是零，表明发生完全润湿时 γ_{OW} 值必须非常低。

在带负电荷的极性有机表面上，如聚甲基丙烯酸甲酯或尼龙，Pyter 及其同事[16]所得的数据显示，对阴离子表面活性剂得到了接近于零的负斜率（*KL* 线），这表明要么 $\varGamma_{SA}$ 接近于 $\varGamma_{SL}$，要么当 $\varGamma_{SA}$ 保持接近于零时，$\varGamma_{SL}/\varGamma_{LA}$ 将非常低，作者倾向于后者。带负电荷的固体其固/液界面张力 γ_{SL} 远低于非极性固体与水的界面张力。阴离子表面活性剂在带负电的极性有机固体/水界面具有一个低吸附量是合理的，因为吸附时表面活性剂分子会将其疏水基团或是带负电荷的亲水性基团放置在带负电荷的极性表面附近，两种情形都不会降低固/液界面张力。另一方面，如果固相是非极性的，则固/水溶液界面张力将会很高，表面活性剂将以其非极性疏水基团朝向非极性固体，以其亲水性基团朝向水吸附于界面，导致 γ_{SL} 降低。

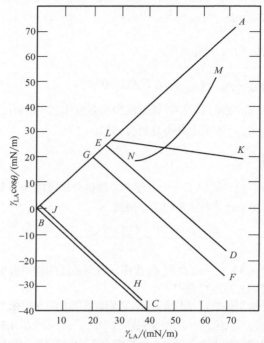

图 6.7　表面活性剂溶液在不同基质表面上的黏附张力（$\gamma_{LA}\cos\theta$）随表面张力（γ_{LA}）的变化

DE—石蜡在空气中；*FG*—聚四氟乙烯在空气中；*HJ*—石蜡或聚四氟乙烯在矿物油中（$\gamma_{LO}\cos\theta$对γ_{LO}作图）；
KL—尼龙或聚甲基甲基丙烯酸酯在空气中，阴离子型表面活性剂溶液；*MN*—存在于空气中的矿物质

在同时具有正、负电荷位点的高能表面上，$\gamma_{LA}\cos\theta$ 对 γ_{LA} 作图得到很大的正斜率（曲线 *MN*），尤其是在低表面活性剂浓度时（高 γ_{LA} 值），这表明 $\Gamma_{SA} \gg \Gamma_{SL}$[18~20]。这大概是离子型表面活性剂以其亲水性头基直接吸附到带相反电荷的固体基质上（见第 2 章 2.2.1 节和 2.2.6 节）。润湿受到削弱，而固体变得更加疏水。这是矿物浮选中浮选过程的基础。在较高的表面活性剂浓度下，斜率可能会变为负值，因为在产生的疏水性固体/水溶液界面上，表面活性剂的吸附会增加，使得 $\Gamma_{SL} > \Gamma_{SA}$。

对石蜡和聚甲基丙烯酸甲酯两种表面，全氟烃基表面活性剂相对于烷基表面活性剂是更差的润湿剂[16]。一种解释可能是烷基和全氟烃基之间的"互疏性"，导致全氟烃基表面活性剂在固/水界面上的吸附比烷基链表面活性剂的吸附要差。

6.2　表面活性剂对润湿的影响

6.2.1　一般考虑

由于水具有相当高的表面张力，72mN/m（反映出水分子间有很强的吸引作用），它不能在表面自由能小于 $72mJ/m^2$ 的共价键固体表面自发铺展。要使水润湿固体或液体表面，在水

中添加表面活性剂改变系统的界面张力常常是必要的。为了使水能自发地润湿某一基质，扩散系数 $S_{W/S} = \gamma_{SA} - (\gamma_{SW} + \gamma_{WA})$ 必须是正值（方程 6.1）。在水中加入表面活性剂，通过降低水的表面张力 γ_{WA}，或许还有水与基质间的界面张力 γ_{SW}，可能使扩散系数变为正值，从而使铺展或浸湿自发发生。

然而，在水中添加表面活性剂并不总是会增加其润湿力。在某些特定情况下，在水中添加表面活性剂可能会使铺展变得更加困难。当基质是多孔性的，因而可以被认为是由许多毛细管所组成的情形下，由于液体表面是弯曲的，促使液体在毛细管中运动的压力由下式给出：

$$\Delta P = \frac{2\gamma_{LA}\cos\theta}{r} = \frac{2(\gamma_{SA} - \gamma_{SL})}{r} \tag{6.17}$$

式中，r 是毛细管的等效半径；θ 是在气-液-基质界面的接触角。当接触角大于 $0°$ 时，ΔP 仅取决于数量（$\gamma_{SA} - \gamma_{SL}$），如果在系统中添加表面活性剂只能使 γ_{LA} 减少（即不会使 γ_{SL} 发生任何改变），则结果仅仅是 $\cos\theta$ 值增加，而 ΔP 不发生任何改变。然而，如果 θ 已经是 $0°$，那么有：

$$\Delta P = \frac{2\gamma_{LA}}{r} \tag{6.18}$$

则系统中添加表面活性剂引起的 γ_{LA} 的任何减少都会导致液体进入基质毛细管的趋势降低。

另一种在水中添加表面活性剂导致润湿力的情形是，表面活性剂在基质/液体界面吸附时采取以两亲表面活性剂分子的极性头基朝向基质而以疏水尾链朝向水的方式在界面定向排列。当表面活性剂的亲水基与基质上的离子或极性位点有较强的相互作用时，这种吸附方式就可能在离子或极性基质上发生。这样的吸附使基质表面的非极性进一步增强。结果导致基质和水溶液之间的界面张力 γ_{SL} 增加，铺展系数减小。此外在这种情况下，由于表面活性剂分子强烈地吸附于基质表面，如果润湿液体因铺展系数下降而在基质上回缩，那么就会暴露出一些基质表面，其表面自由能由于表面活性剂的吸附而减少了。因此这些已经被溶液润湿过的基质表面将比原始表面更难润湿（更加疏水）。阳离子表面活性剂即是以这种方式吸附到带负电荷的固体表面，如石英、纤维素纺织纤维或玻璃，并使它们变得比原先更难以被水溶液润湿，但更容易被非极性物质润湿。这种现象是矿石"浮选"过程的基础[21]。

6.2.2　硬表面的（平衡）润湿

在硬表面的润湿中，被润湿的基质是无孔的、非颗粒状的固体或无孔膜。因为被润湿的面积相对较小，通常可以达到接近平衡的状态，于是润湿过程的热力学是决定润湿程度的一个主要因素。这种情形下可以通过在给定的温度下测量表面活性剂溶液在基质上的铺展系数 $S_{L/S}$ 来评估表面活性剂改变液体润湿性的效能。也可以通过测定表面活性剂溶液的表面张力 γ_{LA} 和溶液与基质间形成的接触角来完成。铺展系数负值越小，润湿剂就越有效。

当铺展系数为负值时，接触角是有限的，铺展就不完全。因为，$S_{L/S} = \gamma_{SA} - \gamma_{SL} - \gamma_{LA}$（方程 6.1），且 $\gamma_{SA} - \gamma_{SL} = \gamma_{LA}\cos\theta$（方程 6.3），那么这种情况下，$S_{L/S} = \gamma_{LA}(\cos\theta - 1)$（方程 6.5）。当铺展系数为 0 时，铺展润湿是完全的，因为 $S_{L/S} = \gamma_{LA}(\cos\theta - 1) = 0$，于是 $\theta = 0°$。对后一种情况，因为 $S_{L/S} = \gamma_{SA} - \gamma_{SL} - \gamma_{LA} = 0$，于是有 $\gamma_{LA} = \gamma_{SA} - \gamma_{SL}$，这意味着要使铺展完

全发生，铺展液体的表面张力必须降至与 $\gamma_{SA} - \gamma_{SL}$ 相等。

在非极性（低能）表面上，Zisman[6]已经表明，只有当润湿液体的表面张力降低到某一临界值 γ_c 时，完全润湿才能够发生。这里 γ_c 是基质固有的特性（例如聚乙烯的 γ_c 约为 31mN/m，聚四氟乙烯的 γ_c 约为 18mN/m）。这样，使 γ_c 与 $\gamma_{SA} - \gamma_{SL}$ 相等，而通过测量不同表面张力的液体在特定基质表面上的接触角即可获得 γ_c。对于许多液体，$\cos\theta$ 对 γ_{LA} 作图是线性的。将这种线性关系外推到 $\cos\theta = 1$，即 $\theta = 0°$，即能得到 γ_c。对这样一个特定基质来说是一个常数，而与润湿剂性质无关的润湿的临界表面张力 γ_c，要求在所有的情况下 $\gamma_{SA} - \gamma_{SL}$ 降低到同一数值。这只有对低能表面才有可能，这种情况下，下面的两个必要条件可以得到满足，①与其上方被液体饱和了的空气达到平衡的单位面积基质表面的自由能 γ_{SA}，可能与没有吸附物存在时的单位面积基质表面的自由能 γ_S 相等（仅在低能表面上才有可能使 γ_S 不因表面活性剂或溶剂分子的吸附而降低）；②当铺展液体的表面张力接近 γ_c 时，表面活性剂在基质/溶液界面的吸附具有相同的分子定向和填充程度，进而产生相同的 γ_{SL} 值（因此使 $\gamma_{SA} - \gamma_{SL}$ 为恒定值）。

这样的话，γ_c 值可能因表面活性剂的吸附而改变。例如，在某些高氟代羧酸及其盐存在下，由于它们的吸附，聚乙烯表面的 γ_c 值可以从其通常的 31mN/m 左右降低到大约 20mN/m[17]，结果使得那些表面张力比聚乙烯的常规 γ_c 值小的表面活性剂溶液不再能在其表面铺展。于是使用表面活性剂将润湿液体的表面张力降低到基质特有的某些临界值以下仅仅是完全润湿的必要条件，而不是充分条件。当一种表面活性剂溶液的表面张力高于基质的临界表面张力时，将不会发生完全润湿，但当溶液的表面张力低于该基质的临界表面张力时，可能会也可能不会导致完全润湿[22]。

在非极性表面，任何导致 γ_{LA}（见第 5 章）降低的结构或其他因素，将会减小接触角并促进润湿。因此在水中添加一种水结构破坏剂（N-甲基乙酰胺），会增加十二烷基硫酸钠水溶液的表面张力，从而导致该溶液在聚乙烯表面上的接触角增加；而添加一种水结构促进剂（果糖、木糖），将降低表面活性剂溶液的表面张力，使其接触角减小[23]。

在离子化的固体表面，如果润湿液体水溶液中含有离子型表面活性剂，其所带电荷与表面所带电荷相反，那么这些离子型表面活性剂一般就会以离子头朝向固体，疏水基朝向水的方式吸附在表面上（见第 2 章 2.2.3 节）。提高水相中表面活性剂的浓度将会导致 γ_{SA} 降低和/或 γ_{SL} 增加，从而降低固体表面的润湿性（$\cos\theta$ 值减少），尽管 γ_{LA} 值减少，直到固体表面上的电荷被吸附的带相反电荷的表面活性剂离子所中和。一旦表面电荷被中和，表面活性离子一般会进一步吸附，以其疏水基朝向表面，亲水基朝向水，这将导致 γ_{SL} 下降，随着体相浓度的增加而促进润湿。

离子化的固体表面与含有与其表面电荷相同的表面活性剂离子的水溶液接触时，表面活性离子一般很少会吸附到带相同电荷的固体表面。结果可以期望 γ_{SL} 几乎不随体相中表面活性剂浓度的改变而改变，而表面活性剂浓度的增加所引起的任何润湿性改善主要是 γ_{LA} 值的减少所致。

评价表面活性剂作为硬表面润湿剂的性能的一个简单实验方法是测量一滴含有表面活性剂的液体在给定时间内的铺展面积，并与相同时间内纯液体的铺展面积进行比较。例如，可以将一个要被润湿的表面膜放置在一个水平的平板玻璃上（10cm×10cm），并在四个角上各放一个小玻璃片（1cm²）。用一个微量注射器将 20μL 表面活性剂溶液滴于此膜上。开始计时，同时立即将另一个 10cm×10cm 的正方形玻璃放置在四角的玻璃片上，使其与膜平行。一定时间后（例如 3min），在上面的玻璃上画出溶液铺展的轮廓线。然后再将这块区域在一张标准白纸上临摹下来，并切割称重。假定单位面积的纸张具有恒定的质量，于是可以根据一块面积相同的纸张的质量来计算精确的铺展面积[24]。表面活性剂溶液铺展的面积与相同条件下相同体积的纯液体铺展的面积之比称为铺展因子（SF）。表 6.3 列出了一些 SF 值（见 6.4 节）。

6.2.3　纺织品（非平衡）润湿

纺织品具有较大的表面积，因此在实际过程允许的润湿时间内很少能达到平衡状态。其结果是，在测定表面活性剂对特定体系是否适合作润湿剂时，表面润湿的速度通常是比润湿平衡更为重要的因素，而对表面活性剂的评价一般是通过一些动力学试验来进行的。表面活性剂的性能可通过下列测定来进行评价：①润湿剂的润湿效率，即在指定温度下，一定时间内产生给定量的润湿所需要的表面活性剂的最低浓度；②润湿剂的润湿效能，即对给定的体系，表面活性剂所能达到的最小润湿时间，而不考虑所用的表面活性剂的浓度大小；或③对给定的体系，在指定温度下表面活性剂在特定浓度下的润湿时间。表面活性剂的性能评估彼此相关，并且随所用的评价方法以及评价时的温度发生变化，为此需要规定具体的实验条件。最常用的是上述第三种方法，因为它仅需一次测定，一般在 25℃下使用 0.1％的表面活性剂溶液。

关于纺织品的润湿能力，实践中最常用的测定方法可能是 Draves 试验[25]，在这个试验中，将一束质量 5g 的灰色天然蜡棉纱（含 120 支线，54in 长，绕成圈）系在一个质量为 3g 的钩子上，然后借助于用细线系在钩子上的一个砝码使其完全浸没在含表面活性剂溶液的一个量筒中。表面活性剂溶液通过铺展湿润将线束中的空气置换出来。当足量空气被置换后，线束会在量筒中突然下沉。发生下沉所需的时间越短，则润湿剂的性能越好。该试验被广泛使用，因为它模拟了纺织工业中润湿剂的重要使用条件。

Fowkes[26]研究了这个试验的物理化学基础，对众所周知的观察现象给出了解释，即当使用的表面活性剂浓度低于其 CMC 时，润湿时间（WOT）的对数值与体相中表面活性剂浓度（C_1）的对数值呈线性关系。Fowkes 指出，表面活性剂溶液在棉纤维中的渗透速率是前进液体前部的接触角 θ 的函数：

$$\lg \mathrm{WOT} = A - B\cos\theta \tag{6.19}$$

式中，A 和 B 都是经验常数。他还表明，对于该体系，$\cos\theta$ 是润湿前部表面张力 γ 的线性函数，而当表面活性剂浓度低于其 CMC 时，其表面过剩浓度 Γ_1 是一个常数，γ 因而是 $\lg C_1$ 的线性函数，即服从下列形式的 Gibbs 方程：

$$\mathrm{d}\gamma = -2.303RT\Gamma_1\mathrm{d}\lg C_1 \tag{2.19}$$

积分得到：

$$\lg \mathrm{WOT} = A^1 - B^1\lg C_1 \tag{6.20}$$

式中，A^1 和 B^1 都是经验常数。

然而，当表面活性剂在基质上强烈吸附时，Fowkes 发现，润湿速度并不取决于表面活性剂的体相浓度，而是取决于表面活性剂向润湿前缘的扩散速度。在这种情况下，前进液体前缘中的表面活性剂浓度因吸附被消耗掉了，以至于此处的表面张力（或接触角）及相应的润湿时间都取决于新表面活性剂到达前缘的速率。

对非离子型表面活性剂，其使用浓度在扩散控制条件下往往远高于其 CMC，讨论 WOT 决定因素的 Fowkes 公式[26]可以转化为下列形式[27]：

$$\lg WOT = K - 2\lg(C - C^1) - \lg D \tag{6.21}$$

式中，K 取决于被润湿的纱束的物理特性及每克表面活性剂分子在空气/水溶液界面所占的面积 S^1；C 是表面活性剂在水相中的初始浓度，g/L；C^1 是产生给定的 WOT 所需要的纱束-溶液界面上的表面活性剂浓度，g/L；D 是表面活性剂的表观扩散系数。

当类似的纱束在 $C \gg C^1$ 条件下被一种特定表面活性剂润湿时，如果扩散系数 D 不随浓度 C 而改变，则 $\lg WOT$ 对 $\lg C$ 作得到线性关系，且斜率为-2。一些单一非离子表面活性剂溶液在浓度高于其 CMC、温度远低于其浊点条件下的扩散系数数据表明[26]，在 $0.25 \sim 1.0$g/L 浓度范围内，D 增加约 2 倍。在这些条件下，$\lg WOT$-$\lg C$ 曲线的斜率应为-1.5。对一系列结构为 $C_{12}H_{25}(OC_2H_4)_xOH$（其中 $x=4$，5，6，7，8）的高纯度单一非离子型表面活性剂获得的润湿数据表明，$\lg WOT$-$\lg C$ 曲线为线性关系，在上述初始浓度范围内曲线的斜率与上述数值接近，表明在上述浓度范围内，$C \gg C^1$，并且对这些化合物来说，在上述条件下润湿是受扩散控制的。

对各种非离子型表面活性剂，当浓度大大高于其 CMC 时，给定温度下 WOT 也取决于它们的扩散系数 D 及每克表面活性剂在空气/水溶液界面所占据的面积 S^1。因为 $S^1 = Na^s/MW$，式中 a^s 是该温度下相对分子质量为（MW）的表面活性剂在空气/水溶液界面的分子面积，N 为 Avogadro 常数，于是从方程 6.21 出发得到：

$$\frac{WOT_1}{WOT_2} = \frac{D_2}{D_1} \frac{C_2 - C_2^1}{C - C_1^1} \left(\frac{MW_1}{a_1^s}\right)^2 \left(\frac{a_2^s}{MW_2}\right)^2 \tag{6.22}$$

当在相似的温度和相似的表面活性剂水相初始浓度比如 $C \gg C^1$ 条件下对非离子表面活性剂进行比较时，则有：

$$\frac{WOT_1}{WOT_2} = \frac{D_2}{D_1} \left(\frac{MW_1}{a_1^s}\right)^2 \left(\frac{a_2^s}{MW_2}\right)^2 \tag{6.23}$$

方程 6.23 表明，在这些条件下，那些扩散系数最大、在空气/水溶液界面有最大的分子表面积并且 MW_s 最小的表面活性剂将会给出最短的润湿时间。这与已有的发现是一致的（见第 5 章 5.4 节）：在空气/水溶液界面具有较大分子面积以及具有较大扩散系数的表面活性剂分子，在降低动态表面张力时显示出更短的诱导时间，即在短时间内显示出较低的表面张力。

这可以解释为什么具有高度支链化疏水基团的短链表面活性剂能表现出如此好的润湿性（见下文）。由于 a^s 的值容易获得（见第 2 章 2.3.2 节），式 6.23 也可用来从润湿时间来求取相对扩散系数[27]。

由于润湿速率是润湿前缘液体表面张力的函数，在润湿试验中，一种表面活性剂的润湿能力即是润湿前缘中分子分散物质的浓度的函数，因此表面活性剂分子结构因素中那些能抑制胶束形成、提高单个分子向界面的扩散速度的因素将会提高表面活性剂的润湿性能。Schwuger[28]已经提供了一些证据，显示表面活性剂的扩散速度随（直链）烷基链长的增加而减小，但随异构体中烷基链的支链化而增加。Longsworth[29]提供的有关氨基酸的扩散系数表明，水溶液中的扩散系数随该分子的水化程度增加以及烷基链长的增加而降低。与直链异构体相比，烷基链含有支链的化合物会给出更紧密的结构和更大的扩散系数。这也与已有的一些数据相符合，这些数据表明，那些润湿织物最快的表面活性剂都具有相对较短但高度支链化的疏水基团，而且水合强烈的 POE 类非离子型表面活性剂润湿纺织品时不如那些水合较弱的阴离子表面活性剂。

通过 Draves 试验，人们已经观察到纱束的润湿时间和时间为 1s 时的动态表面张力（见第 5 章 5.4 节）之间存在良好的相关性。为了获得 1s 时的动态表面张力值 γ_{1s}，其数值不会随表面活性剂浓度的下降而有很大变化，则表面活性剂的体相浓度至少要达到 $5 \times 10^{-4} mol/L$[30]。

表 6.1 列出了用 Draves 法测定的一些表面活性剂润湿时间。测定温度 25℃，使用一个质量为 3g 的钩子和一个质量为 5g 的纱束。

在 25℃、水中碳酸钙含量不超过 300mg/L、表面活性剂浓度为 0.1%的条件下，亲水基在末端、疏水基团有效链长为 12～14 个碳原子的离子型表面活性剂显示出最佳的润湿性。当亲水性基团位于中心位置时，疏水基团有效链长约为 15 个碳原子的离子型表面活性剂似乎有最佳的湿润性。这些离子型表面活性剂的 CMC 值通常在 $(1 \sim 8) \times 10^{-3} mol/L$ 范围内。当表面活性剂的浓度很低时，与表面张力情形相同，长链化合物的表现通常要好于短链化合物[31]，大概是因为它们降低表面张力的效率更高。然而当浓度较高时，短链化合物显得更有效，其所能达到的最小润湿时间比长链化合物还要低。于是，对于浓度为 0.10%的烷基硫酸钠水溶液，润湿时间增加的顺序为：十四烷基<十二烷基<十六烯基<<十六烷基<<十八烷基，但在浓度为 0.15%时，顺序是十二烷基<十四烷基<十六烯基，而且这也是在任何浓度下获得的最小润湿时间的顺序[32,33]。

表 6.1　表面活性剂溶液的润湿时间（Draves 试验，25℃）

化合物	浓度/%	润湿时间/s		参考文献
		蒸馏水	300mg/L CaCO₃	
$C_{10}H_{21}SO_3^-Na^+$	0.1	>300		[34]
$C_{10}H_{21}SO_3^-Na^+$	0.1	65		[34]
$C_{12}H_{25}SO_3^-Na^+$	0.1（含 0.1mol/L NaCl）	28		[34]
$n\text{-}C_{12}H_{25}SO_4^-Na^+$	0.02	>300		[35]
$n\text{-}C_{12}H_{25}SO_4^-Na^+$	0.05	39.9		[35]
$C_{12}H_{25}SO_4^-Na^+$	0.1	7.5		[34]
$n\text{-}C_{14}H_{29}SO_4^-Na^+$	0.10	12①		[33]
$n\text{-}C_{16}H_{33}SO_4^-Na^+$	0.10	59①		[33]
$n\text{-}C_{18}H_{37}SO_4^-Na^+$	0.10	280①		[33]

续表

化合物	浓度/%	润湿时间/s		参考文献
		蒸馏水	300mg/L CaCO_3	
油基硫酸钠	0.10	19[①]		[33]
反油基硫酸钠	0.10	20[①]		[33]
$sec\text{-}n\text{-}C_{13}H_{27}SO_4^-Na^+$	0.063	180+		[36]
（任意位置的-$SO_4^-Na^+$）	0.125	11.6		[36]
$sec\text{-}n\text{-}C_{14}H_{29}SO_4^-Na^+$	0.063	180+		[36]
（任意位置的-$SO_4^-Na^+$）	0.125	7.0		[36]
$sec\text{-}n\text{-}C_{15}H_{31}SO_4^-Na^+$	0.063	14.0		[36]
（任意位置的-$SO_4^-Na^+$）	0.125	7.0		[36]
$sec\text{-}n\text{-}C_{16}H_{33}SO_4^-Na^+$	0.063	22		[36]
（任意位置的-$SO_4^-Na^+$）	0.125	9		[36]
$sec\text{-}n\text{-}C_{17}H_{35}SO_4^-Na^+$	0.063	25		[36]
（任意位置的-$SO_4^-Na^+$）	0.125	9		[36]
$sec\text{-}n\text{-}C_{18}H_{37}SO_4^-Na^+$	0.063	39		[36]
（任意位置的-$SO_4^-Na^+$）	0.125	26		[36]
$C_{12}H_{25}OC_2H_4SO_4^-Na^+$	0.1	6		[34]
$C_{12}H_{25}OC_2H_4SO_4^-Na^+$	0.088（含 0.1mol/L NaCl）	6		[34]
$C_{12}H_{25}(OC_2H_4)_2SO_4^-Na^+$	0.1	11		[34]
$C_{12}H_{25}(OC_2H_4)_2SO_4^-Na^+$	0.1（含 0.1mol/L NaCl）	13		[34]
$C_{12}H_{25}C_6H_4(OC_2H_4)_2SO_3^-Na^+$（从四聚丙烯得到）	0.125	6.9		[36]
$n\text{-}C_{10}H_{21}CH(CH_3)C_6H_4SO_3^-Na^+$	0.10	10.3	80	[37]
$n\text{-}C_{12}H_{25}CH(CH_3)C_6H_4SO_3^-Na^+$	0.10	30	>300	[37]
$n\text{-}C_{14}H_{29}CH(CH_3)C_6H_4SO_3^-Na^+$	0.10	155	>300	[37]
$C_{10}DADS$[②]	0.1	431		[38]
$C_{12}H_{25}(C_2H_4)_3OH + C_{10}DADS$ 混合物, 8:2（质量比）	0.1	14.5		[38]
$C_{12}H_{25}OCH_2CH(SO_4^-Na^+)CH_3$	0.10	6		[39]
$C_4H_9CH(C_2H_5)CH_2OOCCH_2\text{-}CH(SO_3^-Na^+)COOCH_2CH(C_2H_5)C_4H_9$	0.025	20.1		[35]
$C_4H_9CH(C_2H_5)CH_2OOCCH_2\text{-}CH(SO_3^-Na^+)COOCH_2CH(C_2H_5)C_4H_9$	0.05	6.3		[35]
$C_4H_9CH(C_2H_5)CH_2OOCCH_2\text{-}CH(SO_3^-Na^+)COOCH_2CH(C_2H_5)C_4H_9$	0.10	1.9		[35]
$C_7H_{15}CH(SO_3^-Na^+)COOC_5H_{11}$	0.10	12.1	5.3	[40]
$C_8H_{17}CH(SO_3^-Na^+)COOC_8H_{17}$	10mmol/L	<2[③]		[41]
$C_{10}H_{21}CH(SO_3^-Na^+)COOC_{10}H_{21}$	10mmol/L	<2[③]		[41]

续表

化合物	浓度/%	润湿时间/s		参考文献
		蒸馏水	300mg/L CaCO₃	
$C_{12}H_{25}CH(SO_3^-Na^+)COOCH_3$	10mmol/L	34		[41]
$C_{12}H_{25}CH(SO_3^-Na^+)COOC_3H_7$	0.10	5.0	3.8	[40]
$C_{12}H_{25}CH(SO_3^-Na^+)COOCH_3$	0.10	25	16	[40]
$C_8H_{17}C(C_4H_9)(SO_3^-Na^+)COOCH_3$	0.10	13.3	5.2	[40]
$C_8H_{17}C(C_6H_{13})(SO_3^-Na^+)COOCH_3$	0.10	1.3	3.7	[40]
$C_8H_{17}C(C_8H_{17})(SO_3^-Na^+)COOCH_3$	0.10	2.8	3.8	[40]
$C_7H_{15}CH(SO_3^-Na^+)COOC_6H_{13}$	0.10	2.2	1.4	[40]
$C_7H_{15}CH(SO_3^-Na^+)COOC_7H_{15}$	0.10	0.0	3.0	[40]
$C_7H_{15}CH(SO_3^-Na^+)COOC_8H_{17}$	0.025	15.4		[35]
$C_7H_{15}CH(SO_3^-Na^+)COOC_8H_{17}$	0.05	5.0		[35]
$C_7H_{15}CH(SO_3^-Na^+)COOC_8H_{17}$	0.10	1.5	10.8	[40]
$C_7H_{15}CH(SO_3^-Na^+)COOCH(CH_3)COOC_6H_{13}$	0.10	1.3	4.5	[42]
$C_7H_{15}CH(SO_3^-Na^+)COOCH_2CH(C_2H_5)C_4H_9$	0.10	0.0	4.5	[42]
$C_7H_{15}CH(SO_3^-Na^+)COOC_9H_{19}$	0.10	3.8	33.1	[42]
$C_2H_5CH(SO_3^-Na^+)COOC_{12}H_{25}$	0.10	5.5	4.4	[42]
$C_{10}H_{21}CH(SO_3^-Na^+)COOC_4H_9$	0.10	5.5	4.4	[40]
$C_{10}H_{21}CH(SO_3^-Na^+)COOC_5H_{11}$	0.10	1.6	4.9	[40]
$C_{12}H_{25}Pyr^+Cl^-$	0.1	250		[34]
$C_{12}H_{25}N^+(CH_3)(CH_2C_6H_5)CH_2COO^-$	0.1	250		[34]
N-十二烷基-2-吡咯烷酮	0.1	131		[38]
$C_8H_{17}CHOHCH_2OH$	0.047	7		[43]
$C_8H_{17}CHOHCH_2CH_2OH$	0.041	8		[43]
$C_8H_{17}(OC_2H_4)_2OH$	0.1	5		[44]
$C_8H_{17}(OC_2H_4)_3OH$	0.1	22		[44]
$C_{10}H_{21}(OC_2H_4)_2OH$	0.1	10		[44]
$C_{10}H_{21}(OC_2H_4)_3OH$	0.1	4		[44]
$C_{10}H_{21}(OC_2H_4)_4OH$	0.1	5		[44]
$C_{12}H_{25}(OC_2H_4)_3OH$	0.1	129		[38]
$C_{12}H_{25}(OC_2H_4)_4OH$	0.1	$4_8,6_0(10℃)13_5,(40℃)$		[27]
$C_{12}H_{25}(OC_2H_4)_{5.1}OH^®$	0.1	14		[27]
$C_{12}H_{25}(OC_2H_4)_6OH$	0.1	$3_9,5_5(10℃)$ $4_1(40℃),9_5(60℃)$		[27]
$C_{12}H_{25}(OC_2H_4)_7OH$	0.1	$5_9,10_5(10℃)$ $4_0(40℃),3_8(60℃)$		[27]

化合物	浓度/%	润湿时间/s		参考文献
		蒸馏水	300mg/L CaCO$_3$	
C$_{12}$H$_{25}$(OC$_2$H$_4$)$_8$OH	0.1	8$_3$,18(10℃) 6$_3$(40℃),4$_0$(60℃)		[27]
C$_{12}$H$_{25}$(OC$_2$H$_4$)$_{9.6}$OH^③	0.1	11		[44]
p-t-C$_8$H$_{17}$C$_6$H$_4$(OC$_2$H$_4$)$_4$OH （正常 EO 分布）	0.05	50		[45a]
p-t-C$_8$H$_{17}$C$_6$H$_4$(OC$_2$H$_4$)$_5$OH	0.05	25		[45a]
p-t-C$_8$H$_{17}$C$_6$H$_4$(OC$_2$H$_4$)$_8$OH	0.05	约25		[45a]
p-t-C$_8$H$_{17}$C$_6$H$_4$(OC$_2$H$_4$)$_9$OH	0.05	25		[45a]
p-t-C$_8$H$_{17}$C$_6$H$_4$(OC$_2$H$_4$)$_{10}$OH	0.05	30		[45a]
p-t-C$_8$H$_{17}$C$_6$H$_4$(OC$_2$H$_4$)$_{12}$OH	0.05	50		[45a]
Igepal CO-630	0.05	27		[31]
[C$_9$H$_{19}$C$_6$H$_4$(OC$_2$H$_4$)$_9$OH]	0.10	12		[31]
Igepal CO-710	0.05	33		[31]
[C$_9$H$_{19}$C$_6$H$_4$(OC$_2$H$_4$)$_{10\sim11}$OH]	0.10	15		[31]
Igepal CO-730	0.05	>50		[31]
[C$_9$H$_{19}$C$_6$H$_4$(OC$_2$H$_4$)$_{15}$OH]	0.10	>50		[31]
(C$_9$H$_{19}$C$_6$H$_4$(OC$_2$H$_4$)$_{15}$OH)	0.05 (70℃)	37		[31]
(C$_9$H$_{19}$C$_6$H$_4$(OC$_2$H$_4$)$_{15}$OH)	0.10 (70℃)	17		[31]
C$_7$H$_{15}$CO(OC$_2$H$_4$)$_2$OH	0.1	>300		[44]
C$_7$H$_{15}$CO(OC$_2$H$_4$)$_4$OH	0.1	>300		[44]
C$_8$H$_{17}$CO(OC$_2$H$_4$)$_2$OH	0.1	72		[44]
C$_8$H$_{17}$CO(OC$_2$H$_4$)$_3$OH	0.1	6		[44]
C$_8$H$_{17}$CO(OC$_2$H$_4$)$_4$OH	0.1	48		[44]
C$_9$H$_{19}$CO(OC$_2$H$_4$)$_2$OH	0.1	41		[44]
C$_9$H$_{19}$CO(OC$_2$H$_4$)$_3$OH	0.1	7		[44]
C$_9$H$_{19}$CO(OC$_2$H$_4$)$_4$OH	0.1	11		[44]
C$_9$H$_{19}$CO(OC$_2$H$_4$)$_5$OH	0.1	12		[44]
C$_{11}$H$_{23}$CO(OC$_2$H$_4$)$_4$OH	0.1	23		[44]
C$_{11}$H$_{23}$CO(OC$_2$H$_4$)$_5$OH	0.1	7		[44]
C$_{11}$H$_{23}$CO(OC$_2$H$_4$)$_6$OH	0.1	34		[44]
C$_{13}$H$_{27}$CO(OC$_2$H$_4$)$_5$OH	0.1	52		[44]
C$_{13}$H$_{27}$CO(OC$_2$H$_4$)$_6$OH	0.1	21		[44]
C$_{10}$H$_{19}$(Δ10-11)CO(OC$_2$H$_4$)$_3$OH	0.1	9		[44]
C$_{10}$H$_{19}$(Δ10-11)CO(OC$_2$H$_4$)$_4$OH	0.1	6		[44]
C$_{10}$H$_{19}$(Δ10-11)CO(OC$_2$H$_4$)$_5$OH	0.1	7		[44]

续表

化合物	浓度/%	润湿时间/s		参考文献
		蒸馏水	300mg/L CaCO₃	
$C_7H_{15}CO(OC_2H_4)_4OCH_3$	0.1	>300		[44]
$C_7H_{15}CO(OC_2H_4)_5OCH_3$	0.1	>300		[44]
$C_8H_{17}CO(OC_2H_4)_4OCH_3$	0.1	248		[44]
$C_8H_{17}CO(OC_2H_4)_5OCH_3$	0.1	12		[44]
$C_8H_{17}CO(OC_2H_4)_6OCH_3$	0.1	23		[44]
$C_9H_{19}CO(OC_2H_4)_4OCH_3$	0.1	24		[44]
$C_9H_{19}CO(OC_2H_4)_5OCH_3$	0.1	9		[44]
$C_9H_{19}CO(OC_2H_4)_7OCH_3$	0.1	9		[44]
$C_{11}H_{23}CO(OC_2H_4)_5OCH_3$	0.1	12		[44]
$C_{11}H_{23}CO(OC_2H_4)_6OCH_3$	0.1	9		[44]
$C_{11}H_{23}CO(OC_2H_4)_7OCH_3$	0.1			[44]
$C_{13}H_{27}CO(OC_2H_4)_5OCH_3$	0.1	64		[44]
$C_{13}H_{27}CO(OC_2H_4)_6OCH_3$	0.1	17		[44]
$C_{13}H_{27}CO(OC_2H_4)_7OCH_3$	0.1	17		[44]
二甲基十六炔二醇+15mol EO④	0.05	11		[45b]
	0.1	9		[45b]
四甲基癸炔二醇+5mol EO④	0.1	24		[45b]

① $1\frac{1}{4}$ in 捆绑带，1g 钩子，40g 锚（Shapiro, L.(1950) *Am. Dyestuff Reptr.***39**, 38-45, 62）。

② $(C_{10}H_{21})_2C_6H_2(SO_3^-Na^+)OC_6H_4SO_3^-Na^+$。

③ 10mm×10mm×2mm 羊毛毡带。

④ 具有所示平均 EO 数的混合物。

注：Pyr⁺指吡啶。

当水的温度上升时，达到最佳润湿的离子型表面活性剂的链长一般也增加，可能是温度升高后表面活性剂的溶解度增加了，相应地吸附迁移到界面的趋势变小了。于是在 60℃下，$C_{16}H_{33}SO_4^-M^+$ 比 $C_{12}H_{25}SO_4^-Na^+$ 表现出更好的润湿性[46]，而对（正构烷基）苯磺酸盐系列，正十二烷基化合物（等效链长=15.5 个碳原子）润湿速度最快[47]。

为了确定疏水基的有效长度，与主链相连的支链上的一个碳原子似乎相当于主链上的 2/3 个碳原子，在离子型亲水性基和极性基之间的一个碳原子相当于主链中的半个碳原子，而一个苯基相当于直链烷基中的 3.5 个碳原子。酯键-COO-对疏水基的链长似乎没有贡献。

亲水基位于中心的表面活性剂是特别好的织物润湿剂，特别是当分子中有支链疏水基时，原因可能是其在空气/水溶液界面有较大的分子面积，并且能够更迅速地扩散到润湿前缘并定向。大概是同样的原因，邻烷基苯磺酸盐和 *N*-酰基苯胺作为润湿剂比对烷基苯磺酸盐更好[48,49]。对化合物如 $RCH(R')SO_4^-M^{+[50\sim52]}$、$RCH(R')CH_2SO_4^-Na^{+[53]}$、$RCH(R')C_6H_4SO_3^-Na^{+[54]}$ 和 $RCH(SO_3^-M^+)COOR'^{[35,40,42]}$，润湿性似乎随 R 和 R′的等效链长相互接近而改善。硫酸化蓖麻油的优异润湿性归结于产物中存在硫酸基位于分子中心的硫酸化甘油蓖麻醇酸酯。其他能产生良好润湿性的分子结构还有 $RC(R')(OH)C\equiv C(OH)(R')R$ 和 $ROOCH_2CH(SO_3^-Na^+)COOR$。

在分子中引入第二个离子型亲水基，对提高润湿力一般是不利的[55]。于是α-磺基羧酸和单烷基磺基琥珀酸酯在酸性 pH 值下的润湿性要比碱性 pH 值下要好，对硫酸化蓖麻醇酸酯，在碱性 pH 值条件下，那些羧酸基团被酯化的成分比羧酸基团未被酯化的成分显示出更好的润湿性。类似地，对结构为 $R(OC_2H_4)_xSO_4^-Na^+$ 的化合物，其中 R 为 $C_{16}H_{33}$ 或 $C_{18}H_{37}$，$x=1\sim4$，在表面活性剂分子的亲水基和疏水基之间引入聚氧乙烯基团对提高润湿力是不利的，润湿时间随引入的聚氧乙烯基团数的增加而增加[46]。

一项针对高纯度单一 POE 非离子型表面活性剂润湿能力的研究[27]表明，这种类型的单一表面活性剂 $C_{12}H_{25}(OC_2H_4)_xOH$，其润湿性要比具有相同平均 EO 数的泊松分布混合物要好。当温度不超过化合物的浊点时，升高温度会导致单一 POE 非离子的润湿力增加。当温度超过该表面活性剂的浊点时，润湿力会显著下降。当润湿温度比该化合物的浊点低 $10\sim30℃$ 时，可获得最好的润湿力。

对于 POE 醇类、POE 烷基酚和 POE 硫醇类商品非离子型表面活性剂，随 POE 链中 EO 数的增加，润湿时间会经过一个最小值，而那些浊点略高于润湿试验温度的表面活性剂往往显示出最佳的润湿力[31]。在 25℃的蒸馏水中，疏水性链长为 $10\sim11$ 个碳原子和 POE 链含 $6\sim8$ 个 EO 的非离子型物质似乎是最好的润湿剂[45]。作为润湿剂，POE 醇类和 POE 硫醇类似乎比相应的 POE 脂肪酸要好[56]。

在 POE 聚氧丙烯嵌段共聚物中，润湿力似乎随分子中聚氧丙烯部分的相对分子质量的增加而增加，并且当分子中的 EO 含量最低（在使用温度下能保证溶解）时达到最大。

在一项对 POE 直链脂肪胺[57]的研究中，润湿力最好的同系物是连接在氮原子上的两个 POE 链中的 EO 数近似相等。这里再次得到，支链化结构越紧凑，润湿性就越好。

Micich 和 Linfield[58~60]已经在一系列关于疏水性土壤润湿剂的文章中指出了产品中不含非目标产物和杂质对表面活性剂溶液获得良好润湿性的重要性。不溶于水的未反应原料和其他反应产物会显著增加纱束的润湿时间（Draves 测试）和液滴在疏水性土壤中的渗透时间。在系列仲酰胺乙氧基化物 $RCON(R^1)(EO)_xH$ 中，当两个疏水基（R, R^1）都被支链化且各含 $7\sim8$ 个碳原子时，会得到最好的结果。这种亲水基在分子中央且疏水基有效链长为 $12\sim14$ 个碳原子的结构，正是典型的优良润湿剂的结构。如果在合成该化合物时使不溶于水的产物和未反应原料尽可能减至最少，则当其浊点在润湿温度附近时，它们对纱束和疏水性土壤几乎能获得瞬间润湿和再润湿。

用 POE 非离子型表面活性剂来润湿疏水性砂石的研究工作表明，疏水基为支链的化合物比疏水基为直链的化合物具有更好的润湿速率和润湿效能（通过测定沙柱质量的增加确定）[61]。

表 6.2 列出了一些非离子型表面活性剂的润湿效率。

表6.2 溶液中表面活性剂的润湿效率

（25℃下 Draves 试验中沉降时间 25s 所对应的浓度）

表面活性剂	浓度/%	参考文献
$t\text{-}C_8H_{17}S(C_2H_4O)_2H$	0.098	[62]
$t\text{-}C_8H_{17}S(C_2H_4O)_{2.93}H$	0.084	[62]
$t\text{-}C_8H_{17}S(C_2H_4O)_{3.92}H$	0.102	[62]
$t\text{-}C_8H_{17}S(C_2H_4O)_{6.86}H$	0.175	[62]

续表

表面活性剂	浓度/%	参考文献
$t\text{-}C_{12}H_{25}S(C_2H_4O)_{7.85}H$	0.074	[62]
$t\text{-}C_{12}H_{25}S(C_2H_4O)_{8.97}H$	0.051	[62]
$t\text{-}C_{12}H_{25}S(C_2H_4O)_{10.02}H$	0.046	[62]
$t\text{-}C_{12}H_{25}S(C_2H_4O)_{11.03}H$	0.047	[62]
$t\text{-}C_{12}H_{25}S(C_2H_4O)_{12.25}H$	0.052	[62]
$t\text{-}C_{14}H_{29}S(C_2H_4O)_{7.98}H$	0.132	[62]
$t\text{-}C_{14}H_{29}S(C_2H_4O)_{9.00}H$	0.135	[62]
$t\text{-}C_{14}H_{29}S(C_2H_4O)_{10.98}H$	0.113	[62]
$t\text{-}C_{14}H_{29}S(C_2H_4O)_{12.11}H$	0.108	[62]
$t\,C_{14}H_{29}S(C_2H_4O)_{13.13}H$	0.135	[62]
$n\text{-}C_{11}H_{23}O(C_2H_4O)_8H$	0.035	[31]
$n\text{-}C_{12}H_{25}O(C_2H_4O)_{10}$	0.046	[31]
$p\text{-}n\text{-}C_{10}H_{21}C_6H_4O(C_2H_4O)_{11}H$	0.054	[31]
$i\text{-}C_8H_{17}O(C_2H_4O)_4H$	0.13	[31]
$oxo\text{-}C_{10}H_{21}O(C_2H_4O)_{10}H$	0.095	[31]
Igepal CO-610 (壬基酚+8～9mol EO)	0.05–0.06	[63]
Igepal CO-630 (壬基酚+9mol EO)	0.03–0.05	[63]
Igepal CO-710 (壬基酚+10～11mol EO)	0.04–0.07	[63]
Igepal CO-730 (壬基酚+15mol EO)	0.14–0.16	[63]

6.2.4　添加剂的影响

　　水相中的电解质含量对离子型表面活性剂的润湿时间有很大影响，反映了电解质对表面活性剂降低表面张力、表面活性剂在水中的溶解度以及表面活性剂的 CMC 有显著影响。那些能降低表面活性剂溶液表面张力的电解质（见第 5 章 5.3 节），如 Na_2SO_4、NaCl 以及 KCl 等，会使润湿力增加[64]。当水相中含有添加的电解质或额外的硬度时，阴离子表面活性剂达到最佳润湿时，其疏水基的最佳链长要比在纯水中稍短。对于含有高浓度电解质的溶液，疏水基链长缩短至 7～8 个碳原子是有效的。

　　在水溶液中加入长链醇能增加阴离子和非离子表面活性剂溶液的润湿力[64,65]，加入金属皂，尤其是碱土金属皂，可以增加十二烷基氯化吡啶溶液的润湿力[66]。

6.3　表面活性剂混合物的协同润湿作用

　　正如在第 11 章中将要介绍的，无论是在界面混合单分子层中还是在水相中混合胶束的中，两种不同类型的表面活性剂之间的相互作用能导致其界面性能协同增强。这种增效作用可以导致更好的性能，如润湿、发泡、增溶等。

　　在某些情况下，（纺织品）润湿的增强是由于协同效应导致了动态和平衡表面张力值的下降（6.2.1）[67]。在其他情况下，润湿的增强是由于不溶于水但具有高表面活性的化合物被水溶性表面活性剂的胶束增溶所致[38]。在水中具有有限溶解度（小于 0.25g/L）的表面活性剂对纺织品的润湿力通常较差，尽管有时它们也显示出较低的平衡表面张力值。当其中的部分表面活性剂与水溶性表面活性剂混合时，如果两者的相互作用导致其增溶入水相，则混合物的润湿时间减少了，有时可能很显著。于是在水中溶解度较低、对纺织品润湿能力较差的短链醇或分子中仅有几个 EO 基团的烷基酚乙氧基化物以及正十二烷基-2-吡咯烷酮等，当与能够将它们增溶进水相的各种阴离子型表面活性剂混合时，就变成优良的润湿剂。研究表明，加入 POE 类非离子型表面活性剂，可以增强某些阴离子表面活性剂的润湿力，但会减弱一种阳离子表面活性剂的润湿力[68]。原因是加入的非离子表面活性剂增加了阴离子的迁移速度，同时减少了阳离子表面活性剂的迁移速度，导致前者能更快地扩散到湿润前缘，而后者的扩散被减慢。

6.4 超级铺展（超级润湿）

高度疏水的硬质表面（例如对水的接触角>100°）是很难被润湿的，即使使用表面活性剂溶液。表面活性剂溶液铺展的面积（见 6.2.2 节中的方法）往往只是纯水铺展面积的几倍。表 6.3 列出了一些数据。

另一方面，一些 POE 三硅氧烷表面活性剂如$[(CH_3)_3SiO]_2Si(CH_3)[CH_2(CH_2CH_2O)_{8.5}CH_3]$则很容易在这类高疏水性表面上铺展到更大的面积。这种现象称为超级铺展或超级润湿，并引起人们的广泛注意[69~77]。这种超级铺展能力归因于三硅氧烷表面活性剂具有将水溶液的表面张力降到 20～21mN/m 的能力，该值远小于碳氢链表面活性剂所能达到的最小值 25mN/m。然而某些短碳氢链表面活性剂与上面提到的 POE 三硅氧烷表面活性剂的混合物甚至显示出POE 三硅氧烷更大的超级铺展能力[74]。研究表明[24,78]这种协同效应（表 6.3）并不是因为混合物使溶液的表面张力进一步降低，而是因为该混合物在水溶液/固体界面的吸附要比其在水溶液/空气界面的吸附更大。

对于一系列的 *N*-烷基-2-吡咯烷酮能增强上面所述的 POE 三硅氧烷在聚乙烯薄膜上的超级铺展，研究表明[78]，将烷基吡咯烷酮加入三硅氧烷表面活性剂中，不能或几乎不能增加疏水性固体/空气界面或水溶液/空气界面上表面活性剂的总吸附量，但却显著增加了疏水性固体/水溶液界面上表面活性剂的总吸附。这种水溶液/固体界面吸附量相对于水溶液/空气界面上吸附量的增加，导致了润湿前缘先驱薄膜中空气/溶液界面上表面活性剂浓度的降低（图 6.8）。这导致了先驱膜中产生了表面张力梯度，促进水相向润湿前缘移动。

不同烷基吡咯烷酮增加表面活性剂在固体上的吸附的顺序与其增强超级润湿的顺序相同。此外，已有研究表明[24]：①铺展系数（式 6.1）的变化与超级润湿的增强是平行的；②通过测定相互作用参数 β_{SL}^{σ}（见第 11 章）得到不同烷基吡咯烷酮和三硅氧烷表面活性剂在疏水性固体/水溶液界面的分子间吸引相互作用增加的顺序为：正丁基<正环己基<正辛基<正己基<2-乙基己基，这一顺序与其增强超级铺展的顺序是完全相同的。

最近，研究发现两种不同碳氢链的表面活性剂的水溶液在高疏水性基质上也能显示超级铺展[78,79]。在这些混合物中，两种不同碳氢链的表面活性剂也有相互作用，导致表面活性剂在疏水性固体/水溶液界面的总吸附相对于在空气/水溶液界面的总吸附量有所增强，伴随这一现象的还有接触角降低的速率加快[79]。表 6.3 列出了这些混合物的 SF 值。

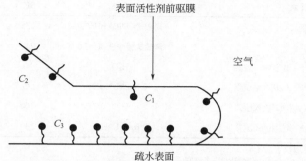

图 6.8 表面活性剂溶液在疏水性基质上的前驱膜

在界面上表面活性剂浓度 $C_1<C_2<C_3$，由于表面活性剂在固/液界面的吸附大于在空气/液体界面的吸附，前驱膜的 γ 值大于表面活性剂溶液体相的 γ 值

表 6.3 一些表面活性剂及其混合物水溶液在聚乙烯上的铺展因子①（25℃，0.1%浓度，3min）

体系	介质	SF②	参考文献
$C_{12}H_{25}SO_4^-Na^+$	H_2O	5	[80]
$(CH_3)_2CHC_6H_4SO_3^-Na^+$	H_2O	5	[80]
$C_4H_9OC_6H_4SO_3^-Na^+$	H_2O	5	[79]
二戊基磺基琥珀酸酯钠盐	H_2O	5	[80]
双(2-乙基己基)磺基琥珀酸酯钠盐	H_2O	8	[80]
$C_{10}Pyr^+Br^-$	H_2O	5	[80]
$C_{12}N^+Me_3Cl^-$	H_2O	3	[80]
$C_{10}N^+(CH_3)_2O^-$	H_2O	3	[80]
$C_2H_5C(CH_3)(OH)C\equiv CC(CH_3)(OH)C_2H_5$④	H_2O	5	[80]
$(CH_3)_2CHCH_2CH(CH_3)CH_2C(OC_2H_4)_8CH_2CH(CH_3)_2$④	H_2O	65	[80]
$t\text{-}C_8H_{17}C_6H_4(OC_2H_4)_5OH$④	H_2O	15	[79]
$t\text{-}C_8H_{17}C_6H_4(OC_2H_4)_5OH$④	0.1mol/L NaCl	10	[79]
N-己基吡咯烷酮	磷酸盐缓冲液 pH=7.0	5	[24]
N-(2-乙基己基)吡咯烷酮	磷酸盐缓冲液 pH=7.0	5	[24]
N-辛基吡咯烷酮	磷酸盐缓冲液 pH=7.0	5	[24]
N-辛基吡咯烷酮	H_2O	15	[79]
N-辛基吡咯烷酮	0.1mol/L NaCl	10	[79]
N-十二烷基吡咯烷酮	H_2O	45	[79]
N-十二烷基吡咯烷酮	0.1mol/L NaCl	30	[79]
L77③	磷酸盐缓冲液 pH=7.0	150	[24]
L77 – N-己基吡咯烷酮③	磷酸盐缓冲液 pH=7.0	210	[24]

续表

体系	介质	SF[②]	参考文献
L77 – N-乙基己基吡咯烷酮[③]	磷酸盐缓冲液 pH=7.0	235	[24]
L77 – N-辛基吡咯烷酮[③]	磷酸盐缓冲液 pH=7.0	210	[24]
n-C$_4$H$_9$OC$_6$H$_4$SO$_3^-$Na$^+$-N-十二烷基吡咯烷酮	H$_2$O	80	[79]
n-C$_4$H$_9$OC$_6$H$_4$SO$_3^-$Na$^+$-N-十二烷基吡咯烷酮	0.1mol/L NaCl	85	[79]
t-C$_8$H$_{17}$C$_6$H$_4$(OC$_2$H$_4$)$_5$OH-N-辛基吡咯烷酮[④]	H$_2$O	100	[79]
t-C$_8$H$_{17}$C$_6$H$_4$(OC$_2$H$_4$)$_5$OH-N-辛基吡咯烷酮[④]	0.1mol/L NaCl	130	[79]

① 数值是近似的，并取决于湿度。
② 对两种表面活性剂的混合物，任意比例下得到的最大值。
③ L77 为工业品(CH$_3$)$_3$SiOSi(CH$_3$)[CH$_2$CH$_2$(CH$_2$CH$_2$O)$_{8.5}$CH$_3$]OSi(CH$_3$)$_3$。
④ 工业级化合物。

参 考 文 献

[1] Osterhof, H. J. and F. E. Bartell (1930) *J. Phys. Chem.* **34**, 1399.

[2] Good, R. J. and L. A. Girifalco (1960) *J. Phys. Chem.* **64**, 561.

[3] Girifalco, L. A. and R. J. Good (1957) *J. Phys. Chem.* **61**, 904.

[4] Fox, H. W. and W. A. Zisman (1950) *J. Colloid Sci.* **5**, 514.

[5] Shafrin, E. G. and W. A. Zisman (1960) *J. Phys. Chem.* **64** 519

[6] Zisman, W. A., *Advances in Chemistry*, No. 43, American Chemical Society, Washington, DC, 1964

[7] Bartell, F. E. and L. S. Bartell(1934) *J. Am. Chem. Soc.* **56**, 2205.

[8] Adamson, A. W. and A. P. Gast, *Phsical Chemistry of Surfaces*, 6th ed., Wiley, New York, 1997,pp. 362.

[9] Bruil, H. G. and J. J. van Aartsen (1974) *Colloid Polym. Sci.* **252**, 32.

[10] Washburn, E. W. (1921) *Phys. Rev.* **17**, 273.

[11] Heertjes, P. M. and N. W. F. Kossen (1967) *Powder Tech.* **1**, 33.

[12] Dupré, A., Theorie Mecanique de la Chaleur, Paris, 1869.

[13] Lucassen-Reynders, E. H. (1963) *J. Phys. Chem.* **67**, 969.

[14] Padday, J. F., Wetting, S. C. I. Monograph No. 25, Soc. Chem. Ind., London, 1967, p.234.

[15] Bargeman, D. and F. Van Voorst Vader (1973) *J. Colloid Interface Sci.* **42**, 467.

[16] Pyter, R. A., G. Zografi, and P. Mukerjee (1982) *J. Colloid Interface Sci.* **89**, 144.

[17] Bernett, M. K. and W. A. Zisman (1959) *J. Phys. Chem.* **63**, 1911.

[18] Finch, J. A. and G. W. Smith (1973) *J. Colloid Interface Sci.* **44**, 387.

[19] Aronson, M. P., M. F. Petko, and H. M. Princen (1978) *J. Colloid Interface Sci.* **65**, 296.

[20] Bargava, A., A. V. Francis, and A. K. Biswas (1978) *J. Colloid Interface Sci.* **64**, 214.

[21] Somasundaran, P. (1972) *Separ. Purif Methods* **1**, 117.

[22] Schwarz, E. G. and W. G. Reid (1964) *Ind. Eng. Chem.* **56**, 9, 26.

[23] Schwuger, M. J. (1971) *Ber. Bunsenes. Phys. Chem.* **75**, 167.

[24] Wu, Y. and M. J. Rosen (2002) *Langmuir* **18**, 2205.

[25] Draves, C. Z. (1939) *Am. Dyestuff Rep.* **28**, 425.

[26] Fowkes, F. M. (1953) *J. Phys Chem.* **57**, 98.

[27] Cohen, A. W. and M. J. Rosen (1981) *J. Am Oil Chem. Soc.* **58**, 1062.

[28] Schwuger, M. J., (1982) *J. Am. Oil Chem. Soc.* **59**, *258*.

[29] Longsworth, L. G. (1953) *J. Am. Chem. Soc.* **75**, 5705.

[30] Rosen, M. J. and X. Y. Hua (1990) *J. Colloid Interface Sci.* **139**, 397.

[31] Komor, J. A. and J. P. G. Beiswanger (1966) *J. Am. Oil Chem. Soc.* **43**, 435.

[32] Stirton, A. J., J. K. Weil, A. A. Stawitzke, and S. James (1952) *J. Am. Oil. Chem. Soc.* **29**, 198.

[33] Weil, J. K., A. J. Stirton, and R. G. Bistline (1954) *J. Am. Oil Chem. Soc.* **31**, 444.

[34] Dahanayake, M., Surface chemistry fundamentals: thermodynamic and surface properties of highly purifiedmodel surfactants. Doctoral dissertation, City University of New York, 1985.

[35] Weil, J. K., A. J. Stirton, R. G. Bistline, and W. C. Ault (1960) *J. Am. Oil Chem. Soc.***37**, 679.

[36] Livingston, J. R., R. Drogin, and R. J. Kelly (1965) *Ind. Eng. Chem. Prod. Res. Dev.* **4**, 28.

[37] Smith, F. D., A. J. Stirton, and M. V. Nunez-Ponzoa (1966) *J. Am. Oil Chem. Soc.* **43**, 501.

[38] Rosen, M. J. and Z. H. Zhu (1993) *J. Am. Oil Chem. Soc.* **70**, 65.

[39] Weil, J. K., A. J. Stirton, and E. A. Barr (1966) *J. Am. Oil Chem. Soc.* **43**, 157.

[40] Stirton, A. J., R. G. Bistline, J. K. Weil, W. C. Ault, and E. W. Maurer (1962b) *J. Am. Oil Chem. Soc.* **39**, 128.

[41] Ohbu, K., M. Fujiwara, and Y. Abe (1998) *Progr. Colloid Polym. Sci.*, **109**, 85.

[42] Stirton, A. J., R. G. Bistline, J. K. Weil, and W. C. Ault (1962a) *J. Am. Oil Chem. Soc.* **39**, 55.

[43] Rosen, M. J. and C.-C. Kwan, Surface Active Agents Soc. Chem. Ind., London, 1979, pp. 99–105.

[44] Weil, J. K., R. E. Koos, W. M. Linfield, and N. Parris (1979) J. Am. Oil Chem. Soc. **56**, 873.

[45] (a) Crook, E. H., D. B. Fordyce, and G. F. Trebbi (1964) *J. Am. Oil Chem. Soc.* **41**, 231. (b) Leeds, M. W., R. J. Redeschi, S. J. Dumovich, and A. W. Casey (1965) *Ind. Eng. Chem. Prod. Res. Dev.* **4**, 236.

[46] Weil, J. K., A. J. Stirton, R. G. Bistline, and E. W. Maurer (1959) *J. Am. Oil Chem. Soc.* **36**, 241.

[47] Greiss, W. (1955) *Fette, Seifen, Anstrichmi.* **57**, 24, 168, 236.

[48] Shirolkar, G. V. and K. Venkataraman (1941) *J. Soc. Dyers Colour.* **57**, 41.

[49] Gray, F. W., I. J. Krems, and J. F. Gerecht (1965) *J. Am. Oil. Chem. Soc.* **42**, 998.

[50] Dreger, E. E., G. I. Keim, G. D. Miles, L. Shedlovsky, and J. Ross (1944) *Ind. Eng. Chem.* **36**, 610.

[51] Püschel, F. (1966) *Tenside* **3**, 71.

[52] Götte, E. (1969) *Fette, Seifen, Anstrichem*i. **71**, 219.

[53] Machemer, H. (1959) *Melliand Textilber*. **40**, 56, 174.

[54] Baumgartner, F.(1954) *Ind. Eng. Chem.* **46**, 1349.

[55] Götte, E. and M. J. Schwuger (1969) *Tenside* **6**, 131.

[56] Wrigley, A. N., F. D. Smith, and A. J. Stirton (1957) *J. Am. Oil Chem. Soc.* **34**, 39.

[57] Ikeda, I., A. Itoh, P.-L. Kuo, and M. Okahara (1984) *Tenside Dtrgts.* **21**, 252.

[58] Micich, T. J. and W. M. Linfield (1984) *J. Am. Oil Chem. Soc.* **61**, 591.

[59] Micich, T. J. and W. M. Linfield (1985) *J. Am. Oil Chem. Soc.* **62**, 912.

[60] Micich, T. J. and W. M. Linfield (1986) *J. Am. Oil Chem. Soc.* **63**, 1385.

[61] Varadaraj, R., J. Bock, N. Brons, and S. Zushma (1994) *J. Colloid Interface Sci.* **167**, 207.

[62] Olin, J. F. (to Sharples Chemicals, Inc.), U.S. 2,565,986 (1951).

[63] General Aniline and Film Corp. (GAF), Tech. Bull. 7543–002, 1965.

[64] Gerault, A., Fed. Assoc. Techniciens Ind. Peintures, Vernis, Emaux Encres Imprimerie Europe Continentale Congr. **7**, 119 (1964).

[65] Bland, P. and J. M. Winchester, *Proc. 5th Int. Congr. Surface Activity*, Barcelona, 1968, III, p. 325.

[66] Suzuki, H. (1967) *Yukagaku* **16**, 667 [C. A. 68, 41326h (1968)].

[67] Zhu, Z. H., D. Yang, and M. J. Rosen (1989) *J. Am. Oil Chem. Soc.* **66**, 998.

[68] Biswas, A. K. and B. K. Mukherji (1960) *J. Appl. Chem.* **10**, 73.

[69] Ananthapadmanabhan, K. P., E. D. Goddard, and P. Chandar (1990) *Colloids Surf.* **44**, 281.

[70] He, M., R. M. Hill, Z. Lin, L. E. Scriven, and H. T. Davis (1993) *J. Phys. Chem.* **97**, 8820.

[71] Lin, Z., M. He, H. T. Davis, L. E. Scriven, and S. A. Snow (1993) *J. Phys. Chem.* **97**, 3571.

[72] Zhu, S., W. G. Miller, L. E. Scriven, and H. T. Davis (1994) *Colloids Surf. A.* **90**, 63.

[73] Gentle, T. E. and S. A. Snow (1995) *Langmuir***11**, 2905.

[74] Rosen, M. J. and L. D. Song (1996) *Langmuir* **12**, 4945.

[75] Stoebe, T., Z. Lin, R. M. Hill, M. D. Ward, and H. T. Davis (1996) *Langmuir* **12**, 337.

[76] Stoebe, T., Z. Lin, R. M. Hill, M. D. ward, and H. T. Davis (1997) *Langmuir* **13**, 7270, 7276, 7282.

[77] Svitova, T. F., H. Hoffmann, and R. M. Hill (1996) *Langmuir* **12**, 1712.

[78] Rosen, M. J. and Y. Wu (2001) *Langmuir* **17**, 7296.

[79] Zhou, Q., Y. Wu. and M. J. Rosen (2003) *Langmuir* **19**, 7955.

[80] Rosen, M. J. and Y. Wu, U.S. Patent Appl. Serial No. 10/318,321, Dec. 12, 2002, Enhancement of the wetting of Hydrophobic Surfaces by Aqueous Surfactant Solutions.

问 题

6.1 （a）Good-Girifalco 因子 ϕ 是界面上两相接触时相互作用程度的量度，其数值从相互作用较弱时的 0.5 变化到相互作用很强时的约 1.1。已知水在 25℃ 时 $\gamma_{LA} = 72\text{mN/m}$，现有另一种液体 X，25℃ 时的表面张力为 20mN/m，如果在该温度下它们之间的界面张力为 45mN/m，则关于它们之间的相互作用强度你能得到什么结论？

（b）该系统中的铺展系数值是多少？

6.2 对于低能表面，润湿的临界表面张力 γ_c 常常等同于 γ_{SA}，这意味着什么呢？

6.3 25℃ 时水（$\gamma_c = 72\text{mN/m}$）在一个固体基质上形成一个 102° 的接触角。在水中加入表面活性剂使水的表面张力降低至 40mN/m，接触角降低至 30°。计算表面活性剂加入后水与基质之间黏附功的变化。

6.4 在疏水基质上 POE 非离子表面活性剂常比阴离子表面活性剂表现出更短的润湿时间，但在纤维素基质上则相反，比阴离子表面活性剂表现出更长的润湿时间，对以上现象给出解释。

6.5 不查表格，将下列表面活性剂在碱性 pH 值条件下对纤维素基质的润湿时间从高到低排序。

（a）$C_{12}H_{25}CH(SO_3^-Na^+)COOC_4H_9$

（b）$C_{16}H_{33}CH(SO_3^-Na^+)COOCH_3$

（c）$C_{12}H_{25}N^+(CH_3)_3Cl^-$

（d）$C_{16}H_{21}CH(SO_3Na^+)COOC_{10}H_{21}$

（e）$C_{16}H_{33}CH(SO_3^-Na^+)COOC_4H_9$

6.6 （a）对何种类型的表面活性剂和低能表面才能假设方程 6.6 中 $d(\gamma_{SA})/d\ln C$ 等于零？

（b）举出一些体系，表明这一假设不成立。

6.7 设计（合成方案是可选的）新型表面活性剂的结构，使其达到

（a）润湿性能最好；

（b）对处于极性和非极性介质中的单个疏水性和亲水性表面润湿性最差（强烈建议了解当前的文献）。

第 7 章　表面活性剂水溶液的发泡和消泡

把空气或其他气体通入液面下，液面伸展并用一层液膜包裹住气体，这就形成了泡沫。泡沫具有或多或少稳定的蜂窝状气室结构，气室的壁由两侧基本平行的液膜组成。这种具有两个面的液膜也称为泡沫的薄层。在三个或更多气泡的交界处，薄层变得弯曲，凹向气室，形成所谓的 Plateau 边界或 Gibbs 三角（图 7.1）。

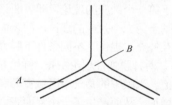

由于表面张力或界面张力的存在而引起的弯曲界面两侧的压力差可以用 Laplace 公式表示：

图 7.1　三个气泡交界处的 Plateau 边界

$$\Delta P = \gamma \left(\frac{1}{R_1} + \frac{1}{R_2} \right) \tag{7.1}$$

式中，R_1 和 R_2 为界面的曲率半径。由于在 Plateau 边界处薄层的曲率最大，因此在该区域界面受到的压力比泡沫中的其他区域要大。由于在一个单独的气室中气压是处处相等的，于是在高度弯曲的 Plateau 边界（B）处薄层内液体的压力要小于相邻的曲率较小的 Plateau 边界区域（A）薄层内液体的压力。这就导致薄层中的液体流向 Plateau 边界。在一个泡沫柱中，由于流体的静压力也导致排液，结果导致泡沫柱上层的液膜最薄，而泡沫柱下部的液膜最厚。当液体从薄层的两个表面之间排出时，液膜变得越来越薄，随之也就被破坏了。当液膜厚度降至某个临界值（5～10nm）时，液膜破裂。

纯液体不会起泡。性质相似的物质的混合物（如亲水性物质的水溶液）也不会起泡。向纯液体液面下通入气泡，气泡与气泡一旦接触即刻破裂，或者以等同于液体排离气泡的速度从液体中逸出。为了真的产生泡沫，液体中必须含有能吸附在气/液界面的溶质。表面活性溶质的存在导致在泡沫的气室之间形成了薄层，在薄层两侧的气/液界面上均形成了吸附单分子层。这些吸附膜使起泡体系具有与不起泡体系明显不同的性质，即前者具有抵抗气泡周围的局部薄层过度变薄的能力，尽管薄层总体变薄的趋势仍在进行。这一性质，通常称为膜弹性，是形成泡沫的必要条件；但仍不足以形成持久稳定的泡沫。形成的泡沫可能是持久的，或者是瞬时的。如果存在某种机制，能够防止薄层在大多数液体排泄完后仍不破裂，则可以产生持久泡沫（也叫亚稳态泡沫，以区别瞬时泡沫或不稳定泡沫，因为没有泡沫是热力学稳定的）。持久泡沫的寿命通常在几小时或几天之间，而瞬时泡沫的寿命通常只有几秒至几十秒（不到 1min）。

7.1 膜弹性理论

要使一个液体发泡（持久的或瞬时的），气泡周围的液膜必须具有一种特殊形式的弹性，使得如果有外力倾向于使液膜发生局部变薄或伸展时，该外力能够被因成膜物质发生迁移而产生的修复力迅速抵消或平衡。即正是这个伸展或变薄的过程产生了对抗该伸展或变薄的修复力，而且这些修复力必须随着膜位移量的增加而增加，就像拉橡皮筋一样。这种膜弹性仅在表面活性剂存在时才能产生。

有关这种膜弹性作用机制的理论是建立在对表面活性溶质水溶液表面张力的两种观察之上的：①在临界胶束浓度（CMC）以下，表面张力值随表面活性溶质浓度的降低而增加；②表面张力达到平衡值所需要的时间（事实上新形成的表面的表面张力值总是高于平衡值）。基于第一个效应的理论，即表面张力随表面活性溶质浓度的变化而变化，称为 Gibbs 效应[1]；而基于第二个效应的理论，即表面张力随时间而变化，称为 Marangoni 效应[2]。这两个理论相互补充，提供了不同条件下膜弹性运作的机理[3]。

两种膜弹性理论主张，弹性是因膜拉伸时产生的局部表面张力增加而引起的，即 $d\gamma/dA=$ 正值。当膜中的某一小区域变薄和拉伸时，那一区域的膜面积增加（图 7.2），表面张力也随之增加，从而产生了一个界面张力梯度，驱动流体从周围厚膜区域流向薄膜区域。变薄点因此自动地将周围区域的液体拉向自己，从而阻止了膜的进一步变薄。此外，表面物质运动时是携带着表面下的物质一起运动的，从而通过表面传输机制[4]帮助变薄点复原和加厚。两个理论的不同点在于，Marangoni 理论和 Gibbs 理论分别是基于瞬态表面张力值和平衡表面张力值来解释这一增加的。

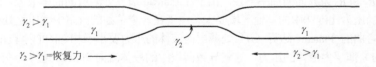

图 7.2　泡沫薄层局部伸展及膜弹性产生机理示意

Marangoni 效应只在稀溶液中才是显著的，并且作用的浓度范围有限。在没有搅拌或者不存在吸附能垒的情况下，溶质在新表面的吸附量可由下式得到[5]

$$n = 2\left(\frac{D}{\pi}\right)^{1/2} Ct^{1/2}\frac{N}{1000} \tag{7.2}$$

式中，n 为分子数/cm^2；D 为体相扩散系数，cm^2/s；C 为体相浓度，mol/L；N 为 Avogadro 常数。

泡沫产生时涉及的时间范围为 0.001~0.1s；对普通的表面活性物质（疏水链含 12~18 个碳原子），D/π 值在 1×10^{-6}cm^2/s 的量级；它们的表面平衡浓度约为 2×10^{14} 分子/cm^2。于是，如果取代新界面上的溶质所需要的时间不短于产生泡沫所需的时间，则不存在脱附能垒时溶液的浓度不应超过：

$$c = \frac{n \times 1000}{2(D/\pi)^{1/2} t^{1/2} N} = \frac{2 \times 10^{17}}{2 \times (1 \times 10^{-3}) \times (1 \times 10^{-1}) \times 6 \times 10^{23}} = 1.7 \times 10^{-3} \, \text{mol/L}$$

式中，采用的产生泡沫的平均时间为 0.01s。

另一方面，如果溶液太稀，溶液的表面张力将接近纯水的表面张力，于是所产生的恢复力，即纯溶剂的表面张力和溶液的平衡表面张力之差，必将太小以致不足以承受通常的热冲击或机械冲击。因此，根据这一机理，任何一个产生瞬时泡沫的溶液均存在一个最佳浓度，在此浓度下发泡力达到最大（在这些溶液中，泡沫稳定性不像发泡力那么重要，因此可以或多或少地独立于前者来测定发泡力）。这一形成瞬时泡沫时泡沫体积-溶液浓度曲线上出现最大值的现象已经得到很好的实验验证。

根据对动态表面张力的讨论（见第 5 章 5.4 节）可知，在 $t = t^*$ 时表面张力降低的速率达到最大，这里 t^* 为表面张力下降到纯溶剂的表面张力 γ_0 和亚平衡表面张力值 γ_m 两者之间的中值所需的时间。根据式 5.4，可以得到[6]：

$$(-\delta\gamma/\delta t)_{t=t^*} = n(\gamma_0 - \gamma_m)/4t^* \tag{7.3}$$

式中，n 为常数（表 5.3），基本上与表面活性剂浓度无关，随表面活性剂在表面吸附趋势的增加而增加。这意味着参数 $n(\gamma_0 - \gamma_m)/t^*$ 应该与表面活性剂溶液的发泡力相关。

对一系列纯的和商品十二醇聚氧乙烯醚、壬基酚聚氧乙烯醚以及醇醚硫酸盐类等表面活性剂，这一结论被证明是正确的[6~8]。

Gibbs 膜弹性理论假设，当局部液膜变薄或伸展时，表面张力的升高是由于薄层内部亚表面层溶液中溶质的消耗所致。这一理论是建立在如下假设基础上的，即在薄层或液膜中，液膜的长度相对于液膜的厚度要大得多，因此，在垂直于液膜的方向上建立起平衡比在沿液膜表面方向上建立起平衡要快得多。薄层因此可以被看作是由恒定体积和恒定溶质量的一系列独立部分所构成，当薄层表面发生某种变化时，这些独立部分之间能达到平衡。如果薄层被拉伸，则表面积增加，而厚度降低。然而，如果液膜相对比较薄时，在液膜伸展时，表面下溶液中溶质的浓度将不足以维持表面活性剂的表面浓度，于是这一部分表面的表面张力将升高。这一效应也只在一定的浓度范围内才明显。如果浓度很低，表面张力随浓度的变化太小，以致产生的表面张力梯度不足以阻止液膜的进一步变薄和最终破裂。另一方面，如果浓度高于溶质的 CMC 以上太多，表面张力随液膜面积增加的变化也很小，不足以阻止液膜的破裂，因为在 CMC 以上浓度，表面张力不随浓度而变化，或者变化不大，溶液中存在的大量表面活性剂阻碍了表面张力的变化，除非液膜变得非常薄时。Gibbs 效应因此能解释这样一个事实，即形成瞬时泡沫时，随溶质浓度的改变，发泡力会经过一个最大值。

Gibbs 效应可以定量估计。Gibbs 定义了一个表面弹性系数 E，即应力除以单位面积上的应变，即 $E = [2d\gamma/(dA/A)]$。E 值越大，膜变薄时抵抗冲击的能力越强。

根据先前描述的模型，即薄层的每个部分被认为是包含固定数量表面活性剂的一定体积的独立单元，E 可用下式表示[9,10]：

$$E = \frac{4\Gamma^2 RT}{h_b C + 2\Gamma\left(1 - \dfrac{\Gamma}{\Gamma_m}\right)} \tag{7.4}$$

式中，h_b 表示薄层中体相溶液的厚度；Γ 表示表面活性剂的表面浓度，mol/cm^2；Γ_m 表示表面饱和时表面活性剂的表面浓度，mol/cm²；C 表示表面活性剂的体相浓度，mol/cm³。

正如所料，这一表达式表明，E 随薄层中溶液的厚度或表面活性剂的体相浓度的降低而增加。该式还表明 E 强烈依赖于表面活性剂的表面过剩量 Γ，且如果表面过剩量 Γ 为 0，就不会有膜弹性。

借助于式 7.4 可以计算出当表面弹性系数 E 变得非常重要时薄层中体相溶液的厚度 h_b。当表面活性剂浓度超过 CMC 的 1/3 时，Γ/Γ_m 非常接近于 1，于是分母中的第二项可以忽略而不会引起太大误差：

$$E = \frac{4\Gamma^2 RT}{h_b C} \qquad (7.5)$$

因此表面弹性随薄层厚度或薄层中表面活性剂的体相浓度的增加而下降。此外由于 Γ 与 $(\delta\gamma/\delta \lg C)_T$ 成比例，膜弹性对体相表面活性剂浓度变化引起的溶液表面张力的变化非常敏感。表面活性剂的表面过剩浓度通常为 $(1\sim4)\times10^{-10}$ mol/cm²，于是在 27℃（300K）时，代入 $R=8.3\times10^7$ erg/(mol·K) 得到：

$$E = \frac{4\times(1\sim16)\times10^{-20}\times8.3\times10^7\times300}{h_b C} = \frac{(1\sim16)\times10^{-9}}{h_b C}$$

要使 E 达到或超过 10dyn，当 $C=1\times10^{-6}$ mol/cm³ $(1\times10^{-3}$ mol/L) 时，h_b 必须为 $10^{-3}\sim10^{-4}$ cm；而当 $C=1\times10^{-5}$ mol/cm³（1×10^{-2} mol/L）时，h_b 必须为 $10^{-4}\sim10^{-5}$ cm；依此类推。

7.2　决定泡沫持久性的因素

要使泡沫保持持久，必须存在某些机制，能够阻碍泡沫中液体或气体的流失，当薄层受到机械冲击或达到临界厚度时阻止液膜破裂。

7.2.1　薄层中的排液

薄层内部剩余溶液的排液程度和速率是决定泡沫稳定性的重要因素之一。因为排液导致液膜变薄，而当膜厚度达到临界厚度（50～100Å）时，液膜会自发破裂。导致排液的驱动力是重力作用和压力差。

重力排液主要在薄层很厚时才是重要的，例如当泡沫刚刚形成时，当薄层变薄后，压力差导致的排液变得更为重要。起泡溶液的体相黏度是影响厚膜阶段重力排液速率的主要因素。那些能增加起泡溶液体相黏度的电解质或有机添加剂（见第 3 章 3.3 节），能降低薄层中液体的排液速率。如果要求泡沫非常稳定，通常可以加入聚合物增稠剂增加体相黏度。在 CMC 之上的浓度范围内，表面活性剂在薄层体相溶液中形成黏性的液晶相能通过抑制排液而提高泡沫的稳定性。当薄层变薄时，由于液体从薄层内部排出，剩余液体的黏度显著受到构成薄层外表面的定向单分子层的影响。由单分子层引起的定向力通过下层水分子的连续极化被传输到薄层中相当深的内部。例如在一个厚度为 1000Å 的液膜中，水的黏度被证明可以达到普通水的两倍；而在一个厚度为 200Å 的液膜中，水的黏度可以达到普通水的 5 倍。

压力差排液是由薄层表面的曲率差引起的。如前所述（图 7.1），在三个或更多气泡的交汇处，薄层的曲率要大于仅有两个气泡相邻的边界处的曲率。导致液体从 Plateau 边界之外的 A 点向 Plateau 边界 B 点排液的压力差由式 $\Delta P = \gamma(1/R_B + 1/R_A)$ 给出，其中 R_B 和 R_A 分别是 B 点和 A 点处薄层的曲率半径。R_A 和 R_B 的差别越大（即泡沫中气泡的尺寸越大），以及薄层中溶液的表面张力越大，引起排液的压力差就越大。

7.2.2　气体通过薄层的扩散

决定泡沫稳定性的另一个因素是气体通过分隔两个气泡的薄层从一个气泡扩散到另一个气泡中的速率。气体在两个半径分别为 R_1 和 R_2 的气泡中的扩散速率由下式给出：

$$q = -JA\Delta p \tag{7.6}$$

式中，J 为扩散路径的渗透率；A 为两气泡间发生扩散的界面位置的有效投影面积；γ 为溶液的表面张力，Δp 为两气泡中气体的压力差：

$$\Delta p = 2\gamma\left(\frac{1}{R_1} - \frac{1}{R_2}\right) \tag{7.7}$$

如果气泡的两个表面都被考虑，则等式的右边要乘以 2。

由于等式中的负号表示扩散是朝向压力低的方向进行的，并且小气泡中气体的压力要比大气泡中的压力高（$\Delta p = 2\gamma/R$），因此大气泡趋向于长大，而小气泡趋向于减小。这种气泡的增长可能完全改变了泡沫的特性，即从开始时的小圆形气室转变为大的多面体状气室。这种变化增加了 Plateau 边界的曲率，从而增加了向该处排液的驱动力。这一增长可能要求泡沫中的气泡进行重排，而由于重排可能引发机械冲击，结果可能导致薄层在某些点破裂。

上述扩散公式中的 J 值取决于两个界面及它们之间的液体对气体迁移的阻碍。数据表明，这种气体迁移是通过薄层的表面膜中表面活性剂分子之间的含水孔进行的[11]。表面活性剂分子在吸附膜中的紧密排列因而有望降低气体在两个气泡之间的扩散速率。与此相一致，界面对气体扩散的阻碍作用已经被证明随表面活性剂分子疏水链碳原子数的增加和亲水头基分子量的减少而增加[12]。研究表明，加入一定浓度的月桂醇可以显著降低十二烷基硫酸钠表面膜的渗透率，可能是因为十二醇的存在使得十二烷基硫酸钠形成的表面膜变得更加致密。

7.2.3　表面黏度

定性地来说，在很多情况下，泡沫的稳定性与表面膜的黏度是相关联的，但具体的关系实际上尚不明确。一些泡沫非常稳定，但其表面膜的黏度并不是特别高，另一方面，也有黏度较大的单分子层不能产生特别稳定的泡沫。但有一个观点是大家接受的，即表面膜的黏度很低（气态单分子膜）或很高（固态单分子膜）时，产生的泡沫都是不稳定的。在这两种情况下，膜弹性都很低。此外，太高的表面黏度会减缓膜中变薄区域通过表面传输机理而进行的自我修复。

7.2.4　双电层的存在与厚度

阻碍液膜变薄的因素（至少对离子表面活性剂来说）有液膜两侧之间的静电排斥作用和高浓度反离子引起的高渗透压。提出这些因素是基于一些持久泡沫中表面膜的黏度并不是很高这一事实，例如纯表面活性剂溶液的发泡即符合这种情形，因为众所周知，纯表面活性剂形成的表面膜并不特别致密。在这种情况下，一般认为当液膜变得非常薄时（<0.2μm 或 200nm），泡沫稳定性主要源于离子型表面活性剂吸附在液膜两边形成的离子吸附双层之间的静电排斥作用。由于向发泡液中加入电解质会导致表面膜中双电层的压缩，因此添加电解质将减弱双电层之间的相互排斥。这可以解释为何随着电解质浓度的增加，液膜厚度减小[13]，以及对许多泡沫加入电解质会导致泡沫不稳定。

综上所述，促进表面活性剂水溶液发泡的因素包括：①较低的平衡表面张力；②以中等速度达到平衡表面张力；③较高的表面活性剂的表面浓度；④高体相黏度；⑤中等的表面黏度；⑥泡沫薄层两侧间的静电排斥作用。前三个因素提高了膜弹性，而后三个因素增强了泡沫的持久性。

7.3　表面活性剂的化学结构与水溶液发泡性的关系

对发泡而言，如同对其他表面性质一样，在讨论表面活性剂的结构与水溶液发泡性之间的相关性时，需要区分表面活性剂的效率和效能。这里效率是指产生一定量的泡沫所需要的体相浓度，而效能则是指可能产生的最大泡沫高度，而不论浓度是多少。另一个需要加以区分的是泡沫的产量和泡沫的稳定性，前者通常用初始泡沫高度来表示，而后者即泡沫稳定性则用给定时间后的泡沫高度来表示。因此，在比较不同表面活性剂的发泡性能时，发泡性（foaming ability）必须明确定义。此外，还需要指明产生泡沫的方法、溶液的温度、所用水的硬度以及电解质含量等。由于许多具有明确结构的表面活性剂的发泡数据都是用 Ross-Miles 方法获得[14]，因此这里讨论的结构相关性也主要基于该方法获得的数据。

在 Ross-Miles 方法中，将 50mL 表面活性剂溶液装入一个圆柱形发泡容器中，该容器通过夹套保持在一定的温度（通常是 60℃）下，另将 200mL 的相同表面活性剂水溶液装入一个出料口内径为 2.9mm 的特定容器中，自 90cm 高度落下，冲入 50mL 表面活性剂溶液中。当所有溶液都冲下后，立刻记录产生的泡沫高度（初始泡沫高度）并在一个给定的时间后再记录一次（通常是 5min）。

Lunkenheimer 和 Malysa[15]提出了另一种与此相关但不同的方法来测量泡沫高度和泡沫稳定性。将表面活性剂溶液（50mL）倒入内径为 42mm、底部有一个多孔玻璃盘（G-2）的玻璃圆筒内，圆筒的底部通过一个活塞与一支注射器相连。将一定量气体（50mL 或 100mL）通过注射器和活塞在固定时间内（比如 20s）手动引入，然后关闭活塞。测量产生的泡沫的初始高度和溶液的高度，并测量相应的泡沫高度和溶液高度随时间的变化。

7.3.1　作为发泡剂的发泡效率

当浓度低于 CMC 时，泡沫高度通常随表面活性剂浓度的增加而增加，直到接近 CMC 时，泡沫高度达到一个最大值，或者在浓度略高于 CMC 时缓慢达到最大值。因此，表面活性剂的 CMC 值是一个很好的衡量发泡效率的量度；CMC 越低，表面活性剂作为发泡剂的效率越高。那些能够导致较低 CMC 的结构因素，如增加疏水链长等，被认为可以提高表面活性剂作为发泡剂的效率。加入中性电解质（可以降低表面活性剂的 CMC）可以增加离子型表面活性剂的发泡效率。表 7.1 列出了一些表面活性剂水溶液泡沫高度达到最大值时的浓度，以及在相应测定温度下的 CMC 值。从这些数据可以明显地看出，具有较长疏水链的表面活性剂发泡效率更高，但发泡效能不一定是更好。由于 Ross-Miles 方法通常采用的是 0.25% 的表面活性剂水溶液，对于大部分表面活性剂来说，约相当于 $8×10^{-3}$ mol/L，因此只有那些 CMC 值大于这一值的物质在这一实验浓度下可能没有达到其最大泡沫高度。

表 7.1　**表面活性剂水溶液的发泡效率**（Ross-Miles 法[14]）

表面活性剂	温度/℃	达到最大泡沫高度时的浓度/(mol/L)	CMC/(mol/L)	泡沫高度/mm	参考文献
$p\text{-}C_8H_{17}C_6H_4SO_3^-Na^+$	60	$13×10^{-3}$	$16×10^{-3}$	165	[16]
$p\text{-}C_{10}H_{21}C_6H_4SO_3^-Na^+$	60	$4.5×10^{-3}$	$3×10^{-3}$	185	[16]
$o\text{-}C_{12}H_{25}C_6H_4SO_3^-Na^+$	60	$4×10^{-3}$	$3×10^{-3}$	205	[16]
$p\text{-}C_{12}H_{25}C_6H_4SO_3^-Na^+$	60	$4×10^{-3}$	$1.2×10^{-3}$	200	[16]
$o\text{-}C_{11}H_{23}CH(CH_3)C_6H_4SO_3^-Na^+$	60	$8×10^{-3}$	—	195	[17]
$p\text{-}C_{11}H_{23}CH(CH_3)C_6H_4SO_3^-Na^+$	60	$8×10^{-3}$	$5×10^{-3}$	215	[16]
$p\text{-}C_7H_{15}CH(C_4H_9)C_6H_4SO_3^-Na^+$	60	$7×10^{-3}$	$4×10^{-3}$	230	[16]
$C_5H_{11}CH(C_5H_{11})SO_3^-Na^+$	60	$10×10^{-3}$	$83×10^{-3}$	130	[18]
$C_{12}H_{25}SO_3^-Na^+$	60	$11×10^{-3}$	$13×10^{-3}$	210	[19]
$C_{12}H_{25}SO_4^-Na^+$	46	$5×10^{-3}$	$9×10^{-3}$	205	[18]
$C_{11}H_{23}CH(CH_3)SO_4^-Na^+$	46	$5×10^{-3}$	$6.5×10^{-3}$	205	[18]
$C_6H_{13}CH(C_6H_{13})SO_4^-Na^+$	46	$>15×10^{-3}$	$19×10^{-3}$	220	[18]
$C_{14}H_{29}SO_3^-K^+$	60	$3×10^{-3}$	$3×10^{-3}$	217	[19]
$C_{14}H_{29}SO_4^-Na^+$	46	$3×10^{-3}$	$2.3×10^{-3}$	225	[18]
$C_{13}H_{27}CH(CH_3)SO_4^-Na^+$	46	$3×10^{-3}$	$1.7×10^{-3}$	220	[18]
$C_7H_{15}CH(C_7H_{15})SO_4^-Na^+$	46	$3×10^{-3}$	$6.7×10^{-3}$	240	[18]
$C_{16}H_{33}SO_3^-K^+$	60	$0.8×10^{-3}$	$0.9×10^{-3}$	233	[19]
$C_{16}H_{33}SO_3^-Na^+$	60	$0.8×10^{-3}$	$0.5×10^{-3}$	220	[19]
$C_{15}H_{31}CH(CH_3)SO_4^-Na^+$	46	$<1×10^{-3}$	$0.7×10^{-3}$	212	[18]
$C_8H_{17}CH(C_8H_{17})SO_4^-Na^+$	46	$4×10^{-3}$	$2.3×10^{-3}$	245	[18]
$p\text{-}C_9H_{19}CH(CH_3)C_6H_4SO_3^-Na^+$	60	$13×10^{-3}$	—	190	[17]
$p\text{-}C_{13}H_{27}CH(CH_3)C_6H_4SO_3^-Na^+$	60	$4×10^{-3}$	—	175	[17]
$p\text{-}C_{15}H_{31}CH(CH_3)C_6H_4SO_3^-Na^+$	60	$0.7×10^{-3}$	—	126	[17]

7.3.2　作为发泡剂的发泡效能

表面活性剂作为发泡剂的发泡效能看起来与两个因素相关，其一是该表面活性剂降低发泡液表面张力的效能，其二是表面活性剂分子间内聚作用力的大小。当对某一表面活性剂水溶液作一定量的功以产生泡沫时，产生的泡沫体积取决于表面张力，因为产生泡沫所需要的最小的功为 $γΔA$，即表面张力和起泡前后气/液界面面积变化的乘积。在相同的起泡条件下，一般水溶液的表面张力越低，做一定量功所产生的泡沫体积越大[19]。另一个影响表面活性剂作为发泡剂的发泡效能的因素可能是表面张力降低的速度[18]，于是那些可以快速扩散到界面的分子，如带有支链的表面活性剂或者亲水基团位于疏水链中间的表面活性剂分子，被认为可以产生更大的初始泡沫体积。然而，表面活性剂不仅需要产生泡沫，还需要使泡沫能保持一定的时间，即泡沫需要具有显著的稳定性。这需要界面膜具有足够的内聚力，以赋予泡沫中包裹气体的液膜或薄层一定的弹性和机械强度。由于表面活性剂分子链链之间的内聚力随烷基链长的增加而增加，这或许可以解释观察到的现象，即泡沫高度随链长增加通常会经过一个最大值。烷基链太短导致链链间的内聚力不够，而烷基链太长则导致膜的刚性太强，从而降低膜弹性（或者在水中的溶解度太低）。

Shah 及其合作者[20, 21]曾经指出了胶束稳定性与发泡效能之间的关系。胶束的稳定性与发泡效能之间为负相关，因为在起泡过程中，非常稳定的胶束不能提供足够的表面活性剂流来稳定新生成的气/液界面。于是聚乙二醇虽然降低了十二烷基硫酸钠形成的胶束的稳定性，却能增加后者水溶液的发泡性[22]。对十二烷基硫酸钠-烷基三甲基溴化铵混合物，观察到当两种表面活性剂的链长相等时，即十二烷基硫酸钠-十二烷基三甲基溴化铵混合物，所获得的胶束稳定性最大，反映出两者的相互作用达到最大（表 11.1）。由于在气/水界面和胶束中均达到了紧密排列，这些混合物显示出最低的表面张力，最大的表面黏度，最大的泡沫稳定性，但是泡沫高度最小[23]。这一概念与 Dupré[24]等提出的有关 POE 非离子物质在达到浊点时发泡性显著降低的解释相一致。

由于带有支链的或亲水基位于分子中间部位的表面活性剂比那些直链的或亲水基位于分子末端的异构体能够把表面张力降到更低的值（见第 5 章 5.2 节），因此，前一种类型的化合物将比后一种类型的化合物显示出更高的初始泡沫高度。然而，由于支链化疏水基之间的内聚作用比直链疏水链之间的内聚作用要弱，因此前一种类型的化合物被认为具有较弱的稳泡作用。这两种相反因素的作用结果是，当直链表面活性剂的亲水基从分子末端移动到偏中间的位置时，泡沫高度通常会增加，只要比较时各表面活性剂的浓度都大于其 CMC，因为这时发泡能力达到了最大。在这里必须强调这一点，因为将亲水基从分子的末端移动到中间位置时，通常会引起 CMC 的增大，从而导致其作为发泡剂的发泡效率降低。另一方面，高度支链化的表面活性剂与其直链同分异构化合物相比，通常给出较低的泡沫高度，除非直链化合物的疏水链太长，以致在水中没有足够的溶解度而无法正常发泡（例如，40℃下碳原子数>16 时）。可能由于相似的原因，2,5-双直链烷基苯磺酸盐的泡沫高度和稳定性比相应的对位直链烷基苯磺酸盐都要低[25]。由于支链化表面活性剂的水溶性比直链化合物更好，且分子间的内聚力随着链长的增加而增加，因此用最多含 20 个碳原子的支链表面活性剂在 40℃时可以获得很好的起泡性，其中碳原子数为 20 的支链化合物的泡沫高度超过了碳链较短的任何其他直链化合物[26]。

对于离子型表面活性剂来说，发泡效能似乎与反离子的性质有关。带有较小反离子的化合物表现出更高的初始泡沫高度和泡沫稳定性。于是对于十二烷基硫酸盐系列，发泡效能随反离子尺寸的增加而降低，即有如下顺序：$NH_4^+>(CH_3)_4N^+>(C_2H_5)_4N^+>(C_4H_9)_4N^+$[27]。

在这项以及类似的发泡测试中，阳离子表面活性剂给出较差的发泡性能可能不是由于其本身发泡能力差，而是由于阳离子表面活性剂以其疏水基朝向溶液吸附于起泡装置的玻璃壁上，使器壁难以被水润湿而导致泡沫破裂。

表7.2列出了一些表面活性剂在水溶液中的发泡性能，以及有关其短期稳定性的一些数据。

表 7.2　表面活性剂水溶液的发泡效能（Ross-Miles 法[14]）

| 表面活性剂 | 浓度/% | 温度/℃ | 泡沫高度/mm | | | 参考文献 |
| | | | 蒸馏水 | | 300mg/L CaCO$_3$ | |
			初始高度	一定时间(min)后高度[①]	初始高度	
C$_{15}$H$_{31}$COO$^-$Na$^+$	0.25(pH10.7)	60	236	232(5)		[28]
C$_{10}$H$_{21}$SO$_3^-$Na$^+$	0.68	60	160	5(5)		[29]
C$_{12}$H$_{25}$SO$_3^-$Na$^+$	0.32	60	190	125(5)		[29]
C$_{14}$H$_{29}$SO$_3^-$Na$^+$	0.11	60	—	214(1)	—	[19]
C$_{16}$H$_{33}$SO$_3^-$K$^+$	0.033	60	—	233(1)	—	[19]
C$_{12}$H$_{25}$SO$_4^-$Na$^+$	0.25	60	220	200(5)	240[②]	[29~31]
C$_{14}$H$_{29}$SO$_4^-$Na$^+$	0.25	60	231	184(5)	246[②]	[30]
C$_{16}$H$_{33}$SO$_4^-$Na$^+$	0.25	60	245	240(5)	178[②]	[30,31]
C$_{18}$H$_{37}$SO$_4^-$Na$^+$	0.25	60	227	227(5)	151[②]	[30]
油醇硫酸钠(Sodium oleyl sulfate)	0.25	60	246	240(5)	226[②]	[30]
油醇硫酸钠(Sodium elaidyl sulfate)	0.25	60	243	241(5)	202[②]	[30]
C$_{12}$H$_{25}$OC$_2$H$_4$SO$_4^-$Na$^+$	0.14	60	246	241(5)		[29]
C$_{12}$H$_{25}$(OC$_2$H$_4$)$_2$SO$_4^-$Na$^+$	0.11	60	180	131(5)	—	[29]
C$_{12}$H$_{25}$OCH$_2$CH(CH$_3$)SO$_4^-$Na$^+$	0.25	60	200	—	—	[31]
C$_{14}$H$_{29}$OCH$_2$CH(CH$_3$)SO$_4^-$Na$^+$	0.25	60	215	—	—	[31]
C$_{14}$H$_{29}$[OCH$_2$CH(CH$_3$)]$_2$SO$_4^-$Na$^+$	0.25	60	210	—	—	[31]
C$_{16}$H$_{33}$OCH$_2$CH(CH$_3$)SO$_4^-$Na$^+$	0.25	60	200	—	—	[31]
C$_{18}$H$_{37}$OCH$_2$CH(CH$_3$)SO$_4^-$Na$^+$	0.25	60	160	—	—	[31]
C$_{18}$H$_{37}$OCH$_2$CH$_2$SO$_4^-$Na$^+$	0.25	60	160	—	—	[31]
o-C$_8$H$_{17}$C$_6$H$_4$SO$_3^-$Na$^+$	0.15	60	148	—	—	[17]
p-C$_8$H$_{17}$C$_6$H$_4$SO$_3^-$Na$^+$	0.15	60	134	—	—	[17]
p-C$_8$H$_{17}$C$_6$H$_4$SO$_3^-$Na$^+$	0.25	60	150	—	—	[17]
o-C$_9$H$_{19}$CH(CH$_3$)C$_6$H$_4$SO$_3^-$Na$^+$	0.15	60	165	—	—	[17]
p-C$_9$H$_{19}$CH(CH$_3$)C$_6$H$_4$SO$_3^-$Na$^+$	0.15	60	162	—	—	[17]
o-C$_{12}$H$_{25}$C$_6$H$_4$SO$_3^-$Na$^+$	0.15	60	206	—	—	[17]
o-C$_{12}$H$_{25}$C$_6$H$_4$SO$_3^-$Na$^+$	0.25	60	208	—	—	[17]
p-C$_{12}$H$_{25}$C$_6$H$_4$SO$_3^-$Na$^+$	0.15	60	201	—	—	[17]
C$_{10}$H$_{21}$CH(CH$_3$)C$_6$H$_4$SO$_3^-$Na$^+$	0.25	60	—		245	[32]
o-C$_{11}$H$_{23}$CH(CH$_3$)C$_6$H$_4$SO$_3^-$Na$^+$	0.15	60	190	—	—	[17]
p-C$_{11}$H$_{23}$CH(CH$_3$)C$_6$H$_4$SO$_3^-$Na$^+$	0.15	60	210	—	—	[16]
p-C$_{11}$H$_{23}$CH(CH$_3$)C$_6$H$_4$SO$_3^-$Na$^+$	0.25	60	218	—	—	[16]

续表

表面活性剂	浓度/%	温度/℃	泡沫高度/mm			参考文献
			蒸馏水		300mg/L CaCO₃	
			初始高度	一定时间(min)后高度①	初始高度	
p-$C_7H_{15}CH(C_4H_9)C_6H_4SO_3^-Na^+$	0.15	60	219	—	—	[16]
p-$C_7H_{15}CH(C_4H_9)C_6H_4SO_3^-Na^+$	0.25	60	230	—	—	[16]
$C_{12}H_{25}CH(CH_3)C_6H_4SO_3^-Na^+$	0.25	60	—	—	80	[32]
$C_{14}H_{29}CH(CH_3)C_6H_4SO_3^-Na^+$	0.25	60	—	—	10	[32]
o-$C_{15}H_{31}CH(CH_3)C_6H_4SO_3^-Na^+$	0.15	60	105	—	—	[17]
p-$C_{15}H_{31}CH(CH_3)C_6H_4SO_3^-Na^+$	0.15	60	129	—	—	[17]
$C_{16}H_{33}CH(CH_3)C_6H_4SO_3^-Na^+$	0.25	60	—	—	0	[32]
$CH_3CH(SO_3^-Na^+)COOC_{14}H_{29}$	0.25	60	220	—	240	[33]
$C_2H_5CH(SO_3^-Na^+)COOC_{12}H_{25}$	0.25	60	220	—	225	[33]
$C_7H_{15}CH(SO_3^-Na^+)COOC_8H_{17}$	0.25	60	—	—	185	[34]
$C_{10}H_{21}CH(SO_3^-Na^+)COOC_4H_9$	0.25	60	220	—	230	[33]
$C_{10}H_{21}CH(SO_3^-Na^+)COOC_5H_{11}$	0.25	60	220	—	235	[33]
$C_{14}H_{29}CH(SO_3^-Na^+)COOCH_3$	0.25	60	210	200(5)	225	[33]
$C_{14}H_{29}CH(SO_3^-Na^+)COO^-Na^+$	0.25	60	175	165(5)	125	[35]
$C_{14}H_{29}CH(SO_3^-Na^+)COOC_2H_5$	0.25	60	210	—	215	[33]
$C_{13}H_{27}C(CH_3)(SO_3^-Na^+)COOCH_3$	0.25	60	180	160(5)	200	[35]
$C_{16}H_{33}C(CH_3)(SO_3^-Na^+)COOCH_3$	0.25	60	175	165(5)	35	[35]
$C_{18}H_{37}C(CH_3)(SO_3^-Na^+)COOCH_3$	0.25	60	140	130(5)	30	[35]
$C_8H_{17}C(C_8H_{17})(SO_3^-Na^+)COOCH_3$	0.25	60	210	200(5)	215	[35]
$C_8H_{17}C(C_8H_{17})(SO_3^-Na^+)COO^-Na^+$	0.25	60	0	0	95	[35]
$C_8H_{17}C(C_6H_{13})(SO_3^-Na^+)COOCH_3$	0.25	60	204	190(5)	213	[35]
$C_8H_{17}C(C_4H_9)(SO_3^-Na^+)COOCH_3$	0.25	60	170	5(5)	200	[35]
$C_{12}H_{25}Pyr^+Br^-$	0.37	60	135	3(5)	—	[29]
$C_{10}H_{21}N^+(CH_3)(CH_2C_6H_5)CH_2COO^-$	0.14	60	35	2(5)	—	[29]
$C_{12}H_{25}N^+(CH_3)(CH_2C_6H_5)CH_2COO^-$	0.018	60	50	2(5)	—	[29]
$C_{12}H_{25}N^+(CH_3)_2CH_2COO^-$③	0.25(pH5.8)	60	199	29(5)	—	[28]
$C_{12}H_{25}N^+(CH_3)_2CH_2COO^-$③	0.25(pH9.3)	60	197	34(5)	—	[28]
$C_{12}H_{25}(OC_2H_4)_{10}OH$③	0.25	60	168	26(5)	—	[28]
$C_{12}H_{25}O(C_2H_4O)_{15}H$③	0.25	60	—	—	197	[36]
$C_{12}H_{25}O(C_2H_4O)_{20}H$③	0.25	60	—	—	195	[36]
$C_{12}H_{25}O(C_2H_4O)_{33}H$③	0.25	60	—	—	180	[36]
$C_{16}H_{33}O(C_2H_4O)_{15}H$③	0.25	60	—	—	153	[36]

续表

| 表面活性剂 | 浓度/% | 温度/℃ | 泡沫高度/mm | | | 参考文献 |
| | | | 蒸馏水 | | 300mg/L CaCO$_3$ | |
			初始高度	一定时间(min) 后高度[①]	初始高度	
C$_{16}$H$_{33}$O(C$_2$H$_4$O)$_{20}$H[③]	0.25	60	—	—	167	[36]
C$_{16}$H$_{33}$O(C$_2$H$_4$O)$_{30}$H[③]	0.25	60	—	—	149	[36]
C$_{18}$H$_{37}$O(C$_2$H$_4$O)$_{15}$H[③]	0.25	60	—	—	165	[36]
C$_{18}$H$_{37}$O(C$_2$H$_4$O)$_{21}$H[③]	0.25	60	—	—	152	[36]
C$_{18}$H$_{37}$O(C$_2$H$_4$O)$_{30}$H[③]	0.25	60	—	—	115	[36]
C$_{18}$H$_{35}$O(C$_2$H$_4$O)$_{15}$H[④]	0.25	60	—	—	140	[36]
C$_{18}$H$_{35}$O(C$_2$H$_4$O)$_{20}$H[④]	0.25	60	—	—	160	[36]
C$_{18}$H$_{35}$O(C$_2$H$_4$O)$_{31}$H[④]	0.25	60	—	—	140	[36]
t-C$_9$H$_{19}$C$_6$H$_4$O(C$_2$H$_4$O)$_8$H[③]	0.10	25	55	45(5)	—	[37]
t-C$_9$H$_{19}$C$_6$H$_4$O(C$_2$H$_4$O)$_9$H[③]	0.10	25	80	60(5)	—	[37]
t-C$_9$H$_{19}$C$_6$H$_4$O(C$_2$H$_4$O)$_{10-11}$H[③]	0.10	25	110	80(5)	—	[37]
t-C$_9$H$_{19}$C$_6$H$_4$O(C$_2$H$_4$O)$_{13}$H[③]	0.10	25	130	110(5)	—	[37]
t-C$_9$H$_{19}$C$_6$H$_4$O(C$_2$H$_4$O)$_{20}$H[③]	0.10	25	120	110(5)	—	[37]

① 该列数据后括号内的数字表示时间，单位 min。如 232(5)表示 5min 后的泡沫高度为 232mm。
② 浓度 0.1%，在 100mg/L CaCO$_3$ 硬水中。
③ 工业品。
④ 工业品，来自油醇。
注：Pyr$^+$ 表示吡啶。

在室温下的蒸馏水中，碳原子数为 12～14 的饱和直链烷基硫酸钠和肥皂表现出最好的发泡能力[38]；而在更高温度下，烷基链更长的同系物发泡性能更好。于是在 60℃时，含有 16 个碳原子的饱和直链烷基硫酸盐、棕榈酸皂、十二烷基和十四烷基苯磺酸盐（疏水基团相当于 15.5～17.5 个碳原子）和含有 16～17 个碳原子的 α-磺基酯显示出最强的发泡能力[16,30,31,33,35,39]。在接近水的沸点时，C$_{18}$ 化合物的效果是最好的。由于烷基链间的内聚力必须克服分子的热扰动，而热扰动会随着温度的升高而增加，所以可以预期最佳碳链长度也随温度的增加而增加。α-磺基脂肪酸的双钠盐比 α-磺基酯的单钠盐产生的泡沫要少得多，这可能是因为分子中亲水基之间的静电排斥作用抵消了链间的内聚作用。

在硬水中，碳链较短的阴离子表面活性剂会产生最佳的发泡性能，这可能是由于在 Ca^{2+} 的存在下，阴离子的表面膜具有更强的内聚力。于是 60℃时在 300mg/L 的 CaCO$_3$ 溶液中，C$_{12}$～C$_{14}$ 饱和直链烷基硫酸盐表现出最高的发泡能力[30]。在一项于 46℃下进行的餐具清洗剂研究中发现，当存在甘油三酯油污时，随着水硬度的增加，最佳的泡沫稳定性向短碳链化合物移动[40]。

在水介质中，与离子型表面活性剂相比，POE 型非离子表面活性剂通常产生较少的泡沫，泡沫稳定性也较差。这可能是由于每个表面活性剂分子占据了较大的面积以及表面膜缺乏电荷所致。将这些物质转变为相应的硫酸盐通常会提高发泡能力。在 POE 型非离子型表面活性剂中，泡沫稳定性和泡沫体积都随聚氧乙烯链长的增加在一个特定链长达到最大值，然后又降低[41]。这归因于当聚氧乙烯链长增加时，吸附膜中分子间的内聚力在某一链长达到最大。表面活性剂分子之间的范德华作用随着氧乙烯含量的增加而降低，因为表面活性剂分子占据的面积随着氧乙烯含量的增加而增加了。然而在水相中 POE 链被认为是卷曲的，由于分子间和分子内氢键作用产生的内聚力会随着氧乙烯含量的增加而出现一个最大值。因此，随着氧乙烯含量的增加，范德华力和氢键作用力的总和也经历一个最大值。60℃时，在 300mg/L 碳酸钙溶液中，脂肪醇聚氧乙烯醚的发泡性能大大优于脂肪酸聚氧乙烯酯。直链十二醇乙氧基化物的瞬时泡沫高度大于相应的十六醇、十八醇和油醇乙氧基化物。在这些测试中，最佳氧乙烯含量为每摩尔疏水基对应 15～20mol 氧乙烯[36]。直链伯醇和仲醇乙氧基化物在发泡性方面看起来没有明显的差别。在 25℃的蒸馏水中，对于壬基酚乙氧基化物，最佳氧乙烯含量是每摩尔疏水基加成大约 13mol 氧乙烯[37]。与表观结构相同的商品相比，均质（单分布）POE 类物质显示出更高的初始泡沫高度，但泡沫的稳定性较差[42]。

用相同碳原子数的环烷烃或 1-烷基环己烷取代 POE 非离子型表面活性剂中的直链烷基疏水基，对初始泡沫体积基本上没有影响，但会显著降低泡沫的稳定性。当把单长链烷基换成两条或三条碳原子总数相同的短烷基链时，产生的结果相同[43]。影响的程度随着疏水基碳原子数的增加和 POE 链长的增加而降低。

在浊点或浊点以上温度时 POE 非离子表面活性剂所产生的泡沫明显减少。这已经被归因于速率效应，即当达到浊点温度时，胶束脱水聚集成更大的聚集体，于是在泡沫形成过程中，表面活性剂从这样的大胶束中扩散到新生成的界面上的速度比从更小、更高水化度的胶束中扩散到界面要显著降低，于是泡沫形成过程中薄层的稳定作用显著降低[24]。

7.3.3　低泡表面活性剂

在许多工业过程中，常常需要加入具有某种表面活性但又不产生太多泡沫的表面活性剂。例如，在造纸和纺织品染色过程中，物料带需要高速通过水浴，加入表面活性剂可以改善物料的润湿性。然而，如果表面活性剂在物料快速通过水浴时产生了泡沫，泡沫气泡就会黏附在物料表面而产生瑕疵。因此在这些过程中，通常需要使用低泡或无泡表面活性剂。

通过改变表面活性剂的结构，使其保持表面活性但只能产生不稳定的泡沫，即可获得低泡表面活性剂。前面已经提到，如果表面活性剂能够快速扩散，它就能破坏表面膜的弹性，从而防止或减少泡沫的形成。

因此，用异构的支链结构来代替较大的直链疏水基团，将亲水基团从分子的末端移动到中间位置，都可以降低表面活性剂的发泡性能，但仍能保持其他表面活性。

另一种降低表面活性剂发泡力的方法是通过分子设计，使其在液/气界面上具有较大的分子面积，于是能形成排列松散的非共聚膜，从而产生不稳定的泡沫。这可以通过在分子中距离第一个亲水头基适当位置处引入第二个亲水头基来实现，因为这样可以促使两个亲水头基之间的分子部分平躺在界面。另一种降低起泡性的方法是使用短的、高度支链化的或顺式不饱和烷基来代替长的直链饱和烷基，或者把聚氧丙烯链作为疏水基团的一部分。当然，如果亲水头基已经具有相当大的截面积（例如聚氧乙烯型非离子），则这类修饰有时就没有明显的效果。第三种增加表面活性剂分子面积的方法是在分子中引入第二个疏水基团，最好与第一个疏水基团具有不同的大小和形状，并与第一个疏水基团保持一定的距离。于是对一个发泡能力强的聚氧乙烯型非离子表面活性剂，通过用一个短链烷基将末端羟基（-OH）封端，或者用-Cl 来取代末端-OH，就能使其转变成低泡表面活性剂。将末端-OH 封端或用-Cl 取代还能降低聚氧乙烯型非离子表面活性剂的浊点，而当温度达到浊点以上时，可能会分出一个单独的表面活性剂相，起到消泡剂的作用。发泡能力随着封端烷基（从 CH_3 到 C_4H_9）链长的增加而降低[44]。第四种方法是把两个较大的亲水基团（比如聚氧乙烯链）接到同一个碳原子上，使它们向不同方向延伸，从而增加了表面活性剂在界面上的分子面积。

　　表 7.3 列出了一些极低泡沫型表面活性剂的结构。这些物质产生的泡沫都会在几分钟内完全消失或几乎完全消失。

表 7.3　一些极低泡沫型表面活性剂的结构

结　构	参考文献
CH_3　　CH_3　　　H_3C　H_3C CH_3CHCH_2C — C ≡ C — CCH_2CHCH_3 $HO_x(H_4C_2O)$　　　　$(OC_2H_4)_y OH$　　　$x+y \leqslant 4$	[45]
R—CH $\Big\langle$ $(OC_2H_4)_xOH$ / $(OC_2H_4)_yOH$　　　$R<C_{11}, x=y \leqslant 5$	[46]
R—N $\Big\langle$ $(OC_2H_4)_xOH$ / $(OC_2H_4)_yOH$　　　$R=C_{10}, x=y \leqslant 3$	[47]
$HO(C_2H_4O)_x(CH_2)_{12}(OC_2H_4)_y OH$　　　$x+y \leqslant 12$	[48]
$HO(C_2H_4O)_x(CH_2CH_2CH_2CH_2O)_y(C_2H_4O)_z H$　　$y \leqslant 27, x+z \leqslant 82$	[49]
CH_3 | $HO(C_2H_4O)_x(CHCH_2O)_y(C_2H_4O)_z H$　　　$y=35, x+z=45$	[49]
CH_3 | $C_6H_{17}(OCHCH_2)_x(OC_2H_4)_y OH$　　　$x=y \sim 10$	[50]

7.4　有机泡沫稳定剂

　　表面活性剂溶液的发泡性能可以通过在溶液中存在或添加其他有机物料而得到明显的增强。通过加入少量合适的添加剂，可以把具有优良发泡性能的表面活性剂转变为低泡或无泡物质，也可以把发泡性差的物质转变为高发泡性物质。由于这种方法在实际过程中很重要，因此得到了广泛的使用和研究。

　　那些能够增加表面张力达到平衡的速率的添加剂通过降低膜弹性而成为泡沫抑制剂；而那些能够降低表面张力达到平衡的速率的添加剂则可作为泡沫稳定剂。通过降低表面活性剂的 CMC，从而降低溶液中单体表面活性剂的活度，可以降低表面活性剂向界面的迁移速度，从而降低表面张力达到平衡的速率，结果导致泡沫稳定性提高。另一方面，有些添加剂会导致胶束破坏，从而增加了单体表面活性剂的活度和表面张力达到平衡的速率，结构导致发泡性能降低[51]。添加剂作为泡沫稳定剂的另一个机制是增加泡沫液膜的机械强度。高纯度表面活性剂溶液产生的表面膜内聚力通常较弱，因为定向的头基之间的排斥作用导致这些表面活性剂分子占有相对较大的空间。这些膜机械强度较弱并且是非黏性的。当这些表面活性剂在泡沫薄层两侧形成界面膜时，液体会很快从薄层中排泄掉。向这种类型的膜中加入合适的添加剂可以将其转变成排列紧密、内聚作用更强的高黏度表面膜，由于排液速度减慢而能产生更加稳定的泡沫。这种缓慢排液的界面膜可以通过加入能够和表面活性剂形成液晶相的添加剂（中等链长或长链的直链醇）来实现[52]。另一方面，能够破坏液晶结构的添加剂（短链或支链醇）可以促进排液，从而降低发泡力。

由于胶束可以增溶有机物，从而能够将其从界面移除，因此当表面活性剂浓度超过 CMC 时，稳定泡沫所需的添加剂的浓度要比表面活性剂浓度低于 CMC 时大得多。

在提高表面活性剂溶液的泡沫稳定性方面，最有效的添加剂似乎是长链的、水不溶的、与表面活性剂的疏水基具有相同烷基链长的极性有机物。具体实例有十二醇用于十二烷基硫酸钠，N,N-双（羟乙基）十二酰胺用于十二烷基苯磺酸钠，十二酸用于月桂酸钾，N,N-二甲基十二烷基氧化胺用于十二烷基苯磺酸钠和其他阴离子表面活性剂等。

通过研究这些添加剂稳定各种类型阴离子表面活性剂的泡沫的效能表明，直链表面活性剂产生的泡沫比支链表面活性剂产生的泡沫对稳定作用更加敏感。敏感顺序如下：伯烷基硫酸盐>2-正构烷基磺酸盐>仲烷基硫酸盐>正构烷基苯磺酸盐>支链烷基苯磺酸盐[53]。这一顺序与这些直链化合物的相邻分子间范德华相互作用减弱的顺序正好相同。此外，最有效的泡沫稳定剂是那些能够显著降低表面活性剂 CMC 的物质[54]。由于表面活性剂的 CMC 不会因其他物质增溶于内核而明显降低，但能通过将有机物增溶于胶团内核外部的表面活性剂分子之间，即栅栏层而显著降低（见第 3 章 3.4.3 节和 3.4.4 节），因此添加剂分子有可能渗透进表面膜中，在表面活性剂分子之间定向排列，从而组织成更加紧密的凝聚结构，与添加剂分子插入胶束的栅栏层中相类似。

所形成的混合界面膜其凝聚力的增加可能是由于相互排斥的离子头基之间存在着一个非离子的极性缓冲区，两边的离子头基分别通过离子-偶极作用与其吸引，而所有分子的碳氢链部分则通过范德华作用而结合在一起。这就可以解释为什么直链表面活性剂比支链表面活性剂具有更强的发泡性，以及为什么直链添加剂比支链添加剂具有更强的发泡效能。

极性添加剂也可以通过增溶消泡油来增强泡沫稳定性[54]，因为包含极性添加剂的胶束（第 4 章 4.1.2.4 节）对非极性物质有更强的增溶性能。

在这些添加剂中，极性基团的性质十分重要。研究发现[53]，这些添加剂增强发泡性的效能顺序为：N-极性取代酰胺>无取代酰胺>环丁砜醚>甘油醚>伯醇。这一顺序可能正是它们与相邻表面活性剂分子和水分子形成氢键的能力的顺序，因为一旦相邻分子间形成氢键，膜的黏度将会显著增强。醇分子中的 OH 基在空间上不能和仅含有 OH 基的相邻分子直接成键，但-CONH-基团可以与相邻分子直接成键。此外，那些含有多个氢键形成基团的添加剂具有更强的稳泡作用，原因是它们与水形成多重氢键，能防止极性添加剂从表面活性剂分子之间被挤出而被增溶进体相胶团的内部。

另一种阴离子表面活性剂的泡沫稳定剂，N,N-二甲基十二烷基氧化胺，则是以一种稍有不同的方式发挥作用的。研究发现[55,56]，质子化的氧化胺 $RN(CH_3)_2OH^+$ 与表面活性剂阴离子之间发生了相互作用，形成了一种可以被分离出来的产物 $RN(CH_3)_2OH^+ \cdot O_3SR$，其中阳离子和阴离子通过阳离子上的 H^+ 产生了非常强烈的氢键作用。这一化合物表面活性比单独的氧化胺或阴离子表面活性剂都要强，可以强烈吸附在气-液界面，形成紧密排列的界面膜[56]。类似地，长链胺盐和具有相同链长的烷基磺酸盐，例如 $C_{10}H_{21}SO_3^- \cdot {}^+N(CH_3)_3C_{10}H_{21}$，也被证明能产生异常稳定的薄液膜，因为阳离子型和阴离子型表面活性离子之间强烈的静电相互作用促进了排列紧密的表面膜的形成[57]。

正如第 4 章 4.1.2.5 节所述，表面活性剂与高分子能通过相互作用形成复合物。表面活性剂-高分子相互作用的强度取决于高分子和表面活性剂的化学结构。这些复合物吸附在气-液界面，引起表面张力降低和表面黏度增加，结果导致发泡能力和泡沫稳定性发生变化。

表面活性剂-高分子复合物的吸附对气-水溶液界面流变学的影响可以很容易地通过"滑石粉颗粒"法检测[58]。将少量经过煅烧的滑石粉洒在装在 10cm 的陪替氏培养皿中的水溶液表面，将微弱的空气流沿液面切线方向对准滑石粉吹 1～2s，然后移开。按以下条目记录观察到的粒子运动：流动的（F）、黏性的（V）、凝胶状的（G）（=几乎不流动）、固体（S）（=不流动）、黏弹性的（VE）（=有净移动，但在空气流移开后有一定程度的回复）。

Folmer 和 Kronberg[59]研究了十二烷基硫酸钠与聚合物聚乙烯吡咯烷酮的相互作用对十二烷基硫酸钠发泡性能的影响。发泡性可能提高或者降低，取决于表面活性剂和聚合物的浓度。表面活性剂-聚合物浓度变化使表面或体相黏度升高时，发泡性能随之升高；当表面活性剂-聚合物在体相中的相互作用导致它们从气-液界面脱附时，发泡性能随之降低。

7.5　消泡

当一个体系不需要起泡，并且将表面活性剂换成低发泡性表面活性剂仍不能充分减少泡沫，或者当泡沫部分或全部由溶液中的非表面活性剂成分引起时，就需要使用消泡剂来减少泡沫。消泡剂的作用方式有如下几种。

① 从泡沫表面移除表面活性物质。在特定的污垢存在下，表面活性剂溶液的发泡能力出现下降即是基于这一机理：表面活性剂通过吸附或溶解到污垢中而得以从表面移除[60]。精细分散在硅油中的疏水性二氧化硅颗粒是一种有效的消泡剂，也是以这种方式起作用的，即泡沫界面上的表面活性剂分子被吸附到二氧化硅表面，并被带入水相中[61]。疏水性颗粒也会通过在泡沫的 Plateau 边界形成"透镜"，促进泡沫薄层的不润湿，引起泡沫聚结而使泡沫不稳定[62]。

② 通过形成一种完全不同的、不能产生泡沫的表面膜来取代原有的能形成泡沫的表面膜。一种方法是用在水中溶解度较差、扩散速率快的非凝聚型分子覆没界面。这需要产生足够低的表面张力，以便它们可以在已经形成的界面上能够自发铺展（即它们在表面的铺展系数，$S_{L/S} = \gamma_{SA} - \gamma_{SL} - \gamma_{LA}$[方程 6.1]必须是正值）。这些在表面上能快速扩散的分子形成了一个新的表面膜，几乎没有或没有弹性，因为导致产生膜弹性（7.1 节）的瞬态表面张力梯度会被快速扩散的分子迅速摧毁。一些在水中溶解度很低的润湿剂，如叔炔二醇，即是以这种方式起作用的。乙醚（$\gamma = 17$mN/m）和异戊醇（$\gamma = 23$mN/m）等被认为可以把局部区域的表面张力降得非常低，从而可以通过周围高表面张力区的牵引作用使这些区域迅速变薄至破裂点[63]而

起到消泡作用。

　　另一种方法是以易碎的紧密堆积的表面膜取代弹性表面膜。长链脂肪酸（硬脂酸和棕榈酸）的钙盐以这种方式对十二烷基苯磺酸钠或十二烷基硫酸钠的泡沫起消泡作用，这里钙皂部分或全部地取代了界面膜中原有的表面活性剂，形成无弹性的易碎的"固体"膜。最终这种钙皂膜形成不稳定的泡沫。如果钙皂能与原有表面活性剂形成真正的混合膜，则泡沫就不会被其摧毁[64]。

　　③ 通过促进泡沫薄层中的排液。三叔丁基磷酸盐就是以这样的方式，通过显著降低表面黏度而起消泡作用。该分子在气-液界面具有很大的横截面积。它们通过穿插在界面膜中的表面活性剂分子之间，减弱分子之间的内聚力，进而降低表面黏度。对称的四烷基铵离子也以这样的方式破坏十二烷基硫酸钠溶液的泡沫。随着季铵离子烷基链的增加，它们在气-液界面占据的分子面积增加，表面黏度随之降低，从而降低了泡沫稳定性。四戊基溴化铵是非常有效的消泡剂[65]。

7.6　细微颗粒分散液的发泡性能

　　当水溶液中含有细微固体颗粒时，体系的发泡性能在很大程度上受到分散的固体颗粒性质的影响。如果颗粒表面是疏水性的，且颗粒被分散得足够细小，则颗粒可以吸附到进入体系的任何空气泡的表面，使其具有聚结稳定性。它们之所以能从水相吸附到气/水界面，是因为其表面是非极性的，与水相的界面张力 γ_{SL} 比较高，而与空气（非极性）的界面张力 γ_{SA} 则比较低。于是根据式 6.3

$$\gamma_{LA}\cos\theta = \gamma_{SA} - \gamma_{SL}$$

它们与水相的接触角 θ 较高，而与空气的接触角则很小。结果如图 7.3 所示的颗粒在界面的黏附功

$$W_a = \gamma_{LA} + \gamma_{SL} - \gamma_{SA} \tag{7.8}$$

较大，颗粒强烈黏附于气泡上。在这种情况下，气泡并不是由液膜稳定，而是由颗粒吸附膜稳定的。

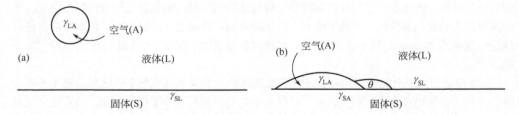

图 7.3　（a）固体黏附到气体之前；（b）固体黏附到气体之后，注意在液体中测量的较大的 θ 值

　　这种类型的吸附是许多重要工业过程的基础，尤其是通过泡沫浮选分离矿石[66]、废纸脱墨[67]、化学和陶瓷工业中细粉的超纯化[68]，以及泡沫混凝土的生产过程等。在最后一种情况下，为了让混凝土可以包藏空气，甚至并不需要使液相具有任何的发泡性能。在上述大多数过程中，使用长链羧酸盐或长链胺类表面活性剂，它们以极性基或离子头基吸附到固体表面，

而疏水基团则远离表面，从而使固体表面更加疏水。

7.7　有机介质中的发泡和消泡

尽管所描述的很多发泡实例都属于水溶液中的发泡，但在许多实际应用中，非水介质中的发泡问题也是需要关注的。石油工业就面临起泡的问题，因为石油中含有的天然表面活性物质沥青质就能稳定泡沫。尽管使用挥发性有机化合物引起了关注，但许多工业配方如墨水、涂料和化妆品仍然使用有机介质来分散组分。化学品制造者也需要处理有机溶剂蒸馏过程中所出现的讨厌的泡沫问题。

有机溶剂的低表面张力是导致泡沫稳定的主要因素，因为它有利于形成大的界面面积。增加体相黏度可以通过降低膜变薄的速度来稳定泡沫。配方师在配方过程中需要控制加入高黏组分（增稠剂）的顺序，只有在发泡问题解决后才加入。

人们已经开发出用于控制有机介质中发泡的消泡剂。早期用来抗击有机介质中发泡的烃基矿物油和颗粒，如二氧化硅、脂肪酸酯以及蜡等，目前大部分已被硅基消泡剂如聚二甲基硅氧烷（PDMS，结构如下）等取代，结构上它们含有成百上千重复单元（见第 1 章 1.3.3.8 节）。这类消泡剂的功效可以通过与疏水性固体粒子混合而得以加强。

参 考 文 献

[1]　Gibbs, J. W. (1878) *Trans. Conn. Acad.* **3**, 343; Collected works 1, 269, 300, Longmans, Green, New York, 1931.

[2]　Marangoni, G. (1872) *Il Nuovo Cimento* **2**, 239.

[3]　Kitchener, J. A. and C. F. Cooper (1959) *Quart. Rev.* **13**, 71.

[4]　Ewers, W. E. and K. L. Sutherland (1952) *Aust. J. Sci. Res.* **A5**, 697.

[5]　Ward, A. F. H. and L. Tordai (1946) *J. Chem. Phys.* **14**, 453.

[6]　Rosen, M. J., X. Y. Hua, and Z. H. Zhu, in Surfactants in Solution, Vol. II, K. L. Mittal and D. O. Shah (eds), Plenum, New York, 1991, p. 315.

[7]　Varadaraj, R., J Bock, P. Valint, S. Zushma, and N. Brons (1990) *J. Colloid Interface Sci.* **140**, 31.

[8]　Tamura, T., Y. Kaneko, and M. Ohyama (1995) *J. Colloid Interface Sci.* **173**, 493.

[9]　Sheludko, A., *Colloid Chemistry*, Elsevier, Amsterdam, 1966.

[10]　Rosen, M. J. (1967) *J. Colloid Interface Sci.* **24**, 279.

[11]　Princen, H. M., J. Th. G. Overbeek, and S. G Mason (1967) *J. Colloid Interface Sci.* **24**, 125.

[12]　Caskey, J. A. and W. B., Jr. Barlage (1972) *J. Colloid Interface Sci.* **41**, 52.

[13]　Davies, J. T. and E. K. Rideal, *Interfacial Phenomena*, 2nd ed., Academic, New York, 1963.

[14]　Ross, J. and G. D. Miles, Am. Soc. for Testing Materials, Method D1173-53, Philadelphia, PA, 1953; *Oil Soap* **18**, 99(1941)

[15]　Lunkenheimer, K. and K. Malysa (2003) *J. Surfactants Detgts*. **6**, 69.

[16]　Gray, F. W., J. F. Gerecht, and I. J. Krems (1955) *J. Org. Chem.* **20**, 511.

[17]　Gray, F. W., I. J. Krems, and J. F. Gerecht(1965) *J. Am. Oil Chem. Soc.* **42**, 998.

[18]　Dreger, E. E., G I. Keim, G. D. Miles, L. Shedlovsky, and J. Ross(1944) *Ind. Eng. Chem.* **36**, 610.

[19] Rosen, M. J. and J. Solash (1969) *J. Am. Oil Chem. Soc.* **46**, 399.

[20] Shah, D. O., in *Micelles, Microemulsions and Monolayers*, D. O. Shah (ed.), Marcel Dekker, New York, 1998, pp.1-52.

[21] Jha, B. K., A. Patist, and D. O. Shah (1999) *Langmuir* **15**, 3042.

[22] Dhara, D. and D. O. Shah (2001) *Langmuir* **17**, 7233.

[23] Patist, A., V. Chhabra, R. Pagidipati, and D. O. Shah (1997) *Langmuir* **13**, 432.

[24] Dupré, J., R. E. wolfram, and D. R. Fordyce (1960) *Soap Chem. Specs.* **36**(2), 55; (3), 55.

[25] Kölbel, H., D. Klamann and E. Wagner, *Proc. 3rd Int. Congr. Surface-Active Substances*, Cologne, 1960b, I, p. 27.

[26] Kölbel, H., D. Klamann, and P. Kurzendorfer, *Proc. 3rd Int. Congr. Surface-Active Substances*, Cologne, 1960a, I, p.1.

[27] Kondo, T., K. Meguro, and S. Sukigara(1960) *Yukagaku* **9**, 63(1960) [C. A. **54**, 21797(1960)].

[28] Rosen, M. J. and Z. H. Zhu (1988) *J. Am. Oil Chem. Soc.* **65**, 663.

[29] Dahanayake, M., Surface chemistry fundamentals: thermodynamic and surface properties of highly purified model surfactants. Doctoral dissertation, City University of New York, 1985.

[30] Weil, J. K., A. J. Stirton, and R. G. Bistline (1954) *J. Am. Oil Chem. Soc.* **31**, 444.

[31] Weil, J. K., A. J. Stirton, and E. A. Barr (1966) *J. Am. Oil Chem. Soc.* **43**, 157.

[32] Smith, F. D., A. J. Stirton, and M. V. Nunez-Ponzoa (1966) *J. Am. Oil Chem. Soc.* **43**, 501.

[33] Stirton, A. J., R. G. Bistline, J. K. Weil, W. C. Ault, and E. W. Maurer (1962) *J. Am. Oil Chem. Soc.* **39**, 128.

[34] Weil, J. K., A. J. Stirton, R. G. Bistline, and W. C. Ault (1960) *J. Am. Oil Chem. Soc.* **37**, 679.

[35] Micich, T. J., E. A. Diamond, R. G. Bistline, A. J. Stirton, and W. C. Ault (1966) *J. Am. Oil Chem.Soc.* **43**, 539.

[36] Wrigley, A. N., F. D. Smith, and A. J. Stirton (1957) *J. Am. Oil Chem. Soc.* **34**, 39.

[37] GAF Corp., Tech. Bull. 7543-002, 1965.

[38] Broich F. (1966) *Seifen-Ole-Fette-Wachse* **92**, 853.

[39] Kölbel, H. and P Kuhn (1959) *Angew. Chem.* **71**, 211.

[40] Matheson, K. L. and T. P. Matson (1983) *J. Am. Oil Chem. Soc.* **60**, 1693.

[41] Schick, M. J. and E. A. Beyer (1963) *J. Am. Oil Chem. Soc.* **40**, 66.

[42] Crook, E. H., D. B. Fordyce, and G. F. Trebbi (1964) *J. Am. Oil Chem. Soc.* **41**, 231.

[43] Kuwamura, T., M. Akimaru, H. Takahashi, and M. Arai (1979) *Rep. Asahi Glass Found. Ind. Tech.* **35**, 45.

[44] Pryce, A., R. Hatton, M. Bell, and P. Lees, Proc.World Surfactants Congr., Munich, May 1984, Kurle Druck und Verlag, Geinhausen, FRG, III, 51.

[45] Leeds, M. W., R. J. Tedeschi, S. J. Dumovich, and A. W. Casey (1965) *Ind. Eng. Chem. Prod. Res.Dev.* **4**, 236.

[46] Kuwamura, T. and H. Takahashi (1972) *Bull. Chem. Soc. Jpn* **45**, 617.

[47] Ikeda, I., A. Itoh, P.-L. Kuo, and M. Okahara (1984) *Tenside Detgts.* **21**, 252.

[48] Takahashi, H., T. Fujiwara, and T. Kuwamura (1975) *Yukagaku* **24**, 36.

[49] Kuwamura, T., H. Takahashi, and T. Hatori (1971) *J. Am. Oil Chem. Soc.* **48**, 29.

[50] Kucharski, S. (1974) *Tenside Detgts.* **11**, 101.

[51] Ross, S. and R. M. Hauk (1958) *J. Phys. Chem.* **62**, 1260.

[52] Maner, E. D., S. V. Sazdanova, A. A. Rao, and D. T. Wasan(1982) *J. Disp. Sci. Tech.* **3**, 435.

[53] Sawyer, W. M. and F. M. Fowkes (1958) *J. Phys. Chem.* **62**, 159.

[54] Schick, M. J. and F. M. Fowkes (1957) *J. Phys. Chem.* **61**, 1062.

[55] Kolp, D. G., R. G. Laughlin, F. R. Krause, and R. E. Zimmerer(1963) *J. Phys. Chem.* **67**, 51.

[56] Rosen, M. J., D. Friedman, and M. Gross (1964) *J. Phys. Chem.* **68**, 3219.

[57] Corkill, J. M., J. F. Goodman, C. P. Ogden, and J. R. Tate(1963) *Proc. R. Soc.* **273**, 84.

[58] Regismond, S. T. A., K. D. Gracie, F. M.Winnik, and E. D. Goddard (1997) *Langmuir* **13**, 5558.

[59] Folmer, B. M. and B. Kronberg (2000) *Langmuir* **16**, 5987.

[60] Princen, H. M. and E. D. Goddard (1972) *J. Colloid Interface Sci.* **38**, 523.

[61] Kulkarni, R. D., E. D. Goddard, and M. R. Rosen (1979) *J. Soc. Cosmet. Chem.* **30**, 105.

[62] Wang, G., R. Pelton, A. Hrymak, N. Shawatafy, and Y. M. Heng (1999) *Langmuir* **15**, 2202.

[63] Okazaki, S. and T. Sasaki (1960) *Bull. Chem. Soc. Jpn* **33**, 564.

[64] Peper, H. (1958) *J. Colloid Sci.* **13**, 199.

[65] Blute, I., M. Jansson, S. G. Oh, and D. O. Shah (1994) *J. Am. Oil Chem. Soc.* **71**, 41.

[66] Somasundaran, P. and K. P. Ananthapadmanabhan, in *Solution Chemistry of Surfactants*, Vol. 2, K. L. Mittal, (ed.), Plennum, New York, 1979, p. 777.

[67] Turai, L. L. in *Solution Behavior of Surfactants*, Vol. 2, K. L. Mittal and E. J. Fendler (eds.), Plenum, New York, 1982, p. 1381.

[68] Mougdil, B. M. and S. BehI, in *Surfactants in Solution*, Vol. 11K. L. Mittal and D. O. Shah (Eds.), Plenum, New York, 1991, p. 457.

问　题

7.1　解释为什么在 CMC 附近膜弹性最大。

7.2　讨论解释膜弹性存在的表面活性剂的两种性质。

7.3　叙述消泡剂的两种不同的消泡机制。

7.4　给出三种不同类型的低泡表面活性剂的结构式，并指出导致它们发泡性差的结构特征。

7.5　计算在无搅拌或无吸附能垒存在时，自 1×10^{-2}mol/L 的表面活性剂溶液中吸附达到 2×10^{-10}mol/cm^2 的表面浓度所需要的时间。假设表面活性剂在体相中的扩散系数为 2×10^{6} cm^2/s。

7.6　基于下述两个因素解释为什么支链表面活性剂的水溶液比直链表面活性剂的水溶液具有更高的初始泡沫高度，但泡沫稳定性却较差。

　　（a）它们的平衡界面性能

　　（b）它们的动态界面性能

7.7　某些表面活性剂的水溶液在低温下显示很好的发泡性能，但在高温下发泡性则很差。

　　（a）指出一种显示这种发泡性的表面活性剂并解释这种行为。

　　（b）你期望在什么温度下观察到这种行为？

7.8　设计（合成路线是可选的）新型表面活性剂结构，使它具有：

　　（a）最大的起泡和/或消泡性能；

　　（b）在水溶液/有机溶剂中具有最小的起泡和/或消泡性能（强烈建议参阅近期文献）。

7.9　通过阅读了第 6 章和第 7 章后，你能否建立特定种类的表面活性剂的结构与其作为润湿剂、发泡剂或消泡剂的一般效能之间的关系？

第8章 表面活性剂的乳化作用

乳化作用，即使得两种互不相溶的液体形成乳状液，可能是表面活性剂在实际应用中最通用的性质，因而已得到广泛的研究。涂料、抛光剂、杀虫剂、金属切割油、人造奶油、冰淇淋、化妆品、金属清洗剂、纳米粒子以及纺织纤维油剂等产品通常都涉及乳化技术，即它们要么本身就是乳状液或通过乳化技术制备的，要么是在乳化形式下使用的。由于已经有许多专著、专著中的章节以及综述性文章[1~5]对乳状液和乳化作用进行了专门的论述，本章只讨论有关表面活性剂在乳化现象中的作用方面的内容。

乳状液是一种液体以一定尺寸的液滴形式分散在另外一种与之不相溶的液体中形成的显著稳定的分散体。所谓"显著稳定"是与具体实际应用相关的，可以从几分钟到几年不等。根据分散相的质点大小，该领域的研究者将乳状液分为三种类型：① 普通乳状液（macroemulsions），即最常见的那种外观不透明的乳状液，粒径>400nm（0.4μm），在显微镜下很容易观察到；② 微乳液（microemulsions），外观透明，粒径<100nm（0.1μm）；以及③ 纳米或微细乳状液（nanoemulsions, miniemulsions），外观呈蓝白色，粒径介于前两种类型之间（100~400nm[0.1~0.4μm]）。此外，分散粒子本身就是一种乳状液的多重乳状液（multiple emulsions）[6]，也获得了广泛的研究。

两种互不相溶的纯液体不能形成乳状液。要使一种液体在另一种液体中的分散也具有足够的稳定性，即能归结为乳状液，必须加入第三组分来稳定这个体系。该第三组分即称为乳化剂，它们通常是表面活性剂，尽管不一定都要是通常所说的那些类型的表面活性物质（例如，细微固体颗粒也可以作为乳化剂）。常规类型的乳化剂无需是单一物质；事实上，正如以下即将看到的，最有效的乳化剂通常是两种或者两种以上物质的混合物。

8.1 普通乳液

根据分散相的性质，普通乳液分为两种类型：即水包油型（O/W）和油包水型（W/O）。O/W 型乳状液指与水不相溶的液体或者溶液，不管其本身性质如何，统称为油相（O），在水相（W）中形成的分散液。这里，油相是非连续相（内相），而水相是连续相（外相）。W/O型乳状液是水或者水溶液（W）在与水不相溶的液体（O）中形成的分散液。油和水形成的乳状液的类型主要取决于所使用的乳化剂的性质，某种程度上也与制备过程以及油相与水相的比例有关。通常，如果乳化剂在水相比在油相中更容易溶解，则易形成 O/W 型乳状液；反之，如果乳化剂在油相中更容易溶解，则易形成 W/O 型乳状液。这就是著名的 Bancroft

规则[7]。O/W 型和 W/O 型乳状液彼此之间没有达到热力学平衡；对一种特定的乳化剂，在给定浓度和其他一些设定条件下，通常一种类型比另一种类型更稳定，但如果条件改变，一种类型就可能转化为另一种类型，称为乳状液的相转变。

乳状液的两种类型很容易辨别：①乳状液容易被外相稀释而不易被内相稀释。于是 O/W 型乳状液容易分散在水中，而 W/O 型乳状液则不易分散在水中，但却易分散在油中。②O/W 型乳状液的电导率与水相接近，而 W/O 型乳状液的导电性不显著。③W/O 型乳状液能够被油溶性染料染色，而这些染料对 O/W 型乳状液的染色效果很微弱，但能被水溶性染料染色。④如果两相具有不同的折射率，那么用显微镜观察液滴，可以确定其类型；如果液滴的折射率比连续相的折射率大，则向上聚焦时液滴变亮，反之如果液滴的折射率比连续相的折射率小，则向上聚焦时液滴变暗。如果知道两相的相对折射率，则用该方法就能确定液滴中的物质。⑤滤纸测试：将乳状液滴在滤纸上，一滴 O/W 乳状液能够立即形成较宽的湿润区域；而一滴 W/O 型乳状液则不能。如果先将滤纸浸入 20% 二氯化钴溶液中润湿，取出干燥后再测试，则 O/W 型乳状液导致液滴周围区域立即变紫色，而 W/O 型乳状液则导致液滴周围保持蓝色（没有颜色变化）[8]。

普通乳状液和泡沫之间有三个相似点：①它们都是一种不相溶的物质分散在液体中形成的分散体系。泡沫是气体分散在液体中；而乳状液是一种液体分散在另一种不相溶的液体中。②两相间的界面张力 γ_I 总是大于 0，并且由于在制备过程（乳化或发泡）中界面面积 ΔA 显著增加，涉及的最小功是界面张力和界面面积增加值的乘积($W_{min} = \Delta A \times \gamma_I$)。③体系会自发地转变为两个体相，除非存在一个能提供空间位阻和/或双电层排斥效应的界面薄膜来阻止分散相聚结。

另一方面，普通乳液和泡沫之间有两个显著的不同点：①泡沫界面薄膜上的表面活性剂不能溶于分散（气体）相，而在乳状液中，表面活性剂在分散相中的溶解度是决定乳状液稳定性的重要因素。②在乳液中，油和水都能够作为连续相，也就是说，O/W 型和 W/O 型乳状液都能经常遇到，而在泡沫中，只有液体可以作为连续相。

8.1.1 乳状液的形成

普通乳状液在形成过程中，两种不互溶液体中的一种被打碎，成液珠状态分散在第二种液体中。由于两种不互溶液体间的界面张力总是大于零，而内相的分散使得体系的相界面面积急剧增大，于是导致系统的界面自由能显著增加。因此相对于被最小界面面积分隔而成的两个体相，乳状液在热力学上是极不稳定的。正是由于这一原因，两种不相溶的纯液体不能形成乳状液。乳化剂的作用就是使这些本质上不稳定的体系在适当的时间内保持稳定，以便体系发挥某些作用。它们是通过吸附在液/液界面，形成定向的界面膜来完成这一使命的。定向界面膜具有两种作用：①使两液间的界面张力降低，从而降低体系因两相界面面积增大而引起的热力学不稳定性；②通过在分散的液珠周围形成机械的、空间的和/或电性的障碍，降低液珠之间的聚结速率。空间和电性障碍抑制了液珠间的相互靠近，而当液珠之间真的发生碰撞时，机械障碍增加了分散的液珠之间的抗机械冲击性能，从而能防止聚结发生。在普通乳状液的形成过程中，界面张力的减小降低了将内相打碎成分散的液珠所需的机械功。在微乳液体系中，界面张力更是可以（至少是暂时性的）降低到某个非常低的值，以致乳化自动发生。

8.1.2 决定乳状液稳定性的因素

"稳定性"这一术语,当应用于实际应用的普通乳状液时,通常是指乳状液对抗分散的液滴间发生聚结的作用。由于液滴和连续相之间的密度差而引起的液珠的轻微上升或沉降(分层)通常不被认为是不稳定。分散的液珠之间的絮凝或凝聚,虽然也是不稳定的一种形式,但只要液珠内部的液体没有发生聚结,也不被认为如同聚结和破乳那样严重的不稳定。影响乳状液中液珠絮凝的因素实际上与影响分散液中固体粒子间发生絮凝的因素是一样的(见第 9 章)。有关普通乳状液絮凝的详细论述,请参见 Kitchener 和 Mussellwhite 的专著[9]。

普通乳状液中液滴的聚结速率被认为是表征乳状液稳定性的唯一量化方法[10]。这可以通过测定单位体积乳状液中液珠数量随时间的变化而得到,例如将乳状液置于血球计测量池中,在显微镜下计数[11],或者借助 Coulter 离心式光沉降粒度测定仪[12,13]进行。

研究发现,普通乳状液的液珠聚结成更大的液珠并最终导致乳状液破裂的速率取决于许多因素:①界面膜的物理性质,②液珠上存在电性或空间障碍,③连续相的黏度,④液珠大小分布,⑤相体积比,⑥温度。

8.1.2.1 界面膜的物理性质

普通乳状液中,分散的液珠总是处于不断的运动中,因此液珠间会发生频繁的碰撞。如果一次碰撞导致包裹两个液珠的界面薄膜破裂,那么这两个液珠将聚结成一个更大的液珠,因为这会使体系的自由能降低。如果这一过程持续进行,分散相将从乳状液中分离出来,导致乳状液破裂。因此界面膜的机械强度是影响普通乳液稳定性的主要因素之一。

为了获得最大的机械强度,通过表面活性剂吸附形成的界面膜应当是凝聚膜,具有很强的侧向分子相互作用和较高的膜弹性。乳状液中发生碰撞的两个液珠之间的液膜与泡沫中两个相邻空气囊之间的薄膜(见第 7 章)是相似的,且由于同样的原因显示出膜弹性(Gibbs Marangoni 效应)。

高纯度的表面活性剂一般不能形成紧密排列的界面膜(表 2.2),因此不具有足够的机械强度,所以好的乳化剂通常是两种或两种以上表面活性剂的混合物而不是单一表面活性剂。通常将水溶性表面活性剂和油溶性表面活性剂复配使用。油溶性表面活性剂一般具有一个长的直链疏水基和一个仅具有弱极性的亲水基,它能增加界面薄膜中表面活性分子间的侧向作用,使界面膜凝聚,从而比其不存在时具有更高的机械强度。于是,对于用十二醇硫酸钠稳定的乳状液,加入足够量的十二醇能使表面活性剂形成致密的界面膜,从而提高乳状液的稳定性,如同加入 NaCl 压缩双电层、降低离子头基之间的静电排斥力,从而使得表面活性剂的疏水链能排列得更加紧密(表 2.2),最终也能增加乳状液稳定性一样。相同的道理,对聚乙二醇型乳化剂(POE),使用 EO 链分布宽的比使用 EO 链分布窄的能得到更稳定的 O/W 型乳状液。乳状液也能在更大的温度范围内保持稳定[14]。

一个在很多实际应用中使用的油溶性表面活性剂和水溶性表面活性剂复合乳化剂的典型例子是山梨醇酯和聚氧乙烯(POE)山梨醇酯。由于聚氧乙烯山梨醇酯衍生物与水相的作用更强,其亲水基团比未乙氧基化的山梨醇酯的亲水基团向水中延伸得更远,这使得吸附膜内两种物质的疏水链可以排列得更紧密,相互之间的作用力大于两种表面活性剂单独存在时各自的相互作用[10]。图 8.1 是其在界面形成复合物的示意。

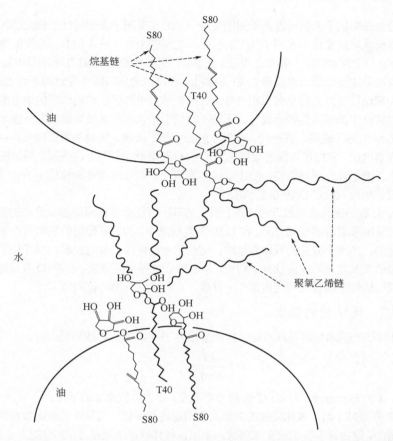

图 8.1　司盘 80（Span 80）和吐温 40（Tween 40）在油-水界面上形成复合物示意[10]

　　液晶的形成也能稳定乳状液。液晶通过聚集在分散的液珠周围界面上，形成了一个高黏度区，能够阻碍单个液珠之间发生聚结，同时作为空间位阻障碍（见 8.1.2.2 节）阻止分散的液珠相互靠近到达发生范德华吸引作用（见第 9 章 9.1 节）的位置[15]。

　　特别地，环绕在 W/O 乳状液液珠周围的界面膜必须有非常高的强度，即必须是固态型膜[16,17]，其特征是具有很强的侧向分子作用力，相对于界面有良好的定向，从而赋予界面膜良好的弹性。这种类型的膜是必需的，因为 W/O 型乳液中水珠不带或几乎不带电荷，因而不能产生电性障碍来阻止聚结（下一节讨论）。因此在普通 W/O 型乳液中，防止聚结发生的因素主要是膜的机械强度，要使水珠能在与相邻水珠发生不断的碰撞后不致破裂，表面膜必须具有特别的机械强度。W/O 型乳状液中界面膜的高刚性可以通过水珠的不规则形状得到证明，相反在 O/W 型乳状液中，分散的油滴都是规则的球形。

8.1.2.2　分散液珠上存在电性和位阻聚结障碍

　　如果分散液珠上存在电荷，将形成一个电性障碍，阻止分散的液珠间相互靠近。通常认为，只有在 O/W 型乳状液中，电性障碍才是一个显著因素。O/W 型乳状液中液珠上的电荷来源于表面活性剂以亲水基朝向水相的吸附。在离子型表面活性剂稳定的乳状液中，液珠上的电荷符号总是取决于表面活性离子的电荷符号，而在非离子表面活性剂稳定的乳状液中，分散相的电荷既可能来自于水相中离子的吸附，也可能来自于液珠和水相之间的摩擦。在后一种情况下，介电常数高的一相带正电荷。在 W/O 型乳状液中，液珠几乎不带电荷，即便有，实验数据表明稳定性和所带电荷量无关。事实上，在高价金属油酸皂稳定的苯包水乳状液中，Zeta 电势和聚结稳定性之间具有负相关性。在这些体系中真正起稳定作用的很可能是初始的油酸皂经水解产生的不溶性碱金属皂。那些不能稳定苯包水乳状液的金属皂不能水解，且具有最高的 Zeta 电势。这些水解产物，如果在两相中都不溶解，将会在界面聚集，从而防止在油相中形成双电层。它们在界面的聚集稳定了 W/O 型乳状液，因为这些碱金属油酸皂优先被苯润湿，在界面形成一层界面膜，防止水珠的聚结[18]。亲油性固体颗粒稳定 W/O 型乳状液，而亲水性固体颗粒则稳定 O/W 型乳状液[19]。

当两个分散的液珠相互靠近时，界面膜上的基团可能会被迫形成能量更高的排布，从而构成阻碍液珠继续靠近的空间位阻。在 O/W 型乳状液中，构成界面膜的表面活性剂的亲水基是高度水化的，当两个分散的液珠靠近时，这些亲水基可能会被迫脱水，或者长聚氧乙烯链可能会被迫改变其通常的卷曲状分子构型，从而形成这种空间位阻。在 W/O 乳状液中，形成界面膜的表面活性剂的长烷基链向油相中伸展，也产生这种空间位阻效应。

8.1.2.3 连续相的黏度

连续相黏度 η 的增加将导致液珠的扩散系数 D 减小，因为对球形质点有：

$$D = \frac{kT}{6\pi\eta a} \tag{8.1}$$

式中，k 为 Boltzmann 常数；T 为热力学温度；a 为分散液珠的半径。

当扩散系数减小时，液珠碰撞的频率及聚结速度都降低。当悬浮的液珠数量增多时，外相的黏度增加，这是许多乳状液在浓缩状态下比在稀释状态下更稳定的原因之一。为此目的，可以向乳状液中加入特殊成分如天然的或者合成的"增稠剂"来提高外相的黏度。Friberg[20] 已经指出了液晶相的存在对于提高乳状液稳定性的重要作用（见第 3 章 3.2.3 节）。在特定的油、水和乳化剂浓度下，能够形成使连续相的黏度增大的液晶相。这可以极大地提高普通乳状液的稳定性。

8.1.2.4 液珠大小分布

影响液珠聚结速率的一个因素是液珠的大小分布。液珠大小范围越窄，乳状液越稳定。这是因为大液珠单位体积所对应的表面积较小，因此在热力学上，普通乳状液中的大液珠比小液珠更稳定，并趋向于长大，而小液珠则减小。如果这一过程持续进行，将最终导致乳状液破乳。因此在平均粒径相同的情况下，粒径分布相当均匀的乳状液要比粒径分布宽的乳状液更稳定。

8.1.2.5 相体积比

随着普通乳状液中分散相体积的增加，界面膜的面积需要不断增加才能包裹分散相的液珠，因此体系的不稳定性增加。当分散相的体积超过连续相的体积时，乳状液的类型（O/W 或 W/O）相对于另一种类型基本上变得越来越不稳定，因为包裹分散相的界面膜的面积将比包裹连续相所需的界面膜的面积来得大。于是当分散相的体积不断增大时，乳状液常常发生转相。如果所使用的乳化剂只适合最初形成的乳状液类型，则相转变可能不会发生，取而代之的是形成 W/O/W 型或 O/W/O 型的多重乳状液——当乳化剂适合 W/O 型乳状液时通常形成前者，而当乳化剂适合 O/W 型时通常形成后者（见 8.1.4 节）。

8.1.2.6　温度

改变温度会引起体系的一系列因素发生变化，包括两相间的界面张力、界面膜的性质和黏度、乳化剂在两相中的相对溶解度、液体的蒸气压和黏度，以及分散相质点的热运动等。因此改变温度通常会引起乳状液的稳定性发生显著变化，例如可能导致乳状液转相或者破裂。当乳化剂在其溶解的溶剂中的溶解度接近其最小溶解度时，乳化剂通常是最有效的，因为此时乳化剂的表面活性最高。由于乳化剂的溶解度通常随温度而变化，因此乳状液的稳定性也将受温度的影响。最后，因为任何干扰界面的因素都将导致乳状液不稳定，而温度升高引起的液体蒸气压的升高将导致通过界面膜的分子流动增加，也将降低乳状液的稳定性。

根据 von Smoluchowski[21]的胶体凝聚理论，Davies 和 Rideal[22]提出了普通乳状液中液珠聚结速度的定量表达式，式中包含了以上所讨论的大多数因素。

von Smoluchowski 已经表明，在分散体系中，由碰撞导致的、扩散控制的球状质点间的聚结速率与质点的碰撞半径、扩散系数以及质点浓度的平方成正比：

$$\frac{-\mathrm{d}n}{\mathrm{d}t} = 4\pi Drn^2 \tag{8.2}$$

式中，D 为扩散系数；r 为碰撞半径（聚结开始时质点中心间的距离）；n 为每 cm^3 中的质点数目。

上述理论假定质点的每一次碰撞对降低质点数量都是有效的。但在所有分散体系中，一般都存在一个聚结能垒 E，于是上式修正为：

$$\frac{-\mathrm{d}n}{\mathrm{d}t} = 4\pi Drn^2 \mathrm{e}^{-E/kT} \tag{8.3}$$

在等温条件下积分得：

$$\frac{1}{n} = 4\pi Drt\mathrm{e}^{-E/kT} + 常数 \tag{8.4}$$

根据 Einstein 方程：

$$D = \frac{kT}{6\pi\eta a} \tag{8.1}$$

式中，a 是质点的平均半径，如果假定质点只在相互接触（即当 $r=2a$ 时）才导致聚结，则有：

$$\frac{1}{n} = 4\pi \frac{kT}{6\pi\eta a} 2at\mathrm{e}^{-E/kT} + 常数 \tag{8.5}$$

$$\frac{1}{n} = \frac{4kT}{3\eta} t\mathrm{e}^{-E/kT} + 常数 \tag{8.6}$$

通过在显微镜下计数测定单位体积乳状液中的质点数 n，以 $1/n$ 对 t 作图，即可求得聚结能垒 E，因为曲线的斜率为

$$\frac{4kT}{3\eta}e^{-E/kT}$$

式中，k、T 和 η 均为已知常数。但需要注意，E 可能随乳状液中液珠的大小和数量而变化。

如果定义液珠的平均体积为 $\overline{V}=V/n$，其中 V＝分散相的体积分数（每 cm^3 乳状液中分散相的体积），则有：

$$\overline{V}=\frac{4}{3}\frac{VkT}{\eta}te^{-E/kT}+常数 \tag{8.7}$$

对上式进行微分，即得到质点聚结速率和乳状液稳定性的表达式：

$$\frac{d\overline{V}}{dt}=\frac{4}{3}\frac{VkT}{\eta}e^{-E/kT} \tag{8.8}$$

$$\frac{d\overline{V}}{dt}=Ae^{-R/kT} \tag{8.9}$$

式中，A 对特定的体系是一个常数，称为碰撞因子；E 为聚结能垒，包括机械的和电性的能垒，从中可见用作乳化剂的表面活性剂的影响。

8.1.3 相转变

通过改变某些乳化条件，可使普通乳状液从 W/O 型转变为 O/W 型或者相反。这些条件包括：①两相的加入顺序（将水加入到溶有乳化剂的油中可能得到 W/O 型乳状液，而将油加入到溶有相同乳化剂的水中则可能得到 O/W 型乳状液）；②乳化剂的性质（油溶性乳化剂倾向于形成 W/O 型乳状液，而水溶性乳化剂倾向于形成 O/W 型乳状液）；③两相的体积比（增加油/水比倾向于形成 W/O 型乳状液，反之增加水/油比倾向于形成 O/W 型乳状液）；④溶解乳化剂的相（在水相中加入亲水性表面活性剂作为乳化剂有利于形成 O/W 型乳状液）；⑤体系的温度（对用 POE 非离子型表面活性剂稳定的 O/W 型乳状液，升高温度导致表面活性剂的亲油性增强，乳状液可能转为 W/O 型；另一方面，冷却可能导致某些离子型表面活性剂稳定的乳状液转为 W/O 型）；⑥电解质或其他添加物的含量［向离子型表面活性剂稳定的 O/W 型乳状液中加入强电解质，会通过降低分散质点的电势、增加表面活性离子和反离子间的作用（使其亲水性减弱），而使乳状液转变为 W/O 型；向 O/W 型乳状液中加入长链醇或脂肪酸，它们与表面活性剂形成亲油性更强的复合乳化剂，从而可能使乳状液由 O/W 型转变为 W/O 型］。

在 O/W 型乳状液转变为 W/O 型乳状液的过程中，分散的油珠上的任何电荷必须被移去，并且从原来的界面膜形成一个联结的固态凝聚膜，如图 8.2 所示[16]。根据这一机理，O/W 乳状液中带电的界面膜被中和，油珠倾向于聚结而形成连续相。被捕获的水被界面膜包围并重排，形成由不带电荷的刚性膜稳定的形状不规则的水珠，其结果就是形成 W/O 型乳状液。

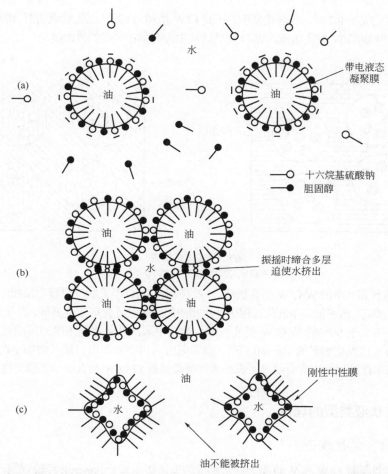

图 8.2　十六烷基硫酸钠/胆固醇复合界面膜稳定的 O/W 型乳状液在加入高价阳离子后转变为 W/O 型乳状液
阳离子的吸附中和了油珠上的负电荷，从而促进了聚结[16]

8.1.4　多重乳状液

　　人们对多重乳状液具有相当的兴趣，部分原因是它们具有下列潜在的作用：①将药物输送到人体的指定部位，而不至于对其他器官产生毒副作用；②延缓生物半衰期很短的药物的释放。

　　一般存在两种多重乳状液体系，即 W/O/W 和 O/W/O 型。在第一种多重乳液中（图 8.3a），悬浮于水相（W）中、不溶于水的油相（O）自身又将水溶液分散于其中。在 O/W/O 型乳状液中（图 8.3b），悬浮在油相中的水相（W）又将油滴分散于其中。一般认为，W/O/W 型多重乳状液是 W/O 型乳状液转变成 O/W 型乳状液过程中的中间相[23]。

　　W/O/W 型多重乳状液一般通过两步法制备[6,24,25]：将预先制备好的 W/O 型乳状液在搅拌下慢慢加入含有亲水性乳化剂的水溶液。但如果使用亲水性乳化剂的低浓度（即浓度仅为油溶性乳化剂的 1/50～1/20）水溶液作为水相，也能通过一步法制备 W/O/W 型多重乳液[26]。

当水/油体积比大于 0.7 时，相转变发生，得到 O/W 型和 W/O/W 型乳状液的混合物。为了用这一技术获得 W/O/W 型乳状液，W/O 型乳状液中应有紧密排列的界面膜。

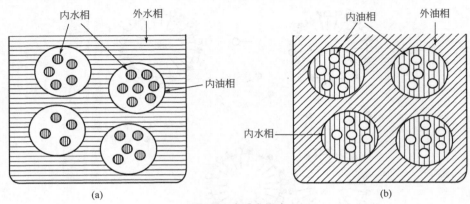

图 8.3　多重乳状液
（a）W/O/W 型乳状液；（b）O/W/O 型乳状液

为了得到高产率的 W/O/W 型乳状液，一般在制备 W/O 型乳状液过程中油相中的亲油性乳化剂浓度要高，而在第二步乳化过程中外水相中的亲水性乳化剂浓度要低。在某些情况下，为了得到产率大于 90% 的 W/O/W 型乳状液，油相中亲油性乳化剂浓度必须超过 30%，并且要达到亲水性乳化剂量的 10~60 倍[6]。如同向内水相中加入蛋白质（例如牛血清蛋白）一样[27]，亲水性乳化剂中含有阴离子表面活性剂能提高 W/O/W 型乳状液的稳定性[24,26]。

8.1.5　乳状液类型的理论

8.1.5.1　定性理论

所有定性解释 O/W 和 W/O 型乳状液形成的理论都是基于 Bancroft 经验规则。一些研究者认为，由表面活性分子在液-液界面吸附并定向排布形成的界面区域，两侧的界面张力（或界面压）是不同的。即表面活性剂的亲水端和水相间的界面张力（或亲水头基之间的界面压）与表面活性剂的亲油端和油相间的界面张力（或亲油基端之间的界面压）是不同的。于是在乳状液的形成过程中，界面区域倾向于向界面张力较高的一侧（或界面压较小的一侧）弯曲，以使界面自由能最小化。如果亲油基一侧的界面张力大于（或界面压小于）亲水基一侧，则膜将向油相弯曲（凹向油相），以使亲油基一侧界面面积减小，结果导致油被水包裹，形成 O/W 型乳状液；反之如果亲水基一侧的表面张力大于（或界面压小于）亲油基一侧，则界面膜向水相弯曲，导致形成 W/O 型乳状液。显然，油溶性乳化剂在油相一侧产生较低的界面张力（或较大的界面压），形成 W/O 型乳状液；而水溶性乳化剂则在水相一侧产生较低的界面张力（或较大的界面压），形成 O/W 型乳状液。

其他一些研究者[28]从油-水-乳化剂边界接触角的差异来解释两种类型乳状液的形成（图 8.4）。当油、水、表面活性剂相接触时，如果油相的接触角（在油相中测定的）小于 90°，则油面向水相一侧弯曲，产生 W/O 型乳状液。另一方面，如果油、水、表面活性剂相接触时，水相的接触角（在水相中测定的）小于 90°，则水面向油相一侧弯曲，产生 O/W 型乳状液。

但注意，如果油相的接触角<90°，则有$\gamma_{OE}<\gamma_{WE}$，乳化剂的亲油性大于亲水性；如果水相的接触角<90°，则有$\gamma_{WE}<\gamma_{OE}$，即乳化剂的亲水性大于亲油性。所以，总体上亲水的乳化剂形成 O/W 型乳状液，而总体上亲油的乳化剂形成 W/O 型乳状液。这种关系可以定量地应用于那些既不溶于水也不溶于油的某些固体乳化剂，或者吸附在在两相中都不溶的固体表面上的乳化剂。如果乳化剂在任一相或两相中均可溶解，那么它与溶解的一相之间的接触角是不存在的，因而也不能测定。但是在定量方面，如果乳化剂仅在一相中可以溶解，则其与溶解的这一相的接触角为零，恒小于它与不能在其中溶解的另一相形成的接触角。显然在乳状液中，能溶解乳化剂的一相是连续相。因此具有显著油溶性的乳化剂形成 W/O 型乳状液，而显著水溶性的乳化剂形成 O/W 型乳状液。

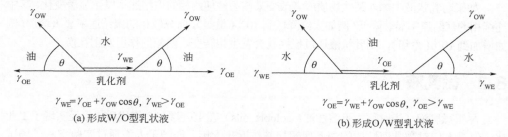

图 8.4　接触角对乳状液类型的影响

这一概念用 $BaSO_4$ 稳定的含有表面活性剂的乳状液进行了验证[28]。当在水相中测得的接触角稍大于 90° 时，形成了 W/O 型乳状液；而当接触角稍小于 90° 时，形成了 O/W 型乳状液。如果接触角远远大于 90°，$BaSO_4$ 颗粒分散在油相中；而如果远远小于 90°，则它们分散在水相中。后两种情况下，乳状液破乳。

通过研究油珠和水珠在油/水界面上的聚结，证实了这样的结论，即与乳化剂形成更大接触角的一相将成为分散相，并且提示还有其他因素影响两种类型乳状液的形成。研究结果表明，处于外部液体介质中的液珠的稳定性主要取决于组成该液珠的物质是否具有润湿液珠和外部介质之间吸附膜的能力[29]。如果液珠中的物质能够润湿界面膜（这意味着在组成膜的乳化剂和液珠中物质之间的接触角很小），则液珠将会聚结，乳状液将不稳定。如果液珠中的物质不能润湿界面膜（即乳化剂和液珠中物质之间形成很大的接触角），则液珠很难聚结，因为外相很容易润湿两个液珠之间的区域，因而乳状液是稳定的。因此，对乳化剂润湿性较差的一相为分散相的乳状液将更为稳定。

8.1.5.2　普通乳状液类型的动力学理论

Davies[30]提出了一个有关普通乳状液类型的定量理论，该理论将乳状液的类型与同时存在的油珠和水珠的聚结动力学（式 8.8 和式 8.9）相关联。根据这个理论，当油和水在乳化剂存在下被搅动时，普通乳状液的类型取决于两个相互竞争过程的相对速率：①油珠的聚结和②水珠的聚结。假定搅拌同时打破了油相和水相，使其成为液珠，而乳化剂吸附在液珠周围的界面上。则聚结速率更大的一相将成为连续相：如果水珠的聚结速率远大于油珠的聚结速率，则形成 O/W 型乳状液；如果油珠的聚结速率远大于水珠的聚结速率，则形成 W/O 型乳状液。当两相的聚结速率相近时，相体积较大的一相将成为外相。

通常界面膜上的亲水基团对油珠的聚结构成了障碍，而界面膜上的亲油基团则对水珠的聚结构成障碍。因此，显著亲水的界面膜容易形成 O/W 型乳状液，而显著亲油的界面膜容易形成 W/O 型乳状液。

根据 Davis 的理论，如果某一相的聚结速率为碰撞因子 A 的 10^{-2} 倍（即式 8.9 中的 $Ae^{-E/kT}=10^{-2}A$），则此速率是一个很快的聚结速率，相当于该相在 1h 内完全聚结，而 $10^{-5}A$ 则是一个非常慢的速率，相当于该相可以保持分散状态达几个月。因此，如果一个相的聚结速率约为 $10^{-5}A$ 量级，而另一相的聚结速率远大于这一速率，则会形成稳定的乳状液，其中聚结速度慢的一相成为分散相；另一方面，如果两个相的聚结速率大约都为 $10^{-2}A$ 量级，则无论其中哪个相的速率更低，两相都会快速聚结，乳状液破乳。

如果向乳状液中加入某些物质或者改变某些条件使两相的聚结速率发生显著变化，其中连续相的聚结速率显著降低（例如大约降低到 $10^{-5}A$ 量级），而分散相的聚结速率显著增加（例如增加到 $10^{-2}A$ 量级），则乳状液通过搅拌就会发生相转变，两相的作用发生互换。

8.2　微乳液

尽管微乳液（当时称为可溶性油，soluble oils）在 19 世纪 30 年代后就已经实现了工业化。但是人们对微乳液性质的深入理解却是在近几十年，即源于人们通过实验室和矿场试验发现微乳液具有自地下油藏中提高石油采收率的功能，从而对其产生了浓厚的兴趣以后。这是由于在微乳液-石油界面形成了超低界面张力（见第 5 章 5.3.1 节），而超低界面张力是驱动岩石毛细孔中残余油滴的必要条件。近年来人们又对碳氟化合物微乳液产生了广泛的兴趣，因为这种微乳液具有超高的溶解 O_2 的能力，从而有望在治疗循环功能障碍中用作 O_2 的载体[31]。此外，微乳液还用于制备固体纳米粒子[32]，用于食品和饮料[33]，以及作为有机合成的反应介质[34]。

微乳液是两种不相溶的液体形成的透明的、热力学稳定的分散体系，液珠直径为 10～100nm，一般仅需将配料温和地混合即可得到。在这一方面，微乳液与普通乳状液和纳米乳状液显著不同，因为后两种乳状液都需要剧烈搅拌才能形成。微乳液可以是水为连续相（O/W），油为连续相（W/O）的，或者两者都是连续相的，即双连续相微乳液[35]。

不论是将微乳液看作一种增溶了第二种液体的溶胀胶束溶液，还是看作一种液体以液珠形式分散在第二种液体中形成的分散体系，微乳液与两种液体的界面张力都接近于零。在第一种情况下体系是单相体系，因而对任一液相都不存在相界面，只要胶束能够增溶更多的第二种液体。在第二种情况下，相界面面积非常大，以致必须要有一个超低界面张力才能保证仅需如此低的外功即可形成微乳液。此外界面区域必须具有高度的柔性，才能允许以极大的曲率来包裹超小粒子，以及允许体系很容易地从油连续相结构转变成水连续相结构，这种相转变是微乳液的特有性质。

一般认为，在一个三相体系中，介于非极性相（O）和水相（W）之间的透明、流动的中间（表面活性剂）相是微乳液（见第 5 章 5.3 节）；如果增加表面活性剂的浓度，则中间相将结合其他两相（水相和油相）而形成单一相（即微乳液）。正如第 5 章 5.3.1 节中所讨论的，形成中间相的方针表明了微乳液的形成条件。Winsor R 比（式 5.3）表示了表面活性剂对水和油的相对溶解能力。通过改变表面活性剂的结构、改变温度、加入助表面活性剂、加入电解质等改变 Winsor R 比，可以改变体系对水或油或两者的增溶能力[36]。

通常需要使用一种以上的表面活性剂或者使用表面活性剂和助表面活性剂（中等链长❶的极性化合物）的混合物来制备微乳液，虽然不用助表面活性剂也能制备出微乳液[37]。对应用中所需要的油相和水相，使用混合表面活性剂对于提供合适的亲水亲油平衡是必需的。这种平衡可以通过实验测定，即将水相和油相按设定的比例与表面活性剂-助表面活性剂混合，并注意所得到的体系是 Winsor Ⅰ型、Ⅱ型、Ⅲ型，还是Ⅳ型体系（图 5.5）。建议使用带刻度的容器来进行实验，以便可以测量各项的体积，然后通过调整表面活性剂-助表面活性剂混合物的组成使 Winsor R 值趋向于 1。如果最终得到的是一个三相体系而不是单相微乳液，则可以增加表面活性剂-助表面活性剂混合物的浓度，直到其将剩余的水相和油相增溶到表面活性剂相中。

由于微乳液与提高石油采收率的相关性，人们对微乳液进行了大量的研究并已经开发了多种方法确定微乳液的形成条件。例如，对于含有阴离子表面活性剂的微乳液，可以借助于式 8.10 确定微乳液的最佳配方[38]：

$$\ln S - kACN - f(C_A) + \sigma - \alpha_T \Delta T = 0 \tag{8.10}$$

式中，S 是水相的盐度，以 NaCl%计；ACN 是所用烷烃的碳原子数（或等效碳原子数）；$f(C_A)$ 是醇（用作助表面活性剂）浓度的函数；σ 是表征表面活性剂化学结构的一个参数（随亲水链长的增加而线性增加）；ΔT 是与参照温度（25℃）的偏差；k 和 α_T 为经验常数。

上式包含了制备具有超低界面张力、用于从油藏岩石中提高石油采收率的微乳液可能需要的配方组分（见第 5 章 5.3.1 节）。

上式表明，当要被乳化的烷烃的碳原子数（ACN）增加时，或者当表面活性剂的亲油基中的碳原子数（σ）减少时，必须提高溶液的盐度（S）才能得到微乳液。

对定义阴离子表面活性剂微乳液的形成条件有用的式 8.10 中涉及一些经验参数，对它们的解释有助于理解两亲分子层的物理化学性质。Acosta[39,40]已将 σ 定义为参考条件下表面活性剂的标准化净曲率，参考条件为：$S = 1\text{gNaCl}/100\text{mL}$ 水，这使得 $\ln S = 0$；以苯作油相，$ACN = 0$；不使用助表面活性剂（或使用二己基磺基琥珀酸酯钠盐作为参考表面活性剂，它无需助表面活性剂就能形成微乳液），$C_A = 0$；$T = 25$℃，这使得 $\Delta T = 0$；于是 $\ln S = \sigma$，并将 σ 重命名为特征曲率（C_c）。在这些条件下，C_c 值为负，表示表面活性剂趋向于形成正常胶束，而 C_c 值为正，则表示表面活性剂趋向于形成反胶束。通过将式 8.10 应用于两个阴离子表面活性剂的混合物形成微乳液的条件 $HLD_{mix} = 0$，并近似地令 ACN 等于零，可得到一个计算阴离子表面活性剂 C_c 值的线性方程[40]（式 8.11）：

$$\ln \frac{S^*}{S_1^*} = (C_{C_1} - C_{C_2})X_2 \tag{8.11}$$

式中，S^* 和 S_1^* 分别是相应于参考表面活性剂（二己基磺基琥珀酸酯钠盐，其 $C_{C_1} = -0.92$）和被研究的表面活性剂的盐度；C_{C_1} 和 C_{C_2} 是它们的特征曲率；X_2 是被研究的表面活性剂的摩尔分数。因此，以最佳盐度 S^*/S_1^* 对被研究的表面活性剂的摩尔分数作图，从所得曲线的斜率即可计算出其特征曲率。

---

❶ 长链极性化合物一般不用作助表面活性剂，因为它们倾向于形成液晶结构，从而增加体系的黏度和界面的刚性。

对基于阳离子表面活性剂微乳液，Anton 等提出了一个类似于 8.10 的方程[41]。

对于基于 POE 非离子表面活性剂的微乳液，Bourrel 等提出了下面的方程[42]：

$$\alpha - EON + bS - kACN - \Phi(C_A) + \alpha_T \Delta T = 0 \tag{8.12}$$

式中，α 是表面活性剂憎水基的特性（随碳原子数的增加而增加）；EON 是表面活性剂亲水基中氧乙烯基的平均数；S、ACN、C_A 以及 ΔT 与式 8.10 中相同，而 b、k、Φ 和 α_T 是经验常数。

上式清楚地表明，要使表面活性剂的聚氧乙烯数增加，则必须提高盐度才能得到微乳液。与式 8.10 不同（$\alpha_T \Delta T$ 一项的符号为负），式 8.12 中 $\alpha_T \Delta T$ 一项的符号为正。这是因为，随着温度的升高，离子型表面活性剂的水溶性增强，为了反映这一变化，式 8.10 中左侧的数值应当随温度升高而减小（或负值增加）。另一方面，由于温度升高时 POE 非离子表面活性剂的聚氧乙烯基脱水（见第 4 章 4.3.3 节），导致其水溶性降低，为了反映这一变化，式 8.12 左侧的正值应当增加。

在方程 8.10 或方程 8.12 等于零（最佳盐度）的条件下，每克表面活性剂所增溶的油相的体积（以 mL 计）称为增溶参数，以 SP^* 表示。在这一条件下的界面张力 γ^* 与 SP^* 成反比，并且[43] $\gamma^* = K/(SP^*)^2$。因此，要使界面张力达到最低，就要使 SP^* 值最大化（见第五章 5.3.1 节）。

使用亲油性连接剂[44]和亲水性连接剂[45,46]可以提高 SP^* 或降低 γ^*。亲油性连接剂是长链（$>C_8$）的醇类及其低度乙氧基化物，它们能增加表面活性剂和油相的相互作用。最有效的连接剂其亲油基的链长等于表面活性剂的亲油基链长与烷烃链长的平均值。亲水性连接剂增加表面活性剂与水相的相互作用，如一甲基萘磺酸盐、二甲基萘磺酸盐和辛酸钠。

8.3 纳米乳状液

纳米乳液又称为细乳状液[47~51]、精细分散乳状液[52]或超细乳状液[53]。它们是外观呈蓝白色的半透明乳状液，粒径为 0.1～0.4μm。乳化剂的浓度比微乳液中的浓度（15%～30%）要低得多，一般为油相的 1%～3%，通常是离子型表面活性剂和助表面活性剂（一般为长链醇）的混合物。助表面活性剂的烷基链至少要有 12 个碳原子，相比之下微乳液中的助表面活性剂链长要短得多。纳米乳状液通常用于聚合物胶乳的制备，也用于化妆品（其半透明或透明性质使其具有特别的吸引力）以及药物传递体系中。O/W 型纳米乳状液可通过将表面活性剂和助表面活性剂的混合物加入水中搅拌至少 1h 形成混合胶束溶液来制备。常用相转变温度法（PIT 法，参见 8.4.2 节）来制备纳米乳状液[54]。为了使乳化成功，脂肪醇（助表面活性剂）最初应溶于水相。纳米乳状液形成的机理是，混合胶束通过增溶剂而膨胀，随后这些膨胀的结构破裂，形成直径小于 400nm 的微小液珠。脂肪醇从水相净转移到油相过程的熵增被认为是纳米乳状液形成的推动力[51]。纳米乳液不会分层或沉降，因为对直径 <1μm 的粒子，布朗运动强于重力效应。

用 10^{-2}mol/L 十二烷基硫酸钠作表面活性剂制备苯乙烯纳米乳液时，当离子型表面活性剂:脂肪醇摩尔比为 1:1 时，使稳定性降低的脂肪醇的链长顺序是 $C_{16} > C_{18} > C_{14} > C_{12} > C_{10}$。用十二烷基硫酸钠-$C_{16}$ 醇混合物时，使稳定性降低的十二烷基硫酸钠:脂肪醇摩尔比顺序是

1:3>1:2>1:1>1:6>1:0.5。摩尔比为 1:3 和 1:2 时得到的乳状液可稳定 1 个月以上。当离子型表面活性剂:脂肪醇的比例在 1:1～1:3 之间时，棒状液晶结构的存在被认为是获得稳定的纳米乳状液必不可少[48]。

　　这一方法已经被用来制备许多聚合物的纳米乳状液，包括纤维素酯，类似于通过乳液聚合制备的乳胶。制备纳米乳状液时，将聚合物溶于有机溶剂，直接乳化，然后通过减压蒸馏除去有机溶剂。通过该方法制备的纳米乳状液，稳定性可超过 1 年。

8.4　用作乳化剂的表面活性剂的选择

　　表面活性剂的化学结构与其乳化能力之间的相关性是复杂的，因为水相和油相的组成都是可变的。这与发泡和润湿现象不同，在这些现象中，至少有一个相（空气相）基本是恒定的，所以能够容易地获得表面活性剂的结构和其活性之间的特定相关性。此外，乳化剂的使用浓度不仅决定了其乳化能力，甚至也能决定所形成的乳状液的类型（O/W 或 W/O）。鉴于必须要考虑两相的组成和乳化剂的浓度等，因此对特定的表面活性剂，不可能按某个特定的顺序对其乳化能力进行评判。但是，在选择表面活性剂作为乳化剂时，仍有一些基本原则能提供帮助。一般而言，对用作乳化剂的表面活性剂，①它在所应用的特定体系中必须显示出良好的表面活性并产生低界面张力，这意味着它必须具有迁移到油/水界面的趋势，而不仅仅是在水相或油相中保持溶解。因此作为乳化剂的表面活性剂，其分子中亲油基和亲水基必须达到一个平衡，以便能够在一定程度上使两个体相的结构扭曲，尽管扭曲的程度不必是同等的。显然如果在某一体相中的溶解性太高，其有效性将存疑。②单独或者与已经在界面吸附的组分形成界面膜，由于成膜物质分子间的侧向作用，形成的膜属于凝聚膜。这意味着，对 O/W 型普通乳状液，界面膜中疏水基之间具有强侧向作用；而对 W/O 型普通乳状液，界面膜中的亲水基团之间有强侧向作用。③它必须以合适的速度迁移到界面，以保证在乳状液制备的过程中，界面张力能降至很低。由于特定表面活性剂迁移到界面的速度通常是可变的，取决于乳化前它们是被溶于水相还是油相，因此其乳化行为通常取决于乳化之前预先溶解乳化剂的那一相。

　　根据前面的讨论，可以得出另外两条选择乳化剂的一般性规则：①油溶性乳化剂形成 W/O 型乳状液，以及②使用油溶性表面活性剂和水溶性表面活性剂的混合物通常比使用单一表面活性剂能得到更好更稳定的乳状液。现在还可以加入第三条规则，即将油相的性质也考虑在内：③被乳化的油相极性越强，则乳化剂的亲水性应该越强；油相的非极性越强，则乳化剂的亲脂性应该越强。根据这些一般性规则，人们已经建立了若干选择乳化剂的方法，能够对特定的乳化体系用最少的工作量选择出最合适的乳化剂或乳化剂组合。

8.4.1　亲水-亲油平衡（HLB）法

　　一种最常用的选择乳化剂的方法称为 HLB 法。在这一方法中[55]，对许多商品乳化剂指定了一个数值（0～40），即 HLB 值，这些数值能够表征其乳化行为并与乳化剂分子中亲水部分和亲油（疏水）部分的平衡❶有关（在某些情况下，可以通过分子结构计算 HLB 数

---

❶ Becher 已经指出了 HLB 值与排列参数 V_H/la（见第 3 章 3.2.1 节）之间的关系[56]。

值；而在另一些情况下，一般通过乳化实验数据来确定 HLB 值）。另外，对于那些经常被乳化的物质，例如各种油、羊毛脂、石蜡、二甲苯、四氯化碳等，也指定了一个类似范围的数值（称为乳化油相所需要的 HLB 值），这些数值通常是基于乳化经验①而不是化合物的结构。于是对某个被乳化的物质，所选择的乳化剂或者更好的是混合乳化剂，其 HLB 值应当与乳化该物质所需要的 HLB 值大致相等。如果有几种成分需要同时被乳化，则可以通过加权平均法求得所需要的平均 HLB 值。类似地，如果所使用的乳化剂为具有不同 HLB 值的表面活性剂混合物，则混合表面活性剂的 HLB 值亦是单一表面活性剂 HLB 值的加权平均值。

例如，如果要乳化 20%石蜡（HLB=10）和 80%芳香性矿物油（HLB=13）的混合物，那么所使用的混合乳化剂的 HLB 值应该是(10×0.20)+(13×0.80)=12.4。于是对这一体系，可以尝试用 60%的十二醇聚氧乙烯（EO=23）醚（HLB=16.9）和 40%的十六醇聚氧乙烯（EO=2）醚（HLB=5.3）混合物作为乳化剂，其 HLB 值可通过下式计算：

$$\text{HLB} = (16.9 \times 0.60) + (5.3 \times 0.40) = 12.2$$

然而，为了确定最佳的乳化剂组合，还必须尝试平均 HLB 值相同的其他类型结构的乳化剂，以确定对特定的被乳化成分哪一种类型的乳化剂能够给出最好的结果，因为 HLB 值仅仅指示想要得到的乳状液的类型，但并不表示乳化完成的效率和效能[57,58]。对于用 POE 类非离子表面活性剂稳定的 O/W 型乳状液，乳状液的稳定性随 POE 链长的增加而增加；而对于 W/O 型乳状液，稳定性则随亲油基链长的增加而增加[59]。

正如 HLB 值的定义所预期的那样，具有高 HLB 值的表面活性物质适合用作 O/W 型乳化剂，而具有低 HLB 值的表面活性物质适合用作 W/O 型乳化剂。一般，对制备 W/O 型乳状液，推荐使用的乳化剂的 HLB 值在 3~6 之间；而对制备 O/W 型乳状液，推荐的 HLB 值在 8~18 范围内。对于同一种物质，乳化后是成为连续相还是分散相所需要的 HLB 值有很大差异，所以对同一种物质，所需要的乳化剂的 HLB 值要看其在乳状液中是作为连续相还是作为分散相。例如，芳香性矿物油在 O/W 型乳状液中作为分散相时，所需乳化剂的 HLB 值为 11，而在 W/O 型乳状液中作为连续相时，HLB 值为 4。

对某些类型的非离子表面活性剂，其 HLB 值可以根据其分子结构计算得到[58]。例如，对脂肪酸多元醇酯有：

$$\text{HLB} = 20\left(1 - \frac{S}{A}\right) \tag{8.13}$$

式中，S 是该酯的皂化值；A 是形成该酯的脂肪酸的酸值。例如对硬脂酸甘油酯，$S = 161$，$A = 198$，因此 HLB = 3.8。对于皂化值不易测定的酯类，可用下面的公式：

$$\text{HLB} = \frac{E + P}{5} \tag{8.14}$$

式中，E 是聚氧乙烯部分在分子中所占的质量百分数；P 是多元醇部分所占的质量百分数。对于 POE 链是唯一亲水基的非离子型表面活性剂，上式简化为：

---

① 关于测定未知 HLB 值的某种油的 HLB 值，参见文献[57]。

$$HLB = \frac{E}{5} \tag{8.15}$$

据此，十六醇聚氧乙烯（20）醚（聚氧乙烯含量为 77%）的 HLB 值为 15.4。

对于非离子型表面活性物质，HLB 值计算公式可以归纳为下面的通式：

$$HLB = 20\frac{M_H}{M_H + M_L} \tag{8.16}$$

式中，M_H 是分子中亲水基部分的相对分子质量，而 M_L 是分子中亲油（疏水）基部分的相对分子质量。

此外，根据表面活性剂在水中的溶解度也可以近似地判断其 HLB 值[3]，如下表所示：

在水中的行为	HLB 范围
不能分散	1～4
很差的分散	3～6
剧烈搅拌后形成牛奶状分散液	6～8
形成稳定的牛奶状分散液（上限为接近半透明）	8～10
形成半透明至澄清溶液	10～13
形成澄清溶液	>13

目前，人们已经进行了许多尝试，试图根据表面活性剂的其他基本性质来确定其 HLB 值，例如从非离子型表面活性剂的浊点[60]、表面活性剂的临界胶束浓度 CMC[61]、气相色谱保留时间[62,63]、非离子型表面活性剂的 NMR 光谱[64]、偏摩尔体积[65]、溶解度参数[66~68]、质量控制数据[69]以及 QSPR（结构-性能定量关系）研究[70]。尽管已经建立了很多关系式将上述性质和基于分子结构计算得到的 HLB 值相关联，尤其是针对非离子型表面活性剂，但没有或几乎没有数据表明用这些方式得到的 HLB 值能够表征真实的乳化行为。

虽然 HLB 法可用于指导乳化剂的粗略选择，但是很显然这一方法有严重的限制。尽管如前面所述，表面活性剂的 HLB 值既不能表征其乳化效率（所需的乳化剂浓度），也不能表征其乳化效能（乳状液的稳定性），仅能帮助判断所形成的乳状液的类型，但已有的大量数据表明，即使关于乳状液类型的判断，上述 HLB 值法有时也不可靠。研究表明[10,71,72]，用同一种表面活性剂，既可以制备 O/W 型乳状液，也可以制备 W/O 型乳状液，取决于制备乳状液时的温度、剪切速率以及当油相体积分数很高时表面活性剂和油的比例。对某些表面活性剂，HLB 值在整个 2～17 的范围内，得到的都是 O/W 型乳状液。

8.4.2　相转变（PIT）方法

对一个特定的乳化体系基于 HLB 法来选择乳化剂，一个主要缺点是不能反映乳化条件（如乳化温度、油相和水相的性质、添加助表面活性剂或其他添加物）的变化对乳化剂 HLB 值的影响。例如，第 5 章 5.3.1 节曾指出，随着温度的升高，POE 类非离子型表面活性剂水化程度降低，亲水性减弱。结果其 HLB 值必定减小。所以用 POE 非离子型表面活性剂制备的 O/W 型乳状液在温度升高时可能会转变成 W/O 型乳状液；而一个 W/O 型乳状液在温度降低时也可能转变为 O/W 型乳状液。三相区的中间位置所对应的温度，即在这一温度体系发生了相转变，即所谓的相转变温度（PIT），也正是第 5 章 5.3.1 节中所说的表面活性物质（或表面活性剂与助表面活性剂的混合物）在特定油-水体系中亲水和亲油趋势达到平衡的温度。对于各种类型的 POE 非离子型表面活性剂，当体系被油相饱和时，PIT 和其浊点之间还存在着非常好的线性关系（见第 4 章 4.3.2 节）[73]。

由于在相转变温度时油/水界面张力最小，所以在该温度下制得的乳状液应该具有最小的液珠尺寸。制备乳状液所需的最小功为界面张力和增加的界面面积的乘积（$W_{min} = \gamma \times \Delta A$），而当消耗的机械功数量一定时，在该温度下 ΔA 应为最大值。由于对给定数量的机械功，液珠尺寸随 ΔA 的增加而减小，因此此液珠尺寸在相转变温度（PIT）下应该是最小。这就是针对特定体系用 PIT 方法选择乳化剂的基础[71,73,74]。这一方法仅适用于能在特定温度下发生相转变的乳状液。

根据这一方法，将同等质量的水相和油相以及 3%～5% 表面活性剂一起加热并在不同的温度下振荡，观察乳状液的类型，则乳状液从 O/W 型转变为 W/O 型时的温度即为 PIT，反之亦然。对于 O/W 型乳状液，合适的乳化剂应当使体系的 PIT 比乳状液的储藏温度高 20～60℃；而对于 W/O 型乳状液，合适的乳化剂应当使体系的 PIT 比储藏温度低 10～40℃（尽管低于℃的 PIT 不能测定）。

为了得到最佳稳定性，Shinoda 和 Saito[75] 提出了"PIT 乳化法"，即在低于 PIT 2～4℃ 的温度下制备乳状液，然后冷却到储藏温度（对 O/W 型乳状液）。这是因为在 PIT 附近制备的乳状液具有非常小的粒径，但对聚结是不稳定的，将其冷却到 PIT 以下足够低的温度，可以提高乳状液的稳定性而不会导致其平均粒径明显增加。

PIT 会受到众多因素的影响，包括表面活性剂的 HLB 值和浓度、油相的极性、体相的相体积比、体系中所含有的添加剂以及 POE 非离子型表面活性剂的 EO 链长的分布等[71,76]。对一组给定的乳化条件，PIT 几乎是表面活性剂 HLB 值的线性函数；HLB 值越高，PIT 越高。这正是所期望的，因为表面活性剂分子中亲水部分相对于亲油部分的比例越大，发生脱水达到亲水亲油结构平衡所需的温度就越高。对于用 POE 非离子表面活性剂稳定的乳状液，EO 链长分布越宽，乳状液的 PIT 越高，并且稳定性好于 EO 链长分布较窄的乳化剂所稳定的体系[59]。

对一个具有给定 HLB 值的乳化剂，当油相的极性降低时，PIT 将增加（必须提高表面活性剂的亲油性以便与油的极性相匹配）。为此，当油的极性降低时，为了保持 PIT 恒定（以及乳化力平衡不变），应当使用 HLB 值更低的表面活性剂。如果油相包含两种不同油，所得乳状液的 PIT 值是用相同的乳化剂稳定的每种油的单独乳状液的 PIT 的相体积加权平均值[77]：

$$PIT_{(mix)} = PIT_A \phi_A + PIT_B \phi_B \tag{8.17}$$

式中，ϕ_A 和 ϕ_B 是在乳状液中所用的油 A 和油 B 的体积分数。

使用含单分布 EO 链的 POE 非离子型表面活性剂时，当表面活性剂浓度达到 3%～5% 时，PIT 似乎为定值。如果表面活性剂中 EO 链长具有分布，当平均 EO 数较低时，PIT 随表面活性剂浓度的增加而急剧降低，而当平均 EO 数较高时，PIT 的降低较为缓慢。

对表面活性剂浓度固定的乳状液，PIT 随油/水比增加而增加。但如果锁定表面活性剂/

油比例，则即使油/水比改变，PIT 也不变。表面活性剂/油比例越高，PIT 则越低。

在油相加入添加剂，如果该添加剂使油相的极性降低，例如加入石蜡等，则 PIT 升高，反之若添加剂使油相的极性增加，如加入油酸或月桂醇，则使 PIT 下降。在水相中添加盐类会降低 POE 非离子型表面活性稳定的乳状液的 PIT[78]。

正如可以预期的那样，由于用 POE 非离子型表面活性剂稳定的烃-水乳状液的 PIT 与被烃饱和的非离子型表面活性剂的水溶液的浊点相关（见第 4 章），这些对 POE 非离子表面活性剂稳定的乳状液 PIT 的影响是很容易理解的。在讨论被增溶物对 POE 非离子表面活性剂浊点的影响时（见第 4 章 4.3.2 节）已经提到，增溶于胶束内核长链脂肪族烃会导致浊点升高，而增溶于 POE 链之间的短链芳烃和极性物质则会导致浊点下降，显然它们对 PIT 有相同的影响：长链脂肪族烃使 PIT 升高，因此趋向于形成稳定的 O/W 型乳状液，而短链芳烃和极性添加物则使 PIT 降低，因此趋向于形成稳定的 W/O 型乳状液[73]。POE 链长的增加使浊点和 PIT 增加，结果是增加了形成 O/W 型乳状液的趋势，这与乳化剂水溶性越强，形成 O/W 型乳状液的趋势就越强的一般规则相一致。

8.4.3　亲水亲油偏差法（HLD 法）

原本为确定微乳液配方（见 8.2 节）而建立的方法[79,80]已经被用于确定普通乳状液的配方。在这一方法中，方程 8.10 或方程 8.12 左侧的数值称为 HLD。当该值等于零时（例如在 8.2 节），形成微乳液，当该值为正值时优先形成 W/O 型普通乳状液，而当该值为负值时则优先形成 O/W 型普通乳状液。HLD 在性质上类似于 Winsor R 比（方程 5.3），HLD 大于、小于、等于零分别对应于 R 大于、小于、等于 1。HLD 法定性地考虑了体系中其他成分（盐度、助表面活性剂、烃的链长、温度、表面活性剂的亲水基和亲油基等）的影响。但另一方面，在定量方面仍需要通过实验确定一系列经验常数。

8.5　破乳

在有些场合，油/水两相的乳化现象是不希望发生的。当将不混溶的两相搅拌混合时，如在工业萃取过程中，常常会遇到这种情形。然而，希望不发生乳化的最重要的场合可能是从油藏中开采石油。原油总是与水或盐水结合在一起的，并且含有天然乳化剂如沥青质和树脂。这些天然乳化剂，尤其是沥青质，与原油中的其他成分如树脂和石蜡混合在一起，以极性基团朝向水，非极性基团朝向油，在水珠周围形成了一层厚厚的黏界面薄膜。这种界面膜具有很高的黏度，导致形成稳定的黏稠的 W/O 型乳状液。为了使乳状液破乳，从水中分离出石油，人们已经开发了多种方法，其中特别值得注意的是加入称作破乳剂的一种表面活性剂的方法。Angle[81]和 Sjoblom 等[82]已经对石油开采中的破乳及破乳剂进行了论述，但几乎还没有系统的研究[83,84]。

在不同时代使用的破乳剂可以分类如下[85]：

① 肥皂、环烷酸盐类、芳基和烷基芳基磺酸盐（20 世纪 20 年代）；

② 石油磺酸盐、红木皂、氧化蓖麻油、磺基琥珀酸酯（20 世纪 30 年代）；

③ 脂肪酸、脂肪醇和烷基酚的乙氧基化物（1935 年）；

④ 环氧乙烷/环氧丙烷共聚物，环氧乙烷/环氧丙烷改性对烷基酚甲醛树脂（1950 年）；

⑤ 胺烷氧基化物 amine oxalkylates（1965 年）；

⑥ 烷氧基化、环状对烷基酚甲醛树脂及其复杂改性物（1976 年）；

⑦ 聚酯胺及其混合物类（1986 年）；

⑧ 之后的破乳剂（见下文）。

随着时间的变化，破乳剂的有效浓度从 20 世纪 20 年代的 1000mg/L 下降到 1986 年的 5mg/L。

对 W/O 型石油乳状液用表面活性剂破乳的机理包括，①表面活性剂吸附到油/水界面，②改变界面膜的性质，即从高亲油性转变为弱亲油性（因此更容易被水润湿），③表面活性剂渗透进界面膜，使界面膜的黏度降低，④置换原有的 W/O 型乳状液稳定剂，特别是沥青质，使其从界面膜转移到油相中。

由于产地和形成条件的不同，原油的化学组成和其所含有的天然乳化剂的性质有很大的变化，因此只用一种表面活性剂来破乳是不现实的。实际操作中采用的是"化学鸡尾酒"法，即使用含有不同表面活性剂的混合破乳剂来完成所需要的功能。其中包括润湿剂，如二（2-乙基己基）磺基琥珀酸酯盐，以及各种高分子表面活性剂，如环氧乙烷环氧丙烷共聚物、乙氧基化烷基酚-甲醛聚合物。针对不同组成的石油，可以通过对乙氧基化（以及丙氧基化）物的结构进行"裁剪"以满足要求。

用乙氧基化聚烷基酚甲醛类表面活性剂作为沥青稳定的石油乳状液的破乳剂，通过改变破乳剂的功能来研究破乳的机理[86]，研究结果表明，水/油比、表面活性剂浓度、表面活性剂的相对分子质量、聚氧乙烯含量、烷基链长以及沥青质的含量等是影响破乳的重要因素。近年来，人们对一些新型结构的破乳剂也进行了试验，包括聚氧乙烯和聚（二甲基）硅烷的三嵌段共聚物[87]，通过与聚乙二醇或环氧乙烷-环氧丙烷嵌段共聚物酯化改性的水解脂肪油马来酸酐加成物[88]，基于在无机基质上生长的碳纳米管和纳米纤维的磁性两亲复合物[89]，基于硅树脂[90]以及离子液体[91]的破乳剂等。在一些场合，可以通过外部刺激如微波辐射来加速化学启动的破乳过程[92]。

参 考 文 献

[1] Sjoblom, J., *Emulsions and Emulsion Stability*, Marcel Dekker, New York, 1996.

[2] Solans, C. and H. Kunieda, *Industrial Applications of Microemulsions*, Marcel Dekker, New York, 1996.

[3] Becher, P., *Emulsions. Theory and Practice*, 3rd ed., American Chemical Society, Washington, DC, 2001.

[4] Boutonnet, M., S. Logdberg, and E. E. Svensson (2008) *Curr. Opin. Colloid Interface Sci.* **13**, 270.

[5] McClements, D. J. (2010) *Ann. Rev. Food Sci. Technol.* **1**, 241.

[6] Matsumoto, S., Y. Kita, and D. Yonezawa (1976) *J. Colloid Interface Sci.* **57**, 353.

[7] Bancroft, W. D. (1913) *J. Phys. Chem.* **17**, 514.

[8] Tronnier, H. and H. Bussins (1960) *Seifen-Ole-Fette-Wachse* **86**, 747.

[9] Kitchener, J. A. and P. R. Mussellwhite, *Emulsion Science*, P. Sherman (ed.), Academic, New York, 1968, p. 96ff.

[10] Boyd, J., C. Parkinson, and P. Sherman (1972) *J. Colloid Interface Sci.* **41**, 359.

[11] Sherman, P. (ed.), *Emulsion Science*, Academic, New York, 1968.

[12] Groves, M. J., B. H. Kaye, and B. Scarlett (1964) *Be Chem. Eng.* **9**, 742.

[13] Freshwater, D. C., B. Scarlett, and M. J. Groves (1966) *Am. Cosmet. Perfum.* **81**, 43.

[14] Saito, Y., T. Sato, and I. Anazawa (1990) *J. Am. Oil Chem. Soc.* **67**, 145.

[15] Friberg, S. (1976) *J. Colloid Interface Sci.* **55**, 614.

[16] Schulman, J. H. and E. G. Cockbain (1940) *Trans. Faraday Sco.* **36**, 661.

[17] Ford, R. E. and C. G. L. Furmidge (1966) *J. Colloid Interface Sci.* **22**, 331.

[18] Albers, W., J. Th. G. Overbeek (1959) *J. Colloid Sci.* **14**, 501, 510.

[19] Aveyard, R. and J. H. Clint, in *Adsorption and Aggregation of Surfactants in Solution.*

[20] Friberg, S. (1969) *J. Colloid Interface Sci.* **29**, 155.

[21] von Smoluchowski, M. (1916) *Phys. Z.* **17**, 557, 585; *Z. Phys. Chem.* **92**, 129 (1917).

[22] Davies, J. T. and E. K. Rideal, *Interfacial Phenomena*, 2nd ed., Academic, New York, 1963, Chapter. 8.

[23] Matsumoto, S., Y. Koh, and A. Michiura (1985) *J Disp. Sci. Tech.* **6**, 507.

[24] Garti, N., M. Frenkel, and R. Shwartz (1983) *J. Disp. Sci. Technol.* **4**, 237.

[25] Magdassi, S., M. Frenke, and N. Garti (1984) *J Disp. Sci. Tech.* **5**, 49.

[26] Matsumoto, S. (1983) *J. Colloid Interface Sci.* **94**, 362.

[27] Omotosho, J. A., T. K. Law, T. L. Whateley, and A. T. Florence (1986) *Colloid Surf.* **20**, 133.

[28] Schulman, J. and J. Leja (1954) *Trans. Faraday Soc.* **50**, 598.

[29] Cockbain, E. G. and T. S. McRoberts (1953) *J. Colloid Sci.* **8**, 440.

[30] Davies, J. T., 2nd Int. Congr. Surface Activity, London, 1957, 1, p. 426.

[31] Mathis, G., P. Leempoel, J. C. Ravey, C. Selve, and J. J. Delpuech (1984) *J. Am. Chem. Soc.* **106**, 6162.

[32] Barette, D., Memoir de Licence, FUNDP, Namur, Belgium, 1992.

[33] Dungan, S. R., C. Solans, and H. Kunieda (eds.), in *Industrial Applications of Microemulsions*, Marcel Dekker, New York, 1997, p. 147.

[34] Schomacker, R. (1992) *Nachr. Chem. Tech. lab.* **40**, 1344.

[35] Mishra, B. K., B. S. Valaulikar, J. T. Kunjappu, and C. Manohar (1989) *J. Colloid Interface Sci.* **127**, 373.

[36] Verzaro, F., M. Bourrel, and C. Chambu, in *Surfactants in Solution*, Vol 6, K. L. Mittal and P. Bothorel (eds.), Plenum, New York, 1984, pp. 1137-1157.

[37] Holmberg, K. and E. Osterberg (1986) *J. Disp. Sci. Tech.* **7**, 299.

[38] Salager, J. L., L. Morgan, R. S. Schechter, W. H. Wade, and E. Vasquez (1979) *Soc. Petrol. Eng. J.* **19**, 107.

[39] Acosta, E., E. Szekeres, D. A. Sabatini, and J. H. Harwell (2003) *Langmuir* **19**, 186.

[40] Acosta, E. J., J. S. Yuan, and A. S. Bhakta (2008) *J. Surfact. Deterg.* **11**, 145.

[41] Anton, R. E., N. Garces, and A. Yajure (1997) *J. Disp. Sci. Technol.* **18**, 539.

[42] Bourrel, M., J. L. Salager, R. S. Schechter, and W. H. Wade (1980) *J. Colloid Interface Sci.* **75**, 451.

[43] Chun, H. (1979) *J. Colloid Interface Sci.* **71**, 408.

[44] Salager, J. L., A. Graciaa, and J. Lachaise (1998) *J. Surfactants Deterg.* **1**, 403.

[45] Uchiyama, H., E. Acosta, D. A. Sabatini, and J. H. Harwell (2000) *Ind. Eng. Chem.* **39**, 2704.

[46] Acosta, E., H. Uchiyama, D. A. Sabatini, and J. H. Harwell (2002) *J. Surfact. Deterg.* **5**, 151.

[47] Ugelstad, J., M. S. El-Asser, and J. W. Vanderhoff (1973) *J. Polym. Sci. Polym. Lett.* **11**, 503.

[48] El-Asser, M. S., C. D. Lack, Y. T. Choi, T. I. Min, J. W. Vanderhoff, and F. M. Fowkes (1984) *Colloids Surf.* **12**, 79.

[49] El-Asser, M. S., S. C. Misra, J. W. Vanderhoff, and J. A. Manson (1977) *J. Coatings Tech.* **49**, 71.

[50] Grimm, W. L., T. I. Min, M. S. El-Asser, and J. W. Vanderhoff (1983) *J. Colloid Interface Sci.* **94**, 531.

[51] Brouwer, W. M., M. S. El-Asser, and J. W. Vanderhoff (1986) *Colloids Surf.* **21**, 69.

[52] Sagitani, H. (1981) *J. Am. Oil Chem. Soc.* **58**, 738.

[53] Nakajima, H., H. Tomomasa, and M. Okabe, Proc. First World Emulsion Conf, Paris, Vol. 1, p. 1, 1993.

[54] Forster, T., in *Surfactants in Cosmetics*, M. Rieger and L. D. Rhein (eds.), Marcel Dekker, New York, 1997, p. 105.

[55] Griffin, W. C. (1949) *J. Soc. Cosmet. Chem.* **1**, 311.

[56] Becher, P. (1984) *J. Disp. Sci. Technol.* **5**, 81.

[57] Becher, P., in *Pesticide formulations*, W. Van Valkenburg (ed.), Marcel Dekker, New York, 1973, p. 84 and 85.

[58] Griffin, W. C. (1954) *J. Soc. Cosmet. Chem.* **5**, 249.

[59] Shinoda, K., H. Saito, and H. Arai (1971) *J. Colloid Interface Sci.* **35**, 624.

[60] Schott, H. (1969) *J. Pharm. Sci.* **58**, 1443.

[61] Lin, I. J., J. P. Friend, and Y. Zimmels (1973) *J. Colloid Interface Sci.* **45**, 378.

[62] Becher, P. and R. L. Birkmeier (1964) *J. Am. Chem. Soc.* **41**, 169.

[63] Petrowski, G. E. and J. R. Vanatta (1973) *J. Am. Oil Chem. Soc.* **50**, 284.

[64] Ben-et, G. and D. Tatarsky (1972) *J. Am. Oil Chem. Soc.* **49**, 499.

[65] Marszall, L. (1973) *J. Pharm. Pharmacol.* **25**, 254.

[66] Hayashi, S. (1967) *Yukagaku* **16**, 554.

[67] McDonald, C. (1970) *Can. J. Pharm. Sci.* **5**, 81

[68] Beerbower, A. and M. Hill, *McCutcheon's Detergents and Emulsifiers Annual*, Allured Publ. Co., Ridgewood, NJ, 1971.

[69] Pasquali, R. C., N. Sacco, and C. Bregni (2010) *J. Disp. Sci. Tech.* **31**, 479.

[70] Chen, M. L., Z. W. Wang, and H. J. Duan (2009) *J. Disp. Sci. Technol.* **30**, 1481.

[71] Shinoda, K., Proc. 5th Int. Congr. Detergency, Balcelona, Vol. II, p. 275, September 1968.

[72] Kloet, J. V. and L. L. Schramm (2002) *J. Surfactants Deterg.* **5**, 19.

[73] Shinoda, K. and H. Arai (1964) *J. Phys. Chem.* **68**, 3485.

[74] Shinoda, K. and H. Arai (1965) *J. Colloid Sci.* **20**, 93.

[75] Shinoda, K. and H. Saito (1969) *J. Colloid Interface Sci.* **30**, 258.

[76] Mitsui, T., Y. Machida, and F. Harusawa (1970) *Bull. Chem. Soc. Jpn.* **43**, 3044.

[77] Arai, H. and K. Shinoda (1967) *J. Colloid Interface Sci.* **25**, 396.

[78] Shinoda, K. and H. Takeda (1970) *J. Colloid Interface Sci.* **32**, 642.

[79] Salager, J. L., M. Minana-Perez, M. Perez-Sanchez, M. Ranfrey-Gouveia, and C. I. Rojas (1983) *J. Disp. Sci. Technol.* **4**, 313.

[80] Salager, J. L., N. Marquez, A. Graciaa, and J. Lachaise (2000) *Langmuir* **16**, 5534.

[81] Angle, C. W., in *Encyclopedia of Emulsion Technology*, J. Sjoblom (ed.), Marcel Dekker, New York, 2001, chapter 24.

[82] Sjoblom, J., E. E. Johnsen, A. Westvik, M.-H. Ese, J. Djuve, I. H. Auflem, and H. Kallevik, in *Encyclopedia of Emulsion Technology*, J. Sjoblom (ed.), Marcel Dekker, New York, 2001, chapter 25.

[83] Shetty, C. A., A. D. Nikolov, and D. T. Wasan (1992) *J. Disp. Sci. Technol.* **13**, 121.

[84] Bhardwaj, A. and S. Hartland (1993) *J. Disp. Sci. Technol.* **14**, 541.

[85] Mikula, R. J. and V. A. Munoz, in *Surfactants: Fundamentals and Applications in the Petroleum Industry*, L. L. Schram (ed.), Cambridge University Press, Cambridge, UK, 2000, p. 54.

[86] Al-Sabagh, A. M., M. R. N. El-Din, S. A.-E. Fotouh, and N. M. Nasser (2009) *J. Disp. Sci. Technol.* **30**, 267.

[87] Le Follotec, A., I. Pezron, C. Noik, C. Dalmazzone, and L. Metlas-Komunjer (2010) *Coll. Surf. A* **365**, 162.

[88] El-Ghazawy, R. A., A. M. Al-Sabagh, N. G. Kandile, and M. N. El-Din (2010) *J. Disp. Sci. Technol.* **31**, 1423.

[89] Oliveira, A. A. S., I. F. Teixeira, L. P. Ribeiro, J. C. Tristao, C. Juliana, A. Dias, R. M. Lago, and M. Rochel (2010) *J. Braz. Chem. Soc.* **21**, 2184.

[90] Dalmazzone, C. and C. Noïk (2005) *SPE J.* **10**, 44.

[91] Guzman-Lucero, D., P. Flores, T. Rojo, and R. Martínez-Palou (2010) *Energy Fuels* **24**, 3610.

[92] Xia, L., K. Gong, S. Wang, J. Li, and D. Yang (2010) *J. Disp. Sci. Technol.* **31**, 1574.

问　题

8.1　列出辨别 O/W 型和 W/O 型普通乳状液的四种不同方法。

8.2　描述或给出下列每种体系的特征性质:

（a）普通乳状液;

（b）纳米乳状液;

（c）微乳状液;

（d）多重乳状液。

8.3　对 POE 非离子型表面活性剂稳定的 O/W 型普通乳状液，讨论当温度升高到浊点以上，乳状液从 O/W 型转变为 W/O 型过程中的界面张力变化。

8.4　解释 γ_{OE}、γ_{WE}、铺展系数与乳状液类型之间的关系。

8.5　有一种油，乳化成 O/W 型乳状液所需的 HLB 值为 10。计算用 $C_{12}H_{25}(OC_2H_4)_2OH$ 和 $C_{12}H_{25}(OC_2H_4)_8OH$ 的混合物作为乳化剂时，这两种物质的百分比。

8.6　（a）描述下列变化对 POE 非离子型表面活性剂、烷烃和水形成的 O/W 型乳状液体系的影响：

（1）温度从 25℃升高到 40℃；

（2）烷烃从正辛烷变成正十二烷；

（3）增加表面活性剂分子中亲油基的碳原子数。

（b）如果表面活性剂为阴离子表面活性剂，描述上述每个变化的影响。

8.7　对下列特定表面活性剂，提出并解释使其 HLB 值发生变化的条件：

（a）对一个聚氧乙烯型非离子表面活性剂；

（b）对一个离子型表面活性剂。

8.8　列出用表面活性剂使 W/O 型乳状液破乳的机理。你可以用卡通图来描述与这些机理有关的变化吗？

第 9 章 表面活性剂对固体在液体介质中的分散和聚集作用

在许多产品和过程中，获得显著稳定的、均一的、精细分散的固体分散液非常重要。涂料、药物制剂、用于油井的钻探泥浆、颜料和染料通常都是以精细分散的固体颗粒在某些液体介质中的悬浮液形式使用的。

然而，将预先精细分散的某种固体浸没于某种液体中时，常常不会形成稳定的分散体系。许多粒子依然会附着（聚集）在一起形成团块，而那些已经分散在液体中的粒子也会再次团聚，形成大的聚集体从悬浮液中沉降析出。另外，即使颗粒已经被分散在液体中，分散液可能是黏稠的或稀薄的，分散体系保持稳定的时间间隔可能不同，而分散体系对外部环境条件（pH 值、温度、添加剂）的敏感性可能会有很大差异。在讨论表面活性剂在这些体系中的作用和表面活性剂的结构与其作为分散剂的性能之间的关系之前，有必要先分析一下悬浮液中粒子间的作用力，因为这些作用力和粒子大小、形貌以及分散相的体积决定着悬浮液的性质。

9.1 粒子间作用力

Tadros[1]描述了粒子间的四种作用力：硬球力、软（静电）作用力、范德华作用力以及空间位阻作用力。排斥性的硬球力只有当粒子彼此间距微小于硬球半径的一半时才变得很显著。但这种情况一般不会遇到。

9.1.1 软（静电）作用力和范德华力：DLVO 理论

软（静电）作用力和范德华力已在著名的憎液胶体（未被溶剂层包围的胶体粒子的分散液）稳定性理论中得到描述。这一理论是由 Derjaguin 和 Landau[2]以及 Verwey 和 Overbeek[3]独立创建的，因此称为 DLVO 理论。它假定分散粒子的排斥作用势能和吸引作用势能之间存在着平衡。排斥作用被认为是粒子周围的带相同电荷的双电层的作用或粒子-溶剂相互作用所致。而吸引作用被认为主要是粒子间的范德华引力作用所致。如果要将粒子分散，必须使排斥相互作用增加到能克服吸引相互作用；如果要使粒子聚集，则相反。

总的相互作用势能 V 是吸引势能 V_A 和排斥势能 V_R 的总和：

$$V = V_A + V_R \tag{9.1}$$

在真空中，两个半径为 a、中心间隔距离为 R 的相同球形粒子之间的吸引势能由下式给出[4]：

$$V_A = \frac{-Aa}{12H} \tag{9.2}$$

式中，A 是 Hamaker（范德华）常数，当 H 很小（$R/a \leqslant 5$）时，H 是粒子表面之间的最近距离（$= R - 2a$）。吸引势能始终是负的，因为吸引势能在两个粒子相距无穷远时为零，并且随粒子相互接近而减小（因为是负值，实际吸引势能增长）。

在液体分散介质中，A 必须换成有效 Hamaker 常数，

$$A_{eff} = (\sqrt{A_2} - \sqrt{A_1})^2 \tag{9.3}$$

式中，A_2 和 A_1 分别是粒子和分散介质的 Hamaker 常数[5]。当粒子和分散介质的性质变得越来越相似时，则 A_2 和 A_1 在数量级上越来越接近，结果 A_{eff} 变得很小，粒子间只有较小的吸引势能。

排斥势能 V_R 取决于分散粒子的大小和形状、粒子间距离、粒子的表面势 ψ_0、分散液体的介电常数 ε_r 以及双电层的有效厚度 $1/\kappa$（见第 2 章 2.1 节），其中

$$\frac{1}{\kappa} = \left(\frac{\varepsilon_r \varepsilon_0}{4\pi F^2 \sum_i C_i Z_i^2} \right)^{1/2} \tag{2.1}$$

对两个半径为 a 的球形粒子[6]，当 $a/(1/\kappa)(= \kappa a) \ll 1$，即小粒子并具有相对较厚的双电层时，

$$V_R = \frac{\varepsilon_r a^2 \psi_0^2}{R} e^{-\kappa H} \tag{9.4}$$

当 $a/(1/\kappa)(= \kappa a) \gg 1$，即大粒子并具有相对较薄的双电层时，

$$V_R = \frac{\varepsilon_r a \psi_0^2}{2} \ln(1 + e^{-kH}) \tag{9.5}$$

排斥势能总是正的，因为其值在两个粒子相距无穷远时为零，并且随粒子相互接近而增加。

V_A 和 V_R 以及总相互作用能 V（即 V_A 和 V_R 的总和）随粒子间距离 H 的变化曲线如图 9.1 所示。如果在某个距离上粒子间的吸引势能大于排斥势能并且 V 变成负值时，则粒子倾向于发生聚集。

总相互作用势能 V 的曲线形式取决于粒子大小与双电层厚度的比值 $a/(1/\kappa) = \kappa a$（图 9.2）、电解质浓度（图 9.3）和表面电势 Ψ_0（图 9.4）。

当 $\kappa a \gg 1$ 时（即粒子大小与双电层厚度的比值很大），总相互作用势能曲线除了显示一级极小值（P）以外，还在相对较大的粒子间距上显示有二级极小值（S）（图 9.2b）。粒子因此有可能在粒子间距离相对较大时发生聚集。这种类型的聚集有时称为絮凝（flocculation），以区别于在一级极小值时的聚集，后者称为凝聚（coagulation）。由于二级极小值的深度较浅，这种类型的絮凝容易逆转，粒子通过搅动即会散开。尺寸大于几微米的粒子，尤其是扁平粒子，可能显示这种现象。

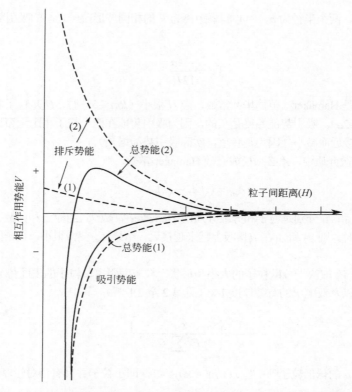

图 9.1　对两个不同高度排斥曲线得到的总相互作用能曲线（通过加和吸引和排斥曲线得到）

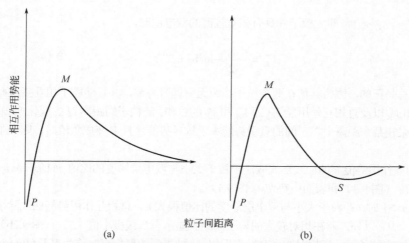

图 9.2　相互作用势能随粒子间距离以及粒子大小与双电层厚度的比值 $a/(1/\kappa) = \kappa a$ 的变化
(a) $\kappa a \ll 1$；(b) $\kappa a \gg 1$

　　向（含水）分散介质中添加电解质导致双层压缩对 V 的影响如图 9.3 所示。随着惰性电解质浓度的增加，κ 增大，凝聚能垒（$V_{\max}$）减小甚至可能消失，这与已知的电解质对憎液胶体的凝聚作用现象一致。图 9.4 表明了粒子表面电势对 V 的影响，表明凝聚能垒随表面电势的增大而增大。表面活性离子在粒子表面上吸附的影响是明显的。当吸附使得 Stern 层处的粒子电势增大时，分散液的稳定性得到提高；如果吸附使电势减小，则分散液的稳定性降低。由于分散粒子的热能范围可以高达 10kT，所以通常认为，要使分散体系保持稳定能垒应大于 15kT。

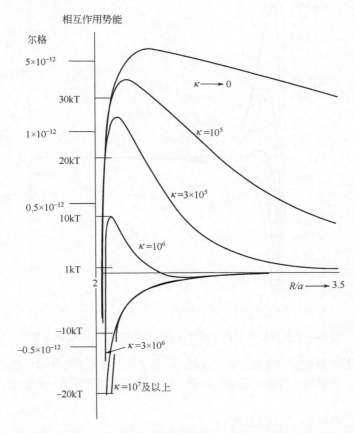

图 9.3　电解质浓度（以 κ 作为量度）对两个球形粒子间的总相互作用势能的影响[7]

胶体分散液的稳定性通常是通过测定聚集早期粒子数目 n 的变化速率来表征的。在一个分散体系中，如果不存在聚结能垒，则球形粒子间由碰撞引起的受扩散控制的聚结速率由 von Smoluchowski 公式给出：

$$-\frac{\mathrm{d}n}{\mathrm{d}t} = 4\pi Drn^2 \tag{8.2}$$

因为，根据 Einstein 公式，$D = kT/6\pi\eta a$（式 8.1），并且 $r = 2a$，由此得到：

$$-\frac{\mathrm{d}n}{\mathrm{d}t} = \frac{4KT}{3\eta}n^2 = K_0 n^2 \quad \frac{-\mathrm{d}n}{\mathrm{d}t} = \frac{4KT}{3\eta}n^2 = K_0 n^2 \tag{9.6}$$

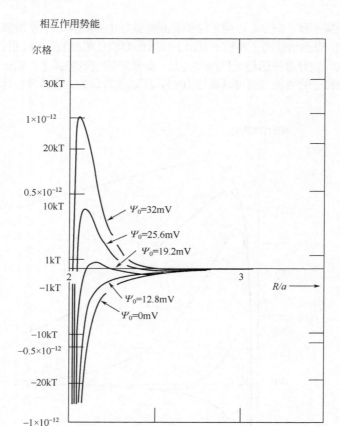

图 9.4　表面电势 Ψ_0 对两个球形粒子间的总相互作用势能的影响[7]

式中，K_0 是扩散控制的聚结速率（常数）。为了通过实验测定无静电能垒情况下的聚结速率常数 K_0，可以向分散液中添加电解质，直到聚结速率不再进一步增加，此时的速率即为 K_0[8]。

在能垒 V_{max} 存在下，聚结发生时，

$$-\frac{\mathrm{d}n}{\mathrm{d}t} \propto K_0 n^2 \mathrm{e}^{-V_{max}/kT} = Kn^2 \tag{9.7}$$

式中，K 是在能垒存在下的（缓慢）聚结速率。分散液的稳定性 W 定义为能垒不存在和存在时的两个聚结速率常数的比值：

$$W_{st} = \frac{K_0}{K} \propto \mathrm{e}^{V_{max}/kT} \tag{9.8}$$

$\lg W_{st}$ 因此是 V_{max}/kT 的线性函数，并且通常将 $\lg W_{st}$ 对添加剂浓度的一些函数作图，以显示其对聚集能垒和分散液稳定性的影响。从理论上考虑已经证实[9,10]，在恒定表面电势下慢速凝聚的初始阶段，$\lg W_{st}$ 与液相中电解质浓度的对数（$\lg C$）近似地呈线性关系。通常是通过测定在聚集的初始阶段粒子浓度随时间的变化来计算 W_{st} 值，方法是在显微镜[11]或超显微

镜[8,12]下直接清点单位体积内的粒子数，类似于测定乳液的稳定性（见第 8 章 8.1.2 节），或者通过使用分光光度计测量光密度[12,13]来间接测定。

当 W_{st} 的绝对值不是必需的并且光密度 D 与 n 成正比时，通过测量光密度随时间的变化可以显示一些添加剂对分散液稳定性的影响。因此，将 $lg(dt/dD)_{t-0}$ 对所加的表面活性剂浓度的对数作图[14]，可以得到表面活性剂浓度对一些 AgI 溶胶的影响。而 $(dt/dD)_{t-0}$ 的值是通过将 D 对时间作图，求得初始斜率，再求其倒数获得的。或者，也可以根据 $1/n$ 与 t 的线性关系的斜率（式 8.4）来求出速率常数 K[15]。

根据前面对 DLVO 理论和式 9.1～式 9.5 以及式 9.8 的讨论可见，很明显憎液胶体的稳定性是粒子半径和表面电势、分散介质的离子强度和介电常数、Hamaker 常数以及温度的函数。增加粒子半径或表面电势，提高介质的介电常数，减小有效 Hamaker 常数和分散液的离子强度，以及降低温度，都有利于提高稳定性。

9.1.1.1　DLVO 理论的局限

根据 DLVO 理论，表面活性剂对憎液胶体稳定性的影响因此限于其对分散粒子的表面电势、有效 Hamaker 常数以及分散液体的离子强度（在使用离子型表面活性剂的情况下）的影响。因为表面活性剂的使用浓度一般很低，因此可以预期，离子型表面活性剂主要是影响分散粒子的表面电势，这已经通过实验观察到。将离子型表面活性剂加入分散液，它们会吸附到分散粒子的表面，当粒子表面的电荷与表面活性离子所带电荷符号相同时，一般会提高分散液的稳定性，反之若电荷符号相反，则会导致分散液的稳定性降低。然而有时情况会变得甚为复杂（参见下文）。当加入非离子表面活性剂时，DLVO 理论只能反映出其对有效 Hamaker 常数的影响，尽管这可以解释其部分影响，但很可能不足以解释许多 POE 类非离子表面活性剂对体系稳定性的大幅提高作用。

因此，尽管 DLVO 理论对预测离子型表面活性剂对静电能垒的影响非常有用，但为了全面理解表面活性剂对分散液稳定性的影响，其他因素也必须考虑。这些因素包括：

① 表面活性剂吸附在大粒子（粒径大于胶体颗粒）上可能改变其与分散液形成的接触角（见第 2 章 2.2.6 节），这种变化可能影响分散液的稳定性。接触角增大会导致粒子从分散液中絮凝或者漂浮到表面。而接触角减小会增加其分散性[8]。

② 大分子表面活性剂或者具有长 POE 链的表面活性剂能在水介质中形成对抗聚集的位阻能垒，它没有被包括在 DLVO 理论内，但位阻能垒的存在能提高分散液的稳定性，甚至当静电能垒很弱或者不存在时。

③ 在低介电常数的液体中，静电能垒基本上不存在了。尽管如此，还是可以使用能产生位阻能垒的表面活性剂使固体稳定地分散在这些液体中。

④ 目前还没有公认的实验方法可用于测量分散粒子的 Stern 层的电势。而常被用来估算这个电势的 ζ 电势是剪切面（溶剂化粒子和溶剂作相对运动时的分界面）上的电势。尤其当粒子是高度溶剂化时，ζ 电势可能完全不同于 Stern 层电势。

有关 DLVO 理论的局限性已经得到进一步的研究，并已在许多刊物上进行了阐述。例如，十四烷基三甲基溴化铵稳定的水包油乳状液，其稳定性随盐度的变化经过了一个从聚集到分散的转变，而这种变化被解释为是由结构化、水合和热扰动等非 DLVO 表面力主导的[16]。针对在解释分散液稳定性时对有限的非 DLVO 力的阐述，Ninham[17]批判性地分析了其"局限性"，描述了其中的矛盾和不足，并提出对这些体系还必须考虑溶解气体的影响。

一种众所周知的、带蓝青色的、用于油墨和涂料中作颜料的非球形晶体（β形）铜酞菁粒子的分散液，其稳定性是用一种非 DLVO 方式解释的，即将两种类型的 DLVO 处理（一种针对球形粒子，另一种针对正立方体）相结合，其中一个是无量纲量，即双电层静电能与 Hamaker 常数的比值，预示了原始 DLVO 理论的排斥力和吸引力[18]。这种将两种处理相结合的方式综合了原始 DLVO 理论应用于水介质的优点和缺点，因为球体的 DLVO 模型预测的稳定性偏高，而立方体模型预测的稳定性偏低。这项研究中所需要的 Fuchs-Smoluchowski 稳定比[19]是根据动态光散射数据和 Rayleigh-Debye-Gans 散射理论确定的。

9.1.2 位阻作用力

如上所述，固体在液体中的分散液可以通过空间位阻障碍来稳定，无论体系是否存在静电能垒。当吸附在固体粒子表面上的分子一部分（亲液链）伸展到液相中并且彼此相互作用时即会产生这种障碍。这些相互作用[1]产生两种效应：混合效应和熵效应。混合效应是由于溶剂-链相互作用以及重叠区中的高亲液链浓度所致。当相邻粒子彼此接近，至两者间距离略小于粒子上吸附层厚度的两倍时，这种效应变得很显著。它很大程度上取决于溶剂-链相互作用和链-链相互作用的相对强度。当溶剂-链相互作用强于链-链相互作用时，如果粒子吸附层的延伸区域相互重叠，则体系自由能增加，产生一个能障以阻止粒子进一步靠近。但当链-链相互作用大于溶剂-链相互作用时，则吸附层延伸区发生重叠时体系的自由能减少，导致出现吸引而不是排斥。熵效应是当相邻粒子彼此很接近时，由于延伸到液相中的亲液链的运动受到限制而引起的。当粒子趋近使得表面间距离变得小于吸附层厚度时，这种效应变得特别重要。

这两种效应都随分散粒子单位表面积上吸附的链数目的增加而增大，随延伸到液相中的亲液链长度的增加而增大。然而对获得最大稳定性存在一个最佳链长，因为链长增加发生絮凝的可能性也增大。当液相性质可以改变时，位阻稳定作用在如下情形下达到最好：吸附分子的一个基团在液相中仅具有有限的溶解度，因而促进其吸附到待分散固体上，而另一个（长的）基团与液相有良好相容性或相互作用，有助于其延伸到液相中[20]。下面一些实例可以用来说明 DLVO 理论和位阻因素在解释分散液稳定性变化方面的应用。

① 将阳离子型表面活性剂（图 9.5）添加到带负电荷的胶体分散液中[13]，起先会降低分散粒子的 ζ 电势和分散液的稳定性，直到 ζ 电势和 Stern 层处的电势降为零，在这一点稳定性达到最低点。然而，随着加入更多的表面活性剂，稳定性又有提高。这是因为表面活性剂在分散粒子上的进一步吸附越过了零电荷点，使粒子获得了正电荷。在更高的阳离子型表面活性剂浓度下，分散液的稳定性又出现降低，尽管 ζ 电势在持续增加（变得更正），但这次的稳定性降低是由于双电层因离子型表面活性剂浓度的增加而受到压缩所致。

② 在另一项研究中[11]，一种高分子离子型表面活性剂吸附在带相同电荷的分散粒子上，起初使得分散液的稳定性和粒子的 ζ 电势都增加。然而，进一步增加表面活性剂的浓度使得粒子的 ζ 电势大幅减小，而且在这样的低电势下分散液的稳定性却明显提高。这里对 ζ 电势减小的解释是，当溶液中高分子离子型表面活性剂的浓度较高时，由于吸附层厚度的增加，使得剪切面（在此处测量 ζ 电势）向远离粒子表面的方向发生了移动。而这个较厚的吸附层对粒子的聚集构成了位阻障碍，从而大幅提高了分散液的稳定性。

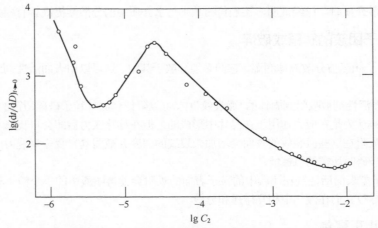

图 9.5　一种带负电荷的 AgI 胶体分散液的稳定性（$[\lg(\mathrm{d}t/\mathrm{d}D)_{t\to0}]$）随添加的十二烷基溴化吡啶阳离子表面活性剂浓度（$\lg C_2$）的变化[13]

③ 将 POE 非离子型表面活性剂添加到水分散液中，其中的颗粒带少量负电荷，可以阻止高价阳离子对分散液的絮凝作用[21]。当非离子型表面活性剂的吸附接近于紧密堆积形成垂直单层时，分散体系的稳定性大幅提高。即使通过用大量电解质压缩双电层或者通过降低分散液的 pH 值移除电荷，在这一点稳定性仍然是极高的。此时的高稳定性归因于紧密堆积、高度溶剂化的 POE 链。当分散粒子彼此靠近时，需要使这些链去溶剂化，结果对粒子的聚集构成了一个能障。这种高稳定性至少也可以部分地解释为有效 Hamaker 常数减小所致（式 9.3）。因为分散粒子表面上的吸附层在化学性质上比粒子本身更类似于溶剂，结果将使得有效 Hamaker 常数减小。粒子之间的吸引作用随着这个吸附层厚度的增加而迅速减小[5]。由于表面活性剂的 POE 链是高度水化的，因此可以预期，POE 非离子型表面活性剂吸附于分散粒子上将会减小有效 Hamaker 常数。当吸附的表面活性剂变得更紧密堆积时，吸附层的厚度大大增加，分散粒子之间的吸引作用大幅减小，这时分散液的稳定性会极高。

9.2　表面活性剂在分散过程中的作用

固体在液体中的分散已经被描述为是一个三阶段过程[8,22]：①液体润湿粉末并置换附着在其表面的空气；②粒子团簇的解聚或破碎；③防止分散的粒子再聚集。

9.2.1　粉末的润湿

一个液体要润湿高度细碎的固体，首先必须完全润湿每个粒子团簇。至少在润湿的最后阶段，将会涉及铺展润湿，即其中的空气被润湿液体从表面完全驱离。已知，这一过程的驱动力是铺展系数：

$$S_{\mathrm{L/S}} = \gamma_{\mathrm{SA}} - \gamma_{\mathrm{SL}} - \gamma_{\mathrm{LA}} \tag{6.1}$$

并且要使铺展自发进行，铺展系数必须为正值，以便产生一个 0° 的接触角。在液体中加入润湿剂就是要通过其吸附到界面，降低 γ_{SL} 和/或 γ_{LA}，尤其是用具有很高的 γ_{LA} 的液体，例如水作分散介质时。已经证明，接触角的减小与水介质中的分散性提高具有相关性[8]。

9.2.2 粒子团簇的解聚或破碎

一旦粒子团簇被分散液体润湿，它们必须分散于其中。这可以用表面活性剂经过两种途径来实现。

① 表面活性剂被吸附到固体的"微裂纹"中，可以降低使固体粒子破碎所需的机械功[23]。这些微裂纹被认为是在应力作用下在晶体中形成的，但在移除应力后即会自我修复并消失。表面活性剂吸附在这些微裂纹的表面会增加微裂纹的深度并减弱其自我修复能力，进而减少使固体粒子破碎时所需的机械能。

② 离子型表面活性剂在团簇中的粒子表面的吸附会使得团簇中的单个粒子获得相同符号的电荷，导致它们在液相中相互排斥和分散。

9.2.3 防止再聚集

一旦固体被分散于液体中，就必须防止单个的分散粒子重新聚集形成聚集体。相对于粒子处于聚集状态时，分散液的热力学不稳定性（$\gamma_{SL} \times \Delta A$，其中 ΔA 是由于分散所引起的固/液界面面积的增加）可以通过表面活性剂吸附减小 γ_{SL} 的方式而被降低，虽然不能被完全消除。当分散液体为水时，意味着吸附的表面活性剂分子以亲水基朝向水定向排列。分散粒子的聚集倾向也可以通过表面活性剂吸附在分散粒子表面产生或增大聚集能垒而被进一步降低。这些能垒，前面已经举过例子，在性质上可以是电性的或非电性的。在这两种情况下，亲液头的溶剂化对分散液的稳定可能起了重要的、尚未被完全了解的作用。

9.3 表面活性剂引起的分散固体的凝聚或絮凝

表面活性剂不仅可以用来使固体分散于液体介质中，而且也可以用来使已经分散于液体介质中的固体凝聚或絮凝。这可以用表面活性剂通过若干不同机理来完成。

9.3.1 分散粒子 Stern 层电势的中和或降低

表面活性离子与分散粒子表面的相反电荷位之间的静电吸引作用，导致阻止粒子间相互紧密靠近的静电能垒降低，从而促进了凝聚。如果表面活性离子仅含有一个亲水（离子）基团，那么这个基团与粒子表面的相反电荷位之间的静电吸引作用还能导致表面活性离子吸附时以疏水性基团朝向液体定向排列。在水介质中，这将使固/液界面张力增加，并且使液体与固体形成的接触角增大（疏水性增加），结果导致固体趋向于从介质中絮凝或者被排斥到气/液界面。使憎液胶体分散液凝聚所需的表面活性剂浓度比带相同电荷的无机离子要小几个数量级，长链表面活性剂比短链的表面活性剂更有效[13]。另一方面，表面活性剂的这种定向方式使得粒子更易分散在非水介质中（例如染料的"均色"）[24]。

在低浓度下通过这种机制使粒子在水介质中絮凝的表面活性剂，在较高浓度下可能又表现为反絮凝剂。这个现象是额外的表面活性剂分子通过其疏水基与先前吸附的表面活性剂分子的疏水基之间的相互作用以亲水基朝向水相吸附到界面所致（图 2.12，见第 2 章 2.2.3 节）。这种额外表面活性剂的吸附很可能仅在 Stern 层电势被带相反电荷的表面活性剂完全中和之后才发生（即仅在达到零电荷点之后）。这种额外表面活性剂的吸附产生了一个与表面活性剂离子同号的电势（与 Stern 层的初始电势符号相反），从而有助于粒子再分散。这种额外吸附的表面活性剂要比初始吸附的表面活性剂更容易除去，仅仅通过降低分散液中的表面活性剂浓度即可实现。于是稀释分散液可以使粒子再聚集。

如果表面活性剂分子在不同的位置上有两个或更多个亲水性（离子性）基团，那么其在带相反电荷的粒子表面吸附时将会以一个亲水基朝向粒子表面，而以另一个朝向水定向。在这种情况下，表面活性剂的吸附将中和或减小粒子的表面电势，但可能不会引起粒子自水相中絮凝。

9.3.2 桥接

桥接机制引起的絮凝可以通过两种途径发生：①在分子中的不同位置含有官能团的长链（通常是聚合物类）表面活性剂，可以吸附在相邻粒子表面的多个吸附位上，从而使其与两个或多个粒子相连，使这些粒子以松散排列的方式连接在一起。这种桥接似乎当表面活性剂在分散粒子表面的吸附程度较低时发生，从而能够从其他粒子延伸出来的表面活性剂分子链提供足够的附着位点[25]。因此，那些在粒子表面覆盖度较高时充当位阻稳定剂的表面活性剂，当其表面覆盖度较低、并且相邻粒子表面有可吸附位点时，即可充当絮凝剂。通过这种机制的桥接一般在总表面覆盖度为一半左右时达到最大值。②如果表面活性剂分子吸附在分散粒子上时分子的一部分伸入液相，并且这些延伸部分能够彼此相互作用时，则通过连接在不同粒子上的表面活性剂的延伸部分之间的相互作用使桥接发生。使用长链的高分子表面活性剂，当吸附表面活性剂的表面覆盖度很高，以致粒子表面缺乏能够发生上一种桥接机制的位点时，这种桥接可能发生。如上所述，当液相对于延伸到其中的吸附分子来说不是良性溶剂时，这种桥接容易发生；而当延伸部分与液相有强相互作用时，发生桥接的可能性最小。因此，使用常规表面活性剂（含有一个末端亲水基和一个疏水基）时，如果其吸附是以疏水基朝向水相，并且表面覆盖率很高以致其疏水基被迫伸到水相时，桥接也会发生。在这些条件下，来自两个分散粒子的疏水性基团可能会集合在一起，以降低其表面能，从而桥接这两个粒子[26]。在任何一种情况下，桥接释放出的能量必须大于使桥接基团去溶剂化所需要的能量。因此，延伸基团与溶剂间的强相互作用可能会抑制桥接。

9.3.3 可逆絮凝

如果希望一个水分散液暂时絮凝（例如为便于过滤、处理或储存），这一技术是有用的，条件是抗絮凝或解絮凝容易发生。首先用离子型表面活性剂处理粒子，赋予粒子足够高的界面电势使其能在介质中分散。接着用足够量的易溶电解质处理分散液，压缩环绕粒子的双电层直至达到絮凝点。最后，如果需要的话将絮凝体系稀释（使电解质浓度降低），即可使其再分散[27]。

对 POE 类非离子型表面活性剂位阻稳定的含水分散液，其可逆絮凝可以通过提高温度来实现。随着温度的升高，POE 链与水形成的氢键减少，这些链趋向于聚集，分散液发生絮凝。一旦温度降低，这些链会再次水合，并使粒子再分散。

9.4 表面活性剂化学结构与分散性能的关系

为了进行这方面的讨论，用"分散性能"这个术语来描述表面活性剂的一种特殊性能，即它们能够吸附于固体粒子表面,并且通过这种吸附产生足够高的能垒,使粒子分散在(一般是含水的)液体介质中。具有这种性能的表面活性剂统称为分散剂。因此,尽管分散过程中必需的第一步是固体粒子被分散液体润湿,但一个表面活性剂如果仅能使粒子表面润湿,而不能使能垒升得足够高以使粒子分散,则它在体系中就不能展现出分散性能,只能充当润湿剂。另一方面,如果一个表面活性剂不能促进粒子表面的润湿,但能产生足以使粒子分散的能垒,则该表面活性剂被认为展现出了分散性能。当然,有些表面活性剂在特定体系中能同时展现出润湿能力和分散能力,但通常将润湿剂添加到分散剂中以弥补其润湿力的不足。因此,下面的讨论仅限于那些能够对表面活性剂形成聚集能垒的能力造成影响的结构特征。

9.4.1 水分散液

为了形成静电聚集能垒,一般使用离子型表面活性剂。当待分散的固体基本是非极性颗粒(例如疏水性碳)并且分散介质是水溶液时,可以使用常规表面活性剂(含有一个末端亲水基和一个疏水基),因为离子型表面活性剂吸附在基本不带电荷的固体粒子表面,使这些粒子都获得相同的电荷,从而能相互排斥。于是形成了一个静电聚集能垒。此外,吸附的表面活性离子以其疏水基朝向非极性粒子,亲水头朝向水相定向排列,从而降低固/液界面张力。因为吸附效率(见第 2 章 2.2.4 节)在这种情况下随疏水基链长的增加而提高,因此对于这类粒子来说,具有较长烷基链的化合物将比短链化合物更有效。

然而,当待分散的固体带电荷时,常规表面活性剂可能就不适用了。如果使用带相反电荷的常规表面活性剂,那么在粒子上的电荷被完全中和之前,可能发生的是絮凝而不是分散。只有当额外的表面活性离子吸附到这些表面电荷被中和掉的粒子上时,才可能发生分散。因此通常这不是形成分散液的有效方法。另一方面,如果使用与粒子同电荷的常规表面活性剂,则情况不会有太大的改善。尽管表面活性离子的吸附会增大静电聚集能垒,并且离子头基一般会背向带相同电荷的粒子表面(朝向水相)定向,但吸附的表面活性离子与带同样电荷的粒子之间的排斥力会抑制吸附。只有当水相中的表面活性剂浓度相对较高时,吸附量才能达到足够高而使分散液稳定。

因此,如果采用离子型表面活性剂作为带电或极性固体在水介质中的分散剂,在其分子的不同位置应当有多个离子基团,并且其疏水基团应含有可极化结构如芳环或醚键,而不仅是饱和烃链。多个离子基团可能具有下列用途:①它们抑制表面活性剂分子吸附时以疏水基朝向水相。在带相反电荷的粒子表面,表面活性剂分子中的一个离子基团可能吸附于带相反电荷的位点上,但其他的则可能会朝向水相,从而防止表面活性剂以疏水基朝向水相吸附到界面,进而降低絮凝发生的趋势。②它们提高了表面活性剂分子产生静电聚集能垒的效率。每个分子上相同符号的离子数目越多,则每个分子吸附到带相同电荷的粒子上导致的静电能垒的增加就越大,而吸附到带相反电荷的粒子上时,对粒子上电荷的中和度就越大,导致形成与表面活性离子符号相同的静电能垒。③它们允许表面活性剂分子延伸到水相中(由此对聚结产生位阻障碍),而不引起体系自由能增加。离子亲水基水合引起的自由能减小可以补偿疏水基与水相接触增加引起的自由能增大。

Esumi 等[28]已经讨论了用带相反电荷的单头单尾型或一个疏水基两端各有一个亲水基的离子型表面活性剂处理过的含水分散液的性质差异。在所有情况下,加入带相反电荷的表面活性剂皆导致分散液絮凝。如果使用的是单亲水基表面活性剂,絮凝的粒子易于在甲苯中分散（"均色"）。但如果使用的是疏水基末端各有一个亲水基的表面活性剂，则絮凝的粒子不能在甲苯中分散，而是在甲苯/水界面形成一层膜。在第一种情况下，由于吸附的表面活性剂以疏水基朝向水相定向排列，絮凝粒子表面是亲脂性的；而在第二种情况下，每个延伸到水相中的疏水基团有一个末端亲水基，它们防止了粒子变成亲脂性的。

　　分散剂疏水基中的可极化结构为表面活性剂分子提供了能够与粒子表面的电荷位发生相互作用的位点。例如，已有证据表明，氧化铝通过其表面的π电子的极化作用将表面活性剂吸附到其表面[29]。这使得吸附的表面活性剂分子在其表面恰当地定向排列，从而在含水介质中起到分散剂的作用。

　　带有两个亲水基和两个疏水基的表面活性剂（双子表面活性剂，见第 12 章）自水溶液中吸附到带相反电荷的固体粒子表面，如阳离子双子表面活性剂吸附到黏土颗粒上[30]和阴离子双子表面活性剂吸附到石灰石颗粒上[31]，导致一个亲水基朝向固体表面，第二个朝向水相定向排列。两种情况下固体粒子均发生分散。

　　常用的含有多个离子基团和芳香族疏水基团的分散剂的实例是 β-萘磺酸甲醛缩合物和木质素磺酸盐（见第 1 章 1.1.1.2 节）。

　　由离子型单体制备的聚电解质通常是优良的固体在含水介质中的分散剂。其多个离子基团可以赋予其所吸附的固体粒子高表面电荷。当连接在聚合物主链上的单个官能团吸附到固体粒子表面的趋势较低时，一个大分子中的这类基团的数目必须足够大，以使分子的总吸附自由能足以使该分子能牢固地锚定于粒子表面。均聚物因此不如共聚物那样使用普遍，因为对前者，能够牢固锚定的底物种类更为有限，尤其当聚合物分子量较低时。具有不同结构特征的单体的共聚物能够在种类更多的底物上强烈吸附。因此，用丙烯酸或马来酸酐与苯乙烯共聚可以得到多种分散剂，其中连接在聚合物主链上的芳香环能够吸附到各种不同的底物上。对非极性底物，用短链单体（例如丙烯酸）与长链单体（例如甲基丙烯酸月桂酯）共聚，可以增大分散剂与粒子表面的结合能[32]。

　　随着分散剂中每分子亲水基数目的增加，其水溶性常常有所增加，这会减少其在特定粒子表面上的吸附[11]，尤其是当表面活性剂与粒子表面间的相互作用较弱时。因此，在某些情况下，随着表面活性剂分子中离子型基团数目的增加，分散剂在粒子表面的吸附及其对粒子的分散能力会经过一个最大值。于是，在制备染料水分散液[33]时，疏水性染料预期会与木质素磺酸盐分散剂的疏水基团有强烈的相互作用，当木质素磺酸盐的磺化度较高时，能得到对热稳定的分散液。另一方面，亲水性染料预期不会与这种分散剂有强烈的相互作用，因此将形成对热不稳定的分散液。但对这些亲水性染料，用一些磺化度较低的木质素磺酸盐能得到对热稳定的分散液。可能是磺化度高的木质素磺酸盐在高温下的高溶解性使其易于从亲水性染料表面脱附，但不易从疏水性染料表面脱附。因此为了使亲水性染料分散体系获得同等的热稳定性，必须使用低溶解性（低磺化度）的分散剂。

　　颗粒也可以通过位阻能垒分散于水介质中。为此，离子型与非离子型表面活性剂均可以用作位阻稳定剂。正如前面所述，当吸附的表面活性剂将其分子链伸展到水相中并抑制两个粒子彼此紧密靠近时，就形成了妨碍聚集的空间位阻障碍。在 9.1.2 节中提到，位阻稳定作用随伸展到液相中的链的长度增加而增大。因此，离子型和非离子型高分子表面活性剂都常被用作位阻稳定剂，因为可以方便地通过增加聚合度使其伸展到液相中的链长增加。如前所述，那些沿分子长度分布有离子基团的表面活性剂，也能产生这样的位阻能垒，并且其产生位阻能垒的效能随分子在水相中所能伸展的距离增加而增加。所以，分子较长的化合物比较短化合物更有效[11]，只要其在水相中的溶解度增加不会显著减少其在粒子表面的吸附。POE 型非离子表面活性剂是优良的多用途分散剂，因为其高度水合的 POE 链呈卷曲状伸展到水相中，从而给聚集构成极佳的位阻能垒。另外，厚厚的一层性质上类似于水相的水合氧乙烯基团预期会显著减小有效 Hamaker 常数（式 9.3），从而大幅度减小粒子之间的范德华引力作用。为了使吸附层成为有效的位阻障碍，其厚度一般需超过 2.5nm。对于在水介质中的 POE 链，达到这一厚度 POE 链中的 EO 单元需超过 20，尽管已经发现 EO 单元少得多的 POE 非离子型表面活性剂也具有良好的分散作用。因此，当水溶液中存在平均 EO 数为 4 的 POE C$_{12}$～C$_{15}$醇时，由氯化铁水解而沉淀出的氢氧化（三价）铁（β-FeOOH），是能够稳定数月的纳米粒子分散液[34]。

嵌段聚合物和接枝聚合物被广泛用作位阻稳定剂。因为两个嵌段在分子中是隔开的，因此可以通过化学设计，如通过使用恰当的官能团和聚合度，来获得最佳的效率和效能。一个嵌段应当被设计成能强力吸附于粒子表面（并且在液相中具有有限溶解度），另一个（其他）嵌段能伸展到液相中（与液相有良好的相容性和/或相互作用）。一种常用的类型是从环氧乙烷和环氧丙烷制备的聚氧乙烯-聚氧丙烯（POE-POP）嵌段共聚物。对于水介质中的分散液，使用具有如下结构的产物：

$$H(OCH_2CH_2)_x[OCH(CH_3)CH_2]_y(OCH_2CH_2)_zOH$$

在水中不溶的中间 POP 嵌段[OCH(CH$_3$)CH$_2$]$_y$附着到固体粒子的表面，而水溶性 POE 链呈无规卷曲状伸展到水相，形成位阻障碍防止相邻粒子相互接近。使用的另一类嵌段共聚物具有如下结构：

$$H[OCH(CH_3)CH_2]_x(OCH_2CH_2)_y[OCH(CH_3)CH_2]_zOH$$

这里 POE 嵌段处于中心，被 POP 链包围。这种类型的嵌段共聚物在非水性体系中最为有效，其中 POE 段溶解度有限，而 POP 段具有良好的溶解度，使得前者能有效地吸附于固体粒子上，而后者延伸到液相中形成空间障碍。对这两种类型的嵌段共聚物，位阻稳定作用随伸展到液相中的链长度的增加而增大。对这类化合物，由于 POE 链长增加而导致的溶解度增加可以容易地通过增加 POP 疏水链的长度来补偿。因此可以预期，那些 POE 链和 POP 链都比较长的这类化合物可能是最有效的分散剂。

当被分散的粒子是亲水性颗粒时，那么常规 POE 非离子型表面活性剂吸附到颗粒表面时其定向方式是 POE 链朝向粒子表面，疏水链朝向水[35]。分散液的稳定作用是通过形成双层吸附实现的，其中两个表面活性剂吸附层中的疏水基互相朝向对方，并互相缔合，而第二层的 POE 链朝向水相。与这种解释相一致的是，只有当水相中的表面活性剂浓度显著高于疏水基团发生缔合所需的浓度即临界胶束浓度（CMC）时，分散体系才能稳定。

9.4.2 非水分散液

在低介电常数的非水介质中，静电聚集能垒通常是无效的，因此要使固体粒子分散一般需要位阻能垒。但随着分散介质介电常数的增加，静电能垒会变得更为显著。随着粒子间相互靠近，位阻能垒可能出现，其来源是：①使部分伸展到分散介质中的吸附的表面活性剂分子链去溶剂化所需的能量；②当两个粒子相互靠近时，这些表面活性剂分子链的运动和排列受到限制而导致的系统熵减小。如果使用的表面活性剂其亲水基与分散介质在性质上类似，在固体表面吸附后亲水基伸展到液体中，则会导致有效 Hamaker 常数降低，由此减小粒子间的吸引作用。

因此，添加烷基苯可以改善碳粒子在脂肪烃中的分散[36,37]。大概是由于苯环吸附到碳粒子表面上，而脂肪链伸展到分散液体中。增加苯环上烷基链的长度和数目可提高分散液的稳定性。类似地，添加长链胺能够促进两种离子固体（岩盐和钾盐）在非极性溶剂中的分散[38]。胺的链长增加，分散效率提高。

已经有人提出了固体粒子在非水介质中带电的机理，涉及中性的粒子与中性的被吸附的分散剂之间的酸-碱相互作用。当带电的分散剂发生脱附并以带电的一头朝向胶束内核被结合到非水相中的反胶束中时，电荷发生了分离。酸性或碱性聚合物因而是固体粒子在非水介质中的有效分散剂。

9.4.3　新型分散剂的设计

由于许多新开发的材料需要特殊的分散剂来维持其分散液稳定，因此需开发具有最佳分子结构的新型分散剂。除了将常规的单体表面活性剂用作分散剂以外，开发能控制粒子表面性质，尤其是粒子分散液特性的高分子或聚合物分散剂的趋势正在不断增长。典型的聚合物分散剂有两大类，一类是含有疏水性主链和亲水性侧链，另一类相反，含有亲水性主链和疏水性侧链。天然产物和合成化合物中有许多实例，例如蛋白质和碳水化合物（见第 13 章表 13.1），以及改性的 EO 或 PE 表面活性剂（见第 1 章）。聚合物表面活性剂还在工业用分散液中用作黏度改性剂。涂料、墨水（包括喷墨墨水和电子墨水）、纳米碳分散液和生物与药物分散液均需要专门的分散剂。

此外，政府机构对限制使用挥发性有机溶剂（VOC）的严格规定导致了聚合物表面活性剂的复兴，因为许多属于 VOC 的传统有机溶剂必须用水来取代。聚合物分散剂如丙烯酸酯[39,40]是最早被开发的一类分散剂，用于支持高固/液比的含水介质，例如将有机颜料[41]分散在水中。在硝基氧（nitroxide）介质中通过自由基聚合得到的丙烯酸嵌段共聚物[42]分散剂对颜料的分散作用已经进行了测试。

官能团改性剂在控制这些分子的极性（取决于它们在分子中的位置）以及影响这些分子在界面处的堆积密度和定向方面的重要性已经成为阐述聚合分散剂分子架构和调节行为的关键[43]。

此外，还有一些特殊的小规模应用，这里有机溶剂被认为是必不可少的。已经有人研究了制备单壁碳纳米管（SWCNT）稳定分散液所需要的特定聚合物分散剂[44]，即使用 3-己基噻吩单体产生头基的数目和局部规则性不同以及己基的头/尾比不同的低聚物。已经发现，这些分散剂即使在极低的浓度下也很有效，能使单壁碳纳米管在有机液体如 1,2-二氯乙烷、N,N-二甲基甲酰胺和 N-甲基-2-吡咯烷酮等中的分散液保持长期稳定。由于 SWNT 具有优异的机械强度、电导率和化学稳定性，这些液体分散介质有助于增强 SWCNT 分散液的性能。

参 考 文 献

[1]　Tadros, T. F. (1986) *Colloids Surf.* **18**, 137.

[2]　Derjaguin, B. and L. Landau (1941) *Acta Physicochim.* **14**, 633.

[3] Verwey, E. and J. T. G. Overbeek *Theory of the Stability of Lyophobic Colloids*, Elsevier, Amsterdam, 1948.

[4] Hamaker, C. H. (1937) *Physica* **4**, 1058.

[5] Vold, M. J. (1961) *J. Colloid Sci.* **16**, 1.

[6] Lyklema, J. (1968) *Adv. Colloid Interface Sci.* **2**, 67.

[7] J. Th. G. Overbeek in Colloid Science, Vol.1, H. Kruyt (ed.), Elsevier, Amsterdam, 1952, C. 6, p. 276.

[8] Parfitt, G. D. and D. G. Wharton (1972) *J. Colloid Interface Sci.* **38**, 431.

[9] Fuchs, N. (1934) *Z. Phys.* **89**, 736.

[10] Reerink, H. and J. T. G. Overbeek (1954) *Disc. Faraday Soc.* **18**, 74.

[11] Garvey, M. J. and T. F. Tadros, *Proc. 6th Int. Congr.* Surface-Active Substances, Zurich, p. 715, 1972.

[12] Ottewill, R. H. and J. N. Shaw (1966) *Disc. Faraday Soc.* **42**, 154.

[13] Ottewill, R. H. and M. C. Rastogi (1960) *Trans. Faraday Soc.* **56**, 866, 880.

[14] Watanabe, A. (1960) *Bull. Inst. Chem. Res. Kyoto Univ.* **38**, 179.

[15] McGown, D. N. L. and G. D. Parfitt (1966) *Disc. Faraday Soc.* **42**, 225.

[16] Petkov, J., J. Sénéchal, F. Guimberteau, and F. Leal-Calderon (1998) *Langmuir* **14**, 4011.

[17] Ninham, B. W. (1999) *Adv. Colloid Interface Sci.* **83**, 1.

[18] Dong, J., D. S. Corti, E. I. Franses, Y. Zhao, H. T. Ng, and E. Hanson (2010) *Langmuir* **26**, 6995.

[19] McGown, D. N. L. and G. D. Parfitt (1967) *J. Phys. Chem.* **71**, 449.

[20] Lee, H., R. Pober, and P. Calvert (1986) *J. Colloid Interface Sci.* **110**, 144.

[21] Ottewill, R. H. and T. Walker (1968) *Kolloid-Z. Z. Polym* **227**, 108.

[22] Parfitt, G. D. and N. H. Picton (1968) *Trans. Faraday Soc.* **64**, 1955.

[23] Rebinder, P. (1947) *Nature* **159**, 866.

[24] Moilliet, J. L. (1955) *J. Oil Colour Chem. Asoc.* **38**, 463.

[25] Kitchener, J. A. (1972) *Be Polym. J.* **4**, 217.

[26] Somasundaran, P., T. W. Healy, and D. W. Fuerstenau (1966) *J. Colloid Interface Sci.* **22**, 599.

[27] Stewart, A. and H. M. Bunbury (1935) *Trans. Faraday Soc.* **31**, 214.

[28] Esumi, K., K. Yamada, T. Sugawara, and K. Meguro (1986) *Bull. Chem. Soc. Japan* **59**, 697.

[29] Snyder, L. R. (1968) *J. Phys. Chem.* **72**, 489.

[30] Li, F. and M. J. Rosen (2000) *J. Colloid Interface Sci.* **224**, 265.

[31] Rosen, M. J. and F. Li (2001) *J. Colloid Interface Sci.* **234**, 418.

[32] Buscall, R. and T. Corner (1986) *Colloids Surf.* **17**, 39.

[33] Prazak, G. (1970) *Am. Dyestuff Rep.* **59**, 44.

[34] O'Sullivan, E. C., A. J. I. Ward, and T. Budd (1994) *Langmuir* **10**, 2985.

[35] Glazman, Y. M., G. D. Botsaris, and P. Dansky (1986) *Colloids Surf.* **21**, 431.

[36] van der Waarden, M. (1950) *J. Colloid Sci.* **5**, 317.

[37] van der Waarden, M. (1951) *J. Colloid Sci.* **6**, 443.

[38] Bischoff, E. (1960) *Kolloid-Z.* **168**, 8.

[39] Kunjappu, J. T. (1999) Ink World February, pp. 40–45.

[40] Kunjappu, J. T. *Essays in Ink Chemistry (For Paints and Coatings Too)*, Nova Science Publishers, New York, 2001.

[41] Kunjappu, J. T. (2000) Ink World Paints and Coatings Industry, Septmeber, pp. 124–133.

[42] Auschra, C., E. Eckstein, A. Mühlebach, M. O. Zink, and F. Rime (2002) *Prog. Org. Coat.* **45**, 83.

[43] Chevalier, Y. (2002) *Curr. Opin. Colloid Interface Sci.* **7**, 3.

[44] Kim, K. K., S. M. Yoon, J. Y. Choi, J. Lee, B. K. Kim, J. M. Kim, J. H. Lee, U. Paik, M. H. Park, C. W. Yang, K. H. An, Y. Chung, and Y. H. Lee (2007) *Adv. Funct. Mater.* **17**, 1775.

问　题

9.1　对一种离子型粒子在一种液体中的分散液，列举三种提高稳定性的方法。

9.2　讨论吸附在分散的疏水性物质上的非离子型表面活性剂结构中 POE 链稳定水

分散液的两种不同机制。

9.3　对阴离子型表面活性剂稳定的分散液，用 Ca^{2+} 和 Na^+ 作絮凝剂，解释在水相中的摩尔浓度相同时，为何 Ca^{2+} 比 Na^+ 更有效。

9.4　对一个带正电荷的亲水性固体在庚烷中的分散液，在相同的液相摩尔浓度下，下面哪一个化合物将会是最有效的稳定剂？
（a）$C_{12}H_{25}(OC_2H_4)_2OH$
（b）$C_{12}H_{25}(OC_2H_4)_8OH$
（c）$C_{12}H_{25}N(CH_3)_3Cl^-$
（d）木质素磺酸钠盐

9.5　对一个离子型固体在水中的分散液，加入少量的 $C_{12}H_{25}SO_4Na^+$ 或 $C_{12}H_{25}(OC_2H_4)_{10}OH$ 会使颗粒沉淀析出，但添加 $C_{12}H_{25}N^+(CH_3)_3Cl^-$ 无影响。从这些数据中能得出有关固体的什么结论呢？

9.6　对带正电荷的水不溶的多价金属盐粒子在水中的分散液，讨论下列表面活性剂对其稳定性的影响：
（a）少量 $C_{12}H_{25}SO_4^-Na^+$
（b）少量 $C_{12}H_{25}(OC_2H_4)_{10}OH$
（c）少量 $C_{12}H_{25}N^+(CH_3)_3Cl^-$
（d）大量 $C_{12}H_{25}C_6H_4SO_3^-Na^+$

9.7　解释对带相反电荷的固体颗粒，为何 Gemini 表面活性剂（在分子结构中具有两个疏水基和两个亲水基，见第 12 章）稳定效果要比分子结构中仅具有一个疏水基和一个亲水基的类似表面活性剂要好得多；但对带同样电荷的固体颗粒，Gemini 表面活性剂的效果并没有好多少。

9.8　对可以形成疏液性分散液的粒子，从文献值找到其 Hamaker 常数值。这个常数的数量级对控制分散液的稳定性有何意义？

9.9　针对胶体颗粒在表面活性剂溶液中的分散液的稳定性，DLVO 理论有哪些局限性？阅读有关这一主题的最新文献，并仔细评价这一领域的进展。

9.10　假定你被要求设计一种新型表面活性剂来提高疏液分散液的稳定性，你的总体策略和重点考虑的因素是什么？

第10章 表面活性剂对去污作用的影响

由于去污是迄今表面活性剂最大的单个用途，因此关于这一主题已有大量的研究文献。尽管如此，真正理解清洁过程中涉及的影响因素还只是近几年才开始的，并且关于这一主题仍有很多问题尚不明朗。究其原因，无疑是因为清洁过程的复杂性，以及人们所遇到的污垢和底物的千差万别。由于已有好几本专著致力于论述去污的各个方面[1~5]，本章将仅限于讨论表面活性剂在清洁过程中的作用。

用来描述表面活性剂特性之一的"去污（detergency）"一词具有特殊的意义。作为一个普通术语，它表示去污的能力，但没有一种表面活性剂仅靠其自身即能清洁物体表面。因此，当对表面活性剂应用这一术语时，意指表面活性剂提高某种液体的去污能力的一种特性。最终的去污是由一系列作用的组合而实现的，涉及在界面的吸附、界面张力的变化、增溶、乳化以及表面电荷的形成与消散等。

10.1 清洁过程的机理

每一个清洁过程都涉及三要素：①底物或基质（需要被清洁的表面）；②污垢（在清洁过程中要从底物表面去除的物质）；③清洁溶液或洗涤液（用来从底物表面去除污垢的液体）。由于前两种元素——底物和污垢形形色色、千差万别，因此很难提出一个普适的去污机理。底物可能从不能渗透的、光滑的硬表面，如玻璃板变化到柔软的、多孔性的复杂表面，如棉花或羊毛的表面。污垢也可能是液态的或固态的（通常是两者的结合），离子型或非极性的，微细粒子或粗粒子，对去污液是惰性的或是有反应性的。正是由于底物和污垢的多样性，因此不存在单一的去污机理，而是有若干不同的机理，取决于底物和污垢的性质。洗涤液一般是一种溶液，含有一系列不同的物质，合起来称为"洗涤剂"（detergent）。除了干洗（将在本章的后面介绍），洗涤液中的液体是水。

一般而言，清洁过程主要涉及两个步骤：①从底物上去除污垢；②将污垢悬浮在清洁液中，阻止其再沉积。第二个步骤与第一个步骤同样重要，因它阻止了污垢在底物的其他部位再次沉积。

10.1.1 从底物上去除污垢

污垢是通过不同的作用力附着在各种不同的底物上的，因此需要通过不同的机制将其去除。本章的讨论仅限于表面活性剂起主要作用的污垢的去除机制，不包括通过机械功或化学试剂如漂白剂、还原剂或酶去除污垢的机制。通过共价键化学吸附的污垢一般只能通过用化学方法破坏其化学键来去除（例如使用氧化剂或酶）；而能用表面活性剂去除的污垢一般是通过物理吸附（范德华力、偶极相互作用）或静电作用与底物结合的。表面活性剂去除污垢的过程主要涉及表面活性剂从清洁液中吸附到污垢和底物的表面[6]。这种吸附改变了污垢-清洁液界面和底物-清洁液界面的界面张力和/或电位，朝着有利于增强清洁液去除污垢的方向变化。

对于那些通过在清洁液中加入表面活性剂能提高去除率的污垢，一般是根据其被去除的机理来进行分类的。一类是液态污垢，其中可能含有皮脂、脂肪酸、矿物油和植物油、脂肪醇以及在化妆品中使用的液体成分等，这些污垢一般是通过卷缩（roll-back）机理去除。另一类是固体污垢，它们或是含有有机固体，如可以通过加热或添加助剂而被液化的矿物蜡或植物蜡，或是含有无法被液化的颗粒物质如碳、铁锈或黏土等。前者通常是在液化后通过卷缩机理去除；而后者则通过在污垢和底物上产生静电排斥势能去除。

越来越多的证据表明，最大去污力可能与第 5 章 5.3.1 节中讨论的不溶性的表面活性剂富集相即中间相的存在有关。因此在硬水中，当有钙皂分散剂（LSDA）存在时（10.2 节中将有讨论），肥皂会形成一种不溶性的表面活性剂富集产物的分散颗粒。这种物质虽然在清洁液中是不溶的，但却表现出很高的表面活性和去污力[7]。商品直链烷基苯磺酸盐（LAS）和某些含聚氧乙烯（POE）的非离子型表面活性剂在硬水中能形成一种不溶性微粒的悬浮液，这些不溶性微粒能增溶矿物油[8]。在相同硬度的水中，这种悬浮液比 LAS 溶液具有更好的去污力[8]。在用 POE 类非离子表面活性剂（见 10.1.2.2 节）去除油污的过程中，最大去污力是在非离子表面活性剂浊点以上 15～30℃ 的温度下获得的，此时清洁液中就存在表面活性剂富集相的微粒。

10.1.1.1　液态油渍的去除

用水基清洁液去除液态（油性）污垢主要是通过卷缩或卷升（roll-up）机理完成的，其中液态油污与底物形成的接触角因为清洁液中表面活性剂的吸附而增大。

图 6.3 显示了液态油污黏附在处于空气中的底物上的情形。从底物上去除油污（O）所需要的可逆功，即黏附功 W_a（方程式 6.12 和式 6.13）由下式给出：

$$W_{O/S(A)} = \gamma_{SA} + \gamma_{OA} - \gamma_{SO} \tag{10.1}$$

$$= \gamma_{OA}(\cos\theta + 1) \tag{10.2}$$

式中，θ 是液态油污在处于空气中的底物上的接触角。图 10.1 表示了当空气被清洗液取代后的情形。液态污垢在基质上的黏附力改由下式给出：

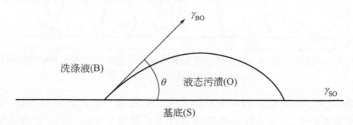

图 10.1　洗涤液-液态污垢-底物连接处的接触角

$$W_{O/S(B)} = \gamma_{SB} + \gamma_{OB} - \gamma_{SO} \tag{10.3}$$

$$= \gamma_{OB}(\cos\theta + 1) \tag{10.4}$$

而接触角则由下式表示：

$$\cos\theta = \frac{\gamma_{SB} - \gamma_{SO}}{\gamma_{OB}} \tag{10.5}$$

当洗涤液中含有适当结构的表面活性剂时，它们会在底物-洗涤剂（SB）和液态污垢-洗涤液（OB）界面上吸附，其吸附方式（即以亲水基团朝向水相）导致 γ_{SB} 和 γ_{OB} 减小，结果降低了从底物上除去污垢所需要的功。γ_{SB} 的减少会使得 $\cos\theta$ 下降和 θ 增加，导致了所观察到的液态污垢的卷缩。许多研究从织物表面或硬表面去除油污的研究者已经发现，降低 γ_{OB}[9~13]和/或增加在油污相测得的接触角 θ[14]都与去污力的提高有相关性。在某些情况下，低 γ_{OB} 值可能与体系分离出一种不溶性的表面活性剂富集相有关（见第 5 章 5.3 节）。在许多情况下，γ_{SB} 减少以致 $\gamma_{SB}-\gamma_{SO}$ 为负值，使得 θ 增加到大于 90°。这样的情形如图 10.2 所示。

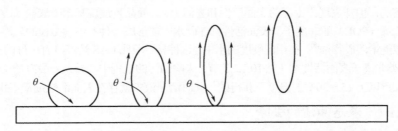

图 10.2　当 θ 保持大于 90° 时，油滴被水流从底物上全部清除[15]

如果接触角是 180°，洗涤液会自动地将液态污垢从底物上完全驱除；如果接触角 90°<θ<180°，则污垢不能被自动驱除，但可以通过洗涤液的液压流驱除[15]（图 10.2）。当 θ<90° 时，即使通过洗涤液的液压流作用，但仍会有部分油污在底物上保持附着（图 10.3）[15,16]，并且需要机械功或其他机理（例如增溶，见下文），才能除去这些残留在底物上的污垢。

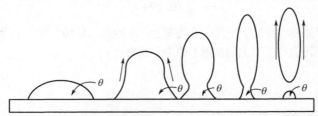

图 10.3　当 θ<90° 并保持不变时，洗涤液的液压流作用导致的大污垢油滴的破裂和不完全驱除。
留下一个小油滴附着在底物上[15]

在高速喷淋清洗中，关键的因素是表面活性剂溶液的动态表面张力降低，而不是平衡表面张力（见第 5 章 5.4 节），因为在这些清洁条件下平衡值都无法达到。那些在短时间内能将表面张力降低到最低值的表面活性剂显示出最强的去污力[17]。

10.1.1.2　固体污垢的去除

（1）可液化的污垢

去除这类污垢的第一步被认为是污垢的液化[18]。去除这类污垢的关键过程可能是洗涤液中的表面活性剂（及其结合的水分子）对污垢的渗透作用[19]。在污垢不能被表面活性剂或其他添加剂渗透的情况下，提高洗涤过程的温度可使污垢液化。液化的污垢则可以通过上面所述的卷缩机理而被去除[20]。

（2）颗粒类污垢

通过水流去除颗粒状污垢是通过下列机理实现的。

① 洗涤液对底物和固体污垢的润湿　因为水与底物和颗粒污垢之间的相互作用，小颗粒污垢与底物间的附着力因浸泡在水中而大大减小。水的存在导致在底物-水和颗粒-水界面形成了双电层。这些双电层几乎总是导致底物和污垢颗粒带有相同符号的电荷，由此使两者间产生排斥作用。与已有的范德华吸引作用叠加后，使净的黏附力降低（见第 9 章）。此外，水也可能使底物尤其是纤维类物质表面水合和膨胀，导致污垢粒子与底物之间的距离增加。

洗涤液 B 在污垢颗粒 P 或底物 S 上的铺展趋势可分别用铺展系数（见第 6 章）$S_{B/P}$ 和 $S_{B/S}$ 来表示（下标 PA、SA 和 AB 分别指粒子-空气界面、底物-空气和空气-洗涤液界面）：

$$S_{B/P} = \gamma_{PA} - \gamma_{PB} - \gamma_{AB} \tag{10.6}$$

$$S_{B/S} = \gamma_{SA} - \gamma_{SB} - \gamma_{AB} \tag{10.7}$$

如果铺展系数为正，则铺展可自发进行；否则必须提供机械功才能使底物表面被完全润湿。表面活性剂自洗涤液中吸附到空气–底物界面或吸附到污垢或底物表面上（以亲水基团朝向洗涤液）可分别降低 γ_{AB}、γ_{PB} 或 γ_{SB}，从而增强对污垢或底物的润湿。由于污垢颗粒或底物通常是疏水性的，所以结果是 γ_{PA} 或 γ_{SA} 往往较低，要使洗涤液完全润湿污垢和底物，必须要提供机械功。这就是为什么清洗过程总是要伴随有一些机械功的原因之一。

② 表面活性剂和洗涤液中的其他成分（如无机离子）在底物-溶液和污垢-溶液界面的吸附　这使得从底物上除去污垢所需的功减小，因为此过程中涉及的单位面积上的自由能变化正是附着功 W_a（见第 6 章 6.1.2 节），由下式给出：

$$W_a = \gamma_{SB} + \gamma_{PB} - \gamma_{SP} \tag{10.8}$$

表面活性剂在这些界面的吸附使得 γ_{SB} 和 γ_{PB} 降低，从而减少从底物上去除污垢所需的功。

③ 洗涤液中的阴离子吸附到污垢和底物表面提高了 Stern 层（见第 2 章 2.1 节和第 9 章）的负电势　这可能是通过非机械手段从底物上除去颗粒状污垢的主要机理。正如预期的那样，洗涤液中的阴离子表面活性剂对增加底物和污垢颗粒表面的负电势特别有效，尽管洗涤液中的无机阴离子，特别是高价离子，也有这样的效果。底物和污垢表面负电势的增加增强了两者之间的排斥作用（即降低了从底物上去除污垢的能垒，同时增加了污垢再沉积的能垒[21]）。

由于非离子表面活性剂在污垢或底物上吸附不能显著增加 Stern 层的电势，这一去污机理对非离子表面活性剂可能不是主要的。并且对去除颗粒状污垢而言，非离子表面活性剂也不如阴离子表面活性剂那样有效[22]。另一方面，它们能够非常有效地通过空间位阻（见下文）

效应防止污垢再沉积。

表面活性剂分子以亲水基团朝向水吸附到污垢和底物表面导致两者之间附着功的减小，由于亲水基团的水化引起的范德华力的减少（见第9章），以及污垢和底物表面相同符号电势的增加导致的静电排斥力的增加，都促进了污垢和底物的分离。然而，从底物上去除污垢，机械功几乎总是不可缺少的。大颗粒比小颗粒更易去除。对小颗粒而言，颗粒和底物的真实接触面积 A_0 与总表面积 A 之比较高。任何趋向于去除污垢颗粒的非惯性力皆与 $A–A_0$ 值成正比，而促使颗粒黏附在底物上的力则与 A_0 成正比[15]。因此，除去小颗粒比除去大颗粒需要更大的单位面积力。此外，由机械搅拌产生的水流速度在底物表面处趋向于零，于是小颗粒只会遭遇到较小的流速。小于 0.1 μm 的污垢颗粒根本不能从纤维材料上去除[23]。

10.1.2 污垢在洗涤液中的悬浮和防止再沉积

污垢在洗涤液中的悬浮和防止再沉积也是通过不同的机理实现的，取决于污垢的性质。

10.1.2.1 固体颗粒污垢：电性和空间位阻障碍的形成；污垢释放剂

电性和空间位阻障碍的形成可能是使固体污垢悬浮在洗涤液中并防止其再次沉积到底物上的最重要的机理。洗涤液中带相同电荷（几乎总是负电荷）的表面活性剂或无机离子在已经被剥离的污垢颗粒上的吸附，增加了这些颗粒 Stern 层的电势，导致它们相互排斥，防止了团聚（见第9章9.1.1 节）。POE 非离子型表面活性剂以水化的 POE 链朝向水相的吸附也通过减少污垢间的范德华吸引作用和产生阻止颗粒污垢相互接近（见第9章9.1.2 节）的空间位阻作用而防止了污垢颗粒的团聚。

洗涤液中的其他组分以类似的方式吸附到底物或污垢颗粒上，也能产生电性和空间位阻障碍，阻止污垢颗粒靠近底物，从而抑制或阻止了污垢颗粒的再沉积。为了达到这一目的，常常加入一些特殊的组分，称为污垢释放剂或抗再沉积剂。它们通常是高分子物质，通过吸附在织物或污垢表面产生空间位阻障碍，有时也产生电性障碍，防止污垢颗粒的接近[24]。

于是，在洗衣用洗涤剂中添加的羧甲基纤维素钠能够吸附到棉布上，增加其负电荷，从而增强了其对污垢（带负电荷）的排斥力。使用聚丙烯酸酯也可以达到类似的目的[25]。对苯二甲酸 POE 聚酯被用于聚酯类纤维，它们以 POE 链朝向水定向吸附于纤维表面，使表面变得亲水，从而能排斥油性固体颗粒[26]。对聚酯或聚酯/棉混纺织物，羟甲基乙基纤维素也是非常有效的[27]。

10.1.2.2 液态油性污垢增溶

增溶早就被认为是去除油性污垢，并将污垢滞留在洗涤液中的一个主要因素。这一结论基于下列所观察到的现象[28,29]，即对非离子表面活性剂以及甚至一些具有低 CMC 的阴离子表面活性剂而言，它们从硬表面和织物表面去除油污的能力只在浓度大于临界胶束浓度（CMC）时才变得显著，并且在数倍于 CMC 的浓度下才达到最大值。人们对用 POE 非离子表面活性剂去除油污，特别是从聚酯或聚酯/棉上去除油污已经进行了大量的研究[9,11,13,30~34]。对 POE 非离子表面活性剂和 POE 非离子-阴离子混合表面活性剂而言，最佳油污去除率与相转变温度（PIT）（见第8章8.4.2 节）相关[31,35,36]。正如在第5章5.3 节中所讨论的，γ_{ow} 在 PIT 时达到最小值。此外，随着表面活性剂富集的中间相的分出，非极性物质的增溶显著增加（见第4章4.1.2.7 节）。因此，在 PIT 时通过卷缩机理去除油污并通过增溶将油污滞留在洗涤液中，条件是最佳的。另一方面，人们已经发现，在所谓的超增溶区域，即靠近三相区的油溶胀水胶束区（图 5.5），油污的去除率与界面张力具有相关性[37]。尽管在这一区域界面张力值不是最小，增溶参数（见第 8 章 8.2 节）也不是最大，但油污的去除率接近最大值，并且避免了出现三相体系的复杂情况。

表面活性剂、水以及油污之间形成液晶相或微乳液伴随着自疏水性织物如聚酯上清除这些油性污垢[33,38]。有人提出[34]油污的最大去除并非通过普通胶束的增溶，而是通过在 POE 非离子表面活性剂浊点以上形成的液晶相或微乳液的增溶而发生的。

油性污垢的增溶程度取决于表面活性剂的化学结构、在洗涤液中的浓度以及温度（见第 4 章 4.1.2 节）。在低表面活性剂浓度下只有相对少量的油性污垢能被增溶，而在高表面活性剂浓度（CMC 的 10～100 倍）下，增溶量更大，类似于微乳液的形成（见第 8 章 8.2 节），并且高浓度的表面活性剂可以容纳更大量的油性物质[15]。对离子表面活性剂，使用浓度一般不会远高于 CMC，因此，增溶作用几乎总是不足以悬浮所有的油性污垢。当表面活性剂用量较少而不足以增溶所有的油性污垢时，残余的油污可能是通过普通的乳化作用而悬浮在洗涤液中。抗再沉积剂，如上述 10.1.2.1 节提到的对苯二甲酸 POE 聚酯，有助于防止悬浮的油性污垢颗粒再沉积。

普通乳化作用：要使普通乳化作用变得重要，必要条件是油污液滴和底物间的界面张力要低，以致仅需很少的机械功就能发生乳化。这里表面活性剂在油污-底物界面上的吸附以及由此导致的界面张力降低可能起了重要作用。当油污是含有 5%油酸的矿物油时，如果在含有 POE 非离子表面活性剂的清洗液中加入碱性助剂，发现乳化作用是去污的一个主要因素[9]。在悬浮可液化的固态油污时也涉及乳化作用[20]。

然而，洗涤剂对油污的乳化能力本身并不足以阻止所有的污垢在底物上再沉积[15]。当乳化的油滴撞击到底物时，其中一些可能会黏附在底物上，附着部分趋向于其平衡接触角，除非接触角是 180°（即除非油性污垢已通过卷缩机制被完全去除）。这与增溶作用显著不同，增溶作用能导致底物上的油性污垢被完全去除。

仅仅将污垢颗粒分散在洗涤液中对完成有效的清洗似乎是不够的。洗涤剂的去污能力和洗涤液的分散能力之间似乎没有什么相关性。具有优良分散能力的表面活性剂去污力往往很差，反之亦然。另一方面，对阴离子和非离子表面活性剂来说，增加表面活性剂在底物和污垢上的吸附，以及对非离子表面活性剂和脂肪污垢而言表面活性剂的增溶能力，似乎与去污力相关。

10.1.3　皮肤刺激性（见第 1 章 1.3.2 节）

在选择清洗剂中的表面活性剂时，如果清洁剂可能与皮肤有接触，则皮肤刺激性是一个重要的因素。清洗剂中的单体表面活性剂在皮肤带电部位的吸附将导致蛋白质变性。各种表面活性剂导致蛋白质变性的强弱顺序如下：阴离子>阳离子>两性离子>氧化胺> POE 非离子[39~41]。阴离子的顺序是：月桂基硫酸钠>C_{12}LAS> 月桂酸钠>AOS≈NaC_{12}AES[42]。$C_{12}H_{25}(OC_2H_4)_6SO_4^-Na^+$或者 $C_{12}H_{25}(OC_2H_4)_8OH$ 不会导致蛋白质变性[40]。

阴离子对皮肤的刺激性可以通过添加带正电荷的物质例如蛋白质水解产物而减轻[43]，或者加入长链氧化胺，通过与阴离子表面活性剂相互作用而降低其在皮肤上的吸附趋势，或者加入聚合物，通过与阴离子表面活性剂的相互作用来降低 CMC（见第 1 章 1.4.2.5 节），从而降低阴离子表面活性剂的单体浓度[44]，因为正是阴离子表面活性剂的单体导致了对皮肤的刺激作用。

10.1.4 干洗

这里所使用的洗涤液不是水，而是一种烃或者氯代烃。但是，这些体系中总是含有少量水，并且水是一个非常基本的成分。

由于油性污垢能够被干洗溶剂完全去除，因此洗涤剂中的表面活性剂和其他成分的主要作用可能是抑制当油性污垢被干洗溶剂溶解时从底物上释放出来的固体污垢颗粒的再沉淀。在干洗过程中，纺织纤维和所用溶剂之间的高界面张力促进了这些污垢的再沉积。有关表面活性剂的种类或浓度对该过程的影响尚未得到一般规律[23]。颗粒上的电荷对分散稳定性似乎没有什么作用，可能是在非极性溶剂中，接近表面处的双电层中的电位衰减得非常迅速（由于介电常数非常低，反离子被束缚在紧靠表面处）。然而，表面活性剂在底物和污垢颗粒上的吸附和防止固体污垢再沉积两者之间似乎存在相关性[45]。表面活性剂吸附时可能是以极性头基朝向底物和污垢，而以疏水链朝向非极性溶剂。这种吸附方式产生一个防止颗粒团聚或再沉积的空间位阻，因为任何其他表面的趋近行为都会限制疏水链的自由移动。当溶剂中存在少量水时，它们使污垢和底物的表面发生水化，从而增加了表面活性剂的吸附。

水溶性污垢（氯化钠、糖）似乎是通过被增溶到溶剂中表面活性剂反胶束内核的自由水中而被除去的（见第 4 章 4.2 节）。表面活性剂在非极性溶剂中形成胶束时以头基朝向胶束内部。在干洗溶剂中加入水，它们即被增溶到胶束内部。其中一部分水分子被表面活性剂的极性头基强烈束缚，另一些则为游离水。研究[46]表明，溶解水溶性污垢的正是这部分游离水，而不是束缚水。如果没有游离水存在，水溶性污垢不能被明显地去除。水溶性污垢似乎是通过污垢先被水化，随后再被增溶这样一个过程而从纤维表面上被除去的[47,48]。

10.2 水硬度的影响

洗涤用水中存在多价阳离子，尤其是 Ca^{2+} 和 Mg^{2+}，对清洗过程总是不利的，原因如下。

① 多价阳离子吸附在带负电荷的底物和污垢上，降低了它们的电势，从而妨碍了污垢的去除而促进了污垢的再沉积。在仅涉及非离子表面活性剂的去污研究中，也已经注意到了高价阳离子的不利影响[16,49]。

② 高价阳离子能够在带负电荷的底物和污垢之间起到连接作用，从而起到促进污垢再沉积的作用[50]。它们还能在带负电荷的阴离子表面活性剂的亲水基和带负电荷的污垢或底物之间起连接作用，导致表面活性剂以亲水基团朝向污垢或底物、疏水基朝向洗涤液吸附到污垢或底物表面。这种定向吸附导致底物与洗涤液之间和污垢与洗涤液之间的界面张力 γ_{SB} 和 γ_{PB} 增加，增加了黏附功并阻碍了湿润和油性污垢的卷缩。

③ 高价阳离子吸附到分散在洗涤液中的固体污垢颗粒上，能降低它们的（负）电势，从而导致它们絮凝并再沉积到底物上。

④ 当高价阳离子浓度较高时，洗涤液中阴离子表面活性剂和其他阴离子（如磷酸盐、硅酸盐）的相应金属盐可能会沉积在底物上。在某些情况下这会把底物上的污垢隐藏起来[51]或产生其他的有害影响[52,53]。

10.2.1　助剂

除了表面活性剂外，家用洗涤剂配方中还存在很多其他成分，其中一些成分称为"助剂"。它们的主要作用是消除高价阳离子对洗涤的不利影响。洗涤液中的高价阳离子主要是洗涤液的硬度所致，但也可能来源于污垢或底物。此外，助剂不仅起到增强表面活性剂的清洁效率和效能的作用，对污垢的去除也起到了有利的辅助作用。

助剂所起的主要作用按重要性降低的顺序排列如下：

① 螯合、沉淀和离子交换　这是助剂降低洗涤液中高价阳离子浓度的三个机理。聚磷酸钠和聚磷酸钾是优良的螯合剂，尤其是三聚磷酸盐，几十年来一直在家用洗涤剂中用作助剂。然而三聚磷酸盐会导致水体富营养化（静止水体中的过肥化），从而对水生有机体造成伤害。因此，在美国聚磷酸盐仅能用于自动餐具洗涤剂中。碳酸钠通过形成沉淀从洗涤液中有效地除去高价阳离子，但这些不溶性的钙化合物能够以肉眼难以觉察的细小沉淀沉积在洗涤过的物品上。硅铝酸钠（如沸石 A）能通过物理作用捕捉高价阳离子，并用钠离子交换它们。但这种助剂不溶于水，因此不适合用于液体洗涤剂中。目前粉状洗涤剂中的助剂包括沸石、碳酸盐以及少量的聚羧酸盐共助剂。

科学界仍致力于研究具有有效生物降解性的、也能用于液体洗涤剂中的非磷酸盐螯合剂。柠檬酸钠是目前最主要的小分子商品聚羧酸盐助剂——尽管其功效只能算中等。其他小分子如聚羧酸盐、乙二胺二琥珀酸盐以及酒石酸单/双琥珀酸酯等，已经过测试，但尚未得到大规模应用。高分子聚羧酸盐如聚丙烯酸酯和丙烯酸酯-马来酸酯共聚物正被作为共助剂用于沸石-碳酸盐助洗体系中。聚合物在洗涤剂配方中的应用正在不断增加，它们可以用作分散剂、污垢释放剂、纤维抗皱剂、染料转移抑制剂、织物护理剂以及具有其他功能。

② 污垢颗粒的抗絮凝和分散作用　这是通过助剂在污垢颗粒上的吸附，增加其表面的负电势，从而增加污垢颗粒之间的排斥作用来实现的。对这一目的，具有多个负电荷的聚磷酸盐和聚羧酸盐离子尤其适合。无机盐一般通过降低表面活性剂在水中的溶解度来增加表面活性剂在底物及污垢颗粒上的吸附，从而提高它们作为污垢分散剂的效率和效能。

③ 碱度和缓冲　高 pH 值增加污垢和底物表面的负电势，从而促进清洗。缓冲对防止污垢和底物成分降低 pH 值进而降低表面电势是必要的。对这一目的，碳酸钠特别有效。

目前，家用粉状洗涤剂含有 8%～25% 的表面活性剂和 3%～80% 的助剂。助剂主要是无机盐，使用比例相对较高，但也使用一些有机聚合物助剂，比例相对较小。

聚丙烯酸钠被推荐与碳酸钠一起用作助剂。聚丙烯酸盐能防止不溶的碳酸盐沉淀[54]。

除了这些基本功能外，还有一些助剂用于特殊目的。在粉状洗涤剂中硅酸钠用来防止洗衣机的铝部件被腐蚀（它们在零件表面形成一个硅铝酸盐保护层）和防止瓷器上的釉彩转移，作为结构剂用来生产脆的非黏性产品。被称作抗再沉淀剂的有机聚合物用量较低，用于防止污垢在底物上再沉积。羧甲基纤维素钠添加量低于 2%，用于在碱性介质中防止污垢在纤维素材料上再沉积。它通过氢键吸附到纤维素类物质表面，对污垢的再沉积产生一个（带负电荷的）电性障碍。它用于疏水性的人工合成纤维如聚酯纤维效果不佳，可能是由于吸附性太差。对这样的底物推荐用非离子纤维素衍生物如羟乙基纤维素、2-羟丙基纤维素、3-羟乙基纤维素作为抗再沉积剂。对聚酯纤维，最后一个化合物被认为是三者中最好的[55]。聚氧乙烯-聚氧丙烯共聚物（见第 9 章 9.5.1 节）也可以用作聚酯纤维的抗再沉积剂。为了有效地达到这一目的，分子必须通过聚氧丙烯官能团吸附到聚酯纤维上，使聚氧乙烯链在水相中自由伸展，形成空间位阻障碍，防止污垢的再沉积。为了达到有效的保护作用，吸附层的厚度应超过 2.5nm[56]。

10.2.2　钙皂分散剂（LSDA）

钙皂分散剂（LSDA）是表面活性剂，它们使肥皂在硬水中也能作为一种有效的衣用洗涤剂，而不是形成不溶性的钙皂沉淀。用作钙皂分散剂的表面活性剂必须拥有庞大的亲水基团（如酯、醚、酰胺或氨基作为末端亲水基和亲油基之间的连接基团）以及一个直链亲油基团。人们相信，在硬性离子（Ca^{2+}和Mg^{2+}）存在下，肥皂和钙皂分散剂会形成混合胶束，显示出高表面活性，包括去污力。钙皂分散剂庞大的亲水基团使得亲水基团朝向水相排列的混合胶束保持凸向水相弯曲[57]。肥皂分子自身形成的胶束在硬水中被认为发生了逆转，以亲油基朝向水相，产生了不溶性的钙皂[58]。

一项针对用动物油脂衍生的表面活性剂作为钙皂分散剂的广泛研究[57]表明，作为钙皂分散剂，阴离子表面活性剂特别是两性表面活性剂是最好的。聚氧乙烯型非离子表面活性剂是非常有效的钙皂分散剂，但对肥皂的去污力有害，而阳离子表面活性剂会与肥皂形成不溶于水的盐。阴离子表面活性剂中，亲油基团皆源于动物油脂的 N-甲基牛磺酸 $RCON(CH_3)CH_2CH_2 SO_3^-Na^+$[59]，硫酸化烷醇酰胺 $RCONHCH_2CH_2OCH_2CH_2OSO_3^-Na^+$[60]和硫酸化聚氧乙烯脂肪醇 $R(OCH_2CH_2)_3 OSO_3^- Na^+$[61,62]，发现是最有效的 LSDA。磺基甜菜碱类两性表面活性剂被发现是更好的钙皂分散剂。尽管一种简单的甜菜碱 $RN(CH_3)_2CH_2COO^-$在肥皂配方中显示出一般的钙皂分散性和较差的去污力，但一种酰胺型磺基甜菜碱 $RCONH(CH_2)_3N^+(CH_3)_2CH_2CH_2CH_2SO_3^-$ [63,64]在这些被研究的材料中是最佳的 LSDA。相应的硫酸化物 $RCONH(CH_2)_3N^+(CH_3)_2CH_2CH_2CH_2OSO_3^-$[64]和 N-烷基磺基甜菜碱 $RN^+(CH_3)_2CH_2CH_2CH_2SO_3^-$[63]，也是非常有效的钙皂分散剂，且在肥皂配方中显示出甚至更好的去污力。一种椰子油衍生的酰胺基羟基磺基甜菜碱 $RCONH(CH_2)_3N^+(CH_3)_2CH_2CHOHCH_2SO_3^-$，用于肥皂配方中在 1000mg/L 硬水中显示出优良的去污力[65]。

10.3　织物柔软剂

织物柔软剂有两个主要的功能：①赋予干衣物一种柔软的感觉和②减少静电附着。它们也可以减少干燥时间，并因此通过减少机械引发的纤维损伤延长了用转筒式干燥机干燥的衣物的寿命。Levinson[66]综述了织物柔软剂的开发，包括环境考虑和化学结构。最初设计的在洗衣机最后一次漂清过程中使用的织物柔软剂，已经被改进为在自动烘干机的干燥过程中使用。它们通过以带正电的亲水头基吸附在（带负电荷的）织物上，同时以亲油基团离开表面，降低了 γ_{SA} 和水在织物上的黏附功而赋予织物柔软性。这减少了纤维的收缩（底物表面积减少）和因从底物表面除去水而伴随的粗硬手感。它们通过减少存在于大多数表面上的负静电荷而减少了静电附着。

目前，使用的织物柔软剂全部都是阳离子表面活性剂[66~69]，分别具有下列各种结构。

①　二烷基二甲基铵盐

$$R_2N^+(CH_3)_2X^-(X^-是 Cl^- 或 CH_3SO_4^-)$$

② 聚氧乙烯二酰胺季铵盐

$$(RCONHCH_2CH_2)_2N^+(CH_3)(CH_2CH_2O)_xHX^-（X^-通常是 CH_3SO_4^-）$$

③ 酰胺基咪唑啉盐

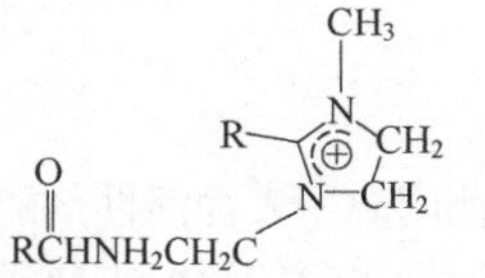

$$X^-（X^-通常为CH_3SO_4^-）$$

④ 酯季铵盐

$$(RCOOCH_2CH_2)_2N^+(CH_3)(CH_2CH_2OH)·CH_3SO_4^-$$

$$RCOOCH_2CH(OOCR)CH_2N^+(CH_3)_3Cl^-$$

⑤ 酰胺酯季铵盐

$$RCOOCH_2CH_2N^+(CH_3)_2CH_2CH_2CH_2NHCORCl^-$$

以上结构式中 R 来源于牛脂或氢化牛脂。

以上所有类型的柔软剂都用作漂洗阶段的添加剂。短链疏水基几乎没有柔软效果，不饱和链得到的是一种干的而非光滑的感觉。带有饱和牛脂链的上述①类化合物具有优良的柔软性能，但出于生物降解的考虑，目前在欧洲已不再使用。对于在自动烘衣阶段使用的柔软剂，一般采用 CH_3SO_4 盐形式的①类产品，因为 Cl^- 可能会释放出腐蚀性的氯化氢。③类产品由于很难配制成漂清阶段用添加剂，因此常用作烘干阶段用添加剂。目前④类产品（酯季铵盐）由于其出色的生物降解性而广泛用于欧洲（见第 1 章 1.3.1 节）。好像分子中需要有两个酯基才能获得好的生物降解性[68]。对④类产品（三乙醇胺基）酯季铵盐中，当脂肪酸为棕榈油脂肪酸（60% C_{16} 和 40%C_{18}）时，其柔软性能与牛油脂肪酸类似。加入单烷基三甲基卤化铵增加了配方抑制染料转移的性能[69]。

由于这些材料都是阳离子型的，它们通过带正电荷的亲水基强烈吸附在织物表面而发挥作用，因此如果与阴离子表面活性剂配制在一起在洗涤阶段使用，则阳离子的柔软性能和阴离子的去污性能均会由于阳离子-阴离子相互作用而减弱。当与聚氧乙烯非离子表面活性剂配制在一起时，聚氧乙烯非离子的去污力似乎不受影响，但阳离子的柔软性能则有显著降低[70]。一项研究发现，将烷基二甲基氧化胺添加到柔软剂双牛油基二甲基氯化铵中一起使用，十八烷基二甲基氧化胺与季铵化合物在对棉毛巾的柔软化和聚酯纤维的抗静电方面表现出协同效应[71]。对纤维柔软剂，不同使用方式所导致的效能有如下顺序：漂清阶段>烘干阶段>洗涤阶段。基于氢化牛脂的①类柔软剂，在漂清阶段添加是最有效的。对抗静电作用，效能顺序为：烘干阶段>洗涤阶段>漂清阶段。

10.4　表面活性剂的化学结构与去污力的关系❶

表面活性剂的化学结构与去污力之间的关系是很复杂的，原因在于要清除的污垢和底物

---

❶正如前面所提到的，"去污"这一术语在这里指的是表面活性剂提高洗涤液清洁性能的能力。除了干洗（10.1.4 节），这里所讨论的洗涤液是水。

是多种多样的，并且去污力还与助剂的数量和性质、洗涤温度和洗涤液用水的硬度以及污垢去除的机理等有关。因此只有当许多变量被指定和控制时才能确立两者之间的相关性。

10.4.1 污垢和底物的影响

10.4.1.1 油污

研究发现，聚氧乙烯型非离子表面活性剂比阴离子表面活性剂能更有效地从亲油性底物（如聚酯）上除去非极性污垢[72,73]，且有关这类污垢去除的研究主要集中在使用聚氧乙烯型非离子表面活性剂方面。研究还发现，与阴离子表面活性剂相比，聚氧乙烯型表面活性剂[51]能在较低的浓度下去除油污和防止污垢再沉积（即达到这一目的的非离子表面活性剂比阴离子表面活性剂更有效）。非离子表面活性剂在去除污垢方面具有更高的效率大概是由于它们具有较低的 CMC；而在防止污垢再沉积方面的高效率则可能源于它吸附在底物和污垢表面时，每个分子所占据的表面积更大。

正如前面所述，用非离子表面活性剂从聚酯底物上去除油污时，当存在污垢时表面活性剂的相转变温度（PIT）接近于洗涤温度时，去污力达到最大。由于 PIT 随非离子表面活性剂中聚氧乙烯基含量的降低而下降，因此可以预料，当洗涤温度下降时，显示最佳去污力的表面活性剂，其聚氧乙烯含量将会减少。于是对单个均质表面活性剂 $C_{12}H_{25}(OC_2H_4)_xOH$ 而言，对十六烷达到最大去除率的表面活性剂，30℃时为 4EO 化合物（PIT=30℃），50℃为 5EO 化合物（PIT=52℃），而在 65℃时为 6EO 化合物[31]。5EO 化合物在 30℃下的去污力可通过加入降低浊点（和 PIT）的添加剂而增加。

此外，当洗涤温度降低时，达到最佳去油污效果的表面活性剂的亲油基链长好像会减小。于是，用浊点相近的 3EO 和 8EO 均质化合物（具有不同烷基链长）的混合物来去除聚酯/棉上的油污时，70℃时最大油污去除率的顺序是 $C_{14}=C_{12}>C_{10}$，在 38℃时为 $C_{10}=C_{12}>C_{14}$，在 24℃时为 $C_{10}>C_{12}>C_{14}$。这种差异归因于污垢增溶速度的不同，因为这些表面活性剂混合物对油污的增溶速度随疏水链长的增加而降低[30]。

对于疏水基类型不同但链长大致相当、乙氧化程度相同（9EO）的商品聚氧乙烯型非离子表面活性剂，从聚酯/棉上去除非极性污垢的去污力顺序为：壬基酚加成物>C_{11}～C_{15} 仲醇加成物>直链 C_{12}～C_{15} 伯醇加成物。这也是它们降低平衡油/水界面张力 γ_{OW} 效能的顺序[13]。

非离子型表面活性剂还被证明能比离子型表面活性剂更有效地从相对非极性的底物（聚酯、尼龙）上去除油污。然而对于相对亲水的棉纤维，阴离子表面活性剂的去污力要胜过非离子表面活性剂，且两者都优于阳离子表面活性剂[72]。这种结果可能是因为不同类型的表面活性剂在不同底物上的吸附定向方式不同所致。聚氧乙烯型非离子表面活性剂通过色散力即疏水结合从溶液中吸附到非极性底物和油污上，以亲油基团朝向吸附剂，以聚氧乙烯亲水基团朝向水。表面活性剂的这种吸附方式降低了底物-水之间的界面张力 γ_{SB}，从而有利于污垢的去除（方程 10.3）。按这种方式同时吸附在底物和污垢上，则会产生空间位阻障碍，防止污垢的再沉积。

另一方面，在纤维素底物上，吸附-脱附数据[74]表明，聚氧乙烯型非离子表面活性剂至少能部分地通过纤维素的羟基与聚氧乙烯链中的醚氧原子之间形成氢键而被吸附。这导致了表面活性剂的亲水基朝向底物，而亲油基朝向水。表面活性剂在纤维素表面的这种吸附方式使得底物表面的亲油性增加和 γ_{SB} 增大，从而妨碍了油污的去除而促进了油污的再沉积。这大概可以解释为什么非离子表面活性剂对棉纤维的洗涤性能不如对非极性底物那样好。

这种不利的吸附取向也可以解释为什么阳离子表面活性剂对棉纤维的洗涤性要更差。因为在中性或碱性 pH 值下，棉纤维带负电，阳离子表面活性剂可能会通过其带正电荷的亲水基与纤维上的负电荷之间的静电吸引作用而吸附到纤维表面，吸附的表面活性剂以其亲油基朝向水中。阳离子表面活性剂在棉纤维上的这种定向吸附使得表面的亲油性和 γ_{SB} 增加，阻碍油污的去除而促进了油污的再沉积。

与此相对照，除了在高表面活性剂浓度下，阴离子表面活性剂在带负电荷的棉纤维上的吸附虽然不是很显著，但吸附时必须使其带负电荷的亲水基离开带相同电荷的底物表面而朝向水中，从而增加了底物的亲水性并降低了 γ_{SB}，促进了污垢的去除和防止了污垢的再沉积。这些理由可以解释一些研究者[51,75~77]所观察到的现象，即对于除油污，非离子表面活性剂对非极性底物是最好的，而阴离子表面活性剂对纤维素底物是最好的。

Geol[78]提出了用聚氧乙烯型非离子-阴离子混合物从 65:35 聚酯/棉织物上去除油污达到最大去污力的指导方针。根据观察，从这种底物上除去油污，最大去除率在体系的 PIT 下获得，此时油-水界面张力最小。由于加入阴离子表面活性剂或增加非离子表面活性剂中的聚氧乙烯含量会导致体系的 PIT 升高，而加入盐析电解质（NaCl、Na$_2$CO$_3$、Na$_5$P$_3$O$_{10}$）或降低非离子表面活性剂中的聚氧乙烯含量会降低 PIT，于是这两种相反的趋势可以被用来调节该体系的 PIT，以使其接近洗涤温度。于是当体系中的电解质含量固定时，提高阴离子/非离子的比例，体系的 PIT 升高，可以通过使用聚氧乙烯含量较低的非离子表面活性剂来得到补偿。增加体系中的电解质浓度，PIT 降低，则可以通过增加非离子表面活性剂的聚氧乙烯含量或者增加阴离子/非离子的配比来补偿。用 C$_{12}$LAS-十二醇聚氧乙烯醚混合物在 Na$_2$CO$_3$/Na$_5$P$_3$O$_{10}$ 混合电解质存在下清洗人造油污，结果与上述原理相一致。

从硬表面上除去固体油性污垢的研究[18~20]表明，污垢的液化，涉及被表面活性剂及其缔合水的渗透，是去除这类污垢的关键步骤。当 EO 百分含量相同时，含有短链（C$_6$、C$_8$）亲油基的聚氧乙烯型非离子表面活性剂优于含长链亲油基的同类非离子。当 EO 含量在 50%～80%范围内时，洗涤性能随 EO 含量的降低而提高。原因是短链化合物具有更快的渗透性。C$_{13}$ 烷基苯磺酸钠比短链的同系物表现得更好，并且 Mg^{2+} 的存在能提高其性能。原因被归结为长链烷基苯磺酸钠能更好地乳化污垢以及在 Mg^{2+} 存在时渗透性更好。

10.4.1.2　颗粒污垢

从棉纤维和涤纶-棉混纺纤维上去除颗粒污垢，阴离子表面活性剂比非离子表面活性剂性能更好[22]。这里增加污垢和底物上的电势可能是除去这种污垢并将其分散在洗涤液中的主要机理。因此非离子表面活性剂从这类底物上去除颗粒污垢的效果一般较差，尽管它们在防止污垢在底物上的再沉积方面与阴离子表面活性剂同样有效，甚至效率更高[79,80]。用聚氧乙烯型非离子表面活性剂从聚酯/棉纤维上去除颗粒污垢，与去除油污相比，获得最大去污力需要更长的烷基链长和更高的 EO 含量[81]。Schwuger[6]指出，在亲油污垢上具有同等吸附，并且对它们具有同等去污力的表面活性剂，在亲水性污垢上的吸附可能表现出差异。这可以解释为什么它们对亲水污垢或混合污垢（下面）表现出不同的去污力。

对这类污垢，阳离子表面活性剂再次表现出较差的去污力，因为大多数底物和颗粒污垢在与中性或碱性 pH 值的洗涤液接触后都会获得负电荷。带正电荷的表面活性离子在底物和污垢上的吸附降低了它们的（负）电势，使得污垢更难去除并且有利于污垢的再沉积。

10.4.1.3　混合污垢

在衣服洗涤研究中，通常使用混合污垢，即同时含有油性污垢和颗粒污垢，因为它更接近于在衣物上发现的污垢组成。一项对烷基硫酸钠和 α-磺基脂肪酸甲酯洗涤性能的对比研究表明，只有当两者在织物和污垢上表现出同样好的吸附能力时才显示出类似的洗涤性能。那些在织物纤维或一些污垢的主要成分上吸附较弱的表面活性剂表现出较差的去污力[82]。然而，表面活性剂在底物和污垢上有较好的吸附并不足以保证有较好的洗涤性能。这里为了能除去污垢，表面活性剂必须具有合适的吸附定向方式，即以它的亲水基朝向水相。因此，在一项比较未配方的十二烷基苯磺酸钠和一种非离子表面活性剂异辛基酚聚氧乙烯醚在 49℃ 下去除混合污垢的研究中发现[51]，在从聚酯织物上去除污垢和防止污垢再沉积方面，非离子表面活性剂比阴离子表面活性剂效率更高，但在较高浓度下，非离子在这两个方面的效能都不比阴离子更高。然而，如果从棉纤维上除去这类污垢，非离子表面活性剂虽然去污效率仍有点高，但其去污效能并不比阴离子表面活性剂更好，而在防止污垢再沉积方面，非离子的效率并不高于阴离子，而效能则要比阴离子低得多。在防止污垢在棉纤维上再沉积方面，非离子表面活性剂表现出较差的性能，仍是由于或至少部分是由于其通过聚氧乙烯基的氢键缔合吸附到纤维上，以疏水基团朝向水中，从而为再沉积提供了位置。

在某些情况下，吸附定向可能很难预测。因此，一项对系列直链烷基硫酸盐和壬基酚聚氧乙烯醚在全同立构聚丙烯纤维上的吸附和相同表面活性剂对该纤维上混合污垢的洗涤性能的研究表明，尽管十六烷基硫酸钠在纤维上的吸附大于含 10 个 EO 的壬基酚聚氧乙烯醚，而且两种化合物对污垢具有同样好的、类似的乳化和增溶性能，但前者的去污力比后者要低得多。最近的关于这两个表面活性剂的吸附研究显示，阴离子表面活性剂通过其亲水基与纤维上的位点（可能是来自乳液聚合中所用催化剂的多价阳离子）之间强烈的、基本上是不可逆的相互作用而被吸附到纤维上，而非离子表面活性剂则是通过其疏水基的作用以正常和可逆的方式被吸附[82]。

10.4.2　表面活性剂亲油基的影响

由于表面活性剂在底物和污垢上的吸附程度及其以亲油基朝向吸附剂的分子定向对去污和防止污垢再沉积非常重要，可以预见亲油基链长的变化将会导致去污力的变化。由于亲油基链长的增加导致了表面活性剂自水溶液中吸附的效率增加（见第 2 章 2.2 节）以及通过其亲油基作用的吸附趋势增加，而亲油基的支链化或亲水基位于亲油基的中心会导致吸附效率降低，这些可能解释对去污所观察到的普遍现象：好的洗涤剂通常具有一个长的直链疏水基，而亲水基不是位于表面活性剂分子的末端就是接近于其中的一端。大量研究表明，去污力随亲油基链长的增加而增加，除非受到溶解度的限制，以及随亲水基从分子的中心位置移向更末端的位置而增加[6,83~86]。于是，在蒸馏水中，直链亲油基化合物比它们的支链同系物具有更好的洗涤性能，脂肪酸皂比松香皂更好，以及 C_{16} 和 C_{18} 脂肪酸皂比 C_{12} 和 C_{14} 脂肪酸皂更好。对烷基硫酸盐和烷基苯磺酸盐系列，在蒸馏水中也观察到同样的结果。对烷基苯磺酸盐系列，对磺酸盐似乎比邻磺酸盐更好，单烷基苯磺酸盐比同分异构的二烷基磺酸盐更好[28,87]。

去污力随亲油基链长的增加而增加有一个非常重要的限制，即表面活性剂在清洁液中的溶解度。尤其是对离子型表面活性剂而言，它们在水介质中的溶解度随分子中亲油基部分的增加而急剧下降，并且表面活性剂的沉淀，尤其是由体系中的任意多价阳离子引起的沉淀，会导致去污力显著降低。因此，获得最佳去污的表面活性剂一般具有最长碳链，只要在使用条件下，当有多价阳离子存在时，它们在洗涤液中的溶解度足以能够防止其沉淀到底物上。随着水硬度的增加，最佳去污力似乎向较短链的同系物移动。由于直链离子型表面活性剂在水中的溶解度通常随分子中亲水基从末端向相对中心的位置移动而增加，因此，当具有末端亲水基的表面活性剂由于溶解度太低或对多价阳离子过于敏感以致不能有效地去除污垢时，亲水基位于分子中心的同分异构体可能会显示出更好的去污力[88]。于是，苯磺酸基位于十二烷基的 2-位，3-位和其他内部位的商品直链十二烷基苯磺酸盐，其去污力比苯磺酸基位于 1-位的同系物要更好。1-苯磺酸盐尽管在热蒸馏水中比其他同分异构体要好，但在常温下它仅有微小的溶解度，并且对硬水阳离子（Ca^{2+}、Mg^{2+}）十分敏感，以至于在正常洗涤条件下不可用。当洗涤水温度增加和离子型表面活性剂在洗涤液中的溶解度增加时，达到最佳去污力所需要的表面活性剂的烷基链长将增加[89]。

对 EO 数相同的聚氧乙烯型非离子表面活性剂，亲油基链长的增加通过降低表面活性剂的临界胶束浓度以及开始出现增溶作用的表面活性剂浓度，而增加了对油污的去除效率。最佳去污力随亲油链长的增加达到一个最大值，该最大值也取决于洗涤液的温度。

10.4.3　表面活性剂亲水基的影响

从之前的讨论可以明显地看出，离子型表面活性剂的电荷在去污过程中扮演了重要的角色。当离子型表面活性剂通过静电吸引作用吸附到带有相反电荷位的底物或污垢表面时，其分子定向不利于去污，因此离子型表面活性剂不能高效地用于去除带相反电荷的底物上的污垢。因此，阳离子表面活性剂对带负电荷的底物表现出很差的去污力，尤其在碱性 pH 下，而在酸性 pH 下去除带正电荷的底物上的污垢方面，预计阴离子表面活性剂也不会表现得像阳离子表面活性剂一样好。

对聚氧乙烯型非离子表面活性剂，亲水的聚氧乙烯链上 EO 数的增加似乎会降低表面活性剂在大多数物质上的吸附效率（第 2 章），且这种增加有时会伴随去污力的下降。例如，在蒸馏水中，用含有固定摩尔浓度的壬基酚聚氧乙烯醚在 30℃下洗涤羊毛，去污力随 EO 数从 9 增加到 20 而降低[82]。这与吸附研究结果是一致的，即非离子型表面活性剂在羊毛上的吸附量越大，去污力就越强[90]。

另一方面，在 90℃的水中，同样的这些表面活性剂对全同立构聚丙烯的去污力随聚氧乙烯链上 EO 数的增加而增加，直到 EO=12 时达到最大值，然后随 EO 数增加而下降[82]。这里涉及的主要因素可能是表面活性剂的 PIT，它随分子中 EO 数的增加而升高。去污力在 PIT 附近温度下达到最佳，大概是由于表面活性剂对油污的增溶显著增加所致。

在碱性条件下，用经过配方的类似表面活性剂去除金属表面的油污时，观察到几乎在相同的 EO 含量时达到最大去污力[91]。这里洗涤温度在 40~80℃之间，获得最大去污力时 EO 含量为 68%（约每个壬基酚连接 11 个 EO）。对一系列含有 C_8~C_{18} 烷基的非随机乙氧基化的直连烷基酚聚氧乙烯醚，在温度为 49℃，水硬度分别为 50mg/L 和 300mg/L，从棉纤维上去除皮脂时，EO 含量为 63%～68%[92]时获得最大去污力。一项用商品脂肪醇聚氧乙烯醚从棉和免烫衣服上去除油污和从免烫衣服上去除黏土的研究表明，含有 60%或更大 EO 含量的 C_{12}～C_{14} 醇聚氧乙烯醚类表面活性剂去污力最好[93]。

有关用伯醇聚氧乙烯醚表面活性剂洗涤棉织物和涤-棉免烫织物的研究表明，对这些纤维，最大去污力也随聚氧乙烯链上 EO 数的变化而变化。在仅用二乙醇胺提供碱性 pH 值的液态无磷配方中，49℃、150mg/L 硬水条件下从涤-棉免烫织物上去除油污和黏土污垢，对 C_9～C_{11}、C_{12}～C_{15} 和 C_{16}～C_{18} 混合醇聚氧乙烯醚表面活性剂，获得最佳去污力的 EO 数分别为 5、9 和 10。对于在相同温度下从棉纤维上去除相同的污垢，最佳 EO 数还要增加 2[22]。

改变亲水基，使表面活性剂从非离子型转变为阴离子型，对去污的影响可通过比较这些相同的脂肪醇聚氧乙烯醚类表面活性剂与用相同亲油基制备的两个系列的阴离子表面活性剂的去污性质而看出。这两种系列的阴离子分别是通过直接硫酸化混合脂肪醇和使这些混合醇先加成 3 个或 6 个 EO，再硫酸化得到。在 49℃、150mg/L 的硬水中使用相同的液态无磷配方以及相同的洗涤条件，可得到下面的结果[22]。

① 从 C_{12}～C_{15} 混合醇得到的两个系列的阴离子表面活性剂均比从 C_{16}～C_{18} 混合醇得到的相应阴离子表面活性剂具有更好的去污力；而从 C_9～C_{11} 混合醇得到的相应阴离子表面活性剂去污力最差。

② 从 C_9～C_{11} 混合醇和 C_{16}～C_{18} 混合醇直接硫酸化得到的产物（烷基硫酸盐）总是不如从相同的混合醇制备得到的最好的表面活性剂，而且大多数情况下要差很多。

③ 一般情况下，接有 3 个 EO 和 6 个 EO 的混合脂肪醇聚氧乙烯醚的硫酸化产物，性能上没有明显差别。

④ C_9～C_{11} 和 C_{16}～C_{18} 混合醇在硫酸化之前先进行乙氧基化，通常会大幅度提高它们的去污力；但对 C_{12}～C_{15} 混合醇，在硫酸化之前先进行乙氧基化，其对涤-棉免烫织物的去污性能有少许下降，但提高了对棉织物的去污性能。

⑤ 最佳的非离子表面活性剂（由 C_{12}～C_{15} 混合醇制备）对从涤-棉免烫织物上去除油污和黏土，比任何一种阴离子表面活性剂都要有效，但对于从棉织物上去除油污和黏土，则不如最佳阴离子表面活性剂（C_{12}～C_{15} 醇聚氧乙烯醚硫酸盐）。

用含有硅酸钠和 0～45%三聚磷酸钠作为助剂的配方，在 49℃、250mg/L 硬水中得到了同样好的结果[94]。针对所有的三聚磷酸钠百分含量，C_{12}～C_{15} 混合醇加成 9～11 个 EO 所得的非离子表面活性剂与 C_{12}～C_{15} 混合醇加成 3 个 EO 再硫酸化所得的阴离子表面活性剂具有相似的去污力，两者皆大大优于直链十三烷基苯磺酸盐和 C_{16}～C_{18} 混合醇硫酸盐。对于从涤-棉免烫织物上去除非极性脂肪污垢，非离子比醇醚硫酸盐略好，而对于从涤-棉免烫织物上去除极性污垢和从棉织物上去除碳污垢，结果则相反。但对于从涤-棉免烫织物和棉织物上去除黏土和从棉织物上去除非极性脂肪污垢，两者结果相似。

10.4.4 干洗

用作干洗清洁剂的表面活性剂，理所当然地必须能溶于作为洗涤液的溶剂中。通常将它们先溶解到某种溶剂中，再以溶液的形式加入。适用于这一目的的表面活性剂包括可溶于溶剂的石油磺酸盐、烷基芳基磺酸的钠盐和铵盐、磺基琥珀酸钠、聚氧乙烯磷酸酯、失水山梨醇酯、酰胺乙氧基化物和烷基酚乙氧基化物[95]。

关于表面活性剂的化学结构对洗涤液洗涤性能的影响，目前似乎还没有什么系统性的研究。表面活性剂的亲水基的作用似乎比亲油基更为重要[23,96]。从表面活性剂辅助清洗过程的两个主要机理来看，即①通过亲水基吸附在污垢和底物表面，防止固体污垢的再沉积，和②通过将水溶性污垢增溶于水中，使其保持在胶束内核的亲水基之间（见第 4 章 4.2 节），亲水基的重要性就在意料之中了。亲油基的功能好像是产生空间位阻障碍，防止分散在洗涤液中固体污垢颗粒的聚集。与此相吻合，C_{16}～C_{18} 直链表面活性剂对达到这个目的似乎是最有效的[97]。

10.5　洗涤剂配方中的生物表面活性剂和酶

一个洗涤剂含有多种主要和次要成分，如表面活性剂、助剂、漂白剂、酶、填充剂以及少量的添加剂如酶稳定剂、荧光增白剂、消泡剂和香料等。然而，洗涤剂最主要的成分是表面活性剂。表面活性剂通过洗涤废水最后残存于池塘和含水土层中，对环境带来不利的影响和对生态系统带来毒性。因此人们再一次努力，试图在洗涤剂配方中使用无毒和可生物降解的表面活性剂。生物表面活性剂（见第 13 章 13.1 节）和酶正在被引入现代洗涤剂中，并且人们正在对其开展研究以便从可再生和生物资源中找出有用的候选者。

从两种枯草杆菌得到的生物表面活性剂[98]已经被分离出来，它们表现出良好的热稳定性和高 pH 值稳定性，这是洗衣粉必须具备的两个最根本的品质。这些环状的脂肽类表面活性剂（表 13.1）与传统洗涤剂配方中使用的离子型和非离子型表面活性剂是相容的，并且在 80 ℃、pH 值为 7.0～12.0 的范围内，最长在 60min 内能表现出可接受的表面性质。这些生物表面活性剂的洗涤效果是根据它们从棉织物上除去植物油和血迹的能力来评价的。这些生物表面活性剂的高生物降解性、低毒性和最小的生态影响使它们成为环境和生态安全的材料。与洗衣用洗涤剂相容的生物表面活性剂也已经被从食物残渣[99]和土壤样品[100]中分离出来并得到研究。

酶通常是具有各种生物功能的蛋白质化合物，可从天然和人工合成资源中获取。目前工业上使用的第一大酶类（用于洗涤剂和日用工业）是蛋白酶，其功能主要是水解作用，而第二大酶类（用于洗涤剂和淀粉、纺织品和烘焙工业）是糖酶，主要是淀粉酶和纤维素酶。目前用于洗涤剂的一些重要的酶类（及其应用）[101]有蛋白酶（去除蛋白质污垢）、淀粉酶（去除淀粉类污垢）、脂肪酶（去除油脂污垢）、纤维素酶（用于棉织物清洗，色彩光亮和防止再沉积）；以及新型的甘露聚糖酶（去除甘露聚糖污垢，即再现污垢）。该领域最新的进展集中在生产这些酶的改良基因版本以便它们能在更低的温度下起作用（用于洗衣机和洗碗机中节省能源）以及在较高的碱性 pH 值条件下仍然保留表面活性剂的性质并保持稳定。人们从一种条纹海鲤（细条石颌鲷属）的肠衍生出一种基于胰蛋白酶的新酶，并且研究[102]了其应用于衣用洗涤剂中的碱性稳定性、酶活性和适用温度范围。

10.6　纳米洗涤剂

见第 14 章 14.3.6 节。

参 考 文 献

[1]   Cutler, W. G. and E. Kissa (eds.), *Detergency: Theory and Technology*, Marcel Dekker, New York, 1986.

[2]   Lai, K-Y. (ed.) *Liquid Detergents*, Marcel Dekker, New York, 1997.

[3]   Showell, M. S. (ed.), *Powdered Detergents*, Marcel Dekker, New York, 1998.

[4]   Broze, G. (ed.), *Handbook of Detergents, Part A, Properties*, Marcel Dekker, New York, 1999.

[5]   Friedli, F. E. (ed.), *Detergency of Specialty Surfactants*, Marcel Dekker, New York, 2001.

[6]   Schwuger, M. J. (1982) *J. Am. Oil Chem. Soc.* **59**, 258, 265.

[7]   Weil, J. K., C. J. Pierce, and W. M. Linfield (1976) *J. Am. Oil Chem. Soc.* **53**, 757.

[8]   Smith, D. L., K. L. Matheson, and M. F. Cox (1985) *J. Am. Oil Chem. Soc.* **62**, 1399.

[9]   Dillan, K. W., E. D. Goddard, and D. A. M. Kenzie (1979) *J. Am. Oil Chem. Soc.* **56**, 59.

[10]   Matson, T. P. and G. D. Smith Presented 71st Annu. Am. Oil Chem. Soc. Meet., New York, April 27–May 1 1980.

[11]   Pierce, R. C. and J. R. Trowbridge Presented at the 71st Annu. Am. Oil Chem. Soc. Meet., New York, April 27–May 1 1980.

[12]   Aronson, M. P., M. L. Gum, and E. D. Goddard (1983) *J. Am. Oil Chem. Soc.* **60**, 1333.

[13]   Dillan, K. W. (1984) *J. Am. Oil Chem. Soc.* **61**, 1278.

[14]   Rubingh, D. N. and T. Jones (1982) *Ind. Eng. Chem. Prod. Res. Dev.* **21**, 176.

[15]   Schwartz, A. M. in Surface and Colloid Science, E. Matijevic (ed.), Wiley, New York, 1972, Vol. 5, pp. 195–244.

[16]   Schwartz, A. M. (1971) *J. Am. Oil Chem. Soc.* **48**, 566.

[17]   Prieto, N. E., W. Lilienthal, and P. L. Tortorici (1996) *J. Am. Oil Chem. Soc.* **73**, 9.

[18]   Cox, M. F. (1986) *J. Am. Oil Chem. Soc.* **63**, 559.

[19]   Cox, M. F. and T. P. Matson (1984) *J. Am. Oil Chem. Soc.* **61**, 1273.

[20]   Cox, M. F., D. L. Smith, and G. L. Russell (1987) *J. Am. Oil Chem. Soc.* **64**, 273.

[21]   Kling, W. and H. Lange (1960) *J. Am. Oil Chem. Soc.* **37**, 30.

[22]   Albin, T. B., D. W. Bisacchi, J. C. Illman, W. T. Shebs, and H. Stupel Paper presented before Am. Oil Chem. Soc., Chicago, Sept. 18 1973.

[23]   Lange, H. in *Solvent Properties of Surfactant Solution*, K. Shinoda (ed.), Marcel Dekker, New York, 1967, Chap. 4.

[24]   Trost, H. B. (1963) *J. Am. Oil Chem. Soc.* **40**, 669.

[25]   Bertleff, W., P. Neumann, R. Baur, and D. Kiessling (1998) *J. Surfactants Deterg.* **1**, 419.

[26]   O'Lenick, A. J. (1999) *J. Surfactants Deterg.* **2**, 553.

[27]   Carrion Fite, F. (1992) *J., Tenside Surf Det.* **29**, 213.

[28]   Ginn, M. E. and J. C. Harris (1961) *J. Am. Oil Chem. Soc.* **38**, 605.

[29]   Mankowich, A. M. (1961) *J. Am. Oil Chem. Soc.* **38**, 589.

[30]   Benson, H. L. Presented 73rd Annu. Am. Oil Chem. Soc. Meet., Toronto, Canada, May 4 1982.

[31]   Benson, H. L. Presented 77th Annu. Am. Oil Chem. Soc. Meet., Honolulu, Hawaii, May 14–18 1986.

[32]   Benson, H. L., K. R. Cox, and J. E. Zweig (1985) *Soap/Cosmetics/Chem. Specs.* **3**, 35.

[33]   Raney, K. H. and C. A. Miller (1987) *J. Colloid Interface Sci.* **119**, 537.

[34]   Miller, C. A. and K. H. Raney (1993) *Colloids Surf.* **74**, 169.

[35]   Raney, K. H. and H. L. Benson (1990) *J. Am. Oil Chem. Soc.* **67**, 722.

[36]   Raney, K. H. (1991) *J. Am. Oil Chem. Soc.* **68**, 525.

[37]   Tongcumpou, C., E. J. Acosta, L. B. Quencer, A. F. Joseph, J. F. Scamehorn, D. A. Sabatini, S. Chavadej, and N. Yanumet (2003) *J. Surfactants Deterg.* **6**, 205.

[38]   Yatagai, M., M. Komaki, T. Nakajima, and T. Hashimoto (1990) *J. Am. Oil Chem. Soc.* **67**, 154.

[39]   Miyazawa, K., M. Ogawa, and T. Mitsui (1984) *Int. Cosmet. J. Sci.* **6**, 33.

[40]   Ohbu, K., N. Jona, N. Miyajima, and M. Fukuda *Proc. 1st World Surfactants Congr*, Munich, Vol. 3, p. 317, 1984.

[41]   Rhein, L. D., C. R. Robbins, K. Fernec, and R. Cantore (1986) *J. Soc. Cosmet. Chem.* **37**, 125.

[42]   Kastner, W. in *Anionic Surfactants, Biochemistry, Toxicology, Dermatology*, C. Gloxhuber (ed.), Marcel Dekker, New York, 1980,

pp. 139–307.

[43] Taves, E. A., E. Eigen, V. Temnikov, and A. M. Kligman (1986) *J. Am. Oil Chem. Soc.* **63**, 574.

[44] Goddard, E. D. (1994) *J. Am. Oil Chem. Soc.* **71**, 1.

[45] von Hornuff, G. and W. Mauer (1972) *Deut. Textitech.* **22**, 290.

[46] Aebi, C. M. and J. R. Wiebush (1959) *J. Colloid Sci.* **14**, 161.

[47] Mönch, R. (1960) *Faserforschu. Textiltech.* **11**, 228.

[48] Rieker, J. and J. Kurz (1973) *Melliand Textilber. Mt.* **54**, 971.

[49] Porter, A. S. *Proc. Mt. Congr. Surface Active Substances*, 4th, Brussels, III, 1964, p. 187, (1967).

[50] deJong, A. L. (1966) *Textiles* **25**, 242.

[51] Rutkowski, B. J. Paper presented at Am. Oil Chem. Soc. Short Course, Lake Placid, NY, June 14 1971.

[52] Vance, R. F. (1969) *J. Am. Oil Chem. Soc.* **46**, 639.

[53] Brysson, R. J., B. Piccolo, and A. M. Walker (1971) *Text. Res. J.* **41**, 86.

[54] Nagarajan, M. K. Presented 76th Annu. Am. Oil Chem. Soc. Meet., Philadelphia, PA, May 5–9 1985.

[55] Greminger, G. K., A. S. Teot, and N. Sarkar (1978) *J. Am. Oil Chem. Soc.* **55**, 122.

[56] Gresser, R. (1985) *Tenside Detergents* **22**, 178.

[57] Linfield, W. M. (1978) *J. Am. Oil Chem. Soc.* **55**, 87.

[58] Stirton, A. J., F. D. Smith, and J. K. Weil (1965) *J. Am. Oil Chem. Soc.* **42**, 114.

[59] Noble, W. R., R. G. Bistline, Jr., and W. M. Linfield (1972) *Soap Cosmet. Chem. Spec.* **48**, 38.

[60] Weil, J. K., N. Parris, and A. J. Stirton (1970) *J. Am. Oil Chem. Soc.* **47**, 91.

[61] Weil, J. K., A. J. Stirton, and M. V. Nufiez-Ponzoa (1966) *J. Am. Oil Chem. Soc.* **43**, 603.

[62] Bistline, R. G., Jr., W. R. Noble, J. K. Weil, and W. M. Linfield (1972) *J. Am. Oil Chem. Soc.* **49**, 63.

[63] Parris, N., J. K. Weil, and W. M. Linfield (1973) *J. Am. Oil Chem. Soc.* **50**, 509.

[64] Parris, N., J. K. Weil, and W. M. Linfield (1976) *J. Am. Oil Chem. Soc.* **53**, 97.

[65] Noble, W. R. and W. M. Linfield (1980) *J. Am. Oil Chem. Soc.* **57**, 368.

[66] Levinson, M. L. (1999) *J. Surfactants Deterg.* **2**, 223.

[67] Puchta, R., P. Krings, and P. Sandkuhler (1993) *Tenside, Surf. Det.* **30**, 186.

[68] Friedli, F. E., R. Keys, C. J. Toney, O. Portwood, D. Whittlinger, and M. Doerr (2001) *J. Surfactants Deterg.* **4**, 401.

[69] Friedli, F. E., H. J. Koehle, M. Fender, M. Watts, R. Keys, P. Frank, C. J. Toney, and M. Doerr (2002) *J. Surfactants Deterg.* **5**, 211.

[70] Williams, J. A. presented at the, 72nd Annu. Am. Oil Chem. Soc. Meet. New Orleans, May 17–21 1981.

[71] Crutcher, T., K. R. Smith, J. E. Borland, J. Sauer, and J. W. Previne (1992) *J. Am. Oil Chem. Soc.* **69**, 682.

[72] Fort, T., H. R. Billica, and T. H. Grindstaff (1968) *J. Am. Oil Chem. Soc.* **45**, 354.

[73] McGuire, S. E. and T. P. Matson (1975) *J. Am. Oil Chem. Soc.* **52**, 411.

[74] Waag, A. Chim., Phys., Appi. Prat. Ag. Surface, C. R. Congr. Int. Deterg. 5th, Barcelona, 1968 (Publ. 1959), III, p. 143.

[75] Fort, T., H. R. Billica, and T. H. Grindstaff (1966) *Textile Res. J.* **36**, 99.

[76] Gordon, B. E., J. Roddewig, and W. T. Shebs (1967) *J. Am. Oil Chem. Soc.* **44**, 289.

[77] Spangler, W. G., R. C. Roga, and H. D. Cross (1967) *J. Am. Oil Chem. Soc.* **44**, 728.

[78] Geol, S. K. (1998) *J. Surfactants Deterg.* **1**, 213.

[79] Rutkowski, B. J. (1968) *J. Am. Oil Chem. Soc.* **45**, 266.

[80] Schott, H. (1968) *J. Am. Oil Chem. Soc.* **45**, 414.

[81] Vreugdenhil, A. D. and R. Kok *Proc. World Surfactant Congr.* May 6–10, 1984, Munich, Kurle Verlag, Gelnhausen, Vol. 4, p. 24, 1984.

[82] Schwuger, M. J. (1971) *Chem-Ing.-Tech.* **43**, 705.

[83] Kölbel, H. and P. Kuhn (1959) *Angew. Chem.* **71**, 211.

[84] Burgess, J., G. R. Edwards, and M. W. Lindsay, Chem. Phys. Appl. Surface Active Subs., Proc. Int. Congr. Surface Active Subs., 4th, Sept. 1964, III, 153.

[85] Hellsten, M., in *Surface Chemistry*, P. Ekwall et al. (eds.), Academic, New York, 1965, p. 123.

[86] Finger, B. M., G. A. Gillies, G. M. Hartwig, W. W. Ryder, and W. M. Sawyer (1967) *J. Am. Oil Chem. Soc.* **44**, 525.

[87] Kölbel, H., D. Klamann, and P. KurzenclOrfer *Proc 3rd mt. Congr. Surface Active Substances*, Cologne, I. p. 1, 1960.

[88] Rubinfeld, J., E. M. Emery, and H. D. Cross (1965) *Ind. Eng. Chem., Prod. Res. Dev.* **4**, 33.

[89] Matson, T. P. (1963) *Soap Chem. Specialties* **39**, 52, 91, 95, 97, 100.

[90] Kame, M., Y. Danjo, S. Kishima, and H. Koda (1963) *Yukagaku* **12**, 223. [C.A. 59, 11715g (1963)].

[91] Komor, J. A. Am. Spec. Mfr. Ass., *Proc. Annu. Meet.* 1969 (Publ. 1970) **56**, 81.

[92] Smithson, L. H. (1966) *J. Am. Oil Chem. Soc.* **43**, 568.

[93] Cox, M. F. (1989) *J. Am. Oil Chem. Soc.* **66**, 367.

[94] Illman, J. C., T. B. Albin, and H. Stupel. Paper presented at Am. Oil. Chem. Soc. Short Course, Lake Placid, NY, June 14, 1971.

[95] Martin, A. R. *Kirk-Othmer Encyclopedia of Chemical Technology*, 2nd ed., Vol. 7, John Wiley, New York, 1965, pp. 307–326.

[96] Kajl, M. Vortraege Originalfassung Int. Kongr. Grenzflaechenaktive Stolle, 3rd, Cologne, 1960, **4**, 187 (Publ. 1961).

[97] Wedell, H. (1960) *Melliand Textilber* **41**, 845.

[98] Mukherjee, A. K. (2007) *Lett. Appl. Microbiol.* **45**, 330.

[99] Savarino, P., E. Montoneri, G. Musso, and V. Boffa (2010) *J. Surfact. Deterg.* **13**, 59.

[100] Moradian, F., K. Khajeh, H. Naderi-Manesh, and M. Sadeghizadeh (2009) *Appl. Biochem. Biotech.* **159**, 33.

[101] Kirk, O., T. V. Borchert, and C. C. Fuglsang (2002) *Curr. Opin. Biotech.* **13**, 345.

[102] Ali, N. E., N. Hmidet, A. Bougatef, R. Nasri, and M. Nasri (2009) *J. Agricult. Food Chem.* **57**, 10943.

问 题

10.1 解释为什么一般在水介质中去污力较差的阳离子表面活性剂能在低 pH 值下成功地用作洗涤剂。

10.2 解释加入少量阳离子表面活性剂是如何提高阴离子表面活性剂的碱性溶液去除织物表面污垢的效率的。

10.3 （a）一种表面活性剂通过它的亲水头基吸附到织物表面会对水在织物表面的铺展系数产生什么影响？

（b）列出可能发生这种情况的两个例子。

10.4 在以直链烷基苯磺酸钠为表面活性剂的洗衣粉中总是发现有硫酸钠。除了作为便宜的填充剂外，指出其存在的其他原因以及可能的有用功能。

10.5 考虑到皮肤是一种蛋白质材料，解释你所认为的皮肤和阳离子表面活性剂之间的分子相互作用类型。按照这一相互作用，提供一种合理的蛋白质变性描述。

10.6 10.1.4 节和 10.4.4 节是论述有关干洗过程和再沉积现象的。在这种场合，你将如何将表面活性剂结构和再沉积过程相联系？

10.7 什么是钙皂分散剂（LSDA）？你能解释阴离子和两性离子表面活性剂可以作为有效的 LSDA 的现象吗？

10.8 在洗涤剂配方中，填充剂的作用是什么？

第 11 章　二元混合表面活性剂的分子相互作用和协同效应

在大多数实际应用中，人们使用的大多是混合表面活性剂而不是单一表面活性剂。在某些场合，使用混合表面活性剂是无意识的，因为所用的商品表面活性剂比如十二烷基硫酸钠，尽管从名称来看是单一表面活性剂，实际却是表面活性剂同系混合物，因为制造过程中所使用的原料并非是均一物质，以及产品中存在未反应原料和副产物等。在另一些情况下，不同种类的表面活性剂被故意混合在一起使用，以便改善最终产品的性能。

在多数场合，当不同种类的表面活性剂被故意混合时，我们想要探索的是所谓的协同效应或增效作用，即使用混合物比使用单一表面活性剂可以获得更好的性能的条件。例如，长链氧化胺常常被加入到以阴离子表面活性剂为主体的配方中，因为混合物的发泡性能比两个单一的表面活性剂都要好。

尽管人们已经知道某些不同种类的表面活性剂之间存在协同效应，而且已经在实践中应用了很多年，但通过测定表面活性剂分子之间的相互作用这样一个简便方法来定量研究协同效应却是近年来才开展的。两种不同的表面活性剂在各种界面吸附时其分子间相互作用是用一个参数 β 来表示的，它反映了相互作用的性质和强度。β 参数的数值与两种表面活性剂的混合自由能变化有关，即 $\Delta G_{mix}=\beta X(1-X)$，式中 X 是混合表面活性剂中第一种表面活性剂的摩尔分数（以总表面活性剂为基准），$1-X$ 是第二种表面活性剂的摩尔分数。

在正规溶液理论中[1]，β 参数被表示成 $\beta=(W_{AA}+W_{BB}-2W_{AB})/RT$，式中 W_{AB} 是混合表面活性剂之间的分子相互作用能；W_{AA} 是第一种表面活性剂在与第二种表面活性剂混合前的分子相互作用能；W_{BB} 是第二种表面活性剂混合前的分子相互作用能；R 是气体常数；T 是热力学温度。这一公式有助于理解 β 参数的意义。对吸引作用，W 是负值，而对排斥作用来说，W 是正值。于是负的 β 值说明，当两种表面活性剂混合后，它们受到的吸引作用将比混合前更大，或者受到的排斥作用比混合前更小；而正的 β 值说明，两种表面活性剂混合后吸引作用减弱而排斥作用增加。一个接近于 0 的 β 值表明混合后相互作用没有变化或者变化极小。对含有离子型表面活性剂的混合体系，混合前离子型表面活性剂分子之间总是存在排斥作用，而与第二种表面活性剂混合后，即使仅有稀释效应也会导致排斥作用减弱，因此 β 参数几乎总是负值，除了阴离子和阴离子混合外。如果两种表面活性剂的亲水基大小或者疏水基的支链化发生变化，则空间位阻效应会影响 β 参数[2]。根据单一表面活性剂的相关性质和分子相互作用参数的数值，可以预测混合体系是否存在协同效应，如果有的话，还能预测获得最大协同效应时两种表面活性剂的配比，以及在这一点相应性能的最佳值。尽管这一方法理论上可以处理包括任意种类的混合物[3]，但目前仅有含两种表面活性剂的二元混合物获得广泛的研究。然而在任一多组分体系中，某两种表面活性剂之间的最强相互作用通常决定了整个体系的性质，而通过评估这个最强的相互作用足以预测混合物的性质。

11.1 分子间相互作用参数的测定

表面活性剂的两大基本性质是在界面形成吸附单分子层和在溶液中形成胶束。对表面活性剂混合物来说，其特征现象是在界面形成混合吸附单层（见第 2 章 2.3.7 节）和在溶液中形成混合胶束（见第 3 章 3.8 节）。对两种不同的表面活性剂在界面形成混合吸附单层，分子间作用参数可以通过方程式 11.1 和式 11.2 来计算，而这两个方程是将非理想溶液理论应用于混合体系的热力学[4]得到的。

$$\frac{X_1^2 \ln(\alpha C_{12} / X_1 C_1^0)}{(1-X_1)^2 \ln[(1-\alpha)C_{12} /(1-X_1)C_2^0]} = 1 \qquad (11.1)$$

$$\beta^\sigma = \frac{\ln(\alpha C_{12} / X_1 C_1^0)}{(1-X_1)^2} \qquad (11.2)$$

式中，α 是溶液相总表面活性剂中表面活性剂 1 的摩尔分数，即表面活性剂 2 的摩尔分数为 $(1-\alpha)$；X_1 是混合吸附单层中表面活性剂 1 的摩尔分数；C_1^0、C_2^0 和 C_{12} 分别是产生某个给定表面张力值所需要的表面活性剂 1、表面活性剂 2 和混合物的水相摩尔浓度；β^σ 是在气/液界面形成的混合吸附单层中的分子间相互作用参数。

对两种不同的表面活性剂在水相中形成混合胶束，混合胶束中的分子相互作用参数可以通过方程式 11.3 和式 11.4 来计算[1]：

$$\frac{X_1^M \ln(\alpha C_{12}^M / X_1^M C_1^M)}{(1-X_1^M)^2 \ln[(1-\alpha)C_{12}^M /(1-X_1^M)C_2^M]} = 1 \qquad (11.3)$$

$$\beta^M = \frac{\ln(\alpha C_{12}^M / X_1^M C_1^M)}{(1-X_1^M)^2} \qquad (11.4)$$

式中，C_1^M、C_2^M 和 C_{12}^M 分别是表面活性剂 1、表面活性剂 2 的临界胶束浓度以及固定 α 下混合物的临界胶束浓度；X_1^M 是混合胶束中表面活性剂 1 相对于总表面活性剂的摩尔分数；β^M 是衡量两种不同表面活性剂在水相混合胶束中相互作用的性质和程度的参数。方程式 11.1 或式 11.3 可以用试差法（数值解法）求出 X_1 或 X_1^M，然后代入方程式 11.2 或式 11.4 即可求出 β^σ 和 β^M。

图 11.1 示意了 β^σ 和 β^M 的实验测定方法。需要测定混合体系涉及的两个单一表面活性剂的 $\gamma - \lg C$ 曲线和至少一个 α 值下的混合物的 $\gamma - \lg C$ 曲线。计算 β^σ（气/液界面混合吸附单层中的分子相互作用参数）需要 C_1^0、C_2^0 和 C_{12}，而计算 β^M 需要 C_1^M、C_2^M 和 C_{12}^M。

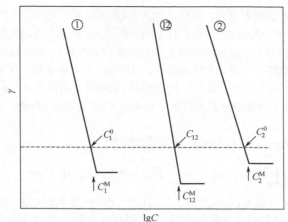

图 11.1　β^σ 和 β^M 的实验测定[5]

①单一表面活性剂 1；②单一表面活性剂 2；⑫表面活性剂 1 和表面活性剂 2 的混合物，溶液中的摩尔分数固定为 α

11.1.1　使用方程 11.1～方程 11.4 的注意事项

为了获得有效的 β 参数的值，即其数值不会随混合表面活性剂的配比变化而显著改变，必须满足下列条件。

① 两种表面活性剂必须是分子均一的化合物，并且不含表面活性杂质。

② 由于方程式 11.1～式 11.4 忽略了反离子的作用，所有含有离子型表面活性剂的溶液必须具有相同的离子强度，含有过量的反离子。

③ 在推导这些方程式时作了这样的假设，即混合胶束或混合单分子层可以被认为只含有表面活性剂，这样的结构中没有自由水分子。显然只有当表面活性剂分子排列得如此紧密（比如在单分子层中达到最大表面过剩浓度），以致可以认为所有的水分子都被头基所束缚时这一假设才是合理的。由于这个原因以及通常混合表面活性剂的使用浓度往往高于它们的 CMC，建议在测定 β^σ 时，应当使用这样的一组 C_1^0、C_2^0 和 C_{12}，即其对应的表面张力 γ 值处于 γ-$\lg C$ 曲线的线性部分或几乎是线性的部分，最好是所能得到的最小 γ 值。为了达到这一目的，允许将 γ-$\lg C$ 的线性部分延伸到其中一种表面活性剂的 γ_{CMC} 处（见图 11.8a）。如果在 CMC 附近曲线的斜率呈现下降趋势，则在延伸直线部分时将其忽略。

由于方程式 11.1 和式 11.3 分别包括了 $[(X_1)^2/(1-X_1)^2]$ 和 $[(X_1^M)^2/(1-X_1^M)^2]$ 项，当 X 趋向于 1 或 0 时其数值急剧变化，建议对混合表面活性剂使用恰当的 α 值使得 X_1 或 X_1^M 的值处于 0.2～0.8 之间。如果超出这一范围，很小的实验误差可能引起计算 X_1 或 X_1^M 时出现很大误差，从而导致 β^σ 和 β^M 出现很大偏差。如果让 $\alpha = C_1^0/(C_1^0 + C_2^0)$，则可以得到接近于 0.5 时 X_1 值。相应地，当 $\alpha = C_1^M/(C_1^M + C_2^M)$，则可以得到接近于 0.5 时 X_1^M 值。遗憾的是，在众多有关 β 参数的近期文献中，这些条件没有得到满足。

在第二个液相（烷烃）存在时，在油/水界面形成混合吸附单层和在水相混合胶束的相互作用参数 β_{LL}^σ 和 β_{LL}^M 分别可以用与方程式 11.1～式 11.4 类似的方程[6]进行估算。所需的数据通过测定界面张力-浓度关系曲线得到。

当固体表面属于低能表面时，表面活性剂在固/液界面形成混合吸附单层的相互作用参数 β_{SL}^{σ} 亦可以用类似于方程式 11.1 和式 11.2 的方程[7]进行估算。在这种情况下，C_1^0、C_2^0 和 C_{12} 分别是相同黏附张力（$\gamma_{LA}\cos\theta$）值时水溶液中表面活性剂 1、表面活性剂 2 及其混合物的浓度，这里 γ_{LA} 是表面活性剂溶液的表面张力，θ 是在一个光滑平整、非多孔性的疏水平面上测得的水相的接触角（图 6.2）。或者，β_{SL}^{σ} 也可以根据表面活性剂 1、表面活性剂 2 及其混合物在细微固体颗粒上的吸附等温线获得，其中对表面活性剂混合物，其 α 值是吸附达到平衡时的某个值。

从方程 2.19a $d\gamma_{SL}=-nRT\Gamma_{SL}d\ln C$，两边积分得到：

$$\int_{\gamma_{SL}}^{\gamma_{SL}^0} d\gamma_{SL} = \gamma_{SL}^0 - \gamma_{SL} = \Pi_{SL} = RT \int_C^0 \Gamma_{SL} d\ln C \tag{11.5}$$

在吸附量 Γ_{SL}-$\ln C$（或 $\lg C$）关系图（图 11.2）上对浓度小于 CMC 的区间积分面积，即得到固液界面张力下降量 Π_{SL}，再以其对 $\ln C$（或 $\lg C$）作图（图 11.3），在共同最大的 Π_{SL} 处获得 C_1^0、C_2^0 和 C_{12}，代入方程式 11.2 和式 11.2 即可计算 β_{SL}^{σ}。也可以通过下列方程从吸附等温线直接计算 Π_{SL}。对单分子层吸附：

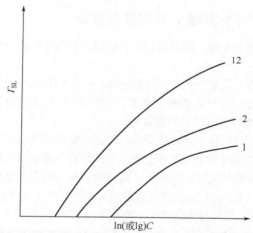

图 11.2　在细微粉状固体颗粒上的吸附量（Γ_{SL}）随表面活性剂 1、表面活性剂 2 以及固定 α 下的混合物的浓度的对数（$\ln C$ 或 $\lg C$）的变化，供计算 Π_{SL}

$$\Pi_{SL} = \Gamma_{\infty}RT\ln(1+C_1/a) \tag{11.6}$$

如果有表面胶束吸附：

$$\Pi_{SL} = \Gamma_{\infty}^S/nRT\ln(1+C_1^n/a) \tag{11.7}$$

从方程式 2.7 和式 2.8 可以得到 a 和 Γ_{∞}^S，而从方程 2.12 可以得到 $K(=1/a)$ 和 n。

用方程式 11.1～式 11.4 计算得到的相互作用参数，结合单一表面活性剂的性质（见 11.3 节），可以用来预测特定类型的表面活性剂混合时是否存在协同效应，以及如果有的话，获得最大协同效应时两种表面活性剂的配比和在这一配比时混合物的相关性能。使用的特定相互作用参数取决于所涉及的界面现象的性质，这些将在下文论述。

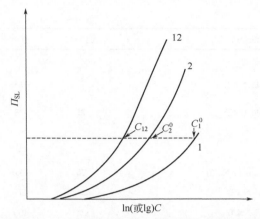

图 11.3　Π_{SL} 随 $\ln C$（或 $\lg C$）的变化，用于从表面活性剂 1、表面活性剂 2 及其固定 α 下的混合物的吸附等温线数据计算 β_{SL}

11.2　表面活性剂的化学结构和分子环境对分子间相互作用参数的影响

在过去的 20 年里，人们已经测定了大量结构明确的表面活性剂分子对之间的相互作用参数。此外还积累了有关相互作用参数如何随两种表面活性剂的化学结构及其分子所处的环境（pH 值、温度、溶液中的离子强度）而变化的信息。这使得我们能够在不方便用实验方法测定时也能估计这些参数。

表 11.1 列出了不同类型的分子相互作用参数值。几乎所有混合物的 β 值都为负值，表明混合后比混合前吸引作用更强（或排斥作用更弱）。迄今观察到的唯一 β 参数为正值（混合后排斥作用更强或吸引作用更弱）的例子是：①钠皂（$\geqslant C_{14}$）和商品十二烷基苯磺酸盐（直链烷基苯磺酸盐[LAS]）或十六烷基磺酸钠组成的阴离子-阴离子混合物[8]；②带同种电荷的碳氢链表面活性剂和氟碳链表面活性剂的混合物[9]。后者被证明混合后两种表面活性剂各有自己的聚集区域而不是形成混合膜或混合胶束[10]。

表 11.1　分子间相互作用参数

混合物	温度/℃	β^σ	β^M	参考文献
阴离子–阴离子混合物				
$C_{13}COO^-Na^+$-LAS$^-$Na$^{+①}$（0.1mol/L NaCl pH 10.6）	60	+0.2	−0.6	[11]
$C_{15}COO^-Na^+$-$C_{12}SO_3^-Na^+$（0.1mol/L NaCl pH 10.6）	60	−0.01	+0.2	[11]
$C_{15}COO^-Na^+$- LAS$^-$Na$^{+①}$（0.1mol/L NaCl pH 10.6）	60	+1.4	+0.7	[11]
$C_{15}COO^-Na^+$- $C_{16}SAS^-Na^{+②}$（0.1mol/L NaCl pH 10.6）	60	−0.1	−0.7	[11]
$C_{15}COO^-Na^+$-$C_{16}SO_3^-Na^+$（0.1mol/L NaCl pH 10.6）	60	+0.7	+0.7	[11]
$C_7F_{15}COO^-Na^+$-$C_{12}SO_4^-Na^+$（0.1mol/L NaCl 庚烷-H$_2$O）	30	+0.8（β^σ_{LL}）	+0.3	[9]
$C_7F_{15}COO^-Na^+$-$C_{12}SO_4^-Na^+$（0.1mol/L NaCl）	30	+2.0		[9]

续表

混合物	温度/℃	β^σ	β^M	参考文献
阴离子-阴离子混合物				
$C_{12}SO_3^-Na^+$-LAS$^-$Na$^{+①}$ (0.1mol/L NaCl)	25	−0.3	−0.3	[11]
$C_{12}SO_3^-Na^+$-AOT$^-$Na$^{+③}$ (0.1mol/L NaCl)	25	−0.3	−0.5	[11]
阴离子-阳离子混合物				
$C_7F_{15}COO^-Na^+$- $C_7N^+Me_3Br^-$ (0.1mol/L NaCl)	30	−15.0		[9]
$C_5SO_3^-Na^+$-$C_{10}Pyr^+Cl^{-④}$(0.01mol/L NaCl)	25	−11.8		[12]
$C_5SO_3^-Na^+$-$C_{10}Pyr^+Cl^{-④}$(0.03mol/L NaCl)	25	−10.8		[12]
$C_5SO_3^-Na^+$-$C_{10}Pyr^+Cl^{-④}$(0.03mol/L NaBr)	25	−8.2		[12]
$C_5SO_3^-Na^+$-$C_{10}Pyr^+Cl^{-④}$(0.03mol/L NaI)	25	−5.5		[12]
$C_7SO_3^-Na^+$-$C_{10}Pyr^+Cl^{-④}$(0.01mol/L NaCl)	25	−15.4		[12]
$C_8SO_3^-Na^+$- $C_{14}N^+Me_3Br^-$ [0.1mol/L NaBr (水溶液)-空气]	25	−13.5		[13]
$C_8SO_3^-Na^+$- $C_{14}N^+Me_3Br^-$ [0.1mol/L NaBr (水溶液)-PTFE$^®$]	25	−10.8 (β^σ_{SL})		[13]
$C_8SO_3^-Na^+$- $C_{14}N^+Me_3Br^-$ [0.1mol/L NaBr (水溶液)-石蜡]	25	−11.2 (β^σ_{SL})		[13]
$C_{10}SO_3^-Na^+$- $C_{12}N^+Me_3Br^-$	25	−35.6		[14]
$C_{10}SO_3^-Na^+$- $C_{12}N^+Me_3Br^-$ (H$_2$O-PTFE$^®$)	25	−28.8 (β^σ_{SL})		[13]
$C_{10}SO_3^-Na^+$- $C_{12}N^+Me_3Br^-$ (H$_2$O-聚乙烯)	25	−26.6 (β^σ_{SL})		[13]
$C_{10}SO_3^-Na^+$- $C_{12}N^+Me_3Br^-$ [0.1mol/L NaBr (水溶液)-空气]	25	−19.6		[13]
$C_{10}SO_3^-Na^+$- $C_{12}N^+Me_3Br^-$ [0.1mol/L NaBr (水溶液)-PTFE$^®$]	25	−14.1		[13]
$C_{10}SO_3^-Na^+$- $C_{12}N^+Me_3Br^-$ [0.1mol/L NaBr (水溶液)-石蜡]	25	−15.3		[13]
$C_{10}SO_3^-Na^+$- $C_{12}Pyr^+Br^{-④}$ [0.1mol/L NaBr (水溶液)-石蜡]	25	−19.7		[13]
$C_{10}SO_3^-Na^+$- $C_{12}Pyr^+Br^{-④}$ [0.1mol/L NaBr (水溶液)-PTFE$^®$]	25	−14.2 (β^σ_{SL})		[13]
$C_{10}SO_3^-Na^+$- $C_{12}Pyr^+Br^{-④}$ [0.1mol/L NaBr (水溶液)-石蜡]	25	−15.5 (β^σ_{SL})		[13]
$C_{12}SO_3^-Na^+$- $C_8Pyr^+Br^{-④}$ [0.1mol/L NaBr (水溶液)-空气]	25	−19.5		[13]
$C_{12}SO_3^-Na^+$- $C_8Pyr^+Br^{-④}$ [0.1mol/L NaBr (水溶液)-PTFE$^®$]	25	−14.1 (β^σ_{SL})		[13]
$C_{12}SO_3^-Na^+$- $C_8Pyr^+Br^{-④}$ [0.1mol/L NaBr(水溶液)-石蜡]	25	−15.3 (β^σ_{SL})		[13]
$C_{12}SO_3^-Na^+$- $C_{10}Pyr^+Cl^{-④}$ (0.1mol/L NaCl)	25	−33.2		[15]
$C_8SO_4^-Na^+$- $C_8N^+Me_3Br^-$	25	−14.2	−10.2	[16]
$C_8SO_4^-Na^+$- $C_8N^+Me_3Br^-$ (0.1mol/L NaCl)	25	−14	−10	[15]
$C_8SO_4^-Na^+$- $C_8Pyr^+Br^{-④}$	25		−10.7	[17]
$C_8SO_4^-Na^+$- C_8(OE)$_3Pyr^+Cl^{-④}$	25		−6.3	[17]
$C_8OESO_4^-Na^+$- $C_8Pyr^+Br^{-④}$	25		−8.1	[17]

混合物	温度/℃	β^{σ}	β^{M}	参考文献
阴离子–阳离子混合物				
$C_8(OE)_3SO_4^-Na^+$ - $C_8Pyr^+Br^-$ ④	25		$-4._4$	[17]
$C_8(OE)_3SO_4^-Na^+$ - $C_8(OE)_3Pyr^+Cl^-$	25		$-3._9$	[17]
$C_8(OE)_3SO_4^-Na^+$ - $C_{10}Pyr^+Cl^-$ ④	25		$-8._1$	[17]
$C_8(OE)_3SO_4^-Na^+$ - $C_{12}Pyr^+Br^-$ ④	25		$-10._4$	[17]
$C_8(OE)_3SO_4^-Na^+$ - $C_{14}Pyr^+Br^-$ ④	25		$-11._4$	[17]
$C_{10}SO_4^-Na^+$ - $C_{10}N^+Me_3Br^-$	25		$-18._5$	[18]
$C_{10}SO_4^-Na^+$ - $C_{10}N^+Me_3Br^-$ ④ (0.05mol/L NaBr)	23		$-13._2$	[3]
$C_{12}SO_4^-Na^+$ - $C_{12}N^+Me_3Br^-$	25	-27.8	$-25._5$	[19]
$C_{12}SO_4^-Na^+$ - $C_{12}N^+Me_3Br^-$ (H₂O-PTFE⑤)	25	$-30.6\,(\beta_{SL}^{\sigma})$		[13]
$C_{12}SO_4^-Na^+$ - $C_{12}N^+Me_3Br^-$ (H₂O-聚乙烯)	25	$-26.7\,(\beta_{SL}^{\sigma})$		[13]
$C_{12}(OE)_3SO_4^-Na^+$ - $C_{16}N^+Me_3Cl^-$	25		$-23._1$	[20]
$C_{12}(OE)_5SO_4^-Na^+$ - $C_{16}N^+Me_3Cl^-$	25		$-16._8$	[20]
$C_{12}(OE)_3SO_4^-Na^+$ - $C_8F_{17}CH_2CH(OH)CH_2N^+(CH_3)(C_2H_4OH)_2\cdot Cl^-$	25		$-17._1$	[20]
$C_{12}(OE)_5SO_4^-Na^+$ - $C_8F_{17}CH_2CH(OH)CH_2N^+(CH_3)(C_2H_4OH)_2\cdot Cl^-$	25		$-10._7$	[20]
$C_4H_9\phi SO_3^-Na^+$ - $C_{16}N^+Me_3Br^-$	27	-9.9_5		[21]
$(CH_3)_2CHCH_2\phi SO_3^-Na^+$ - $C_{16}N^+Me_3Br^-$	27	-9.4		[21]
$(CH_3)_2C\phi SO_3^-Na^+$ - $C_{16}N^+Me_3Br^-$	27	-8.2		[21]
C_{16}-2-ϕ-$SO_3^-Na^+$ - $C_{14}N^+Me_3Br^-$	50		-19.4	[22]
C_{16}-4-ϕ-$SO_3^-Na^+$ - $C_{14}N^+Me_3Br^-$	50		-17.2	[22]
C_{16}-6-ϕ-$SO_3^-Na^+$ - $C_{14}N^+Me_3Br^-$	50		-16.1	[22]
C_{16}-8-ϕ-$SO_3^-Na^+$ - $C_{14}N^+Me_3Br^-$	50		-15.3	[22]
C_{14}-7-ϕ-$SO_3^-Na^+$ - $C_{14}N^+Me_3Br^-$	50		-17.3	[22]
C_{12}-6-ϕ-$SO_3^-Na^+$ - $C_{14}N^+Me_3Br^-$	50		-18.7	[22]
C_{10}-5-ϕ-$SO_3^-Na^+$ - $C_{14}N^+Me_3Br^-$	50		-19.9	[22]
$C_{12}SO_3^-Na^+$ - $C_{14}N^+Me_3Br^-$	50		-20.0	[22]
阴离子–非离子混合物				
$C_7F_{15}COO^-Na^+$ - C_8SOCH_3	25	-4.7	-3.2	[9]
$C_7F_{15}COO^-Li^+$ - C_8-β-D-葡萄糖苷	25		-1.9	[23]
$C_{10}SO_3^-Na^+$ -1,2-C_{12} 二醇 (0.1mol/L NaCl)	25	-2.4		[24]
$C_{12}SO_3^-Na^+$ -1,2-C_{10} 二醇 (0.1mol/L NaCl)	25	-2.7_5	-1.3	[2]
$C_{12}SO_3^-Na^+$ -1,2-C_{12} 二醇 (0.1mol/L NaCl)	25	-3	-1.45	[24]
$C_{12}SO_3^-Na^+$ -4,5-C_{10} 二醇 (0.1mol/L NaCl)	25	-3.2		[2]

续表

混合物	温度/℃	β^σ	β^M	参考文献
阴离子–非离子混合物				
$C_{14}SO_3^-Na^+$-1,2-C_{12} 二醇 (0.1mol/L NaCl)	25	−2.6		[24]
$C_{12}SO_3^-Na^+$- N-辛基-2-吡咯烷酮 (H_2O-空气)	25	−2.6		[8]
$C_{12}SO_3^-Na^+$- N-辛基-2-吡咯烷酮 (H_2O- 石蜡)	25	−2.1 (β^σ_{SL})		[24]
$C_{12}SO_3^-Na^+$- N-辛基-2-吡咯烷酮 (H_2O-PTFE®)	25	−2.0 (β^σ_{SL})		[8]
$C_{12}SO_3^-Na^+$- N-辛基-2-吡咯烷酮 [0.1mol/L NaCl (水溶液)-空气]	25	−3.1		[8]
$C_{12}SO_3^-Na^+$- N-辛基-2-吡咯烷酮 [0.1mol/L NaCl (水溶液)-石蜡]	25	−2.9 (β^σ_{SL})		[8]
$C_{12}SO_3^-Na^+$- N-辛基-2-吡咯烷酮 [0.1mol/L NaCl (水溶液)- PTFE®]	25	−2.5 (β^σ_{SL})		[8]
$C_{12}SO_3^-Na^+$- N-癸基-2-吡咯烷酮 [0.1mol/L NaCl (水溶液)-十六烷]	25	−1.7 (β^σ_{SL})		[8]
$C_{12}SO_3^-Na^+$- N-辛基-2-吡咯烷酮 [0.1mol/L NaCl (水溶液)-十六烷]	25	−2.3 (β^σ_{SL})		[8]
$C_{12}SO_3^-Na^+$- $C_{11}H_{23}CON(CH_3)CH_2(CHOH)_4CH_2OH$ (0.1mol/L NaCl)	25	−2.8	−1.8	[2]
$C_{12}SAS^-Na^{+②}$-$C_{12}(OE)_7OH$	25	−0.2	−1.0	[11]
$C_{12}SO_3^-Na^+$-$C_{12}(OE)_8OH$ (0.1mol/L NaCl)	25	−2.2		[24]
$C_{12}SO_3^-Na^+$-TMN6® (0.1mol/L NaCl)	25	−1.7	−2.1	[2]
$C_{12}SO_3^-Na^+$-$C_{12}(OE)_4OH$ (0.1mol/L NaCl)	25	−1.6	−0.8	[2]
$C_{12}SO_3^-Na^+$-$C_{12}(OE)_7OH$ (0.1mol/L NaCl)	25	−1.7	−2.4	[2]
$C_{12}SO_3^-Na^{+②}$-$C_{12}(OE)_8OH$	25	−1.5	−3.4	[24]
$C_{12}SO_3^-Na^+$-$C_{12}(OE)_8OH$ (0.1mol/L NaCl)	25	−2.6	−3.1	[24]
$C_{12}SO_3^-Na^+$-$C_{12}(OE)_8OH$ (0.5mol/L NaCl)	25	−2.0		[24]
$C_{12}SO_3^-Na^+$-$C_{12}(OE)_8OH$ [0.1mol/L NaCl (水溶液)- PTFE®]	25	−2.1 (β^σ_{SL})		[13]
$C_{12}SO_3^-Na^+$-$C_{12}(OE)_8OH$ [0.5mol/L NaCl (水溶液)- PTFE®]	25	−1.7 (β^σ_{SL})		[13]
$C_{12}SO_3^-Na^+$-$C_{14}(OE)_4OH$ (0.1mol/L NaCl)	25	−1.1	−0.5	[2]
$C_{12}SO_3^-Na^+$-$C_{14}(OE)_8OH$ (0.1mol/L NaCl)	25	−1.4	−2.0	[2]
$C_{14}SO_3^-Na^+$-$C_{12}(OE)_8OH$ (0.1mol/L NaCl)	25	−2.3		[24]
$C_{10}SO_4^-$-$C_{12}(OE)_8OH$ (0.1mol/L NaCl)	25	−3.2		[24]
$C_{12}SO_4^-$-$C_8(OE)_4OH$	25		−3.1	[25]
$C_{12}SO_4^-$-$C_8(OE)_6OH$	25		−3.4	[25]
$C_{12}SO_4^-$-$C_8(OE)_{12}OH$	25		−4.1	[25]
$C_{12}SO_4^-$-$C_{10}(OE)_4OH$ ($5×10^{-4}$mol/L Na_2CO_3)	23		−3.6	[3]
$C_{12}SO_4^-Na^+$-$C_{12}(OE)_4OH$ (0.1mol/L NaCl)	25	−3.0		[25]
$C_{12}SO_4^-Na^+$-$C_{12}(OE)_4OH$ (0.1mol/L NaCl- PTFE®)	25	−2.1 (β^σ_{SL})		[25]
$C_{12}SO_4^-Na^+$-$C_{12}(OE)_6OH$ (0.1mol/L NaCl)	25	−2.5	−3.4	[27,28]
$C_{12}SO_4^-Na^+$-$C_{12}(OE)_8OH$	25	−2.7	−4.1	[24]

续表

混合物	温度/℃	β^σ	β^M	参考文献
阴离子-非离子混合物				
$C_{12}SO_4^-Na^+$-C_{12} (OE)$_8$OH (0.1mol/L NaCl)	25	−3.5		[24]
$C_{12}SO_4^-Na^+$-C_{12} (OE)$_8$OH (0.1mol/L NaCl- PTFE$^®$)	25	−2.9 (β^σ_{SL})		[13]
$C_{12}SO_4^-Na^+$-C_{14} (OE)$_8$OH (0.5mol/L NaCl)	25	−3.3, 3.1	−3.0	[24,29]
$C_{12}SO_4^-Na^+$-C_{12} (OE)$_8$OH (0.5mol/L NaCl- PTFE$^®$)	25	−2.7 (β^σ_{SL})		[13]
$C_{12}SO_4^-Na^+$-C_{16} (OE)$_{10}$OH^⑦	30	−4.3	−6.6	[30]
$C_{12}SO_4^-Na^+$-C_{16} (OE)$_{20}$OH^⑦	30	−4.3	−6.2	[30]
$C_{12}SO_4^-Na^+$-C_{30} (OE)$_{30}$OH^⑦	30		−4.3	[30]
$C_{14}SO_4^-Na^+$-C_{12} (OE)$_8$OH (0.1mol/L NaCl)	25	−3.2		[24]
C_{12} (OE)SO$_4^-Na^+$-C_{10}-β-D-葡萄糖苷 (0.1mol/L NaCl，pH 5.7)	25	−1.8	−1.4	[31]
C_{12} (OE)SO$_4^-Na^+$-C_{10}-β-D-麦芽糖苷 (0.1mol/L NaCl，pH 5.7)	25	−1.5	−1.2	[31]
C_{12} (OE)SO$_4^-Na^+$-C_{12}-β-D-麦芽糖苷 (0.1mol/L NaCl，pH 5.7)	25	−1.4	−1.3	[31]
C_{12} (OE)SO$_4^-Na^+$-C_{12}-2:1 (摩尔比) C_{12}麦芽糖苷, C_{12}葡萄糖苷 (0.1mol/L NaCl，pH 5.7)	25	−3.2	−3.2	[31]
C_{12} (OE)$_2$SO$_4^-Na^+$-1,2-C_{10}二醇 (0.1mol/L NaCl)	25	−1.4	～0	[2]
C_{12} (OE)$_2$SO$_4^-Na^+$-$C_{11}H_{22}CON$ (CH$_3$)CH$_2$ (CHOH)$_4$OH (0.1mol/L NaCl)	25	−1.8	−1.2	[2]
C_{12} (OE)$_2$SO$_4^-Na^+$-C_8 (OE)$_8$OH	25		−1.6	[32]
C_{12} (OE)$_2$SO$_4^-Na^+$-TMN6$^®$ (0.1mol/L NaCl)	25	−1.6	−0.9	[2]
C_{12} (OE)$_2$SO$_4^-Na^+$-C_{12} (OE)$_4$OH (0.1mol/L NaCl)	25	−1.4	−0.9	[2]
C_{12} (OE)$_2$SO$_4^-Na^+$-C_{12} (OE)$_6$OH (0.1mol/L NaCl)	25	−1.5	−1.9$_5$	[2]
C_{12} (OE)$_2$SO$_4^-Na^{+②}$-C_{12} (OE)$_{10}$OH^② (0.1mol/L NaCl)	25	−2.1	−2.3	[33]
C_{10}-3ϕSO$_3^-Na^+$-$C_9\phi$(OE)$_{10}$OH (0.17mol/L NaCl)^⑦	27		−1.5	[34]
LAS-Na$^{+①}$-C_{10}-β-麦芽糖苷 (0.1mol/L NaCl)	22	−1.9	−2.1	[35]
LAS-Na$^{+①}$-$C_{11}CON$ (C$_2$H$_4$OH)$_2$ (0.1mol/L NaCl)	25	−2.4	−1.5	[33]
LAS-Na$^{+①}$-N-辛基-2-吡咯烷酮 [0.005mol/L NaCl (水溶液)-空气]	25	−3.8	−2.3	[36]
LAS-Na$^{+①}$-N-十二烷基-2-吡咯烷酮 [0.005mol/L NaCl (水溶液)-空气]	25	−3.1	−1.7	[36]
LAS-Na$^{+①}$-C_{10} (OE)$_8$OH (0.1mol/L NaCl)	22	−4.8	−3.3	[35]
LAS-Na$^{+①}$-C_{12} (OE)$_{10}$OH (0.1mol/L NaCl)	25	−2.4	−2.7	[33]
C_{12}-2-ϕSO$_3^-Na^+$-C_{12} (OE)$_8$OH	25	−3.1	−5.2	C. Utarapichart 和 M. J.Rosen, 未发表数据
C_{12}-2-ϕSO$_3^-Na^+$-C_{12} (OE)$_8$OH (0.005mol/L NaCl)	25	−4.0	−5.8	C. Utarapichart 和 M. J.Rosen, 未发表数据
C_{12}-2-ϕSO$_3^-Na^+$-C_{12} (OE)$_8$OH (0.01mol/L NaCl)	25	−4.3	−5.4	C. Utarapichart 和 M. J.Rosen, 未发表数据

续表

混合物	温度/℃	β^{σ}	β^{M}	参考文献
阴离子-非离子混合物				
C_{12}-2-$\phi SO_3^-Na^+$- C_{12} (OE)$_8$ OH (0.01mol/L NaCl)	40	−3.4	−3.8	C. Utarapichart 和 M. J.Rosen, 未发表数据
C_{12}-4-$\phi SO_3^-Na^+$- C_{12} (OE)$_8$ OH	25	−2.3	−5.1	C. Utarapichart 和 M. J.Rosen, 未发表数据
C_{12}-4-$\phi SO_3^-Na^+$- C_{12} (OE)$_8$ OH (0.005mol/L NaCl)	25	−3.9	−5.5	C. Utarapichart 和 M. J.Rosen, 未发表数据
C_{12}-4-$\phi SO_3^-Na^+$- C_{12} (OE)$_8$ OH (0.01mol/L NaCl)	25	−3.9	−5.0	C. Utarapichart 和 M. J.Rosen, 未发表数据
C_{12}-4-$\phi SO_3^-Na^+$- C_{12} (OE)$_8$ OH (0.1mol/L NaCl)	25	−3.5	−3.9	C. Utarapichart 和 M. J.Rosen, 未发表数据
C_{12}-4-$\phi SO_3^-Na^+$-$C_9\phi$(OE)$_{50}$OH[②] (0.17mol/L NaCl)	27		−2.6	[14]
AOT[③]-1,2- C_{10} 二醇(0.1mol/L NaCl)	25	−1.3	−1.2	[2]
AOT[③]-TMN6[⑥] (0.1mol/L NaCl)	25	−0.5	−0.5	[2]
AOT[③]-Na$^+$-C_{12} (OE)$_5$OH	25	−0.9	−1.2	[37]
AOT[③]-C_{12} (OE)$_6$OH (0.1mol/L NaCl)	25	−1.6	−1.5	[2]
AOT[③]-Na$^+$-C_{12} (OE)$_7$OH	25	−1.6	−1.9	[37]
AOT[③]-Na$^+$-C_{12} (OE)$_8$OH	25	−2.6	−2.0	C. Utarapichart 和 M. J.Rosen, 未发表数据
AOT[③]-Na$^+$-C_{12} (OE)$_8$OH (0.05mol/L NaCl)	25	−1.7	−3.6	C. Utarapichart 和 M. J.Rosen, 未发表数据
AOT[③]-Na$^+$-C_{14} (OE)$_8$OH (0.1mol/L NaCl)	25	−2.0$_5$	−0.2	[2]
$C_{12}H_{25}CH$ (SO$_3$Na$^+$)COO CH$_3$-C$_9$H$_{19}$ CON (CH$_3$)CH$_2$ (CHOH)$_4$CH$_2$OH	30		−2.1	[38]
阴离子-两性混合物				
C_8F_{17} SO$_3^-$Li$^+$- C$_6$F$_{13}$C$_2$H$_4$SO$_2$NH (CH$_3$)$_2$ N$^+$ (CH$_3$)$_2$CH$_2$COO$^-$	25		−8.3	[39]
C_{12}SO$_3^-$Na$^+$- C_{12}N$^+$H$_2$ (CH$_2$)$_2$COO$^-$ [0.1mol/L NaBr (水溶液)-空气, pH 5.8]	25	−4.2	−1.2	[40]
C_{12}SO$_3^-$Na$^+$- C_{12}N$^+$ (B$_z$) (Me)CH$_2$COO$^-$ (pH 5.0)	25	−6.9	−5.4	[41]
C_{12}SO$_3^-$Na$^+$- C_{12}N$^+$ (B$_z$) (Me)CH$_2$COO$^-$ (pH 6.7)	25	−4.9	−4.4	[41]
C_{12}SO$_3^-$Na$^+$- C_{12}N$^+$ (B$_z$) (Me)CH$_2$COO$^-$ (pH 9.3)	25	−2.9	−1.7	[41]
C_{12}SO$_3^-$Na$^+$- C_{12}N$^+$ (B$_z$) (Me)CH$_2$COO$^-$ (0.1mol/L NaBr- PTFE[⑤], pH 5.8)	25	−6.2		[7]
C_{12}SO$_3^-$Na$^+$- C_{12}N$^+$ (B$_z$) (Me)CH$_2$COO$^-$ (0.1mol/L NaBr- 石蜡, pH 5.8)	25	−6.9		[42]
C_{12}SO$_3^-$Na$^+$- C_{12}N$^+$ (B$_z$) (Me)CH$_2$COO$^-$ (pH 5.8), 十六烷-水	25	−5.2 (β_{LL}^{σ})	−4.0 (β_{LL}^{M})	[43]

续表

混合物	温度/℃	β^σ	β^M	参考文献
阴离子–两性混合物				
$C_{12}SO_3Na^+$- $C_{12}N^+$ (B_z) $(Me)CH_2COO^-$ (pH 5.8), 十二烷–水	25	$-4.8\,(\beta^\sigma_{LL})$	$-3.6\,(\beta^M_{LL})$	[43]
$C_{12}SO_3Na^+$- $C_{12}N^+$ (B_z) $(Me)CH_2COO^-$ (pH 5.8), 庚烷–水	25	$-4.7\,(\beta^\sigma_{LL})$	$-4.0\,(\beta^M_{LL})$	[43]
$C_{12}SO_3Na^+$- $C_{12}N^+$ (B_z) $(Me)CH_2COO^-$ (pH 5.8), 异辛烷–水	25	$-4.4\,(\beta^\sigma_{LL})$	$-4.0\,(\beta^M_{LL})$	[43]
$C_{12}SO_3Na^+$- $C_{12}N^+$ (B_z) $(Me)CH_2COO^-$ (pH 5.8), 环己烷–水	25	$-5.0\,(\beta^\sigma_{LL})$	$-4.2\,(\beta^M_{LL})$	[43]
$C_{12}SO_3Na^+$- $C_{12}N^+$ (B_z) $(Me)CH_2COO^-$ (pH 5.8), 甲苯–水	25	$-3.2\,(\beta^\sigma_{LL})$	$2.1\,(\beta^M_{LL})$	[43]
$C_{12}SO_3Na^+$- $C_{10}N^+$ (B_z) $(Me)C_2H_4SO_3^-$ (pH 6.6)	25	-2.5		[41]
$C_{12}SO_3Na^+$- $C_{14}N^+$ $(CH_3)_2$ O^- [0.1mol/L NaCl (水溶液)-空气, pH 5.8]	25	-10.3	-7.8	[44]
$C_{12}SO_3Na^+$- $C_{14}N^+$ $(CH_3)_2$ O^- [0.1mol/L NaCl (水溶液)-空气, pH 2.9]	25	-13.5		[44]
$C_{10}SO_4Na^+$- $C_{12}N^+$ H_2 $(CH_2)_2COO^-$	30	-13.4	-10.6	[45]
$C_{10}SO_4Na^+$- $C_{10}S^+$ (Me) O^-	25	-4.3	-4.3	[46]
$C_{12}SO_4Na^+$- $C_{12}N^+H_2$ $(CH_2)_2$ COO^-	30	-15.7	-14.1	[45]
$C_{12}SO_4Na^+$- $C_{12}N^+$ $(CH_3)_2O^-$	23		-7.0	[28]
$C_{12}SO_4Na^+$- $C_{10}S^+$ (Me) O^- (1×10^{-3}mol/L Na$_2$CO$_3$)	24		-2.4	[3]
$C_{12}SO_4Na^+$- $C_{10}P^+$ (Me) O^- (1×10^{-3}mol/L Na$_2$CO$_3$)	24		-3.7	[3]
$C_{12}SO_4Li^+$- $C_6F_{13}C_2H_4SO_2NH(CH_2)_3N^+(CH_3)_2$ CH_2COO^-	25		0	[39]
$C_{14}SO_4Na^+$- $C_{12}N^+H_2(CH_2)_2$ COO^-	30	-15.5	-15.5	[45]
LAS$^-$ Na$^{+①}$- $C_{12}N^+$ $(Me)_2CH_2COO^-$ (0.1mol/L NaCl, pH 5.8)	25	-3.8	-2.9	[33]
LAS$^-$ Na$^{+①}$- $C_{12}N^+$ $(Me)_2CH_2COO^-$ (0.1mol/L NaCl, pH 9.3)	25	-2.8	-1.7	[33]
阳离子–阳离子混合物				
$C_{12}N^+$-Me$_3$Cl$^-$- $C_{14}N^+$Me$_3$Cl	30		-0.8	[47]
阳离子–非离子混合物				
$C_{10}N^+$Me$_3$Br$^-$- C_{10}-β-葡萄糖苷 (0.1mol/L NaCl, pH 9.0)	25	-1.2	-1.2	[48,49]
$C_{10}N^+$Me$_3$Br$^-$- C_{10}-麦芽糖苷 (0.1mol/L NaCl, pH 9.0)	25	-0.3	-0.3	[48,49]
$C_{12}N^+$Me$_3$Cl$^-$- C_{12}-β-麦芽糖苷 (0.1mol/L NaCl, pH 5.7)	25	-1.0	-0.8	[49]
$C_{12}N^+$Me$_3$Cl$^-$- C_{12}-β-麦芽糖苷 (0.1mol/L NaCl, pH 9.0)	25	-1.9	-1.5	[48,49]
$C_{12}N^+$Me$_3$Cl$^-$ 2:1 (摩尔比)C_{12} 麦芽糖苷+ C_{12} 葡萄糖苷 (0.1mol/L NaCl, pH 9.0)	25	-2.8	-2.8	[49]
$C_{14}N^+$Me$_3$Br$^-$- C_{12}-β-麦芽糖苷 (0.1mol/L NaCl, pH 9.0)	25	-1.8	-1.3	[49]
$C_{10}N^+$Me$_3$Br$^-$- C_8 $(OE)_4OH$ (0.05mol/L NaBr)	23		-1.8	[3]
$C_{12}N^+$Me$_3$Cl$^-$- C_{12} $(OE)_4OH$ (0.1mol/L NaCl)	25	-1.8	-0.3_5	[2]
$C_{12}N^+$Me$_3$Cl$^-$- C_{12} $(OE)_5OH$	25		-1.0	[50]

续表

混合物	温度/℃	β^{σ}	β^{M}	参考文献
阳离子—非离子混合物				
$C_{12}N^+Me_3Cl^-$-$C_{12}(OE)_7OH$ (0.1mol/L NaCl)	25	−1.8	−1.2	[2]
$C_{16}N^+Me_3Br^-$-$C_{12}(OE)_5OH$	25		−3.0	[50]
$C_{16}N^+Me_3Cl^-$-$C_{12}(OE)_8OH$ (0.1mol/L NaCl)	25		−3.1	[25]
$C_{20}N^+Me_3Cl^-$-$C_{12}(OE)_8OH$	25		−4.6	[25]
$C_{12}Pyr^+Br^{-④}$-辛基吡咯烷酮 (0.1mol/L NaBr, pH 5.9)	25	−1.6		[40]
$C_{12}Pyr^+Br^-$-$C_{12}(OE)_8OH$	25	−1.0		[51]
$C_{12}Pyr^+Br^-$-$C_{12}(OE)_8OH$ (0.1mol/L NaBr)	25	−0.8		[4]
$C_{12}Pyr^+Cl^-$-$C_{12}(OE)_8OH$	25	−2.8		[24]
$C_{12}Pyr^+Cl^-$-$C_{12}(OE)_8OH$ (0.1mol/L NaCl)	10	−2.5		[24]
$C_{12}Pyr^+Cl^-$-$C_{12}(OE)_8OH$ (0.1mol/L NaCl)	25	−2.2		[24]
$C_{12}Pyr^+Cl^-$-$C_{12}(OE)_8OH$ (0.1mol/L NaCl)	40	−2.0		[24]
$C_{12}Pyr^+Cl^-$-$C_{12}(OE)_8OH$ (0.5mol/L NaCl)	25	−1.5		[24]
$(C_{12})_2N^+Me_2Br^-$-$C_{12}(OE)_5OH$	25		−1.6	[50]
阳离子—两性混合物				
$C_{10}N^+$-Me_3Br^--$C_{10}S^+MeO^-$, pH 5.9	25	−0.6	−0.6	[46]
$C_{12}N^+$-Me_3Br^--$C_{12}N^+(B_z)(Me)CH_2COO^-$	25	−1.3	−1.3	[41]
$C_{12}Pyr^+Br^{-④}$-$C_{12}N^+H_2CH_2CH_2COO^-$ [0.1mol/L NaBr (水溶液), pH 5.8]	25	−4.8	−3.4	[40]
非离子—非离子混合物				
C_{10}-β-葡萄糖苷-C_{10}-β-麦芽糖苷 (0.1mol/L NaCl, pH 9.0)	25	−0.3	−0.2	[31]
C_{10}-β-葡萄糖苷-$C_{12}(OE)_7OH$	25		−0.04	[52]
C_{10}-β-麦芽糖苷-$C_{10}(OE)_8OH$ (0.1mol/L NaCl)	22	−0.5	−0.3	[35]
C_{12}-β-麦芽糖苷-$C_{12}(OE)_7OH$ (0.1mol/L NaCl, pH 5.7)	25	−0.7	−0.05	[31]
$C_{12}(OE)_3OH$-$C_{12}(OE)_8OH$	25	−0.2		[4]
$C_{12}(OE)_3OH$-$C_{12}(OE)_8OH$ (H₂O-十六烷)	25	−0.7 (β^{σ}_{LL})	−0.2 (β^{M}_{LL})	[53]
$C_{12}(OE)_4OH$-$C_{12}(OE)_8OH$ (0.1mol/L NaCl)	25	−0.3		[26]
$C_{12}(OE)_8OH$-$C_{12}(OE)_4OH$ (0.1mol/L NaCl- PTFE⑤)	25	0.0 (β^{σ}_{LL})		[26]
$C_{10}F_{19}(OE)_9OH$-t-$C_8H_{17}C_6H_4(OE)_{10}OH$	25	+0.8		[9]
N-丁基-2-吡咯烷酮-$(CH_3)_3SiOSi(CH_3)[CH_2(CH_2CH_2O)_{8.5}CH_3]OSi(CH_3)_3$, pH 7.0	25	−0.4		[54]
N-丁基-2-吡咯烷酮-$(CH_3)_3SiOSi(CH_3)[CH_2(CH_2CH_2O)_{8.5}CH_3]Osi(CH_3)_3$, 聚乙烯表面, pH 7.0	25	−3.5 (β^{σ}_{SL})		[54]
N-丁基-2-吡咯烷酮-$(CH_3)_3SiOSi(CH_3)[CH_2(CH_2CH_2O)_{8.5}CH_3]Osi(CH_3)_3$, pH 7.0	25	−0.8		[54]

续表

混合物	温度/℃	β^σ	β^M	参考文献
非离子-非离子混合物				
N-己基-2-吡咯烷酮-(CH$_3$)$_3$SiOSi(CH$_3$)[CH$_2$(CH$_2$CH$_2$O)$_{8.5}$CH$_3$]OSi(CH$_3$)$_3$, 聚乙烯表面, pH 7.0	25	$-5.9\,(\beta^\sigma_{SL})$		[54]
N-(2-乙基己基-2-吡咯烷酮-(CH$_3$)$_3$SiOSi(CH$_3$)-[CH$_2$(CH$_2$CH$_2$O)$_{8.5}$CH$_3$]OSi(CH$_3$)$_3$, pH 7.0	25	-0.7		[54]
N-(2-乙基己基-2-吡咯烷酮-(CH$_3$)$_3$SiOSi(CH$_3$)-[CH$_2$(CH$_2$CH$_2$O)$_{8.5}$CH$_3$]OSi(CH$_3$)$_3$, 聚乙烯表面, pH 7.0	25	$-6.7\,(\beta^\sigma_{SL})$		[54]
N-辛基-2-吡咯烷酮-(CH$_3$)$_3$SiOSi(CH$_3$)[CH$_2$(CH$_2$CH$_2$O)$_{8.5}$CH$_3$]OSi(CH$_3$)$_3$, pH 7.0	25	-0.4		[54]
N-辛基-2-吡咯烷酮-C$_{12}$(OE)$_8$OH (H$_2$O-十六烷)	25	$-0.5\,(\beta^\sigma_{LL})$	$-0.1\,(\beta^M_{LL})$	[53]
N-辛基-2-吡咯烷酮-(CH$_3$)$_3$SiOSi(CH$_3$)[CH$_2$(CH$_2$CH$_2$O)$_{8.5}$CH$_3$]OSi(CH$_3$)$_3$, 聚乙烯表面, pH 7.0	25	$-5.4\,(\beta^\sigma_{SL})$		[54]
N-癸基-2-吡咯烷酮-(CH$_3$)$_3$SiOSi(CH$_3$)[CH$_2$(CH$_2$CH$_2$O)$_{8.5}$CH$_3$]OSi(CH$_3$)$_3$, pH 7.0	25	$+0.1$		[54]
N-癸基-2-吡咯烷酮-(CH$_3$)$_3$SiOSi(CH$_3$)[CH$_2$(CH$_2$CH$_2$O)$_{8.5}$CH$_3$]OSi(CH$_3$)$_3$, 聚乙烯表面, pH 7.0	25	$+1.2\,(\beta^\sigma_{SL})$		[54]
N-十二烷基-2-吡咯烷酮-C$_{12}$(OE)$_8$OH (H$_2$O-十六烷)	25	$-2.0\,(\beta^\sigma_{LL})$	$-1.4\,(\beta^M_{LL})$	[53]
非离子-两性混合物				
C$_{12}$-β-麦芽糖苷-C$_{12}$N$^+$ (B$_2$) (Me) CH$_2$COO$^-$ (0.1mol/L NaCl, pH 5.7)	25	-1.7	-1.1	[31]
2:1 (摩尔比)C$_{12}$-麦芽糖苷-C$_{12}$-葡萄糖苷 C$_{12}$N$^+$ (B$_2$) (Me) CH$_2$COO$^-$ (0.1mol/L NaCl, pH 5.7)	25	-2.7	-2.7	[31]
C$_{10}$(EO)$_4$OH-C$_{12}$N$^+$ (Me)$_2$O$^-$ (5×10^{-4}mol/L Na$_2$CO$_3$)	23		-0.8	[3]
C$_{12}$(OE)$_6$OH-C$_{12}$N$^+$ (Me)$_2$O$^-$ (pH 2)	23		-1.0	[28]
C$_{12}$(OE)$_6$OH-C$_{12}$N$^+$ (Me)$_2$O$^-$ (pH 8)	23		-0.3	[28]
C$_{12}$(OE)$_8$OH-C$_{12}$N$^+$ (B$_2$) (Me) CH$_2$COO$^-$	25	-0.6	-0.9	[41]

①LAS$^-$Na$^+$指工业级 C$_{12}$烷基苯磺酸钠。
②SAS 指工业级仲链烷磺酸钠。
③AOT$^-$Na$^+$指双（2-乙基己基）磺基琥珀酸酯钠盐。
④Pyr$^+$指吡啶。
⑤PTFE 指聚四氟乙烯。
⑥TMN6 指工业级 2,4,8-三甲基壬醇聚氧乙烯（8）醚。
⑦ 工业级产品。

　　两种表面活性剂之间的相互作用主要源于静电作用。静电吸引作用按下列顺序降低：阴-阳离子>阴离子-能接受一个质子的两性离子>阳离子-能失去一个质子的两性离子>阴离子-聚氧乙烯（POE）型非离子>阳离子-聚氧乙烯（POE）型非离子。同类电荷（阴离子-阴离子、阳离子-阳离子、非离子-非离子、两性-两性）的两种表面活性剂混合物在气/液界面上仅显示微弱的相互作用（负 β 值不超过 1），尽管它们可能在其他界面显示很强的相互作用。

　　对带相反电荷的混合表面活性剂观察到的很大负 β 值因此是源于混合后它们所受到的静电吸引作用。然而，对离子-非离子混合体系，混合后的静电吸引作用并不算很强，对观察

到的负 β 值的主要贡献可能来源于和非离子混合后，离子表面活性剂混合前具有的自排斥作用减小了，即稀释效应[2]。

除了阴离子和含 6 个或更多 EO 的聚氧乙烯型非离子的一些混合物外，相同表面活性剂在相同条件下，β^M 值要比 β^σ 值来得更负，至多相等。原因可能是表面活性剂分子使其疏水基容纳在凸型胶束的内部要比容纳在平坦的表面上难度更大。

当混合物中任一表面活性剂分子头基的大小或者疏水基的支链化发生改变时，就会出现位阻效应。因此，叔丁基苯磺酸盐与十六烷基三甲胺溴化物的相互作用要比异丁基苯磺酸盐来得小，而异丁基苯磺酸盐又比正常的丁基苯磺酸盐要小[21]。

当亲水性头基附近有支链，或者头基的尺寸增大时，β^σ 和 β^M 的负值会降低，并且对 β^M 的影响大于对 β^σ 的影响。疏水基的支链化主要减小 β^M 的负值。另一方面，POE 非离子中 EO 数的增加能显著增加 POE 非离子-钠盐型阴离子混合物的负的 β^σ 和 β^M 值。而在阳离子-POE 非离子混合物中没有这种影响，原因可能是当 EO 链足够长以致能配合阴离子的 Na$^+$ 时，EO 链获得了正电荷[2,35,49,55,56]。此外还观察到头基较大的表面活性剂相对更容易容纳到凸状胶束的表面而不是平的气/液界面[57a]。

当表面活性剂的烷基链长增加时，β^σ 和 β^M 的数值变得更负。当两个烷基链长接近相等时，β^σ 的负值增大。但 β^M 不是这样，它随 2 个表面活性剂的总烷基链长的增加而变得更负。

能接受一个质子的两性离子（氨基羧酸盐和氧化胺）通过在水中接收一个质子获得净正电荷，从而与阴离子互相作用。产生的阳离子共轭酸和阴离子之间发生静电相互作用。水相 pH 值的增加会导致两个表面活性剂之间吸引作用减弱，例如 $C_{12}SO_3^-Na^+/C_{12}N^+(B_z)(Me)CH_2COO^-$ 体系。在 pH 值恒定下减小两性离子的碱度，例如 $[C_{10}N^+(B_z)(Me)CH_2CH_2SO_3^-/C_{12}N^+(B_z)(Me)CH_2COO^-]$ 体系，也将降低其与阴离子的吸引相互作用。能失去一个质子而获得一个负电荷的两性离子能和阳离子表面活性剂发生显著作用。N-烷基-N,N-二甲基氧化胺和 N-烷基-N-甲基亚砜与阴离子表面活性剂的相互作用方式类似于其他两性表面活性剂，即从水中获得一个质子形成阳离子共轭酸。它们与阳离子表面活性剂的相互作用非常弱[46]，因为这些化合物在性质上不能变成完全的阴离子型。

一般而言，水相中电解质浓度增加导致 β^σ 的负值减小。即使是离子-POE 非离子混合物也服从这一规律，表明它们之间的相互作用至少有一部分是静电作用。对阴离子-阳离子混合物，发现加入卤化钠使 β^σ 的负值减小，减小的程度为 NaI>NaBr>NaCl[17]，反映了这些电解质中和阳离子表面活性剂电荷（从而影响对阴离子的吸引作用）的趋势依次下降。然而，在阴离子-POE 非离子混合体系中，当在无盐体系中加入 NaCl 时，刚开始观察到 β^σ 的负值增加。这已经归结于 POE 链中的醚氧原子和 Na$^+$ 形成配合物，结果得到一个正电荷，从而增加了与阴离子表面活性剂的相互作用。这一现象在阳离子-POE 非离子混合物中没有观察到（POE 链得到正电荷不会增加其与阳离子的相互作用）。

在 10～40℃ 范围内，温度增大总体上使得吸引作用减弱。

11.3 产生协同效应的条件

基于相同的非理想溶液理论（以上估算分子相互作用参数时所用），在一些基本界面现象如表面张力降低和形成混合胶束方面产生协同效应的条件已经通过数学推导获得。当存在协同效应时，获得最大的协同效应的那一点，例如 α^*（水相表面活性剂中表面活性剂 1 的摩尔分数）、X^*（界面相表面活性剂中表面活性剂 1 的摩尔分数）、$C_{12,\min}^{M}$（混合物的最小 CMC）和 γ_{CMC}^*（混合物在 CMC 时的最小表面张力）等都可以从相关的分子相互作用参数和单一表面活性剂的性质得到。

但应当理解，由于推导这些参数所用的非理想溶液理论中应用了一些假设和近似，因此计算得到的有关最大协同效应出现的条件数据可能只是接近于实验条件下获得的数值，并且应当主要用于估算目的。对商品表面活性剂尤其如此，因为商品表面活性剂可能含有与其名称不同的表面活性杂质。这可能导致所获得的分子相互作用参数在数值上与表 11.1 所列的该名称的表面活性剂的数值有所不同。假如怀疑存在杂质，建议通过实验测定相互作用参数。

11.3.1　降低表面张力或界面张力的效率方面的协同效应或对抗效应（负协同效应）

一个表面活性剂降低表面（或界面）张力的效率已经被定义为产生给定表面（或界面）张力（下降）所需要的溶液中表面活性剂的浓度（见第 5 章 5.1 节）。对一个含有两种表面活性剂的水溶液体系，当给定的表面（或界面）张力下降所需要的混合物的浓度低于任意一种单一表面活性剂所需要的浓度时，该体系在这方面存在协同效应。而当所需的混合物的浓度大于单一表面活性剂的浓度时，该体系存在对抗效应。图 11.4 阐述了协同效应和对抗效应。

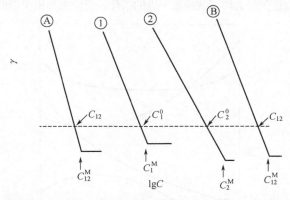

图 11.4　降低表面张力或混合胶束形成方面的协同效应或对抗效应（负协同效应）

①纯表面活性剂 1；②纯表面活性剂 2；Ⓐ表面活性剂 1 和表面活性剂 2 的混合物，在给定的水相中的摩尔分数为 α 时显示协同效应（$C_{12} < C_1^0$，C_2^0 或 $C_{12}^M < C_1^M$，C_2^M）；Ⓑ表面活性剂 1 和表面活性剂 2 的混合物，在给定的水相中的摩尔分数为 α 时，显示对抗效应（$C_{12} > C_1^0$，C_2^0 或 $C_{12}^M > C_1^M$，C_2^M）

根据获得方程式 11.1 和式 11.2 的有关关系式以及这类协同效应或对抗效应（负协同效应）的定义，可以从数学上证明[57b,58]，在降低表面张力的效率方面协同效应或对抗效应存在的条件是：

协同效应	对抗效应
1. β^σ 必须是负的	1. β^σ 必须是正的
2. $\|\beta^\sigma\| > \|\ln(C_1^0 / C_2^0)\|$	2. $\|\beta^\sigma\| > \|\ln(C_1^0 / C_2^0)\|$

由条件 2 可以明显看出，为了提高协同效应存在的可能性，混合物中两种表面活性的 C_1^0 和 C_2^0 值应尽可能相互接近。当两者相等时，任何 β^σ 值（0 除外）都能产生协同效应或对抗效应。

在协同效应或对抗作用达到最大的那一点，即产生给表面张力下降所需的水相中混合表面活性剂的总物质的量浓度分别为最小值或最大值时，溶液相中表面活性剂 1 的摩尔分数 α^* 与其在界面上的摩尔分数 X_1^* 相等，并且满足关系式：

$$\alpha^* = \frac{\ln(C_1^0 / C_2^0) + \beta^\sigma}{2\beta^\sigma} \tag{11.8}$$

体系产生给定表面张力所需的混合表面活性剂水溶液的最小（或最大）总摩尔浓度为：

$$C_{12,\min} = C_1^0 \exp\left\{\beta^\sigma\left[\frac{\beta^\sigma - \ln(C_1^0 / C_2^0)}{2\beta^\sigma}\right]^2\right\} \tag{11.9}$$

从以上关系式可知，β^σ 的负值越大，$C_{12,\min}$ 就越小；β^σ 的正值越大，$C_{12,\max}$ 就越大。图 11.5 举例说明了在降低表面张力的效率方面显示协同效应或对抗效应的体系中 $\lg C_{12}$ 和 α 的关系。

关于在液/液界面张力降低的效率方面[6]和液体/疏水性固体界面张力降低的效率方面[7]协同效应的存在以及达到最大协同效应那一点的条件，已经推导出类似的表达式。

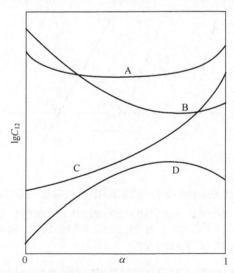

图 11.5　表面张力降低的效率方面的协同效应或对抗效应（负协同效应）

$\lg C_{12}$-α 的关系表明：A—当 $\beta^\sigma < 0$，$|\ln C_1^0 / C_2^0| \approx 0$ 时，产生协同效应；B—当 $\beta^\sigma < 0$，$|\beta^\sigma| > |\ln C_1^0 / C_2^0| > 0$ 时，产生协同效应；C—当 $\beta^\sigma < 0$，$|\beta^\sigma| < |\ln C_1^0 / C_2^0|$ 时，没有协同效应；D—当 $\beta^\sigma > 0$，$|\beta^\sigma| < |\ln C_1^0 / C_2^0| < 0$ 时，产生对抗效应

11.3.2　水介质中混合胶束形成的协同效应或对抗效应

当水介质中两种表面活性剂的任何混合物的 CMC 值皆比两个单一表面活性剂的 CMC

值小时，这方面的协同效应即存在。反之当水介质中两种表面活性剂的任何混合物的 CMC 值皆比两个单一表面活性剂的 CMC 值要大时即存在对抗作用。这些已在图 11.4 中进行了说明。根据方程 11.3 和方程 11.4 以及对这类协同效应和对抗效应的定义，已经从数学证明[57b,58] 含有两种表面活性剂的混合物在这方面产生协同效应或对抗效应的条件是：

协同效应	对抗效应
1. β^{M} 必须是负的	1. β^{M} 必须是正的
2. $\|\beta^{\mathrm{M}}\| > \|\ln(C_1^{\mathrm{M}}/C_2^{\mathrm{M}})\|$	2. $\|\beta^{\mathrm{M}}\| > \|\ln(C_1^{\mathrm{M}}/C_2^{\mathrm{M}})\|$

在最大协同效应或对抗效应那一点，即体系的 CMC 分别是最小值或最大值，溶液相中表面活性剂 1 的摩尔分数 α^* 与混合胶束中表面活性剂 1 的摩尔分数 X_1^{M*} 相等并由下式给出：

$$\alpha^* = \frac{\ln(C_1^{\mathrm{M}}/C_2^{\mathrm{M}}) + \beta^{\mathrm{M}}}{2\beta^{\mathrm{M}}} \tag{11.10}$$

混合物的最小（或最大）CMC 值为：

$$C_{12,\min}^{\mathrm{M}} = C_1^{\mathrm{M}} \exp\left\{ \beta^{\mathrm{M}} \left[\frac{\beta^{\mathrm{M}} - \ln(C_1^{\mathrm{M}}/C_2^{\mathrm{M}})}{2\beta^{\mathrm{M}}} \right]^2 \right\} \tag{11.11}$$

图 11.6 举例阐述了在混合胶束形成方面显现协同效应的一些体系中 $\lg C_{12}^{\mathrm{M}}$ 和 α 的关系。

关于第二个液相存在时混合胶束形成方面存在协同效应以及最大协同效应那一点的条件，已经推导出类似的表达式[6]。

11.3.3 表面（或界面）张力降低的效能方面的协同效应或对抗（负协同效应）效应

当两种表面活性剂的混合物在其 CMC 时达到的表面（或界面）张力 $\gamma_{12}^{\mathrm{CMC}}$ 比任一单一表面活性剂在其 CMC 时达到的表面（或界面）张力（γ_1^{CMC}、γ_2^{CMC}）都要小，即存在这类协同效应。反之当表面活性剂的混合物达到一个更高的表面（或界面）张力 $\gamma_{12}^{\mathrm{CMC}}$ 时，即存在对抗效应。图 11.7 举例进行了说明。在表面（或界面）张力降低的效能方面产生协同效应或对抗效应的条件[58,59]是：

协同效应	对抗效应
1. $\beta^{\sigma} - \beta^{\mathrm{M}}$ 必须是负的	1. $\beta^{\sigma} - \beta^{\mathrm{M}}$ 必须是正的
2. $\|\beta^{\sigma} - \beta^{\mathrm{M}}\| > \left\|\ln\left(\dfrac{C_1^{0,\mathrm{CMC}}C_2^{\mathrm{M}}}{C_2^{0,\mathrm{CMC}}C_1^{\mathrm{M}}}\right)\right\|$	2. $\|\beta^{\sigma} - \beta^{\mathrm{M}}\| > \left\|\ln\left(\dfrac{C_1^{0,\mathrm{CMC}}C_2^{\mathrm{M}}}{C_2^{0,\mathrm{CMC}}C_1^{\mathrm{M}}}\right)\right\|$

式中，$C_1^{0,\mathrm{CMC}}$ 和 $C_2^{0,\mathrm{CMC}}$ 分别为产生与任何混合物在其 CMC 时所能达到的相同表面张力所需的表面活性剂 1 和 2 的物质的量浓度。

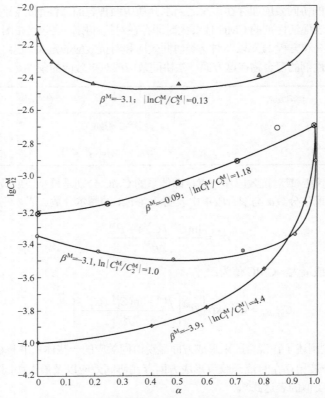

图 11.6　一些二元表面活性剂混合物在形成混合胶束方面的协同效应

◆—$C_{12}H_{25}SO_4^-N_a^+/C_{12}H_{25}(OC_2H_4)_8OH$ 混合物，25℃水中，表明无协同效应；　▲—$C_{12}H_{25}SO_4^-N_a^+/C_8H_{17}(OC_2H_4)_7OH$ 混合物，25℃水中，显示协同效应。数据来源：Lange, H. and Beck, K. H.(1975) *Kolloid Z. Z Polym* **251**, 424.　◎—$(C_{12}H_{25}SO_4^-)_2 M/C_{12}H_{25}(OC_2H_4)_{49}OH$ ($M=Zn^{2+}, Mn^{2+}, Cu^{2+}, Mg^{2+}$)混合物，30℃水中，显示协同效应。数据来源：Nishiok, N. (1977) *J. Colloids Interface Sci.* **60**, 242. ⊗—$C_{10}H_{21}S(O)CH_3/C_{10}H_{21}(OC_2H_4)_3$ 混合物，25℃水中，表明无协同效应。数据来源：Ingram, B. T. and Luckhurst, A. H. W., in *Surface Active Agents*, Society of Chemical Industry, London, 1979, p.89.

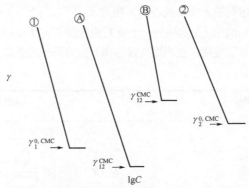

图 11.7　降低表面张力效能方面的协同效应或对抗效应（负协同效应）

①纯表面活性剂1；②纯表面活性剂2；Ⓐ表面活性剂1和表面活性剂2的混合物，在给定的水相中的摩尔分数为 α 时显示协同效应（$\gamma_{12}^{CMC} < \gamma_1^{CMC} < \gamma_2^{CMC}$）；Ⓑ表面活性剂1和表面活性剂2的混合物，在给定的水相中的摩尔分数为 α 时显示对抗效应（$\gamma_{12}^{CMC} > \gamma_1^{CMC}, \gamma_2^{CMC}$）

从条件 1 可以清楚地看出，只有当两种表面活性剂在水/空气界面的混合单分子层中的吸引相互作用比在溶液相混合胶束中的吸引相互作用更强时，才会在表面张力降低的效能方面出现协同效应。当混合胶束中两种表面活性剂的吸引相互作用比在混合单分子层中更强时，则可能在这方面出现对抗效应。

如果从 β^σ 和 β^M 的值看出体系有可能出现协同效应时，建议把有较大 γ_{CMC} 值的表面活性剂的 γ- $\lg C$ 曲线下延（为了测定 $C_1^{0,CMC}$ 和 $C_2^{0,CMC}$ 值以检验上述条件 2）至与另一个表面活性剂（有较小 γ_{CMC}）相等的 γ 值。为此需要将直线（或近乎直线）部分向下延伸（如图 11.8a 所示）。如果图上接近 CMC 时斜率有所减小，则将其忽略。于是对被延伸的表面活性剂有数值 $|\ln(C_1^{0,CMC}/C_2^{0,CMC})(C_2^M/C_1^M)|$ 与数值 $|\ln(C^{0,CMC}/C^M)|$ 相等。

当体系有可能发生对抗效应（负的协同效应）时，建议使用在 γ_{CMC} 时具有较高的表面张力值的表面活性剂的 $C_1^{0,CMC}$ 和 $C_2^{0,CMC}$ 值（如图 11.8b 所示）。在这种情况下，对 CMC 时具有较小表面张力的表面活性剂有数值 $|\ln(C_1^{0,CMC}/C_2^{0,CMC})(C_2^M/C_1^M)|$ 与数值 $|\ln(C^M/C^{0,CMC})|$ 相等。

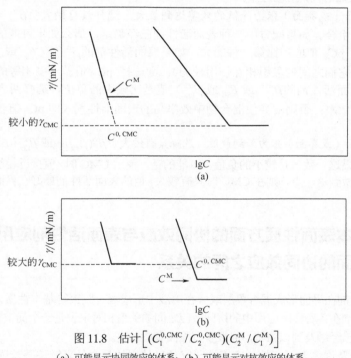

图 11.8　估计 $\left[(C_1^{0,CMC}/C_2^{0,CMC})(C_2^M/C_1^M)\right]$

(a) 可能显示协同效应的体系；(b) 可能显示对抗效应的体系

当降低表面（或界面）张力的效能方面的协同效应或对抗效应达到最大时，界面混合吸附层的组成和混合胶束的组成相同，即 $X_1^{*,E}=X_1^{M,*,E}\alpha^{*,E}$，在这一点溶液相中表面活性剂 1 的摩尔分数 $\alpha^{*,E}$（仅以表面活性剂为基准）可以用试差法求解方程 11.12 得到 X_1^E 值，再代入方程 11.13 中求得：

$$\frac{\gamma_1^{0,CMC}-K_1(\beta^\sigma-\beta^M)(1-X_1^{*2})}{\gamma_2^{0,CMC}-K_2(\beta^\sigma-\beta^M)(1-X_1^{*2})}=1 \tag{11.12}$$

和
$$\alpha^{*,E} = \frac{\dfrac{C_1^M}{C_2^M} \times \dfrac{X_1^*}{1-X_1^*} \exp\left[\beta^M\left(1-2X_1^*\right)\right]}{1+\dfrac{C_1^M}{C_2^M} \times \dfrac{X_1^*}{1-X_1^*} \exp\left[\beta^M\left(1-2X_1^*\right)\right]}$$
(11.13)

式中，K_1 和 K_2 分别是表面活性剂 1 和 2 水溶液的 γ-$\lg C$ 曲线的斜率。$\gamma_1^{0,CMC}$ 和 $\gamma_2^{0,CMC}$ 分别是表面活性剂 1 和 2 在各自 CMC 时的表面或界面张力。

11.3.4 选择表面活性剂组合以获得最佳界面性质

① **使 CMC 下降达到最大幅度** 选择具有最大负 β^M 值（在混合胶束形成时有最强的吸引相互作用）的表面活性剂组合[57b]。当两种表面活性剂的相互作用较弱时，即负 β^M 值很小时，选择 CMC 值几乎相等的表面活性剂组合。混合物中 CMC 值小的表面活性剂相对于 CMC 值大的表面活性剂应当过量。

② **使表面（或界面）张力降低的效率达到最大** 选择具有最大负 β^σ，β_{SL}^σ 或 β_{LL}^σ 值的表面活性剂组合。如果配方中一种表面活性剂已经确定，那么如果可能的话，第二种表面活性剂的 pC_{20} 值应当比第一种的大。如果表面活性剂的 β^σ（或 β_{SL}^σ 或 β_{LL}^σ）值是比较小的负值（它们之间的吸引相互作用较弱），则选择 pC_{20} 值差不多相等的表面活性剂组合。如果表面活性剂的 β^σ（或 β_{SL}^σ 或 β_{LL}^σ）值是比较大的负值，选择两者等摩尔混合以获得最大的效率；否则应当使混合物中效率高的表面活性剂（即 pC_{20} 值较大的表面活性剂）过量。

③ **使表面（或界面）张力降到最低** 选择具有最大负 β^σ（或 β_{SL}^σ 或 β_{LL}^σ)-β^M 值的表面活性剂组合。如果这一数值是较小的负值，可能的话，使用 CMC 时 γ 值接近相等的表面活性剂。如果不能做到这一点，则在 CMC 时具有较大 γ 值的表面活性剂最好在界面上有较小的分子面积。

11.4 基本表面性质方面的协同效应与表面活性剂应用性能方面的协同效应之间的关系

表面活性剂在界面形成混合单层或者在溶液中形成混合胶束等基本性质方面的协同效应与表面活性剂在各种实际应用中的协同效应之间的关系相对来说是一个尚未探知的领域。虽然一些研究已经触及到该领域，但很多方面尚有待知晓。

有一项涉及许多表面活性剂应用的研究项目使用的是商品直链烷基苯磺酸钠（LAS）和 POE 十二醇硫酸盐的混合溶液。这些混合物在降低水/橄榄油界面张力（静态或动态）的效能方面显现出协同效应。并且协同效应的程度随氧乙烯数从 1 增加到 4 而增加（图 11.9）。但当硫酸化醇中没有聚氧乙烯基即 LAS-十二烷基硫酸钠混合时，则没有观察到协同效应。已经观察到这些混合物在聚酯的润湿、橄榄油的乳化、餐具清洗以及从羊毛中清除泥土（图 11.10 和图 11.11）等方面都有协同效应，并且在所有这些现象中，获得最大协同效应的表面活性剂配比与界面张力降低的效能获得最大协同效应的表面活性剂配比基本对应[60]。

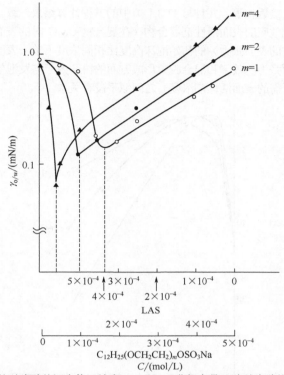

图 11.9　LAS-烷基醚硫酸盐混合物（纯度：LAS，工业级产品；醇醚硫酸盐，98%～99.5%）
体系的橄榄油/水界面张力[60]

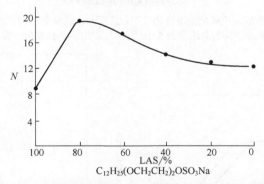

图 11.10　用 LAS-十二烷基聚氧乙烯醚（2）硫酸钠混合物（工业级产品）洗涤餐具
N 是 45℃下清洗的盘子数量[60]

　　一项针对水介质中发泡方面的协同效应及其与表面活性剂基本性质方面的协同效应（形成混合吸附单层和混合胶束）的关系的研究表明，用 Ross-Miles 技术（见第 7 章 7.3 节）测定溶液的初始泡沫高度作为表征，则发泡方面的协同效应（或负协同效应）与表面张力降低的效能方面的协同效应（或对抗效应）相关[22]。那些能够将表面张力降至比单个表面活性剂所能达到的表面张力还要低的表面活性剂二元混合物，其初始泡沫高度也比单个表面活性剂的要高（图 11.12a）。获得最大泡沫高度时的两种表面活性剂的摩尔比和表面张力降至最低时的表面活性剂摩尔比接近相等，并且与 11.3.1 节中的方程计算结果一致。在降低表面张力的效能方面显示出对抗效应的表面活性剂混合物（在混合物 CMC 时的表面张力高于单一表面活性剂在其 CMC 时的表面张力）的初始泡沫高度比相同浓度下单一表面活性剂产生的泡沫高度要低。降低表面张力的效率和混合胶束形成方面的协同效应与发泡效率性能（达到给定量的初始泡沫高度所需的表面活性剂浓度）之间似乎没有关系。

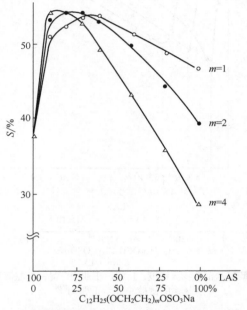

图 11.11　用 LAS-烷基醚硫酸钠混合物（工业级产品）洗涤羊毛[60]。试验条件 30℃，
表面活性剂总浓度为 5×10⁻³mol/L，皮脂-颜料混合污垢

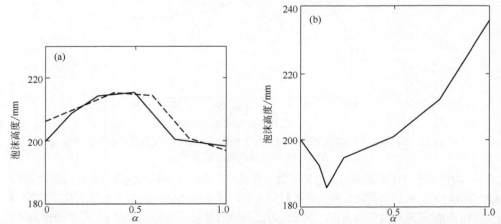

图 11.12　（a）0.2%LAS-十二烷基甜菜碱混合物水溶液（60℃，0.1mol/L NaCl）的初始泡沫高度随混合物中 LAS 的摩尔分数 α 的变化。LAS 为工业级直链烷基苯磺酸钠。实线：pH=5.8；虚线：pH=9.3。（b）0.2% C₁₆ 钠皂-LAS 混合物水溶液（60℃，0.1mol/L NaCl，pH=10.6）的初始泡沫高度随混合物中 C₁₆ 钠皂摩尔分数 α 的变化[33]

　　许多相互作用很强并在降低表面张力的效率和效能以及混合胶束形成方面显示出显著协同效应的阴离子和阳离子的混合物，在对各种界面的润湿方面显示出协同效应。于是，在水介质有强烈相互作用的正辛基硫酸钠-正辛基三甲基溴化铵混合物（表 11.1），对石蜡的润湿性比单一表面活性剂要好得多[16]。在前面提到的三种基本性质方面都显示出协同效应的全氟辛酸钠-正辛基三甲基溴化铵混合物溶液，在煤油和正庚烷表面易于铺展，而两种单一表面活性剂溶液则不能[61]。

　　表面活性剂混合物中表面活性剂之间的相互作用和表面活性剂组分与被增溶物之间的相互作用既可以增加也可以减小混合胶束中的增溶。于是向一种商品 POE 非离子表面活性剂 $C_{12}H_{25}(OC_2H_4)_{23}OH$ 中加入少量十二烷基硫酸钠可以明显减小 POE 非离子胶束溶液对丁苯碘胺（butobarbitone）的增溶。造成这一现象的原因被认为是十二烷基硫酸钠和非离子表面活性剂胶束表面上的氧乙烯基的竞争相互作用[62]。另一方面，十二烷基硫酸钠和山梨醇单棕榈酸酯（Span 40）的混合物水溶液增溶二甲氨基偶氮苯的效果比任何一种单一表面活性剂都要好，当阴离子/非离子摩尔比为 9:1 时增溶量达到最大[63]。

　　在 50℃、水和烃类化合物数量相等的条件下，十四烷基溴化铵-辛烷磺酸钠混合物的增溶能力比单一组分的增溶能力要小，并且当表面活性剂的摩尔比趋近于 1:1 时急剧减小。这里两种表面活性剂的相互作用导致对抗效应。

　　对这一现象的解释是基于 Winsor R 比概念（见第 5 章 5.3 节），表面活性剂之间的相互作用导致两者形成了一个假非离子配合物，使得 R 比表达式的分母中 A_{cw} 值减小，结果导致增溶能力减小[22]。

　　已有研究表明，两种表面活性剂的相互作用既能增加也能减小它们在各种界面上的吸附。在阴离子表面活性剂十二烷基硫酸钠中加入少量 POE 非离子（摩尔分数<20%），则能增加低浓度下阴离子表面活性剂在碳上的吸附。当混合物中非离子的含量增加时，这一效应减弱，直至摩尔比达到 1:1 时，阴离子几乎不被吸附。有人提出当碳表面的吸附膜中包含有 POE 非离子时，它们减小了被吸附的阴离子表面活性剂分子之间的静电排斥作用和它们与带负电荷的碳表面之间的静电排斥作用。当溶液中 POE 非离子表面活性剂的浓度增大时，吸附膜中的阴离子被表面活性更高的非离子表面活性剂所取代[64]。

　　水溶液中两种表面活性剂的相互作用导致在发泡性能上产生协同效应以及减小在固体表面的吸附已经使矿物的分离得益。一种烷基磺基琥珀酸酯盐-POE 非离子混合物，它们在发泡性方面具有协同效应，并且其相互作用减小了它们在白钨矿和方解石上的吸附，能提高浮选过程中白钨矿的选择性和回收率[65]。

　　近期的一些研究表明，加入第二种表面活性剂以便与第一种表面活性剂发生相互作用而改变一些表面活性剂的基本界面性质，对去污力也有影响[66-70]。协同效应和对抗效应都已经被观察到。例如将一部分 LAS 换成 POE 非离子，在水硬度>100mg/L Ca^{2+} 条件下，可以大大提高 LAS 对免烫布和棉布上皮脂的去污力[69]。在 100℉ 温度下，用含有 70%氧乙烯（EO）的 C_{12}～C_{14} 非离子与 LAS 混合，当非离子/LAS 摩尔比为 1:4 时去污力最强。用方程（11.3）计算该 1:4 混合物的混合胶束中非离子的摩尔分数表明，混合胶束主要由非离子构成。去污力的提高因此被认为是由于非离子起了胶束促进剂的作用，它们将 LAS 结合到胶束中，并通过对反离子的束缚作用将 Ca^{2+} 吸附到胶束表面，从而减少了溶液相中 $Ca(LAS)_2$ 的形成。另一方面，自由 LAS 分子仍被认为对混合物的界面性质和去污力起主要作用。

另一方面，在 POE 非离子溶液中加入少许 LAS 能够迅速去除聚酯表面的矿物油污垢，但却能减少污垢去除的速度并能抑制污垢的完全清除。这一效应似乎与其对矿物油/水（O/W）界面张力的影响有关：当 O/W 界面张力增大时，油污的去除时间增加，而当 O/W 界面张力超过一个临界值后，污垢的去除完全被抑制[67]。

参 考 文 献

[1] Rubingh, D. N., in *Solution Chemistry of Surfactants*, K. L. Mittal (ed.).Vol. 1. Plenum, New York, 1979, pp.337-354.

[2] Zhou, Q. and M. J. Rosen (2003) *Langmuir* **19**. 4555.

[3] Holland, P. and D. N. Rubingh (1983) *J. Phys. Chem.* **87**, 1984.

[4] Rosen, M. J. and X. Y. Hua (1982) *J. Colloid Interface Sci.* **86**, 164.

[5] M. J. Rosen in *Phenomena in mixed Surfactant Systems*, J. F. Scamehorn (ed.), ACS Symposium Series 311, American Chemical Society, Washington DC, 1986, p.148.

[6] Rosen, M. J. and D. S. Murphy (1986) *J. Colloid. Interface Sci*, **110**. 224.

[7] Rosen, M. J. and B. Gu (1987) *Colloids Surf.* **23**, 119.

[8] Rosen, M. J.(1989) *J. Am. Oil Chem. Soc.* **66**. 1840.

[9] Zhao, G-X. and B. Y. Zhu, in *Phenomena in Mixed Surfactant Systems*, J. F. Scamehorn (ed.), ACS Symposium Series 311, American Chemical Society, Washington, DC, 1986, p. 184.

[10] Kadi, M., P. Hansson, and M. Almgren (2002) *Langmuir* **18**, 9243.

[11] Rosen, M. J. and Z. H. Zhu (1989) *J. Colloid Interface Sci.* **133**. 473.

[12] Goraczyk, D., K. Hac, and P. Wydro (2003) *Coll. Surf. A.* **220**. 55.

[13] Gu, B. and M. J. Rosen (1989) *J. Colloid Interface Sci.* **129**. 537.

[14] Rodakicwicz-Nowak, J. (1982) *J. Colloid Interface Sci.* **84**, 532.

[15] Liu, L. and M. J. Rosen (1996) *J. Colloid Interface Sci.* **179**. 454.

[16] Zhao, G-X, Y. Z. Chen. J.G. Ou. B. X. Tien, and Z. M. Huang (1980) *Hua Hsueh Hsueh Pao (Acta Chimica Sinica)* **38**, 409.

[17] Li, X.-G and G-X. Zhao (1992) *Colloids Surfs* **64**. 185.

[18] Corkill, M. and J. Goodman (1963) *Proc. R. Soc.* **273**, 84.

[19] Lucassen-Reynders, E. H., J. Lucassen, and D.Giles (1981) *J. Colloid Interface Sci.* **81**, 150

[20] Esumi, K., N. Nakamura and K, Nagai (1994) *Langmuir* **10**, 4388.

[21] Bhat, M. and V. G Gaiker (1999) *Langmuir* **15**. 4740.

[22] Bourrel, M., D. Bernard, and A. Graciaa (1984) *Tenside Detergents* **21**. 311.

[23] Esumi, K., T. Arai, and K. Takasuji (1996) *Coll. Surf.A.***111**. 231.

[24] Rosen, M.J. and F. Zhao (1983) *J. Colloid Interface Sci.* **95**. 433.

[25] Lange, H. and K. H. Beck (1973) *Kolloid Z. Z. Polym.* **251**. 424.

[26] Huber, K. (1991) *J. Colloid Interface Sci.* **147**, 321.

[27] Penfold, J., E. Staples, L. Thompson, I. Tucker, J. Hines, R. K. Thomas, and J. R. Lu (1995) *Langmuir* **11**. 2496.

[28] Goloub, T. P., R. J. Pugh, and B.V. Zhmud (2000) *J. Colloid Interface Sci.* **229**. 72.

[29] Ingram, B. T. (1980) *Colloid Polym. Sci.* **258**, 191.

[30] Ogino, K., T. Kakinara, H. Uchiyama, and M. Abe. Presented 77th Annual Meeting, Am. Oil Chem. Soc. Honolulu, Haweii. May 1986.

[31] Rosen, M. J. and S. B. Sulthana (2001) *J. Colloid Interface Sci.* **239**. 528.

[32] Holland, P., in *Structure/Performance Relationships in Surfactants*, M. J. Rosen (ed.), ACS Symposium Series 253. American Chemical Society, Washington, DC, 1984, p.141.

[33] Rosen, M. J. and Z. H. Zhu (1988) *J. Am. Oil Chem. Soc.* **65**. 663.

[34] Osborne-Lee, I., W. Schechter, R.S.Wade, and Y. Barakat (1985) *J. Colloid Interface Sci.* **108**. 60.

[35] Liljekvist, P. and B. Kronberg (2000) *J. Colloid Interface Sci*. **222**. 159.

[36] Zhu, Z. H., D. Yang, and M. J. Rosen (1989) *J. Am. Oil Chem. Soc*. **66**. 998.

[37] Chang, J. H., Y. Muto, K. Esumi, and K. Meguro (1985) *J. Am. Oil Chem. Soc*. **62**. 1709

[38] Okano, T., T. Tamura, Y. Abe, T. Tsuchida, S. Lee, and G. Sugihara (2000) *Langmuir* **16**, 1508.

[39] Esumi, K. and M. Ogawa (1993) *Langmuir* **9**, 358

[40] Rosen, M. J. (1991) *Langmuir* **7**, 885.

[41] Rosen, M. J. and B. Y. Zhu (1984) *J. Colloid Interface Sci*. **99**, 427.

[42] Rosen, M. J., B. Gu, D. S. Murphy, and. Z. H. Zhu (1989) *J. Colloid Interface Sci*. **129**, 468.

[43] Rosen, M. J. and D. S. Murphy (1989) *J. Colloid. Interface Sci*, **129**, 208.

[44] Rosen, M. J., T. Gao, Y. Nakatsuji, and A. Masuyama (1994) *Coll. Surf. A*. **88**. 1.

[45] Tajima, K., A. Nakamura, and T. Tsutsui (1979) *Bull. Chem. Soc. Jpn*. **52**. 2060.

[46] Zhu, D. and G-X. Zhao (1988) *Wuli Huaxue Xuebao Acta Phys.-Chim, Sin*, **4**. 129.

[47] Filipovic-Vincekovic, N., I. Juranovic, and Z. Grahek (1997) *Coll. Surf. A*. **125**. 115.

[48] Li, F., M. J. Rosen, and S. B. Sulthana (2001) *Langmuir* **17**. 1037.

[49] Rosen, M. J. and Q. Zhou (2001) *Langmuir* **17**, 3532.

[50] Rubingh, D. N. and T. Jones (1982) *Ind. Eng.Chem. Prod. Res. Dev*. **21**. 176.

[51] Hua, X. Y. and M. J. Rosen (1982a) *J. Colloid Interface Sci*. **87**, 469.

[52] Sierra, M. L. and M. Svensson (1999) *Langmuir* **15**, 2301.

[53] Rosen, M. J. and D. S. Murphy (1991) *Langmuir* **7**, 2630.

[54] Wu, Y. and M. J. Rosen (2002) *Langmuir* **18**. 2205.

[55] Matsubara, H., A. Ohta, M. Kameda, M. Villeneuve, N. Ikeda, and M. Aranoto (1999) *Langmuir* **15**, 5496

[56] Matsubara, H., S. Muroi, M. Kameda, N. Ikeda, A. Ohta, and M. Aranoto (2001) *Langmuir* **17**, 7752.

[57] (a) Matsuki, H., S. Hashimoto, S. Kaneshina, and Y. Yamanaka (1997) *Langmuir* **13**, 2687. (b) Hua, X. Y. and M. J. Rosen (1982b) *J. Colloid Interface Sci*. **90**, 212.

[58] Hua, X. Y. and M. J. Rosen (1988) *J. Colloid Interface Sci*. **125**, 730.

[59] Zhu, B. Y. and M. J. Rosen (1984) *J. Colloid Interface Sci*. **99**, 435.

[60] Schwuger, M. J, in *Structure/Performance Relationships in Sufactants*. M. J. Rosen (ed).ACS Symposium Series 253. American Chemical Society, Washington, DC. 1984. p.3, p.22.

[61] Zhao, G-X. and B. Y. Zhu (1983) *Colloid Polym. Sci*. **261**. 89.

[62] Treiner, C., C. Vaution, E. Miralles, and F. Puisieux (1985) *Colloids Surf*. **14**. 285.

[63] Fukuda, K. and Y. Taniyama (1958) *Sci. Rep. Saitama Univ*. **3A**, 27[C. A .53, 10902i (1959)].

[64] Schwuger, M. J. and H. G. Smolka (1977) *Colloid Polym. Sci*. **255**. 589.

[65] von Rybinski, W. and M. J. Schwuger (1986) *Langmuir* **2**, 639.

[66] Schwuger, M. J. (1982) *J. Am. Chem. Soc*. **59**. 265.

[67] Aronson, M. P., M. L.Gum, and E. D. Goddard (1983) *J. Am. Oil Chem. Soc*. **60**, 1333.

[68] Matson, T. P. and M. F. Cox (1984) *J. Am. Oil Chem, Soc*. **61**. 1270.

[69] Cox, M. F., N. F. Boys, and T. P. Matson (1985) *J. Am. Oil Chem. Soc*. **62**. 1139.

[70] Smith, D. L., K. L. Matheson, and M. F. Cox (1985) *J. Am. Oil Chem. Soc*. **62**. 1399.

问　题

11.1　（a）在 0.1mol/L 的 NaCl 水溶液中，表面活性剂 A 的 pC_{20} 为 3.00，在同样的介质中，表面活性剂 B 的 pC_{20} 为 3.60。在 0.1mol/L 的 NaCl 水溶液中混合物的 β^{σ} 值为-2.80。表面活性剂 A 和 B 在 0.1mol/L 的 NaCl 水溶液中能否在降低表面张力的效率方面显示出协同效应？

（b）如果该体系真的显示出协同效应，计算 α^*（仅以表面活性剂为基准，在最大协同效应那一点表面活性剂 A 在混合物中的摩尔分数）值和 $C_{12,\min}$ 值（将溶剂的表面张力降低 20mN/m 所需要的表面活性剂混合物的最低摩尔浓度）。

11.2 在 0.1mol/L 的 NaCl 水溶液中，表面活性剂 C 和 D 的 CMC 分别为 1.38×10^{-4}mol/L 和 4.27×10^{-4}mol/L。在同样的介质中，表面活性剂 C 的摩尔分数为 0.181（以单一表面活性剂为基准）的混合物的 CMC 为 3.63×10^{-4}mol/L。

（a）计算混合物中表面活性剂 C 和 D 的 β^M 值。

（b）在混合胶束形成方面，该混合体系是显示协同效应还是对抗效应？如果是协同效应，计算 α^* 和 $C^M_{12,\min(\max)}$。

11.3 问题 2 中表面活性剂 C 和 D 当其浓度分别为 9.1×10^{-4}mol/L 和 3.98×10^{-4}mol/L 时，能分别将 0.1mol/L 的 NaCl 水溶液的表面张力降到 30mN/m。问题 11.2 中它们的混合物在 $\alpha = 0.181$，总表面活性剂浓度为 3.47×10^{-4}mol/L 时，能将表面张力降到 30mN/m。混合表面活性剂 C 和 D 在降低表面张力的效能方面是显示出协同效应还是对抗效应？

11.4 不查看表格，将下列混合物在水溶液/空气界面上的吸引相互作用按由小到大（负的 β^σ 值从小到大）的顺序排列：

（a）$C_{12}H_{25}(OC_2H_4)_6OH$-$C_{12}H_{25}SO_3^-Na^+$ (H_2O)

（b）$C_{12}H_{25}(OC_2H_4)_6OH$-$C_{12}H_{25}(OC_2H_4)_{15}OH$ $(0.1mol/L\ NaCl, H_2O)$

（c）$C_{12}H_{25}SO_4^-Na^+$-$C_{12}H_{25}N^+(CH_3)_2CH_2COO^-$ (H_2O)

（d）$C_{12}H_{25}N^+(CH_3)_3Cl^-$-$C_{12}H_{25}N^+(CH_3)_2CH_2COO^-$ (H_2O)

11.5 解释对以下混合体系获得的 β 值：

（a）$C_7F_{15}COO^-Na^+$-$C_{12}H_{25}SO_4^-Na^+$ $(0.1mol/L\ NaCl, 30℃)$，$\beta^\sigma = +2.0$

（b）$C_5H_{11}SO_3^-Na^+$-$C_{10}H_{21}Pyr^+Cl^-$ $(0.03mol/L\ NaCl, 25℃)$，$\beta^\sigma = -10.8$；
$C_5H_{11}SO_3^-Na^+$-$C_{10}H_{21}Pyr^+Cl^-$ $(0.03mol/L\ NaCl, 25℃)$，$\beta^\sigma = -5.5$

（c）$C_{12}H_{25}SO_3^-Na^+$-$C_{12}H_{25}N^+(Bz)(Me)CH_2COO^-$ $(pH=5.0, 20℃)$，$\beta^M = -5.4$；
$C_{12}H_{25}SO_3^-Na^+$-$C_{12}H_{25}N^+(Bz)(Me)CH_2COO^-$ $(pH=9.3, 25℃)$，$\beta^M = -1.7$

（d）$C_{10}H_{21}SO_3^-Na^+$-$C_{12}H_{25}N^+(Me)_3Br^-$ $(H_2O, 25℃)$，$\beta^\sigma = -35.6$；
$C_{10}H_{21}SO_3^-Na^+$-$C_{12}H_{25}N^+(Me)_3Br^-$ $(0.1mol/L\ NaBr, 25℃)$，$\beta^\sigma = -19.6$

（e）$C_{10}H_{21}S^+(CH_3)O^- + C_{10}H_{21}N^+SO_4^-Na^+$ $(pH=5.9)$，$\beta^\sigma = -4.3$；
$C_{10}H_{21}S^+(CH_3)O^- + C_{10}H_{21}N^+(Me)_3Cl^-$ $(pH=5.9)$，$\beta^\sigma = -0.6$

（f）$C_{12}H_{25}N^+H_2CH_2CH_2COO^-$+$C_{12}H_{25}SO_3^-Na^+$ $(pH=5.8)$，$\beta^\sigma = -4.2$；
$C_{12}H_{25}N^+H_2CH_2CH_2COO^-$+$C_{12}H_{25}Pyr^+Br^-$ $(pH=5.8)$，$\beta^\sigma = -4.8$

第 12 章　双子表面活性剂

双子（Gemini）表面活性剂，有时也称为二聚表面活性剂，分子中含有两个疏水基团（有时三个）和两个亲水基团，在靠近亲水基处通过连接基（spacer）连接而成（图 12.1）❶。因此，双子表面活性剂具有 3 个可变的结构元素——亲水性基团、疏水性基团和连接基，通过改变这些基团可以改变双子表面活性剂的性能。双子表面活性剂已经在学术界和工业界引起相当大的兴趣，因为研究表明[1]，此类表面活性剂在水介质中的界面性质比传统表面活性剂（仅含一个类似的亲水基和疏水基）要大一至几个数量级。过去十年的文献中，已有数百篇相关的学术论文和专利得到了科学家的评论[2~4]。目前所有离子类型的双子表面活性剂都已经被合成出来并进行了研究：如阴离子型，包括二羧酸盐、二硫酸盐、二磺酸盐以及二磷酸盐等[5~8]、阳离子型[9,10]、非离子型[11~13]、两性型[14]以及其他多种结构类型：如烷基葡萄糖苷类[15]、精氨酸类[16]、双子状肽类[17]、葡糖酰胺类[18]、牛磺酸类[19]、羟基羧酸类[20]、糖基类[21]、不饱和连接基类[22,23]、可水解类[24,25]、可聚合类[26]、盘状液晶状类[27]以及不相同头基类[28]等。

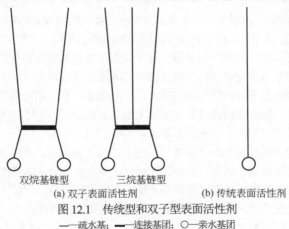

双烷基链型　　　三烷基链型

(a) 双子表面活性剂　　　　　　　(b) 传统表面活性剂

图 12.1　传统型和双子型表面活性剂

——疏水基；▬连接基团；○亲水基团

12.1　基本性质

表 12.1 列出了一些典型的双子表面活性剂 C_{20} 值、临界胶束浓度（CMC）以及与对应的

---

❶ 如果连接基不接近亲水性基团，就没有下面提及的独特性能。

传统型表面活性剂的比较。

表 12.1　**25℃时双子型和传统型表面活性剂的 C_{20} 和 CMC 值**

化合物	介质	$C_{20}/(10^{-6}\text{mol/L})$	CMC/(10^{-6}mol/L)	参考文献
[C$_{10}$H$_{21}$OCH$_2$CH(OCH$_2$COO$^-$Na$^+$)CH$_2$]$_2$O	H$_2$O	4	84	[29]
C$_{11}$H$_{23}$COO$^-$Na$^+$	H$_2$O	5000	20000	[29]
[C$_{10}$H$_{21}$OCH$_2$CH(OCH$_2$CH$_2$CH$_2$SO$_3^-$Na$^+$)]$_2$O	H$_2$O	8	33	[30]
C$_{12}$H$_{25}$SO$_3^-$Na$^+$	H$_2$O	4400	9800	[30]
[C$_{10}$H$_{21}$OCH$_2$CH(SO$_4^-$Na$^+$)CH$_2$OCH$_2$]$_2$	H$_2$O	1	13	[5]
C$_{12}$H$_{25}$SO$_4^-$Na$^+$	H$_2$O	3100	8200	[5]
[C$_{12}$H$_{25}$N$^+$(CH$_3$)$_2$CH$_2$]$_2$ · 2Br$^-$	H$_2$O	—	840	[10]
[C$_{12}$H$_{25}$N$^+$(CH$_3$)$_2$CH$_2$CH$_2$]$_2$ · 2Br$^-$	H$_2$O	—	1170	[31]
[C$_{12}$H$_{25}$N$^+$(CH$_3$)$_2$CH$_2$CHOH]$_2$ · 2Br$^-$	H$_2$O	129	700	[32]
C$_{12}$H$_{25}$N$^+$(CH$_3$)$_3$ · Br$^-$	H$_2$O	8000	16000	[32]
[C$_{12}$H$_{25}$N$^+$(CH$_3$)$_2$CH$_2$]$_2$CHOH · 2Cl$^-$	0.1mol/L NaCl	0.9	9.6	[33]
[C$_{12}$H$_{25}$N$^+$(CH$_3$)$_2$CH$_2$CHOH]$_2$ · 2Br$^-$	0.1mol/L NaCl	0.9	21	[32]
C$_{12}$H$_{25}$N$^+$(CH$_3$)$_3$ · Cl$^-$	0.1mol/L NaCl	1950	5760	[34]
(C$_{11}$H$_{23}$CONHCH[(CH$_2$)$_3$NHC(NH$_2$)$_2^+$]CONHCH$_2$)$_2$ · 2Cl$^-$	H$_2$O	1.9	9.5	[35]
C$_{11}$H$_{23}$CONHCH[(CH$_2$)$_3$NHC(NH$_2$)$_2^+$]COOCH$_3$ · Cl$^-$	H$_2$O	630	6000	[35]
(C$_{11}$H$_{23}$CONHCH[(CH$_2$)$_3$NHC(NH$_2$)$_2^+$]CONHCH$_2$)$_2$ · 2Cl$^-$	0.1mol/L NaCl	1	92	[35]
C$_{11}$H$_{23}$CONHCH[(CH$_2$)$_3$NHC(NH$_2$)$_2^+$]COOCH$_3$ · Cl$^-$	0.1mol/L NaCl	50	2700	[35]

从表 12.1 中的数据可以看出，作为表面活性剂在界面吸附效率的量度，双子表面活性剂的 C_{20} 值（见第 2 章 2.3.5 节）比相应的传统表面活性剂要小两到三个数量级，而 CMCs 值（见第 3 章 3.1 节）则可以低一到两个数量级。双子表面活性剂具有比对应的传统表面活性剂更强的表面活性，原因是双子表面活性剂疏水链中的碳原子总数较多。表面活性剂分子中碳原子总数越多，水相中水分子结构的变形就越大，相应地吸附到水相周围界面或者在水相中形成胶束的趋势就越大，即表面活性越大（见第 1 章 1.2 节）。这就导致了较小的 C_{20} 值（见第 2 章 2.3.5 节）和较小的 CMC 值（见第 3 章 3.4 节）。

另一方面，随着表面活性剂分子疏水链中的总碳原子数增加，表面活性剂在水中的溶解度降低，表面活性受到限制。然而当表面活性剂分子中含有两个亲水基团时，其在水中的溶解度增加，分子的疏水基中可以容纳更多的碳原子而仍保持可溶。因此，双子表面活性剂比分子中仅有其一半碳原子数的相应传统表面活性剂具有更高的表面活性。此外，与对应的传统表面活性剂相比，双子表面活性剂的水溶性更好，Krafft 点要低得多（见第 5 章 5.2.1 节）。

三聚和低聚表面活性剂也已经被制备出来了[36~39]。它们的 CMC 值甚至比那些类似结构的双子表面活性剂还要小。对以聚亚甲基(CH$_2$)$_n$ 为连接基的 C$_{12}$ 季铵型双子表面活性剂，随着每个分子中疏水基数目的增加，其表面吸附层变得更加致密，胶束的微黏度增加，胶束形状从球形变成蠕虫状，再变到带分支的蠕虫状和环状。零剪切黏度随低聚体数目的增加迅速增加到最高值[38]。

对传统表面活性剂而言，C_{20} 和 CMC 值随分子中总碳原子数的增加而下降。然而，与传统表面活性剂的这一行为不同的是，当双子表面活性剂烷基链中的碳原子数超过一定值（每条链上约 14 个碳原子，确切数值取决于双子表面活性剂的结构、温度和水相中的电解质含量）时，碳原子数与 lg C_{20}（见第 2 章 2.3.5 节）或与 lg CMC（见第 3 章 3.4.1.4 节）之间的线性关系被打破。lg C_{20} 或 lg CMC 值开始越来越多地偏离这种线性关系，C_{20} 和 CMC 值变得比预期值要大，即双子表面活性剂的表面活性和胶束化呈现下降趋势。这种偏差随着烷基链中碳原子数的增加变得越来越大，直至 C_{20} 和 CMC 值实际上随着这种变化而变得增加。这一行为已被归因于[6]在浓度低于 CMC 时水相中形成了小的非表面活性聚集体（二聚体、三聚体等），从而减小了具有表面活性的单体分子的浓度，结果导致表面活性和胶束化趋势下降。这一解释已通过计算自-缔合平衡常数[32,33]和荧光光谱[40]得到证实。双子表面活性剂的这一特性，即当烷基链较长时在 CMC 以下浓度自发聚集形成小的非表面活性聚集体，可能是由于相邻分子[每个双子表面活性剂分子含有两个（或三个）长疏水链]的疏水链之间的缔合导致了异常大的自由能变化。

双子表面活性剂分子中两个亲水基团之间的连接链基的弹性、长度和疏水性或亲水性会影响该类表面活性剂的性能，如空气/水界面上的 C_{20}、CMC 和分子面积值等，有时影响程度相当大。对以柔性、疏水的聚亚甲基（CH_2）链作为连接基的阳离子型双子表面活性剂，它们的 CMC 值随亚甲基数目的增加而增加，在 6 个亚甲基左右时增加到最大值[10,41]，在空气/水界面上的分子面积在 10 个亚甲基时达到最大值[28,42]，随后两者都开始下降。这被认为是疏水性亚甲基链与水相接触时的不利定向所致，因此，有理由相信当连接链足够长时它会穿插到胶束内部或者呈环状伸入到空气中，结果导致 CMC 和在水/空气界面上的分子面积减小。刚性连接基，如—$CH_2C_6H_4CH_2$—、—$CH_2C{\equiv}C{-}CH_2$—，则不会出现这种现象，结果使 CMC 值和在界面上的分子面积增加。当连接链较短、具有柔性和微亲水性时，可以得到最小的 CMC、C_{20} 和（在界面上的）分子面积值。然而，Zhu 等[30]，Dreja 等[43]以及 Wettig 及其同事[44]在考察亲水性基团连接的双子表面活性剂的特性时观察到，随着亲水性连接基长度的增加，双子表面活性剂在空气/水界面上的分子面积呈单调增加趋势，推测可能是连接基团与水相的相容性所致。

双子表面活性剂的一个非常有用的特性是它们在各种界面上的堆积性能。在空气/水界面，两个亲水基团之间的连接基很小或是亲水性的并靠近亲水基团时，双子表面活性剂的疏水基团可以比相应的传统表面活性剂在相同的水相条件下（温度和离子强度等）更紧密地堆积[38]。在某些情况下，分子链的堆积是如此紧密[14,39,45~47]，以致好像是形成了多层吸附。这种更紧密的堆积使双子表面活性剂形成的界面膜黏附性更强，并且体现在其卓越的发泡效果[29,30,48]和优越的乳化性上[49,50]。这种具有较短并靠近亲水基的连接基团的双子表面活性剂其疏水基的紧密堆积（如在空气/水界面上具有较小的分子面积值所证明）导致的堆积参数（见第 3 章 3.2 节）表明其在水相中可以形成棒状胶束，同时也可以解释一些双子表面活性剂显示的异常高黏度[51,52]。双子型表面活性剂$[C_{12}H_{25}N^+(CH_3)_2CH_2]_2 \cdot 2Br^-$和$[C_{12}H_{25}N(CH_3)_2CH_2]_2CH_2 \cdot 2Br^{-[52,53]}$已被证实在水溶液中形成长的蠕虫状胶束。这些蠕虫状胶束的相互缠绕产生了非常高的溶液黏度。

双子型表面活性剂还显示出独特的自水介质中吸附到带相反电荷的固体表面的性能。尽管传统表面活性自水相中吸附到这类固体表面时以其亲水基朝向带相反电荷的固体表面

（图 2.12），而以疏水基朝向水排列，使该固体表面至少在最初阶段变得更加疏水，但具有短连接基团的双子表面活性剂吸附时通常以其中的一个亲水基朝向固体表面，而另一个亲水基则朝向水排列[54,55]，从而保留了固体表面的亲水性。这种特性的效应之一是可以使固体在水相中分散得更好。

具有两个亲水基团和一价反离子的双子表面活性剂，其胶束化标准自由能变化可以通过考虑了胶束中反离子结合度 $(1-\alpha)$ 的下式计算[56]：

$$\Delta G_{mic}^{\ominus} = RT[1+2(1-\alpha)]\ln X_{CMC}$$

$$= 2.3RT(3-2\alpha)\lg X_{CMC} \tag{12.1}$$

式中，α 是双子表面活性剂的电离度，可以通过高于和低于 CMC 浓度时其电导率-浓度曲线的斜率之比得到（见第 3 章 3.4.1.3 节），而 X_{CMC} 是 CMC 时液相中表面活性剂的摩尔分数。阳离子型双子表面活性剂的反离子结合度与相应的传统表面活性剂的相似[36]（表 3.3）。

12.2　与其他表面活性剂的相互作用

由于离子型双子表面活性剂具有双电荷，相对于单电荷（传统）表面活性剂，它们在相界面或混合胶束内部与带相反电荷的表面活性剂有更强烈的相互作用。无论是传统型还是双子型表面活性剂，不同类型表面活性剂之间的相互作用强度都是通过所谓的 β 参数（见第 11 章 11.1 节）来表征的。两种不同表面活性剂之间的 β 参数的数值[混合后吸引作用增强（或排斥作用减弱）时为负值]取决于发生相互作用的界面的性质（液/气、液/液或液/固），以及不同表面活性剂之间的相互作用是发生在相界面的混合单层（β^{σ}）中还是发生在水相的混合胶束中（β^{M}）。两种不同表面活性剂之间的相互作用的性质和强度决定两种表面活性剂的混合物是表现出协同效应还是对抗效应（负协同效应），或者显示出理想界面行为（见第 11 章 11.3 节）。相互作用参数表明，两种不同的双子表面活性剂混合与两种不同的传统表面活性剂混合相比，前者分子间相互作用要强得多[1,34,57,58]。在表 12.2 中列出了一些相互作用参数数据，同时也列出了一些传统表面活性剂的数据以供比较。这些数据表明两种不同表面活性剂混合物在平的空气/水溶液界面单分子层中的相互作用要比在凸状的混合胶束中的相互作用强得多。这主要是由于要在凸状的混合胶束内部容纳双子表面活性剂的两个疏水基难度更大。这也可以解释上面提到的人们所观察到的现象，即双子表面活性剂的 C_{20} 值往往比传统表面活性剂的 C_{20} 值小两到三个数量级，而其 CMC 值只小一到两个数量级。

表 12.2　双子表面活性剂和传统表面活性剂的相互作用参数（25℃）

表面活性剂	介质	β^{σ}	β^{M}	参考文献
阴/阳离子混合物				
$[C_8H_{17}N^+(CH_3)_2CH_2CHOH]_2 \cdot 2Br^- - C_{10}H_{21}SO_3^-Na^+$	0.1mol/L NaBr	−26	−12	[57]
$[C_8H_{17}N^+(CH_3)_2CH_2CHOH]_2 \cdot 2Br^- - C_{12}H_{25}SO_3^-Na^+$	0.1mol/L NaBr	−30	−13	[57]
$C_8Pyr^+Br^- - C_{12}H_{25}SO_3^-Na^+$	0.1mol/L NaBr	−19.5	—	[58]
$[C_{10}H_{21}N^+(CH_3)_2CH_2CHOH]_2 \cdot 2Br^- - C_{10}H_{21}SO_3^-Na^+$	0.1mol/L NaBr	−34	−14	[57]

表面活性剂	介质	β^σ	β^M	参考文献
阴/阳离子混合物				
$[C_{10}H_{21}N^+(CH_3)_2CH_2CHOH]_2 \cdot 2Br^- - C_{12}H_{25}SO_3^- Na^+$	0.1mol/L NaBr	−34	−18	[57]
$[C_{10}H_{21}N^+(CH_3)_2CH_2CHOH]_2 \cdot 2Br^- - C_{12}H_{25}SO_3^- Na^+$	0.1mol/L NaCl	−40	−19	[57]
$[C_8H_{17}N^+(CH_3)_2CH_2CHOH]_2 \cdot 2Br^- - C_{12}H_{25}(OC_2H_4)_4SO_4^- Na^+$	0.1mol/L NaBr	−28	—	[57]
$[C_{10}H_{21}N^+(CH_3)_2CH_2CHOH]_2 \cdot 2Br^- - C_{12}H_{25}(OC_2H_4)_4SO_4^- Na^+$	0.1mol/L NaBr	−31	−11	[57]
阴离子/非离子混合物				
$(C_{10}H_{21})_2C_6H_2(SO_3^-)Na^+OC_6H_4SO_3^- Na^+ - C_{12}H_{25}(OC_2H_4)_7OH$	0.1mol/L NaCl	−6.9	−0.8	[58]
$C_{10}H_{21}C_6H_3(SO_3^-)Na^+OC_6H_4SO_3^- Na^+ - C_{12}H_{25}(OC_2H_4)_7OH$	0.1mol/L NaCl	−1.8	−0.9	[58]
阴离子/两性离子混合物				
$(C_{10}H_{21})_2C_6H_2(SO_3^-)Na^+OC_6H_4SO_3^- Na^+ - C_{14}H_{29}N(CH_3)_2O$, pH=6.0	0.1mol/L NaCl	−7.3	−2.4	[60]
$C_{10}H_{21}C_6H_3(SO_3^-)Na^+OC_6H_5 - C_{14}H_{29}N(CH_3)_2O$, pH=5.8	0.1mol/L NaCl	−4.7	−3.2	[58]
阳离子/非离子混合物				
$[C_{10}H_{21}N^+(CH_3)_2CH_2CH_2]_2 \cdot 2Br^- -$ 癸基-β-葡萄糖苷(pH=9)	0.1mol/L NaCl	−4.0	−1.9	[34]
$2C_{10}H_{21}N^+(CH_3)_3 \cdot 2Br^- -$ 癸基-β-葡萄糖苷(pH=9)	0.1mol/L NaCl	−1.2	−1.2	[61]
$[C_{10}H_{21}N^+(CH_3)_2CH_2]_2CHOH \cdot 2Br^- -$ 癸基-β-葡萄糖苷(PH=9)	0.1mol/L NaCl	−4.2	−1.2	[34]
$[C_{10}H_{21}N^+(CH_3)_2CH_2CH_2]_2 \cdot 2Br^- -$ 癸基-β-麦芽糖苷	0.1mol/L NaCl	−2.7	−1.9	[34]
$C_{10}H_{21}N^+(CH_3)_3 \cdot 2Br^- -$ 癸基-β-麦芽糖苷	0.1mol/L NaCl	−0.3	−0.3	[61]
$[C_{10}H_{21}N^+(CH_3)_2CH_2]_2CHOH \cdot 2Br^- -$ 癸基-β-葡萄糖苷	0.1mol/L NaCl	−4.2	−1.2	[34]
$[C_{10}H_{21}N^+(CH_3)_2CH_2]_2CHOH \cdot 2Br^- -$ 癸基-β-麦芽糖苷	0.1mol/L NaCl	−2.9	−1.4	[34]
$[C_{10}H_{21}N^+(CH_3)_2CH_2]_2CHOH \cdot 2Br^- -$ 癸基-β-葡萄糖苷	0.1mol/L NaCl	−3.1	−1.4	[34]
$[C_{10}H_{21}N^+(CH_3)_2CH_2]_2CHOH \cdot 2Br^- -$ 癸基-β-麦芽糖苷	0.1mol/L NaCl	−2.0	−1.7	[34]
$[C_{10}H_{21}N^+(CH_3)_2CH_2CHOH]_2 \cdot 2Br^- -$ 癸基-β-葡萄糖苷	0.1mol/L NaCl	−3.3	−1.5	[34]
$[C_{10}H_{21}N^+(CH_3)_2CH_2CHOH]_2 \cdot 2Br^- -$ 癸基-β-麦芽糖苷	0.1mol/L NaCl	−2.3	−1.7	[34]
$[C_{12}H_{25}N^+(CH_3)_2CH_2CH_2]_2 \cdot 2Br^- -$ 十二烷基-β-麦芽糖苷	0.1mol/L NaCl	−3.0	−2.2	[34]
$[C_{12}H_{25}N^+(CH_3)_2CH_2]_2 \cdot 2Br^- - C_{12}(OC_2H_4)_6OH$	H_2O	—	−2.2	[62]
$[C_{12}H_{25}N^+(CH_3)_3 \cdot Cl^- - C_{12}(OC_2H_4)_5OH$	H_2O	—	−1.0	[63]

关于这些离子型双子表面活性剂的相互作用，无论是在混合单分子层中或是在混合胶束中，都有一个意想不到的方面：即 1mol 的双电荷分子只与 1mol 带相反电荷的第二种单电荷传统表面活性剂作用，而不是预期的 1:2 的摩尔比。这与对传统表面活性剂所观察到的结果不同，它们按预期的 1:1 摩尔比与带相反电荷的表面活性剂作用，并且一般产生一种不溶于水、不带电荷、几乎没有表面活性的物质，除非分子中含有额外的亲水性基团。另一方面，

双电荷的双子表面活性剂与相反单电荷的传统表面活性剂形成的 1:1 作用产物，有一个（与双子表面活性剂相同的）净电荷，可溶于水，并保持高表面活性。双子表面活性剂与水溶性聚合物的相互作用也比相应的传统表面活性剂更强，无论聚合物是中性的还是带相反电荷[64,65]。

双子表面活性剂与其他表面活性剂在混合单分子层中的相互作用比在混合胶束中的相互作用更强的现象，意味着这两种表面活性剂之间很有可能在表面张力或界面张力降低的效能方面存在着协同效应，因此这也是产生这种类型的协同效应的必要条件之一（见第 11 章 11.3.3 节）。在界面张力降低的效能方面产生协同效应对提高去污力、发泡和润湿等性能是非常重要的。

上面已经提到，当烷基链的碳原子数超过某一临界值时，双子表面活性剂在浓度低于 CMC 时会形成细小的非表面活性的聚集体。类似地，当离子型双子表面活性剂与带相反电荷的其他表面活性剂发生相互作用时，如果发生相互作用的两种表面活性剂的烷基碳原子数超过某一临界值（研究实例中为 32）[57]时，则会使表面活性显著降低。这也归结为形成了较小的非表面活性聚集体，但这种情况下涉及的是两个带相反电荷的表面活性剂。至于短链的双子表面活性剂，它们与单电荷的传统表面活性剂的相互作用产物还是 1:1 摩尔比和水溶性的。

由于双子表面活性剂中只有一个离子基团与传统带相反电荷的表面活性剂发生相互作用，只要用微量的双子表面活性剂就可以通过与带相反电荷的胶束交联来促进后者的增长[66]，结果导致溶液的黏度显著增加[67]。

12.3 应用性能

以上所述的双子表面活性剂的独特物理化学性质使得双子表面活性剂具有一些非常理想的应用性能。它们非常低的 C_{20} 值使其能非常有效地降低平衡表面张力，而它们很低的 CMC 值使它们成为一种非常有效的非水溶性物质的增溶剂（见第 4 章），因为增溶只在 CMC 以上浓度才发生。因此结构为[$C_{12}H_{25}N(CH_3)_2$]$_2$(CH_2)$_n$·2Br 的阳离子型双子表面活性剂已经被观察到能够比相应的传统表面活性剂增溶更多的甲苯、正己烷，或苯乙烯，特别是当 n 比较小时[50,68]，而双癸基二苯醚二磺酸钠也被发现对不溶于水的非离子型表面活性剂的增溶效率和效能均高于单癸基二苯醚单磺酸钠[7]。它们的低 CMC 值还使它们表现出非常低的皮肤刺激性（这与水相中单体表面活性剂的浓度有关）[69~73]。离子型双子表面活性剂分子中的双电荷也使它们成为一种比传统表面活性剂更好的粉状固体颗粒在水介质中的分散剂（见第 9 章）。

当双子表面活性剂的烷基链较短和支链化以及连接亲水基的连接基团较短时，双子表面活性剂表现出优异的润湿性能。结构为 $R^1R^2C(OH)C≡CC(OH)R^1R^2$ 的叔炔二醇类（其中 R^1 为 CH_3，R^2 为含 2~4 个碳原子的烷基链），作为已经被商业化几十年的双子表面活性剂，是一类优良的润湿剂。结构为 {$RN[(C_2H_4O)_xH]CO$}$_2R^1$（其中 R 是 2-乙基己基，$x=4$，R^1 是—(CH_2)$_2$—或—CH═CH—）的双子二酰胺已被报道是优良的疏水土壤润湿剂和再润湿剂[74]。

如上所述，当亲水基之间的连接基很小时，双子表面活性剂疏水性基的堆积会更紧密，由此形成更为致密的表面薄膜，这种类型的双子表面活性剂水溶液的发泡性已经被发现在许多场合优于传统表面活性剂（单分子）。对若干系列的阴离子型双子表面活性剂均发现其具有更高的初始泡沫高度和泡沫稳定性[29,30,48,72]。虽然烷基三甲基氯化铵类的传统阳离子表面活性剂在水溶液中仅显示很低的发泡性，但类似结构的双子表面活性剂[RN$^+$(CH$_3$)$_2$]$_2$(CH$_2$)$_n$·2Cl$^-$（n=2 或 3，R 是 C$_{12}$H$_{25}$ 或 C$_{14}$H$_{29}$），却显示很高的发泡性[75]。当亲水基之间连接基的长度增加时，初始泡沫高度和泡沫稳定性均下降。

一些通过阴离子和阳离子型双子表面活性剂吸附在固体污垢上以除去水中污染物的研究表明，它们都比相应的传统表面活性剂具有更高的效率和效能[54,55]。季铵盐类阳离子表面活性剂通常表现出较强的抗菌活性，为此人们对具有[RN$^+$(CH$_3$)$_2$CH$_2$OC(O)]$_2$(CH$_2$)$_n$ 结构的双子表面活性剂的抗菌活性也进行了广泛的研究[76]。结果表明，当 R 为 C$_{12}$H$_{25}$ 且 n=2 时活性最大，并且这种双子表面活性剂的抗菌活性远优于单链的商品抗菌剂，如十二烷基二甲基苄基溴化铵。另一项研究[69]表明，结构为 [C$_{12}$H$_{25}$N$^+$(CH$_3$)$_2$CH$_2$C(O)NHCH$_2$ CH$_2$]$_2$·2Cl$^-$ 或 [C$_{12}$H$_{25}$N$^+$(CH$_3$)$_2$CH$_2$C(O)NH(CH$_2$)S]$_2$·2Cl$^-$ 的双季铵盐型双子表面活性剂对革兰阳性和阴性菌以及白色念珠菌的抗菌活性皆大于十六烷基三甲基溴化铵。一种双子表面活性剂 N,N-双（正）十六烷基-N,N-二羟乙基溴化铵，被发现是一种比含有单十六烷基或单羟乙基的类似物更好的转染剂（基因输送）[77]。

参 考 文 献

[1] Rosen, M. J., CHEMTECH, 1993a, March, pp. 30–33.

[2] Rosen, M. J. and D. J. Tracy (1998) *J. Surfacts. Detgts.* **1**, 547.

[3] Menger, F. M. and J. S. Keiper (2000a) *Angew. Chem. Int. Ed.* **39**, 1906.

[4] Zana, R. (2002) *Adv. Colloid Interface Sci.* **97**, 205.

[5] Zhu, Y.-P., A. Masuyama, and M. Okahara (1990) *J. Am. Oil Chem. Soc.* **67**,459

[6] Menger, F. M. and C. A. Littau (1991) *J. Am. Chem. Soc.* **113**, 1451.

[7] Rosen, M. J., Z. H. Zhu, and X. Y. Hua (1992) *J. Amer. Oil Chem. Soc.* **69**, 30.

[8] Duivenvoorde, F. L., M. C. Feiters, S. J. van der Gaast, and J. F. N. Engberts (1997) *Langmuir* **13**, 3737.

[9] Devinsky, F., I. Marasova, and I. Lacko (1985) *J. Colloid Interface Sci.* **105**, 235.

[10] Zana, R., M. Benrraoa, and R. Rueff (1991) *Langmuir* **7**, 1072.

[11] Eastoe, J., P. Rogueda, B. J. Harrison, A. M. Howe, and A. R. Pitt (1994) *Langmuir* **10**, 4429.

[12] Paddon-Jones, G., S. Regismond, K. Kwetkat, and R.Zana (2001) *J. Colloid Interface Sci.* **243**, 496.

[13] Xie, Z. and Y. Feng (2010) *J. Surfact. Deterg.* **13**, 51.

[14] Seredyuk, V., E. Alami, M. Nyden, K. Holmberg, A. V. Peresypkin, F. M. Menger (2001) *Langmuir* **17**, 5160.

[15] Castro, M. J. L., J. Kovensky, and A. F. Cirelli (2002) *Langmuir* **18**, 2477.

[16] Pinazo, A., X. Win, L. Perez, M. R. Infante, and E. I. Frances (1999) *Langmuir* **15**, 3134.

[17] Damen, M., J. Aarbious, S. F. M. van Dongen, R. M. Buijs-Offerman, P. P. Spijkers, M. van den Heuvel, K. Kvashnina, R. J. M. Nolte, B. J. Scholte, and M. C. Feiters (2010) *J. Control. Release* **145**, 33.

[18] Eastoe, J., P. Rogueda, A. M. Howe, A. R. Pitt, R. K. Heenan (1996) *Langmuir* **12**, 2701.

[19] Li, X., S. Zhao, Z. Hu, H. Zhu, and D. Cao (2010) *Tenside Surf. Detg.* **47**, 243.

[20] Altenbach, H., R. Ihizane, B. Jakob, K. Lange, M. Schneider, Z. Yilmaz, and S. Nandi (2010) *J. Surfact. Deterg.* **13**, 399.

[21] Johnsson, M., A. Waganaer, M. C. A. Stuart, and J. F. N. Engberts (2003) *Langmuir* **19**. 4609.

[22] Menger, F. M., J. S. Keiper, and V. Azov (2000b) *Langmuir* **16**, 2062.

[23] Tatsumi, T., W. Zhang, T. Kida, Y. Nakatsuji, D. Ono, T. Takeda, and I. Ikeda (2001) *J. Surfactants Detgts.* **4**, 279.

[24] Tatsumi, T., W. Zhang, T. Kida, Y. Nakatsuji, D. Ono, T. Takeda, and I. Ikeda (2000) *J. Surfactants Detgts.* **3**, 167.

[25] Tehrani-Bagha, A. R., H. Oskarsson, C. G. van Ginkel, and K. Holmberg (2007) *Colloid Interface Sci.* **312**, 444.

[26] Abe, M., K. Tsubone, T. Koike, K. Tsuchiya, T. Ohkubo, and H. Sakai (2006) *Langmuir* **22**, 8293. Alami, E., G. Beinert, P. Marie,

and R. Zana (1993) *Langmuir* **9**, 1465.

[27] Kumar, S., S. K. Gupta, and S. Kumar (2010) *Tetrahedron Lett.* **51**, 5459.

[28] Alami, E., K. Holmberg, and J. Eastoe (2002) *J. Colloid Interface Sci.* **247**, 447.

[29] Zhu, Y.-P., A. Masuyama, Y. Kobata, Y. Nakatsuji, M. Okahara, and M. J. Rosen (1993) *J. Colloid Interface Sci.* **158**, 40.

[30] Zhu, Y.-P., A. Masuyama, T. Nagata, and M. Okahara (1991) *J. Jpn. Oil Chem. Soc. (Yukagaku)* **40**, 473.

[31] Pei, X., J. Zhao, and R. Jiang (2010) *Colloid Polym.Sci.* **288**,711.

[32] Rosen, M. J. and L. Liu (1996) *J. Am. Oil Chem. Soc.* **73**, 885.

[33] Song, L. D. and M. J. Rosen (1996) *Langmuir* **12**, 1149.

[34] Li, F., M. J. Rosen, and S. B. Sulthana (2001) *Langmuir* **17**, 1037.

[35] Perez, L., A. Pinazo, M. J. Rosen, and M. R. Infante (1998) *Langmuir* **14**, 2307.

[36] Zana, R., H. Levy, D. Papoutsi, and G. Beinert (1995) *Langmuir* **11**, 3694.

[37] Sumida, Y., T. Oki, A. Masuyama, H. Maekawa, M. Nishiura, T. Kida, Y. Nakatsuji, I. Ikeda, and M. Nojima (1998) *Langmuir* **14**, 7450.

[38] In, M., V. Bec, O. Aguerre-Chariol, and R. Zana (2000) *Langmuir* **16**, 141.

[39] Onitsuka, E., T. Yoshimura, Y. Koide, H. Shosenji, and K. Esumi (2001) *J. Oleo Sci.* **50**, 159.

[40] Mathias, J. H., M. J. Rosen, and L. Davenport (2001) *Langmuir* **17**, 6148.

[41] Devinsky, F., J. Lacko, and T. Iman (1991) *J. Colloid Interface Sci.* **143**, 336.

[42] Espert, A., R. V. Klitzing, P. Poulin, A. Cohn, R. Zana, and D. Langevin (1998) *Langmuir* **14**, 1140.

[43] Dreja, M., W. Pyckhouf-Hintzen, H. Mays, and B. Tiecke (1999) *Langmuir* **15**, 391.

[44] Wettig, S. D., X. Li, and R. E. Verrall (2003) *Langmuir* **19**, 3666.

[45] Rosen, M. J., J. H. Mathias, and L. Davenport (1999) *Langmuir* **15**, 7340.

[46] Tsubone, K., Y. Arakawa, and M. J. Rosen (2003a) *J Colloid Interface Sci.* **262**, 516.

[47] Tsubone, K., T. Ogawa, and K. Mimura (2003b) *J. Surfactants Detgts.* **6**, 39.

[48] Ono, D., T. Tanaka, A. Masuyama, Y. Nakatsuji, and M. Okahara (1993) *J. Jpn. Oil Chem. Soc.* (Yukagaku) **42** 10.

[49] Briggs, C. B. and A. R. Pitts (1990) U. S. Patent 4,892,806.

[50] Dreja, M. and B. Tieke (1998) *Langmuir* **14**, 800.

[51] Schmitt, V., F. Schosseler, and F. Lequeux(1995) *Europhys. Lett.* **30**, 31.

[52] Zana, R. and Y. Talmon (1993), *Nature* **362**, 228.

[53] Danino, D., Y. Talmon, and R. Zana (1995) *Langmuir* **11**, 1448.

[54] Li, F. and M. J. Rosen (2000) *J. Colloid Interface Sci.* **224**, 265.

[55] Rosen, M. J. and S. B. Sulthana (2001) *J. Colloid Interface Sci.* **239**, 528.

[56] Zana, R. (1996) *Langmuir* **12**, 1208.

[57] Liu, L. and M. J. Rosen (1996) *J. Colloid Interface Sci.* **179**, 454.

[58] Rosen, M. J., Z. H. Zhu, and T. Gao (1993b) *J. Colloid Interface Sci.* **157**, 254.

[59] Gu, B. and M. J. Rosen (1989) *J. Colloid Interface Sci.* **129**, 537.

[60] Rosen, M. J., T. Gao, Y. Nakatsuji, and A. Masuyama (1994) *Colloids Surfaces A.* **88**, 1.

[61] Rosen, M. J. and F. Li (2001) *J. Colloid Interface Sci.* **234**, 418.

[62] Esumi, K., M. Miyazaki, T. Arai, and Y. Koide (1998) *Colloids Surfs. A.* **135**, 117.

[63] Rubingh, D. N. and T. Jones (1982) *Ind. Eng. Chem. Prod. Res. Dev.* **21**, 176.

[64] Kastner, U. and R. Zana (1999) *J. Colloid Interface Sci.* **218**, 468.

[65] Pisarcik, M., T. Imae, F. Devinsky, I. Lacko, and D. Bakos (2000) *J. Colloid Interface Sci.* **228**, 207.

[66] Menger, F. M. and A. V. Eliseev (1995) *Langmuir* **11**, 1855.

[67] Liu J. and J. Zhao (2010) *J. Surfact. Deterg.* **13**, 83.

[68] Dam, T., J. B. F. N. Engberts, J. Karthauser, S. Karaborni, and N. M. Van Os (1996) *Colloids Surf. A.* **118**, 41.

[69] Diz, M., A. Manresa, A. Pinazo, P. Erra, and M. R. Infante (1994) *J. Chem. Soc., Perkin Trans.* **2**, 1871.

[70] Li, J., M. Dahanayake, R. L. Reierson, and D. J. Tracy (1997) U. S. Patent 5,656,586.

[71] Okano, T., M. Fukuda, J. Tanabe, M. Ono,Y. Akabane, H. Takahashi, N. Egawa, T. Sakotani, H. Kanao, and Y. Yoneyanna (1997),

U.S. Patent 5,681,803.

[72] Kitsubi, T., M. Ono, K. Kita, Y. Fujikura, A. Nakano, M. Tosaka, K. Yahagi, S. Tamura, and K. Maruta (1998) U. S. Patent 5,714,457.

[73] Tracy, D. J., R. Li, and J. M. Ricca (1998) U.S. Patent 5,710,121.

[74] Micich, T. J. and W. M. Linfield (1988) *J. Am. Oil Chem. Soc.* **65**, 820.

[75] Kim, T.-S., T. Kida, Y. Nakatsuji, T. Hirao, and I. Ikeda (1996), *J. Am. Oil Chem. Soc.* **73**, 907.

[76] Pavlikova, M., I. Lacko, F. Devinsky, and D. Mlynareik (1995) *Collect. Czech. Chem. Commun.* **60**, 1213.

[77] Banerjee, R., P. K. Das, G. V. Srilakshmi, A. Chaudhuri, and N. M. Rao (1999) *J. Med. Chem.* **42**, 92.1871.

问 题

12.1 解释下面观察到的有关双子表面活性剂的性能及其与具有类似结构但仅含有单一亲水基和单一疏水基的传统表面活性剂的比较:

（a）其 C_{20} 值一般比后者小两或三个数量级。

（b）其 CMC 值通常比后者小一或两个数量级，而不是上面（见上文）对 C_{20} 值所观察到的小两或三个数量级。

（c）它们对基质的润湿速度低于后者。

（d）它们是比后者更好的发泡剂和乳化剂。

（e）对带相反电荷的粉状固体颗粒来说，它们是比后者更好的分散剂。

12.2 解释双子表面活性剂的独特性能随亲水基之间的连接链（连接基）长度的增加而降低的原因。

12.3 解释在混合胶束中为什么两种双子表面活性剂混合物的相互作用参数 β 的负值比相应的同类型传统表面活性剂混合物的要更大。

第13章　生物学中的表面活性剂

很多生物体系与表面活性剂分子直接或间接相关，例如：

① 细胞膜是由类脂表面活性剂构成的双分子层囊泡结构；

② 肺的机械运动依赖于某种生物表面活性剂，而缺乏该表面活性剂对早产婴儿会引起呼吸窘迫综合征；

③ 生物化学家已经使用表面活性剂进行细胞溶菌；

④ 表面活性剂可以导致蛋白质变性；

⑤ 生物学家通常使用的电泳技术是以表面活性剂为根据的；

⑥ 一些表面活性剂具有杀菌作用；

⑦ 生物工程的一些阶段中用到表面活性剂；

⑧ 药物配方会涉及表面活性剂。

13.1　生物表面活性剂及其应用领域

由微生物和其他生命体系产生的表面活性剂称为生物表面活性剂。它们可产生低表面张力，并具有低临界胶束浓度（CMC）的特征，能有效形成 W/O 和 O/W 型微乳液。生物表面活性剂的亲水性部分主要包括氨基酸或肽的阴离子或阳离子型衍生物、二糖或多糖的非离子型衍生物等；而亲油性部分则是由饱和、不饱和或羟基化脂肪酸链，或亲油性多肽构成。已知微生物可以自碳氢化合物（烃）和水溶性化合物（葡萄糖、蔗糖、乙醇及甘油）产生表面活性剂。尽管生物表面活性剂生产成本有些高，但其生物降解性和可再生特性使其在许多行业领域具有很大的吸引力，例如在农业、建筑业、食品与饮料、工业清洗、皮革工业、乳液聚合、造纸与金属业、纺织品加工、化妆品配方、制药、石油和石油化工以及三次采油（EOR）等行业。

从生物降解性和毒性方面考虑，生物表面活性剂也较合成表面活性剂更易被接受。生物表面活性剂在生物修复方面的应用（通过消除污染保护自然环境）和类似的环境应用源于其对淡水、海洋、陆地生态系统的低毒性[1]。生物表面活性剂还可用于油罐清洗和石油开采[2,3]。生物表面活性剂的温和性质还使其广泛用于化妆品、药物以及农用化学品配方，以及作为抗菌剂、免疫调节剂[4]。在食品行业的许多部门，生物表面活性剂是高效的乳化剂和乳状液稳定剂[5]。生物表面活性剂还能用作高效广谱抗菌剂[6]，有关它们在转基因（以非病毒方法将核酸导入细胞的过程——分子与细胞生物学的一个基本过程）的能力以及在基因治疗中作为便利的 DNA 释放剂的应用已经得到研究[7]。

　　与合成表面活性剂不同，真正的生物表面活性剂是在活的有机体内产生的。生化合成的主要机理涉及一个氧原子或极性原子内插到烃类分子的 C—H 键上。例如，使用恶臭假单胞菌 GPo1 的烷烃羟化酶 AlkB，即一种跨膜二铁氧化酶，氧化步骤得以进行，其中烷烃在血蛋白质酶细胞色素 P450 的铁离子配位中心的协助下被增溶到了细胞膜的双亲环境中[8]。相关界面现象为相边界的表面张力降低，使得微生物可以在水不溶性的底物上生长，而底物更易被吸收[9]。微生物以各种化学物质为食，副产生物表面活性剂分子。这种生物合成过程也可以在体外发生，这里含有营养物质的液体培养基的性质会影响表面活性剂的结构。例如，通过调整介质中氨基酸的浓度，可以获得 val-7 或 leu-7 表面活性肽（相关变体见表 13.2），从而控制生物表面活性剂的结构（最有名的一种表面活性肽其结构中含有一个由异-C_{15}-羟基（或氨基）羧酸和七个氨基酸：L-Glu$^{(1)}$-L-Leu$^{(2)}$-D-Leu$^{(3)}$-L-Val$^{(4)}$-L-Asp$^{(5)}$-D-Leu$^{(6)}$-L-Leu$^{(7)}$所组成的环。在 val-7，肽环上的第七个氨基酸是缬氨酸）。由某一类微生物所产出的表面活性剂的化学结构受到碳源性质、营养限制、需氧或厌氧环境、温度、离子强度以及 pH 值等的影响。

　　表 13.1 列出了由微生物产生的主要生物表面活性剂的种类。其中部分表面活性剂的化学结构如表 13.2 所示。这些结构包括了许多衍生自脂肪酸、糖类、甘油酯类、肽类以及磷脂类的结构成分。

表 13.1　各种不同的生物表面活性剂以及相应的制造微生物[6,10~14]

生物表面活性剂种类	制造微生物
糖脂类(Glycolipids)	
鼠李糖脂(Rhamnolipids)	绿脓杆菌(*Pseudomonas aeruginosa*)
海藻糖脂(Trehalose lipids)	红串红球菌(*Rhodococcus erythropolis*)
	节细菌属(*Arthobacter* sp.)
槐糖脂(Sophorolipids)	假丝酵母菌(*Candida bombicola*)
甘露糖赤藓糖醇酯(Mannosylerythritol lipid)	蜜蜂生假丝酵母(*Candida apicola*)
	南极假丝酵母(*Candida antartica*)
黑粉菌酸(Ustilagic acid)	*Pseudozyma fusiformata*
脂肽类(Lipopeptides)	
表面活性肽(Surfactin)/伊枯草菌素(Iturin)/丰产素(Fengycin)	枯草芽孢杆菌(*Bacillus subtilis*)
黏液毒素(Viscosin)	荧光假单胞菌(*Pseudomonas fluorescens*)
地衣素(Lichenysin)	地衣芽孢杆菌(*Bacillus licheniformis*)
沙雷维婷(Serrawettin)	黏质沙雷菌(*Serratia marcescens*)
磷脂类(Phospholipids)	不动杆菌(*Acinetobacter* sp.)
	野兔棒状杆菌(*Corynebacterium lepus*)
脂肪酸(Fatty acids)/中性脂 (Neutral Lipids)	
Corynomicolic acid	棒状杆菌(*Corynebacterium insidibasseosum*)

续表

生物表面活性剂种类	制造微生物
高分子表面活性剂 (Polymeric surfactants)	
Emulsan	醋酸钙不动杆菌(*Acinetobacter calcoaceticus*)
Alasan	抗辐射不动杆菌(*Acinetobacter radioresistens*)
甲壳素(Liposan)	解脂假丝酵母(*Candida lipolytica*)
脂甘露聚糖 (Lipomannan)	热带假丝酵母(*Candida tropicalis*)
颗粒生物表面活性剂	
囊泡	醋酸钙不动杆菌(*A.calcoaceticus*)

表 13.2　一些生物表面活性剂的结构式

名称	结构
鼠李糖脂[15]	 单鼠李糖脂中，R=H 或 R=COCH=CH(CH$_2$)$_6$CH$_3$；二鼠李糖脂中 R=鼠李糖基或 R=鼠李糖基-O-CO-CH=CH-(CH$_2$)$_6$-CH$_3$；R$_1$=R$_2$=C$_7$H$_{15}$
海藻糖脂[16]	
槐糖脂[17]	(a) R^1=R^2=COCH$_3$ (b)R^1=COCH$_3$, R^2=H (c)R^1=H, R^2=COCH$_3$ (d)R^1=R^2=H 主要成分为内酯，其中 R 如（a）所示。这里也包括相应的内酯水解结构
甘露糖赤藓糖醇酯[18]	 *n*=6～10

名称	结构

表面活性肽[19]

n=8, 9, 或10

(a) 表面活性肽
(Surfactin)

CH₃-(CH₂)n-CH₂-CH

CO ⟶ L Glu ⟶ L Leu ⟶ D Leu
CH₂
O ⟵ L Leu ⟵ D Leu ⟵ L Asp ⟵ L Val

n=9～12

(b) 伊枯草菌素
(Iturin)

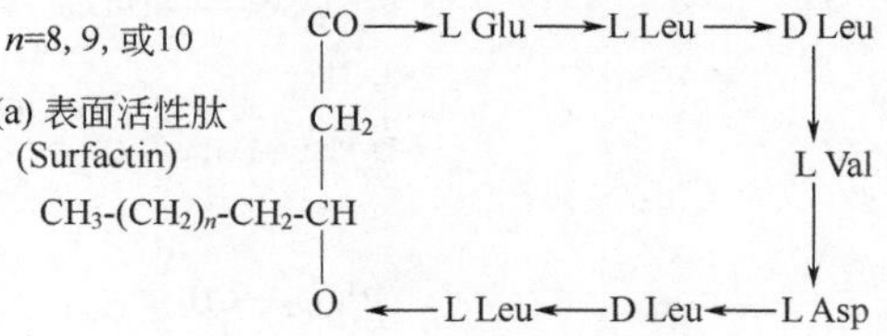

CH₃-(CH₂)n-CH₂-CH

CO ⟶ L Asn ⟶ D Tyr ⟶ D Asn
CH₂
HN ⟵ L Ser ⟵ Asn ⟵ L Pro ⟵ L Gln

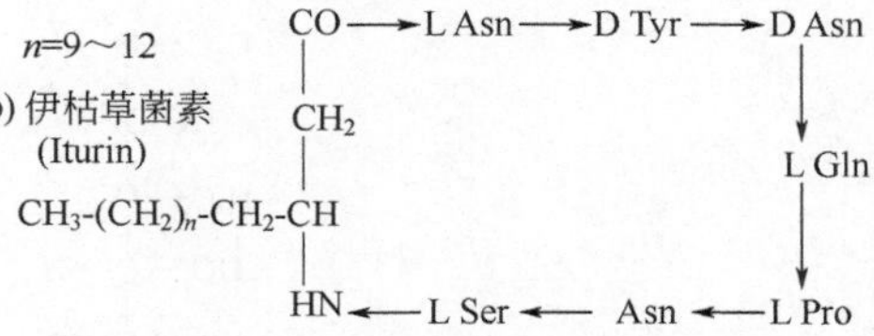

(c) 丰产素
(Fengycin)

OH
CH₃-(CH₂)n-CH —— CO ⟶ L Glu ⟶ D Orn ⟶ L Tyr ⟶ D Allo Thr ⟶ L Glu ⟶ D X
OH
n=11～14
X=Ala或Val
O ⟵ L Ile ⟵ D Tyr ⟵ L Gln ⟵ L Pro

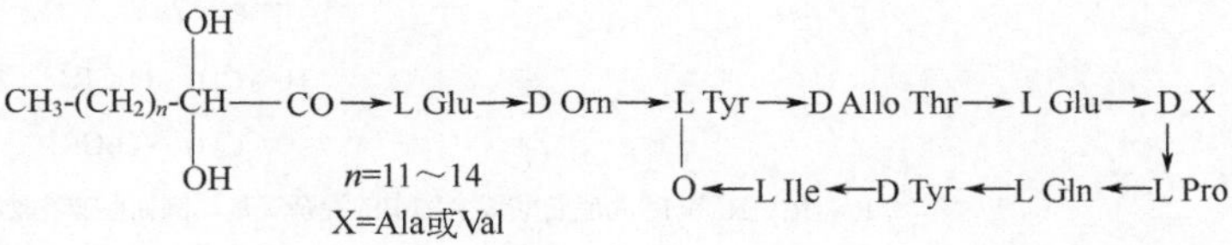

黏液毒素[20]

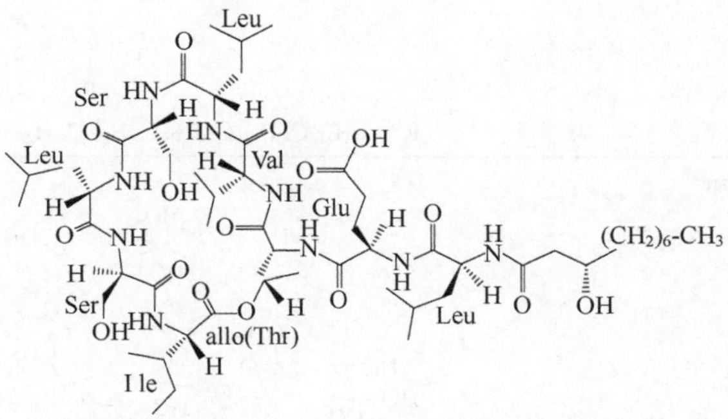

地衣素[21]

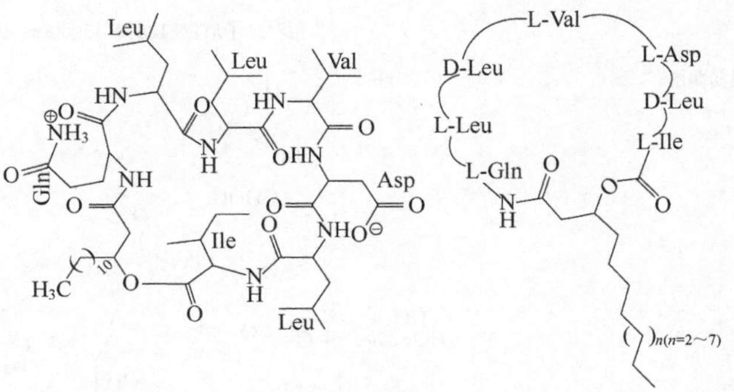

名称	结构

沙雷维婷[22]

$$\begin{array}{c} \text{L-Ser} \longrightarrow \text{D-Leu} \\ \text{L-Thr} \qquad \overset{O}{\underset{(CH_2)_6}{|}} \\ \text{D-Phe} \longrightarrow \text{L-ILe} \underset{O}{\longrightarrow} \\ CH_3 \end{array}$$

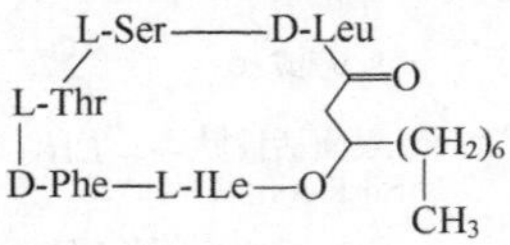

磷酯
心磷脂[23]

$$\begin{array}{c} R^1CO_2 \longrightarrow CH_2 \\ R^2CO^2 \longrightarrow C \longrightarrow H \\ H_2C \longrightarrow O \\ (HO)P \\ H_2C \longrightarrow O \\ HO \longrightarrow C \longrightarrow H \\ H_2C \longrightarrow O \\ PO(OH) \\ H_2C \longrightarrow O \\ H \longrightarrow CH \longrightarrow O_2CR^3 \\ CH_2 \longrightarrow O_2CR^4 \end{array}$$

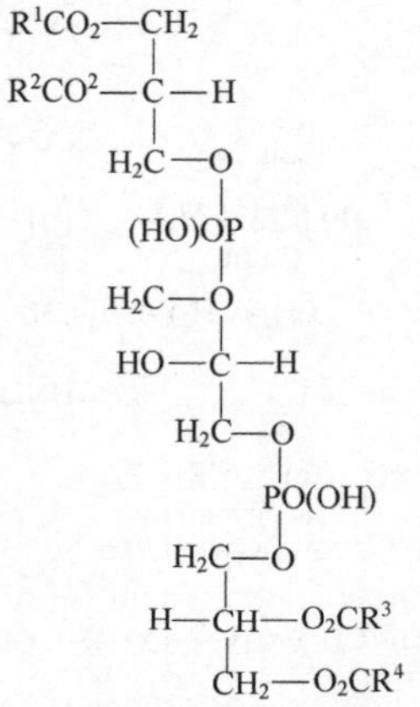

R^1、R^2、R^3 和 R^4 为脂肪酸残余物中的混杂烷基，例如在哺乳动物磷脂中，烷基为亚油酰基

Corynomicolic acids[24,25]

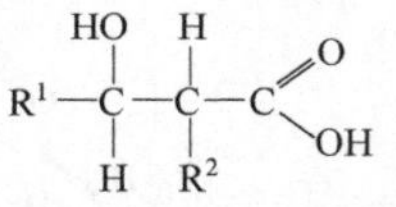

$$R^1 \overset{HO}{\underset{H}{\overset{|}{C}}} \overset{H}{\underset{R^2}{\overset{|}{C}}} C \overset{O}{\underset{OH}{\diagdown}}$$

$R^1 = C_{40}H_{73}, C_{42}H_{77}, C_{44}H_{81}, C_{46}H_{85}, C_{48}H_{29}, C_{50}H_{93}$; $R^2 = C_{14}H_{29}, C_{16}H_{33}$

Emulsan[26]

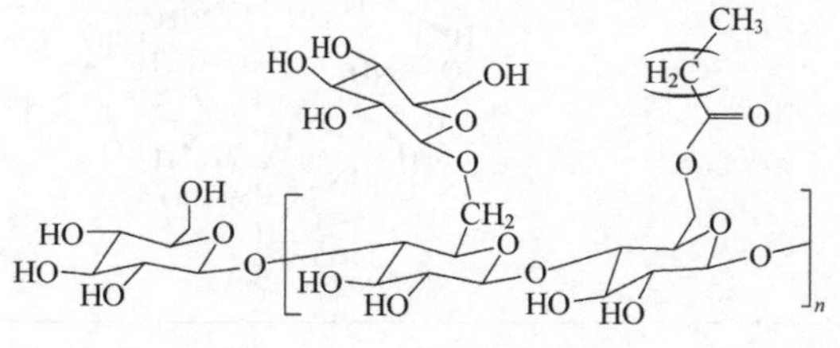

相对分子质量=12000~13000(n=1000~1500)

黑粉菌酸[14]

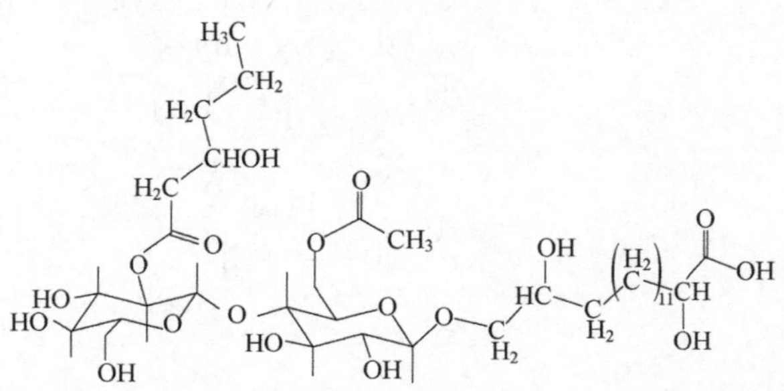

续表

名称	结构

Alasan[27]

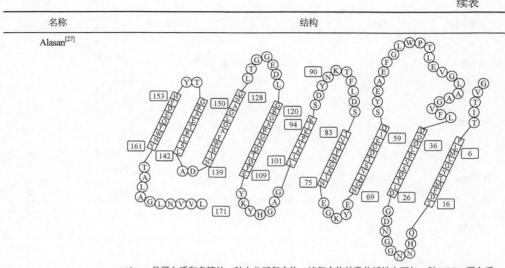

Alasan 是蛋白质和多糖的一种大分子复合物。该复合物的乳化活性主要与一种 45kDa 蛋白质（AlnA）有关（见表 13.3 中的缩写）

甲壳素[28]　甲壳素由大约 83% 的烃类化合物和 17% 的蛋白质组成。碳水化合物部分是一个杂多糖，由葡萄糖、半乳糖、半乳糖胺和半乳糖醛酸构成

脂甘露聚糖[29a]

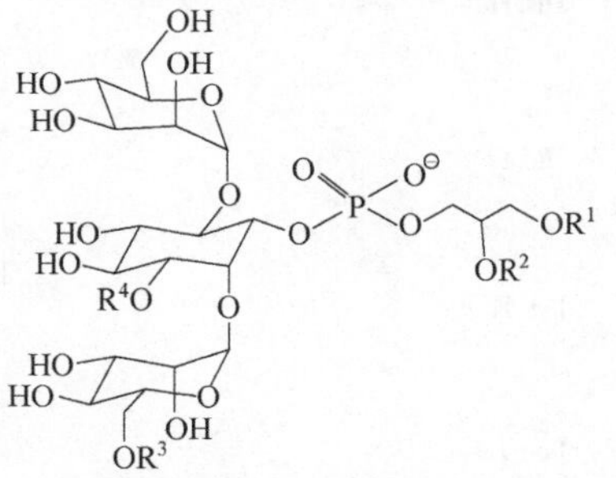

脂甘露聚糖生物合成途径中的一个前体

R^1=C_{19} 脂肪酰基，R^2=C_{16} 脂肪酰基，R^3=C_{16}/C_{19} 脂肪酰基，R^4=C_{16}/C_{18}/C_{19} 脂肪酰基

表 13.3 列出了用于表示生物表面活性剂结构的 20 种基本氨基酸的名称、缩写和结构。

表 13.3　氨基酸及其三字母和一字母缩写和结构式

氨基酸名称	缩写	结构式
丙氨酸	Ala, A	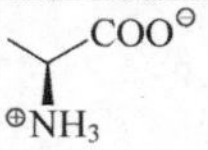
天冬酰胺	Asn, N	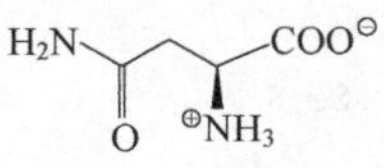
天冬氨酸	Asp, D	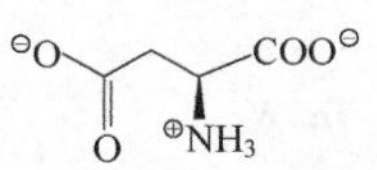

氨基酸名称	缩写	结构式
精氨酸	Arg, R	
半胱氨酸	Cys, C	
谷氨酰胺	Gln, Q	
甘氨酸	Gly, G	
谷氨酸	Glu, E	
组氨酸	His, H	
异亮氨酸	Ile, I	
赖氨酸	Lys, K	
亮氨酸	Leu, L	
蛋氨酸	Met, M	
苯丙氨酸	Phe, F	
脯氨酸	Pro, P	
丝氨酸	Ser, S	
色氨酸	Trp, W	

续表

氨基酸名称	缩写	结构式
苏氨酸	Thr, T	
酪氨酸	Tyr, Y	
缬氨酸	Val, V	

表 13.4 列出了生物表面活性剂一些常见工业应用领域。每种应用都可能会用到许多不同的微生物或者由它们衍生的具有多元化学结构的混合生物表面活性剂。

表 13.4　生物表面活性剂的一些常见工业应用（生物技术的应用详见表 13.6）[4]

工业领域	应用/表面活性剂	表面活性剂的作用
石油	三次采油 （海藻糖脂）	促进原油排泄至井孔；促进被毛细管圈捕的原油的释放；控制固体表面的润湿性；降低原油倾点时的黏度；降低界面张力；促进原油分解
	破乳（多糖、糖脂、糖蛋白、磷脂、鼠李糖脂）	使原油乳状液破乳，增溶原油，降低黏度，作为润湿剂
环保	生物修复 （鼠李糖脂、槐糖脂、表面活性肽）	乳化烃类化合物，降低界面张力，螯合金属
	土壤修复和土壤淋洗 （鼠李糖脂、表面活性肽）	通过黏附到烃类化合物上导致乳化，分散作用，作为发泡剂、洗涤剂、土壤淋洗剂
食品	乳化、破乳、功能性组分 （卵磷脂及其衍生物）	乳化剂；增溶剂；破乳剂；作为悬浮剂、润湿剂、起泡剂、消泡剂、增稠剂、润滑剂；与脂类、蛋白质、碳水化合物作用
生物学	微生物学 （如鼠李糖脂）	细胞运动，细胞间通讯，营养物质加入，细胞间竞争，植物和动物发病机理，基因表达调控
	药物及治疗（鼠李糖脂、脂肽类、甘露糖赤藓糖醇酯、表面活性肽）	抗菌剂，抗真菌剂，抗病毒剂，黏附剂；免疫调节分子；疫苗；基因治疗
农业	生物防治 （微生物如疣孢漆斑菌与常规表面活性剂如 Silwet L-77 相结合）	促进微生物的生物防除机制，如共生寄生、有害抗生、竞争、诱导产生的系统获得性抵抗力（对较早接触的病原体产生抵抗作用）和低毒化（降低病原体的毒力）
生物加工	下游处理 （通过常规非离子和离子型表面活性剂增强细胞隐藏表面活性剂的性能）	含水两相体系以及微乳液中的生物催化、生物转化、细胞内产物回收、提高胞外酶和发酵产品的产量

续表

工业领域	应用/表面活性剂	表面活性剂的作用
化妆品、保健和美容产品	保健与美容产品（槐糖脂）	乳化剂、起泡剂、增溶剂、润湿剂、清洁剂、抗菌剂、酶作用调节剂
涂料工业	生物分散剂	分散性
陶瓷工业	（杂多糖）	分散剂
生物传感器（一种分析仪器，在生物成分和物理化学检测之间建立耦合关系）	生物分散剂（鼠李糖脂）	阴离子表面活性剂的降解，表面活性剂检测，水中表面活性剂的快速测评 介质
采矿业	生物分散剂	防止絮凝以及更好地分散，煤浆稳定

表 13.5 列出了室温下一些生物表面活性剂水溶液在 CMC 浓度时的代表性表面张力值（表 13.2 列出了其化学结构）。

表 13.5　一些生物表面活性剂 CMC 时表面张力值

生物表面活性名称	浓度(CMC)/(mg/L)	表面张力/(mN/m)	引用文献
海藻糖双柯立诺麦克酸酯（dicorynomycolates）	10^2	43	[5]
海藻糖单柯立诺麦克酸酯（monocorynomycolates）	$1\sim10^2$	32	[5]
鼠李糖脂 1	$1\sim10$	31	[5]
鼠李糖脂 3	10	31	[5]
槐糖脂	82.0	37	[1]
表面活性钛	11.0	27	[1]
海藻糖-2,3,4,2'-四酯	10.0	26	[1]
海藻糖-二/四/六/八酯	1500.0	30	[1]
葡萄糖-6-霉菌酸酯	20.0	40	[1]
纤维二糖-6-霉菌酸酯	4.0	35	[1]
麦芽三糖-6,6',6″-三霉菌酸酯	10.0	44	[1]
黑粉菌酸	20.0	30	[1]

13.2　细胞膜

一个细胞的边界是由一个包裹层确定的，称为细胞膜。细胞膜帮助将细胞的内容物分隔。

在细胞内，亚细胞器如细胞核、线粒体以及叶绿体等分别拥有自己的膜。

细胞膜由双亲性油脂（lipids）分子组成，它们形成双层结构。甘油磷脂和鞘磷脂是两种重要的形成双层结构的油脂物质（表 13.6）。它们是双尾表面活性剂，根据第 3 章 3.2.1 节中阐述的排列参数 $V_H/l_c a_0$ 规则，它们具有形成双分子层的能力。

油脂是疏水性的、难溶于水的生物材料，但能溶于有机溶剂如氯仿、甲醇。通过电子显微镜、X 射线衍射测得双分子层的厚度一般约为 60nm。成膜油脂的头基和碳氢链部分的截面积分别约为 0.15nm^2 [29b]。

表 13.6　使用生物表面活性剂和/或加入合成表面活性剂的生物技术过程

应用	表面活性剂	物理化学过程	参考文献
土壤生物修复	槐糖脂（假丝酵母菌），乳化剂（不动杆菌），鼠李糖脂（绿脓杆菌），表面活性提取物（苦参提取物 91）	底物-表面活性剂相互作用，降低表面和界面张力，乳化，分散，烃类化合物的部分增溶及其在两相间的分配，生物降解	[31]
木质纤维素转化为乙醇	产自里氏木霉 Cel7A（CBHI）的生物表面活性剂，加入离子和非离子型表面活性剂得到强化	减少纤维素在木质素上的有害吸附，促进纤维素到糖类的生物转化	[31]
	各种细菌	通过微生物表面活性剂实现界面张力降低，生物表面活性剂比合成表面活性剂降解得更快	[32]
	脂肽类（地衣芽孢杆菌 JF-2，枯草芽孢杆菌）（高温处理）		[32~35]
	海藻糖脂（玫瑰色诺卡菌），未表征的表面活性剂混合物（脱硫弧菌属），中性脂（梭状芽孢杆菌），杂多糖及脂肽类（节杆菌）		[36]
微生物提高石油采收率（MEOR）	鼠李糖脂（绿脓杆菌），地衣素（地衣芽孢杆菌），脱硫弧菌属		[37] [38]
	弧菌（见上文）		
	乳化剂（醋酸钙不动杆菌），Alasan（抗辐射不动杆菌），脂肪酸及磷脂类（交替单胞菌属），表面活性肽（枯草芽孢杆菌），*Corynomicolic acid*（棒状杆菌），糖脂类（嗜石油菌，球拟酵母），神经酰胺（鞘氨醇杆菌）		[39]
	乳化剂（醋酸钙不动杆菌 RAG-1）	石油开采过程中形成的石油乳状液的破乳 通过乳化作用去除油罐底部的石油，便于石油的管道输送（使石油黏度降低 2000 倍）	[40]

应用	表面活性剂	物理化学过程	参考文献
增强金属提取	铜蓝蛋白，一种含铜蛋白质（氧化亚铁硫杆菌，嗜酸热硫化叶菌）	生物增溶和生物湿法冶金（利用微生物回收水溶液中的金属）	[41,42]
涂料行业	生物分散剂（醋酸钙不动杆菌 A2）	分散液的稳定，也可能作为黏度调节剂	[43]
煤炭加工	脂肽类（地衣芽孢杆菌）	褐煤中煤炭组分的增溶	[44]
陶瓷工业	带有羧酸盐的阴离子型多糖（巨藻提取物，棕色固氮菌）	颗粒间的有效结合，从而控制其大小、形状以及材料的质地	[45]
生物传感器	脂肽类（酶）（假单胞菌，无色杆菌）	阴离子表面活性剂如十二烷基硫酸钠的降解，水溶液中它们的检测	[46]
农业	聚氧乙烯（20）失水山梨醇单油酸酯	微生物的破坏，例如对微生物如甘薯粉虱（烟粉虱）和二点小盲蝽的对抗作用	[47]
影响细胞外产物	通过聚乙二醇-（1,1,3,3-四甲基丁基）苯基醚增强木霉菌纤维素酶的生产	通过改变与细胞膜脂质组分的相互作用促进蛋白质分泌	[48,49]
细胞内产物的回收，例如青霉素的萃取	酰化酶（水/正己烷体系中二（2-乙基己基）磺基琥珀酸酯钠盐的反胶束中的大肠杆菌）	细胞通透性——表面活性剂渗入到内磷脂层，通过瓦解磷脂增加细胞膜的通透性	[50]
应用生物催化	脂肪酶（用表面活性剂双十二烷基葡萄糖基谷氨酸盐改性的德式根霉）	保持洗衣粉中酶活性 表面活性剂-酶复合物改变酶的三元结构、调节酶的活性和特异性；用于有机溶剂中对抗变性的生物催化	[51]
微生物生产生物表面活性剂	糖脂（假单胞菌，假丝酵母属）	通过生物催化将氧和其他负电性元素结合到微生物的细胞膜中，是制备生物表面活性剂的一个重要过程	[52]
	槐糖脂（假丝酵母菌，非致病性酵母菌）	表面活性剂的合成涉及这种微生物的基因中的特定位置	[53]

图 13.1 给出了一个包括完整蛋白质和跨膜蛋白质的细胞膜的一般结构示意图。

根据化学分类，细胞膜的成分可分类如下（见图 13.2）。

① C_{14}～C_{20} 长链羧酸，包括饱和酸，如棕榈酸（C_{16}）、硬脂酸（C_{18}），和不饱和酸，如油酸（C_{18}，顺式-9 双键）、亚油酸（C_{18}，顺式-9、顺式-12 双键）。

② 甘油酯，如 1-棕榈酰基-2-亚油酰基-3-硬脂酰基甘油。

③ 甘油磷脂，其中甘油的两个—OH 基被长链羧酸酯化，第三个—OH 基被磷酸或其衍生物酯化。例如，磷脂酰胆碱（卵磷脂）就是一种甘油磷脂。在心脏肌肉中发现的心磷脂是二磷脂酰胆碱。

④ 鞘磷脂，C_{18} 氨基醇衍生物，例如鞘氨醇。它们的 N-酰基脂肪酸衍生物被称为神经酰胺。一种最简单的鞘糖脂——脑苷脂即是一种含糖的化合物。

⑤ 胆固醇，动物原生质膜的一个组分，环戊醇全氢化菲的一个衍生物。

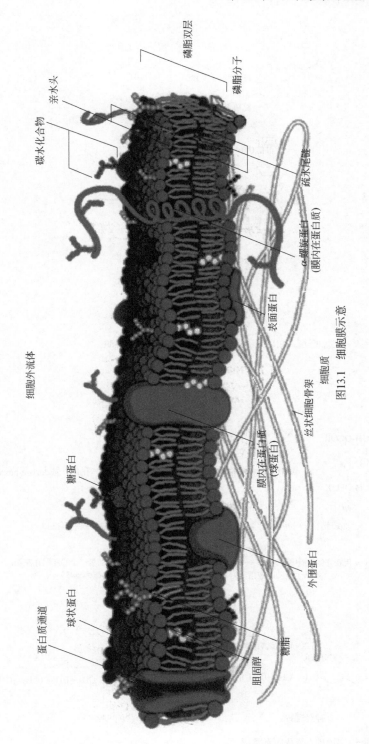

图13.1 细胞膜示意

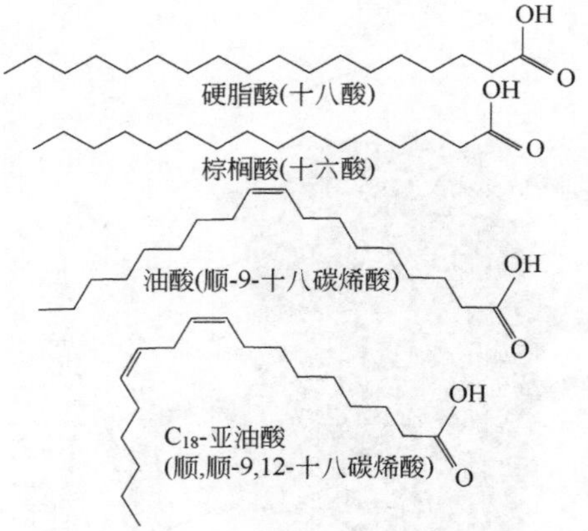

硬脂酸(十八酸)

棕榈酸(十六酸)

油酸(顺-9-十八碳烯酸)

C$_{18}$-亚油酸
(顺,顺-9,12-十八碳烯酸)

CH$_2$OCOR^1

CHOCOR^2

CH$_2$OCOR^3

甘油三酯，如1-棕榈酰基-2-亚油酰基-3-硬脂酰基甘油

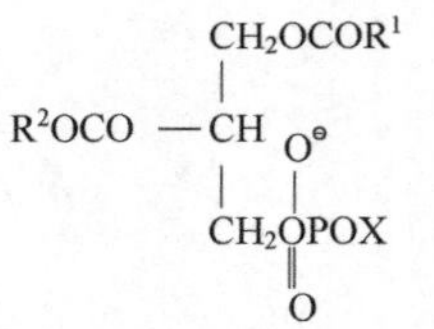

CH$_2$OCOR^1

R^{2}OCO —— CH   O$^{\ominus}$

CH$_2$OPOX

O

X=H-磷脂酸

X=CH$_2$CH$_2$N$^{\oplus}$H$_3$-磷脂基乙醇胺

sn-1：棕榈酸或硬脂酸，*sn*-2：亚油酸，花生四烯酸，或docosa-hexaenoic acid

X=CH$_2$CH$_2$N$^{\oplus}$(CH$_3$)$_3$-磷脂基胆碱［卵磷脂］

甘油磷脂   *sn*-1：棕榈酸或硬脂酸，*sn*-2：油酸，亚油酸，或亚麻酸

(*sn* 代表立体定向编号系统——根据 IUPC/IUB 惯例，如果甘油中的第二个 OH 写在左侧，
那么上面的碳被指定为 *sn*-1，中间的碳为 *sn*-2，下面的碳为 *sn*-3)

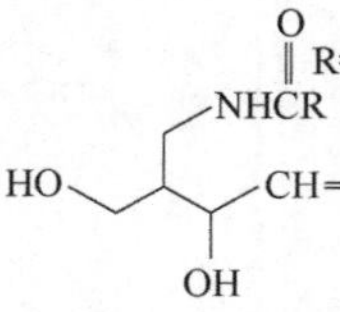

O

R=脂肪酸残余物中的烷基

NHCR

HO   CH＝CH—(CH$_2$)$_{12}$CH$_3$

OH

神经酰胺

NH$_3^{\oplus}$

HO   CH＝CH—(CH$_2$)$_{12}$CH$_3$

OH

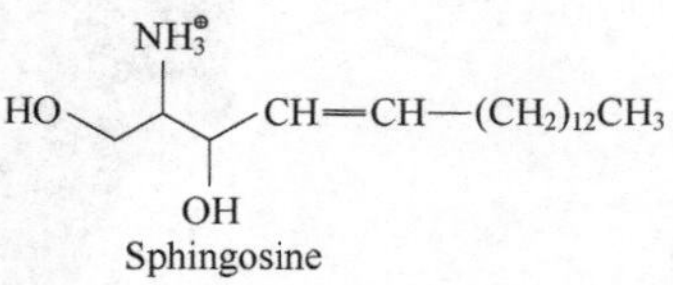

Sphingosine

(在神经酰胺中，固有的 *N*-酰基是棕榈酰基)

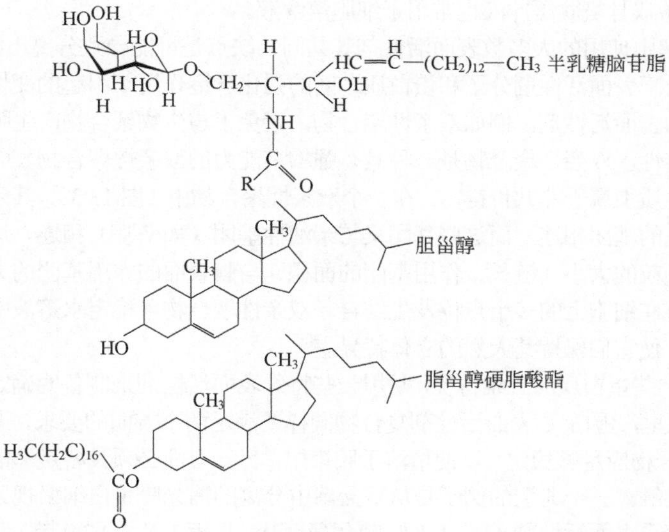

图 13.2　在细胞膜中发现的一些代表性脂肪酸及甘油三酯的结构

13.3　表面活性剂与胞溶作用

胞溶（细胞的破碎[溶解]）是分离膜蛋白时常用的一个重要过程。

表面活性剂在破碎细胞膜、打开细胞方面是相当有效的。表面活性剂可以破坏膜组分之间的三种相互作用，即脂质-脂质、脂质-蛋白质和蛋白质-蛋白质的相互作用。随后膜组分与表面活性剂形成的复合物被增溶入表面活性剂胶束中[54]。

这些外加的分子协同吸附于蛋白质的跨膜表面，形成单层状聚集体，它们迅速与水溶液中的单体以及无蛋白胶束达到平衡。当浓度低于 CMC 时，会导致蛋白质聚集和沉淀。表面活性剂种类、浓度以及温度、pH 值、作用时间、盐度等条件对蛋白质是保持其天然状态还是发生变性都可能产生影响。当浓度高于 CMC 时，胶束可能有助于表面活性剂与脂质和蛋白质相互作用产物的增溶，或者可能促使更多的表面活性剂单体进一步吸附到已形成的单分子层上。当细胞破裂后，细胞内容物便会渗出，暴露出核酸。

与离子型表面活性剂相比，非离子型表面活性剂如对（1,1,3,3-四甲基丁基）苯基聚乙二醇醚（见第 1 章 1.4.3.1 节）对蛋白质天然构象结构产生的破坏较小。很明显，蛋白质中的带电基团与离子型表面活性剂的静电作用改变了蛋白质中一些片段的排斥作用，因而其形状较之于非离子表面活性剂存在时要坚固得多。蛋白质变性的程度取决于表面活性剂的浓度。当表面活性剂浓度较低时，由于结合仅发生于特定的结合位并且是非协同的，因此这种结合是十分特殊的。当表面活性剂浓度较高时，这种结合转为非特殊的和协同的，导致蛋白质三维结构的破坏，称为变性[55]。

在一些细胞溶解的方案中，使用的是基于对（1,1,3,3-四甲基丁基）苯基聚乙二醇醚的溶解液。一个典型的溶解液包含 100mmol/L 磷酸钾（pH 7.8），0.2%（体积分数）对（1,1,3,3-四甲基丁基）苯基聚乙二醇醚，以及 1mmol/L 二硫苏糖醇（DTT）。对（1,1,3,3-四甲基丁基）

苯基聚乙二醇醚/双甘氨肽缓冲液也常用于细胞溶解液。

在细胞溶解中使用的大多数表面活性剂其共同的缺点是可能导致分离出的蛋白质变性。为了避免这种由于表面活性剂分子和蛋白质之间的强化学键作用[56]引起的变性趋势，已经开发出新型结构的表面活性剂，例如双亲性聚合物，避免了与生物聚合物产生强相互作用，而仍能保留其增溶性。双亲性聚合物是一种具有强增溶能力的双亲性聚合物表面活性剂，但其主要结合力在性质上属于非共价键力。在一个双亲性聚合物中（图 13.3），其亲油性骨架与亲水的、高度荷电的基团相连，而这些基团又与亲油性基团（如辛基）相连。这些能发生相互作用的聚合物颗粒的大小（链长、作用基团的面积）与膜表面的作用基团的大小以及总面积相匹配，使其可在细胞上的多个点位发生结合。双亲性聚合物可稳定水溶液中许多完好表征的完整膜蛋白，使它们保持其天然的立体特异态[57]。

为了阐释一些蛋白质的三维特征，常用一些特殊表面活性剂来制备明确定义的晶体结构供衍射研究。这里，蛋白质-表面活性剂复合物同样要满足两个方面的要求，即一方面表面活性剂-蛋白质复合物应足够稳定，以便增溶于胶束中，另一方面必须具备足够的弹性以便与晶体保持合理的接触。一个典型的例子是从嗜盐菌中分离的捕光膜蛋白细菌视紫红质。该蛋白质已经用一种糖系表面活性剂 n-辛基-β-吡喃葡萄糖苷（见第 1 章 1.4.3.9 节）和一种三脚型双亲分子进行了研究[58]，这种三脚型双亲分子（见图 13.4）的特征是一个头基上连接了一个由三条短链构成的三脚架状亲油性附加物）[59]。目前已经设计出许多新型表面活性剂体系来研究膜蛋白，以帮助探究膜结构生物学，例如磷酸胆碱两性离子表面活性剂，具有重构膜蛋白的能力（使蛋白质重新折叠，以模拟其天然态）。

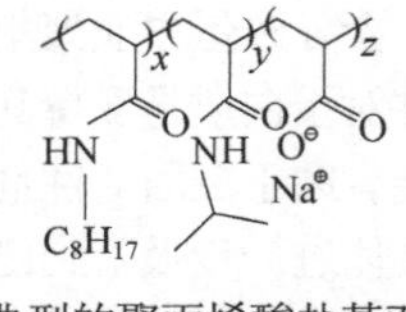

图 13.3　一种典型的聚丙烯酸盐基双亲性聚合物的结构 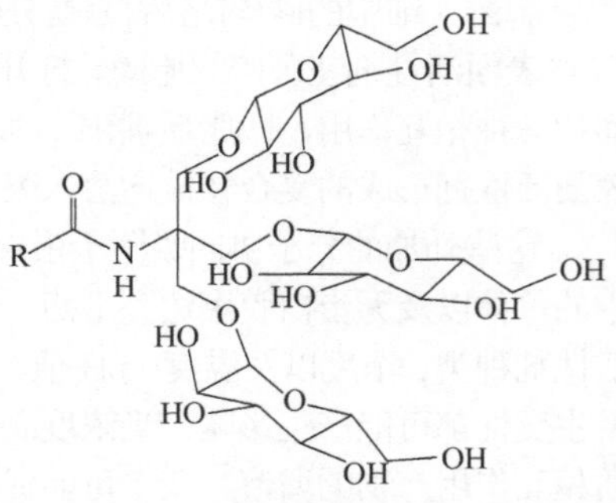　　　图 13.4　一种三脚型双亲分子的结构

一种具有球状结构，构成细胞的外膜的脂质双分子层结构称为囊泡（见第 3 章 3.2.1 节）。囊泡可以在体外形成，例如通过脂质分子如二棕榈酰磷脂酰胆碱的自组装形成。囊泡具有模拟生物膜（用作微反应器和人工光合作用以及其他化学反应）的潜能，用于药物运输及设计电、光、磁功能元件。脂质体是由与细胞膜中的双亲脂质相同或类似材料制造出来的球状双分子层。在内外层具有各种结构特征的脂质体均可被制备出来，并在靶向给药及基因治疗方面获得了应用。由天然双亲分子制取的脂质体不会与其他细胞成分产生不利作用，可作为惰性药物载体。

13.4　蛋白质变性和与表面活性剂的电泳

处于自然构型状态的蛋白质，称其处于自然态。完整的原始形态是靠一些非键合弱相互作用来维持的，但它们对温度、pH 值以及溶剂的变化极其敏感。表面活性剂甚至在微摩尔级的浓度，即能干扰蛋白质的结构，通过与蛋白质非极性残余物的疏水缔合而引起变性，而这些非极性残余物主导了蛋白质的天然结构。

十二烷基硫酸钠（SDS，见第 1 章 1.4.1.3 节）与蛋白质形成配合物的能力在凝胶电泳中获得了应用。大多数蛋白质与 SDS 结合的比率基本相同，每克蛋白质约结合 1.4gSDS，等价于一个 SDS 分子结合两个氨基酸残基。SDS 所带电荷覆盖了蛋白质的电荷，于是蛋白质-SDS复合物趋向于拥有相同的荷/质比和相似的形状。结果在含有 SDS 的聚丙烯酰胺凝胶中通过凝胶渗透电泳基于质量分离蛋白质是可能的（参见荷/质比是质谱分离的基础）。凝胶渗透色谱（GPC）或排阻色谱的原理是，凝胶空隙滞留小分子聚合物，而大分子聚合物则被排出。

13.5　肺表面活性物质

肺表面活性物质是由肺内或外部的肺泡细胞形成的生物表面活性剂混合物[主要是脂蛋白质复合物（磷脂蛋白）]。其组成大约为 90%的磷脂和 10%的蛋白质。磷脂成分主要是二棕榈酰卵磷脂（DPPC），含有少量的不饱和胆碱、磷脂酰甘油（PG）、磷脂酰肌醇、磷脂酰乙醇胺以及中性脂。

吸气过程中，通过鼻腔和咽部吸入的空气通过气管和支气管到达最微小的细支气管，即称为肺泡的微观气囊的终端。肺生物表面活性剂使肺内气体加速交换。肺表面活性剂吸附在肺泡的空气-水界面，以极性头基朝向水侧，疏水尾链朝向空气，降低了肺泡内气-液界面的表面张力。肺泡可以看作是水中的气泡。实验测得呼气开始时的平衡表面张力约为 23mN/m[60]。肺表面活性剂有助于防止呼吸结束时肺的塌瘪，通过降低空气-水界面的表面张力，使肺更容易扩张，从而大大减少呼吸功。

在一些早产婴儿中，肺生物表面活性剂的缺乏会导致呼吸机能障碍。从其他来源衍生的肺表面活性剂，例如来自牛肺的支气管肺泡灌洗术（清洗或淋洗过程），可用来治疗与这种机能障碍相关联的一些病症。

当肺部受到损伤时，血浆泄漏到气体空间并通过化学作用使肺表面活性剂失活。除了含有其他成分外，血浆中还含有溶解的聚蛋白质，蛋白质-表面活性剂相互作用会使得肺泡失去大量的必需表面活性剂。失去的肺表面活性剂可以人为补充。获得食品与药品管理局（FDA）批准使用的常用肺表面活性剂为人工合成的或是从各种动物资源中获取的。加入聚乙二醇和葡萄聚糖类添加剂可大幅降低人造肺表面活性剂溶液的黏度[61]。一些人造肺表面活性剂的成分如下。

① 二棕榈酰卵磷脂（DPPC）与作为铺展剂的十六醇和四丁酚醛（如图 13.5，一种聚合非离子表面活性剂）的混合物。

② 一种牛肺表面活性剂的天然提取物，包含 88%的磷脂（大约 50%的 DPPC）和蛋白质（大约 1%），辅以合成的棕榈酸和软脂酸甘油酯。

③ 猪肺表面活性剂天然提取物，几乎全部是极性脂质，尤其是磷脂酰胆碱（约为总磷脂含量的 70%）、PG

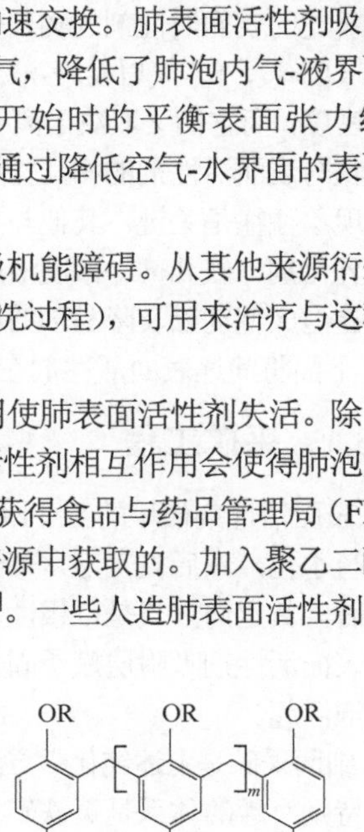

$R=CH_2CH_2O\text{-}[CH_2CH_2O]_n\,OCH_2CH_2OH$

$m<6$

$n=6\sim8$

图 13.5　四丁酚醛的分子结构

（约为总磷脂含量的 30%）以及约 1%的疏水性蛋白质。

④ 小牛肺的灌洗液提取物，主要磷脂成分为 DPPC、PG 及一些不饱和磷脂。磷脂浓度为 35 mg/mL[62,63]。

典型的肺表面活性剂通常用动物内脏提取物与一种合成的类似结构的表面活性剂如 DPPC、PG 来配制。动物模型试验表明，合成的肺表面活性剂甚至会比其天然对应物更有效。这些研究还表明，使用复配的表面活性剂来治疗肺表面活性剂不足，要比治疗肺损伤导致的表面活性剂失活更有效，因为后一情形会在肺内产生多种阻碍治疗的其他组分。

合成肺表面活性剂的研究正在向特殊表面活性剂体系发展，如含氟分子。碳氟化合物比相应的碳气化合物具有更优良携氧和二氧化碳能力，由于这一背景，其应用已经成为研究的热点[64]。

13.6 生物技术中的表面活性剂

在生物技术中，一个微生物或者一个细胞或其提取物扮演了关键角色。生物技术是以生物催化剂的功能为基础的，它们是或大或小的多肽类物质。每个过程或产物都需要专一的生物催化剂。因此，要将任何一个生物技术过程付诸实施，必须对性能和环境进行优化。

所有在某些阶段涉及表面活性剂的生物技术过程都利用了一个或更多前几章（见第 1～5章）所述的表面活性剂的物理化学性能。包括降低表面张力、在溶液中的聚集、增溶以及在界面（固-液、液-气以及液-液）的吸附。这些体系的稳定性取决于表面活性剂吸附层的厚度和紧密度，而它们又取决于离子作用、共价键作用、非共价键疏水相互作用以及氢键作用等。聚合物与表面活性剂的相互作用以及气泡的稳定性是所有这些过程中的永恒主题，其中界面吸附现象往往是关键。其他与生物技术应用相关的涉及表面活性剂的概念是这些表面活性剂作为乳化剂、破乳剂、微乳液成型剂、润湿与渗透剂、洗涤剂、发泡剂、增稠剂、金属螯合剂、囊泡成型剂以及降黏剂的各种性能。

下面将简述表面活性剂在生物技术领域中的一些应用。

13.6.1 采矿工程

表面活性剂最早的工业应用之一就是矿物浮选，即通过表面活性剂在矿石表面吸附使其表面疏水化，然后被气泡携带到溶液的顶部而从脉石中分离出来。当表面活性剂在固体表面吸附时，其定向方式是以极性头基朝向固体表面，致使固体的外部被非极性疏水链填满。这样的表面活性剂吸附层赋予固体表面高度的疏水性，从而促进了颗粒附着到疏水性气泡上，被气泡浮起。

细菌采矿是上述纯化学方法的一种有用的替代方法，这一过程可在温和的条件下操作[42]。一个特别有趣的体系是黄铁矿（FeS_2），其地球化学降解是通过生物干预的方法进行的。总的化学过程可表示如下：

$$4FeS_2 + 15O_2 + 2H_2O \longrightarrow 2Fe_2(SO_4)_3 + 2H_2SO_4$$

通过细菌（如氧化亚铁硫杆菌）的干预，该反应可加速 100 万倍。细菌在矿石表面发生物理吸附，通过以下连续反应降解硫化物

$$FeS_2(固体)+3.5O_2+H_2O \xrightarrow{\text{细菌}} Fe^{2+}+2SO_4^{2-}+2H^+$$

$$Fe^{2+}+0.25O_2+H^+ \xrightarrow{\text{细菌}} Fe^{3+}+0.5H_2O$$

Fe^{3+}进一步将硫化物降解为

$$FeS_2+2Fe^{3+}+3O_2+2H_2O \longrightarrow 3Fe^{2+}+2SO_4^{2-}+4H^+$$

细菌在矿石表面的附着量与溶液中细菌的浓度有关，服从 Langmuir 吸附等温线（见第 2 章 2.2.2.1）。该过程的速率与很多因素有关，包括矿石的物理及化学性能、微生物干预剂的性质以及外界条件如 pH 值、温度等。

微生物体所分泌的表面活性剂对反应物的传质过程有特殊作用。其中表面活性剂对矿石表面的润湿被认为是全过程中最重要的一步。表面活性剂吸附在矿石表面使得矿石颗粒的疏水性发生改变，这一步在这些工艺过程中也很重要。对硫杆菌物种已经进行了详细的研究，相关的一些表面活性剂也已经被鉴定出来 （见表 13.6）[65,66]，其中包括鸟氨酸酯[67]。

13.6.2　发酵

在发酵过程中，气泡的大小和稳定性可以通过表面活性剂来控制。表面活性剂可以是微生物产生的，或者是人工加入到发酵液中的。表面活性剂吸附在界面上，降低界面自由能。结果气-液界面面积增加，相应地气泡的尺寸减小，发酵速率增加。伴随的传质系数（关联了扩散速率常数、传质面积和浓度梯度的传递参数）的降低可以从界面面积增加得到补偿。

需氧发酵工艺中通气是一个关键因素，其中有机化合物的氧化是关键步骤。对涡轮充气机的研究表明，低浓度的 SDS 可以增加界面面积和传质系数[68]。

13.6.3　酶法脱墨

纸张的消费正在日益增加，而对环境的关注要求对废纸进行回收利用。而脱墨更是首要问题。传统的脱墨工艺使用壬基酚聚氧乙烯醚表面活性剂与化学剂如氢氧化钠、过氧化氢、硅酸钠以及螯合剂等。实践中的脱墨工艺产生的废水并非环境友好的。从生物资源衍生的酶可以取代许多化学品，而不会损害纤维的质量[69]。除减少传统化学品的使用外，酶技术还有利于减少能源消耗、生产更坚固的纤维以及消除非环境友好的废弃品。不过使用烷基酚聚氧乙烯醚（见第 1 章 1.4.3 节）类的表面活性剂对这一过程仍是有益的。在先进的脱墨技术中已经尝试使用表面活性剂和酶的混合物，相关协同效应已得到开发[70]。

13.6.4　三次采油以及生物除油

由植物和微生物产生的生物表面活性剂具有良好的界面性能，尤其是在烃-水界面。此外，它们不会产生有害废弃物，消除了废弃物处理问题。它们在各种条件下均可有效发挥作用，在高温、高 pH 值及高盐浓度下具有很高的稳定性。

生物表面活性剂已用于三次采油和原油泄漏的污染控制。对这些过程来说，最重要的性能是生物表面活性剂乳化烃-水混合物的能力。由于使用生物表面活性剂使得界面面积增加，有助于降解环境中的烃类物质[10]。

13.6.5 表面活性剂介质中的酶活性

酶的性能取决于其所处的环境，例如溶剂和所加的化学品。表面活性剂可以改变酶的活性。例如，人们研究了从吸水链霉菌和短杆菌获得的胆固醇氧化酶在非离子表面活性剂聚乙二醇400–十二烷基醚和聚乙二醇–（1,1,3,3-四甲基丁基）苯基醚存在时的活性。聚乙二醇400–十二烷基醚对酶活性的影响与其浓度有关，低浓度时酶的活性高，而高浓度时酶的活性减小。相反，无论浓度大小，聚乙二醇–（1,1,3,3–四甲基丁基）苯基醚存在时酶的活性总是很低。人们还针对两种水解酶——蛋白酶和α-淀粉酶研究了反胶束介质中酶的选择性活化。在一项使用不同种类的表面活性剂的研究中发现，非离子表面活性剂失水山梨醇单油酸酯聚氧乙烯（20）醚能同时增强两种酶的活性；阴离子表面活性剂 SDS 及磺基琥珀酸二辛酯钠盐增强蛋白酶的活性，但抑制 α-淀粉酶的活性，而阳离子表面活性剂氯化十六烷基吡啶则增强 α-淀粉酶的活性而降低蛋白酶的活性[71]。

13.6.6 生物反应器中二氧化碳的"固定"

所谓二氧化碳的固定就是将二氧化碳转变成有机化合物如碳水化合物，类似于光合作用。作为燃烧过程的最终产物，二氧化碳被认为是引起全球变暖的废气。二氧化碳可在微藻类生物反应器中被"固定"，生成生物质作动物饲料。这一过程可产生大量有机化学品，包括表面活性剂。微藻的单胞能特别有效地进行光合作用，具备固定来自工业废气的高浓度二氧化碳的潜能。

13.6.7 土壤修复

通过生物修复除去土壤中累积的废弃表面活性剂具有重要的环境意义。已经开发出提高土壤中表面活性剂净化速率的微生物制剂[72]。表面活性剂的生物降解速率得到加快，使净化的土壤摆脱表面活性剂。此外，在非离子表面活性剂存在时，表面活性剂自身能加快通过无菌培养（培养某一种有机体，完全免受任何其他有机体的"污染"）制备的树脂质人造土壤中致癌多环芳烃（PAH）的降解[73]。

13.6.8 污水净化

表面活性剂在蓄水层的积累会污染饮用水源。针对该情况，人们正在开发生物科技方法以除去表面活性剂。固定在聚乙烯醇冷冻凝胶上的恶臭假单胞菌菌株 TP-19 显示出几乎100%的破坏活性[74]。有一个研究组利用解韧带假单胞菌菌株去破坏两性离子表面活性剂，如酰胺基甜菜碱类（见第1章1.4.4节）[75]。

13.6.9 园艺学中的表面活性剂

植物的发芽生长在植物学领域具有重要意义。与此相关联，人们研究了黄麻子叶（圆果种黄麻属）培养时聚氧乙烯聚氧丙烯嵌段共聚物非离子表面活性剂对其生长的影响。作为对照的黄麻子叶，在缺乏表面活性剂时没有长出嫩芽，突出了非离子表面活性剂作为植物培养介质中的生长刺激添加剂的潜在价值[76]。表面活性剂在园艺领域的其他应用包括使用聚氧乙烯型非离子表面活性剂增强杀虫剂在角质层的吸附[77]。

13.6.10　囊泡操纵

通过 DNA 封装和脂质体调停转染的遗传工程可以通过使用囊泡状聚集体来实现。表面活性剂，包括合成的如聚乙二醇-（1,1,3,3-四甲基丁基）苯基醚、辛基糖苷，以及天然的如胆汁酸，会影响卵磷脂单层囊泡的融合[78]。

13.6.11　遗传工程和基因治疗

有关 DNA-表面活性剂复合物如 DNA-十六烷基三甲基溴化铵复合物在基因治疗和其他遗传工程方法中的生物技术应用已经进行了研究。阳离子表面活性剂与 DNA 形成电中性的不溶复合物，这种中性复合物可以通过增溶被包覆到表面活性剂的胶束中。形成的加成物具有作为遗传信息载体的潜在功能[79,80]。

表 13.6 列出了部分应用、生物表面活性剂的名称、相关物理化学原理以及参考文献。文献中包含了上百个微生物种类，其中许多生物表面活性剂还未得到很好的表征，尽管如此，来自它们的微生物萃取物在特定的过程中会产生有利的影响。在很多例子中，往往在相关过程中使用细菌培养物和合成表面活性剂的混合物。表 13.6 所列的大多数表面活性剂的结构以及生产这些生物表面活性剂的微生物的名称都可以在本章以及前面的章节中找到（详见表 13.2 及表 13.3）。

参 考 文 献

[1]　Finnerty, W. R. (1994) *Curr. Opin. Biotech.* **5**, 291.

[2]　Van Dyke, M. I., S. L. Gulley, H. Lee, and J. T. Trevors (1991) *Biotech. Adv.* **9**, 241.

[3]　Bordoloi, N. K. and B. K. Konwar (2008) *Colloid Surf. B: Biointerfaces* **63**, 73.

[4]　Singh, A., J. D. Van Hamme, and O. P. Ward (2007) *Biotechnol. Adv.* **25**, 99.

[5]　Bognolo, G. (1999) *Colloids Surf A: Physicochem. Eng. Aspects* **152**, 41.

[6]　Nitschkea, M. and S. G. V. A. O. Costa (2007) *Trends Food Sci. Tech.* **18**, 252.

[7]　Ueno, Y., Y. Inoh, T. Furuno, and N. Hirashima (2007) *J. Control. Release* **123**, 247.

[8]　Austin, R.N., K. Luddy, K. Erickson, M. Pender-Cudlip, E. Bertrand, D. Deng, R. S. Buzdygon, J. B. van Beilen, and J. T. Groves (2008) *Angew. Chem. Int. Ed.* **47**, 5232.

[9]　Fiechter, A. (1992) *Trends Biotechnol.* **10**, 208.

[10]　Banat, I. M. (1995) *Bioresour. Technol.* **51**, 1.

[11]　Desai, J. D. and I. M. Banat (1997) *Microbiol. Mol. Rev.* **61**, 47.

[12]　Rosenberg, E. and E. Z. Ron (1999) *Appl. Microbiol. And Biotechnol.* **52**, 154.

[13]　Deleu, M. and M. Paquot (2004) *C. R. Chim.* **7**, 641.

[14]　Kulakovskaya, T. V., A. S. Shashkov, E. V. Kulakovskaya, and W. I. Golubev (2005) *FEMS Yeast Res.* **5**, 919.

[15]　Zhang, Y. and R. M. Miller (1992) *Appl. Environ. Microbiol.* **58**, 3276.

[16]　Ortiz, A., J. A. Teruel, M. J. Espuny, A. Marqués, Á. Manresa, and F. J. Aranda (2009) *Chem. Phys. Lipids* **158**, 46.

[17]　Fu, S. L., S. R. Wallner, W. B. Bowne, M. D. Hagler, M. E. Zenilman, R. Gross, and M. H. Bluth (2008) *J. Surg. Res.* **148**, 77.

[18]　Jae, H. I., T. Nakane, H. Yanagishita, T. Ikegami, and D. Kitamoto (2001) *BMC Biotechnol.* **1**, 5.

[19]　Deleu, M., H. Razafindralambo, Y. Popineau, P. Jacques, P. Thonart, and M. Paquot (1999) *Colloids Surf. A: Physicochem. Eng. Aspects* **152**, 3.

[20]　Saini, H. S., B. E. Barraga'n-Huerta, A. L. 'n-Paler, J. E. Pemberton, R. R. Va'zquez, A. M. Burns, M. T. Marron, C. J. Seliga, A. A. L. Gunatilaka, and R. M. Maier (2008) *J. Nat. Prod.* **71**, 1011.

[21] Michail, M. Y., A. Wolf-Rainer, H. Meyer, L. Giuliano, and P. N. Golyshin (1999) *Biochim. et Biophys. Acta* **1438**, 273.

[22] Matthew, F. C. and D. B. Weibel (2009) *Soft Matter* **5**, 1174.

[23] Torregrossa, E., R. A. Makula, and W. R. Finnerty (1977) *J. Bacteriol.* **131**, 493.

[24] Cooper, D. G, J. E. Zajic, and D. F. Gerson (1979) *Appl. Environ. Microbiol.* **37**, 4.

[25] Silva, C. L., J. L. Gesztesi, M. C. Zupo, etal. (1980) *Chem. Phys. Lipids* **26**, 197.

[26] Kim, P., D. Oh, S. Kim, and J. Kim (1997) *Biotechnol. Lett.* **19**, 457.

[27] Walzer, G, E. Rosenberg, and E. Z. Ron (2006) *Appl. Environ. Microbiol.* **61**, 3240.

[28] Cirigliano, M. C. and G M. Carman (1985) *Appl. Environ. Microbiol.* **50**, 846.

[29] (a) Kordula′kova′, J., M. Gilleron, G Puzo, P. J. Brennan, B. Gicquel, K. Mikušuva′, and M. Jackson (2003) *J. Biol. Chem.* **278**, 36285. (b) Kunjappu, J. T. and P. Somasundaran (1996) *Colloids Surf. A.* **117**, 1.

[30] Banat, I. M., R. S. Makkar, and S. S. Cameotra (2000) *Appl. Microbiol. Biotechnol.* **53**, 495.

[31] Eriksson, T., J. Boerjesson, and F. Tjerneld (2002) *Enzyme Microb. Technol.* **31**, 353.

[32] Rapp, P., H. Bock, V. Wray, and F. Wagner (1979) *J. Gen. Microbiol.* **115**, 491.

[33] Lin, S.-C., K. S. Carswell, M. M. Sharma, and G Georgiou (1994) *Appl. Microbiol. Biotechnol.* **41**, 281.

[34] Yakimov, M. M., M. M. Amor, M. Bock, K. Bodekaer, H. L. Fredrickson, and K. N. Timmis (1997) *J Petrol. Sci. Eng.* **18**, 147.

[35] Makkar, R. S. and S. S. Cameotra (1998) *Ind. Microbiol. Biotechnol.* **20**, 48.

[36] Tanner, R. S., E. O. Udegbunam, M. J. McInerney, and R. M. Knapp (1991) *Geomicrobiol. J.* **9**, 169.

[37] Kosaric, N., W. L. Cairns, and N. C. C. Gray, in *Biosurfactants and Biotechnology*, N. Kosaric, W. L. Cairns, and N. C. C. Gray (eds.), Marcel Dekker, New York, 1987, pp. 247-320.

[38] Kosaric, N. (1992) *Pure Appl. Chem.* **64**, 1731.

[39] Hayes, M. E., E. Nestaas, and K. R. Hrebenar (1986) *Chemtech* **4**, 239.

[40] Banat, I. M., N. Samarah, M. Murad, R. Horne, and S. Banerjee (1991) *World J. Microbial. Biotechnol.* **7**, 80.

[41] Somasundaran, P., N. Deo, and K. A. Natarajan, in *Mineral Biotechnology*, S. K. Kawatra and K. A. Natarajan, (eds.), Society for Mining, Metallurgy, and Exploration, Littleton, CO, 2001, p. 221.

[42] Petrisor, I. G, I. Lazar, and T. F. Yen (2007) *Petroleum Sci. Tech.* **25**, 1347.

[43] Rosenberg, E. and E. Z. Ron, in *Biopolymers from Renewable Resources*, D. L. Kaplan (ed.), Springer, Berlin, 1998, pp. 281-289.

[44] Polman, J. K., K. S. Miller, D. L. Stoner, and C. R. Brakenridge (1994) *J. Chem. Technol. Biotechnol.* **61**, 11.

[45] Pellerin, N. B., J. T. Staley, T. Ren, G L. Graf, D. R. Treadwell, and I. A. Aksay (1992) *Mater. Res. Soc. Symp.* **218**, 123.

[46] Taranova, L., I. Semenchuk, T. Manolov, P. Iliasov, and A. Reshetilov (2002) *Biosens. Bioelecrton.* **17**, 635.

[47] Jazzar, C. and E. A. Hammad (2003) *Bull Insectol.* **56**, 269.

[48] Reese, E. T. and A. Maguire (1969) *Appl. Micobiol.* **17**. 242.

[49] Ron, E. Z. and E. Rosenberg (1969) *Curr. Opin. Biotechnol.* **13**, 249.

[50] Bansal-Mutalik, R. and V. G Gaikar (2003) *Enzyme Microb. Technol.* **32**, 14.

[51] Okazaki, S., N. Kamiya, and M. Goto (1997) *Biotechnol. Prog.* **13**, 551.

[52] de Lima, C. J. B., E. J. Ribeiro, E. F. C.Servulo, M. M. Resende, and V. L. Cardoso (2009) *Appl. Biochem. Biotech.* **152**, 156.

[53] Van Bogaert, N. A., S. L. De Maeseneire, D. Develter, W. Soetaert, and E. J. Vandamme (2008) *Yeast* **25**, 273.

[54] Schuck, S., M. Honsho, K. Ekroos, A. Shevchenko, and K. Simons (2003) *Proc. Nat. Acad. Sci.* **100**, 5795.

[55] Curry, S., H. Mandelcow, P. Brick, and N. Franks (1998) *Nat. Struct. Biol.* **5**, 827.

[56] Popota, J.-L., E. A. Berryb, D. Charvolina, C. Creuzenetc, C. Ebeld, D. M. Engelmane, M. Flötenmeyerf, F. Giustia, Y. Gohona, P. Hervéa, Q. Hongg, J. H. Lakeyg, K. Leonardf, H. A. Shumani, P. Timminsi, D. E. Warschawskia, F. Zitoa, M. Zoonensa, B. Puccij, and C. Tribet (2003) *CMLS, Cell. Mol. Life Sci.* **60**, 1559.

[57] Tribet, C., R. Audebert, and J. Popot (1996) *Proc. Natl. Acad. Sci. U S A* **93**, 15047.

[58] Essen, L., R. Siegert, W. D. Lehmann, and D. Oesterhelt (1998) *Proc. Natl. Acad. Sci. U. S. A.* **95**, 11673.

[59] Chae, P. S., M. J. Wander, A. P. Bowling, P. D. Laible, and S. H. Gellman (2008) *Chem- BioChem* **9**, 1706.

[60] Floros, J. (2005) *Curr. Resp. Med. Rev.* **1**, 77.

[61] Lu, K. W., J. Pérez-Gil, and H. William Taeusch (2009) *Biochim. et Biophys. Acta* **1788**, 632.

[62] Lalchev, Z., G Georgiev, A. Jordanova, R. Todorov, E. Christova, and C. S. Vassilieff (2004) *Colloids Surf. B: Biointerfaces* **33**, 227.

[63]　Fernando, M. and A. Maturana (2007) *Clin. Perinatol.* **34**, 145.

[64]　Hlastala, M. and J. Souders (2001) *Am. J. Respir. Crit. Care Med.* **164**, 1.

[65]　Torma, A. E. and K. Boseker (1982) *Prog. Ind. Microbiol.* **16**, 77.

[66]　Gupta, M. D. and A. K. Mishra, in *Recent Progress in Biohydrometallurgy*, G. Rossi and A. E. Torma, (eds.), Associazione Mineraria Sarda—09016, Iglesias, Italy, 1983, p. l.

[67]　Dees, C. and J. M. Shively (1982) *J. Bacteriol.* **149**, 798.

[68]　Benedek, A. and W. J. Heideger (1971) *Biotechnol. Bioeng.* **13**, 663.

[69]　Soni, R., A. Nazir, B. S. Chadha, and M. S. Saini (2008) *Bioresources* **3**, 234.

[70]　Jobbins, J. M. and N. E. Franks (1997) *TAPPI J.* **80**, 73.

[71]　Gajjar, L., R. S. Dubey, and R. C. Srivastava (1994) *Appl. Biochem. Biotech.* **49**, 101.

[72]　Gradova, I. B., P. A. Kozhevin, N. L. Rabinovich, S. S. Korchmary, and D. Ul'yanov (1996) *Biotekhnologiya* **11**, 46.

[73]　Vacca, D. J., W. F. Bleam, and W. J. Hickey (2005) *Appl. Environ. Microbiol.* **71**, 3797.

[74]　Turkovskaya, O. L., L. V. Panchenko, O. V. Ignatov, and A. V. Tambovtsev (1995) *Khimiya I Tekhnologiya* **17**, 105.

[75]　Taranova, L. A., L. F. Ovcharov, and M. N. Rotmistrov (1990) *Biotekhnologiya* **4**, 31.

[76]　Khatun, A., L. Laouar, M. R. Davey, J. B. Power, B. J. Mulligan, and K. C. Lowe (1993) *Plant Cell Tissue Organ Cult.* **34**, 133.

[77]　Stevens, P. J. G. and M. J. Bukovact (1987) *Pestic. Sci.* **20**, 19.

[78]　Goni, F. M. and A. Alonso (1988) *Adv. Exp. Med. Biol.* **238**, 81.

[79]　Kunjappu, J. T. and C. K. K. Nair (1992) *Ind. J. Chem.* **31A**, 432.

[80]　Bonincontro, A., C. L. Mesa, C. Proietti, and G. Risuleo (2007) *Biomacromolecules* **8**, 1824.

问　题

13.1　解释表面活性剂与细胞膜的关系。

13.2　解释表面活性剂是如何影响肺功能的?

13.3　解释表面活性剂在生物技术领域的任意三种应用,并指出其在所选过程中的作用。

13.4　蛋白质带电基团与离子和非离子表面活性剂的相互作用是如何影响细胞溶解的?

13.5　解释如何使用表面活性剂探究蛋白质三维结构。

13.6　指出一个本章中没有讨论过的表面活性剂在生物学中的应用,并指明表面活性剂的作用。为此你可能需要查阅相关一次或二次文献。

第 14 章 纳米技术中的表面活性剂

纳米科学是研究原子、分子及大分子尺度材料的现象和操控的一门学科，这里材料的性质与大尺寸材料相比有很大的差异。纳米技术则是通过将形貌、大小控制在纳米水平上来设计、表征、制备及应用纳米结构、器件和系统[1,2]。

用科学术语来讲，纳米尺度的范围是 1~100nm（1nm=10^{-9}m）。上述这些考虑清楚地表明，阐述表面活性剂分子在界面吸附（见第 2 章）和在溶液中形成胶束、囊泡、液晶等结构（见第 3 章）的表面活性剂科学基本上属于纳米科学。

纳米技术是一门综合性学科，包括物理学、化学、生物学、应用数学以及许多工程领域。涉及量子点、纳米导线、纳米管、纳米棒、纳米膜、纳米自组装、薄膜、纳米尺寸金属材料、半导体、生物材料、低聚物、高分子以及纳米器件等课题。

在不同的领域，纳米技术具有不同的意义：在健康科学领域，纳米技术意味着许多生物医学植入器件，使用在细胞水平上起作用的靶向药物治疗癌症，以及用纳米器件缓解动脉堵塞等；在电子学方面，纳米技术意指开发多种基于纳米颗粒的技术用于提高微电子器件的性能和速度；在化学领域，它涉及合成新型纳米催化剂等多种应用；在生物学领域，它包括各种纳米生物技术过程的开发和在纳米尺度上发生的生物化学过程的模仿；在国防领域，纳米技术涵盖制备质轻而战斗力强的装备等；而对表面活性剂科学家们来说，纳米技术意指两亲分子在各种表面上的自组装及其在许多装置和应用中的使用，以及表面活性剂在纳米颗粒制备和纳米分散液中的应用。

14.1 纳米状态的特殊效应

纳米材料的超低颗粒尺寸提供了很大的界面面积，并因此增大了用于修饰其表面行为的分子的吸附密度。表面积的增大还会增加化学反应活性，这使得这种细微颗粒物质能够用作电池和燃料电池的高效催化剂。纳米颗粒显示出特殊的电子和光学效应。在这一大小尺度（形状和体积），材料内部电子的波性质会受到影响和改变，显示出量子尺寸效应。这样的量子效应对尺寸小于 50nm 的颗粒非常显著，而当颗粒尺寸小于 10nm 时，甚至在室温下就可以观察到。纳米大小的半导体量子点颗粒，如硒化镉和金纳米颗粒，显示出颜色分级效应。化学家们常常用金属纳米颗粒在试管中演示从蓝到红的色度变化来显示光学量子尺寸效应。由于尺寸的改变，吸收能级被改变了，进而影响了其中的分子轨道相互作用。理论证明，随着尺寸的减小，金纳米粒子的吸收光谱会发生红移。这是因为相互作用的光的波长和相互作用的时间尺度与纳米颗粒的尺寸范围相匹配。

小的尺寸范围意味着消耗更少的材料，这方面可以补偿在加工和应用阶段的材料和燃料（能源）的消耗。相应地还可以减少废弃物和污染。

纳米结构的表征需要具有原子分辨率的显微镜技术。新的技术如扫描隧道显微镜（STM）和原子力显微镜（AFM）能够以原子分辨力"看见"纳米结构。

14.2　表面活性剂在制备纳米结构材料中的作用

纳米结构材料的制备是所有纳米应用的基础。表面活性剂可以直接或间接辅助纳米粒子的合成。一些表面活性物质可以直接被组装成纳米结构的一部分。由于许多纳米应用都是以分散液的形式进行的，因此作为高效分散剂的表面活性剂，可以直接在纳米技术中获得应用。再有就是表面活性剂能够通过在纳米粒子表面吸附改变纳米粒子的表面性质，引起电性质、疏水性及其他相关性质的变化。

有两种方法可以用来构筑纳米结构，即"自下而上"法和"自上而下"法。前者从分子尺度出发到达更大的尺度，而后者是从大块固体出发到达纳米结构。这两种方法被认为与制备胶体的凝聚法和分散法极其相似。

14.2.1　自下而上法

14.2.1.1　表面活性剂自组装

两亲分子自组装一般是获得纳米结构的一种有效方法。通过这种方法，可以形成许多纳米到微米尺寸范围的结构，如胶束和囊泡（见第 3 章）以及膜（见第 2 章）等。

表面活性剂自组装是自下而上过程的范例。因为这一过程总是从低于临界胶束浓度（CMC）的溶液相开始，其中表面活性剂以非聚集的单分子形态存在。当溶液中表面活性剂的浓度达到或超过 CMC 时，表面活性剂在溶液中聚集形成胶束（见第 3 章 3.2.2 节和 3.2.3 节），并且通过改变表面活性剂的浓度，聚集体转变成柱状或双层结构。这些都是基础的纳米自组装过程。表面活性剂聚集体结构的多样性在其相图中能够清晰地反映出来（见第 3 章 3.2.3 节）。在液体表面形成脂肪酸单分子层，或者将脂肪酸沉积在玻璃或其他的表面上（见第 2 章 2.2.2.1 节），以及通过吸附表面活性剂使极性固体表面疏水化（见第 2 章 2.2 节）等，都是在界面制造表面活性剂纳米组装体的典型例子。

表面活性剂能够诱导蛋白质的构象发生显著的变化。在表面活性剂诱导的静电作用和疏水作用的辅助下，蛋白质自组装形成疏水的和亲水的区域，导致形成纳米结构。在氨基酸和蛋白质（生物催化剂）的辅助下，核酸（DNA 和 RNA）可以形成类似的自组装天然结构，由于具有疏水和亲水区域，这些结构具有类似于表面活性剂的功用。纳米结构是靠导致其多种构象的超分子力（物理结合力如氢键、与偶极子和四极子的相互作用）来维持稳定的。自组装过程中的熵损失通过上述稳定因素引起的焓变得到弥补。

手性表面活性剂分子的纳米自组装体可以用作手性有机合成的反应器，以及用作分离与制药科学密切相关的手性分子的介质。表面活性剂(±)2-十二烷基-β-D-葡萄糖苷分子的两种手性同分异构体（图 14.1）的纳米自组装体，在热致或溶致行为方面有很大的差异[3]。

　　L-抗坏血酸的生物活性要比其异构体 D-抗坏血酸（图 14.2）高出数百倍，相关原因已通过对维生素 C 基表面活性剂 6-O-L-抗坏血酸十二酸酯和 6-O-D-异抗坏血酸十二酸酯的纳米结构的热研究进行了考察，并且立体化学对分子间相互作用的影响被援引来解释生物活性的差异[4]。

　　可以通过一层一层地构筑超分子的自组装结构得到宏观的管状结构。具有疏水性超支化聚（3-乙基-3-氧杂丁烷甲醇）（HBPO）内核和许多亲水性聚氧乙烯（PEO）侧链的双亲大分子（HBPO-star-PEO）（图 14.3），当其浓度在 10mg/mL 到 1g/mL 范围时，会在丙酮溶液中自组装形成管径为几个毫米、管长为几个厘米的多壁管[5]。该多壁管具有层状结构，其中有序的亲水区域和无定形的亲水区域交替排列。这种自组装管状物只有在丙酮中才能形成，而在水、乙醇或酯类溶剂中均不能形成（图 14.4）。溶液的离子强度和 pH 值对自组装管的形貌和结构有很大的影响。

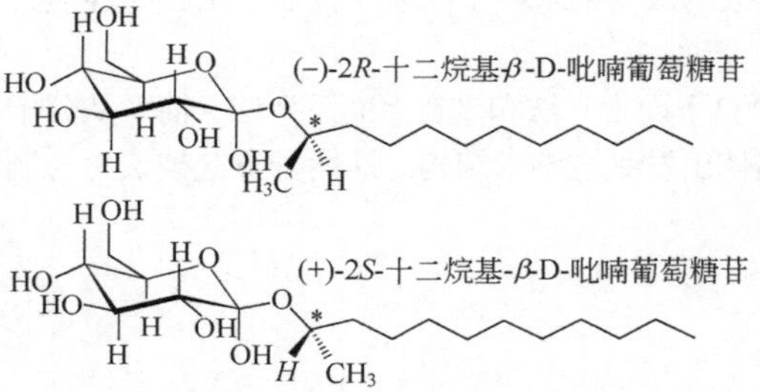

图 14.1　手性同分异构表面活性剂的结构[3]

*表示手性中心

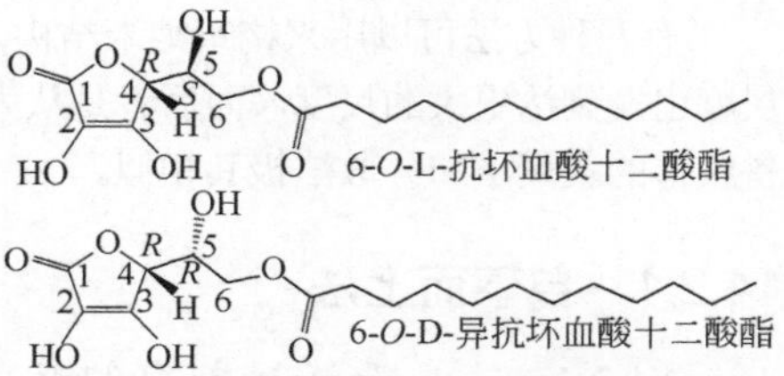

图 14.2　抗坏血酸-十二酸酯的结构[4]

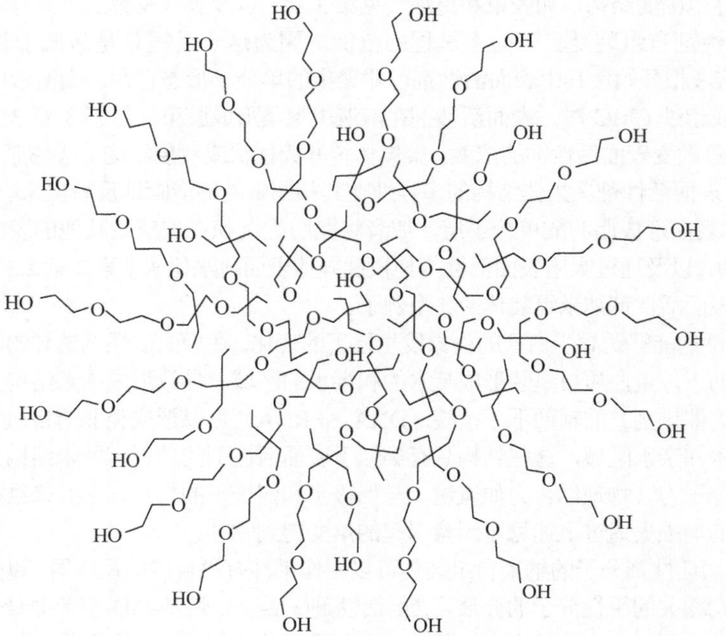

图 14.3　HBPO-star-PEO 的结构[5]

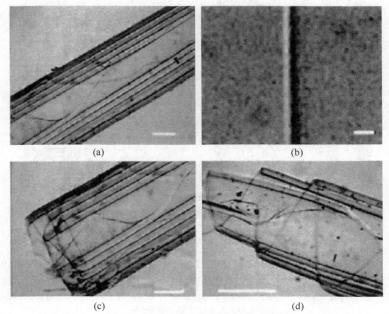

图 14.4　丙酮中的 HBPO-star-PEO 管在光学显微镜下的结构[5]

（a）有五层壁的自组装管，一条暗线表示一个单壁，两条线之间的空间是空的；（b）一个单壁的图像；（c）一个自组装管的外螺旋端头，这是一个左螺旋；（d）一个自组装管的外螺旋端头，这是一个右螺旋，标尺：300μm (a,c,d)，1μm（b）

　　复杂的囊泡基聚合物表面活性剂能够充当纳米结构。它们可以用作胶体颗粒的模板。聚氧乙烯-聚乙基乙烯嵌段共聚物（PEO-PEE）可以在水中形成纳米级囊泡，如图 14.5 所示。在冷冻透射电镜（低温 TEM 直接拍摄液体中的自组装图像）制备条件下，观察到共存的亚微米尺寸的蠕虫状胶束和球状胶束，而在常规条件下观察到形成巨大的囊泡。疏水（乙基乙烯基）部分和亲水（环氧乙烷）部分赋予此嵌段共聚物类似于表面活性剂的性质（图 14.6）[6]。

　　涉及表面活性剂的纳米粒子自组装过程在电子工业和光电产业中已经很普遍。例如，N-烷基硫醇盐和双烷基硫化物能可逆地附着在金表面，形成致密、有序的单分子层（通常称为自组装单分子层[SAM]），它们能够作为分子组分被转化成电子装置或者被结合到电子装置中。烷基硫醇分子形成的紧密排列的单分子层簇能够包裹纳米金颗粒晶体，其中颗粒通过二烷基硫醇以共价键相互连接[7]。有关制备和调控金属和半导体纳米颗粒晶体的超结构的方法已经成为热门的研究领域[8]。

　　类似地，通过 DNA 已经实现了金属纳米颗粒阵列的自组装[9]，这里 DNA 起了一个可编程的分子模板平台的作用。这种可精确组装的结构将取代目前的纳米平版印刷技术，为将来的电子电路制造提供新的基础。低聚核苷酸结构可以用结合在金属颗粒（如金）上的类似于表面活性剂的烷基硫醇分子修饰，并通过疏水作用、静电作用以及占支配地位的氢键作用组装成纳米结构。这种方法开拓了通过碱基配对进行纳米尺度的自组装的能力，能够得到精确、规整的阵列。有序的 DNA 片段结构将金颗粒（直径 1.4nm）组织成如图 14.7 所示的高度有序的具有规整颗粒间距的二维（2D）阵列，图中的黑圆圈代表了寄宿在 DNA 片段中的金纳米颗粒。

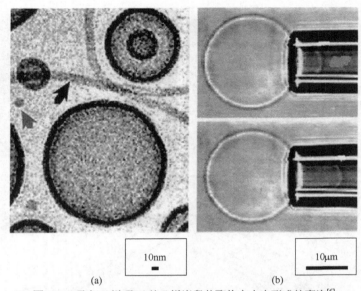

(a)   (b)

图 14.5　聚氧乙烯-聚乙基乙烯嵌段共聚物在水中形成的囊泡[6]

（a）冷冻刻蚀电镜制备条件下与蠕虫状胶束和球状胶束共存的囊泡；（b）常规条件下形成的巨大囊泡。
注意（a）和（b）的放大倍数不同

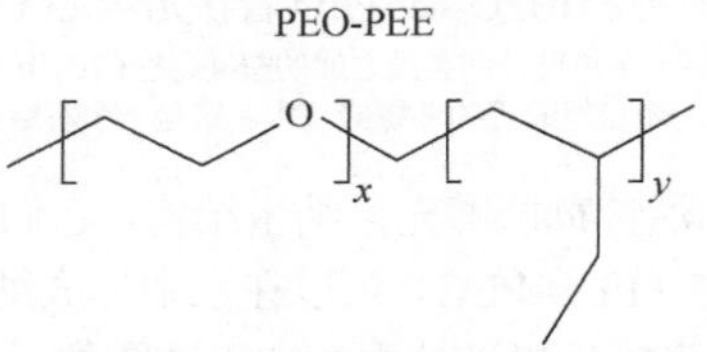

PEO-PEE

$$\left[\text{O} \right]_x \left[\quad \right]_y$$

图 14.6　聚氧乙烯-聚乙基乙烯（PEO-PEE）嵌段共聚物的结构（x=40, y=37）

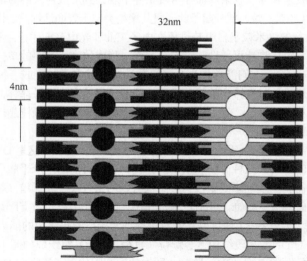

图 14.7　带有由 DNA-Au 配对组装成的金属颗粒的 DNA 片段[9]

图片中水平方向的间距是 32nm，垂直方向的间距是 4nm

14.2.1.2　合成过程

表面活性物质在纳米颗粒的合成中具有重要作用。这些纳米颗粒有多方面的应用，如可以用作催化剂、磁性和光学材料，并可以进一步用作纳米器件的部件。在所有这些过程中，核心问题是不同的表面活性剂自组装体系容纳那些用来制备纳米材料的反应物的能力，这里自组装体系作为限制性介质能够主导过程的反应活性和选择性。例如，在合成高分子纳米颗粒时，通过控制反应过程的动力学，可以得到所期望的分子量和分散性指数的目标产物。

纳米硫化镉颗粒是通过将硫化钠和高氯酸镉分别增溶于 2-乙基己基磺基琥珀酸酯钠盐在庚烷溶剂中的反胶束中，再将两种反胶束溶液混合而获得的。由于反胶束的保护，能够防止形成的纳米硫化镉颗粒发生 Ostwald 熟化（小晶粒溶解，大晶粒长大），而水溶液中这一现象是极易出现的[10]。在这里，尽管表面活性剂并不参与化学反应，但它为维持所期望的产物尺寸和形貌提供了有利的环境。多层硫化镉颗粒组装结构已经在金纳米颗粒表面上制备出来，方法是首先在上述反胶束溶液中制备出约 3nm 的硫化镉颗粒，然后将其沉积在表面包覆有烷基硫醇的金纳米颗粒表面[11]，图 14.8 给出了这一过程的示意，解释了该过程的有序性质。

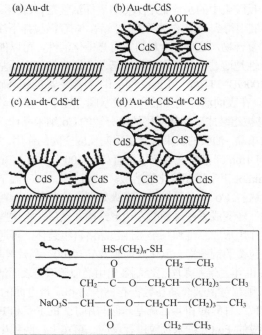

图 14.8　CdS 纳米颗粒从反胶束中通过二硫醇结合到金表面并形成交互的叠层结构[11]

（a）烷基二硫醇（dt）吸附（自组装单层[SAM]）到金基质上（Au-dt）；（b）CdS 纳米颗粒附着到 SAM 上（Au-dt-CdS）；（c）二硫醇层吸附到 CdS 纳米颗粒上（Au-dt-CdS-dt）；（d）形成第二个 CdS-纳米颗粒层（Au-dt-CdS-dt- CdS）。AOT：气溶胶 OT（2-乙基己基磺基琥珀酸酯钠盐）

这些纳米颗粒吸收光谱的偏移与其颗粒大小相关（光学量子尺寸效应）。从图 14.9 中可见，对纳米硫化镉，吸收光谱的蓝移（即光谱向低波长处移动）与纳米硫化镉颗粒尺寸的减小相关，而颗粒大小与反胶束的水池大小成正比。

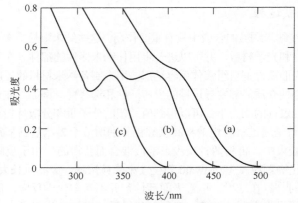

图 14.9 在不同的[H₂O]/[表面活性剂]比例下制备的 CdS 纳米颗粒在庚烷中的吸收光谱[11]
(a) 5.5；(b) 4.0；(c) 2.7。Cds 浓度约为 5×10⁻⁴mol/L

用类似的方法可以将硫化钌（RuS₂）纳米粒子负载在硫醇改性的聚苯乙烯颗粒上。这里使用相同的表面活性剂，即二（2-乙基己基）磺基琥珀酸酯钠盐，浓度为 0.1mol/L，在异辛烷溶剂中形成反胶束，反胶束中的水含量用[H₂O]/[表面活性剂]来表示（这里=6）。将 H₂S 气体通至 RuCl₃ 反胶束溶液中得到 RuS₂ 纳米颗粒。然后，在轻微搅拌下注入经硫醇改性的聚苯乙烯颗粒得到所需的复合物，这种复合材料具有光催化活性，可以催化 H₂O 分解产生 H₂。聚苯乙烯表面的硫醇改性是通过用巯基取代氯甲基苯乙烯中的氯原子基团实现的[12]。

磁记录装置寻求 100GB~1TB/in²（1 in=25.4mm）甚至更高的超高磁记录密度，为此开发了磁性胶体（铁胶体）。在表面活性剂油酸和三烷基膦存在下，以二辛基超氢化物溶液还原 CoCl₂，可以制备出能够被组装成磁性超晶格的单分散的 Co 纳米晶体。在较高的温度下，Co 团簇生长成纳米尺寸的单晶。油酸的胶束起到了限制反应空间的作用。在一个特定的实验中，将 1mmol 无水 CoCl₂ 与 1mmol 油酸在氮气下混合。在 100℃下加入 3mmol 三丁基膦，然后在 200℃下注入 1mL 2mmol 正辛醚超氢化物溶液。20min 后，在室温下用乙醇沉淀出黑色金属颗粒。在 300℃下对这些 Co 单晶颗粒进行退火处理，这些单晶颗粒（具有与元素锰的β-相有关的复合立方结构）转变成紧密堆积的六边形结构。然后，将这些颗粒再分散在己烷溶液中，通过油酸的稳定作用形成二维和三维磁性超晶格自组装体，再通过溶剂挥发法将这些颗粒沉积在无定形碳层包覆的铜栅格、氮化硅薄膜及硅（100）晶片等基底上[13]。

使用硫代二甘醇酸和 4-乙烯基苯胺已经制备出由类似于双链表面活性剂的双亲分子稳定的磁铁颗粒。这些纳米颗粒对记录介质在数据存储能力和质量方面的效能提供了另一层管控。在合成过程中，硫代二甘醇酸和 4-乙烯基苯胺与用 1:2 的 Fe²⁺ 和 Fe³⁺ 混合物与碱在惰性环境下通过化学沉淀形成的 Fe₃O₄ 纳米颗粒进行反应。事实上，两种化合物的包覆与颗粒表面吸附一层两亲分子效果是相同的（图 14.10）[14]。

在液-气界面 L-B 膜上的二维表面活性剂组装体阵列中也可以合成出纳米颗粒，并在单一外场或协同外场（电磁场）作用下将其沉积在石墨基底表面（图 14.11）。包含在水-空气界面以硬脂酸作为表面活性剂阵列的 Langmuir 混合单层膜中的五羰基合铁[Fe(CO)₅]，经过用波长为 300nm 的紫外线进行光降解，生成含 Fe 的磁性纳米颗粒。表面活性剂提供了二维组装体并防止纳米颗粒团聚。单分子层是用 pH 值为 5.6 的氯仿溶液在膜上铺展形成的。在光降解过程中，通过施加电场和磁场可以诱导颗粒产生各向异性[15]。

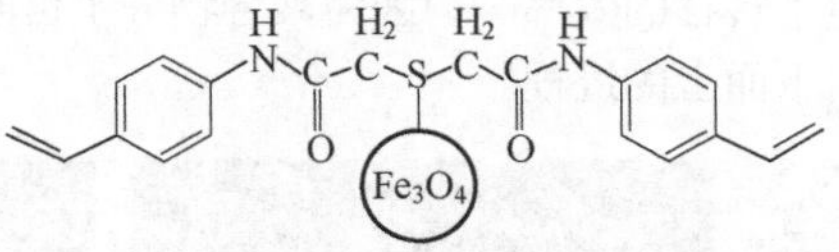

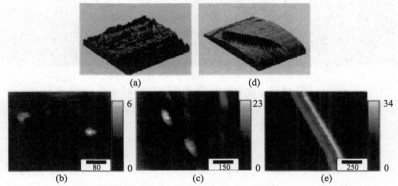

图 14.10　表面活性剂涂层的磁性纳米颗粒的结构[14]

图 14.11　在混合单分子层中合成单个铁纳米粒子和延伸的纳米结构沉积在
石墨基质表面的 STM 形貌图像[15]

(a) 和 (b) 没有外场；(c) 施加外磁场；(d) 和 (e) 同时施加磁场和电场。
注意 (b)，(c) 和 (d) 中用指示条标记的颗粒的形状以及不同的放大倍数

　　在烷基胺、氧化膦和/或油酸等表面活性剂存在下，通过羰基钴[Co$_2$(CO)$_8$]的快速分解已经制备出具有可控晶体结构的呈六胶束紧密堆积的盘状 Co 纳米颗粒，这里表面活性剂有助于改善颗粒的尺寸和形貌，并提高稳定性[16]。吸附在纳米颗粒某一晶面上的表面活性剂分子调控晶面的表面能，并进而影响晶体生长的方向，因为在动力学范围内晶体生长的速率常数与其表面能之间呈指数关系。纳米晶体的磁性能可使用 SQUID（超导量子干涉仪，一种测量极弱磁场的磁力计）来测量，而其形貌特征可以通过衍射技术和显微镜来测定。表面活性剂环境和实验条件对纳米晶体的大小分布、形貌控制和稳定性有很大影响。例如，在油酸存在条件下，将八羰基二钴 Co$_2$(CO)$_8$ 注入热的邻二氯苯中，得到的是大小分布相对较宽（直径相差 10%~20%）的球形ε-Co 纳米晶体，如图 14.12（a）中所示。而在三辛基氧膦（TOPO）存在下，在最初的 10s 时间内，得到各向异性的盘状 Co 纳米晶体，如图 14.12（b）所示。随着温度的升高，该盘状晶体再次快速溶解，数分钟后形成直径偏差仅为 3%~5%的尺寸分布较窄的球形纳米晶体，如图 14.12（c）所示。TOPO 既是一种选择性吸附剂，改变了晶体不同晶面的相对生长速率；也是一种促使颗粒尺寸分布变窄的分子。也可以通过对颗粒分散液进行连续沉淀和离心分离使颗粒尺寸分布变窄[13]。

　　具有表面活性的聚合物，如聚（3-己基噻吩）（P3HT）（图 14.13）与 CdSe 纳米棒连接后已被用于制造混杂纳米棒-聚合物太阳能电池。通过控制 CdSe 纳米棒的长度和半径可以调控其波段间隙，从而使电池的吸收光谱与太阳能光谱重叠。CdSe 纳米棒与共轭聚合物 P3HT 结合后形成了具有高界面面积的电荷转移结点。这是与表面活性聚合物有关的纳米技术的一项

重要应用，这里它们的吸附行为在颗粒尺寸的精细调控方面起到了决定作用，而纳米棒的长度能够通过薄膜精细调控电子转移的效率[17]。因为聚合物分子自溶液中组装到纳米棒上，该过程也可以被认为是一个自下而上的过程。

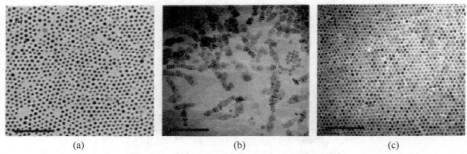

(a)   (b)   (c)

图 14.12　合成的 Co 纳米晶体的 TEM 图[16]

从左到右：（a）在油酸存在下回流 5min 后；（b）在油酸和三辛基氧膦（TOPO）存在下，10s；（c）在油酸和三辛基氧膦（TOPO）存在下，5min；标尺长度为 100nm

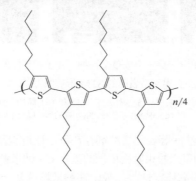

图 14.13　聚合物 P3HT 中重复片段的结构

　　通过将纳米结构与金属（金或铝）表面相连接，已经制备出硫化镉半导体纳米晶体复合物（图 14.14）。对金和铝两种金属，连接物分别为烷基二硫醇和烷基硫醇羧酸，它们在金属表面自组装形成单分子层（SAM）。这些金属底物或是裸露的薄金属块，或是通过气相沉积（蒸镀）形成后经用（3-巯丙基）三甲氧基硅烷粘到玻璃片表面上的薄膜涂层。在金基底表面，1,6-己二硫醇自组装单分子层的一端（巯基）与金膜相连，另一端与半导体颗粒相连。在铝基底表面，双官能团两亲化合物 1-巯基丙烷-3-羧酸的单分子层以羧基端与铝相连，巯基端与 CdS 颗粒相连。CdS 晶体通过在二辛基磺基琥珀酸酯盐-庚烷反胶束溶液中或者水溶液中将氯酸镉和硫化钠溶液混合而制得[18]。

　　通过从溶液中吸附而形成的表面活性剂聚集体，可以作为无机颗粒如金属氧化物、金属硫化物以及金属氮化物等的纳米结构的定型模板。该过程与用蜡模制作模型，再用于铸造金属部件相似。将最初雕刻的蜡模用石膏包封，然后通过加热使蜡熔化并移走，剩下石膏模型。再将金属填充于模型内部的中空部分，即得到该模型的金属复制品。这一原理可以推广到纳米颗粒的制备中，通过合适的程序制备的表面活性剂自组装体被包裹在微粒材料中，或者是用微粒材料充满这些自组装体中的空隙，然后在高温下烧蚀掉表面活性剂，即可得到不同结构的纳米多孔材料，它们可以用作催化剂、吸附剂并在一些工程材料领域获得应用。图 14.15 中展示了以表面活性剂为模板制备的不同形貌材料的扫描电镜照片：（a）球；（b）六角棒；（3）扭曲棒；（d）中空螺旋体；（e）单个晶体；（f）具有放射状图案的盘状体、螺旋多面体和螺旋体。肥皂和沙子被用作纳米技术领域的建筑工具，表明了表面活性剂、金属氧化物颗粒和纳米技术之间的联系[19]。

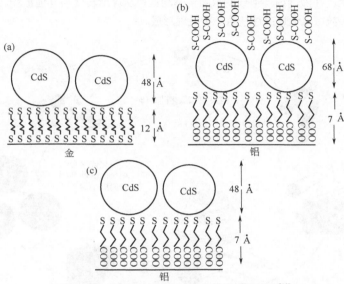

图 14.14 结合在金属表面的硫化镉纳米晶体[18]

（a）在自二辛基磺基琥珀酸酯钠盐-庚烷反胶束溶液中制备的硫化镉粒子通过 1,6-己二硫醇结合在金表面；（b）在水中合成的经羧酸盐涂层的硫化镉纳米晶体结合在铝表面；（c）在相同的反胶束溶液中制备的硫化镉粒子通过 1-巯基丙烷-3-羧酸结合在铝表面。图中标出了连接剂硫醇分子层的厚度和颗粒层的厚度

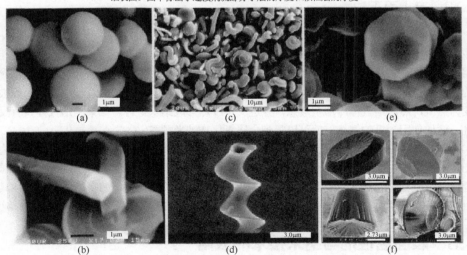

图 14.15 以表面活性剂为模板制备的不同形貌材料的扫描电镜显微照片[19]

（a）球；（b）六角棒；（c）扭曲棒；（d）中空螺旋体；（e）单个晶体；
（f）具有放射状图案的盘状体、螺旋多面体和螺旋体
每张照片的比例尺寸见图上所标注

从下面的图解（图 14.16）可以看出表面活性剂聚集体引导 SiO₂ 纳米颗粒组织的可能机理，图中灰色代表表面活性剂填充区域，而白色代表 SiO₂。①胶束组装机理：胶束表面被 SiO₂ 单体包裹，引起其形状的改变。然后包裹了 SiO₂ 单体的胶束自组装形成颗粒。②相分离机理：SiO₂ 单体聚合形成低聚物，表面活性剂胶束吸附在 SiO₂ 低聚物表面，并发生相分离，形成无序的集中的液滴。在液滴内部形成纳米结构驱动颗粒从球形转变为其他形貌。具有图 14.16 中所示形貌的颗粒可以通过上述任意一种机理形成。

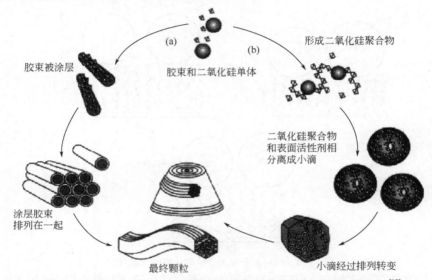

图 14.16　二氧化硅颗粒在表面活性剂自组装体中组织成纳米结构的机理[19]

14.2.2　自上而下法

与制备胶体的分散方法相似，固相法也可以用于纳米颗粒的制备。激光刻蚀、机械化学合成等自上而下法可以产生纳米颗粒。激光刻蚀是用高度聚焦的高能激光束与固体表面相互作用，切割下纳米尺度的颗粒；而机械化学合成是在球磨过程中通过研磨介质与反应物颗粒间的高能碰撞产生纳米颗粒。在另一种称为物理蒸气（冷凝）合成法的过程中，金属先被加热变为蒸气，然后用气体冷却至液态，并进一步冷却形成纳米颗粒。如果冷却气体具有反应活性，例如使用含氧的气体，就可以得到金属氧化物纳米颗粒。

对自上而下法而言，表面活性剂聚集体并无多大的作用，仅仅可以在研磨过程中作为助磨剂，因此对这一话题这里就不再详细阐述了。此外，自上而下法尽管可以制造出纳米颗粒或者将其做成有用的器件，但由于受到可实现的尺度上的限制，远不如自下而上法那样具有吸引力，后者可以通过控制分子的组织得到纳米材料。

14.3　表面活性剂与纳米技术的应用

14.3.1　纳米发动机

制造纳米发动机是纳米技术的特定目标之一。发动机的作用是做功。纳米技术人员试图制造将化学能转变为功的纳米发动机。这样的装置既可能涉及利用普通的化学能，也可能涉及开发生物化学能。

在常规化学方法中，功或运动是通过将两种不同的化学物质混合来实现的。例如，在铜表面沉积纳米尺度的锡岛，当锡岛沿着铜表面自发地移动时，就形成了一个自我推进的纳米结构。铜与锡形成合金是一个放热过程，这一放热过程产生了运动[20]。

纳米技术与生物化学的联系源于生物动力蛋白与纳米材料体系的作用。生命可能是由若干同步的纳米大小范围的生物机器所组成。当整个有机体移动时，一连串的纳米机器运转，就如同细菌鞭毛电机一样。例如，由三磷酸腺苷（ATP）分子提供的动力可以在一个纳米结构范围内实现。所进行的工作可以归纳如下：捕光的叶绿素分子和 ATP 合成酶被一起放入一个由脂质体（由两层脂类分子构成的球状膜）制成的微反应器中。叶绿素吸收光并启动一系列的化学反应，促使酶生成 ATP。当质子经过 ATP 合成酶分子运动到脂质体的外部时，引起了蛋白质的转动[21]。

利用液体/空气界面张力梯度运转的具有催化作用的纳米发动机已经通过在过氧化氢溶液中的铂/金棒得到证明（图 14.17）。根据观察，铂/金棒的运动速度可以与鞭毛细菌相媲美，后者的速度大约为 2~10 身长/秒（典型鞭毛细菌的体长约>10μm）。所做的运动是非布朗运动，以铂那一端向前移动。这两种金属中，只有铂可以分解过氧化氢，而金不能。

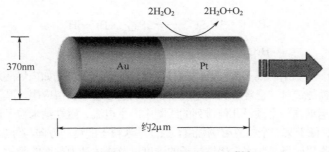

图 14.17 铂/金纳米棒及其尺度[22a]

推进运动涉及气/液界面的界面张力、棒的长度和横截面积以及氧气产生的速度。在乙醇-水介质中进行的实验表明，由棒轴向力引起的运动速率与析氧速率（相对于单位面积的杆表面）和液/气界面张力的乘积呈线性关系。用不同类型的表面活性剂可以得到类似的电机，这里界面张力的变化范围可以很大[22b]。用浓度为 1~10mmol/L 的十二烷基硫酸钠（SDS）水溶液和用相同的纳米棒在癸烷/水界面上进行的研究表明，SDS 在这个液-液界面形成 Gibbs 单分子层（图 14.18）。伴随着化学反应产生的与方向有关的可以分解为垂直和平行成分的热波动，控制着纳米棒整体的扩散系数，其随表面活性剂（SDS）的加入而变慢。通过对热方位波动与棒的运动的分析，得到了 Gibbs 单分子层的表面剪切黏度[23]。

对 pH 值响应的化学机械脉动纳米凝胶系统已经被制备出来。这里使用了溴酸盐-亚硫酸盐，和在 SDS 稳定的聚电解质如丙烯酸酯的水凝胶内进行的基于 pH 值的振荡反应[24]。pH 值的变化使纳米胶体在膨大和缩小状态之间振荡，并由此产生运动。在一个较宽的 pH 值、离子强度和温度范围内表现出良好的胶体稳定性的凝胶纳米粒子，对 pH 值刺激有响应，流体力学半径表明其体积可以膨胀 12 倍。表面活性剂使凝胶表面带电，当丙烯酸酯的表面羧基完全质子化后，平衡了在低 pH 值下收缩的凝胶的吸引和排斥能。由于发生了质子活化振荡反应，凝胶突然膨胀，体积变化超过了一个数量级，实现了做功。导致化学振荡的反应可表示如下：

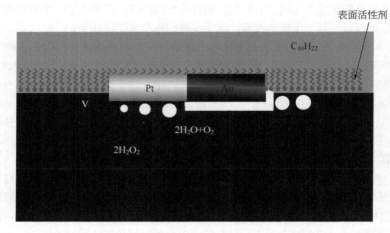

图 14.18 在表面活性剂存在下铂/金纳米棒在水/癸烷界面从过氧化氢中分解出氧气[23]

$$BrO_3^- + 3H_2SO_3 \longrightarrow 3SO_4^{2-} + Br^- + 6H^+$$

$$BrO_3^- + 6HSO_3^- \longrightarrow 3S_2O_6^{2-} + Br^- + 3H_2O$$

　　磁性纳米粒子，如用阴离子表面活性剂静电稳定的和用聚合物如丙烯酸及其衍生物位阻稳定的氧化铁的铁磁流体，已经作为纳米发动机在动态磁场中获得应用。其基本思路是通过磁性纳米粒子的运动在一个预设几何排列的线圈中产生电流。磁性纳米粒子运动的方向取决于外加磁场强度：低于某一个临界磁场强度，磁性纳米粒子的运动方向与外加磁场方向相反，反之亦然。这个临界磁场是频率、磁性粒子的浓度以及流体动力黏度的函数。在这些条件下引起的转矩表现为黏度变化并导致铁磁流体纳米粒子转动[25]。

14.3.2 其他纳米器件

　　纳米器件可以通过微电子技术工程师所用的一系列技术来制造。纳米器件的制造在好几个阶段都涉及表面活性剂。例如，在用乳液和微乳液制备含有金属的聚合物乳胶纳米粒子时，表面活性剂如 SDS 有助于纳米粒子的形成和稳定。这些纳米粒子应用于纳米平板印刷术中，后者是在微芯片上进行纳米制图的一个必要过程[26]。同样地，表面活性剂提高了"蘸水笔"纳米平板印刷术（DPN）的效率，该技术是利用扫描探针显微镜绘图或者用某种材料在另一种材料的表面创建纳米结构和图案。例如，聚氧乙烯型非离子表面活性剂能增强部分疏水的基质表面的润湿性。在 DPN 技术中，原子力显微镜（AFM）的探针（称为"笔尖"）吸附了表面活性剂如16-巯基十六烷基酸（称为"墨水"），并将其沉积在基板上（称为"纸"），如一张金箔的表面。表面活性剂"墨水"通过毛细作用从 AFM "笔尖"流出并吸附到金纸上，与用钢笔在基质/水（存在的湿气，提供了水环境）界面写字的过程相似，形成一个书写的图案（称为"字"）（图 14.19）。在普通的黑色打印墨水中，基于炭黑颗粒的配方墨水以类似的方式吸附在纤维素纸张上。这一过程的重要性在于它证明了可以将硫醇包覆的磁性氧化铁粒子（可用作磁性存储介质）和蛋白质及核酸（对免疫测定、蛋白质组学和生物芯片的筛选有潜在应用）以图案的形式沉积到表面上[27,28]。

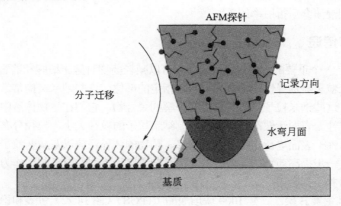

图 14.19　用 AFM 探针将图案打印到基质表面的过程示意图[28]

在另一项研究中，表面活性剂浓度的变化为蘸笔纳米刻写提供了一个新的实验变量。这里是要将马来酰亚胺-PEO_2-生物素（图 14.21）用蘸笔纳米刻写技术写到用巯基硅烷功能化的玻璃基板上，使用的表面活性剂为生物相容的非离子表面活性剂聚氧乙烯（20）山梨醇单月桂酸酯（图 14.20）（见第 1 章 1.3.5 节），溶解在 pH 值为 7.2~7.4 的磷酸盐缓冲液中，浓度在 0~0.1%（体积分数）之间变化。这里利用了生物素-蛋白质链霉亲和素复合物的高亲和度缔合常数（约为 10^{15}L/mol）的优势。在这种情况下，用纳米平版印刷技术将生物分子直接刻写到表面上的能力可以通过控制相对湿度、针尖-基底接触力、扫描速度和温度等来调整[29]。

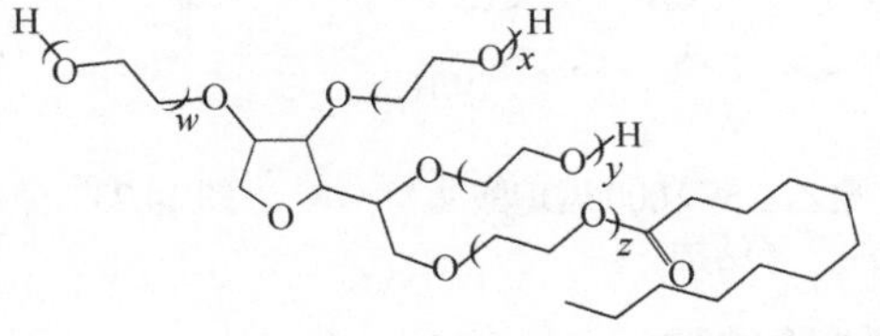

图 14.20　聚氧乙烯（20）山梨醇单月桂酸酯的结构（$x+y+z=20$）

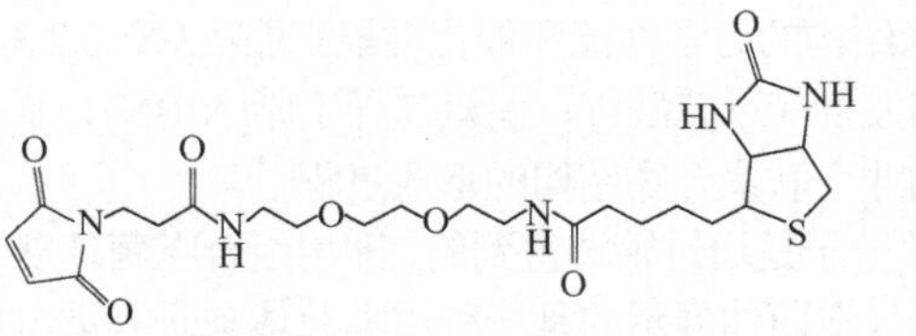

图 14.21　马来酰亚胺-PEO_2-生物素的结构

基于表面活性剂的纳米聚集体，也可以用来调整现代计算机芯片制造过程中备受青睐的浸渍纳米光刻技术中所用的液体介质的折射率。在浸渍纳米光刻技术中，半导体芯片上的图案是通过 UV 激光光束创建的，UV 激光光束先要通过一个液态的浸渍介质，从而有助于移动激光的波长，提高其光子能量。表面活性剂或冠醚与无机盐的组合作为浸渍介质中的成分特别有利于该过程。例如，氯化镉浓度对 SDS 和 CTAB 纳米胶束粒子电离程度的影响被认为是调整纳米光刻浸渍介质折射率的关键[30,31]。

14.3.3　药物传递

靶向给药是一个重要的医疗过程，因为它可以减轻药物对健康细胞和器官的副作用。包裹了药物的纳米粒子会选择性地将分子释放到指定的部位。这些纳米结构常常是用表面活性剂分子稳定的。这些纳米粒子一般是可生物降解的聚合物，它们在生物体液中和储存过程中具有高度的稳定性。表面活性剂还能通过控制纳米粒子的粒径大小、粒径分布、形态、表面化学、表面疏水性、表面电荷、药物包封效率、药物的体外释放以及载药粒子和细胞膜之间的相互作用，进一步提高药物的功效。表面活性剂胶束和类似的自组装体作为潜在的药物载体早已经被提出并得到研究[32]。

对用 d-α-维生素 E 聚乙二醇 1000 琥珀酸酯（TPGS）（图 14.22）包裹和稳定的药物紫杉醇（paclitaxel）（一种水溶性很小的和口服生物利用度差的抗癌药物。这里口服生物利用度是表示药物或者其他物质在使用后对目标组织可供程度的一个指数），图 14.23 与一个在 Langmuir 膜天平上由二棕榈酰磷脂酰胆碱（DPPC）脂质单层组成的生物膜的研究表明，TPGS 显著提高了对药物的负载能力且促进了药物的释放[33]。

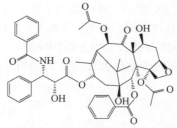

图 14.22　d-α-维生素 E 聚乙二醇 1000 琥珀酸酯　　　　图 14.23　紫杉醇（Taxol）的分子结构
（TPGS）的分子结构

14.3.4　控制纳米材料的结构

通过控制表面活性剂的自组装相，特别是操控表面活性剂的浓度和溶剂，可以经由溶致液晶（LLC）相提高纳米结构的力学性能和催化性能（见第 3 章 3.2.3 节）。下述方案（图 14.24）描述了用各种自由基引发剂（过硫酸钾、偶氮二异丁腈[AIBN]、紫外线）时一些具有表面活性的和像表面活性剂的非交联聚合物结构的形成过程[34]。

具有表面活性的肽分子是通过筛选得到的，即用组合噬菌体展示库选择出能够结合到半导体纳米表面的肽分子（噬菌体展示的是一种用噬菌体来研究蛋白质与生物分子相互作用的方法；噬菌体是指能使细菌感染的病毒；在组合生物学上，如这里所应用的，大量的蛋白质分子通过噬菌体展示被创造出来，以选出对目标最合适的候选者）。结合过程非常特殊，取决于晶向和组成，并可用于控制无机材料如碳酸钙和二氧化硅矿物相的成核和控制晶体及其他纳米构建模块组装成具有生物功能所需的复杂结构。在这些过程中，可以探测生物体系固有的识别功能和相互作用。这样的过程可以用于组装具有有趣的光学和电子学性能的材料[35]。

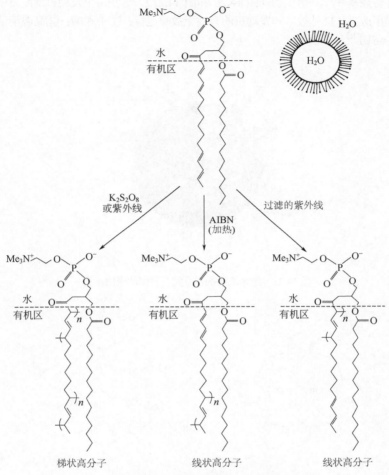

图 14.24　合成各种聚合物的反应方案[34]

14.3.5　纳米管

　　单壁碳纳米管（SWNTs）是由一氧化碳和十二烷基硫酸锂表面活性剂通过凝聚纺丝过程合成的。用该方法制备的聚乙烯醇凝胶纤维可以转变成长度为 100m，直径约为 50μm 的纳米管复合纤维。该纤维的强度比迄今已知的任何天然或合成有机纤维的强度都要高，与相同质量和长度的钢丝相比，硬度和强度是后者的 2 倍，韧性是后者的 20 倍。该纤维的韧性是蜘蛛丝的四倍以上，是防弹背心中使用的 Kevlar 纤维的 17 倍之多。

14.3.6　纳米洗涤剂

　　在高温应用中，基于纳米技术的洗涤剂是通过将表面活性剂分子涂覆在一个内核颗粒如碳酸钙粒子上而制备出来的。图 14.25 展示了由烷基苯磺酸盐洗涤剂与碳酸钙粒子形成的这类复合粒子。研究发现，许多两亲结构分子都可以包覆在碳酸钙颗粒表面，包括有亲水和疏水基团的杯芳烃基和苯基衍生物（图 14.26 和图 14.27）。这些用于发动机油配方中的清洁剂通过下列作用改善了燃油效率和发动机的有效无故障运行：①中和酸；②高温清洁作用；③抗氧化；④防锈[36]。

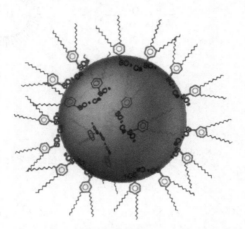

图 14.25　纳米洗涤剂在方解石表面的吸附示意

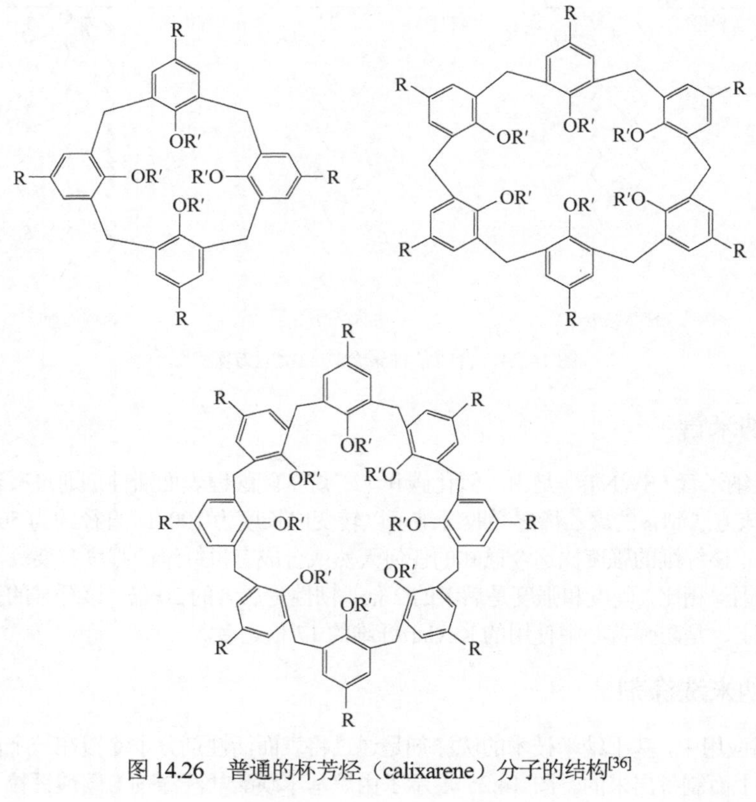

图 14.26　普通的杯芳烃（calixarene）分子的结构[36]

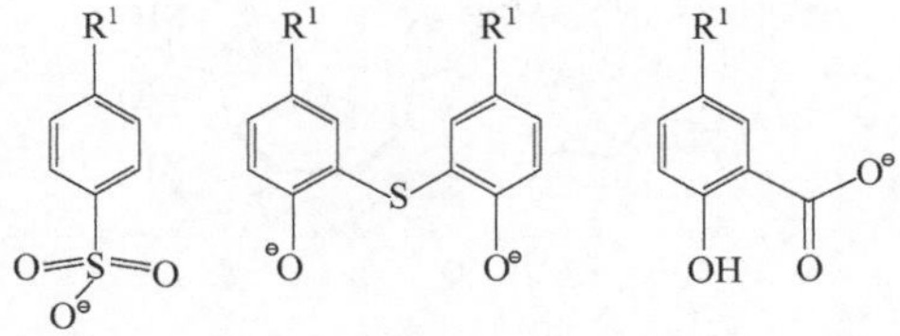

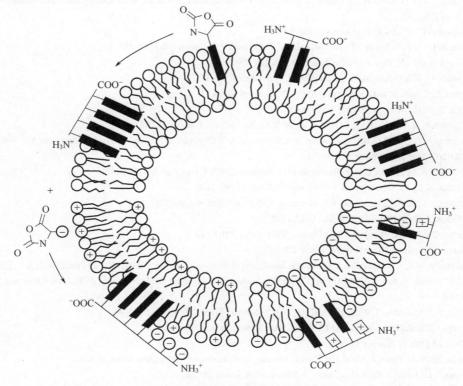

图 14.27 一些化合物的分子结构[36]

（a）烷基磺酸盐；（b）硫化烷基酚；（c）烷基水杨酸盐（R^1=C_9～C_{16}）

14.3.7 生命起源中的表面活性剂纳米自组装体

表面活性剂分子被认为是导致生命起源的核苷酸基分子的前驱体。许多学者赞同脂质（lipid）世界理论取代 RNA 世界理论。生命起源以前的分子被认为可能将表面活性剂和氨基酸、核酸碱以及一些简单分子连同在一起的组合体。看上去像囊泡的表面活性剂的纳米自组装体可能成了有助于生命起源的生命起源前分子的宿主（图 14.28）[37]。这些纳米反应器可能在分子转化过程中提高了催化效果，结果导致了具有生命特征的所有效应，例如运动等。图 14.29 给出了一个模拟的核苷酸基表面活性剂的结构。

图 14.28 囊泡辅助的氨基酸的缩聚示意[37]

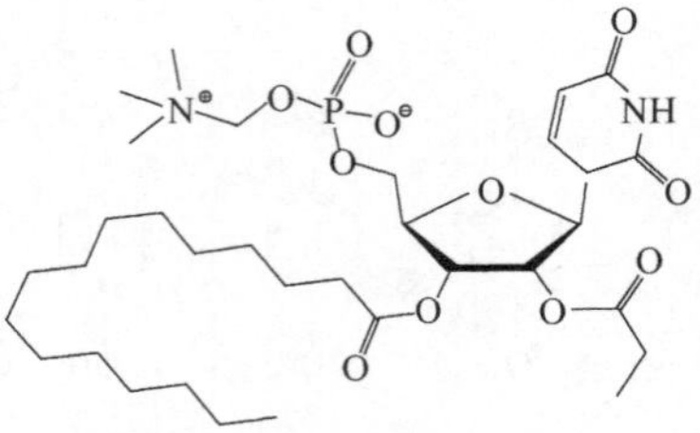

图 14.29　基于核苷酸基的表面活性剂结构[37]

参 考 文 献

[1] Drexler, K. E. Engines of Creation: The Coming Era of Nanotechnology, Anchor Books Editions, 1986.

[2] Anonymous (eds.), (2004) *Nanoscience and Nanotechnology: Opportunities and Uncertainties* Document 19/04, The Royal Society and the Royal Academy of Engineering, London. http://www.nanotec.org.uk /finalReport.htm (accessed December 2011).

[3] Boyd B. J., I. Krodkiewska, C. J. Drummond, and F. Grieser (2002) *Langmuir* **18**, 597.

[4] Nostro, P. L., M. Ambrosi, B. W. Ninham, and P. Baglioni (2009) *J. Phys. Chem. B* **113**, 8324.

[5] Yan, D., Y. Zhou, and J. Hou (2004) *Science* **303**, 65.

[6] Zasadzinski, J. A., E. Kisak, and C. Evans (2001) *Curr. Opin. Colloid Interf. Sci.* **6**, 85.

[7] Andres, R. P., J. D. Bielefeld, I. J. Henderson, D. B. Janes, V. R. Kolagunta, C. P. Kubiak, W. J. Mahoney, and R. G. Osifchin (1996) *Science* **273**, 1690.

[8] Bognolo G. (2003) *Adv. Colloid Interf. Sci.* **106**, 169.

[9] Xiao, S., F. Liu, A. E. Rosen, J. F. Hainfeld, and N. C. J. Seeman (2002) *Nanoparticle Res.* **4**, 313.

[10] Lianos, P. and J. K. Thomas (1986) *Chem. Phys. Lett.* **125**, 299.

[11] Nakanishi, T., B. Ohtani, and K. Uosaki (1998) *J. Phys. Chem. B* **102**, 1571.

[12] Hirai, T., Y. Nomura, and I. Komasawa (2003) *J. Nanoparticle Res.* **5**, 61.

[13] Sun, S. and C. B. Murray (1999) *J. Appl. Phys.* **85**, 4325.

[14] Shamim, N., Z. Peng, L. Hong, K. Hidajat, and M. S. Uddin (2005) *Int. J Nanosci.* **4**, 187.

[15] Khomutov, G. B., S. P. Gubin, V. V. Khanin, A. Y. Koksharov, A. Y. Obydenov, V. V. Shorokhov, E. S. Soldatov, and A. S. Trifonov (2002) *Colloids Surf.* **198-200**, 593.

[16] Puntes, V. F., D. Zanchet, C. K. Erdonmez, and A. P. Alivisatos (2002) *J. Am. Chem. Soc.* **124**, 12874.

[17] Huynh, W. U., J. J. Dittmer, and A. P. Alivisatos (2002) *Science* **295**, 2425.

[18] Colvin, V. L., A. N. Goldstein, and A. P. Alivisatos (1992) *J. Am. Chem. Soc.* **114**, 5221.

[19] Edler, K. J. (2004) *Philos. Trans. R. Soc. Lond. A* **362**, 2635.

[20] Schmid, A. K., N. C. Bartelt, and R. Q. Hwang (2000) *Science* **290**, 15617.

[21] Service, R. F. (2000) (News Section), *Science* **290**, 1528.

[22] (a) Paxton, W. F., S. Sundararajan, T. E. Mallouk, and A. Sen (2006) *Angew. Chem. Int. Ed.* **45**, 5420. (b) Paxton, W. F., K. C. Kistler, C. C. Olmeda, A. Sen, S. K. St. Angelo, Y. Cao, T. E. Mallouk, P. E. Lammert, and V. H. Crespi (2004) *J. Am. Chem. Soc.* **126**, 13424.

[23] Dhar, P., T. M. Fischer, Y. Wang, T. E. Mallouk, W. F. Paxton, and A. Sen (2006) *Nano Lett.* **6**, 66.

[24] Varga, I., I. Szalai, R. Me'szaros, and T. Gila'nyi (2006) *J. Phys. Chem. B* **110**, 20297.

[25] Zahn, M. (2001) *J. Nanoparticle Res.* **3**, 73.

[26] Schreiber, E., U. Ziener, A. Manzke, A. Plettl, P. Ziemann, and K. Landfester (2009) *Chem. Mater.* **21**, 1750.

[27] Piner, R. D., J. Zhu, F. Xu, S. Hong, and C. A. Mirkin (1999) *Science* **283**, 661.

[28] Hamley, I. W. (2003) *Angew. Chem. Int. Ed.* **42**, 1692.

[29] Jung, H., C. K. Dalal, S. Kuntz, R. Shah, and C. P. Collier (2004) *Nano Lett.* **4**, 2171.

[30]　Lee, K., J. T. Kunjappu, S. Jockusch, N. J. Turro, T. Widerschpan, J. Zhouc, B. W. Smith, P. Zimmerman, and W. Conley Advances in Resist Technology and Processing XXII, J. L. Sturtevant (ed.), *Proceedings of SPIE*, SPIE, Bellingham, WA, Vol. 5753, 2005, p. 537.

[31]　López-Gejo, J., J. T. Kunjappu, N. J. Turro, and W. Conley (2007) *J. Micro/Nanolith. MEMS MOEMS* **6**, 013002.

[32]　Kunjappu, J. T., V. K. Kelkar, and C. Manohar (1993) *Langmuir* **9**, 352.

[33]　Mu, L. and P. H. Seow (2006) *Colloids Surf. B: Biointerfaces* **47**, 90.

[34]　Miller, S. A., J. H. Ding, and D. L. Gin (1999) *Curr. Opin. Colloid Interf. Sci.* **4**, 338.

[35]　Whaley, S. R., D. S. English, E. L. Hu, P. F. Barbara, and A. M. Belcher (2000) *Nature* **405**, 665.

[36]　Hudson, L. K., J. Eastoe, and P. J. Dowding (2006) *Adv. Colloid Interf. Sci.* **123-126**, 425.

[37]　Walde, P. (2006) *Orig. Life Evol. Biosph.* **36**, 109.

问　题

14.1　给术语"纳米技术"下定义，各举一个物体的实例，其大小分别处于毫米、微米、纳米、皮米和费米范围。

14.2　制备纳米粒子的自上而下和自下而上法含义是什么？举例说明。

14.3　表面活性剂在蘸笔纳米光刻技术中有怎样的应用？

14.4　解释表面活性剂的纳米组装体在药物输送中所起的作用是什么。

14.5　举出一个基于表面活性剂的纳米洗涤剂，其特殊价值是什么？

14.6　简要说明表面活性剂在生命起源中的功用。

14.7　表面活性剂在纳米粒子合成中的作用是什么？

14.8　解释表面活性剂是如何作为模板用于无机纳米结构组装的。画一个类似于铸造模型用来生产塑像复制品的流程图予以说明。

第 15 章　表面活性剂与分子模拟

分子模拟就是通过综合应用计算与理论方法以及图像可视化技术对分子的结构和性质进行研究。也就是说，分子模拟是实验之外的思考。尽管通过计算机辅助方法能够得到高精度和高准度的分子模型，但分子模拟这一术语并不用于狭义上的分子三维物理模型制作。

通过分子模拟来研究表面活性剂的一个主要理由是，该方法有助于预测这些分子在溶液中以及界面上的性质和行为。如果采用的方法适当，分子模拟将能够提供临界胶束浓度（CMC）、胶束尺寸、表面张力、表面过剩（吸附密度）以及一些热力学参数等。这些数据的获得反过来又提高了设计新型表面活性剂的效率，而无需求助于低效率的有机合成。普通表面活性剂与高分子表面活性剂以及聚合物的相互作用也可以通过这些计算程序进行研究。此外，分子模拟还能导出无法通过实验方法得到的界面和吸附层的性质。计算机模拟方法还能模拟动态过程，获得实时的分子运动图像。

分子模拟研究的主要特征之一是要测定分子的能量，从而获得分子的相关参数。根据计算的分子能量可以衍生得到热力学、光谱学、键合以及化学反应等参数。将这些数据与分子信息学（化学信息学和生物信息学）相结合，可以产生出更先进的模型以及复杂生物聚合物的相互作用参数。此外，借助于将分子结构与其化学和生物学性质相关联的定量结构-活性（性质）相关（QSAPR）方法，可以定量地获得分子的结构-性能关系。

在使用软件包的计算化学中所应用的分子模拟程序主要基于两种理论：分子力学（MM）和量子力学（QM）。

分子力学（MM）方法，也称为力场（FF）法，仅仅基于经典物理学，它运用相对简单的方程来解决某个分子中各原子的位置与运动问题并计算体系的能量，而这些简单方程甚至可以应用于非常大的分子。分子模拟方法可以提供分子的几何结构、能级、反应动力学、光谱和热力学参数（如同从红外和拉曼光谱中所得）。分子力学-2 级（Molecular mechanics-level 2, MM2）、分子力学-3 级（Molecular mechanics-level 3, MM3）、哈佛大分子力学中的化学（Chemistry at HARvard Macromolecular Mechanics, CHARMM）以及能量精化构建辅助模型（Assited Model Building with Energy Refinement, AMBER）等都是可供进行 MM 计算的程序实例。

量子力学（QM）方法通过求解薛定谔方程来计算能量。能量算子（哈密顿）和波函数是该方法的核心。在从头计算量子力学方法（来自第一性原理）中，体系的性质是通过量子理论和物理常数如质量（m）、电子电荷（e）、光速（c）以及普朗克常数（h）等来计算的。原理上这种计算不需要任何其他的经验参数。与 MM 方法相比，从头量子力学方法使用复杂的方程，求解过程非常耗时，因此仅用于小分子。

与此不同的是，半经验的量子力学方法用一些特定参数，如从实验得到的成键参数，来代替从头计算程序中的一些复杂而难以计算的积分。基于半经验方法的程序有改进的忽略微分重叠（modified neglect of differential overlap, MNDO）和奥斯汀模型 1（Austin Model 1, AM1）等。

在分子模拟中广泛应用的另一种方法是基于分子动力学和蒙特卡罗（*Monte Carlo*）的计算机模拟程序。

分子模拟计算和仿真的影响力已经渗透到各种化学学科。基于 MM、QM 的方法及其杂化法正以惊人的速度在发展。已有现成的程序包可以提供，这些程序结合了各种理论的精细节点及其扩展，支持用 MM 和 QM 导出的运算法则对小分子和大分子的分子性质进行研究。MM 方法同时适合类似的小分子和大分子，然而考虑到计算时间的限制，QM 方法通常只适用于小分子。与分子动力学和蒙特卡罗方法相关联的计算机模拟方法可以被有效地用于预测基于时间均值和总体均值的分子性质，据此甚至可以得到体系的动力学信息。

15.1　分子力学方法

在 MM 方法（又称力场方法）中，原子被看作是一个一个的球，化学键被看作是连接这些原子的弹簧，而力和能量通过经典定律如虎克（Hooke's）定律相关联。这里只考虑原子核的位置，而体系中的电子则被忽略。

在 FF 方法中，分子的总能量（E）来自下列各项：键的拉伸（$E_{拉伸}$）、键的弯曲（$E_{弯曲}$）、键的扭转运动（$E_{扭转}$）、非键相互作用力如范德华力（$E_{范德华}$）和静电力（$E_{静电}$）以及它们的一些组合（$E_{组合}$）。它们对一个分子总能量的贡献可以依据核坐标或内部坐标（基于键长、键角和键转动时的扭转角）表示为：

$$E = E_{拉伸} + E_{弯曲} + E_{扭转} + E_{范德华} + E_{静电} + E_{组合} \tag{15.1}$$

假设其行为如同一个谐振子（虎克定律），一个双原子分子从其自身的旋转和振动获得的势能作为核坐标的函数，由下式给出：

$$E(R) = U(R_0) + \frac{\mathrm{d}E}{\mathrm{d}R}(R - R_0) + \frac{1}{2!}\frac{\mathrm{d}^2 E}{\mathrm{d}R^2}(R - R_0)^2 + \frac{1}{3!}\frac{\mathrm{d}^3 E}{\mathrm{d}R^3}(R - R_0)^3 + \cdots\cdots \tag{15.2}$$

式中，R_0 是分子中原子间的平衡键长；$U(R_0)$ 是平衡时的能量，任意地设置为零。将方程中的导数看作是当 $R = R_0$ 时可以通过实验测定的参数，上式转化为：

$$E(R) = \kappa_2(R - R_0)^2 + \kappa_3(R - R_0)^3 + \cdots\cdots \tag{15.3}$$

式中，第一项设置为 0，而常数包含在 κ 项中。

对伸展能、弯曲能、扭转能、范德华能、静电能等各个成分项及其交叉项，可以通过与上式类似的处理，分别考虑弯曲、拉伸、旋转能垒、范德华力或者它们之间可能的组合而推导出来。

15.1.1　来自实验的参数化

FF 计算需要一系列参数，如平衡键长、平衡键角、力常数以及扭转项等，而对一个大分子来说，这样的参数极其众多。其中有些参数例如键长可以从 X 射线和中子衍射或者微波和高分辨率光谱实验中得到。

根据转移性原理概念，当 MM 程序由于缺少参数而无法执行时，FF 参数可以从一个情形转移到另一个情形。根据分子的类型和种类，转移性原理可以在许多情况下应用。通用力场（UFF）程序利用原子性质如原子序数、杂化状态以及正常氧化态来构建 FF。

15.1.2　FF 方法的分类

FF 计算涉及一系列不同来源对能量的贡献，其中许多包含高阶项，通常需要运行到四阶项以及几种类型的交叉项。这种考虑了所有各项贡献的高级别计算能提供更准确的结果，称为 I 类 FF，I 类方法如 MM1-4、经验力场（EFF）以及 CFF（一致力场）适用于中小型分子。

I 类方法很难应用于大分子如聚合物，因为它们需要大量的计算时间。而 II 类方法通过截去上述方程中的二次及以上项以及忽略交叉项简化了计算。还可以通过将原子基团如亚甲基（CH_2）作为一个单原子（在这种情况下就是 "CH_2 原子"）来处理，从而实现简化。AMBER、CHARMM 以及 GROningen MOlecular 模拟（GROMOS 程序包）即基于 II 类方法。FF 方法与量子力学方法串联（杂化方法）为许多复杂问题提供了有效的解决方案。

15.2　量子力学方法

FF 方法（MM）在预测分子的光谱性质方面未能得到满意的结果，因为该方法在计算分子能量时没有处理电子和原子核因素。量子力学方法考虑到了分子中电子和原子核产生的势能的贡献，它们源于电子-核吸引作用、电子-电子和原子核-原子核排斥作用以及动能（KE）。该理论可以通过忽略与原子核贡献有关的因素而获得简化。

粗略地说，量子化学方法有两种类型：

① 精确法　其理论的建立无需进行重要的假设，如从头计算程序。

② 近似法　如为了节省计算时间而开发出的 Hartree-Fock 法或半经验法，这里当实验数据能够被集成以简化求解时通过一些假设简化了计算。

最普通的 QM 表达式是：

$$\hat{H}\psi = E\psi$$

式中，$\hat{H}$ 是体系的哈密顿算符；ψ 是体系的波函数；E 是体系的能量（本征值），因为 $\hat{H}$ 代表总能量。哈密顿函数被称为能量算子，因为它包含了能按照某个函数关系而起作用的势能和动能因子。

动量算符由下式给出：

$$\hat{P} = -i\hbar\frac{\partial}{\partial x}$$

其中

$$\hbar = \frac{h}{2\pi}$$

式中，h 是普朗克常数，而 $\hat{P}$ 是动量。

其最一般的形式，即针对单个粒子如质量为 m、在空间运动、其轨迹由位置矢量 $r = xi + yj + zk$ 和时间 t 以及外场 V（在一个原子核场中的静电势）所定义的电子的薛定谔方程由下式给出：

$$\left[\frac{-\hbar^2}{2m}\left(\frac{\partial^2}{\partial x^2}+\frac{\partial^2}{\partial y^2}+\frac{\partial^2}{\partial z^2}\right)+V\right]\psi(r,t)=i\hbar\frac{\partial \psi}{\partial t}(r,t)$$

或者

$$\widehat{H}\psi=i\hbar\frac{\partial \psi}{\partial t}$$

求解薛定谔方程可以得到粒子能量 E。

15.2.1　对电子问题的应用

薛定谔方程可以很容易地用于评估一个原子体系的能量。在一个典型例子中，假设原子核和电子是点电荷，哈密顿算符——对电子和原子核为 KE 项，对原子核-原子核和电子-电子排斥作用以及原子核-电子吸引作用（库仑势能）为势能项——必须被估计出来：

$$\widehat{H}=A+B+C+D+E$$

式中　A ——电子的动能算符；

　　　B ——原子核的动能算符；

　　　C ——电子与原子核之间的引力算符；

　　　D ——电子之间的排斥算符；

　　　E ——原子核之间的排斥算符。

波恩-奥本海默近似简化了上面的方程，该近似假设相对于运动的电子而言，原子核是保持静止的，因为原子核比电子重得多。在玻恩-奥本海默近似条件下，原子核的动能算符消失，而原子核之间的排斥项保持为常数（原子核之间的距离不发生变化）。于是 B 变为零，E 变成常数。而一个算符中的常数项对算符的本征函数没有影响。剩下的所有项合起来被命名为电子哈密顿算符，它描述了电子在原子核点电荷场中的运动：

$$\widehat{H}_{ele}=A+C+D$$

对于一个单电子系统，如氢原子，电子-电子排斥作用项 D 也消失了，于是哈密顿算符变为了如下形式：

$$\widehat{H}=\frac{-\hbar^2}{2m}\nabla^2-\frac{Ze^2}{4\pi\varepsilon_0 r}$$

式中，r 是距离原子核的距离。

对多电子原子，通过引入原子单元，H 可写为：

$$\widehat{H}=\sum\left(-\frac{1}{2}\nabla_i^2\right)+\sum V_i$$

视电子是被原子核吸引还是被其他电子排斥，式中的 V_i 值可正可负。拆分这些项得到：

$$\widehat{H}=\sum\left(\left(-\frac{1}{2}\nabla_i^2-V_i\right)\right)+\frac{1}{2}\sum\frac{1}{r_{ij}}$$

正是针对第 i 个和第 j 个电子间相互作用的 r_{ij} 项使得薛定谔方程无法求解。在数学上，它们被认为是不能分开的。然而，可以通过 Monte Carlo 法或其他方法得到数值解。

15.2.2 HP 描述

多电子体系原子或具有 N 个电子的分子的 HP 描述假设不同电子的波函数是相互独立地运作的，以致其波函数的结合概率可以表示为自旋轨道函数的乘积。于是本征函数可表示为：

$$\hat{H}\psi^{HP} = E\psi^{HP}$$

求解多电子系统的薛定谔方程的难题在于很难计算电子之间的排斥项。解决这一问题的方法是作一个简化，即用平均的方法来处理电子之间的排斥作用，从而使多电子问题转化为单电子问题。这种近似称为 Hartrce-Fock 近似。相应的 Hartrce-Fock 势能或者一个电子所感受到的平均场取决于其他电子的自旋轨道。由于 Hartrce-Fock 形式是一个非线性方程，因此必须用迭代法才能求解。

迭代过程涉及自旋轨道函数的确定和每个电子所感应到的平均场的计算。求解 Hartrce-Fock 方程的一个迭代程序称为自相容场（self-consistent filed, SCF）法。

Hartrce-Fock 方程的求解本身是非常困难的，因此需要进一步假设每个自旋轨道是单个电子轨道的线性组合来进一步简化 Hartrce-Fock 方程：

$$\psi = \sum C_i \Phi_i$$

单电子轨道 Φ_i 相应于原子轨道，称为基本函数。而每个原子的原子轨道集称为基本集。C_i 是满足最低能量波函数的系数集。这组系数通过最小化能量得到：

$$\frac{\partial E}{\partial C_i} = 0$$

人们发现，如果将基本集设置得更大，Hatree-Fock 能量会达到一个更低的极限，称为 Hartre-Fock 极限。

用来描述一个分子的最简单模型是原子轨道线性组合分子轨道模型（MO-LCAO）。该模型假定，当原子相互接近形成分子时，所形成的分子轨道是原子轨道的线性组合。原子轨道被表示成指数函数，或是斯莱特轨道，或是高斯轨道，它们有不同的轨道指数和数学形式。然而，从头计算法倾向于高斯型轨道（GTO）而不是斯莱特（STO）轨道，因为后者中的复杂积分难以评价，特别是当原子轨道都集中在不同的核上时。高斯轨道（GTO）被进一步简化为简约高斯轨道（CGTO）。

15.2.3 最小和较大的基集

在这些处理中，最低要求是对一个原子的每个原子轨道使用一个基本函数，称为最小基，例如，对氢原子最小基为 1（只有 1s 轨道），对碳原子最小基为 5（1s，2s 和三个 2p 轨道）。在一个称为 STO-3G 的计算方案中，每个基函数是三个高斯轨道简化成的一个 CGTO，从 CGTO 的系数中选出与相应的斯莱特轨道（STO）匹配者。由于原子轨道在不同环境中会发生变形，在所有情况下，最小基组都不能描述它们。于是就需要添加额外的基本函数，这就导致了较大基集的出现。6-31G*方案使用较大的基集［用 Pople 符号表示价裂双 zeta 基组（split-valence double zeta basis sets）：6 代表组成每个核原子轨道基本函数的原始高斯数；3 和 1 表明价轨道各由两个基函数组成，第一个由 3 个原始高斯函数线性组合而成，另一个则由 1 个原始高斯函数线性组合而成；星号表示包含极化函数］。

Hartree-Fock 理论实际应用于评价分子轨道的量子力学计算是通过两种方法进行的：从头算法和半经验法。从头算（字面意思就是从最前面开始）法是指计算一开始就要输入量值如 c、h、m、e（分别为光速、普朗克常数、质量和电子电荷）。原子核的位置信息是通过一组内核坐标提供的，它取决于键长、键角以及扭转角（Z 矩阵）。另一方面，半经验法忽略了哈密顿函数中的一些项，并且对某些积分输入经验参数。

按照执行的顺序，主要的半经验方法如下，它们一般情况下只考虑系统的价电子并将核电子作为原子核的一部分来考虑。每一步都将轨道、电子以及原子核芯的性质合并，而修改前一步方法中的缺陷。一些方法如下：

① 零微分重叠（ZDO）近似，其中不同轨道对之间的重叠被设置为零；
② 全略微分重叠（CNDO）；
③ 中略微分重叠（INDO）；
④ 忽略双原子微分重叠（NDDO）；
⑤ 改性 INDO（MINDO/3）；
⑥ 改性忽略微分重叠（MNDO）；
⑦ AM 1；
⑧ MNDO 的参数化 3（PM 3）；
⑨ 半从头模式 1（SAM 1）。

15.2.4　电子相关方法

从头算方法已经有了很多改进。在采用近似方法的 Hartree-Fock 形式中，只考虑了由 Pauli 不相容原理所引起的电子相关性。因此，正确的处理需要明确地考虑电子相关性，特别是当系统被认为是接近其离解极限时。

在构型作用（CI）近似法中，对电子状态的描述中包含了激发态的波函数，这里总的波函数被处理成基态和激发态波函数的线性组合。波函数仍然被表达为 Hartree-Fock 行列式加上许多其他的行列式，它将电子置于不同的轨道，通过应用变分原理，在选择一个可接受的波函数时，找到最好的系数。在通过 Moller-Plesset 理论处理多体扰动时，电子相关性作为对 Hartree-Fock 描述的扰动而出现。这种方法更为准确，但计算时间比较长。在耦合簇方法中，波函数被表示为指数乘积，其中高阶修正项被组合成低阶项的乘积。这些优化的一个重要结果是，计算所得的性质更为准确。

因为更高级的从头计算具有花费冗长计算时间的缺点，因此在实际过程中，常常使用较低级的方法进行几何优化，然后使用衍生的波函数将参数带入更高级的计算中。在一个方案中两个级别的混合通过用"/"符号分隔两个级别来表示，例如 6-3LG*/ STO-3G，它表示几何使用 STO-3G 基组，而波函数使用 6-316*基组（前面已经讨论过这些术语的意义）。

15.2.5　密度泛函理论（DFT）

与 Hartree-Fock 理论相似的是，DFT 也是处理单电子函数，但 DFT 计算总的电子能量和总的电子密度分布。这一理论并不计算所有电子的波函数，而是决定形成一个斯莱特行列式的 N 轨道。在 DFT 中，势能是局域的；而在 Hartree-Fock 理论中，它是非局域的。在一个原子或分子中，总的电子能量和总电子密度之间存在直接的相关性。因此，电子密度可以有效地取代复杂的多电子波函数并得到准确的结果。基本思想是使能量关于电子密度最小化。DFT 的优点在于它包括了电子相关，非常类似于 Hartree-Fock 方法，而花费仅有微小的增加。泛函数如 BLYP（来源于姓名 Becke、Lee、Yang 和 Parr；Beck 提出了关系式中的交换部分，后三者提出了关系式的相关部分）和 B3LYP（一种杂化泛函，其中 Beck 的交换部分与 Hartree-Fock 理论中精确能量相结合了）都是基于 DFT。在局域自旋密度泛函理论（LSDFT）中，电子密度结合了净自旋密度。

15.3　能量最小法

在分子模拟程序中，能量最小法是一个重要的战略。一个分子的各种构象势能被表示为其坐标的函数，所得图形称为势能面。坐标系可以是直角坐标系或是内坐标系，对一个 N 个原子体系分别是 $3N$ 和 $3N–6$。MM 方法使用直角坐标系，而量子力学法将内坐标系用作输入。

典型的势能面图通常被表示成一个等高线图或等角线图，其特征是具有若干个最小值和最大值。具有最小能量的构象结构通常对应于系统的最稳定的状态。若干最小值之外的能量最低的最小值，称为全局最小值，需要被定位。全局最小值并不需要总是对应于最密集的构象。这个最低点的位置通过最小化算法确定，该算法能识别极大值（山峰）、极小值（山谷）和鞍点（两个极小值之间的最高点）。

对一个用函数 f 表示的曲线，在最低点处有 f 对独立变量 x 的一阶导数为零：

$$\frac{\partial f}{\partial x} = 0$$

并且二阶导数为正值：

$$\left(\frac{\partial^2 f}{\partial x^2} > 0 \right)$$

最小化方法是通过定位能量导数或者从一个高能量点开始追踪能量函数中的最低点来工作的。一般，最小化算法利用体系的一组初始坐标，它们来自核磁共振（NMR）或 X 射线晶体学衍生的实验数据。如果不能提供实验数据，则可以使用纯理论的算法或混合方法。

能量最小化方法在确定过渡结构、反应路径以及正常模型的识别中是非常有用的。它们用于含有少量原子的系统很成功。应用产生配分函数的统计热力学原理，能量最小化数据可以被转变为热力学和其他参数。

15.4　计算机模拟方法

有两种计算机模拟技术最受欢迎，即分子动力学和蒙特卡罗方法。在分子动力学方法中，应用了牛顿运动定律，假设粒子表现为像台球那样的刚性球。当粒子碰撞时，粒子间的距离等于其半径之和。计算出粒子碰撞之后的新速度，根据新速度再计算出力。在新的位置继续进行力的计算，产生一个描述动态变量随时间而变化的轨迹或路径。分子动力学（MD）模拟过程通常持续几百皮秒（百亿分之一秒），步长为毫微微妙（千万亿分之一秒），从而得到热力学参数和构象性质，于是所产生的连续构型按时间相连接。

蒙特卡洛方法是基于随机抽样的原则。它随机生成构型，而后应用基于玻耳兹曼指数因子的某些标准对这些构型进行检查。将一个生成的随机数与这一能量相比较，以决定一个构型的寿命，直至到达最合意的构型。蒙特卡罗模拟不去比较构型随时间的变化，与分子动力学方法不同，它仅仅将当前构型和前一个构型相比较。

分子动力学产生时间平均的信息，而蒙特卡罗方法产生总体平均的信息。在一个周期 T 内系统的某个性质如内能 U 可以表示为：

$$\langle U \rangle = \lim_{T \to \infty} \frac{1}{T} \int_0^T u(t) \mathrm{d}t \quad \text{（时间-平均情形）}$$

$$\langle U \rangle = \int \rho(R^n) u(R^n) \mathrm{d}R^n \quad \text{（总体平均情形）}$$

式中，u 是 n 个分子的微观位置 R^n 的函数。

溶剂体系通常用两种不同的方法模拟，即连续溶剂化模型（CSM）或含蓄模型和明确的溶剂化模型（ESM）。在 CSM 中，溶剂被作为均匀介质存在于溶质分子周围，并用 MM 或 QM 方法进行计算。在 ESM 中，很多溶剂分子被添加到某一单个溶质分子周围，并用 MM 方法处理体系。

上述几节的介绍只是让读者对下述讨论中将会遇到一些术语有一个基本的接触。如果想深入理解这些概念和原理，可以参阅文献[1~4]。

15.5　表面活性剂体系

理论分析和计算机方法仍在不断地被改进以用于模拟表面活性剂的行为。FF、QM 以及计算机模拟方法用于模拟表面活性剂体系取得了不同程度的成功。特别地，在早期模拟液体中的表面活性剂体系的尝试中，使用了晶格和连续介质模型。

通过各种方法模拟表面活性剂在溶液和界面上的行为的一些实例将会在第 7 节讨论。在此之前，首先详细讨论几个有代表性的例子。

15.6　五个被选体系

15.6.1　液体中的聚集（ⅰ）

文献：Smit, B., A. G. Schlijper, L. A. M. Rupert, N. M. van Os (1990) *J. Phys. Chem*, **94**, 6933.

本文用分子动力学模拟了油（癸烷）/水/表面活性剂（对烷基苯磺酸钠，C_9、C_{10} 和 C_{12}）体系，研究了表面活性剂的结构与各种热力学性质之间的关系，例如增加疏水链长度对界面张力的影响。

在研究表面活性剂的化学结构与其热力学性质之间的关系时，使用晶格模型或连续平均场理论的统计热力学处理是常用的方法。

表面活性剂分子被看作是一个组合体，即一个似油粒子和一个似水粒子（分别称为原子），两者由一个胡克弹簧（谐波势能）相连。这两种类型的粒子服从能量参数为 ε_{ij}、距离参数为 σ_{ij}、截除半径为 R_{ij}^c 的截头 Lennard-Jones 势能函数，如下列方程组所示：

$$V_{ij} = \begin{cases} \phi_{ij}(r) - \phi_{ij}(R_{ij}^c) & r \leqslant R_{ij}^c \\ 0 & r > R_{ij}^c \end{cases}$$

和

$$\phi_{ij}(r) = 4\varepsilon_{ij}[(\sigma_{ij}/r)^{12} - (\sigma_{ij}/r)^6]$$

式中，i 和 j 分别代表似水原子和似油原子。为简化起见，对两种粒子假定其各种相互作用的 Lennard-Jones 参数、能量参数 ε_{ij} 以及距离参数 σ_{ij} 都相同。在这种情况下，通过适当地截除 R_{ij}^c 项以便反映出是吸引还是排斥作用，即可模拟水-水、油-油、水-油相互作用。在模拟过程中，似油粒子被持续添加到表面活性剂的链尾部分以增加链长。似油粒子和似水粒子被安放在一个面心立方（fcc）晶格中，位于尺寸为 $7.15\sigma \times 7.15\sigma \times 21.45\sigma$ 的周期性盒子的中心，256 个似水粒子和 512 似油粒子分两层排布，密度为 $0.7\sigma^{-3}$，温度恒定为 $T = 1.0\varepsilon/k_B$。通过用表面活性剂取代油粒子和水粒子使体系的总粒子数保持恒定。在系统达到平衡后，通过对整个界面积分压力张量的法向和切向分量之差以及根据密度曲线来估计界面张力。每 10 个时间间隔计算一次压力张量和密度数值。

对同一体系，在低表面活性剂浓度区域，实验结果和 MD 模拟/计算结果表明，疏水效应强烈取决于链长的增加。此外，还观察到实验和理论计算的表面张力值也很吻合。

15.6.2　液体中的聚集（ⅱ）

文献：Stephenson, B. C., K. Beers, D. Blanksehtein (2006) *Langmuir*, **22**, 1500.

将分子热力学理论与计算机模拟相结合，模拟了胶束化过程。分子热力学方法单独不能满意地预测头基和尾基未能很好定义的复杂的表面活性剂分子的胶束化过程。对于头基和尾基位置不确定的复杂表面活性剂，基于 MD 和蒙特卡罗方法的分子模拟策略有可能改进预测的准确度。

在热力学方法中，许多胶束参数是通过如下的 CMC 与胶束化自由能（g_{mic}）的关系式从 CMC 计算得到的，其中 k_B 和 T 分别是玻耳兹曼常数和热力学温度：

$$\text{CMC} = \exp\left(\frac{g_{mic}^*}{k_B T}\right)$$

在分子模拟策略中，首先针对变量如聚集几何、聚集组成以及聚集体内核次半径等进行使 g_{mic} 最小化的计算。g_{mic} 取决于一系列自由能变化，如 g_{tr}（转移自由能，从溶解度实验数据计算得到）、g_{int}（界面自由能，从表面活性剂尾链/水界面张力数据，混合规则，并使用能够近似地描述尾链/水界面张力随曲率而变化的方程计算得到）、g_{pack}（堆积自由能，从一个数值程序计算得到，通过计算表面活性剂尾链在胶团内核可能的大量构型以决定将链尾部分排列在胶束/水界面所需的自由能）、g_{st}（位阻自由能，从表面活性剂头基在胶束/水界面的堆积计算得到）、g_{elec}（静电自由能，从可能存在于胶束聚集体中的离子头基之间的静电排斥作用计算得到），以及反离子的束缚程度，它们之间符合下列关系式：

$$g_{mic} = g_{tr} + g_{int} + g_{pack} + g_{st} + g_{elec} + g_{ent} - k_B T\left(1 + \sum_i \beta_i\right) - \left(\sum_j \beta_j k_B T \ln(X_{cj})\right)$$

在 MD 模拟中，表面活性剂的有效头基部分和有效尾链部分由一个表面活性剂分子在油/水界面的平均位置决定，通过应用对液体系统的全原子优化性能（OPLS-AA）FF 考虑表面活性剂分子中每个原子之间相互作用及其环境。为了有助于模拟，取决于表面活性剂的性质和可获得的文献数据，可以采用其他的 FF，如 GROMACS。此外，明确地用简单伸展的点电荷模型（SPC/E）来处理水分子，用截除距离 1.2nm 来处理 van der Waals 作用时，用粒子网格 Ewald

（PME）的加和来描述库仑相互作用。在固定键长，时间步长为 2fs 下进行模拟。使用 OPLS-AA 方法或者补充在高斯 98 中的 CHelpG 方法，将原子电荷分配到表面活性剂分子上。

借助于油/水界面上的 MD 模拟，计算程序通过模拟胶束内核/水界面识别出胶束中表面活性剂分子的水化部分。估计出表面活性剂链节与水和油分子的接触数量。表面活性剂分子中水化部分与未水化部分的确定以及分子热力学模拟得到：①与形成一个胶束相关的自由能变化；②CMC；③胶束聚集体的最佳形状和大小。原子电荷由计算机模拟和分子热力学模拟确定，这两套原子电荷被用来计算不同类型表面活性剂的胶束参数如 CMC 和胶束聚集数，例如阴离子（十二烷基硫酸钠，SDS）、阳离子（十六烷基三甲基溴化铵，CTAB）、两性离子（十二烷基磷酸胆碱，DPC）以及非离子型（十二烷基聚氧乙烷醚，$C_{12}E_8$）。这种组合模拟方法对另外两种表面活性剂效果也很好，它们是阴离子型的 3-羟基磺酸盐（AOS；$n = 12 \sim 16$）和非离子型的癸酰基-N-甲基葡萄糖酰胺（MEGA-10）。

15.6.3　液-液和液-气界面

文献：Schweighofer, K. J., U. Essmann, M. Berkowitz (1997) *J. Phys. Chem.*, **101**, 3793.

通过 MD 模拟研究了 SDS 在水-空气和水/四氯化碳界面上的行为。之前进行的旨在收集这些体系的构型信息的实验研究，除了使用对非均匀分子流体的一般 van der waals 理论进行理论研究以及分子模拟外，还包含了和频发生（SFG）和二次谐波发生（SHG）。

这里采用了键长通过 SHAKE 算法保持不变的简单点电荷（SPC）水模型和满足 MD 模拟中对键几何限制的时间积分算法。对四氯化碳，采用了一个全柔性、非极化的五位模型，这一模型与扩散系数、密度曲线和从极化模型获得的径向分布函数很好地吻合。十二烷基被用一个包含 1 个 CH_3 基团和 11 个 CH_2 基团的组合原子来代表，SO_4 基团则被明确模拟。

计算样品的制备与平衡是这样进行的：选择由 500 个水分子和 222 个四氯化碳分子组成的水-四氯化碳体系，将其放在一个长（X）、宽（Y）为 2.4834nm、高（Z）15nm 的方形盒中。将 SDS 插入到完全平衡的水/四氯化碳系统中，S 原子放在界面区域的中心，烷烃链放在有机层中，其取向相对于界面的法向略有倾斜。在界面区域中的任意一个水分子被钠离子所取代。对溶剂十二烷基硫酸钠相互作用的模拟在恒定温度 300K、水-四氯化碳界面扰动保持最小的条件下进行：在 250ps 内逐渐开启过程，周期性地重新调节速度，然后用 AMBER 让体系再次平衡 500ps。

SDS 在水/气界面上的吸附模拟是通过用水取代 SDS 达到吸附平衡的水-CCl_4 体系中的 CCl_4 层来进行的。盒子长度和水-CCl_4 体系中一样，在作业运行开始前，给予 500ps 的平衡。对水-CCl_4 和水-气两种模拟，作业运行的时间步长为 1.0fs，在 1.0ns 的总时间内每隔 20.0fs 收集一次数据。

头基（定义为 SO_3^- 基团加上 Na^+ 反离子）和烷烃链尾区域（定义为由来自甲基至第 12 个碳原子上的所有原子构成的结合原子）的高斯分布根据液体密度曲线图用如下公式进行估计：

$$\rho = \rho_i \exp\left[\frac{-4(Z - Z_0)^2}{\sigma^2}\right]$$

式中，ρ_i 是振幅；Z_0 是分布的中心；σ 为 1/eth 的宽度。根据这些分布可以计算出平均头-链距离，即 Z_0 和 σ 时的 Z 组分值。双亲性的取向可以通过分析下面的余弦函数来确定：

$$\cos(\theta) = Z \frac{\overline{R_{1j}}}{|R_{1j}|}$$

式中，向量 R 是来自甲基的 R 基团的位置；j 是其他碳原子 2、3、4… 的位置，而 Z 是在 Z 方向上的单位矢量。例如下标 12 是指甲基-亚甲基键向量。

对头基-水径向分布函数进行分析，以便发现头基中的单个原子和水分子的确切分布或取向。

第一外壳中的水的取向分布函数是从通过将 $\cos\theta$ 对概率作图获得的。模拟过程中的快照证实了系统中原子的分布和取向。

根据 Z_0 数值可以确定，水-气体系中，头基穿透到水层的深度要比在水-CCl₄ 体系中大差不多 0.2nm。类似地还观察到，部分烷烃链被蒸气界面的水溶剂化。而在水-四氯化碳系统中，碳氢链主要被四氯化碳溶剂化。

对水-气体系，可以通过假设平均来看烷烃链是平躺在紧靠水的表面来解释 σ 值，但在水-四氯化碳体系中，烷基链在界面上相对于界面的法线是倾斜的，且倾斜角可变。

实验观察到的宽度 σ_{obs} 与沿界面法线方向的一个片段的固有宽度（实际宽度）l 以及表面粗糙度量度 w 有如下关系：

$$\sigma_{obs}^2 = l^2 + w^2$$

对这两种界面，原子和基团沿 Z 方向的单个概率分布揭示了表面活性剂分子穿透到界面内部的程度：在水-气体系中，一些碳原子被发现浸泡在水中，这表明，表面活性剂分子必须有一个弯曲的构型，它预示着偏转缺陷的概率增加以及烷基链在头基附近发生弯曲。同样的研究表明，在水/四氯化碳界面，表面活性剂并未深插到水中。有关表面活性剂分子在界面弯曲的信息，可以通过检验<Z>-原子数图中自烷基链末端开始沿界面法线方向每个原子的平均位置而获得。

两亲性的二平面分布表明，C₁₁-C₁₂-OS 二平面几乎总是反式的（1%偏转的），与偏转的构象不允许硫酸酯基团中的氧原子朝向界面的水相一侧定向的论点相吻合。对这两个界面，还可以测定每个碳原子的反式偏转比例。

在这一研究中，对水和四氯化碳获得了平均体积密度，分别为 0.96g/cm³ 和 1.59g/cm³。而在 300K 时水的实测密度是 1.0g/cm³，四氯化碳是 1.60g/cm³。

表面活性剂分子在这两个界面上的构型状况如下：在水/气界面，分子是弯曲的，从而将分子分为了两部分，一部分是在水中被水化的头基和几个甲基，其余部分则平躺在水表面；在水/四氯化碳界面，平均来看分子基本上是直的，与界面的法线成大约 40° 的倾斜角。

15.6.4　固-液界面

文献：Prdip 和 B. Rai (2002) *Colloids and Surfaces*, **205**, 139.

具有羧酸功能性的表面活性剂（脂肪酸表面活性剂）分子结构的控制设计是工业领域所关注的。通过探索分子模拟法对这类表面活性剂构-效关系的预测性，可以大大简化针对这些表面活性剂效率的筛选。在这项研究中通过分子模拟策略（无需输入实验参数）考察的对象包括钙矿浮选用脂肪酸，用作氟化钙晶体生长抑制剂的双羧酸，二氧化钛基涂料用羧酸型分散剂、用于氧化锆和氧化铝陶瓷悬浮液的脂肪酸和苯甲酸分散剂，以及膦酸基缓蚀剂等。

模拟采用 UFF 方法进行，该方法对范围较广的原子包括钙、钛、钡、铝和锆等原子提供了参数化。在 UFF 方法中，键的伸缩用谐波项来描述，角弯曲用三项式的傅里叶余弦展开来描述，扭转和反转用余弦傅里叶展开项描述，范德华相互作用用 Lennard-Jones 势能描述，静电相互作用用原子单极描述（通过算法中的依赖距离的库仑项筛选）。

　　使用给定晶体开裂面上的一个矿物单胞来创建一个在 x、y 方向上周期的 2.5nm× 2.5nm 特大点阵。允许在一个给定簇的顶层中的原子和与顶层相邻的底部固定层中的原子发生弛豫（能量最小化）。将模拟得到的单室点阵参数与文献中所报道的数据进行比较。为了模拟表面活性剂与表面的相互作用，考虑可能与表面发生相互作用的官能团并使用分子图像从几种构型中选出表面活性剂分子的最低能量构型。将经过几何优化的表面活性剂分子放置到最稳定的表面簇上，并允许其弛豫。从方程 $\Delta E = E$ 复合物– [E 表面活性剂+E 表面]计算相互作用能，其中的各个 E 项分别是对表面-表面活性剂复合物、表面活性剂分子以及表面簇的最优化能量。ΔE 越负，表明越有利于表面与表面活性剂的相互作用。

　　将计算所得的相互作用能与研究矿物和陶瓷在浮选、分散、缓蚀等方面的特性时所获得的实验值相关联，可以确认 UFF 分子模拟策略的有效性。这项工作表明，一系列计算值与相应的实验值之间十分匹配，包括晶格参数和矿物单元尺寸，简单分子如水、丁烷以及辛烷等在特定开裂面上的吸附，油酸和水在矿物表面吸附时的作用能等。例如，计算的油酸和水在钙矿表面如萤石{111}、磷灰石{100}和方解石{110}面上吸附的相互作用能（kcal/mol）分别为–52.6、–46.8、–40.2（对油酸）和–23.6、–42.9、–32.2（对水）。这项工作中所采取的方案被认为是有应用前景的，因为矿物和表面活性剂的相互作用参数可以仅仅根据表面活性剂和表面的结构知识进行预测，而无需输入实验测定的参数。

15.6.5　固-液界面以及在液体中的聚集

　　文献：Postmus, B. R., F. A. M. Leermakers, M. A. C. Stuart (2008) *Langmuir*, **24**, 3960.

　　用 SCF 理论模拟了非离子型（烷基-氧乙烯化物）（C_nE_m）表面活性剂在二氧化硅-水界面的吸附和在水溶液中的聚集，用 pH 值、离子强度作为额外的控制参数。

　　表面活性剂的吸附被设计成一种传输现象，并用涉及通量项的基本扩散方程来处理。这里所提供的理论模型应用 SCF 理论想象出一种单一浓度梯度（1G）方案。SCF 理论允许将分子的详细信息引入到模型中。输入若干已知的参数和理论，包括模拟聚氧乙烯（PEO）分子所需的短程 Flory-Huggins χ 参数，小体系热力学理论，模拟胶束用球形晶格，模拟静电势能用 Gouy-Chapman 理论，短程相互作用的 Bragg-Williams 近似，以及所有状态的水和 PEO 所有触点的 χ 参数等。计算结果包括：对各种链长的聚氧乙烯（EO）链，平移受限总势能随聚集数的变化，各种表面活性剂 CMC 随离子强度的变化，各种表面活性剂的吸附等温线图，链的位置与固体表面之间的关系，临界表面缔合浓度（CSAC）与各种聚集参数之间的关系图，以及不同离子强度和 pH 值下的吸附速率和吸附动力学等。引入了一个称为"吸附通量"的项来表示 CMC 和 CSAC 之间的差异。

　　当头基的电荷被改变时，这些情况下的聚集行为在高离子浓度下发生显著变化。CSAC 是表面活性剂性质和表面性质的函数，而这些性质又强烈地取决于离子强度和 pH 值。预测包括吸附随离子强度值的变化，表面电荷随 pH 值的变化，表面活性剂的头基通过氢键与表面上的硅醇基的结合性质。最后，对一系列过程和参数观察到模拟数据与实验数据良好吻合，包括吸附/解吸转变，涉及表面活性剂的各种平衡以及吸附动力学等。

15.7　代表性分子模拟研究概要

参考文献	与表面活性剂的联系	目的	方法	重要发现
Böcker, J., J. Brickmann, and P. Bopp (1994) *J. Phys. Chem.*, **98**, 712	MD 模拟研究阴离子型表面活性剂 N-葵基三甲基氯化铵在水中的胶束	分子模拟研究填补了从热力学理论导出的胶束聚集参数和实验值之间的空白。主要目的是获取与胶束结构和形状有关的参数	分子模拟所用模拟体系包含 30 个表面活性剂分子，30 个氯离子和 2166 个水分子。分子模拟的前提条件如下： ①亚甲基和甲基组成结合原子； ②疏水链是柔性的，其分子内作用能与链转动、键角和键的伸展有关； ③四面体结构的头基部分是刚性的，其电荷分布通过四点电荷（TIP4P）可转移分子间势能和水分子间的模拟模拟分子间相互作用	季氮原子带有 $-0.5e$ 的电荷，靠近氮原子的三个甲基和亚甲基每个基团各带 $0.39e$ 的电荷 根据一次 275ps 的模拟，胶束形状和结构的分析表明胶束呈略扁长的椭圆体状。所看到的胶束内部是干的，不同于单层膜水溶液界面。一些实验表明胶束中可能不是很容易获得的特殊信息如反式键在一个链中存在的概率和键序参数，可以在本研究中计算到。在头基的第二溶剂化层中，胶束表面电荷只有部分被氯离子中和。假定的聚集数为 30，每个头基的面积为 $0.84mm^2$，胶束平均半径为 $1.42mm$，这些从计算得到的数据与实验结果相吻合
Mackerell Jr., A. D. (1995) *J. Phys. Chem.* **99**, 1846	用分子动力学模拟了阴离子表面活性剂 SDS 在水溶液中的胶束化	由于实验技术的限制和约束、胶束化的结构和动力学不能完全被理解。MD 模拟以本被用来填补这一空白	用一个 CHARNIM 版本进行计算。水的结构通过一使用周期性边界条件的具有三点电荷（TIP3P）可转换分子间势能来模拟。疏水胶束内核用显式溶剂模拟：使用一个拥有 5×5 晶格的盒子，盛放 125 个反式构型的十二烷分子。在固定硫原子位置之后，对所有原子应用 5 kcal/(mol·Å) 谐振限制，使胶束最小化用 100 最速下降（SD）步，然后对所有原子应用 1 kcal/(mol·Å) 谐波限制，进行 100 个 ABNR 步	测定了胶束的平均结构和动力学性质。胶束的碳氢键内核验证明其流动性比纯烷烃（十二烷）更差。具体证据是，与纯十二烷相比，两面角转换速度下降，脂肪尾链二面角转移自由能随着增加。对胶束和十二烷，反式编转构型的比例大致相同 当胶束取用来作为脂类双层模型时，应当考虑这种流动性的下降。研究发现，胶束中的硫酸酯头基与水没有相互作用。此外，胶束中只有小部分则与水有相接触，烷烃链的终端甲基可能位于胶束内部的表面，暴露于溶剂中
Villamagna, F., M. A. Whitehead, and A. K. Chattopadyay (1995) *J. Mol. Struc. (Theochem.)* **343**, 77	使用已知的基丁脂肪酸、EO、磷酸脂胺、山梨醇酯、嘧啶乙醇胺、聚异丁烯等的表面活性剂结构，从分子模拟研究求得具体溶液和界面性质	合成了部分所列表面活性剂，并通过实验评价了其性质，以便验证模拟方法法的正确性	FF 方法加 MM2 和分子轨道计算方法加 AM1 被用来进行计算。在每一种情况下，胶选择能量最小化的构象米计算分子的细水化结构，特殊情况下计算头基的结构，以及 van der Waals 表面结构	设计出一个具有所期望特性的新型高效表面活性剂分子是有可能的。本研究求得了一些表面活性剂的结构与 Van der Waals 表面结构。最佳型状和结构特性为：疏水链紧密排列的极性内核做被的氢原子比例为 1:1:1。从范德华距离计算得到，该表面积的比例也为 1:1:1。这项研究产生了理论上设计的新分子

续表

参考文献	与表面活性剂的联系	目的	方法	重要发现
Palmer, B. J. and J. Liu (1996) *Langmuir*, **12**, 746	采用了若干含一个头基和四、六、八尾链位置的表面活性剂模型来模拟表面活性剂的力学聚集过程	虽然其他作者对羟-羟和水-水相互作用已经采用了对称处理，但这些作者着重关注的是与这些相互作用有关的力学手排序	选择了一些假想的表面活性剂，它具有一个头基和多个链尾。头基和链尾通过简单的谐波弹簧相连。将它们溶于 Lennard-Jones 溶剂中，使用弯曲及拉伸、弯曲、扭转以及能进行分子模拟。对 100 个具有不同链长的表面活性剂分子进行模拟。头基与链尾相互作用时采用 MM 势能进行分子模拟。对 100 个具有不同链长的表面活性剂分子在自组装形成的 4000 个溶剂分子中的体系得了了所形成的自组装胶束集体的构型	从这些模拟获得了胶束相互作用，它们定性地再生了水溶液中能发生的相互作用的能量排序。模拟发现，当烷基链长度增加时形成较大的胶束，这与实验事实相符合。这些研究描述了胶束大小随表面活性剂浓度的变化。这些模拟能够揭示胶束内部表面活性剂分子的排列性质
Derecskei, B., A. Derecskei-Kovacs, and Z. A. Schelly (1999) *Langmuir*, **15**, 1981	研究了双(2-乙基己基)磺基琥珀酸酯钠(AOT)在水和四氯化碳溶液中的聚集行为	主要目的是通过使用原子水平的分子模拟，提高对阴离子表面活性剂在有机相和水介质中的与溶液尺寸相关的聚集尺寸相关的溶液性质的预测性	使用可扩展的系统的 FF (ESFF) 和 UFF 进行模拟。UFF 用于构象搜索，而 ESFF 用于几何优化和能量计算。描述了个典型的 AOT 的几何构象并计算了它们的能量。结果与实验值相吻合。报道了最可能的分子构型与水和四氯化碳的相互作用。通过把这一构型发入模拟水中，即一个代表了真实分子间距离的模拟盒子，模拟了水分子(0.5nm 厚薄层)和 AOT 之间在原子水平上的相互作用	基于应用于最可能的构象的随机油样系统计，分析了个典型的几何构象。发现能量相差最多为 10kcal/mol。用载硼几何模型计算的反胶束碳中的反胶束的平均聚集数与实验值(15~17)吻合得很好。预测的反胶束的直径为 2.8nm，与实验得到的相同反胶束水/水比例下的表流体力学宜径 3.2 mm 基本一致
Goldsipe, A. and D. Blankschtein (2005) *Langmuir*, **21**, 9850	从分子热力学理论推导出在离子/非离子或离子/两性离子二元混合胶束表面反离子的结合状况	表面活性剂混合物是常见的，或者是主体表面活性剂中人为地加入另一种表面活性剂，或者是主体表面活性剂中存在异构的或结构相近的杂质。表面活性剂是如何在溶液中和在界面上的行为将与此有关	用理论的热力学部分模拟了表面活性剂单体、反离子，以及混合胶束之间的平衡。用混合的分子部分模拟对自由能，即混合胶束自由能变化的各种贡献。胶束自由能的最小化结构如反离子结合，胶束组成，胶束状态和大小等性质提供了最估平均胶束系集数。从这些参数可以预测 CMC 和平均胶束聚集数	获得了与实验结果相吻合的结果。揭示了胶束组成、反离子结合和离子凝聚，以及胶束特变之间的关系
Jdar-Reyes, A. B. and F. A. M Leemakers (2006) *J. Phys. Chem. B*, **110**, 6300	研究了与浓度相关的球-棒转变时一些 EO 表面活性剂的线形胶束的结构、机械和热力学性质	有关胶束的形状、大小分布和机械性质对其应用在优化其应用方面是非常重要的	先前通过粗糙的 MD 模拟获得了力学数据，如弯曲模量、(持续长度)。本研究是对上述理论的补充，使用 SCF 方法 (SCF-A、SCF 理论对吸附和或溶合分析了从统计力学得到的分配函数形。针对小长度尺度的振荡行为，分析了了柱状胶束的形状	SCF 处理提供了有关胶束体系的结构和热力学信息。同时他得到了胶束大小分布数据。小长度棒就像一个哑铃，以长度更长时两端有两个微团粒子。两端有四个微团粒子长棒振荡表现出主要振荡势能的振荡行为，振荡波长正比于表面活性剂捆链的长度。最后，主要趋势能与两个末端的量聚合

参考文献	与表面活性剂的联系	目的	方法	重要发现
Sterpone, F., G. Marchetti, C. Pierleoni, and M. Marchi (2006) J. Phys. Chem. B, **110**, 11504	研究了两种表面活性剂 $C_{12}E_6$ 和十二烷基二甲基氧化胺 (LDAO)胶束对水界面的水化动力学	生物分子的水化在控制酶的活性、分子识别、蛋白质折叠和 DNA 片段的稳定中起着重要的作用。通过对胶束表面的 MD 模拟，可以更好地理解胶束因表面亲水性的较大变化是如何影响水动力学的	从热力学模型获得了两个胶束聚集体。模拟中使用的一个胶束由45 个 $C_{12}E_6$ 单体和另一个由 104 个 LDAO 单体和 8448 个水分子所组成，另一个由 104 个 LDAO 单体和 1629 个水分子所组成。限定模拟单元具有截顶八面体几何形状。用了原子 FF 方法模拟系统成分之间的相互作用。对水分子则应用点电荷动模型。在这些计算中还使用转动地震模型和旋转动地震以及移动动力学研究了水化动力学的	两种胶团的水化动力学取决于与水接触的胶束支面的物理性质。通过测量水在胶束表面附近的停留时间同反其相对于体相的滞后效应表明，$C_{12}E_6$ 与 LDAO 相比，界面厚度更大，界面亲水性变强。模拟结果表明，$C_{12}E_6$ 表面水的动力学要比体相水慢一到两个数量级，只相当于 LDAO 体系的18%。此外，胶束支界面经历的转动图像表明，在 $C_{12}E_6$ 胶束中，由于水在界面受到约束，水分子在一个高度各向异性的空间发生旋转；而在 LDAO 胶束中，转动图像是在一个向同性的空间中。在各合胶束附近，水经历束附近的地震约束，如流水来到束浆范的比例。界面层厚度和界面面形貌。这种动力处理考虑了界面了界面相互作用和相互作用间限制
Burrows, H. D., M. J. Tapia, C. L., Silva, A. A. C. C., Pais, S. M. Fonseca, J. Pina, J. S. de Melo, Y. Wang, E. F. Marques, M. Knaapila, A. P. Monkman, V.M. Garamus, S. Pradhan, and U. Scherf (2007) J. Phys. Chem. B, **111**, 4401	研究了两种表面活性剂激度和胶束化过程有关的一种是阴离子聚合表面活性剂: 聚[1,4-亚苯基-9,9-双 (4-苯氧基丁基磺酸盐)]汤-2,7-取代对苯基共聚物 (PBS-PFP); 另一种是阳离子型双子表面活性剂: $\alpha\omega$-$(C_mH_{2m-m})N^+(CH_3)_2(CH_2)_s(Br)_2$ (m-s-m; m=12, s = 2, 3, 5, 6, 10, 12)	研究与表面活性剂聚合表面合聚度和胶束化过程有关的荧光发射、点电荷之间的相互作用，如电荷间的距离对相互作用的影响以及聚合物中相邻离子之间的距离和阴离子电荷相连，以及聚合物中相邻离子电荷受限于 Gemini 表面活性剂中连接链长度的影响	使用标准 GROMACS (用于 MD 模拟的软件包) FF 进行 MD 模拟。拓扑朴文件由 PROgram DRuG (PROgram DRuG)，用来产生出子拓扑学的程序) 服务器产生。聚合物和双子表面活性剂被放入到一个盒子中，并用单点电荷 (SPC) 模拟水溶剂化，其结构受限于 SETTLE 算法 (SHAKE 算法 [早期版本] 的分析版)。该算法满足 MD 模拟中的键几何限制)。得到了总时长为 5ns，时间步长为 2fs 的 MD 轨迹	聚合物自身的聚集作用受到阴离子表面活性剂的破坏，影响程度与连接链的长度有关。这反过来又影响到丁聚合物的荧光发射，对同一共聚物 (对给定的单体，电荷保持不变)，影响程度也取决于子连接链的长度，当连接链长最短时，硫水力和电荷合力之间存在微妙的平衡，这可以从表面张力、聚集作用以及发现在接近的微妙的平衡中得到理解。当连接链越长时，库仑作用占主导地位，驱动力分解到硫水作用与静电作用之间存在着最佳的平衡
Shinoda, W., R. DeVane, and M. L. Klein (2008) Soft Matter, **4**, 2454	研究了 EO 型非离子型表面活性剂 $HO(CH_2CH_2O)_kCH(CH_2O)(CH_2)_{11}CH_3$, 在水溶液体相以及在空气/水和油 (癸烷)/水界面上的性质。	从表面活性剂单分子层构建胶束、胶束的解离以及在水界面面的再分子在油/水界面的再分布很难用实验监测，但可以用分子模拟法来进行有效的模拟	模拟了表面活性剂自组装现象、六角相或层状相结构的过程。粗粒化表面活性剂时组装过程。讨论了当前流行力法在模拟溶液中和水界面上表面活性剂的相对优点。AA (all atomic)-MD 模拟方法与实验数据相匹配。计算了一系列热力学性质如表面涨力、界面涨力、密度以及水化物的质量转移自由能。通过选择适当的函数形式和 CG 势的时移特性，考虑到纳米的 AA-MD 模拟的部分分布函数	在这些模拟中，再现了实验获得的在空气-水界面的表面活性剂单分子层的表面压-面积 (π-A) 曲线，获得了丁自组织过程的简明图像。从而可以阐述分子动力学。该研究获得了 $C_{12}EO_2$ 的表面涨力值以及每个分子占据的面积，$(0.72\pm0.03)nm^2$，与 CMC 时通过中子反射测定的实验值有很好的一致性 (中子反射是测定分子占据面积的最准确的实验方法之一)。CMC 时的表面涨力计算值为 39mN/m，而实验的最接近的值为 38.5mN/m

续表

参考文献	与表面活性剂的联系	目的	方法	重要发现
Stephenson, B. C., K. A. Stafford, K. J. Beers, and D. Blankschtein (2008) *J. Phys. Chem. B*, **112**, 1641	研究了下列分子的胶束化: SDS, 辛基糖苷 (OG), 正癸基二甲基氧化膦 (C₁₀PO), 正癸基甲基亚砜 (C₁₀SO), 辛基亚磷酸基乙醇 (C₈SE), 辛基亚磷酸基乙醇 (C₁₀SE), 正辛基甲基亚砜 (C₈SO)	用于预测胶束化自由能的计算机模拟-自由能/分子热力学 (CS-FE/MT) 模型被扩展用来估算胶束组成变化伴随的自由能变化	使用一个与 Born-haber 循环有关的称为炼金术的自由能循环的假想的自由能循环, 模拟了单个表面活性剂溶于溶液和胶束转换成油溶液两个过程之间的自由能变化的差异 ΔΔG。特别地, 使用了两种方法, 即所谓的单补和双补补法, 以及它们的组合。用于使表面活性剂变体为加溶物或助分表面活性剂性质。在 CS-FE/MT 模型中, 实验测得的程度, 将估计的 CMC 数据或传统的 MT 模型被用来计算单个表面活性剂胶束形成的自由能 ($G_{form,single}$)。使用一个迭代方法, 将估计的 $G_{form,single}$ 利用表面活性剂或加溶物交换的计算机模拟获得得的 G 值相结合, 来计算胶束聚集数, 胶束体相溶液组成和混合胶束形成的自由能	对随胶束重组而变化的胶束化自由能。A1 化学自由能法提供了非正常合理变化的数值。改进的计算机能力可以预测结构明显不同的多组分表面活性剂助表面活性剂增溶体系中的自由能变化
Leclercq, L., V. Nardello-Rataj, M. Turmine, N. Azaroual and J. Aubry (2010) *Langmuir*, **26**, 1716	通过综合运用实验和计算机辅助方法研究了二甲基双正辛基氯化铵在水溶液中的聚集行为	改进对溶液中的表面活性剂行为的预测性	使用的头基技术为 zeta 电位, 电导, 二甲基双正辛基氯化铵, 表面张力法, NMR (^{1}H 和 DOSY), 及分子模拟 (PM3 和分子动力学)	通过整合实验和相关理论数据, 模拟了与表面活性剂浓度相关的聚集过程。具体来说, 在 10～30mM 范围内形成了二聚体, 在 0.2～10mM 范围内形成了双层, 而在大于 30mM 时形成了整胞泡
Stephenson, B. C., A. Goldsipe, and D. Blankschtein (2008) *J. Phys. Chem. B*, **112**, 2357	研究了具有抗菌性和表面活性, 结构上类似于胆门酸盐的三萜类植物化学物质, 积雪草酸 (AA) 和亚基积雪草酸 (MA) 在水溶液中的自组装过程	分子热力学模拟和分子动力学模拟方法可以预测简单表面活性剂的胶束性质, 包括形状, 大小, 组成以及微结构等。但对于结构复杂的表面活性物质如 AA 和 MA, 这些方法适用性较差	从原子细节上进行了 MD 模拟。借助一个改进的计算机模拟/分子热力学模型 (MCS-MT 型), 用 MD 模拟整合出改进的 FF 参数	研究了结构复杂的非传统表面活性剂在水介质中的自组装行为, 对 CMC 和聚集数, 所获得的数值比从一个简单的原子力级 MD 模拟方法获得的数值更易获接受。计算了下列参数: 半径为回转张量的胶束的主轴, 当聚集数增加时, AA 和 MA 胶束表现出的一维生长, 在 AA 和 MA 胶束内的内的排序级别, 胶束环化使两个不同的定向顺序参数), 胶束环境中 AA 和 MA 中的原子局部环境, 和总的亲水性溶剂及流可及同触及的 AA 和 MA 胶束的表面积

续表

参考文献	与表面活性剂的联系	目的	方法	重要发现
Lazaridis, T., B. Mallik, and Y. Chen (2005) *J. Phys. Chem. B*, **109**, 15098	研究 DPC 的胶束形成（CMC 和胶束聚集数）	计算机模拟提供了一种手段，用于验证有关表面活性剂聚集过程的理论模型中的假设。用基于分离和质量作用模型的理论方法研究的胶束化过程能够通过计算机对这一过程进行模拟得到证实	使用 CHARMM 程序和 CHARMM27 全氢脂质参数，通过 MD 模拟将特定蛋白质的有效能函数（EEF1）溶剂化模型与内含的溶剂化模型相结合。模拟中使用了 960 个 DPC 分子。胶束化过程的动力学快照揭示了聚集现象——各种不同浓度下的 CMC 和聚集数	在 20mmol/L 和 100mmol/L DPC 浓度下，聚集数分别为 53~56 和 90。在 DPC 浓度为 20mmol/L 时，CMC 为 1.25mmol/L。这些从 MD 模拟得到的数值与实验值一致。每个表面活性剂分子的有效能开始时随着聚集数的变化而下降，然后随着浓度的增加而稳定在 60。Van der Waals 贡献对于胶束化的去溶剂作用有助于胶束核基团的去溶剂作用则抑制胶束束形成，这使得分子自由能提供了平移和旋转熵，即 7kcal/(mol·单分子)
液-液界面 Zhang, Y., S. E. Feller, B. R. Brooks, and R. W. Pastor (1995) *J. Chem. Phys.*, **103**, 10252	研究了单纯的辛烷-水界面以及吸附了二棕榈酰磷脂酰胆碱（DPPC）脂质双分子层和单分子层后的辛烷-水界面	通常很难获得液-液界面行为的准确信息。模拟方法正将增强预测性	在固定应子的条件下，该方法使用包含了微正则 NVE（恒定粒子数、体积和能量）系综的五个热系综，以及分子了恒压、体积、表面积和表面张力条件结合在一起的各种计算模拟了液液界面。在 293K 温度下，用 CHARMM 程序对 3 个界面系统进行了 MD 模拟，它们分别是 62 个辛烷 560 个水、560 个水真空和 62 个辛烷 560 水，其中水用修正的 TIP3P 参数描述。在这些模拟中，辛烷被放置在一个盒子的中心，盒子的尺寸为：x，y 方向 2.56nm，z 方向 5.11548nm，盒子的体积与相当于具有密度的 560 个水分子和 62 个辛烷分子的体积，在进行进一步的程序之前，通过采用 400 步基于最小化程序使系统达到平衡	模拟表面张力值与实验值相吻合：例如，辛烷-水界面的表面张力为 61.5mN/m·1.9mN/m，实验值为 61.5mN/m
Laradji, M. and O. G. Mouritsen (2000) *J. Chem. Phys.*, **112**, 8621	阐述了在广义的表面活性剂粒子存在下，液-液界面的弹性性质	通过分子模型模拟，提高关于表面活性剂在液-液界面上吸附的理解和预测	模拟基于平界面 Lennard-Jones 势和与界面张力及平均弯曲模量相关的界面弹性常数。该理论还通过详细考虑相互作用势能、空间构型和相关结构因子，以反映界面结构来计算界面弹性常数来对弹性界面进行处理的记录图像	界面张力随着表面活性剂的界面覆盖度和/或表面活性剂链长增加而降低。当表面活性剂的界面覆盖度较小时，弯曲模量随表面活性剂的界面覆盖度的增加而减小，但随着表面活性剂界面覆盖度的进一步增加而增加。通过使用表面活性剂的界面的高斯理论发现，初始弯曲弹性的降低是由于表面活性剂趋向于液-液界面高度的波动的耦合所致

续表

参考文献	与表面活性剂的联系	目的	方法	重要发现
Gupta, A., A. Chauhan, and D. I. Kopelevich (2008) *J. Chem. Phys.*, **128**, 234709	研究了微乳液（非离子型表面活性剂覆盖的油-水界面）中的质量传递	用 MD 模拟研究了被不同长度的非离子型表面活性剂单分子层覆盖的十六烷-水界面，对跨越乳液油水界面迁移现象的预测性	该研究模拟了单层微观结构、动力学和溶质传输的自由能。对水平的十六烷-水层用模拟粗糙分子动力学（CGMD）进行了模拟，以揭示单层微观结构和动力学，连同测定跨越乳液油水界面迁移现象的高定微孔（一个球形胶粒可以进入的伸展了的相连体积）的整体结构，大小和寿命。这个 CGMD 模型（H,T,）将原子基团加几个甲基或乙氧基团化为一个单个结合原子（珠）。从而简化了 MD 模拟，对相貌来进行标记。用 T 表示亲水基，H 表示亲水珠。在一个不同的尺寸的立方单元中对不含表面活性剂和富含表面活性剂的体系进行模拟，此单元尺寸取决于 n 的值。对各种不同 H,T, 数值体系，选择时间同步长，以便与动态过程的时间同步匹配	模拟了界面张力和界面覆盖率。用 Lennard-Jones 势模拟了两个无键合的珠之间的相互作用。跨越油-水界面的传质自由能同的相位阻相关，而空间位阻取决于局部的自由空间位阻相关。表面活性剂随越越大，各种类型的孔隙空腔，油水半通道和通道中，由于油和水分子尺寸不同，油水半通道相比较于单层平面上有本质性的差异，这导致了单层膜尾部和头部区域的密度不对称。孔隙平均（在 t_av=20ps 时）预测出非常不稳定的。溶质传输机制是通过这些较小的空腔和半通道之间的阶跃发生的
液-固界面				
Aliaga, W. and P. Somasundaran (1987) *Langmuir*, **3**, 1103	计算了一些羟基肟（属于一类重要的表面活性浮选捕集剂）的最高占据分子轨道（HOMO）和最低未占据分子轨道（LUMO）的分子轨道（MO）能，包括水杨醛肟，邻羟基苯乙酮肟，邻羟基丁酰苯肟，邻羟基二苯甲酮肟式异构体，邻羟基二苯甲酮肟反式异构体，2-羟基-5-辛基水杨醛肟，2-羟基-5-甲氧基苯乙酮肟，水杨醛酮（salicylaldzone），水杨醛	设计高效浮选捕集剂	紫外-可见吸收光谱，从分光光度滴定来测数常数，单个原子电子密度给合各键参数计算到 HOMO 和 LUMO 能量。测定了捕集剂分子上的电子密度。用带有 QCPE No.344（量子化学程序交换）的 IBM360 计算机的扩展的 Hückel 分子轨道（EHMO）	计算了分子轨道能（MO）并将其与可浮选性相关的吸收收能相关联。氮原子上的电子密度强烈依赖于 HOME-LUMO 带隙和浮选效率。这些化合物疏水性和通过的酮和肟基团形成复合物的能力与电子密度平行相关
Herbreteau, B., C. Graff, F. Voisin, M. Lafosse, and L. Morin-Allory (1999) *Chromatographia*, **50**, 490	通过色谱分析和分子模拟研究了乙氧基化和全氟化的 EO 表面活性剂	了解反相液相色谱（RPLC）的机理有助于设计出新的提高分离效率的柱材料	通过用内坐标的蒙特卡罗方法 MM2FF 和连续溶剂化水模型分析溶剂中的构象，研究了这些表面活性剂的硫相化物的两亲行为。大约考虑了 6000 种构象，从中选出最低能量在 10kJ/mol 以内的结构	从生成的参数得到了一致预测性 QSAR 关系。通过模拟求得了在这些表面上与分子静电作用势的和分子表面作用能的最小值，最大值和平均值。通过将相关保留的同数据与计算谱相比较，对其色谱行为进行了比较

续表

参考文献	与表面活性剂的联系	目的	方法	重要发现
Jódar-Reyes, A. B., J. L. Ortega-Vinuesa, A. Martin-Rodriguez, and F. A. M. Leermakers (2002) *Langmuir*, **18**, 8706	模拟了具有相同疏水链长和不同头基长度的非离子型表面活性剂对叔辛基苯酚氧乙烯醚在疏水表面如聚苯乙烯-聚苯乙烯-磺酸盐胶乳颗粒上的吸附	许多工业配方使用类似的体系，预测吸附将提高应用的效率	对吸附和络合应用自洽场理论 (SCF-A)。一个表面活性剂链在溶液中和界面上的大量构象要求应用热力学近似处理。平衡时每个构象的链数是通过最大化聚合物链的配分函数求出来的，直链和支链都要考虑之列	SCF 模型中一系列假设的局限，其中包括吸附层被认为是均匀的，使这类模型无法重现实验结果。为了进一步改进关于吸附和胶束化的 SCF 模型，以使处理与实验结果相匹配，提出应当包含侧向非均质性的假设
Pradip, B. Rai, T. K. RaO, S. Krishnamurthy, R. Vetrivel, J. Mielczarski, and J. M. Cases (2002) *Langmuir*, **18**, 932	研究了二膦酸基表面活性剂（烷基氧基双甲基二膦酸[IMPA-8]和1-羟基亚烷基-1,1-二膦酸[Flotol-8]）三种"钙"矿如萤石、方解石、氟磷灰石的相互作用	在矿物工程如浮选中，选择试剂的理论基础必须被合理化，以便设计出高效的流程来加强对基于选择化学的分子识别的理解	模拟相互作用时使用了 FF (UFF) 和半经验量子力学 (MNDO) 方法。模拟了这些表面活性剂在这些"矿"物面上时的相互作用的 (111)、(110) 和 (100) 面。在 FF 计算中，通过采用一个经验的无量纲比例因子来调节或调制较短距离静电相互作用，模拟了水不稳定的有效介电常数	某种试剂对不同"矿"物的浮选作用顺序可以准确地预测，无需求助于任何实验参数，仅需简单地输入溶剂和作用表面的结构特征。于是计算可同以筛选出许多现存的和新颖的试剂，并预测它们的效率
Cooper, T. G and N. H. de Leeuw (2004) *Langmuir*, **20**, 3384	研究了捕集剂类表面活性剂如羧酸、烷基羟肟酸、羟基酸和酰亚胺类物质在钙矿"物"上的吸附	通过捕获获性表面活性剂使矿"物"产生选择性的疏水性有助于从主要矿"物"材料中去除不需要的石等。这种情况对于矿"物"混合物如 $CaCO_3$、CaF_2、$CaWO_4$ 的混合物来说，尤其如此。计算机模拟技术有助于理解表面活性剂在矿"物"上如白钨"矿"[$CaWO_4$]表面的吸附模式、相互作用强度及吸附的机理，通过建模，使选择剂的设计和选择变得很容易	固体被吸附模型里假设、(固体中)离子相互作用是通过长程力和短程斥力以及矿"物"的水分子中氧原子的电子可极化率进行的。从实验的结合 DFT 和原子间势能的研究结果可得出这些不同情况对于矿"物"表面上的吸附行为始在吸附表面上的能量有利。计算一个水单分子来模拟水合矿"物"表面。一经确定超级单元作为超级单元的周期性边界条件下的计算拟单元，选择尺寸到 1.053~1.946nm² 的超级单元。以避免在平行于表面的周期性边界条件下计算错误	计算了单元尺度和固体的几何和结构参数，发现计算结果与实验数据有很好的一致性。例如，Ca-O 距离有 0.243nm 和 0.246nm、W-O 键长度为 0.169nm、O-W-O 键角为 106.6° 和 115.4°，所有这些数值都与实验值吻合得很好。预测了吸附和络剂交换能。结果也与实验相一致。用甲酸、羟基甲酸胺、羟基乙酸分子以及甲胺取代优先吸附的水分子，所得结果表明溶剂的交换过程是放热的
Smith, L. A., G. B. Thomson, K. J. Roberts, D. Machin, and G. McLeod (2005) *Crystal Growth & Design*, **5**, 2164	计算了表面活性剂（如 SDS 和十二烷基硫酸酸钠, RDS）的结晶性质	许多工业和家用配方中含有高浓度的表面活性剂。根据晶体结构数据对基于表面活性剂的产品进行设计有助于通过控制微晶的数量、大小分布和形状提高表面活性剂的功效	对这些表面活性剂晶体的已知结构的分子 FF 参数进行了优化和精炼，并针对已知的键长、单元参数和晶格能进行了验证。晶体的总晶格能被分为附着能 E_{att}，在厚度为 d_{hkl} 的表面 (hkl) 上添加一个生长层时所释放的能量，以及形成这个薄片时释放的能量 (E_{sl})。附着能与晶体的生长速率相关，具有最低附着能的表面以最慢的速率增长，并因此在形态上是重要的。通过分子间键区分的能量加和计算了 E_{att} 和 E_{sl}。用修正的忽略微分重叠 (MNDO) 近似测定了 SDS 和 RDS 中原子上的局部电荷，在描述这些体系时使用了升华焓和分子间键参数	用这些体系计算的晶格能与晶体结晶能表明，实验确定的升华焓与计算值符合得很好（对 SDS 和 RDS 分别为 −173.13kcal/mol、145.50kcal/mol 和 −176.40kcal/mol、155.76kcal/mol）。模拟研究揭示出，这两种材料具有盘状形貌

参考文献

[1] Szabo. A. and N. S. Ostlund. *Modern Quantum Chemistry* (*Introduction to Advanced Electronic Structure Theory*). Dover Publications, New York, 1996.

[2] Leach. A. R. *Molecular Modeling* (*Principles and Applications*). 2nd ed., Prentice Hall, England, 2001.

[3] Ball. D. W. *Physical Chemistry*, Thomson (Brooks/Cole), California, 2003.

[4] Salni. V. *Quantal Density Functional Theory*, (Vols. 1 and 2). Springer, New York, 2004 & 2009.

问　题

15.1　在对表面活性剂及类似体系的研究中，分子模拟方法是如何补充实验研究的？举例说明。

15.2　用于分子模拟的量子力学方法与分子力学方法相比有何不同？

15.3　STO-3G 是一个众所周知的基于量子力学的用于分子模拟的计算：请解释在这个缩写中每个字母和数字的含义，并检查你对该理论的理解。

15.4　Hartree-Fock 公式和密度泛函理论有怎样的联系？

15.5　分子动力学和蒙特卡罗方法与在分子模拟中采用的能量最小化程序有怎样的关系？

15.6　从 15.7 节（除了已在 15.6 节中详细阐述过的之外）中或从有关表面活性剂体系分子模拟研究的当前文献中选读任意两篇论文，准备一份对其内容的详细解释，并将这些论文中应用的理论与你从本章中所吸收到的素材相关联。

习题解答

第 1 章

1.1　$RCOO^-Me^+$; $ROSO_2O^-Me^+$

1.2　$RCOOCH_2CHOHCH_2OH$

1.3　$RN(CH_3)_3^+X$

1.4　$C_{12}H_{25}C_6H_5SO_3^-Na^+$

1.5　$H(OC_2H_4)_x[OCH(CH_3)CH_2]_y(OC_2H_4)_zOH$

1.6　$RN^+(CH_3)_2(CH_2)_xSO_3^-$

1.7　$H(OC_2H_4)_x[OCH(CH_3)CH_2]_y(OC_2H_4)_zOH$

1.8　$RCOOCH_2CH_2SO_3^-Na^+$

1.10　$RN^+(CH_2C_6H_5)(CH_3)_2Cl^-$

1.13　(ii)随着 EO 数的增加，水溶性增加；可以在低温下使用；对盐度不敏感。与 (i)一样，当 EO 数一定时，烷基链也会影响聚氧乙烯型表面活性剂的性能。(iii) 随着氟化程度的增加，羧酸盐的电离度增加，相应地减弱了酸、碱以及硬水对其性能的影响；具有较低的表面张力值，随氟化程度的增加而增加。氟表面活性剂在有机溶剂中也具有表面活性；它们比相应的碳氢化合物有更好的化学稳定性及热稳定性；在亲水性表面和亲油性表面上的吸附均增强。

1.15　从来源丰富且廉价的烃类化合物和苯合成直链烷基苯磺酸盐，是通过有机化学中相当成熟的两步反应即 Friedel–Crafts 反应和磺化反应来实现的，它们是相当纯净且有效的阴离子表面活性剂。

第 2 章

2.1　（a）4.54×10^{-10} mol/cm^2

　　（b）36.6 Å^2

　　（c）-47.4 kJ/mol

2.2　$d < c < a < b < e$

2.4　5.8 Å

2.5　60 Å^2

2.6 $X_1 = 0.40$

2.7 （a）$1.1 \times 10^{-5} \text{mol/L}$

（b）用阳离子表面活性剂浸泡玻璃烧杯一夜，再换新鲜溶液浸泡。

2.8 数值接近 $\Gamma_m = 4.4 \times 10^{-10} \text{mol/cm}^2$。

第3章

3.1 圆柱形；$V_H / l_c a_0 = 0.44$

3.4 -29.5kJ/mol

3.7 $e > c > a \approx d > b$

第4章

4.4 可能会发生胶束催化的酯键的酸水解反应

第5章

5.2 a, d, e 导致增加；b, c 导致减少

5.4 （a）34.6mN/m

（b）31.3mN/m

5.5 约 1.3 层

第6章

6.1 （a）弱相互作用；$\phi = 0.62$

（b）7mN/m

6.2 因为润湿液的 $\gamma_C = \gamma_{LA}$，以及 $\cos \theta = 1$，所以 $\gamma_{SL} = 0$（式6.3）

6.3 增加 17.6erg/cm^2

6.4 POE 非离子最初可通过 POE 链的氢键作用吸附到纤维素表面，使其润湿性瞬间降低。

6.5 $c > b > e > a > d$

6.6 （a）碳氢链表面活性剂和烃类基质（如石蜡、聚乙烯）

（b）硅氧烷链表面活性剂和烃类基质

第7章

7.1 见式 7.3，Γ 和 C_s 在接近 CMC 时达到最大

7.5 $1.6 \times 10^{-4} \text{s}$

7.7 （a）POE 非离子

（b）浊点

7.8　关于消泡效率：仅改变表面活性剂的结构并非总能降低其发泡力。向体系中补加消泡剂能阻止泡沫的继续形成。消泡剂的作用为：（ⅰ）从气泡表面去除表面活性剂膜，例如分散在硅油中的二氧化硅颗粒使表面活性剂从气泡表面脱附；（ⅱ）用另一种膜取代表面活性剂膜，如叔炔二醇在这方面比较有效；（ⅲ）促进泡沫薄层中的排液——磷酸三丁酯和叔烷基铵离子（尽管不是典型的表面活性剂）具有这种作用，它们通过与表面膜发生相互作用而使界面黏度降低。

第8章

8.5　61%$C_{12}H_{25}(OC_2H_4)_2OH$ 和 39% $C_{12}H_{25}(OC_2H_4)_8OH$。利用关系式 8.16：HLB=

$$20\frac{M_H}{M_H+M_L}$$

8.6　见式 8.10 及式 8.11

8.7　（a）改变温度

（b）向溶液中加入电解质

第9章

9.1　增加分散介质的介电常数；增加固体的表面电势；增加双电层的厚度。

9.2　（a）降低有效 Hamaker 常数

（b）产生空间位阻

9.3　它会导致 $1/\kappa$ 降低得更多。

9.4　B 是正确的。A 极易溶解于庚烷以致不能有效吸附；$C_{12}H_{25}N^+(CH_3)_3$ 不吸附；木质素磺酸盐基团不能产生有效的空间位阻。

9.5　它是一种带正电荷的固体，可能具有高价阳离子位点，这可以通过其与 POE 非离子产生沉淀来证明。

9.6　（a）和（b）絮凝

（c）无影响

（d）絮凝，然后再分散。

9.8　Hamaker 常数值一般在 $10^{-20}\sim10^{-18}$ J 范围内。根据 DLVO 理论，Hamaker 常数的大小表明了范德华力对憎液胶体的稳定性的影响程度。另一个不能用 Hamaker 常数表示的影响因素是双电层之间的排斥作用，它主要受离子强度的影响。

第10章

10.1　底物和污垢可能均带有正电荷，从而阻止了阳离子以亲水端吸附到其表面。

10.2　纺织品表面所带负电荷被阳离子表面活性剂中和，从而增加了阴离子表面活性剂在其表面的吸附。

10.3　（a）铺展系数会降低，因为 γ_{SB} 增加了

（b）1. 阳离子表面活性剂在带负电的纺织品表面；2. POE 非离子在羟基化表面（如纤维素）。

10.4　大多数天然化合物表面带负电，因此阳离子表面活性剂与带负电的蛋白质物质之间能产生静电作用。这种作用导致生物聚合物骨架上的节间排斥作用消失，因此改变了蛋白质的构型，使其失去了原有的生物活性。这一现象即称为蛋白质变性。表面活性剂的疏水基和蛋白质的疏水区域之间也可能发生疏水相互作用。

10.8　助洗剂是洗涤剂配方中的一类添加剂，它们能消除高价硬水离子的不良影响。聚磷酸盐、硅酸盐以及有机聚合物均有此作用，因而用作助洗剂，在提高洗涤剂性能方面，各自具有不同的作用机制。它们的主要作用方式是螯合、沉淀、离子交换、分散以及 pH 值稳定作用。

第11章

11.1　（a）从它们的 pC_{20} 值得到，$|\ln C_A/C_B|=1.39$，因此，它们的混合物体系存在协同效应。

（b）$\alpha^*=0.25$（对表面活性剂 A）；$C_{12,min}=2.1\times10^{-4}$mol/L（对 $\pi=20$mN/m）。

11.2　（a）$\beta^M=+0.7$

（b）无协同效应，$|\ln C_1^M/C_2^M|=1.13$

11.3　$\beta^\sigma=+1.4$；相应地 $\beta^\sigma-\beta^M=+0.7$。由于 $|\ln C_1^{0,CMC}/C_2^{0,CMC}C_2^M/C_1^M|=0.35$，体系在降低表面张力的效能方面有对抗作用。

11.4　（b）（β^σ 负值最小）；（d）；（a）；（c）（β^σ 负值最大）

第12章

12.1　分子中疏水基数量增加了 2 倍（或 3 倍），因而增加了对溶剂分子的扭曲作用。

12.2　与平面上相比，球状胶束或柱状胶束的内部更难以容纳 2 个（或 3 个）疏水基团。

12.3　双子型表面活性剂的分子较大，因而扩散速率较小。

12.4　在相关界面，双子型表面活性剂中的疏水基排列得更紧密。

12.5　双子型表面活性剂在固体表面吸附时能够以一个亲水基朝向固体，而以另一个亲水基朝向水相，从而产生一个亲水性表面。而传统表面活性剂的第一层吸附产生疏水表面。

12.6　当疏水性的连接基团即亚甲基链的长度增加时，亚甲基链(CH_2 数>10)在胶束内部呈环状，于是 C_{20}、CMC 及头基面积均减小。另一方面，如果连接基团是刚性的，则头基面积增加，并可观察到上述参数增加。如果连接基团是亲水性的，则随着连接基团数的增加，上述参数均单调增加。

第13章

13.1　细胞膜由两亲性脂类分子组成，如甘油磷脂和鞘脂，它们形成双分子层结构。

各种亚细胞器如细胞核、线粒体以及叶绿体等可以被看作是增溶在表面活性剂自组装体与其他物质如蛋白质形成的混合物中的物质。

13.4 蛋白质带电基团和离子型表面活性剂之间的静电作用影响了蛋白质特定片段间的排斥作用，进而影响了蛋白质的形状。这加速了细胞膜中蛋白质的变性，是一个促进细胞溶解的过程。

13.5 蛋白质的三维结构一般通过 X 射线衍射法获得，此法需要晶体蛋白质。蛋白质-表面活性剂复合物有助于表面活性剂-蛋白质复合物保持在增溶状态，同时与晶体保持合理的接触。

第 14 章

14.1 纳米技术是研究、设计、表征、制备以及应用一系列形貌和尺寸控制在纳米水平的结构、装置及系统的技术。毫米级=人的头发丝大小，微米级=细菌大小，纳米级=DNA 螺旋结构，皮米=X 射线的波长，飞米(千万亿分之一米)=质子大小。

14.3 在 DPN 中，一种表面活性剂如 16-巯基十六酸被吸附在用于在基底金箔上书写以得到纳米级图样的原子力显微镜的针尖上。含 EO 链的非离子表面活性剂能够增强部分疏水性基质表面的润湿性。

14.7 表面活性剂主要是控制纳米颗粒分散液的稳定性，此外，还通过吸附到纳米粒子上改变其电性、疏水性以及其他相关性质，从而改变纳米颗粒的表面性能。

第 15 章

15.1 基于 In silico 计算机的分子模拟在许多难以对体系进行实验的场合具有优势。对那些连快速反应动力学技术也不能分辨的聚集动力学和吸附现象，应用分子模拟方法亦可在一定程度上进行成功的预测。在开发新型表面活性剂时这些方法能够绕过很多徒劳无功的合成实验而预测出新型表面活性剂的结构与活性之间的关系。

15.4 Hartree-Fock 描述使用了一些假设，从而能通过用一种平均的方式处理电子-电子排斥作用，使得针对多电子原子或分子的量子化学方法被简化成一个单电子问题。与 Hartree-Fock 理论相类似，密度函数理论(DFT)也是处理单电子函数，它确定电子的总能量和电子密度的总体分布。在 DFT 理论中，电势是局部的，而在 HF 理论中，电势是非局部的。此外，总电子能和一个原子或一个分子中的总体电子密度之间的直接关系式，用电子密度取代了多电子波函数。

15.5 分子模拟方法的最终目的是要找出处于最低能级的分子状态，由此推断出体系的性质。分子动力学和蒙特卡罗方法分别用不同的方法确定能级——分子动力学通过碰撞后粒子的速度和位置来确定，而蒙特卡罗法通过随机抽样的分子构型来确定。